EASTERN EUROPE

동유럽 3개국

체코·오스트리아·헝가리

백상현 지음

SIGONGSA

Contents

4 저자의 말
5 저스트고 이렇게 보세요

베스트 오브 동유럽

010 동유럽 3개국 한눈에 보기
014 3개국 주요 도시 한눈에 보기
016 3개국 여행에서 체험해보면 좋을 것들
020 동유럽을 관통하는 도나우강
022 3개국 인생 사진 촬영지
028 세기말 예술
033 음악가를 따라가는 여행
042 동유럽 와인 즐기기
046 3개국 맥주 맛보기
050 카페 투어
054 3개국 여행 추천 일정
060 3개국 주요 도시 간 이동 방법 한눈에 보기

여행 전 동유럽 알아보기

068 한눈에 보는 체코 기본 정보
070 한눈에 보는 오스트리아 기본 정보
072 한눈에 보는 헝가리 기본 정보
074 동유럽 3개국 여행 전에 반드시 알아야 할 것들
077 합스부르크가의 역사와 중요 인물

체코

098 프라하
202 체스키크룸로프
212 카를로비바리
220 쿠트나호라
224 플젠
228 체스케부데요비체
232 올로모우츠
238 크로메르지시
242 레드니체와 발티체 문화 경관

오스트리아

258 빈
390 잘츠부르크
436 잘츠캄머구트
448 바하우 계곡
454 그라츠
460 린츠
464 인스브루크

헝가리

498 부다페스트
586 도나우벤트
594 페치

동유럽 여행 준비

600 여권과 각종 증명서
602 환전과 여행 경비
603 인천공항 가는 법
604 동유럽 기초 여행 회화

605 찾아보기

스페셜 테마 여행

127 블타바강 유람선
162 프라하의 건축물 산책
168 콘서트·오페라·발레·뮤지컬
174 프라하의 봄 국제 음악 축제
175 체코와 인연이 깊은 음악가들
188 프라하의 추천 쇼핑 아이템
199 카를슈테인성
217 서보헤미아의 온천 삼각지대
323 빈 근대 건축사의 주인공들
336 거장들의 음악 산책로
342 빈의 커피
344 빈의 케이크
346 빈의 카페 문화
358 빈의 레스토랑
360 빈의 전통 요리
370 호이리게
372 빈의 대표 상점가
374 빈의 추천 쇼핑 아이템
544 헝가리 특유의 마자르 양식
550 헝가리 음악가를 찾아서
552 부다페스트 야경 감상하기
554 부다페스트 온천 즐기기
562 헝가리 대표 와인
564 헝가리의 음식
574 부다페스트의 추천 쇼핑 아이템
576 부다페스트의 쇼핑 구역

저자의 말

유럽 여행 25년차, 왠지 자꾸만 발길이 향하고 마음을 두고 오게 되는 곳이 바로 동유럽이다. 각 국가마다 개성 있는 문화와 음식, 다채로운 예술과 역사를 지닌 동유럽은 늘 내게 새로운 도전을 꿈꾸게 했다. 수많은 동유럽 국가 중에서도 가장 먼저 내 마음을 빼앗은 국가는 체코, 오스트리아, 헝가리 3개국이었다. 로맨틱한 중세의 유물이 가득한 체코, 유구한 합스부르크 제국의 발자취와 푸른 자연을 품은 오스트리아, 야경이 아름다운 헝가리까지. 여행을 거듭할수록 신선한 즐거움을 느끼게 해주는 여행지임을 확신할 수 있었다.
특별한 애정을 가진 지역인 만큼 곧 동유럽과 사랑에 빠질 여행자들을 위해 대표 도시와 소도시까지 다양하게 소개하고자 한다. 이미 꽤나 알려진 중소도시 외에도 3개국을 수년간 여행하다 발견한 숨은 명소도 선별해 담았다. 코로나 팬데믹을 겪으며 변동된 여행 정보가 많기에 가능한 한 최신 정보를 싣고자 출간 직전까지 최선을 다해 업데이트했다. 아직 상황이 완전히 안정되지 않아 일부 정보는 다소 유동적이지만 여행을 준비하는 독자들에게 유용한 책이 되길 바란다.
마지막으로 이 책의 취재를 위해 현지에서 도움을 준 속 깊은 친구들, 열정과 세심함으로 함께 작업해준 내도우리 편집자에게 뜨거운 감사를 전한다. "Special thanks to Robert Krasser, Karl Michael Deinhammer, Gudrun Keschar, Kirchtag family and Annamaria Batari."

글·사진 **백상현**

소도시 여행자이자 여행 사진 작가. 전 SSAC 여행연구소 소장.
EBS 세계테마기행 〈공존의 강, 도나우〉편, 네이버TV 웹다큐 〈I Walk Toscana〉에 출연한 외에 스카이트래블 〈손미나의 여행의 기술 시즌2〉, 평화방송 라디오 〈신부님 신부님 우리 신부님〉의 여행 코너에 고정 출연하며 패널로 활동했다. 이 밖에도 삼성, 현대, LG 등의 매체에 칼럼을 기고해 왔으며 현재는 현대백화점, 신세계백화점, AK플라자에서 운영하는 문화센터와 아카데미에서 여행 · 사진 강사로 활동 중이다.
저서로는《저스트고 스위스》,《토스카나 소도시 여행》,《이탈리아 소도시 여행》,《다시, 여행을 가겠습니다》,《길을 잃어도 당신이었다》,《동유럽 소도시 여행》,《누구나 꿈꾸는 유럽 여행지 100》등 다수가 있다.
인스타그램 sanghyunbaik

저스트고 이렇게 보세요

이 책에 실린 모든 정보는 2023년 4월까지 수집한 정보를 기준으로 했으며, 추후 변동될 가능성이 있습니다. 특히 교통수단의 운행 시간, 요금, 관광 명소와 상업 시설의 영업시간, 입장료 등은 수시로 변동될 수 있습니다. 따라서 책은 여행 계획을 세우기 위한 가이드로 활용하고, 직접 이용할 교통수단은 여행 전 홈페이지를 검색하거나 현지에서 다시 한번 확인하시길 바랍니다. 변경된 내용이 있다면 편집부로 연락 주시길 바랍니다.

편집부 justgo@sigongsa.com

- 책에서 소개하는 지명이나 상호명, 외래어 발음은 국립국어원의 외래어 표기법을 최대한 따랐습니다. 하지만 일부는 현지 발음에 가깝게 표기하거나 일반적으로 통용되는 방식으로 표기했습니다.
- 관광 명소, 레스토랑, 상점의 휴무일은 정기 휴일을 기준으로 실었고, 부활절이나 크리스마스 등 명절에는 문을 닫는 경우가 많으므로 유의하길 바랍니다.
- 숙박 요금은 객실 타입을 기준으로 표기했습니다. 실제 요금은 예약 시기와 숙박 상품에 따라 달라집니다.
- 체코의 통화는 코루나(Kč), 오스트리아의 통화는 유로(€), 헝가리의 통화는 포린트(Ft)입니다. 환율은 수시로 변동되므로 여행 전 확인이 필수입니다.

지도 보는 법

관광 명소와 상업 시설의 위치 정보는 '지도 p.80-F'와 같이 본문에 표시되어 있습니다. 이는 80쪽 지도의 F 구역에 찾는 장소가 있다는 의미입니다.

지도에 삽입한 기호

관광 명소 •	카페 C	병원 ✚
레스토랑 R	호텔 H	학교
쇼핑 S	온천	성당
공연장 T	관광 안내소 i	

구글 지도 위치 정보 제공

스마트폰으로 아래 QR코드를 스캔하면 마이저스트고(myJustGo) 홈페이지로 연결됩니다. 원하는 지역을 클릭하면 책에서 소개한 장소들의 위치 정보가 담긴 '구글 지도 Google Maps'를 확인할 수 있습니다.

괴팅겐
Göttingen
할레
Halle
E55
카셀
Kassel
라이프치히
Leipzig
Hoyerswerda
E45
마이센
Meissen
E40
E40
괴를리츠
Görlitz
고타
Gotha
에어푸르트
Erfurt
예나
Jena
알텐부르크
Altenburg
드레스덴
Dresden
게라
Gera
켐니츠
Chemnitz
데친
Děčín
Zwickau
우스티
Usti
리베레츠
Liberec
풀다
Fulda
Suhl
테플리체
Teplice
Plauen
체스키라이
Cesky raj
테레진
Terezín
E65
Hof
흐라데츠크랄로베
Hradec Králové
프란티슈코비라즈녜
Františkovy Lázně
카를로비바리
Karlovy Vary
Schweinfurt
E48
헤프
Cheb
니슈보르
Nižbor
프라하
Praha
파르두비체
Pardubic
바이로이트
Bayreuth
카를슈테인성
Hrad Karlštejn
뷔르츠부르크
Würzburg
밤베르크
Bamberg
퀴츠클 크리스털
마리안스케라즈녜
Mariánské Lázně
쿠트나호라
Kutná Hora
E45
코노피슈테성
Zámek Konopiště
Erlangen
E51
플젠
Plzeň
체코
CZECH REPUBLIC
뉘른베르크
Nürnberg
Rothenburg
Amberg
E50
타보르
Tábor
이흘라바
Jihlava
Ansbach
E50
보헤미아 숲
Böhmerwald
스트라코니체
Strakonice
독일
GERMANY
텔치
Telč
레겐스부르크
Regensburg
체스케부데요비체
České Budějovice
홀라쇼비체
Holašovice
즈노이모
Znojmo
Donauwörth
잉골슈타트
Ingolstadt
E56
체스키크룸로프
Český Krumlov
E43
E53
울름
Ulm
E52
아우크스부르크
Augsburg
란츠후트
Landshut
파사우
Passau
츠베틀
Zwettl
크렘스
Krems
도나우강
뒤른슈타인
Dürnstein
린츠
Linz
멜크 수도원
Melk
Altötting
뮌헨
München
벨스
Wels
Donau
E60
Memmingen
Landsberg
Lambach
빈 숲
Wienerwald
Steyr
Amstetten
오베른도르프
Oberndorf
그문덴
Gmunden
장크트푈텐
St. Pölten
보덴호
Boden see
Lindau
Kempten
가르미슈 파르텐키르헨
Garmisch Partenkirchen
로젠하임
Rosenheim
E52
잘츠부르크
Salzburg
바트이슐
Bad Ischl
브레겐츠
Bregenz
티롤 지방
쿠프슈타인
Kufstein
아드몬트
Admont
키츠뷔엘
Kitzbühel
잘츠캄머구트
Salzkammergut
리히텐슈타인
LICHTENSTEIN
Zugspitze
2961
인스브루크
Innsbruck
첼암제
Zell am See
Radstadt
브루크안데어무어
Bruck an der Mur
오스트리아
AUSTRIA
E57
E45
장크트안톤
St.Anton
카프룬
Kaprun
알프스
바트 블루마우
Bad Blumau
레흐
Lech
브레너 고개
Brenner Pass
Hochfeiler
3510
Grossglockner
3797
그로스글로크너
알프스 산악 도로
Judenburg
그라츠
Graz
ALPEN
Friesach
E66
E55
리엔츠
Lienz
E59
Müstair
Merano
스위스
SWITZERLAND
볼차노
Bolzano
Cortina d'Ampezzo
필라흐
Villach
클라겐푸르트
Klagenfurt
Triglav
2863
Golnik
슬로베니아
SLOVENIA
E45
이탈리아
ITALIA
Trento
Udine
류블랴나
Ljubljana
E70
L. di Garda
E64
E55
Posotjna
비첸차
Vicenza
Treviso
Brescia
트리에스테
Trieste
베로나
Verona
파도바
Padova
베네치아
Venezia
아드리아해
Mare Adriatico
E70

체코 · 오스트리아 · 헝가리
Czech Republic · Austria · Hungary
0
100km
N
폴란드
POLAND
Ostrów Wlkp.
브로추아프
Wrocław
E40
E75
키엘체
Kielce
쳉스토호바
Częstochowa
오폴레
Opole
자모시치
Zamość
카토비체
Katowice
크라코프
Kraków
타르누프
Tarnów
제슈프
Rzeszów
오슈비엥침
Oświęcim
비엘리치카
Wieliczka
비엘스코비아와
Bielsko-Biała
오스트라바
Ostrava
프라이데크미스테크
Frýdek-Místek
올로모우츠
Olomouc
크로메르지시
Kroměříž
질리나
Žilina
Martin
브르노
Brno
즐린
Zlín
포프라드
Poprad
프레쇼프
Prešov
우크라이나
UKRAINE
호도닌
Hodonín
E65
트렌친
Trenčín
코시체
Košice
레드니체
Lednice
Senica
Banská Bystrica
우주고로트
Uzhgorod
슬로바키아
SLOVAKIA
발티체
Valtice
아그텔레크
Aggtelek
홀로하자
Hollóháza
트르나바
Trnava
니트라
Nitra
홀로쾨
Hollókő
미슈콜츠
Miskolc
토카이
Tokaj
브라티슬라바
Bratislava
비셰그라드
Visegrád
니레지하저
Nyíregyháza
노이지들러호
Neusiedlersee
에스테르곰
Esztergom
센텐드레
Szentendre
에게르
Eger
아이젠슈타트
Eisenstadt
코마롬
Komárom
바츠
Vác
E71
헝가리 대평원
페르퇴호 Fertő
죄르
Győr
괴될뢰성
Gödöllő
호르토바지
Hortobágy
데브레첸
Debrecen
쇼프론
Sopron
E60
파논할마
Pannonhalma
부다페스트
Budapest
부다페스트 리스트 페렌츠 국제공항
체글레드
Cegléd
E71
E75
솜버트헤이
Szombathely
베스프렘
Veszprém
세케슈페헤르바르
Székesfehérvár
솔노크
Szolnok
오라데아
Oradea
헤렌드
Herend
벌러톤퓌레드
Balatonfüred
절러에게르세그
Zalaegerszeg
시오포크
Siófok
케치케메트
Kecskemét
티하니
Tihany
헝가리
HUNGARY
Békéscsaba
케스트헤이
Keszthely
벌러톤호
Balaton
루마니아
ROMANIA
컬로처
Kalocsa
너지케니저
Nagykanizsa
카포슈바르
Kaposvár
섹사르드
Szekszárd
세게드
Szeged
아라드
Arad
페치
Pécs
Subotica
모하치
Mohács
Barcs
시클로시
Siklós
티미슈아라
Timişoara
빌라니
Villány
세르비아
SERBIA
크로아티아
CROATIA
Osijek
Reşiţa

BEST OF EASTERN EUROPE

베스트 오브 동유럽

동유럽 3개국 한눈에 보기

중세로의 시간 여행을 하는 듯한 프라하, 음악과 예술의 향기가 넘치는 빈,
다채로운 음식이 있고 야경이 특히 아름다운 부다페스트. 세 도시로 대표되는 동유럽의 대표 3개국
오스트리아, 체코, 헝가리는 각기 색다른 매력으로 여행자들의 발길을 불러들인다.

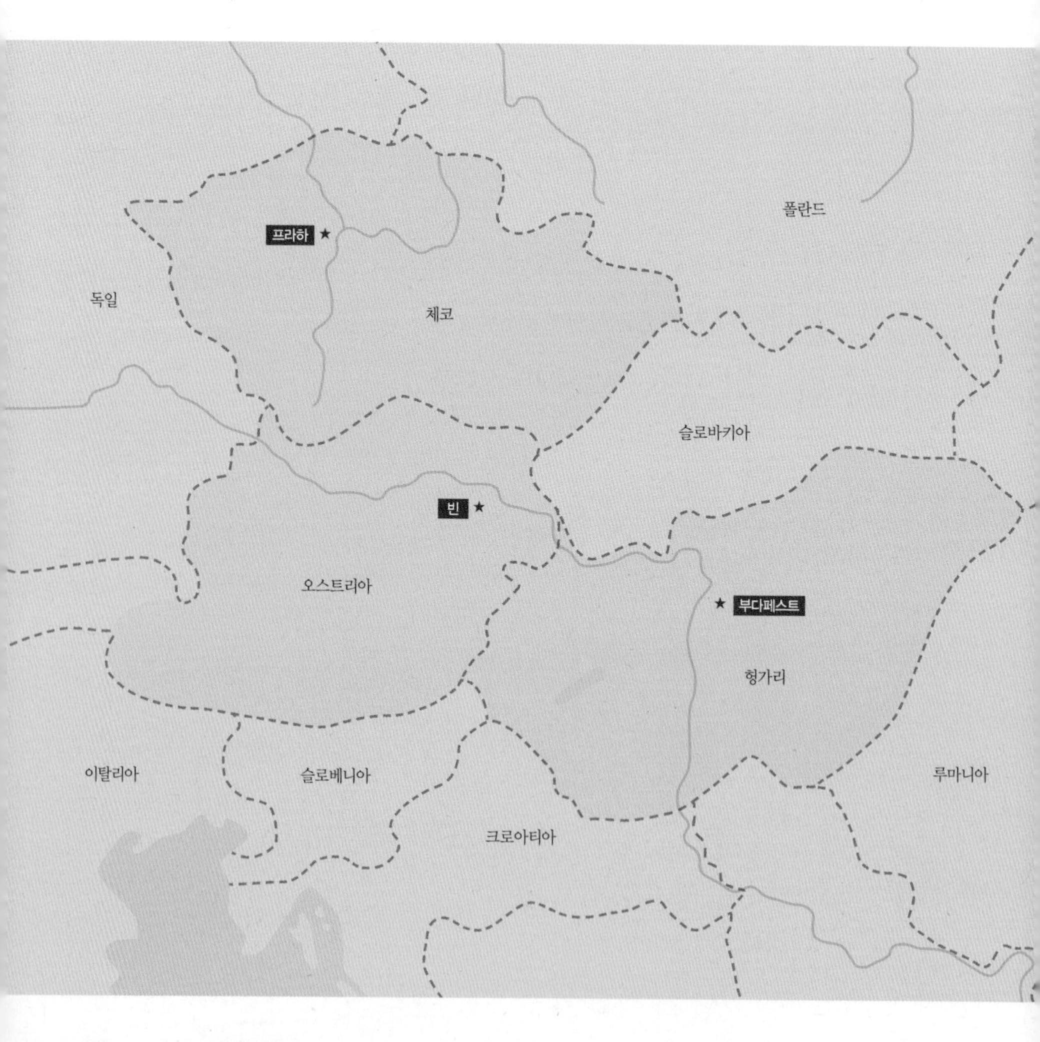

체코 CZECH REPUBLIC

로맨틱한 중세 도시
프라하

동화 같은 중세 마을
체스키크룸로프

신성 로마 제국의 보물로 가득
카를슈테인성

보헤미아 온천의 대표 마을
카를로비바리

옛 은광 도시
쿠트나호라

필스너 우르켈 맥주가 탄생한 곳
플젠

부드바 맥주의 탄생지
체스케부데요비체

문화유산으로 가득한 중세 도시
올로모우츠

바로크 양식의 정원으로 유명
크로메르지시

모라비아 지방의 와인 산지
레드니체와 발티체 문화 경관

오스트리아 AUSTRIA

문화와 예술의 중심
빈

낭만파 음악가의 도시
린츠

아름다운 자연 절경
잘츠캄머구트

도나우강 변의 와인 마을
바하우 계곡

우아한 중세 도시
그라츠

음악의 도시
잘츠부르크

티롤 알프스의 청정 도시
인스브루크

헝가리 HUNGARY

도나우강의 웅장한 도시
부다페스트

헝가리 건국의 역사가 있는 곳
도나우벤트

여행 포인트

지리적으로도 유럽의 한가운데에 위치해 있으며 서로 국경을 접하고 있기 때문에 국경을 넘나드는 여행 계획을 세우기에도 편리하다. 역사적으로 세 나라는 같은 제국에 속한 적도 있었기 때문에 빈에서 활약했던 세계적인 음악가와 화가들을 비롯해 이들 예술가를 후원한 빈의 귀족들 중에도 체코나 헝가리 출신이 많다.
체코, 오스트리아, 헝가리 3개국은 공통된 문화를 가지고 있는가 하면 개성 넘치는 독자적인 문화도 갖고 있어 여행의 즐거움이 배가된다. 여행을 하며 어떤 문화를 공유하고 있는지 또 독특하게 변화한 부분은 무엇이 있는지 찾아보는 것도 여행의 흥미를 더할 것이다. 예를 들면 헝가리에서 기원한 음식이 체코와 빈에서는 어떻게 변화했는지, 세계적인 도자기 헤렌드와 헤렌드의 기원인 아우가르텐의 차이를 살펴보는 것도 흥미롭다.

TIP 지리적 의미

유럽의 지도를 펼쳐놓고 보면 유럽의 동쪽 끝 러시아와 서쪽 끝 스페인 사이에 체코, 슬로바키아, 헝가리, 폴란드, 루마니아, 슬로베니아, 크로아티아, 보스니아헤르체고비나 등 수많은 나라들이 있다. 이 나라들은 제2차 세계대전 이후 사회주의 국가가 되었기 때문에 서유럽의 여러 나라로부터 차단되어 동유럽(동구권)이라 불렸다.

1989년 동서를 가로막은 베를린 장벽이 무너지면서 자연스럽게 서유럽과 동유럽을 구분하지 않게 되었다. 과거 사회주의 국가와 동일한 의미로 사용되던 동구권이라는 명칭은 이제는 주로 러시아와 흑해 가까이의, 지리적으로 동쪽에 위치한 유럽의 일부 나라에만 사용되고 있지만, 그것도 예전만큼은 아니다. 과거 서유럽 국가들과 국경을 맞대고 있는 나라들은 지리적으로 볼 때 유럽의 중앙에 위치해 있어 중유럽이라 불리기도 한다.

3개국 주요 도시 한눈에 보기

3개국 여행의 핵심 도시인 체코 프라하, 오스트리아 빈, 헝가리 부다페스트 여행에서 놓치지 말아야 할 핵심 포인트를 짚어본다. 관광 포인트, 음식, 와인과 맥주, 야경, 쇼핑 등 3개 도시의 특별한 매력을 찾아보자.

	프라하	빈	부다페스트
관광 포인트	구시가와 아름다운 프라하성	오페라 감상과 미술관들	왕궁과 야경
도시 경관	중세 거리와 건축물들	왕궁과 박물관들	부다 왕궁과 페스트 지구
음식	콜레노, 스비치코바	슈니첼(오스트리아식 돈가스)	굴라시
물가	서유럽보다 조금 저렴 Kč	서유럽과 비슷 €	서유럽보다 꽤 저렴 Ft
여행 소요기간	2~3일	2~3일	2일
쇼핑	크리스털 제품	아우가르텐 도자기	토카이 와인
대중교통	메트로, 트램, 버스	메트로, 트램, 버스	메트로, 트램, 버스
대중교통 앱	PID Litacka	Wien Mobil	BKK Futar
꼭 체험해볼 것	체코 맥주 맛보기	오페라 관람	야경 감상

3개국 여행에서 체험해보면 좋을 것들

예술을 사랑하는 여행자라면 음악가의 도시 빈에서 오페라 감상을, 잘츠부르크에서는 음악제를 꼭 체험해보자. 맥주를 좋아하는 여행자라면 프라하의 수도원 전통 맥주를 맛보고 맥주의 도시 플젠을 들러보는 것도 추천한다. 여행의 피로를 단숨에 풀 만한 곳을 찾는다면 부다페스트의 유서 깊은 온천을 즐기는 여유를 가져보자.

1

2

3

1 빈의 국립 오페라 하우스에서 오페라 관람하기

음악의 도시 빈의 국립 오페라 하우스는 1869년 모차르트의 〈돈 조반니〉를 성공적으로 초연한 이래 세계적 권위를 자랑하는 오페라 하우스로 명성이 높다. 구스타프 말러, 리하르트 슈트라우스, 카를 뵘, 헤르베르트 폰 카라얀, 로린 마젤, 클라우디오 아바도 등 세계적인 거장들이 음악 감독을 역임했다. 7월과 8월 외에는 1년 내내 공연이 열리므로 일정 중 꼭 한 번은 세계적인 오페라를 감상하는 시간을 갖자.

2 빈의 벨베데레 상궁에서 클림트의 〈키스〉 관람하기

합스부르크가의 미술 수집품들이 보관된 벨베데레 상궁은 19, 20세기 회화관으로 이용되고 있으며 구스타프 클림트, 에곤 실레, 오스카 코코슈카 등 걸출한 예술가의 작품이 전시되고 있다. 특히 클림트의 대표작 〈키스〉는 눈으로 직접 봐야 그 진가를 느낄 수 있는 필수 관람 작품이다.

3 빈 숲에서 호이리게 맛보기

오스트리아 여행의 즐거움 중 하나는 빈 숲 주변 마을인 하일리겐슈타트, 그린칭, 누스도르퍼에서 빈 특유의 분위기가 넘치는 선술집 호이리게에 들러 슈람멜(Schrammel)이라는 경쾌한 음악을 들으며 햇와인을 맛보는 것이다.

4 중앙 묘지에서 음악가들의 묘지 순례하기

빈 외곽에는 베토벤, 슈베르트, 브람스, 요한 슈트라우스 부자 등 빈에서 활약한 세계적인 음악가들이 잠들어 있는 중앙 묘지가 있다. 묘지라기보다는 일반 공원처럼 밝은 분위기여서 음악을 사랑하는 여행자들과 현지인들이 많이 찾으며 편안한 마음으로 산책을 하기에 좋다. 유명 음악가들의 삶과 작품을 떠올리며 가볍게 산책하듯 묘지를 둘러보자.

5 빈의 유서 깊은 카페에서 커피와 자허토르테 맛보기

빈에는 전통과 역사를 간직한 카페들이 즐비하다. 특히 자허토르테로 유명한 카페 자허, 클림트가 자주 찾은 첸트랄, 프란츠 요제프 황제가 자주 들른 데멜 등 카페 투어만으로도 충분히 즐거운 곳이다.

6 잘츠부르크 음악제 구경하기

매년 여름 열리는 잘츠부르크 음악제는 세계적인 음악가들이 다채로운 공연을 펼치는 음악 축제다. 무료 공연도 많으며, 빈 필하모닉 오케스트라의 공연 등 잘츠부르크 곳곳에서 다양하고 수준 높은 공연들이 열린다. 잘츠부르크를 여름에 방문한다면 꼭 구경해보자.

7 사운드 오브 뮤직의 장소 돌아보기

잘츠부르크와 잘츠캄머구트에는 미라벨 정원, 논베르크 수도원, 레오폴츠크론성 등 영화 〈사운드 오브 뮤직〉의 배경 장소들이 곳곳에 있다. 잘츠부르크 미라벨 정원 근처에서 출발하는 '사운드 오브 뮤직 투어'에 참가해서 영화의 배경이 된 장소들을 돌아본다.

8 잘츠캄머구트의 진주, 할슈타트에서 인생 사진 찍기

잘츠부르크 동쪽 일대의 잘츠캄머구트는 아름다운 산과 호수를 품은 지역이다. 그중에서도 할슈타트는 특히 아름답기로 손꼽히는 곳인데, 초록 산비탈을 따라 층층이 모여 있는 구시가의 주택과 성당, 잔잔한 호수를 배경으로 사진을 찍으면 누구에게나 부러움을 살 만한 인생 사진을 남길 수 있다.

9

9

9 티롤 알프스 트레킹 즐기기

오스트리아 인스브루크는 동계 올림픽이 두 번이나 개최된 곳답게 아름다운 알프스의 산과 산을 이어주는 트레킹 코스가 다양하다. 맑은 공기와 아름다운 풍경을 즐기며 순조로운 트레킹을 즐겨보자.

10 프라하의 야경 감상하기

유럽 3대 야경 중 하나로 꼽히는 프라하의 야경을 보지 않으면 프라하를 온전히 즐겼다고 볼 수 없다. 카를교에서 바라보는 프라하성, 구시가지 광장에서 감상하는 중세 건축물의 아름다운 광경을 놓치지 말자.

10

11 수도원 맥주, 필스너 우르켈 등 체코의 전통 맥주 맛보기

체코는 맥주의 나라이기도 하다. 플젠의 필스너 우르켈, 체스케부데요비체의 부드바 그리고 프라하의 스트라호프 수도원에서 만드는 수도원 맥주 등 다양한 체코 맥주를 즐겨본다.

11

12 중세 도시 체스키크룸로프에서 시간 여행하기

체스키크룸로프는 중세 모습이 가장 잘 보존된 도시로 유명하다. 눈 돌리는 곳마다 멋진 사진의 배경이 되는 구시가 풍경과 구시가를 감싸고 흐르는 강변 풍경이 마치 시간 여행을 하는 듯하다. 체스키크룸로프성에서 바라보는 구시가는 한 폭의 중세 풍경화와 다름없다. 여유롭게 산책하듯 거닐면서 추억의 사진을 남기도록 하자.

12

13 부다페스트 야경 감상하기

부다페스트는 체코 프라하와는 또 다른 야경을 선사한다. 진중하고 부드러운 부다페스트의 야경은 세체니 다리 주변이나 어부의 요새, 겔레르트 언덕 등에서 바라보면 각기 다른 구도와 아름다움을 보여준다.

13

14 부다페스트 온천 즐기기

부다페스트는 오랜 역사와 전통을 가진 온천들이 도시 곳곳에 자리 잡고 있다. 세체니 온천을 비롯해 겔레르트 온천 등 아름다운 건물에 들어선 온천에서 우아하고 여유로운 휴식을 취하며 여행의 피로를 푸는 시간을 가져본다.

14

15 부다페스트 전통 와인, 토카이와 황소의 피 맛보기

헝가리의 귀부 와인인 토카이와 헝가리 군대의 용맹함을 상징하는 황소의 피(에그리 비커베르) 와인은 대표적인 헝가리 와인이다. 토카이는 '군왕의 포도주, 포도주의 군왕'이라고 불릴 정도로 그 맛이 각별하므로 꼭 마셔보자.

15

동유럽을 관통하는 도나우강

독일 남부 검은 숲에서 발원해서 독일, 오스트리아, 슬로바키아, 헝가리, 크로아티아, 세르비아, 불가리아, 루마니아, 우크라이나 등을 거쳐 흑해로 흘러드는 도나우강(독일어로는 도나우Donau, 헝가리어로는 두너Duna, 영어로는 다뉴브Danube)은 그 길이가 무려 2,860km로 유럽에서 두 번째로 긴 장대한 강이다. 강을 따라 유럽의 주요 수도와 도시들이 자리 잡으면서 다양한 문명이 번성했다.

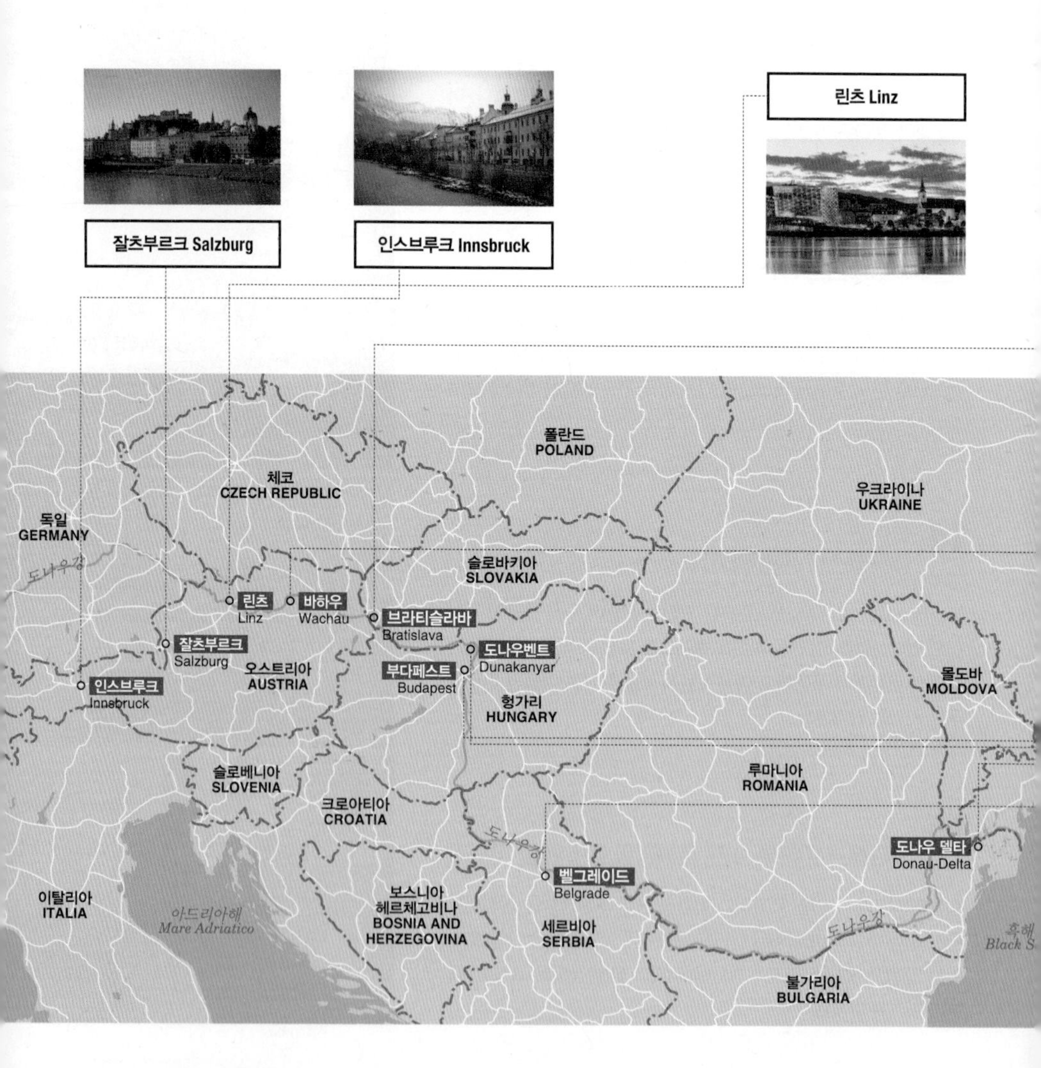

오스트리아에서 슬로바키아까지

오스트리아의 가장 서쪽에 있는 인기 여행지 인스브루크를 가로질러 흐르는 인(Inn)강은 흘러 흘러 도나우강에 합류한다. 또한 잘츠캄머구트의 모차르트 도시 잘츠부르크를 흐르는 잘차흐강도 도나우강으로 흘러든다. 이후 린츠와 오스트리아 와인 산지 바하우 계곡, 음악의 수도 빈을 가로지르며 오스트리아를 지나 슬로바키아의 수도 브라티슬라바에 이른다. 빈에서 기차로 1시간 거리에 있는 브라티슬라바의 구시가는 규모가 작아 당일치기 여행으로도 적절하다.

브라티슬라바 Bratislava

바하우 Wachau

부다페스트 Budapest

슬로바키아에서 루마니아까지

슬로바키아 땅을 가로질러 흐르다가 헝가리 국경을 따라 흘러가는 도나우강은 도나우벤트의 역사적 도시들인 에스테르곰, 비셰흐라트, 센텐드레 등을 거쳐 부다페스트로 방향을 튼다. 부다 지구와 페스트 사이를 흐르는 도나우강은 부다페스트의 경관을 한층 아름답고 웅장하게 만든다. 특히 세체니 다리를 건너며 바라보는 부다페스트는 장엄한 중세의 파노라마와도 같다. 도나우강을 따라 조금 더 여행을 이어갈 거라면 세르비아의 수도 베오그라드와 루마니아의 도나우 델타(삼각주) 지역으로 향하자. 특히 도나우 델타는 무려 5,000km²의 면적을 지닌 자연의 보고이자 루마니아 어부들의 삶의 터전이기도 한 장대한 풍경들을 보여준다.

음악과 함께하는 여행

도나우강을 따라 여행하면서 오스트리아의 작곡가 요한 슈트라우스 2세가 작곡한 유명한 왈츠 〈아름답고 푸른 도나우강〉을 감상하는 것도 잊지 말자.

도나우 델타 Donau-Delta

벨그레이드 Belgrade

도나우벤트: 에스테르곰, 비셰흐라트, 센텐드레

3개국 인생 사진 촬영지

3개국 대표 도시들의 인생 사진 포인트를 알아보자. 초행길인 여행자도, 사진 찍는 데 소질이 없는 여행자도 이곳에 서라면 멋진 인생 사진을 남길 수 있다. 인물의 위치를 여행지의 경관과 잘 어우러지도록 잡아야 한다는 점, 빛이 아름다운 이른 아침이나 늦은 오후, 해 질 녘에 가장 멋진 장면을 남길 수 있다는 점만 기억하자.

- 체코 -

CZECH REPUBLIC

프라하 카를교 & 카를교 교탑

프라하 구시가지 방향에 있는 카를교 교탑과 그 아래 카를교 주변에서 바라보는 프라하성과 블타바강 풍경이 환상적이다. 프라하성을 배경으로 인물 사진을 찍기에도 좋은 위치다. 특히 교탑에 오르면 발 아래로 카를교와 블타바강 그리고 프라하성과 성 주변 구시가가 한눈에 펼쳐진다.

프라하 구시청사 전망대

구시가지 광장에 있는 구시청사 탑 전망대에 오르면 구시가 광장과 틴 성모 마리아 교회를 비롯해 구시가 지붕들이 시원스럽게 펼쳐지는 광경을 배경으로 멋진 사진을 찍을 수 있다.

프라하 스트라호프 수도원 앞

스트라호프 수도원은 프라하 전경을 조망할 수 있는 언덕 꼭대기에 있다. 수도원 입구에 있는 작은 정원 앞이나 그 아래쪽 페트린 공원으로 이어지는 도로에서 보는 프라하성, 블타바강 그리고 구시가의 전경이 한 편의 파노라마처럼 펼쳐진다.

체스키크룸로프성 (망토 다리, 성의 탑)

중세의 시간이 머물러 있는 체스키크룸로프는 프라하 다음으로 인기 있는 체코 여행지다. 구시가 구석구석이 촬영 스폿이며, 특히 체스키크룸로프성의 탑 전망대에서 보는 구시가 풍경과 성의 망토 다리에서 내려다보는 구시가와 성의 탑 그리고 블타바강이 어우러진 풍경은 압권이다.

체스키크룸로프 구시가의 자흐라다 공원

체스키크룸로프 구시가 내에서는 호텔 루제 앞에 있는 자흐라다 공원에서 바라보는 체스키크룸로프성 전경과 구시가의 지붕 풍경이 특히 아름답다. 이른 아침 햇살이 비칠 때의 모습이 가장 인상적이다.

- 오스트리아 -

AUSTRIA

잘츠부르크의 미라벨 정원

영화 〈사운드 오브 뮤직〉의 배경이기도 한 아름다운 미라벨 정원은 기하학적 무늬로 수놓은 꽃들과 다양한 조각상, 분수 그리고 멀리 호엔잘츠부르크 요새가 어우러진 잘츠부르크에서 가장 아름다운 사진 스폿이다.

잘츠부르크 바슈타이 요새

잘차흐강을 사이에 두고 잘츠부르크 구시가와 마주 보고 있는 바슈타이 요새에 오르면 잘차흐강과 잘츠부르크 구시가, 호엔잘츠부르크 요새 그리고 주변의 산들까지 한눈에 감상할 수 있다. 카푸치너베르크 길을 따라 가다가 만날 수 있는 바슈타이 요새는 카푸치너 수도원 아래로 구시가를 한눈에 감상할 수 있는 최고의 전망 포인트다.

바하우 계곡 뒤른슈타인 요새

빈 근교 도나우강 변을 따라 이어지는 바하우 계곡은 아름다운 자연과 포도밭 그리고 마을이 수놓아진 유네스코 세계유산 지역이기도 하다. 바하우 계곡의 여러 마을 중에서 뒤른슈타인은 사자왕 리처드의 전설이 깃든 폐허가 된 요새가 남아 있다. 요새에 올라가면 도나우강과 주변 산들과 마을, 계곡이 시원스럽게 펼쳐져 최고의 사진을 찍을 수 있다.

잘츠캄머구트 할슈타트 호수 마을과 할슈타트 스카이워크, 벨트에르베블릭(Welterbeblick)

잘츠캄머구트에서 가장 아름다운 마을로 손꼽히는 할슈타트는 잘츠부르크 여행 시에 들르면 좋다. 잔잔한 호숫가 산비탈을 따라 형성된 구시가가 특히 아름답다. 할슈타트 마을 전경을 가장 예쁘게 찍을 수 있는 포인트는 두 군데 있다. 첫 번째는 마을 입구에 있는 선착장 호숫가, 두 번째는 구시가를 가로질러 들어가면 닿을 수 있는 마을의 뒤편이다. 이 촬영 스폿에 올라서면 마치 기념품 엽서처럼 훌륭한 앵글로 사진을 찍을 수 있다.
또한 소금 광산을 오르는 푸니쿨라를 타고 올라가면 할슈타트 호수와 잘츠캄머구트의 아름다운 산봉우리들이 발아래 펼쳐지는 벨트에르베블릭 전망대도 훌륭한 촬영 스폿이다.

쇤부른 궁전 글로리에테

빈의 쇤부른 궁전에는 드넓은 정원과 화려한 궁전 내부 시설은 물론 프러시아와의 전쟁에서 거둔 승리를 기념하고 황제 군대의 영광을 상징하는 글로리에테라는 건축물이 있다. 1780년대에는 만찬 장소로 이용되었고, 현재는 노천카페 겸 전망대 역할을 하고 있다. 언덕 위에 세워진 웅장한 글로리에테 전망대에 오르면 쇤부른 궁전의 정원과 궁전 건물 그리고 저 멀리 펼쳐진 빈의 전경을 한눈에 감상할 수 있다.

- 헝가리 -

HUNGARY

부다페스트 어부의 요새

국회 의사당이 있는 페스트 지구와 도나우강이 한눈에 내려다보이는 전망 포인트로, 어부의 요새에 위치한 카페에서 차 한잔하며 바라보는 풍경도 아름답다. 헝가리 신혼부부의 웨딩 사진 촬영 단골 장소이기도 하다.

부다페스트 세체니 다리

부다 왕궁과 어부의 요새 등 부다 지구를 조망하기에 좋은 최고의 장소가 바로 페스트 지구의 세체니 다리 주변이다. 이곳에서 보는 낮의 풍경도 아름답지만, 특히 은은하면서도 장중함이 느껴지는 야경은 너무도 근사하다.

부다페스트 겔레르트 언덕 치터델러와 자유의 여신상

겔레르트 언덕은 부다 지구와 도나우강 그리고 페스트 지구까지 모두 볼 수 있는 조망 포인트다. 주간에 보는 풍경은 물론 밤이 되면 펼쳐지는 은은한 야경도 아름답다. 제법 높은 언덕에 있어 버스와 도보를 이용해 가야 하지만, 그 수고가 아깝지 않을 정도로 멋진 전망을 선사한다.

세기말 예술

19세기 말에서 20세기로 넘어가는 과도기에 서구 세계를 중심으로 출현한 세기말 예술은 르네상스 이래 서양의 전통적 미학을 해체하고 20세기 현대 예술의 모체가 된 예술 사조다. 특히 체코, 오스트리아, 헝가리를 중심으로 활발하게 활동한 세기말 예술의 대표 작가와 작품을 알아두면 여행이 한층 풍성해질 것이다.

세기말 예술(Dekadeng Kunst)이란?

낭만주의가 종언을 고한 19세기 말은 현대적 예술로 넘어가는 과도기였다. 당시의 예술에는 인생의 희망을 상실한 채 퇴폐한 삶을 즐기는 풍조가 고스란히 드러난다. 모든 신앙과 권위가 추방되고 우상은 파괴되었다. 아무것도 믿지 않으려는 회의적 사상이 세기말에 이르러 극도로 팽배했고, 그 결과 데카당적 경향이 예술에까지 스며들었다. 데카당적 예술가들은 자신의 시대를 부정적인 스펙트럼에서 몰락으로 봤으며 '도덕적 기준보다는 심미적 기준을 우선시'하며 기존 사회에 대한 강한 반감과 회의감을 예술로 승화시켰다. 흔히 퇴폐적인 것을 세기말적이라고 칭하지만, 세기말 예술은 예술지상주의, 퇴폐주의 그리고 상징주의까지 포함하고 있다. 세기말 예술은 새로운 예술을 뜻하는 아르누보(Art Nouveau)에서 유겐트슈틸(Jugentstil) 양식으로 이어진다.

세기말 예술의 대표 작가와 작품

구스타프 클림트
Gustav Klimt 1862~1918년

빈의 아르누보 미술의 거장

오스트리아 상징주의 화가로 뛰어난 재능을 발휘한 클림트는 빈의 아르누보 미술의 거장이자 빈 분리파를 결성한 장본인이기도 하다. 빈 근교의 바움가르텐에서 태어난 그는 보헤미아 출신의 귀금속 세공사이자 조각가였던 아버지의 수공예품을 보며 성장했다. 18세의 나이에 빈 역사 박물관의 장식을 맡아 이름을 알리기 시작했고, 빈 시립 극장과 미술사 박물관의 계단에 그의 벽화들이 남아 있다. 초기 작품은 19세기 후반의 전형적인 아카데미 회화를 보여주지만, 이후 독창적인 아르누보 스타일의 고도의 장식적인 양식을 표현한다. 노골적인 에로티시즘으로 유명하며 1906년 '오스트리아 화가 연맹'을 결성하고 활발하게 활동했다.

빈의 벨베데레 상궁에는 〈키스〉를 비롯한 그의 다수의 작품들이 전시되고 있으며, 레오폴트 박물관에서도 만날 수 있다. 대표작으로는 〈키스〉, 〈유디트〉, 〈아델레 블로흐-바우어의 초상〉, 〈베토벤 프리즈〉, 〈다나에〉, 〈죽음과 삶〉 등이 있다.

에곤 실레
Egon Schiele 1890~1918년

오스트리아의 대표적인 표현주의 화가

1906년 빈 미술 아카데미에 입학했으나 보수적 성향의 학교에 반발해서 '새로운 예술가 그룹'을 결성하고 학교를 그만둔다. 이후 클림트와 교류하며 큰 영향을 받는다. 특히 그의 어머니는 체코 남부 보헤미아의 체스키크룸로프 출신이었다. 빈에서 벗어나 체스키크룸로프에 가서 작품 활동을 하다가 10대 소녀들을 모델로 고용한 것을 좋지 않게 생각한 마을 사람들에 의해 쫓겨난다. 이후 유럽의 여러 도시에서 성공적인 전시회를 열었고 빈으로 돌아와서 작품 활동에 집중한다. 1918년 지독한 스페인 독감으로 사망하는데 그의 나이는 불과 28세였다.

체스키크룸로프에는 에곤 실레 아트 센터가 있어 실레의 작품을 전시하고 있으며 빈의 벨베데레 상궁, 레오폴트 박물관도 그의 작품을 소장하고 있다. 대표작으로는 〈게르티 실레의 초상〉, 〈앉아 있는 남성 누드(자화상)〉, 〈꽈리열매가 있는 자화상〉, 〈은둔자들〉, 〈죽음과 여인〉, 체스키크룸로프를 그린 〈활모양으로 늘어선 집들 또는 고립된 도시〉, 〈네 그루의 나무들〉, 〈포옹〉, 〈가족〉 등이 있다.

오스카 코코슈카
Oskar Kokoschka 1886~1980년

화필의 점술가라고 불린 화가

도나우의 푀히라운에서 출생한 오스트리아의 표현주의 화가이자 극작가이며 구스타프 클림트가 지도하는 '빈 아틀리에'에서 환상적인 작풍의 판화와 그림책 등을 제작했다. 인물의 외면과 심리를 묘사할 뿐만 아니라 운명까지 예언한다는 평을 받아 '화필의 점술사'라 불리기도 했다. '예술은 언어와 같아서 자아로부터 타아(他我)에의 사자(使者)다' 라는 말로 자신의 신념을 나타냈다. 모던 빈(Wiener Modern)의 화가로서 보수파가 우세한 빈 사회에 염증을 느끼고 프라하와 영국으로 망명 생활을 했다. 이후 스위스에 정착해서 살다가 몽트뢰에서 94세의 나이로 영면했다. 대표작으로는 〈바람의 신부〉, 〈아돌프 로스의 초상화〉, 〈자화상〉, 〈당뒤미디〉 등이 있다.

빈의 벨베데레 상궁의 '비엔나 1880~1914'관에서는 그의 작품을 비롯해 아르누보의 황금기를 구가한 클림트와 실레의 작품들도 함께 감상할 수 있다. 또한 빈의 레오폴트 박물관에도 그의 작품이 소장되어 있다.

알폰스 무하
Alphonse Mucha 1860~1939년

세기말의 보헤미안

아르누보를 대표하는 체코의 화가. 1894년 프랑스 파리에서 데뷔해서 잡지와 광고 삽화를 그리며 생활했다. 유명 배우 사라 베르나라의 연극인 〈지스몽다(Gismonda)〉의 광고용 포스터를 만들면서 유명세를 얻는다. 조각가 로댕을 만나 조각을 만들기도 했으며 1910년 프라하로 돌아와 조국 체코를 위해 걸작들을 남겼다. 20세기 초 프라하는 도시의 확대와 근대화라는 변화의 물결 속에서 화려한 장식과 대담한 조각으로 꾸민 아르누보 양식의 건축물들이 무수히 건설된다. 아르누보 양식의 건축을 대표하는 프라하 시민 회관의 '시장의 방'도 무하의 작품이다. 또한 체코 프라하성 안에 있는 성 비투스 대성당 왼쪽 면에는 무하가 제작한 스테인드글라스가 있다. 스테인글라스는 일반적으로 조각난 색유리를 조합해 완성하는 반면, 무하는 유리에 직접 그린 후 가공하는 방식으로 마무리하였다. 그의 작품은 극도로 이상화된 여성과 그를 장식하는 상징적인 이미지들로 구성되고, 배경과 장식에 특히 정성을 쏟아 섬세하고 아름다운 느낌을 내는 것이 특징이다. 대표작으로는 〈백일몽〉, 〈사계: 봄, 여름, 가을, 겨울〉, 〈보헤미아의 노래〉, 〈황도 12궁〉 등이 있으며, 연극 〈메데〉, 발레 팬터마임 〈히아신스 공주〉 포스터의 삽화를 그리기도 했다. 프라하 무하 박물관에서도 역시 그의 작품을 감상할 수 있다.

오토 바그너
Otto Wagner 1841~1918년

빈의 대표적인 건축가

빈 교외 펜칭(Penzing) 출신의 오스트리아 건축가로 빈의 조형 미술 아카데미를 졸업하고 빈 시가 철도의 역사와 철교 등의 설계를 맡아 작업했다. 1899년 빈 분리파의 멤버로 참여하기도 했으며, 대표작인 카를스플라츠 역사는 빈의 세기말 양식인 유겐트슈틸(아르누보)을 대표하는 걸작으로 손꼽힌다. 1906년에 건설된 우편 저금국은 세기말 양식의 특징 중 하나인 곡선미에서 탈피해서 근대 건축의 시작을 알린 작품으로 평가받는다. 그는 《근대건축》이라는 책을 썼고, 철골과 유리라는 건축 소재를 격찬하며 쓸데없는 장식을 배제한 '필요 양식'을 제창해서 기능주의의 선구자가 되었다. 그 외 대표작으로는 마욜리카 하우스, 에른스트 푸크스 박물관, 슈타인호프 교회 등이 있다.

아돌프 로스
Adolf Loos 1870~1933년

장식을 거부한 혁신적인 근대 건축가

20세기 유럽 현대 건축사에서 가장 중요한 인물 중 한 명으로 손꼽히는 합리주의 건축가다. 체코 브르노에서 태어나 빈과 뉴욕 등에서 다양한 삶을 경험하고 다시 빈으로 돌아와 상류층의 후원을 받으며 활발한 작품 활동을 하게 된다. 그는 "장식은 범죄다"라고 주장한 것으로도 유명하며, 자신의 저서인 《장식과 범죄》에서 오스트리아의 아르누보 양식인 제체시온의 화려하고 장식적인 스타일을 비판했다. 가장 유명한 건축물은 바로 호프부르크 왕궁 앞의 미하엘 광장에 자리한 로스하우스(Looshaus)다. 당시로서는 상상도 할 수 없을 만큼 단조로운 창문과 대리석 기둥으로 이루어진 이 건축물이 화려한 호프부르크 왕궁 맞은편에 자리하면서 건축계에는 엄청난 반향이 일어났다. 사람들은 흉물이라고 조롱을 하기도 했고, 황제는 이 건물이 보기 싫어서 왕궁으로 들어가는 미하엘 문을 이용하지 않고 다른 문을 이용했다는 일화가 전해지기도 한다. 하지만 건축계에 전환점을 불러온 혁신적인 건축물로 평가받으며 현재까지 은행 건물로 사용되고 있다. 그 외의 대표작으로는 슈타이너 하우스, 파리의 차라 저택, 프라하의 뮐러 저택(Villa Müller) 등이 있다.

요제프 마리아 올브리히
Joseph Maria Olbrich 1867~1908년

빈 분리파의 선구자

오스트리아의 건축가이자 빈 분리파의 선구자 중 한 명이다. 빈 응용 미술 대학, 빈 미술 아카데미에서 건축을 전공했으며 건축가 오토 바그너의 수석 조수로 발탁되기도 했다. 1897년 클림트, 요제프 호프만 등과 함께 빈 분리파 설립에 참여했고 1897년부터 1898년까지 빈 분리파 전시관, 제체시온의 설계를 맡았다.

그 외 세기말 예술과 관련 있는 명소

위에 소개한 빈, 프라하의 주요 명소 외에도 부다페스트에서도 세기말 예술과 관련된 관광 명소를 쉽게 발견할 수 있다. 부다페스트에는 주로 건축과 공예와 관련해 눈에 띄는 작품들이 있다. 외된 레흐너(Ödön Lechner, 1845~1916년)가 건축한 공예 미술관, 우편 저금국, 지질학 박물관 건물들은 지붕이나 벽면에 졸너이 공방에서 만든 타일을 사용해서 마자르풍 분위기가 강하게 풍긴다. 졸너이 도자기는 건축 자재뿐만 아니라 식기와 공예품에도 제체시온을 도입했다. 또한 20세기 초에 건설된 그레셤 궁전(Gresham Palace, 현 포시즌스 호텔 그레셤 팰리스)은 지그몬트 퀴트너(Zsigmond Quittner, 1859~1918년)가 건축했는데 로비의 벽과 바닥에 졸너이 타일이 사용되었다.

음악가를 따라가는 여행

오스트리아, 체코, 헝가리 3국에는 유럽의 대표적 음악가들이 작품 활동을 하거나 휴양을 하기 위해 찾은 명소들이 곳곳에 있다. 이들의 삶의 흔적을 좇아 작품 속 배경이나 활동 무대를 따라가보는 것도 여행의 색다른 즐거움이다.

볼프강 아마데우스 모차르트
Wolfgang Amadeus Mozart 1756~1791년

오스트리아에서 태어난 음악의 신동

오스트리아 잘츠부르크 출신 음악가로 알레그로 몰토(Allegro Molto)의 열정적인 삶을 살다가 빈에서 사망한 천재 고전 음악 작곡가다. 35년의 생애 동안 수많은 교향곡, 오페라, 협주곡, 소나타 등을 작곡했다. 아버지와 함께 어린 시절부터 유럽의 곳곳을 여행하며 작품 활동에 집중했다. 음악사에서 가장 위대한 음악가 중 한 사람으로 '음악의 신동'이라 불리며 존경받고 있다.

잘츠부르크의 게트라이데 거리에 있는 모차르트 생가는 잘츠부르크 여행의 필수 코스이며, 미라벨 정원 앞에는 그와 가족들이 살았던 모차르트의 집도 있다. 빈의 슈테판 대성당은 그의 장례 미사가 진행된 곳이기도 하다. 빈 중앙 묘지에 있는 음악가들의 묘지 한가운데에 모차르트 기념비가 세워져 있지만, 실제로는 구시가와 중앙 묘지 중간에 있는 마르크스 묘지에 묻혀 있다.

루트비히 판 베토벤
Ludwig van Beethoven 1770~1827년

빈에서 주로 활동한 천재 음악가

'음악의 성인(聖人)' 또는 '악성(樂聖)'이라는 별칭처럼 전 세계인의 존경과 사랑을 받고 있는 독일의 서양 고전 음악 작곡가다. 독일 본에서 태어나 성인이 된 이후는 대부분 오스트리아 빈에서 살았다. 17세이던 1787년 수도 빈으로 여행을 떠나는데, 모차르트를 만나기 위해서라는 이야기가 전해진다. 모차르트를 만난 베토벤은 즉흥곡으로 자신의 실력을 뽐냈고, 모차르트는 감탄하면서 친구들이 모여 있는 옆방으로 달려가 "저 사내를 잘 지켜보게. 나보다 유명하게 될 존재가 나타났다네"라고 외쳤다는 일화는 유명하다. 이 일화는 사실 뚜렷한 근거는 없고 모차르트의 전기 작가인 오토 얀(Otto Jahn)을 통해 전해진 일화다. 1796년 중부 유럽의 문화 중심지인 프라하, 드레스덴, 라이프치히, 베를린 등을 여행하며 작곡과 공연 활동을 이어갔다. 빈에서 주로 지냈으나 청력이 악화되면서 의사의 조언에 따라 빈 외곽에 있는 하일리겐슈타트에서 휴양을 하며 〈교향곡 9번〉을 완성한 것으로 알려져 있다. 베토벤은 청력을 거의 상실하고 나서 훗날 '가곡의 왕'이라 불리는 프란츠 슈베르트와 만난 적이 있는데 그의 재능에 감탄했다고 한다. 감기와 폐렴으로 인한 합병증으로 투병하다가 57세의 나이에 빈에서 생을 마감했다. 빈의 중앙 묘지에 그의 무덤이 있다. 대표작으로는 〈교향곡 5번〉, 〈교향곡 6번〉, 〈교향곡 9번〉, 〈비창 소나타〉, 〈월광 소나타〉 등이 있다.

프란츠 요제프 하이든
Franz Joseph Haydn 1732~1809년

빈 마리아힐프 성당 (Catholic Church Mariahilf)에 있는 하이든 동상

교향곡의 아버지

오스트리아 로라우 출생의 작곡가로 교향곡의 아버지로 불리는 그는 18세기 후반 빈 고전파의 중심 인물 중 한 명이다. 106곡의 교향곡, 68곡의 현악 4중주곡 등 고전 시대 기악곡의 전형을 만들고, 제1악장에서 소나타 형식을 완성했다. 8살의 나이에 빈 성 슈테판 대성당의 합창단에 뽑혀서 소년 소프라노로 탁월한 기량을 뽐냈으며 모차르트와도 교류하고 독일 본에서는 젊은 베토벤을 만나 잠시 그에게 음악을 가르치기도 했다. 그의 작곡 활동은 크게 세 시기로 구분한다. 특별한 개성이 없는 초기 작품 시기인 1760년경까지의 빈 시기, 고전파의 현악 4중주 구조를 완성하며 전 유럽에 명성을 알린 1760~90년대의 아이젠슈타트와 에스테르하지 시기, 1790년대 이후 에스테르하지 후작의 사망으로 빈으로 이주해서 만년의 미사곡 〈천지창조〉, 〈사계〉 등을 창작한 시기다. 1809년 빈에서 77세의 나이로 사망했고 가족들은 그의 유언대로 교회가 아닌 가문의 묘에 안장한다. 빈 서역에서 멀지 않은 하이든 거리(Haydngasse) 19번지에 하이든이 만년을 보낸 하이든하우스(Haydnhaus)가 자리하고 있다.

요한 슈트라우스 2세
Johann Strauss II 1825~1899년

왈츠의 왕

오스트리아 빈 출생의 작곡가로 '왈츠의 왕'이라는 별명으로 불리며, 역시 작곡가인 요한 슈트라우스 1세의 아들이다. 아버지의 반대를 무릅쓰고 음악가의 길을 걸었으며 1874년 빈에서 초연된 오페레타 〈박쥐〉는 빈 오페레타의 최고 걸작이 되었다. '왈츠의 왕'답게 500곡이 넘는 왈츠, 폴카 등을 남겼으며 왈츠 〈남국의 장미〉, 〈황제 원무곡〉, 폴카 〈피치카토 폴카〉 등이 유명하다. 그는 1866년 당시 보오 전쟁(1866년 독일 통일 방식을 둘러싸고 일어난 프로이센과 오스트리아의 전쟁)에서 패배하고 사기가 떨어진 오스트리아와 빈 시민의 마음에 위로와 빛이 되어줄 곡을 의뢰받고 〈아름답고 푸른 도나우강〉을 1867년에 완성한다. 그다음 해에는 대표적인 빈의 왈츠이며 뛰어난 묘사 음악으로 손꼽히는 〈빈 숲속의 이야기〉를 작곡한다. 빈 시내에 있는 시립 공원 한가운데에 바이올린을 켜고 있는 그의 동상이 우아하게 서 있다.

프란츠 슈베르트
Franz Peter Schubert 1797~1828년

가곡의 왕

신성 로마 제국 빈의 교외 리히텐탈에서 태어나 너무나 젊은 나이인 31세에 오스트리아 제국 빈에서 사망한 작곡가로 음악사의 최고봉 중 한 명이다. 19세기 독일 리트(가곡) 형식의 창시자이며 관현악곡, 교회 음악, 실내악, 피아노곡 등 수많은 명작을 남겼다. 짧은 31세의 인생 동안 600여 편의 가곡, 13편의 교향곡, 소나타, 오페라 등을 작곡하며 '가곡의 왕'이라 불렸다. 평소에 베토벤을 존경하던 소심한 성격의 그가 용기를 내 1827년 그를 만나 자신의 악보를 보여주게 되고, 베토벤이 이 악보를 보고 감탄을 금치 못한 일화는 유명하다. 그로부터 1년 뒤인 1828년 알 수 없는 병에 걸려 몸져눕게 되었고 병세가 악화되어 결국 31세의 젊은 나이에 요절한다. 아버지는 유해를 교회에 묻으려 했으나 슈베르트를 돌보던 둘째 형 이그나츠가 평소에 존경하던 베토벤 옆에 묻어주자고 제안했다. 결국 빈 중앙 묘지의 베토벤 무덤 바로 옆에 나란히 묻히게 된다. 주요 작품으로는 피아노 5중주곡 〈송어〉, 교황곡 제8번 〈미완성〉, 가곡 〈아름다운 물방앗간의 처녀〉, 〈겨울 나그네〉, 그의 사후에 발행된 작품집 〈백조의 노래〉 등이 있다.

안토닌 레오폴트 드보르자크
Antonín Leopold Dvořák 1841~1904년

체코 민족주의 음악을 세계에 알린 인물

낭만주의 시대에 활동한 체코의 작곡가로 스메타나에 의해 확립된 체코 민족주의 음악을 세계적으로 만든 음악가다. 1841년 체코의 넬라호제베스에서 출생, 16세에 프라하의 오르간 학교에 입학해서 음악가의 길을 걷기 시작했고, 1862년 국민 극장이 건설될 때까지 임시 극장으로 개관한 가극장 전속 오케스트라의 핵심 단원으로 10년간 근속한다. 1866년 스메타나가 이 극장의 오페라 감독에 취임하여 지휘를 맡게 되었고, 스메타나의 민족주의적 음악 사상의 영향을 크게 받는다. 독일의 대작곡가 브람스의 고전주의적 사상과 통하는 부분이 있어서 그의 총애를 받아 독일에도 작품이 소개되었다. 1890년부터는 프라하 음악원에서 작곡과 음악을 가르쳤고 1892년 그의 나이 51세에 뉴욕의 국민음악원 원장으로 초빙되었다. 이 시기에 오늘날 가장 많이 연주되고 사랑받는 교향곡 제9번 〈신세계로부터〉, 현악 4중주곡 〈아메리카〉 등을 작곡했다. 귀국 후 오페라와 교향시에 주력하며 슬라브인의 민족성에 잘 맞는 음악들을 추구했다. 1901년 빈의 종신 상원 의원으로 귀족이 되었고, 프라하 음악원 원장을 역임하기도 했다. 1904년 뇌일혈로 사망한 후 국장으로 장례를 치르고 비셰흐라트에 있는 공동묘지에 묻혔다.

프란츠 리스트
Franz Liszt 1811~1886년

헝가리 출신의 피아니스트 겸 작곡가

헝가리 역사상 가장 위대한 피아니스트 중 한 사람이자 작곡가로 어린 시절부터 음악적 재능이 뛰어났다. 베토벤의 제자였던 카를 체르니에게 피아노를 배웠는데 체르니는 리스트의 첫 공식 피아노 교사이자 마지막 스승이었다. 12살이던 1822년에 데뷔했으며, 프레데리크 쇼팽과도 친하게 지냈지만 이후 경쟁 관계로 발전한다. 파리에서 최고의 피아니스트가 되기 위해 매일 10시간 넘게 연습한 것으로 전해진다. 뛰어난 기교로 훌륭한 연주를 인정받아 '피아노의 왕'이라 불렸다. 바이마르, 로마, 부다페스트를 돌아다니며 공연을 했고, 1876년부터 사망할 때까지 부다페스트에서 음악을 가르치며 바인가르트너, 실로티, 자우어 등의 제자를 배출했다. 1886년 영국을 거쳐 프랑스로 연주 여행을 가던 도중 감기가 폐렴으로 악화되어 사망한다. 주요 작품으로는 〈파우스트 교향곡〉, 〈단테 교향곡〉, 〈헝가리 광시곡〉, 〈메피스토 왈츠〉, 〈라 캄파넬라〉 등이 있다.

부다페스트의 국제공항 이름도 그의 이름에서 따왔으며 부다페스트 시내에는 그의 생가에 조성된 프란츠 리스트 박물관이 있다. 페스트 지구의 언드라시 거리에서 오페라 극장을 지나 영웅 광장 쪽으로 약 300m 올라가면 프란츠 리스트 광장이 나온다. 또한 광장 끝에 자리한, 수많은 음악가들을 배출한 리스트 국립 음악원도 그의 이름을 따 지은 건물이다. 음악원 정면 중앙에는 영웅의 자태를 한 리스트 동상이 세워져 있다.

코다이 졸탄
Kodály Zoltán 1882~1967년

헝가리 근대 음악의 대표 작곡가

헝가리의 작곡가, 민속 음악자, 언어학자이자 철학자다. 버르토크와 함께 헝가리 근대 음악을 대표하는 작곡가로서 전통 민요를 현대화한 업적으로 칭송을 받고 있다. 첼로의 연주어법을 극대화한 〈무반주 첼로 소나타〉는 후대 음악가들에게 큰 영향을 끼쳤다. 또한 음에 대한 독창적인 연구를 접목시켜서 만든 코다이식 음악 교육법도 유명하다. 주요 작품으로는 헝가리 국민 영웅의 삶을 바탕으로 만든 오페라 〈하리 야노슈〉, 합창 〈헝가리 시편〉, 〈무반주 첼로 소나타〉, 〈갈란타의 춤〉 등이 있다. 부다페스트 시내에 그의 음악적 업적을 기리는 코다이 졸탄 박물관이 있다.

주요 공연장 정보

수많은 음악의 거장들이 활동한 무대였던 빈, 프라하, 부다페스트에서는 다양하고 수준 높은 콘서트와 오페라 공연이 수시로 열린다. 관광 안내소나 아래의 각 홈페이지에서 공연 스케줄을 확인하고, 여행 기간 중에 일정에 맞는 공연이 있다면 시간을 내서 관람하는 여유와 즐거움을 누려보자.

빈 왕궁 예배당 Wiener Hofmusikkapelle

빈 소년 합창단의 공연장

1498년 신성 로마 제국의 황제 막시밀리안 1세의 의해 왕실의 미사를 위한 성가대로서 빈 소년 합창단이 탄생한다. 1924년 세계 연주 여행을 시작한 이후 세계적인 합창단으로 자리를 잡았다. 여행자들은 입장료를 내고 일요일 왕궁 예배당 미사에 참석할 수 있으며 1월부터 6월과 9월부터 12월의 일요일 오전 9시 15분 미사 때 빈 소년 합창단이 펼치는 천상의 하모니를 감상할 수 있다.

주소 Hofburg-Schweizerhof **홈페이지** www.hofmusikkapelle.gv.at **개방** 예배당 관람 1~6월, 9~12월 월·화 10:00~14:00, 금 11:00~13:00 빈 소년 합창단 미사 1~6월, 9~12월 일요일 09:15 **요금** €12~43 미사 참여 희망자는 팩스나 이메일로 직접 신청한다. Fax 1-533-9927-80, E-mail office@hofmusikkapelle.gv.at

빈 국립 오페라 하우스 Wiener Staatsoper

세계적인 오페라 극장

1869년 모차르트의 〈돈 조반니〉로 막을 연 이래 세계적인 오페라의 전당으로 우뚝 섰다. 역대 총감독으로는 구스타프 말러, 리하르트 슈트라우스, 카를 뵘, 카라얀 등이 있었다. 2010년부터는 오스트리아 출신의 벨저 뫼스트가 맡고 있다.

주소 Opernring 2
홈페이지 www.wiener-staatsoper.at

빈 음악 동호인 협회 음악당(무지크페라인) Wiener Musikverein

빈 필하모닉 오케스트라의 근거지

1870년에 세워졌으며, 빈 필하모닉 오케스트라의 신년 음악회 연주회장으로 유명한 대음악당 그로서 홀(Grosse Saal, 일명 황금홀)과 실내악 연주회 등이 열리는 소음악당 브람스 홀(Brahms Saal)로 나뉜다.

주소 Musikvereinsplatz 1 **홈페이지** www.musikverein.at

빈 폴크스오퍼 Wiener Volksoper

세계적인 오페라 극장

1898년 황제 요제프 1세의 즉위 50주년을 기념해서 건설된 극장. 오페레타와 오페라, 독일어 뮤지컬, 발레 등을 공연하고 있다. 7월과 8월에는 공연이 없다.

주소 Währinger Strasse 78
홈페이지 www.volksoper.at

빈 콘체르트하우스 Wiener Konzerthaus

빈 교향악단의 본거지

1913년에 세워진 콘서트홀로 대음악당(1,800석), 모차르트 홀(700석), 슈베르트 홀(300석)의 3개 음악당이 있다.

주소 Lothringerstrasse 20
홈페이지 www.konzerthaus.at

국민 극장
Národní divadlo

세계적인 오페라 극장

체코의 전 국민이 모금을 통해 건축비를 마련해서 지은 건물로 1881년에 개관했다. 오페라와 발레단이 있으며, 발레단은 이 극장을 근거지로 활동하고 있다. 뮤지컬 공연도 한다.

주소 Národní 2 **홈페이지** www.narodni-divadlo.cz

예술가의 집(루돌피눔)
NDům umělců(Rudolfinum)

클래식을 비롯한 다양한 공연

바흐, 하이든, 모차르트, 베토벤, 슈베르트, 멘델스존, 슈만 등의 음악가들과 화가, 조각가, 건축가들의 조각상이 건물 외벽을 장식하고 있다. 내부에 있는 드보르자크 홀에서는 다양한 장르의 콘서트가 열린다.

주소 Alšovo nábř. 12 **홈페이지** www.ceskafilhamie.cz

스메타나 홀(시민 회관)
Smetana hall(Obecní dům)

프라하의 봄 국제 음악제의 주공연장

시민 회관의 스메타나 홀은 프라하 봄 국제 음악제의 주공연장이다. 매년 열리는 이 음악제는 스메타나가 작곡한 6곡의 연작 교향시 〈나의 조국〉을 연주하면서 막을 내린다.

주소 nám. Republiky 5 **홈페이지** www.obecnidum.cz

헝가리 국립 오페라 하우스
Magyar Állami Operaház

우아하고 화려한 공연장

1875년부터 84년에 걸쳐 이비 미클로시에 의해 건설된 네오 르네상스 양식 건물. 오페라 하우스 내부는 우아하고 객석은 화려하게 장식되어 있다.

주소 Andrássy út 22 **홈페이지** www.opera.hu

마차시 교회 Mátyás-templom

교회에서 열리는 수준 높은 공연

부다 언덕에 자리 잡고 있는 마차시 교회에서는 정기적인 오르간 콘서트 외에도 미니 오케스트라나 합창단이 수준 높은 연주회를 연다.

주소 Szentháromság tér 2
홈페이지 www.matyas-templom.hu

리스트 음악원
Zeneakadémia

리스트가 직접 운영했던 음악 교육 기관

헝가리 최초의 체계적 음악 교육 기관으로 1875년 개원했다. 헝가리 음악의 근대적 토대를 마련한 리스트가 초대 원장을 맡았다. 1,200석의 대연주 홀은 특히 음향 설비가 뛰어난 것으로 정평 나 있다. 헝가리의 유명 피아니스트이자 음악학자인 버르토크 벨러의 1940년 고별 연주회가 이곳에서 열렸다.

주소 Liszt Ferenc tér 8 **홈페이지** lfze.hu

동유럽 와인 즐기기

오스트리아, 체코, 헝가리 3국은 잘 알려져 있지는 않지만
각기 특색 있는 와인들을 생산하고 있다. 와인 애호가라면 나라별로 특별한 맛과 향기
그리고 이야기를 담고 있는 와인을 맛보는 즐거움에 빠져보자.

- 오스트리아 -

AUSTRIA

바하우 계곡을 중심으로 화이트와인이 주로 생산되고 있으며, 도나우강변 마을들 중에서는 슈피츠 안 데어 도나우(Spiez an der Donau)가 와인 생산의 중심지다. 바하우 계곡 곳곳에 포도밭들이 언덕과 산비탈, 마을 주변에 길게 이어져 있다. 리슬링(Riesling)과 그뤼너 벨트리너(Grüner Veltliner) 계열의 화이트와인이 주 품목이다.

빈에서 식사를 하며 와인을 즐기고 싶다면 일반 레스토랑보다는 가정식 요리를 제공하는 서민적 술집인 바이슬(Weisl)이나 그해 수확한 포도로 만든 햇와인을 파는 술집 호이리게(Heuriger)를 권한다. 빈 외곽의 하일리겐슈타트, 그린칭 지구에 호이리게들이 모여 있으며 바하우 계곡 마을에서도 쉽게 찾을 수 있다.

빈 근교까지 찾아가기 힘든 이들은 구시가에 있는 지하 와인 바, 바인켈러(Weinkeller)에 들르면 좋다. 바인켈러는 와인을 맛보는 곳이기 때문에 제대로 된 식사보다는 와인에 곁들이는 안주 위주로 메뉴가 구성되어 있다. 레스토랑에서 식사를 제대로 한 후 바인켈러로 가서 여유롭게 와인을 즐겨보자.

- 체코 -

CZECH REPUBLIC

모라비아 남부의 비옥한 토양에서 체코 와인의 90% 이상이 생산되는데 질 좋은 와인들이 해마다 무르익고 있다. 미쿨로프, 레드니체, 발티체, 즈노이모 등지가 와인의 주 생산지다. 특히 미쿨로프성(Zámek Mikulov)의 지하 셀러에는 동유럽에서 가장 큰 오크통이 전시되어 있다. 체코의 시인 얀 스카첼은 이 지역을 '신이 준 모라비아의 이탈리아'라고 예찬했을 정도로 고대 로마 시대부터 훌륭한 와인을 생산해 낸 곳이다. 모라비아 와인의 60%는 화이트와인이며, 모라비아 리슬링은 2014년 샌프란시스코 국제 와인 대회에서 1,500여 종류의 와인을 물리치고 세계 최고의 화이트 와인으로 인정받기도 했다. 미쿨로프에서는 특히 체코의 가장 특색 있는 품종 중 하나인 팔라바(Pálava)로 만든 와인을 강력 추천한다.

- 헝가리 -

HUNGARY

헝가리는 독특하게 라틴어에서 기원하지 않은 자체적인 포도주 관련 용어를 사용한다. 헝가리어로 포도주는 보르(bor)라고 한다. 와인 애호가들에게 널리 알려진 귀부 와인인 토카이(Tokaji)와 오스만 투르크 군대와의 전쟁에서 그 이름을 얻게 된 황소의 피 와인(에그리 비커베르 Egri Bikavér)이 헝가리 대표 와인이다. 토카이 와인은 루이 14세가 '왕의 와인, 와인의 왕'이라고 극찬하기도 했다. 수확을 늦게 해서 귀부병에 걸린 포도를 사용해 만드는 토카이 와인은 호박 빛깔을 띠며 부드러운 맛의 최고급 디저트 와인이다. 토카이 와인을 고를 때는 셉쉬 이슈트반(Szepsy), 사무엘 티논(Samuel Tinon), 로얄 토카이(Royal Tokaji), 데메테르 졸탄(Demeter Zoltan), 오레무스(Oremus)와 같은 브랜드를 선택하면 무난하다. 황소의 피 와인은 에게르 지방에서 생산되는 고품질의 레드와인이다. 이 외에도 헝가리 여러 지역에서 다양한 와인들이 생산되고 있다.

3개국 맥주 맛보기

맥주로 가장 명성이 높은 나라는 당연히 체코다.
하지만 오스트리아와 헝가리에서도 다양한 브랜드와 도수의 맥주를 생산하고 있으므로
맥주 애호가라면 3개국의 맥주를 다양하게 체험해보자.

- 체코 -

CZECH REPUBLIC

부트바이저
Budweiser

코젤
Kozel

크루소비체
Krušovice

감브리너스
Gambrinus

필스너 우르켈
Pilsner Urquell

- 오스트리아 -

AUSTRIA

슐로스 에겐베르크 우어복
Schloss Eggenberg Urbock

슈티글
Stiegl

괴서
Gösser

오타크링거
Ottakringer

치퍼
Zipfer

- 헝가리 -

HUNGARY

드레허
Dreher

소프로니
Soproni

아라니 아스족
Arany Aszok

보르소디 Borsodi

맥주 투어할 때 알아두면 좋은 3개국 단어

	체코어	독일어(오스트리아)	헝가리어
맥주	피보 Pivo	비어 Bier	쇠르 Sör
맥줏집(비어 홀)	피브니체 Pivnice	비어할레 Bierhalle	쇠뢰즈 Söröző
대중적인 술집	호스포다 Hospoda	비어가르텐 Biergarten	코츠마 Kocsma

라거의 시초, 필스너 맥주의 발상지
체코

유럽에서도 단연 최고의 맥주를 생산하는 나라다. 보헤미아 지역에 있는 플젠은 12세기 말에 맥주 양조의 중심지가 되었다. 여기서 만들어진 플젠 맥주는 필스너 우르켈(Pilsner Urquell)이라는 상품명으로 유럽 각지로 수출되었고, 또한 체스케부데요비체에서 생산되는 부드바(Budvar) 맥주는 필스너 우르켈 다음으로 유명하다. 1871년 처음으로 미국에 수출된 이후 미국 맥주 회사인 앤호이저부시컴퍼니스(Anheuser-Busch Companies)가 수도사로부터 부드바 맥주 제조 비법을 전수받아 미국에서 버드와이저(Budweiser)를 출시해서 큰 인기를 얻었다. 이후 체코의 부데요비체 맥주 회사인 부트바이저(Budweiser)와 오랫동안 상표권 분쟁을 벌인 이야기는 유명하다. 결국 북미에서는 체크바르(Czechvar) 맥주로, 유럽에서는 버드와이저 부드바 또는 부데요비츠키 부드바(Budejovicky Budvar)로 판매되고 있다.

이 외에도 프라하 스트라호프 수도원의 수제 맥주나 크고 작은 수도원에서 만드는 맥주도 인기가 높다. 프라하 구시가에는 역사 깊은 비어 홀들이 많으며 체코인들은 이곳에서 맥주를 즐긴다. 체코 전통 족발 요리 콜레노와 필스너 맥주의 조합은 환상이다.

전통적인 맥주 외에도 1869년 탄생한 체코의 국민 맥주 감브리너스(Gambrinus), 1581년 역사가 시작된 맑은 황금빛의 크루소비체(Krušovice), 흑맥주로 유명한 코젤(Kozel), 수도 프라하에 기반을 둔 '오래된 샘물'이라는 뜻의 스타로프라멘(Staropramen) 등은 체코인들이 사랑하는 맥주 브랜드다.

1000년의 역사를 지닌 괴서 맥주
오스트리아

200년 넘게 가업으로 맥주를 생산해오고 있는 유서 깊은 맥주 슐로스 에겐베르크 우어복(Schloss Eggenberg Urbock), 수도 빈의 오타크링(Ottakring) 지역 양조장에서 1837년부터 생산되고 있는 오타크링어 스페치알(Ottakringer Spezial), 오스트리아산 3대 메이저 맥주 브랜드 치퍼(Zipfer), 잘츠부르크의 슈티글(Stiegl) 등 다양한 맥주가 생산되고 있다. 특히 오스트리아 동남부 슈티리안주의 레오벤(Leoben)이라는 작은 마을에 소재한 양조장 괴서(Gösser)는 약 1000년경에 수도원에서 맥주 양조를 했다는 기록이 있을 정도로 오랜 역사를 자랑한다. 1893년 막스 코버(Max Kober)가 맥주 양조장을 설립하면서 괴서 양조장의 현대 역사가 시작되었다.

맥주 건배를 하지 않는 전통이 있는 나라
헝가리

대중적으로 인기 있는 맥주는 아라니 아스족(Arany Aszok)으로 부다페스트 시민들에게 가장 친숙한 국민 맥주다. 황금을 의미하는 '아라니'라는 말처럼 황금빛을 띠고 있으며 쌉싸름한 맛과 적절한 탄산이 느껴진다. 좀 더 자극적인 맥주를 원하는 사람은 드레허(Dreher)를 선택하면 된다. 독특한 향과 톡 쏘는 탄산이 인상적이며 최근 일본 맥주 회사 아사히가 소유권을 갖게 되었다. 세 번째로 헝가리인들의 사랑을 받는 맥주는 소프로니(Soproni)다. 헝가리의 작은 도시 쇼프론(Sopron)에서 제조되며 시원하고 깔끔한 맛과 쌉싸래한 맛의 조화가 일품이다. 이 외에 보르소디(Borsodi) 맥주도 인기 있다.

헝가리에서는 맥주를 마실 때 건배를 하지 않는 것으로 알려져 있다. 1848년 헝가리 혁명 당시 오스트리아 군인들이 헝가리의 장군 13명을 처형하면서 맥주잔을 부딪치며 축하를 했고, 이에 헝가리인들은 150년 동안 맥주 건배를 하지 않기로 했다는 일화가 전해진다. 지금까지도 헝가리 국민 중 일부는 이러한 관습을 이어가고 있다고 한다.

CAFE TOUR

카페 투어

바쁜 여행 일정을 느긋하게 만들어줄 뿐만 아니라 달콤한 재충전까지 할 수 있는 카페 투어는
동유럽 여행에서 빼놓을 수 없는 일정이다.
수많은 이야기를 품고 있는 카페에서 현지인 속에 섞여 다양한 커피와 디저트를 맛보는 경험은 놓치기 아깝다.
특히나 카페의 본고장이라 할 수 있는 빈은 다른 그 어떤 곳보다
역사와 전통을 자랑하는 멋진 카페들이 많으며, 프라하와 부다페스트는 전통적인 카페와 함께
젊은이들이 좋아하는 트렌디한 카페들도 많이 생겨나고 있어서 더욱 흥미롭다.

파리보다 더 빨리 카페가 생긴 도시

유럽에서 카페가 가장 먼저 탄생한 곳은 이탈리아 베네치아이며, 그다음으로 영국 런던 그리고 세 번째가 바로 빈이다. 빈에 카페가 탄생한 시기는 1685년으로 거슬러 올라가는데, 카페의 천국이라고 불리는 파리보다 더 빠르다.

비엔나 커피는 없다?!

커피는 오스만 투르크 제국에서 빈으로 전해졌으며, 손잡이가 달린 유리잔에 뜨거운 커피를 마시는 등 다양한 방법이 생겨났다. 흔히 비엔나 커피라고 부르는 커피는 빈에는 실제로는 존재하지 않으며 그나마 제일 유사한 커피는 멜랑제다. 비너 멜랑제(Wiener Melange)는 거품을 낸 우유를 넣은 커피로 빈에서 탄생했다.

독자적인 카페 문화가 꽃피다

빈에서는 독자적인 카페 문화가 꽃피었는데, 한 잔의 커피를 앞에 두고 몇 시간씩 앉아서 책을 읽거나 신문을 보는 느긋한 현지인들의 모습을 볼 수 있다. 예전에는 소설가들이 카페에서 소설을 쓰기도 했고, 문학 토론을 나누는 문인들도 많았다. 또한 자허토르테로 유명한 자허 카페, 요제프 황제가 후원한 데멜, 왕실에 토르테와 초콜릿을 납품했던 게른슈트너, 클림트와 같은 예술가들이 즐겨 찾은 첸트랄 카페처럼 오래된 카페들도 옛모습 그대로 영업을 하고 있어서 빈에서의 카페 기행은 충분히 의미 있다. 이러한 카페 문화가 프라하와 부다페스트에도 전해졌다.

역사와 전통의 카페들이 많다

프라하의 카페 문화는 비교적 이른 18세기 초에 아르메니아인으로 알려진 인물이 '세 마리의 타조'라는 이름으로 연 카페 '우 츠리 스트라슈(U Tří Pštrosů)'가 그 시초다. 현재는 같은 이름의 호텔과 레스토랑으로 이용되고 있다. 프라하에는 큰 규모의 카페도 많다. 대표적인 '카페 슬라비아'는 19세기 말에 처음 문을 열었고, 바츨라프 하벨 대통령과 같은 정치인들이 즐겨 찾던 곳이다. 또한 구시가에 있는 '그랜드 카페 오리엔트'는 큐비즘 건축물로도 유명하다. 이 외에도 시민회관 1층에 있는 '카바르나 오베츠니 둠', 임페리얼 호텔 1층에 있는 '카페 임페리얼' 등도 전통과 역사를 자랑하는 프라하의 대표 카페다. 젊은이들이 즐겨 찾는 힙한 카페로는 '슈퍼 트램프 커피' 등이 있다.

전통과 트렌디한 카페가 공존

부다페스트에서는 특히 19세기 말 뉴욕 보험 회사 건물 1층에 들어선 호화롭고 거대한 규모의 '카페 뉴욕'이 단연 여행자들의 발걸음을 유혹한다. 마치 우아한 궁전에서 호사를 누리는 것처럼 멋진 인테리어에 마음을 빼앗기고 만다. 지금은 관광객으로 줄이 길게 서기도 하지만 예전에는 주로 저널리스트들이 많이 모이던 곳이다. 부다페스트 구석구석 작고 힙한 카페들도 속속 등장했는데, 아스토리아역에서 5분 거리에 있는 '마그베토 카페(Magveto café)'는 목조 인테리어의 아늑한 분위기가 인상적이다. 부다페스트 최고의 바리스타가 운영하는 모던하고 세련된 '에스프레소 앰버시(Espresso Embassy)'도 성 이슈트반 대성당에서 도보 5분 정도 거리에 있다.

BEST COURSE

3개국 여행 추천 일정

오스트리아, 체코, 헝가리는 볼거리가 많아서 최소 1주일 이상은 체류해야 여유롭게 동선을 짤 수 있다. 프라하-빈-부다페스트가 거의 일직선상에 있으므로 이를 고려하여 이동 계획을 짜면 동선이 겹치지 않는다.

오스트리아 여행 추천 코스

빈, 잘츠부르크, 인스브루크 세 도시를 중심으로 전체적인 동선을 짜는 편이 좋다. 빈에서는 오페라 관람이나 근교의 바하우 계곡 등을 포함해 일정을 넉넉히 잡는 편이 좋으며, 잘츠부르크에서는 잘츠캄머구트 근교 여행과 인스브루크 여행을 염두에 두고 이틀 정도 더 일정을 여유롭게 잡는 게 좋다.

8일 코스

일차	코스	숙박
1일차	인천→빈(직항)	빈
2일차	빈 시내 관광과 오페라 관람	빈
3일차	빈→잘츠부르크 이동 후 오후 잘츠부르크 시내 관광	잘츠부르크
4일차	잘츠부르크에서 잘츠캄머구트 당일치기 여행(할슈타트, 바트 이슐, 장크트 길겐 등)	잘츠부르크
5일차	잘츠부르크에서 인스브루크 당일치기 여행	잘츠부르크
6일차	잘츠부르크→그라츠 이동 후 시내 관광→빈 이동	빈
7일차	빈 출발	
8일차	인천 도착	

총 6박(빈 2박→잘츠부르크 3박→빈 1박)

헝가리 여행 추천 코스

부다페스트가 핵심 여행지인 만큼 기본적으로 부다페스트에서 1~2일 정도 여유 있게 보내고, 근교의 역사 유적과 도시가 있는 도나우벤트에 하루 정도 시간을 할애하는 편이 좋다. 도나우벤트는 대중교통이 불편하고 시간이 많이 소요되기 때문에 여행사의 1일 투어 상품을 이용하거나 렌터카로 다닐 것을 추천한다.

2일 코스

일차	코스	숙박
1일차	부다페스트 시내 관광	부다페스트
2일차	부다페스트에서 도나우벤트(에스테르곰, 비셰그라드, 센텐드레) 1일 투어 후 부다페스트 야경 감상	부다페스트
3일차	부다페스트에서 다른 국가로 이동	

총 2박(부다페스트 2박)

체코 여행 추천 코스

기본적으로 프라하를 중심으로 하되 체스키크룸로프 또한 필수 코스다. 맥주 애호가들에게는 플젠과 체스케부데요비체, 온천 마니아들에게는 카를로비바리 등을 추가할 것을 추천한다. 프라하는 기본 2~3일, 체스키크룸로프, 플젠, 카를로비바리 등은 각각 1일씩, 최소 8일 정도는 필요하다.

8일 코스

일차	코스	숙박
1일차	인천→프라하(직항)	프라하
2일차	프라하 시내 관광과 야경 감상	프라하
3일차	프라하에서 근교 카를슈테인성 다녀오기, 비셰흐라트, 저녁에 공연 관람	프라하
4일차	프라하→체스키크룸로프 이동 후 체스키크룸로프 시내 관광	체스키크룸로프
5일차	체스키크룸로프에서 플젠 당일치기(플젠 맥주 공장 방문 및 시내 관광)	프라하
6일차	프라하에서 카를로비바리(온천) 또는 올로모우츠(쿠트나호라 등) 당일치기	프라하
7일차	프라하 출발(직항)	
8일차	인천 도착	

총 6박(프라하 3박→체스키크룸로프 1박→프라하 2박)

체코·오스트리아·헝가리 9일 코스

3개국의 주요 도시인 프라하, 빈, 부다페스트와 도시 2곳 정도를 더 둘러볼 수 있는 일정이다. 직항편으로 프라하 in, 빈 out 항공편을 끊고 최적의 동선을 짜본다. 체코는 프라하와 체스키크룸로프, 오스트리아는 빈과 잘츠부르크, 잘츠캄머구트를 중심으로 둘러보고 부다페스트를 구경한 후 다시 빈으로 돌아와서 마무리하는 일정이다.

9일 코스

일차	코스	숙박
1일차	인천→프라하(직항)	프라하
2일차	프라하 시내 관광과 야경 감상	프라하
3일차	프라하→체스키크룸로프 이동 후 시내 관광	체스키크룸로프
4일차	체스키크룸로프→빈 이동 후 시내 관광	빈
5일차	빈에서 잘츠부르크(또는 잘츠캄머구트) 당일치기	빈
6일차	빈→부다페스트 이동 후 시내 관광과 야경 감상	부다페스트
7일차	부다페스트→빈 이동 후 시내 관광과 오페라 관람	빈
8일차	빈 출발(직항)	
9일차	인천 도착	

총 7박(프라하 2박→체스키크룸로프 1박→빈 2박→부다페스트 1박→빈 1박)

체코·오스트리아·헝가리 14일 코스

3개국 주요 도시와 함께 나라별로 소도시 여행을 몇 군데 추가하는 일정이다. 직항편으로 프라하 in, 부다페스트 out으로 항공편을 결정하고 주요 도시와 인근 소도시를 적절히 조화시키는 동선을 짜본다. 체코에서는 프라하, 체스키크룸로프, 프라하 근교의 온천 도시 카를로비바리나 당일치기로 적당한 쿠트나호라 정도를 둘러볼 수 있고, 오스트리아에서 빈과 바하우 계곡, 잘츠부르크(잘츠캄머구트), 인스브루크까지 다녀올 수 있다. 헝가리에서는 부다페스트를 기본으로 하되, 체력이 된다면 도나우벤트까지 둘러볼 수 있다.

14일 코스

일차	코스	숙박
1일차	인천→프라하(직항)	프라하
2일차	프라하 시내 관광과 야경 감상	프라하
3일차	프라하에서 카를로비바리(온천) 또는 쿠트나호라 당일치기	프라하
4일차	프라하→체스키크룸로프 이동 후 시내 관광	체스키크룸로프
5일차	체스키크룸로프→빈 이동 후 시내 관광	빈
6일차	빈에서 바하우 계곡 당일치기 후 저녁에 오페라나 공연 감상	빈
7일차	빈→잘츠부르크 이동 후 시내 관광	잘츠부르크
8일차	잘츠부르크에서 잘츠캄머구트(할슈타트, 바트 이슐 등) 당일치기	잘츠부르크
9일차	잘츠부르크에서 인스브루크 당일치기	잘츠부르크
10일차	잘츠부르크→부다페스트 이동 후 시내 관광	부다페스트
11일차	부다페스트 시내 관광과 야경 감상	부다페스트
12일차	부다페스트에서 도나우벤트 당일치기 후 저녁에 공연 관람	부다페스트
13일차	부다페스트 출발(직항)	
14일차	인천 도착	

총 12박(프라하 3박→체스키크룸로프 1박→빈 2박→잘츠부르크 3박→부다페스트 3박)

2개국 코스

일정상 2개국만 여행하는 여행자를 위한 코스로는 체코와 오스트리아 2개국 코스, 오스트리아와 헝가리 2개국 코스, 체코와 헝가리 2개국 코스 등을 추천할 수 있다. 프라하, 빈, 부다페스트 모두 직항편이 운항되기 때문에 동선에 따라 적절한 출국지를 정하면 된다. 2개국 코스는 최소 1주일 정도는 필요하며 열흘 정도면 주요 도시와 근교를 돌아보는 무난한 일정을 짤 수 있다. 10일 일정으로 아래 코스를 추천한다.

체코·오스트리아 **2**개국 코스 : 프라하 in, 빈 out 또는 반대로 동선을 잡아도 좋다.

일차	코스	숙박
1일차	인천→프라하(직항)	프라하
2일차	프라하 시내 관광과 야경 감상	프라하
3일차	프라하에서 카를로비바리(온천) 또는 쿠트나호라 당일치기	프라하
4일차	프라하→체스키크룸로프 이동 후 시내 관광	체스키크룸로프
5일차	체스키크룸로프→잘츠부르크 이동 후 시내 관광	잘츠부르크
6일차	잘츠부르크에서 잘츠캄머구트(할슈타트, 바트 이슐 등) 또는 인스브루크 당일치기	잘츠부르크
7일차	잘츠부르크→빈 이동 후 빈 시내 관광	빈
8일차	빈 시내 관광과 공연 관람	빈
9일차	빈 출국	
10일차	인천 도착	

총 8박(프라하 3박→체스키크룸로프 1박→잘츠부르크 2박→빈 2박)

오스트리아·헝가리 **2**개국 코스 :

빈으로 들어가서 오스트리아를 둘러보고 헝가리 부다페스트와 근교 도나우벤트를 둘러본 후 다시 빈으로 돌아와서 출국하는 일정이다.

일차	코스	숙박
1일차	인천→빈(직항)	빈
2일차	빈 시내 관광	빈
3일차	빈→잘츠부르크 이동 후 시내 관광	잘츠부르크
4일차	잘츠부르크에서 잘츠캄머구트 당일치기	잘츠부르크
5일차	잘츠부르크에서 인스브루크 당일치기	잘츠부르크
6일차	잘츠부르크→빈→부다페스트 기차 이동	부다페스트
7일차	부다페스트 시내 관광 후 야경 감상	부다페스트
8일차	도나우벤트 관광	부다페스트
9일차	부다페스트 출국	
10일차	인천 도착	

총 8박(빈 2박→잘츠부르크 3박→부다페스트 3박)

체코·헝가리 2개국 코스 :

프라하로 들어가서 체코의 주요 도시와 함께 헝가리 부다페스트와 근교 도나우벤트를 둘러본 후 다시 프라하로 돌아와서 출국하는 일정이다.

일차	코스	숙박
1일차	인천→프라하(직항)	프라하
2일차	프라하 시내 관광	프라하
3일차	프라하에서 체스키크룸로프 당일치기	프라하
4일차	프라하에서 카를로비바리(온천), 쿠트나호라, 올로모우츠 중 선택해 당일치기	프라하
5일차	프라하→부다페스트 기차 이동	부다페스트
6일차	부다페스트 시내 관광 후 야경 감상	부다페스트
7일차	부다페스트에서 도나우벤트 당일치기	부다페스트
8일차	부다페스트 시내 관광	부다페스트
9일차	부다페스트 출국	
10일차	인천 도착	

총 8박(프라하 4박→부다페스트 4박)

3개국 주요 도시 간 이동 방법 한눈에 보기

3개국 수도인 빈, 프라하, 부다페스트를 비롯한 주요 관광 도시들은 다양한 열차 노선이 운행되고 있어서 이동이 편리하다. 열차가 운행되지 않는 도시들은 플릭스버스 등을 이용해 접근할 수 있다. 항공편은 열차나 버스에 비해 상당히 비싸므로 특별한 경우가 아니면 추천하지는 않는다.

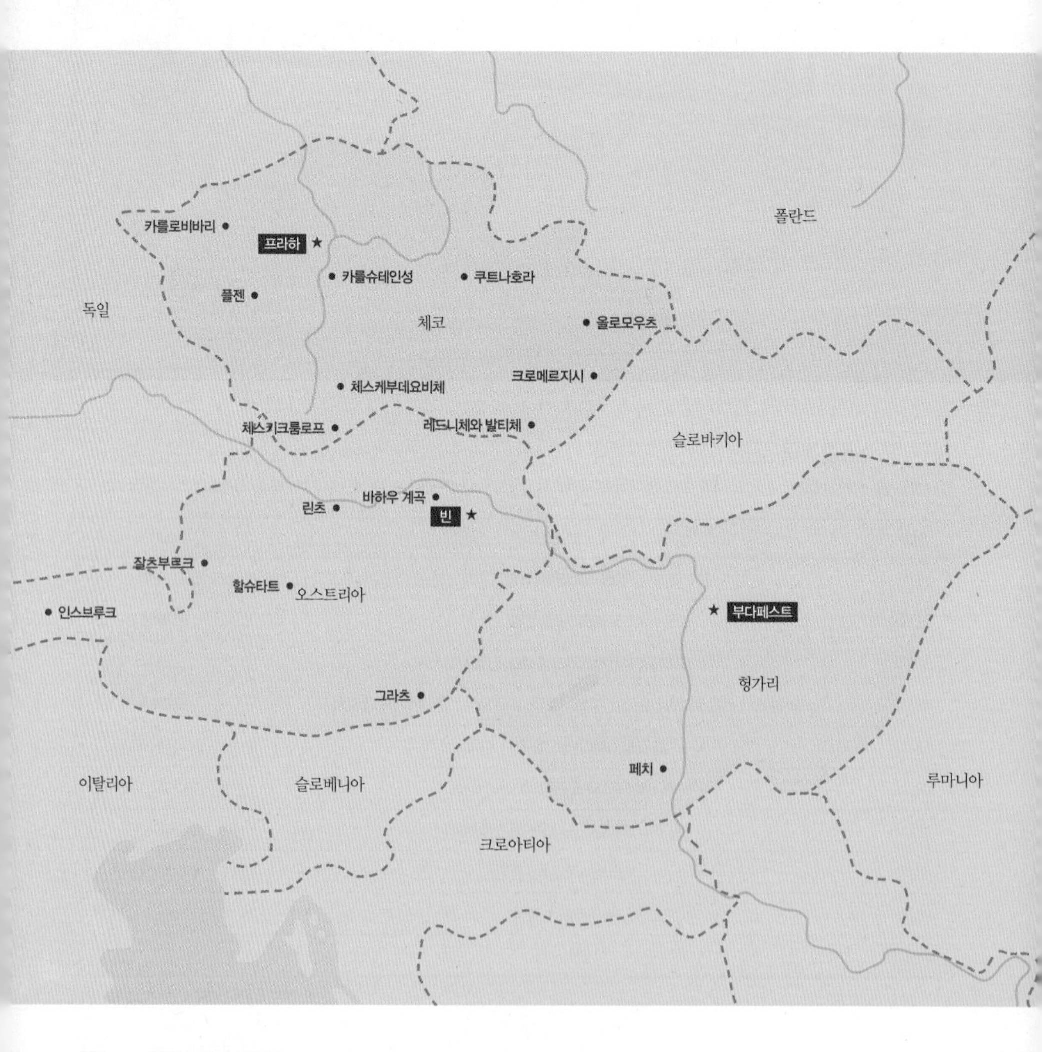

프라하 ⟷ 부다페스트

: 라이언에어 직항으로 1시간 10분 소요. €80~
: 프라하 중앙역에서 부다페스트 켈렌필트역까지 직행으로 7시간 13분 소요. €20~
: 프라하 UAN 플로렌츠(Florenc)역에서 레지오젯 버스를 타고 직행으로 부다페스트 켈렌필트역까지 6시간 45분 소요. €20

프라하 ⟷ 체스키크룸로프

: 프라하 중앙역에서 직행열차로 2시간 31분,
체스케부데요비체에서 1회 환승해서 2시간 50분 내외 소요. €12~
: 프라하 나크니제치(Na Knížecí) 버스 터미널에서 레지오젯 버스로 2시간 50분 소요. €10~
프라하 UAN 플로렌츠(Florenc) 터미널이나 나크니제치 터미널에서 플릭스버스나 레지오젯 버스로 2시간 40분~3시간 소요. €10~

프라하 ⟷ 잘츠부르크

: 프라하 중앙역에서 OBB열차를 타고 오스트리아 린츠(Linz)에서 1회 환승해서 5시간 28분~7시간 24분 소요. €37~
: 프라하 나크니제치 버스 터미널에서 레지오젯 버스를 타고 체스키크룸로프에서 1회 환승해서 약 7시간 소요. €36~
프라하 UAN 플로렌츠역이나 중앙역에서 플릭스버스를 타고 독일 뮌헨에서 1회 환승해서 8시간 25분~9시간 40분 소요. €48~69

프라하 ⟷ 빈

: 프라하 하벨 공항에서 오스트리안항공으로 55분 소요. €295~
: 프라하 중앙역에서 빈 중앙역까지 직행열차로 4시간 30분 소요. 레지오젯 열차는 €16~, OBB열차는 €34~
: 프라하 UAN 플로렌츠 터미널에서 빈 중앙역 쥐드티롤러 광장까지 직행버스로 4시간 40분 내외. €15~

프라하 ⟷ 카를슈테인성

: 프라하 중앙역에서 40분 소요. €2~4

프라하 ↔ 카를로비바리

: 프라하 중앙역에서 직행열차로 3시간 19분 소요. €11~20
: 프라하 흐라트찬스카(Hradčanská)역에서 플릭스버스를 타고 1시간 35분 소요. €7~
프라하 UAN 플로렌츠 터미널에서 레지오젯 버스를 타고 2시간 15분 내외 소요. €8~

프라하 ↔ 쿠트나호라

: 프라하 중앙역에서 쿠트나호라 중앙역까지 37분 소요. €4~

프라하 ↔ 올로모우츠

: 프라하 중앙역에서 올로모우츠 중앙역까지 2시간 20분 내외 소요. €15~25

체스키크룸로프 ↔ 잘츠부르크

: 체스키크룸로프 버스 정류장에서 플릭스버스로 3시간 15분 소요. €12~
체스키크룸로프에서 빈 셔틀(Bean Shuttle) 미니버스(8인승)로 3시간 소요. €36~

체스키크룸로프 ↔ 할슈타트

: 빈 셔틀(Bean shuttle) 버스로 약 3시간 소요. 1일 4대 운행(계절에 따라 변동 가능). €38~

빈 ↔ 프라하

: 오스트리안항공 50분 소요. €218~
: OBB레일젯, 레지오젯, EC열차 직행으로 4시간 30분 정도 소요. 레지오젯 €15~, 레일젯 €21~
: 유로라인이나 레지오젯 직행으로 4시간 45분 소요. €15~

빈 ↔ 잘츠부르크

✈ : 2023년 현재 직항편 없음
🚆 : OBB 또는 Westbahn 열차 직행으로 2시간 25분 내외. €24~
OBB는 빈 중앙역, Westbahn은 빈 서역에서 출발
🚌 : 빈 서역과 휘텔도르프역에서 출발하는 플릭스버스로 2시간 30분 내외. €53~

빈 ↔ 바하우 계곡 (멜크 수도원)

🚆 : 빈 중앙역 출발 후 장크트 푈텐(St. Pölten)역에서 환승해 멜크까지 1시간 내외 소요. €21~

빈 ↔ 인스브루크

✈ : 오스트리안항공 1시간 소요. €217~
🚆 : 빈 중앙역에서 직행으로 4시간 14분 소요. €70~

빈 ↔ 그라츠

🚆 : 빈 중앙역에서 레일젯 열차로 직행 2시간 36분 소요. €11~
빈 서역 펠버슈트라세(Wien, Westbahnhof Felberstrasse)에서 플릭스버스를 타고 2시간 20분 내외. €11~

잘츠부르크 ↔ 할슈타트

🚆 : 잘츠부르크 중앙역에서 출발 후 아트낭푸하임(Attnang-Puchheim)역에서 1회 환승.
총 2시간 13분~2시간 36분 소요. €13~
🚌 : 잘츠부르크 중앙역 앞 쥐드티롤러 광장(Südtiroler Platz)에서 150번 포스트 버스를 타고 바트 이슐까지 이동 후(1시간 30분 소요), 바트 이슐 기차역(버스 터미널)에서 기차로 환승, 할슈타트까지 25분 내외 소요 (대기 시간에 따라 총 2시간 9분~2시간 32분 소요). €18~

잘츠부르크 ⟷ 인스브루크

: OBB열차로 직행 1시간 48분 소요. €47~

잘츠부르크 ⟷ 부다페스트

: 현재 직항편은 없으며 주로 프랑크푸르트 경유로 동선이나 경비 면에서 부담이 크므로
항공편 이동은 추천하지 않는다.
: 잘츠부르크 중앙역에서 직행으로 부다페스트 켈레티역까지,
혹은 빈 중앙역에서 1회 환승하여 부다페스트 켈레티역까지 5시간 12분~6시간 8분 소요. €80~

부다페스트 ⟷ 빈

: 오스트리안항공으로 50분 소요. €222~(예약 시기에 따라 가격 변동)
: 부다페스트 켈레티역에서 직행으로 빈 중앙역까지 2시간 41분 소요. €29~51(출발 시간대에 따라 가격 상이)
: 부다페스트 켈렌필트역에서 레지오젯 버스를 타고 브라티슬라바를 경유,
빈 중앙역까지 4시간 35분 소요. €14~

부다페스트 ⟷ 체스키크룸로프

: 부다페스트 켈렌필트역이나 네플리게트 버스 터미널(Népliget Autóbusz-Pályaudvar)에서 플릭스버스를
타고 프라하 UAN 플로렌츠역에서 환승, 체스키크룸로프 버스 터미널까지 10시간 50분~11시간 50분 소요. €49~
부다페스트 네플리게트 버스 터미널(Népliget Autóbusz-Pályaudvar)에서 레지오젯 버스로도 갈 수 있다. €29~
※소요 시간이 길다 보니 주로 야간 버스로 운행된다.

부다페스트 ⟷ 페치

: 부다페스트 켈레티역에서 직행 인터시티 열차로 2시간 47분 소요. 2시간 간격으로 운행. €23~

TIP 빈 셔틀(Bean Shuttle) 혹은 CK셔틀(CK Shuttle) 미니버스를 활용하자

2008년부터 운행을 시작한 체코의 여행 운송 서비스 회사. 빈 셔틀은 CK셔틀에 속해 있는 운송 회사다. 기차나 일반 버스로 가기 힘들거나 환승이 많고 시간이 많이 소요되는 주요 관광지를 연결해준다. 프라하→체스키크룸로프, 체스키크룸로프→빈, 체스키크룸로프→할슈타트, 체스키크룸로프→린츠, 체스키크룸로프→잘츠부르크 등 체코와 오스트리아의 주요 도시를 연결하는 노선을 운영 중이다. 최대 8명까지 탑승하며 운전기사는 기본적으로 영어로 의사소통이 가능하다. 도어 투 도어(Door-to-door) 서비스를 제공하며 출발 시간 18시간 전에 예약하면 픽업 서비스를 제공한다. 성수기에는 예약을 미리 할수록 자리 확보가 용이하다. 빈 셔틀 홈페이지는 한국어 지원이 되어 편리하게 이용할 수 있다.

홈페이지 빈 셔틀 www.beanshuttle.com
CK셔틀 www.ckshuttle.cz

LEARN ABOUT EASTERN EUROPE

여행 전 동유럽 알아보기

CZECH REPUBLIC

한눈에 보는 체코 기본 정보

보헤미아 온천 마을
• 카를로비바리

동유럽의 파리
• 프라하

필스너 우르켈 맥주의 고장
플젠 •

신성 로마 제국의 보물
카를슈테인성

옛 은광
쿠트나호

부드러운 맥주의 탄생지
체스케부데요비체 •

시간이 멈춘 중세 도시
체스키크룸로프 •

비자

여행 목적의 3개월 이내 체류는

무비자

비행시간

인천~프라하 직항편 운항 중

직항편 **13시간**

경유편 **14~16시간**

통화

체코 코루나

CZK

Kč로도 표기
1Kč = 약 61.61원(2023년 4월 기준)

전압

우리나라와 전압(V)은 같고 주파수(Hz)는 다르다.

220V 50Hz

우리나라는 60Hz(50~60Hz 겸용 제품은 문제없이 사용 가능)

콘센트

우리나라 콘센트를

그대로 사용 가능

우리나라와 같은 둥근 모양의 핀이 2개 있는 C타입. 간혹 E타입(납작 플러그는 사용 가능. 둥근 원형 플러그는 멀티 플러그가 필요하다.)

시차

한국보다 8시간이 늦다

한국 시간 – 8시간

체코가 오후 6시라면
한국은 다음 날 오전 2시(서머타임 중에는 오전 1시)
*서머타임은 3월 마지막 일요일~10월 마지막 일요일

국제전화 국가 번호

체코 **420** 한국 **82**

평균 기온

7~8월 **15~26℃**

1~2월 **영하 1℃ ~ 영상 5℃**

유네스코 세계 문화유산의 도시
• **올로모우츠**

바로크 양식의 정원 도시
• **크로메르지시**

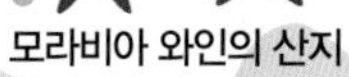

모라비아 와인의 산지
레드니체와 발티체

수도

Praha 프라하

'백탑의 도시'라는 별명처럼
중세 건축물로 가득한
체코 여행의 하이라이트

국기

1920년 체코슬로바키아 시절에 제정되었다. 빨간색과 하얀색은 보헤미아와 모라비아를 상징하며, 파란색 삼각형은 슬로바키아의 문장색이다. 삼각형의 꼭짓점은 동유럽에 솟아 있는 카르파티아산맥을 상징한다.

물가

커피 70Kč 내외
생수 500ml 15Kč(대형 마트), 40Kč(번화가 슈퍼마켓)
고급 레스토랑 3코스 요리 1,400Kč, 런치 3코스 요리 1,100Kč 내외
조식 포함 더블룸 1박 2,000Kč 내외
대중교통 1회권 40Kč
영화 티켓 230Kč
*평균 가격 기준

긴급전화번호

경찰 ☎158
긴급 의료 ☎155
화재 ☎150
차량 고장 ☎1230
차량 사고 ☎1240
각종 안내 ☎1180
응급 의사 ☎14123
주체코 대한민국 대사관
☎234-090-411
긴급 ☎725-352-420

A U S T R I A

한눈에 보는 오스트리아 기본 정보

비자

여행 목적의 3개월 이내 체류는

무비자

비행시간

인천~빈 직항편 운항 중

직항편 **12시간**

경유편 **14~16시간**

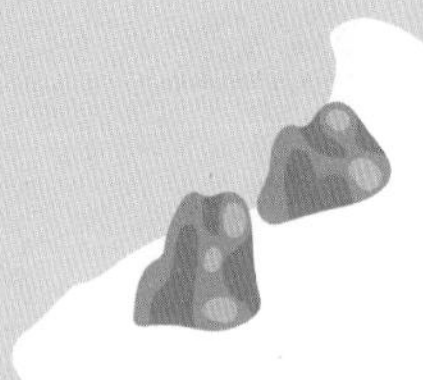

모차르트의 도시

잘츠부르크

잘츠캄머구트의 보석

할슈타트

티롤 알프스의 도시

인스브루크

통화

유로

€ (EURO)

€ 1 = 약 1,437원(2023년 4월 기준)

전압

우리나라와 전압(V)은 같고 주파수(Hz)는 다르다.

220V 50Hz

우리나라는 60Hz(50~60Hz 겸용 제품은 문제없이 사용 가능)

콘센트

우리나라 콘센트를

그대로 사용 가능

전기 콘센트는 우리나라와 같은 둥근 모양의 핀이 2개 있는 C타입이 일반적. 일부 SE타입도 있다.

도나우강 변의 와인 산지
• 바하우 계곡

음악가들이 사랑한 도시
• 린츠

예술의 도시
• 빈

예술과 교육의 도시
그라츠 •

시차

한국보다 8시간이 늦다.

한국 시간 – 8시간

오스트리아가 오후 6시라면
한국은 다음 날 오전 2시(서머타임 중에는 오전 1시)
*서머타임은 3월 마지막 일요일~10월 마지막 일요일

국제전화 국가 번호

오스트리아 **43** 한국 **82**

평균 기온

7~8월 **15~26°C**

1~2월 **영하 1°C ~ 영상 5°C**

수도

Wien 빈

음악의 선율이 흐르고 예술의 향기가 가득한 낭만의 도시

물가

커피 €6
생수 500ml €1
3코스 요리 €60
조식 포함 더블룸 1박 €140~
대중교통 1회권 €2.40
영화 티켓 €10.50
*평균 가격 기준

긴급전화번호

경찰 ☎133
긴급 의료 ☎144
화재 ☎122
차량 고장 ☎120
24시간 당직의사 ☎141
야간 약국 문의(공휴일 포함) ☎1550
각종 안내 ☎118899
주오스트리아 대한민국 대사관
☎1-478-1991
긴급 ☎664-527-0743

국기

위로부터 빨강, 하양, 빨강이 배치된 가로형 패턴으로 1230년 프리드리히공이 제정했다. 1191년 십자군 전쟁 당시 레오폴트공의 갑옷 위에 걸친 흰 겉옷이 허리띠 부분을 제외하고 피로 빨갛게 물들었다는 고사에서 유래한다.

HUNGARY

한눈에 보는 헝가리 기본 정보

비자

여행 목적의 3개월 이내 체류는

무비자

예술가들이 사랑한 도시

센텐드레

헝가리 건국 역사의 땅

에스테르곰

비행시간

인천~부다페스트 직항편 운항 중

직항편 **12시간**

경유편 **14~17시간**

도나우강의 진주

부다페스트

헝가리의 바다

벌러톤호

통화

포린트

FT (Forint)

HUF로도 표기

100Ft = 약 385원(2023년 4월 기준)

졸너이 도자기의 본고장

페치

전압

우리나라와 전압(V)은 같고 주파수(Hz)는 다르다.

220V
50Hz

우리나라는 60Hz(50~60Hz 겸용 제품은 그대로 사용 가능)

콘센트

우리나라 콘센트를

그대로 사용 가능

전기 플러그는 둥근 모양의 핀이
2개 있는 C타입

시차

한국보다 8시간이 늦다.

한국 시간 – 8시간

헝가리가 오후 6시라면
한국은 다음 날 오전 2시(서머타임 중에는 오전 1시)
*서머타임은 3월 마지막 일요일~10월 마지막 일요일

국제전화 국가 번호

헝가리 **36** 한국 **82**

평균 기온

7~8월 **16~27°C**

1~2월 **영하 2°C ~ 영상 5°C**

헝가리 대평원
• 호르토바지

수도

Budapest

부다페스트

'도나우강의 진주'라는 별명처럼
귀중한 문화유산이 가득한 도시

물가

커피 1,000Ft
생수 500ml 70Ft
3가지 코스 요리 15,000Ft
조식 포함 더블룸 1박 30,000Ft
대중교통 1회권 350Ft
영화 티켓 2,000Ft
*평균 가격 기준

긴급전화번호

경찰 ☎107 /
외국인 여행자 사고 전담 부서
(08:00~20:00) ☎438-8080
긴급 의료 ☎104
화재 ☎105
차량 고장 및 견인 ☎580-5134
긴급상황 ☎112(범죄피해, 화재, 교통사고, 병원 문의 등 각종 긴급상황 발생 시)
주헝가리 대한민국 대사관 대표
☎1 462-3080
긴급 ☎30-550-9922

국기

빨강, 하양, 초록의 3가지 색으로 구성된 삼색기로 빨강은 힘, 하양은 성실, 초록은 희망을 상징한다.

동유럽 3개국 여행 전에 반드시 알아야 할 것들

동유럽이라는 동일한 범주로 묶여 있지만 3개국은 각자의 역사와 문화, 개성을 지니고 있으므로 미리 그 특성을 잘 알고 여행할 필요가 있다. 다음 기본 정보를 알아둔다면 동유럽 3개국을 여행할 때 결코 당황하지 않을 것이다.

Q. 비자가 필요한가?

우리나라 국민은 관광객으로서 체코, 오스트리아, 헝가리 여행 시 90일간의 비자 면제 협정이 체결되어 있으므로 비자가 필요 없으며 여권만 있으면 자유롭게 여행할 수 있다.

Q. 동유럽 3개국은 처음인데, 여행 기간은 어느 정도가 적당할까?

3개국의 주요 도시인 프라하, 빈, 부다페스트만 여행한다면 최소 7일 이상, 근교의 체스키크룸로프, 잘츠부르크, 도나우벤트까지 둘러본다면 최소 10일 내지 2주 일정으로 짜는 게 좋다. 프라하의 경우 최소 2~3일, 빈 2일, 부다페스트 2일 정도는 필요하다.

Q. 동유럽 3개국을 여행할 경우 어떤 순서로 이동하면 좋을까?

동유럽 3개국을 여행할 경우 3개국의 수도인 프라하, 빈, 부다페스트 모두 인천 직항편을 운항하기 때문에 동선 계획을 짜거나 여행의 시작과 마지막 지점을 정하기가 한층 수월해졌다. 위에서부터 프라하→빈→부다페스트 순으로 위치해 있기 때문에 프라하로 들어가 빈을 거친 뒤 부다페스트에서 출국해도 좋고, 그 반대의 동선도 무난하다. 체코와 오스트리아만 여행할 경우에는 프라하와 빈을, 오스트리아와 헝가리만 여행할 경우에는 빈과 부다페스트를 출발점과 종착점으로 정하면 된다. 체코와 헝가리만 여행하는 경우, 중간에 오스트리아(빈)가 끼어 있기 때문에 이동 거리가 길지만 프라하와 부다페스트 직항편을 잘 활용하면 된다.

Q. 환전은 어떻게 하는 게 좋을까?

오스트리아가 유로를 사용하기 때문에 일단 출국 전에 한국에서 유로화로 환전한다. 체코에서는 코루나로, 헝가리에서는 포린트로 현지에서 환전하는 게 좋다. 모든 비용을 현금으로 준비하기보다는 신용카드와 적절히 병행해서 사용하는 편이 현금 도난에도 대비하고 여러모로 유용하다.

Q. 물가는 어떤가?

동유럽은 서유럽에 비해 현지 물가가 싼 편이다. 다만 3개국 중에서 오스트리아는 서유럽과 비슷하며, 체코와 헝가리는 음식점이나 대중교통 비용 등 생활 물가가 서유럽이나 오스트리아에 비해서 저렴한 편이다. 물론 프라하와 같은 인기 있는 관광지는 체코의 다른 곳보다 물가가 높은 편이긴 하나 슈퍼마켓이나 음식값 등은 서유럽에 비해서는 그나마 저렴하다.

Q. 3개국 이동 시 교통수단은 어떤 게 제일 편리한가?

동유럽 3개국의 주요 도시들은 열차와 버스편이 잘 연결되어 있으며, 전통적으로 열차 노선이 무난하고 편리하다. 국가 간 주요 도시의 열차 연결편이 잘되어 있으며 요금은 버스보다 조금 비싼 편이지만, 주요 도시 간을 운행하는 특급 열차의 경우 객실 내 이동이 가능해서 버스보다는 장거리 이동을 할 때 신체적 피로가 덜하다.

Q. 동유럽 사람들의 기질은 어떤가?

체코 국민들은 종교 개혁이나 독재 정권을 물리친 굴곡진 역사 속에서 알 수 있듯 강인한 열정이 있다. 특히 체코를 구성하는 대표적인 보헤미아와 모라비아는 지역에 따라 사람들의 기질이 조금 다르다. 프라하와 체스키크룸로프, 플젠 등이 속해 있는 보헤미아는 체코의 주요 지역으로 사람들의 첫인상은 조금 투박하고 무뚝뚝한 편이다. 체코 남동부에 해당하며 레드니체와 발티체 문화 경관이 포함된 모라비아 지방은 체코의 주요 와인 생산 지역으로 사람들은 좀 더 온화하고 사교적인 느낌을 준다.

오스트리아 국민들은 기본적으로는 매너가 좋고, 독일어권 사람들의 특징답게 첫인상은 조금 무뚝뚝하기도 하지만 친해지면 따스한 정을 느낄 수 있다. 물론 사람에 따라 다르지만 전반적으로 영어로도 소통이 잘되고 대답도 친절한 편이다.

헝가리 국민은 대부분 광대한 초원을 말을 타고 달리던 기마민족인 마자르인들이다. 열정적이고 충동적이며 기사적인 기질을 갖고 있다. 또한 유럽 유일의 아시아계 민족으로서 우리와도 친밀한 면도 있으며 타인에게 대접하기 좋아하는 국민성으로도 알려져 있다.

Q. 동유럽 3개국을 여행하기에 치안은 어떤가?

비교적 난민 유입이 많지 않고 서유럽에 비해 테러 위협도 낮은 편이다. 다만 프라하 같은 유명 관광 도시는 관광객을 대상으로 하는 소매치기 사건이 빈번하다. 카를교, 프라하성, 구시가지 광장 등 주요 관광지나 혼잡한 트램과 지하철에서는 배낭을 앞으로 멘다든가 귀중품은 안전하게 가방 깊숙이 넣어야 한다. 렌터카 여행의 경우에는 자동차 내부에 지갑, 카메라 등 귀중품을 두지 말고 부득이 두어야 할 경우에는 외부에서 보이지 않도록 보관해야 한다.

전반적으로 치안이 안전하며, 테러 우려도 낮은 안전한 여행지에 속한다. 최근에는 난민의 유입이 늘어나고 이슬람 인구도 늘어나는 추세여서 주의할 필요는 있다. 다른 동유럽 국가에 비해 치안이 안전하다는 생각에 여행자의 경계심이 느슨해져서 범죄의 표적이 될 수도 있으니 주의하는 게 좋다. 낯선 사람이 먼저 말을 걸어오거나 길을 물어볼 때는 여권과 지갑 등 소지품에 조심해야 한다. 빈의 슈테판 대성당 앞은 늘 혼잡해서 소매치기들이 관광객들의 지갑을 호시탐탐 노리고 있으니 경계심을 늦추지 말아야 한다.

서유럽에 비해 저렴한 물가와 아름다운 야경으로 인기 있는 여행지이며, 특히 퍼브(Pub) 문화가 발달해 있다. 주로 소매치기 범죄가 많으니 인적이 드문 곳은 밤늦게 다니지 않아야 한다. 특히 일부 사기 술집을 조심해야 한다. 대표적인 쇼핑 명소인 바치(Vaci) 거리와 같은 관광지를 중심으로 여행객에게 같이 술을 마시자고 접근해서 술집으로 데려가 수백 유로의 술값을 강요하는 범죄가 일어나는 경우가 있다. 갑자기 다가온 이성이 술을 마시자고 제안할 때는 단호히 거절하고 따라가지 말아야 한다.

Q. 영어로 의사소통은 잘되나?

오스트리아는 기본적으로 영어로 의사소통이 원활한 편이나 체코나 헝가리는 영어로 의사소통하는 것에 어려움을 겪을 수 있다. 하지만 프라하나 부다페스트 같은 유명 관광지에서는 어느 정도 영어로 소통이 가능하므로 너무 걱정할 필요는 없다. 영어로 의사소통이 어려운 경우에는 스마트폰의 구글 번역기를 이용하면 어느 정도 대화가 가능하다.

Q. 레스토랑 등에서 팁을 줘야 하나?

유럽은 기본적으로 팁 문화가 있기 때문에 레스토랑 같은 곳에서 계산을 할 때는 5~10% 정도의 팁을 준다. 하지만 무조건 10%를 계산하기보다는 적절한 액수를 추가하면 된다. 예를 들어 레스토랑에서 식사 요금이 €33 정도이면 팁을 포함해서 €35를, €38이면 €40와 같은 식으로 주는 것도 무방하다. 간혹 계산서에 팁이란 항목이 표시되어 합산되어 나왔다면 팁을 따로 줄 필요가 없다.

합스부르크가의 역사와 중요 인물

합스부르크가는 13세기부터 20세기 초까지 오스트리아를 기반으로 중부 유럽의 패권을 잡은 가문이며, 유럽 왕실에서도 가장 큰 영향력을 행사했던 가문 중 하나다. 특히 1438년부터 1806년까지 약 400년 가까이 신성 로마 제국의 황제를 배출하면서 최고의 영예를 누렸다. 전성기에는 대서양 연안부터 발칸반도에 이르기까지 지배했고, 그들의 영토는 '해가 지지 않는 세계 제국'이라고 불리기도 했다. 그래서 유럽의 역사를 논할 때 합스부르크가를 빼놓고는 좀처럼 이야기를 풀어낼 수가 없다.

13세기 ~ 스위스의 시골 귀족이 오스트리아에 정착하기까지

1020년경 가문의 시조인 라트보트(Radbot)가 오늘날의 스위스 아르가우 합스부르크에 터를 닦고 성을 쌓으면서부터 합스부르크 가문이 시작된다. 이들이 유럽의 패자로 급부상한 계기는 13세기 신성 로마 제국의 대공위 시대를 거치면서다. 교황의 권력이 너무 강한 나머지 약 20여 년간 황제가 선출되지 못해 혼란한 상황이 이어졌고, 이에 선제후들은 황제 옹립과 왕권 견제라는 두 마리 토끼를 잡기 위해 세력이 약한 합스부르크가를 택했다. 당시 합스부르크 가문의 백작인 루돌프 1세는 호엔슈타우펜 황가 프리드리히 2세의 조카이기도 해서 혈통적인 배경도 뒷받침되었다. 스위스 아르가우주의 일개 백작에서 독일 왕이자 황제로 선출된 루돌프 1세는 영토를 적극 확장하던 중 평야 지대인 오스트리아 공국을 손에 넣게 된다. 루돌프 1세가 오스트리아와 신성 로마 제국을 관리하는 동안 1291년 스위스 4개 주가 황제에 반란을 일으켜 1315년 독립하면서 합스부르크의 중심은 온전히 오스트리아가 되었다.

아르가우의 합스부르크성

15세기 ~ 유럽의 진정한 패자로 등극한 시기

유럽 패권을 되찾은 알브레히트 2세의 인장

루돌프 1세 때 잠시 신성 로마 제국의 권력을 쥐었던 합스부르크 가문은 그의 아들 알브레히트가 암살당한 후 한동안 제위에서 배제된다. 그러는 동안 합스부르크 가문은 오스트리아에서 기반을 다지면서 결혼 동맹으로 세력을 확장시킨다. 1437년 신성 로마 제국의 황제였던 지기스문트가 후계자 없이 사망하자 황제의 사위였던 알브레히트 2세가 황제 자리에 올랐고, 막시밀리안 1세, 카를 5세가 황위를 이어받으면서 마침내 합스부르크 가문은 유럽의 진정한 패자로 등극한다.

17세기 ~ 30년 전쟁으로 인한 쇠퇴와 중흥의 발판

30년 전쟁을 기록한 역사화

카를 5세 이후 합스부르크 가문은 오스트리아계 합스부르크와 스페인계 합스부르크(압스부르고 왕조)로 나뉜다. 신성 로마 제국의 제위는 동생 페르디난트 1세에게, 스페인을 포함한 나머지는 아들 펠리페 2세에게 양위했기 때문이다. 페르디난트 1세의 후계자들은 이후에 일어난 종교 문제에 완고하게 대처했고 결국 30년 전쟁(1618~48년, 독일에서 신교와 구교 간에 벌어진 최대의 종교 전쟁)으로 이어진다. 이로 인해 독일 인구의 3분의 2가 줄고 국토가 황폐해진다. 전쟁을 종결하며 체결한 베스트팔렌 조약으로 합스부르크는 독일 북부 지역에서 힘을 상실하고 신성 로마 제국은 명목상의 지위로 전락하게 된다. 이후 1683년 오스만 제국의 침공과 제2차 빈 공방전 속에서 합스부르크의 레오폴트 1세는 러시아와 폴란드를 우군으로 확보해 동유럽을 손에 넣는다. 이후 19세기까지 오스만 제국과 여러 차례 치른 전쟁에서 승리하면서 발칸반도까지 영토를 확장한다.

18 세기 ~ 마리아 테레지아의 치세

합스부르크 가문의 중흥기는 18세기에 찾아온다. 프랑스 부르봉 가문과 스페인 왕위를 두고 벌인 전쟁(1701~14년)에서 승리했기 때문이다. 그러나 중흥을 이끈 카를 6세가 딸인 마리아 테레지아에게 왕위를 물려주려 하자, 주변 세력들이 반대 공세를 펼쳐기 시작한다. 그가 사망한 후 급기야 오스트리아 왕위 계승 전쟁이 발발해 비텔스바흐 가문에 권력을 빼앗길 위기를 겪는다. 하지만 비텔스바흐 가문이 옹립한 황제가 이내 사망하고, 마리아 테레지아의 남편인 프란츠 1세가 신성 로마 제국의 새 황제로 선출되면서 합스부르크 가문이 제위를 잇게 된다.

실질적 통치자로 등극한 마리아 테레지아

19 세기 ~ 20 세기 합스부르크 시대의 종말

오스트리아 제국 마지막 황제, 카를 1세

19세기로 넘어가는 시기, 프랑스 대혁명이 일어나 합스부르크 가문은 다시 위기를 맞는다. 마리 앙투아네트를 핑계로 여러 왕정 국가와 함께 전쟁을 일으키지만 나폴레옹에게 패배하고 벨기에와 이탈리아마저 빼앗긴다. 나폴레옹 황제 등극 이후에도 프랑스에 맞서 싸웠으나 결국 치명상을 입어 신성 로마 제국 자체가 붕괴되고 만다. 이때 프란츠 2세는 합스부르크 영지를 통합하여 오스트리아 제국을 세운다.
나폴레옹의 러시아 원정이 실패하면서 합스부르크는 영토의 상당 부분을 수복하고 독일 연방의 의장국으로서 빈 체제를 주도한다. 이후 프로이센에게 패배하면서 권력을 잃은 합스부르크는 헝가리와 손을 잡고, 발칸반도로 세력을 확장하기 시작한다. 하지만 러시아가 발칸반도에 뛰어들면서 복잡한 상황이 이어지고, 제1차 세계대전까지 발발한다.
1918년 제1차 세계대전에서 패배하면서 카를 1세가 퇴위하고, 길었던 합스부르크 시대가 막을 내린다. 현재 오스트리아는 공화국이지만 여전히 합스부르크 가문이 명목적으로 오스트리아 황제, 헝가리 국왕, 보헤미아 국왕 등의 작위를 그대로 유지하고 있다.

합스부르크가의 중요 인물

루돌프 1세
Rudolf von Habsburg 1218~1291년

합스부르크 왕가 최초의 로마 왕으로서 신성 로마 제국 황제와 독일 왕, 스페인 왕을 배출한 합스부르크가의 선조였다. 그는 스위스 슈바벤 지방의 평범한 시골 귀족 집안인 합스부르크의 백작 알브레히트 4세의 장남으로 태어났다. 치열한 가문 간의 경쟁에서 슈바벤 지방의 유력한 귀족으로 승승장구했고, 결국 독일 왕에 즉위한다. 교황의 주관으로 대관식을 치러야 신성 로마 제국 황제의 자리에 오를 수 있었기 때문에 당시 교황 그레고리오 10세에게 로마를 포함한 교황령과 시칠리아에 대한 모든 권리를 넘겨주고 십자군 원정을 약속한 후에야 비로소 대관식을 치를 수 있었다. 1291년에 자신의 아들 알브레히트를 독일 왕에 즉위시키려 했으나 합스부르크가가 너무 강력해지는 것을 경계한 선제후들의 반대로 실패하기도 했다. 그의 사후, 우여곡절 끝에 아들 알브레히트가 나사우 백작 아돌프의 뒤를 이어 독일 왕으로 즉위하게 된다.

막시밀리안 1세
Maximilian I 1459~1519년

막시밀리안 1세는 신성 로마 제국 황제인 프리드리히 3세와 포르투갈 왕국의 레오노르 데 아비스 사이에서 장남으로 태어났다. 1493년 부왕 프리드리히 3세의 제위를 물려받을 당시 합스부르크가는 상당히 어려운 처지에 놓여 있었다. 제후들은 사사건건 황제의 발목을 잡았고, 강력한 프랑스 군주들도 그에게는 장애물이 되었다. 결국 막시밀리안 1세는 전쟁과 결혼을 병행하면서 합스부르크 가문의 영향력을 전 유럽으로 확대시켰다. 1477년 부르고뉴 공국의 마리 드 브루고뉴 여공작과 결혼해서 오늘날의 네덜란드와 벨기에 지방을 신성 로마 제국의 영토로 편입시켰다. 또한 스페인 및 보헤미아-헝가리 왕실과도 이중 결혼 동맹을 맺어 세력을 키웠다. 주변 세력들과 동맹과 견제를 적절히 병행하면서 전쟁을 치르는 동안 결국 국고가 바닥났다. 하지만 그는 유럽의 변방으로 취급받던 오스트리아를 강대국의 위치로 끌어올린 황제이자, 군주로서의 위엄과 명성을 유지하기 위해 이미지를 잘 포장하고 선전하는 정치 수완가였다. '마지막 기사'라는 별명처럼 그는 합스부르크 왕가가 험난한 중세 시대를 지나 새로운 시대를 맞을 수 있도록 이끈 훌륭한 지도자이기도 했다.

카를 5세
Charles V 1500~1558년

카스티야 왕국과 아라곤 왕국의 후아나 공주인 어머니와 신성 로마 제국의 황제 막시밀리안 1세의 후계자이자 부르고뉴 공국의 필리프 대공인 아버지 사이에 태어나 친가와 외가로부터 막대한 영토를 상속받아 유럽에서 가장 넓은 영토를 지배하였다. 신성 로마 제국 황제, 스페인 국왕, 이탈리아 군주 등 중근세 유럽에서 가장 많은 국가의 왕관을 쓴 인물로서 스페인 제국과 신성 로마 제국의 왕좌에 공동으로 오른 유일한 인물이기도 하다.

그는 약 40년에 걸친 긴 재위 기간에 역사적으로 중요한 사건들을 많이 겪었다. 루터의 종교 개혁, 오스만 제국의 유럽 침략, 신대륙 정복, 이탈리아의 르네상스 등 중세에서 근대로 전환되는 역사적 분기점에서 역사의 큰 변화의 파도를 마주했다. 1555년 아우크스부르크 종교화의(宗敎和議)로 신성 로마 제국이 공식적으로 구교와 신교 진영으로 분열되었고, 1556년 카를 5세는 동생인 페르디난트 1세에게 황제 자리를, 장남인 펠리페 2세에게는 스페인 왕좌를 넘겨주고 스스로 모든 직위에서 물러났다. 이로 인해 합스부르크 왕가는 오스트리아계와 스페인계로 완전히 나뉘게 되었다.

과거 스페인 화폐 속 카를 5세의 초상화

루돌프 2세
Rudolf II 1552~1612년

카를 5세의 딸인 어머니와 막시밀리안 2세 사이에서 태어났으며 신성 로마 제국의 황제이자 보헤미아의 왕, 헝가리 왕국의 왕이다. 군주로서 특히 많은 재능과 지식을 겸비했던 루돌프 2세는 정치보다는 예술과 과학에 더 몰두했던 황제였다. 아버지와는 달리 종교적인 문제에 엄격했던 그는 보헤미아와 헝가리에서 가톨릭 강화 정책을 펼쳐 엄청난 반발을 불렀다. 또한 13년 동안 지속된 오스만 제국과의 전쟁에서도 큰 성과를 내지 못했다. 문화적으로는 많은 치적을 남겼지만 정치 실패로 인한 황제로서의 무능과 병약함, 형제들과의 불화로 인해 결국 말년에는 백성의 인심을 잃게 되었다. 결국 모든 지위를 잃고 명목상 신성 로마 제국 황제로서 프라하의 궁정에 유폐된다.

마리아 테레지아 기념비

마리아 테레지아의 옆모습을 담은 기념 주화

마리아 테레지아
Maria Theresia 1717~1780년

신성 로마 제국의 황제 카를 6세의 장녀로 태어난 그녀는 합스부르크 왕가 유일의 여성 통치자이자, 합스부르크 왕가의 마지막 군주다. 카를 6세의 국사 조칙에 따라 합스부르크의 상속권을 물려받았으나 프로이센, 바이에른, 프랑스, 작센 등 유럽 열강들이 그녀의 계승에 반발했다. 이로 인해 오스트리아 왕위 계승 전쟁에 휘말렸고 결국 1748년 아헨 평화 협정에 따라 유럽 국가들로부터 합스부르크의 상속권을 인정받게 된다. 신성 로마 제국의 호아제는 여성이 승계할 수 없었기 때문에 그녀의 남편인 로트링겐 공국의 프란츠 슈테판을 명목상 황제로 즉위시켰고, 그녀는 실질적인 통치자로 정치적 영향력을 행사했다. 남편과의 사이에 16명의 자녀가 있었는데, 이 중에는 신성 로마 제국의 황제가 된 요제프 2세, 레오폴트 2세를 비롯해서 프랑스의 왕비 마리 앙투아네트, 나폴리의 왕비 마리아 카롤리나, 파르마의 공비 마리아 아말리아 등이 있다. 그녀는 왕위 계승 전쟁으로 쇠약해진 오스트리아의 국가 개혁을 성공적으로 이끌었고, 18세기 유럽 각국의 세력 다툼 속에서 오스트리아를 견고하게 지켜낸 뛰어난 정치가로 평가받는다. 그녀가 생전에 사용했던 칭호는 Königin(여왕)과 Kaiserin(황후)의 머릿글자를 딴 'K.K'다.

마리아 테레지아 광장

마리 앙투아네트
Marie Antoinette 1755~1793년

프랑스 왕 루이 16세의 왕비로 신성 로마 제국 황제 프란츠 1세와 오스트리아 제국의 여제 마리아 테레지아 사이의 막내딸로 빈에서 태어났다. 오스트리아와 오랜 라이벌이었던 프랑스와 동맹하기 위해 루이 16세와 정략 결혼했다. 베르사유 궁전의 트리아농관에서 살았으며 베르사유의 장미 또는 작은 요정이라 불릴 정도로 미모가 뛰어났다. 왕비로 재위하는 동안 프랑스 혁명이 일어났고 파리의 왕궁으로 연행되어 시민의 감시 아래 생활하다가 38살 생일을 2주 앞두고 단두대에서 처형되었다. 프랑스 혁명 당시에는 마리 앙투아네트에 대한 평가가 매우 부정적이었으나 최근의 연구들을 통해 그녀에 대한 새롭고 긍정적인 평가들이 대두되고 있다. 일례로 "빵이 없다면 과자를 먹어요"라는 말도 원래는 거리에서 굶주린 아이들을 보고 신하에게 "저 아이들에게 브리오슈를 주세요"라고 한 말을 혁명군 측에서 의도적으로 왜곡해서 퍼뜨렸다는 것이다. 진위 여부를 막론하고 소용돌이 속에서 비운의 운명을 살다간 여인임에는 분명하다.

마리 앙투아네트의 초상화

베르사유 궁전의 퀸스 햄릿

프란츠 요제프 1세
Franz Joseph I 1830~1916년

프란츠 카를 대공과 조피 프리데리케 사이에서 장남으로 태어난 프란츠 요제프 1세는 역사상 가장 오랫동안 통치한 오스트리아 황제다. 1848년 혁명으로 큰아버지인 페르디난트 1세가 퇴위하고 18세의 젊은 나이에 황제의 자리에 올랐다. 68년의 재위 기간에 전제 군주로서 책임을 훌륭하게 완수했으며, 특히 1866년 이후 오스트리아-헝가리 이중 제국이라는 독특한 성격의 절충적 정치 체제를 유지하며 균형과 안정을 유지했다고 평가받는다. 종이가 부족할 때는 공문서조차도 이면지로 사용할 정도로 검소했다고도 전해진다. 1914년에는 갈등을 겪고 있던 세르비아를 침공해서 제1차 세계대전을 일으키기도 했다. 가족적으로는 상당히 비극적인 사건을 많이 겪었다. 1889년 외아들인 황태자 루돌프와 애인 마리 베체라의 자살 사건, 이후 추정 상속자이자 조카인 페르디난트 대공 부부의 사라예보 암살 사건 그리고 1898년 아내 엘리자베트(시시)의 제네바 암살 사건 등 슬픔을 많이 겪었다. 1916년 그가 사망하고 프란츠 대공의 뒤를 이은 종손 카를 대공이 황위를 계승한다.

엘리자베트
Elisabeth Amalie Eugenie, Herzogin in Bayern 1837~1898년

시시(Sisi)라는 애칭으로 더 유명한 엘리자베트는 오스트리아-헝가리 제국 프란츠 요제프 1세의 황후다. 독일 남부 바이에른의 영주 막시밀리안 요제프 공작과 바이에른의 공주였던 루도비카의 둘째 딸로 태어났다. 어릴 적부터 수영, 승마 등을 즐기며 자유롭고 활발한 어린 시절을 보냈다. 어느 날 친언니인 헬레나와 결혼하기 위해 무도회에 참석한 이종사촌 오빠인 프란츠 요제프 1세를 만나면서 운명이 바뀐다. 황제였던 프란츠 요제프 1세는 헬레나보다 언니를 따라온 엘리자베트를 보고 첫눈에 반해 어머니 조피 대공비의 반대를 이겨내고 1854년 엘리자베트와 성대한 결혼식을 올리게 된다. 그녀는 다이어트에 광적으로 집착해서 사이즈 20인치를 내외를 유지했을 정도로 유럽 왕실의 여인 중 허리가 가장 가늘었다고 전해지며 뛰어난 미모로도 유명했다. 아름다운 스토리로 결혼 생활을 시작했으나 그녀의 결혼 생활은 순탄치 않았다. 특히 보수적인 시어머니 조피 대공비는 자유분방한 엘리자베트에게 엄격한 황실 예법과 역사를 가르쳤고, 그로 인해 엘리자베트는 큰 스트레스를 받았다. 오스트리아 황실의 귀족들도 은근히 그녀를 멀리한데다 조피 대공비가 엘리자베트의 자녀 양육권까지 가로채서 갈등이 더욱 깊어갔다. 엘리자베트는 이후 오스트리아보다 자신을 환영해준 헝가리에 깊은 애정과 관심을 갖고 부다페스트에 체류하는 일이 더 많아졌고, 오스트리아-헝가리 이중 제국의 탄생에 큰 역할을 한다. 아들 루돌프 황태자의 자살로 큰 충격을 받고 유럽을 여행하던 중 스위스 제네바에서 무정부주의자에게 칼에 찔려 사망하게 된다. 오스트리아 역사에서 가장 아름다운 황후로 사랑받으며 드라마틱한 생애를 산 엘리자베트는 오스트리아 황실을 대표하는 인물이 되었다. 오스트리아 어디를 가도 그녀의 이야기와 초상화, 기념품 등을 손쉽게 볼 수 있다. 특히 합스부르크 왕가의 메인 궁전인 호프부르크 왕궁에는 시시 박물관이 조성되어 있으며 뮤지컬 〈엘리자벳〉으로도 탄생해서 전 세계인의 사랑을 받고 있다.

합스부르크가와 인연이 깊은 관광 명소

유럽의 역사와 함께한 합스부르크 가문을 빼놓고 동유럽 여행을 이야기할 수는 없다. 빈, 부다페스트, 프라하 등 주요 도시뿐만 아니라 오스트리아, 헝가리, 체코의 여러 곳에서 합스부르크가의 이야기와 유산들을 찾아볼 수 있다. 역사 속 유산과 이야기를 찾아가는 여행은 특별한 흥미와 즐거움으로 다가온다.

오스트리아 빈과 잘츠캄머구트 (빈, 바트 이슐, 인스브루크)

합스부르크가 터전을 잡은 곳답게 빈을 비롯한 오스트리아는 합스부르크 가문과 떼려야 뗄 수 없는 나라다. 합스부르크 가문의 역사를 가장 잘 보여주는 곳이 바로 호프부르크 왕궁이다. 왕궁의 보물관에는 신성 로마 제국의 왕관과 오스트리아 황제의 왕관을 비롯해 제국 시대를 연상시키는 무수한 보물과 보석들이 전시되어 있다. 또한 바로 근처에 있는 황제의 아파트먼트(황제가 머물던 곳)와 시시 박물관은 합스부르크 가문의 근대 생활 양식을 엿볼 수 있다. 빈의 서쪽에 있는 쇤부른 궁전도 반드시 들러야 할 곳으로 마리아 테레지아 시대부터의 합스부르크 역사를 살펴볼 수 있다. 그리고 카푸치너 교회의 지하에 있는 황제의 납골당에는 황제와 황비를 비롯한 합스부르크가의 유명 인물 140명이 잠들어 있다.
잘츠캄머구트의 바트 이슐은 프란츠 요제프 황제를 비롯한 황실 사람들이 온천을 즐긴 곳으로 황제의 별장인 카이저빌라가 잘 보존되어 있어, 잘츠캄머구트 여행을 한다면 짬을 내서 들를 것을 권한다.
오스트리아 서쪽에 있는 인스브루크는 1493년에 즉위한 막시밀리안 1세가 즐겨 찾아 휴양을 했던 도시로, 그는 즉위하자마자 이 도시에서 의식을 거행했을 정도로 이곳을 좋아했다. 인스브루크가 발전하게 된 것도 막시밀리안 1세 덕분이며, 특히 인스브루크에서 가장 유명한 관광 명소인 황금 지붕도 그가 개축한 것이다.

헝가리 부다페스트
(부다페스트, 괴될뢰성)

헝가리는 19세기 후반부터 제 1차 세계대전 말까지 오스트리아-헝가리 이중 제국 체제를 유지했기 때문에 합스부르크 가문과 깊은 관계를 갖고 있다. 이 시절에 건설된 국회 의사당 홀의 기둥과 자유의 다리에는 오스트리아 황제인 프란츠 요제프의 이름이 새겨져 있다. 그리고 헝가리 국민들에게 무한한 사랑을 받았던 오스트리아 황비 엘리자베트와 관련 있는 유적과 유물이 부다페스트 곳곳에 있다. 부다페스트의 광장이나 다리 이름에도 엘리자베트의 이름을 붙여 그녀를 기리고 있다. 또한 부다페스트 교외의 괴될뢰성은 엘리자베트가 오랫동안 머물렀던 곳이다. 성의 공원에는 엘리자베트의 동상이 세워져 있으며 성 내부에서는 빈에서도 볼 수 없는 초상화와 회화가 많이 전시되고 있다.

체코 프라하

프라하 또한 합스부르크와 깊이 관계되어 있다. 15세기 중반 보헤미아를 지배했던 룩셈부르크가의 후계자가 끊기게 되자 룩셈부르크가와 혼인 관계에 있던 합스부르크 가문의 알브레히트 5세가 보헤미아 왕이 되었고 이로써 보헤미아는 실질적으로 합스부르크가의 영토로 편입되었다. 독일어를 공용으로 사용하던 시대도 길었고 문화적으로도 독일과 오스트리아에 가깝다고 할 수 있다. 오스트리아의 대공이자 보헤미아와 헝가리의 왕이었던 루돌프 2세는 실제로 프라하에서 살았다.
1576년부터 1612년까지 신성 로마 제국의 황제였던 루돌프 2세는 합스부르크의 역사에 기인으로 알려져 있다. 그는 마술과 연금술에 심취해서 마술사와 연금술사들을 성으로 불러들여 살게 했다. 그들이 살았던 곳이 바로 프라하성 안에 지금도 남아 있는 '황금 소로'다. 루돌프 2세는 프라하성 근처에 있는 '왕궁 정원'에서 꽃과 나무를 가꾸며 시간을 보내는 일이 많았다고 전해진다.

합스부르크 가계도

합스부르크가는 전략적 혼인 정책으로 영토를 확장했고, 역대 왕들이 신성 로마 제국의 황제를 겸임했다. 앞서 소개한 인물은 붉은색으로 표시했으며, 번호는 왕위 계승 순번을 나타낸다. '=' 는 혼인 관계 표시이다.

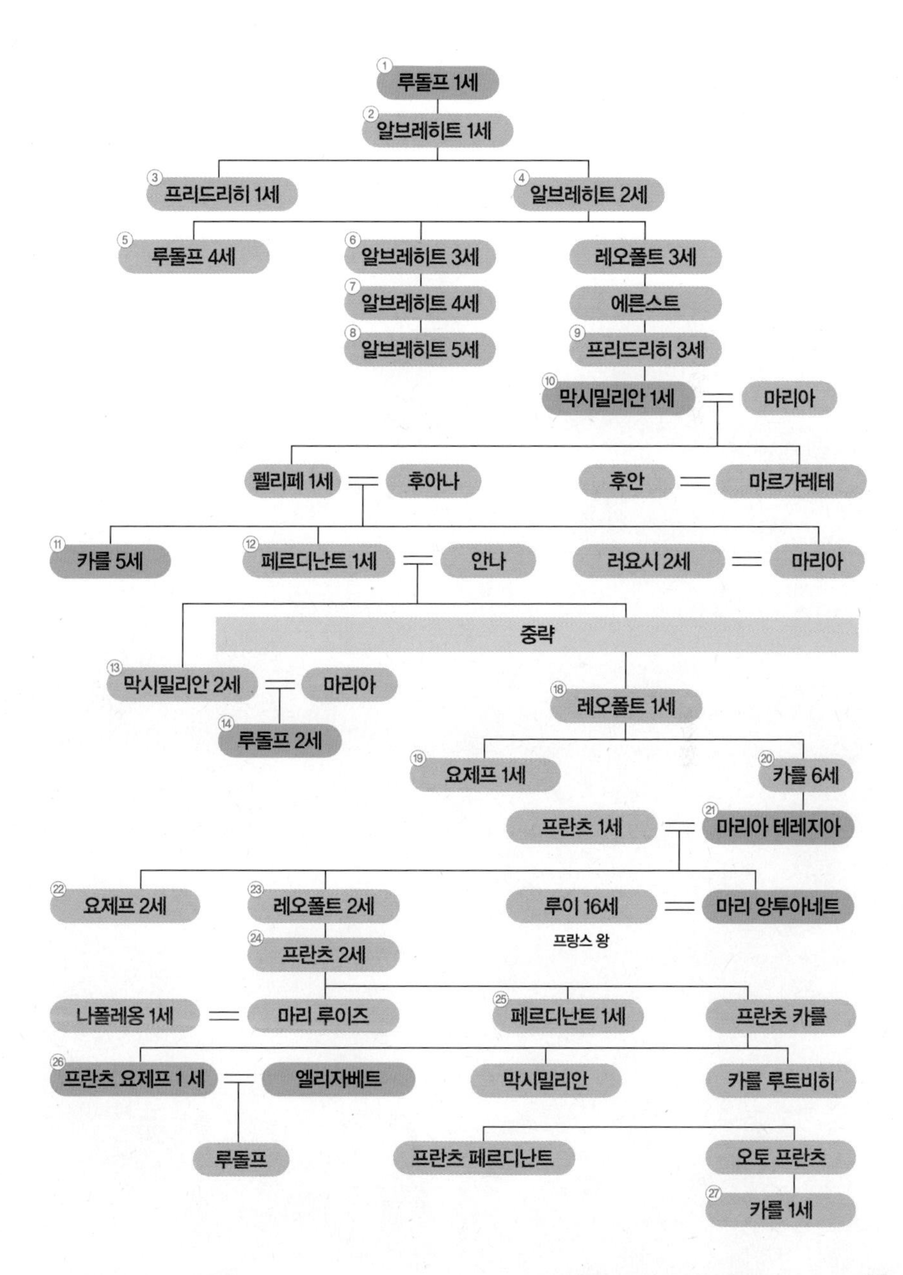

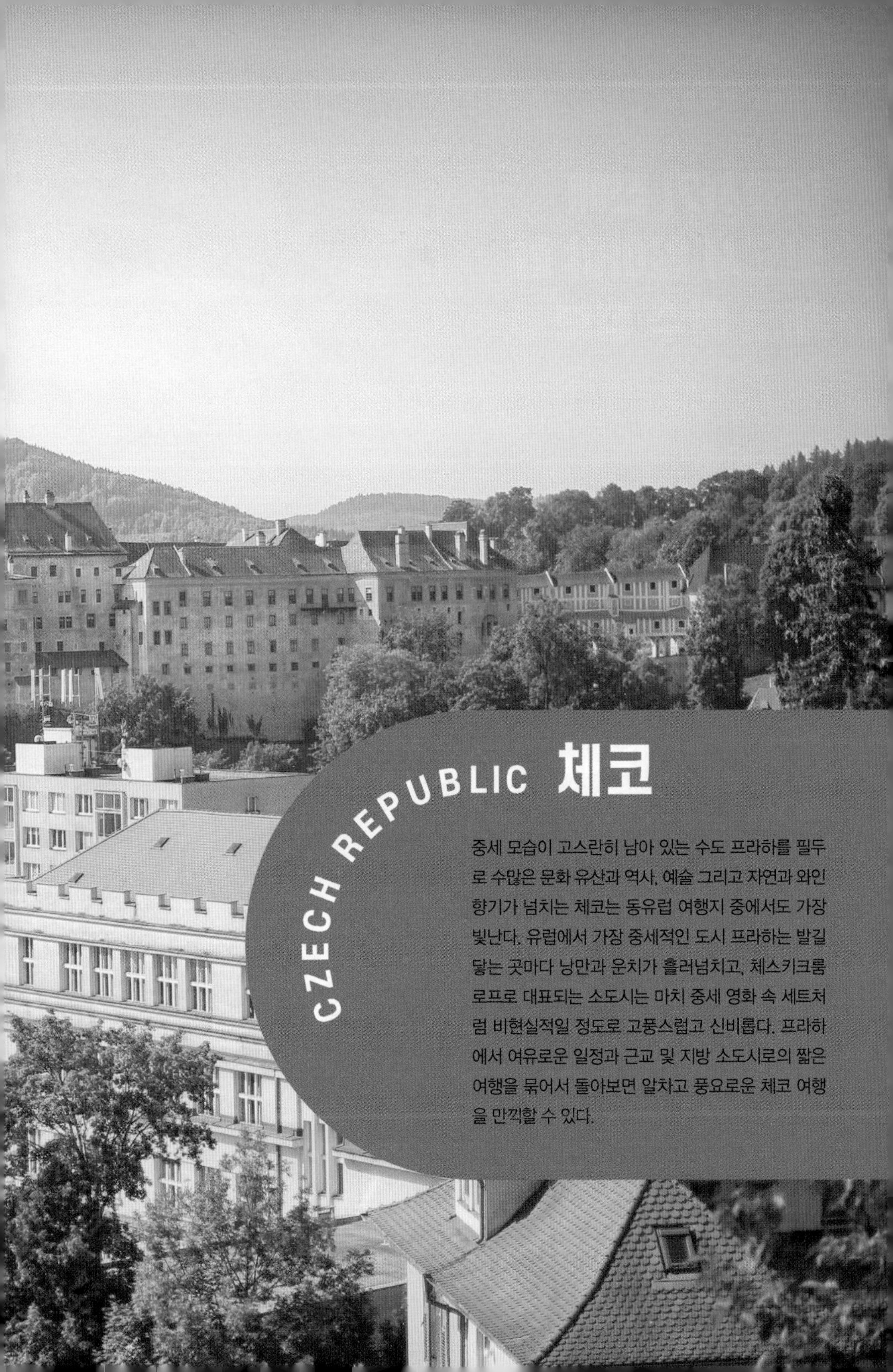

CZECH REPUBLIC 체코

중세 모습이 고스란히 남아 있는 수도 프라하를 필두로 수많은 문화 유산과 역사, 예술 그리고 자연과 와인 향기가 넘치는 체코는 동유럽 여행지 중에서도 가장 빛난다. 유럽에서 가장 중세적인 도시 프라하는 발길 닿는 곳마다 낭만과 운치가 흘러넘치고, 체스키크룸로프로 대표되는 소도시는 마치 중세 영화 속 세트처럼 비현실적일 정도로 고풍스럽고 신비롭다. 프라하에서 여유로운 일정과 근교 및 지방 소도시로의 짧은 여행을 묶어서 돌아보면 알차고 풍요로운 체코 여행을 만끽할 수 있다.

여행하기 전에 반드시 알아야 할 체코 필수 정보

여행을 준비하면서 꼭 알아두어야 할 체코의 기본 정보들을 한데 모았다.
준비물과 일정 등을 계획하기 위해 이 정도는 미리 인지하고 있어야 한다.

기초편

"인천-프라하 직항은 12시간 35분 소요"

대한항공은 팬데믹으로 중단했던 직항 운행을 2023년 재개하여 프라하까지 월 · 수 · 금 주 3회 운항하며, 비행시간은 12시간 35분 소요된다. 경유편의 경우 파리 샤를 드골 공항이나 비엔나 공항을 경유해서 17시간 25분 내외 소요된다. 여름 시즌에는 수요에 따라 주 4회로 증편할 예정이라고 발표했다.

"멀티 플러그를 챙기는 게 좋다"

전압은 220V이고 주파수는 50Hz. 전기 플러그는 대부분 둥근 모양의 핀이 2개 있는 C타입이다. 한국 전자제품을 그대로 사용할 수 있으며, 어댑터도 필요 없다. 간혹 건물에 따라 E타입이 있을 수도 있는데, E타입은 구멍이 2개가 있고 그 위에 조그맣게 튀어나온 부분이 있어서 둥그런 원형 플러그는 쓸 수가 없다. 멀티 플러그를 챙겨 가는 편이 좋다.

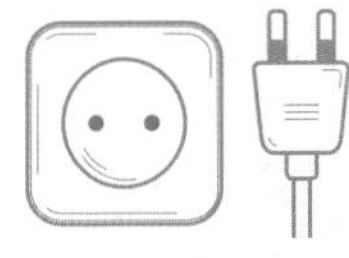

C타입(그대로 사용)

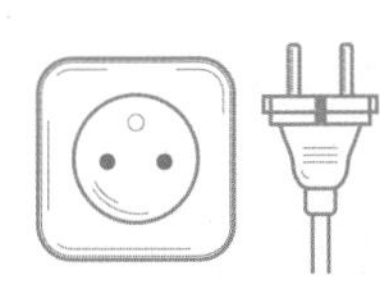

E타입(멀티 플러그 필요)

"체코의 통화는 코루나"

체코는 유럽 연합 회원국이지만 유로화를 쓰지 않고 자국 화폐인 코루나(Koruna česká)를 사용하고 있다. 보통은 Kč로 표기하나 CZK라고 쓰기도 한다. 코루나는 '왕관'을 뜻한다.
동전은 1, 2, 5, 10, 20, 50Kč가 있고, 지폐는 100, 200, 500, 1000, 2000, 5000Kč가 있는데 5000Kč는 드물게 사용된다.
프라하와 같은 대도시 관광지에서는 유로화를 받기도 하지만, 환율과 수수료를 계산해서 받기 때문에 불리하다. 환율은 1Kč=61.61원, €1=23.42Kč 정도다(2023년 4월 기준).

"한국, 체코의 시차는 8시간"

체코는 한국보다 8시간 늦다. 한국이 오후 6시면 체코는 오전 10시다. 매년 3월 마지막 일요일부터 10월 마지막 일요일까지 적용되는 서머타임 기간에는 7시간의 시차가 난다. 한편 유럽 연합의 의결로 2021년부터 서머타임 시행 의무 폐지 여부를 각국 재량에 맡기기로 했으나, 코로나 상황으로 결정이 미뤄지면서 현재까지도 지속되고 있다.

"체코어를 사용, 프라하에서는 영어도 통하는 편"

공용어는 체코어로 서슬라브어에 속하며 슬로바키아어와 거의 비슷하다. 관광객이 많이 찾는 도시의 호텔이나 식당, 상점에서는 영어가 잘 통하는 편이다. 또 젊은 층은 영어를 어느 정도 구사하지만 연령이 높을수록 체코어만 구사하는 경우가 많다.

실용편

"생수를 구입해 마신다"

체코의 수돗물은 식수로 마실 수 있긴 하지만 생수(미네랄워터)를 구입해 마실 것을 권한다. 탄산이 없는 생수와 탄산이 들어 있는 탄산수 그리고 탄산이 적게 든 약탄산수로 크게 나뉜다.

탄산 없는 생수 네뻬르리바(Neperliva)
탄산수 뻬르리바(Perliva)
약탄산수 옘녜 뻬르리바((Jemne Perliva)

"공중화장실은 대부분 유료"

주요 기차역, 지하철역, 관광지에 공중 화장실이 있으며, 대부분 유료(10~20Kč)다. 레스토랑의 화장실은 대부분 무료이므로 식사할 때마다 틈틈이 이용하는 편이 좋다. 여성(Z)은 Dámy 또는 Ženy, 남성(M)은 Muži 또는 Páni로 표기한다. 유료 화장실은 입구에 요금을 받고 관리하는 사람이 상주해 있으며, 거스름돈을 주지 않거나 없을 경우가 대부분이므로 동전을 미리 준비해야 한다.

"팁 주는 문화가 있다"

레스토랑이나 택시에서는 요금의 5~10% 정도를 팁으로 준다. 레스토랑의 경우 영수증에 팁이 포함되어 있다면 따로 줄 필요는 없다. 레스토랑에서 식사 후 계산서를 달라고 한 후 계산서 아래를 보면 일반적으로 영어로 '팁이 포함되어 있지 않다(Tip is not included 또는 Spropitne není zapocitano v cene 등)'는 문구가 적혀 있거나 밑줄이 그어져 있다. 그럴 때는 금액의 10% 정도를 팁으로 주면 된다. 호텔에서는 룸서비스와 벨보이에게 50Kč, 침대 머리맡(객실 청소원)에 25Kč 정도의 팁이 적당하다.

"서유럽에 비하면 물가가 저렴한 편"

일반적으로 프랑스, 영국 등 서유럽에 비하면 물가는 저렴하지만, 프라하와 같은 관광지는 대체로 서유럽과 비슷한 수준이다. 그래도 서유럽에 비하면 여행 경비는 조금 덜 드는 편이다.

상품	평균 가격
생수(슈퍼마켓)	500ml 4~5Kč
지하철 요금	30분 유효 30Kč, 90분 유효 40Kč
택시 기본요금	60Kč
샌드위치	100~150Kč 내외
중급 레스토랑 한 끼 식사비	300~350Kč 내외

슈퍼마켓 체인 LiDL(리들, 위)과BILLA(빌라, 아래)

"영업시간"

ATM 기기

여행하는 도시나 마을의 주요 상점이나 레스토랑, 관공서의 영업시간과 공휴일을 미리 알아두는 건 효율적인 여행 동선을 위해 꼭 필요하다. 프라하와 같은 관광지의 경우 영업시간이 다른 곳보다 긴 곳이 많으며, 소도시의 경우는 상대적으로 영업시간이 짧은 경우가 많다. 체코 법에 따라 크리스마스 연휴인 12월 25일과 26일, 새해인 1월 1일은 대부분의 마트와 대형 식당이 문을 닫는다.

종류	영업시간 · 휴무일
은행	08:00~17:00, 토 · 일 휴무 (환전소는 대부분 영업을 한다)
우체국	08:00~18:00(토요일 12:00까지), 일 휴무
상점	09:00~18:00(토요일 12:00까지), 일요일과 국경일은 휴무 (상점에 따라 영업시간은 차이가 있다)
레스토랑	11:00~23:00, 중간에 브레이크 타임이 있는 경우가 있으며, 주요 관광지와 일반 주거지 위치에 따라 영업시간과 휴무일은 조금씩 다르다. 기본적으로는 연중무휴

환전소

"사계절이 있으며 비교적 온난한 편"

대륙성 기후로 우리나라처럼 사계절이 있다. 비교적 온난한 기후에 여름에도 습기가 적어서 생활하기에 쾌적한 편이다. 산악 지대는 겨울에 꽤 많은 눈이 쌓이며 매우 춥다.

전화 거는 법

체코에서 한국 서울의 02-123-4567로 걸 경우

국제전화 접속 번호 – 82(한국 국가 번호) – 0을 생략한 지역 번호 – 상대방 전화번호

00 – 82 – 2 – 123 – 4567

한국에서 체코 프라하의 0224-123456로 걸 경우

국제전화 접속 번호 – 420(체코 국가 번호) – 0을 생략한 지역 번호 – 상대방 전화번호
(통신사별 국제전화 번호는 KT 001, LG 002, SK브로드밴드 005, SK텔링크 00700)

001 – 420 – 224 – 12345678

유럽 다른 국가에서 체코 프라하의 0224-123456로 걸 경우

국제전화 접속 번호 – 420(체코 국가 번호) – 0을 생략한 지역 번호 – 상대방 전화번호

00 – 420 – 224 – 123456

체코에서 체코로 걸 경우

로밍 폰을 사용할 경우에는 현지 전화로 로밍이 되었기 때문에 별도로 국가 번호를 누를 필요가 없다. 국가 번호를 제외하고 상대방 번호를 그대로 누르면 된다. 공중전화 및 현지 전화를 사용할 경우에도 마찬가지다.
단, 로밍되지 않은 핸드폰을 사용할 경우에는 한국에서 국제전화를 하듯이 국제전화 접속 번호 혹은 + 표시(0을 길게 누르면 된다) – 체코 국가 번호 – 앞자리 0을 뺀 상대방 번호를 누르면 된다.

※호텔 객실 전화는 외선 번호(일반적으로 9번)를 누른 후 사용한다. 하지만 호텔 외부로 전화할 때는 매우 비싼 요금이 부과되므로 가급적 사용하지 않는 것이 좋다.

여행 캘린더

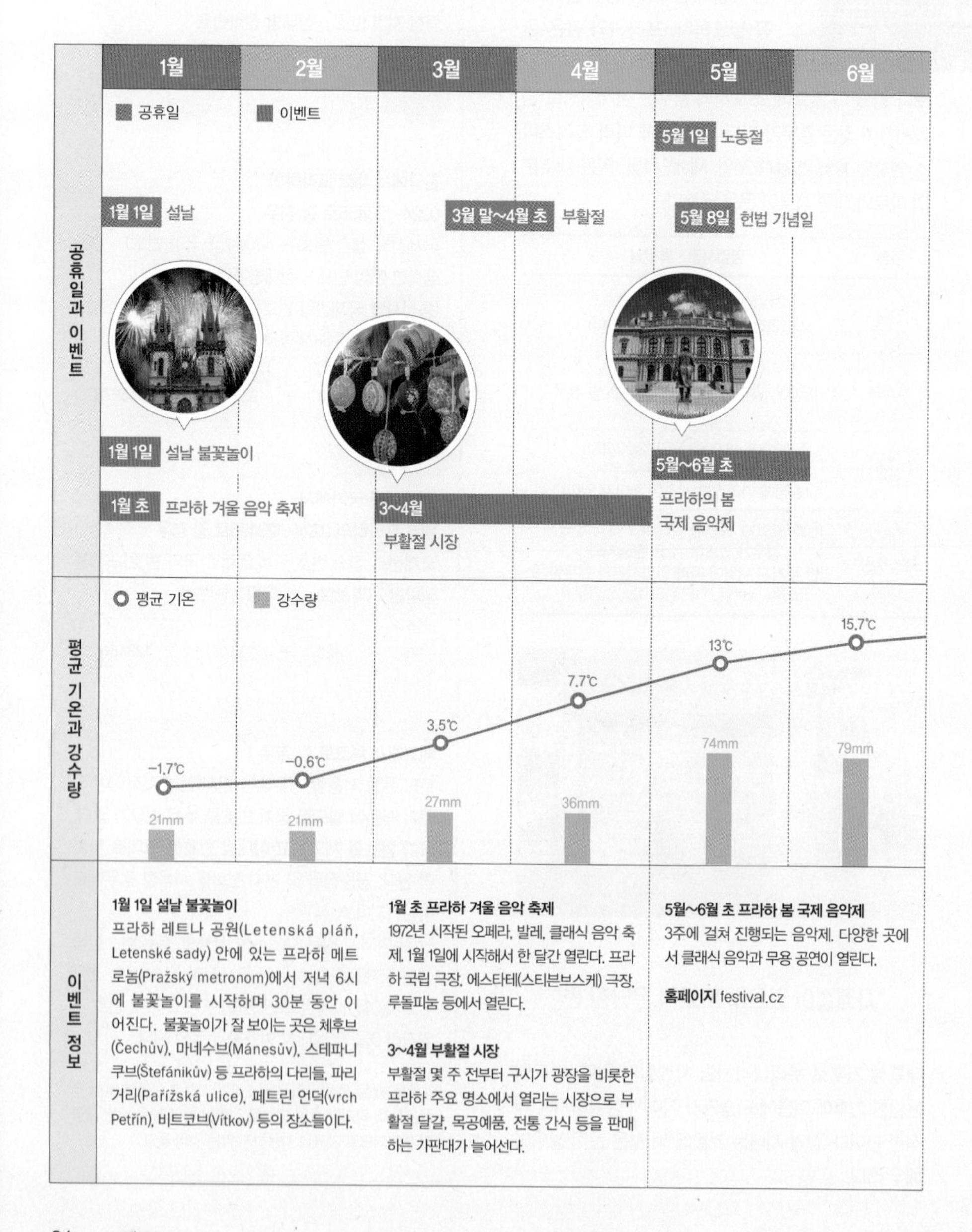

이벤트 정보

1월 1일 설날 불꽃놀이
프라하 레트나 공원(Letenská pláň, Letenské sady) 안에 있는 프라하 메트로놈(Pražský metronom)에서 저녁 6시에 불꽃놀이를 시작하며 30분 동안 이어진다. 불꽃놀이가 잘 보이는 곳은 체후브(Čechův), 마네수브(Mánesův), 스테파니쿠브(Štefánikův) 등 프라하의 다리들, 파리거리(Pařížská ulice), 페트린 언덕(vrch Petřín), 비트코브(Vítkov) 등의 장소들이다.

1월 초 프라하 겨울 음악 축제
1972년 시작된 오페라, 발레, 클래식 음악 축제. 1월 1일에 시작해서 한 달간 열린다. 프라하 국립 극장, 에스타테(스티븐브스케) 극장, 루돌피눔 등에서 열린다.

3~4월 부활절 시장
부활절 몇 주 전부터 구시가 광장을 비롯한 프라하 주요 명소에서 열리는 시장으로 부활절 달걀, 목공예품, 전통 간식 등을 판매하는 가판대가 늘어선다.

5월~6월 초 프라하 봄 국제 음악제
3주에 걸쳐 진행되는 음악제. 다양한 곳에서 클래식 음악과 무용 공연이 열린다.

홈페이지 festival.cz

프라하에서는 1년 내내 문화 행사, 연주회, 축제가 쉼 없이 열린다. 자신의 여행 일정과 관심사에 맞는 축제가 있다면 미리 일정이나 장소를 확인하고 참여해보자. 대표적인 축제는 5월에서 6월 초에 열리는 프라하의 봄 국제 음악제와 9월 중순에서 10월 중순에 루돌피눔에서 열리는 프라하 가을 국제 음악 축제다. 날짜와 시간은 변동 가능성이 있으므로 관광 안내소에 미리 문의하도록 한다.

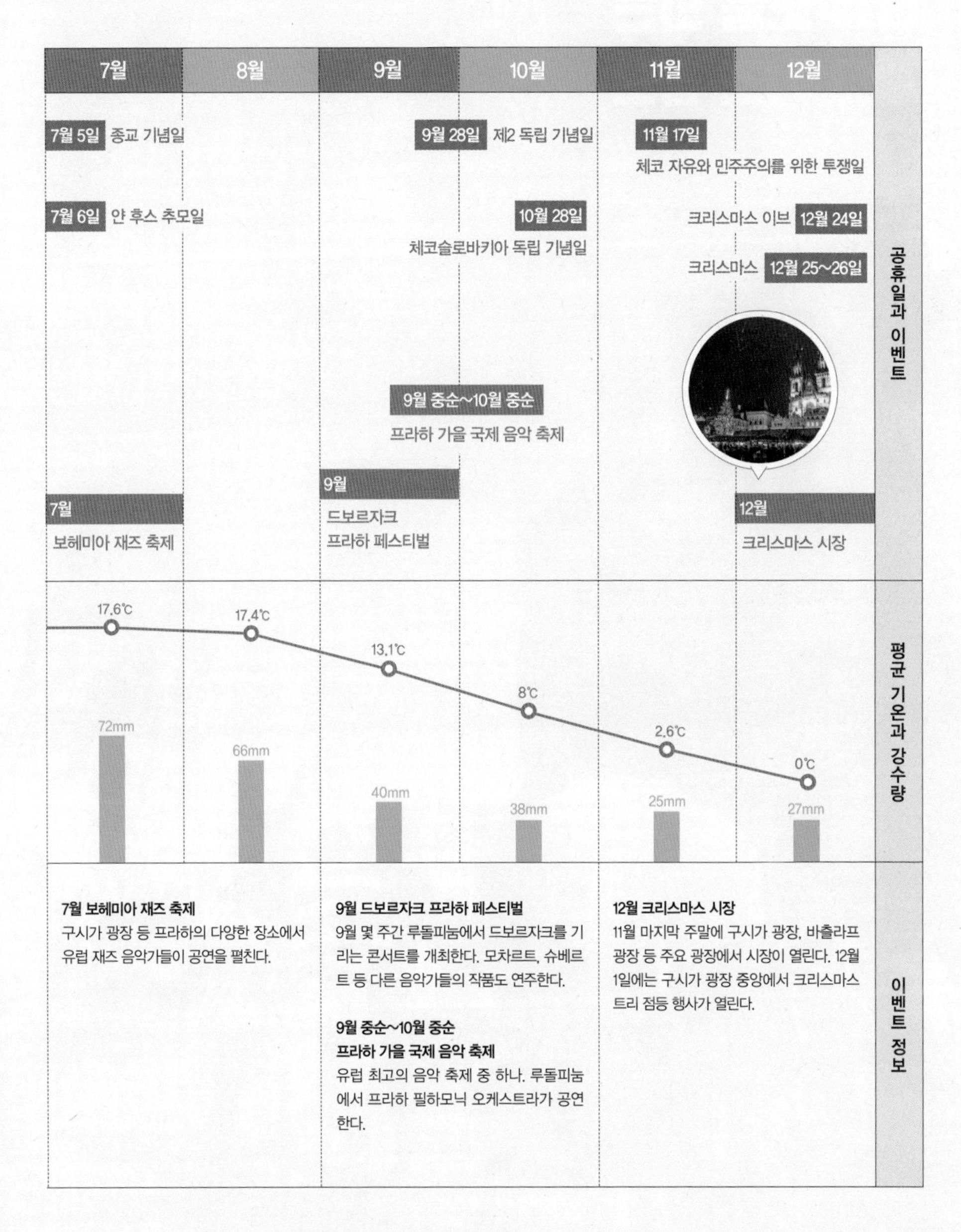

BETTER KNOW

알고 가면 더욱 도움 되는 체코 기초 정보

몰라도 큰 지장은 없지만 체코를 이해하는 데 도움 되는 정보들이 있다.
다음의 배경지식을 알아두면 여행의 퀄리티는 더욱 높아질 것이다.

“과거 체코슬로바키아 시대의 국기를 사용”

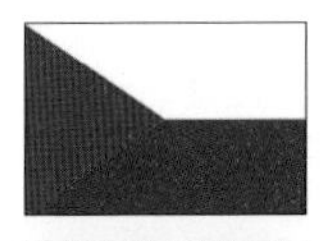

청, 백, 적 3색은 과거 체코슬로바키아 시대의 국기인데 현재도 그대로 사용하고 있다. 백색은 모라비아, 적색은 보헤미아, 청색은 슬로바키아(현재는 대부분이 폴란드령에 속해 있는 슐레지엔의 일부를 의미)를 상징한다. 국장은 대각선의 2마리 흰 사자가 보헤미아, 홍백의 독수리가 모라비아, 검은 독수리는 슐레지엔을 상징한다.

“민족은 체코인이 90%”

체코인 90.4%, 모라바인 3.7%, 슬로바키아인 2%, 그 외 소수민족으로 폴란드인, 독일인, 헝가리인, 우크라이나인 등이 있다.

“인구 대다수가 무교”

인구의 59%는 무교다. 로마 가톨릭이 27%, 프로테스탄트는 후스파 개신교 신자 1%, 복음주의 개신교 신자가 약 1%, 그 외 그리스정교, 유대교 등이다.

“4개국과 국경이 맞닿아 있다”

폴란드, 독일, 오스트리아, 슬로바키아 4개국과 국경을 맞대고 있다. 서쪽으로 프라하를 중심으로 보헤미아 지방이 넓게 형성되어 있고, 남동쪽으로 브르노를 중심으로 모라비아 지방으로 나뉜다. 주로 고원 지대와 분지에 자리 잡은 보헤미아 지방은 보헤미아의 숲이라 불리는 광대한 삼림으로 덮여 있다. 보헤미아 중부를 남북으로 흐르는 블타바강(몰다우강) 연안에 수도 프라하가 위치한다. 포도밭이 넓게 펼쳐진 모라비아 지방은 체코 와인 생산의 중심지이기도 하다.

“1993년부터 의회 민주제 채택”

체코슬로바키아 사회주의 공화국의 한 연방이던 체코는 1993년 슬로바키아와의 연방이 해체된 뒤 독립 주권 국가가 되었다. 의회 민주제를 채택하고, 국가원수인 대통령도 의회에서 선출한다. 현재 대통령은 페트르 파벨(Petr Pavel)로 체코의 제4대 대통령이며 2023년 초 선출되어 재임 중이다. 의회는 상원과 하원으로 구성된 양원제다. 행정 구분은 개편된 행정 구역에 따라 13개 주(Kraj)와 1개 수도(Hlavní město)로 나뉜다.

프라하

PRAHA

중세의 낭만이 살아 있는 도시

체코 공화국의 수도이자 과거 보헤미아 왕국의 역사적인 수도 프라하는 동유럽의 수많은 도시들 중에서도 가장 찬란한 아름다움을 자랑한다. 블타바강이 구시가를 가로질러 유유히 흘러가고 언덕 위 프라하성과 강 건너편 구시가 곳곳에는 긴 세월과 역사의 흔적이 쌓여 있다.

중세와 낭만이라는 두 단어가 가장 잘 어울리는 도시를 꼽으라면 단연 프라하다. EU에서 가장 낮은 실업률을 자랑하는 도시로 안정적인 삶을 영위하는 곳이기도 하다. 프라하는 1000년이 넘는 세월 동안 유럽 역사의 흥망성쇠 속에서 정치, 문화, 경제의 중심 역할을 해왔다. 체코의 수도일 뿐만 아니라 신성 로마 제국의 수도이기도 했던 프라하는 로마네스크 시기에 건설되어 고딕, 르네상스, 바로크, 로코코, 아르누보, 큐비즘,

여행 기간

3 일

프라하 여행의 중요 키워드

 역사  야경  건축  맥주

네오클래식 시대를 거치면서 그 문화적, 건축적 화려함과 아름다움은 정점에 달했다. 프라하는 20세기 세계 역사의 혼돈 속에서도 프라하성, 카를교, 구시가 광장, 천문 시계, 유대인 지구, 페트린(Petrín) 언덕과 비셰흐라트(Vyšehrad), 마리오네트 인형극 등 문화적인 유산과 명소들을 잘 지켜냈다.

1989년 동서냉전을 상징하는 철의 장막(Iron Curtain)이 무너진 이후 프라하는 세계에서 가장 인기 있는 여행지 중 하나로 인정받으며 1992년 유네스코 세계 문화유산에 당당히 이름을 올렸다. 이제 체코뿐만 아니라 동유럽에서 최우선으로 들러야 할 여행지로 손꼽히는 프라하는 유럽에서 런던, 파리, 이스탄불, 로마의 뒤를 이어 다섯 번째로 많은 방문객을 끌어들이는 여행지로 인정받고 있다.

프라하
Praha
0
200m
N
흐라트차니
Hradčany
포호르젤레츠
Pohořelec
스트라호프
Strahov
말라 스트라나
Malá Strana
Smíchov
프라하성
Pražský Hrad
Prazsky hrad
트램 정류장
벨베데르
달리보르카 탑
황금 소로
로프코비츠 궁전
성 이르지 교회
성 비투스 대성당
구왕궁
슈테른베르크 궁전
흐라트차니 광장
슈바르첸베르크 궁전
로레타
체르닌 궁전
Pohorelec
트램 정류장
발트슈타인 궁전
Valdštejnský palác
카프카 박물관
Muzeum Franze Kafky
네루도바 거리
Nerudova ulice
비건스 프라하
Vegan's Prague
성 미쿨라셰 교회(말라 스트라나)
sv. Mikuláše
Malestranská
트램 정류장
말라 스트라나 교탑
트룰라 마리오네티
카를교
Karlův most
수도원 입구
스트라호프 수도원
Strahovský klášter
존 레논의 벽
Lennonova zeď
리히텐슈테인 궁전
스트라호프 정원
Strahovská zahrada
캄파 박물관
Museum Kampa
캄파 공원
페트린탑
성 바브르지네츠 교회
케이블카 타는 곳
Lanova dráha
Újezd 트램 정류장
페트린 언덕
Vrch Petřín
페트린 공원
스트라호프 스타디움
Strahovský stadion
Kinského zahrada
Justiční Palác
레기교
most Legií
Střelecký ostrov
Dětský ostrov
이라스크
Jiráskův most
팔라츠케
Palackého most
Anděl
버스 터미널
(체스키크룸로프행)
베르트람카(모차르트 기념관)
Bertramka
Hradčanská
Praha-Dejvice
Malostranská
Chotkovy sady
지하철 A선
Vltava
Metro B
Dělostřelecká
Na valech
Tychonova
Badeniho
Gogolova
Milady Horákové
Patočkova
U Prašného mostu
Mariánské hradby
Jelení
U Brusnice
Chotkova
Valdštejnská
Kanovnická
Loretánská
Úvoz
Vlašská
Mostecká
Harantova
Strahovská
Olympijská
Chaloupeckého
Jezdecká
Mezi Stadiony
Vaníčkova
Atletická
Strahovský tunel
Pod stadiony
Říční
Újezd
Vítězná
Plaská
Petřínská
nám. Kinských
Vodní
Holečkova
Drtinova
Štefánikova
El. Peškové
Zborovská
Janáčkovo nábřeží
Kořenského
V botanice
Matoušova
nám.14 října
Pecháčkova
Zapova
Švédská
Kartouzská
Lidická
Na bělidle
Jindřicha Plachty
Vltavská
Mozartova
Mrázovka
Radlická
Na Zatlance
Stroupežnického
Ostrovského
Nádražní
Svornosti
Hořejší nábřeží
Na Valentince
카를슈테인성 Hrad Karlštejn 방향

Letenské sady
nábřeží Kpt. Jaroše
Hlávkův most
Štefánikův most
nábřeží Edvarda Beneše
Čechův most
Dvořákovo nábřeží
nábřeží Ludvíka Svobody
C
D
성 아네슈카 수도원
Lannova
Klimentská
성 시몬 성 유다 교회
구·신시나고그
Staronová Synagóga
스페인 시나고그
Španělská Synagoga
나세 마소
Soukenická
Petrská
Biskupská
Ke Štvanici
루돌피눔
(예술가의 집)
옛 유대인 묘지
Pařížská
유대인 거리
Josehof
Dlouhá
Truhlářska
Na poříčí
Metro B
Florenc
Mánesův most
Široká
Staroměstská
국립 마리오네트 극장
시민 회관
콜코브나 첼니체
2002 비어 & 키친
클레멘티눔 거울의 방
성 미쿨라셰 교회
(구시가)
틴 성모 마리아 교회
마사리코보 나드라지역
Praha Masarykovo nádraží
Náměstí Republiky
Platnéřská
구시가 광장
관광 안내소
Hybernská
구시가청사
화약탑
더 그랜드 마크 프라하
타 판타스티카
Železná
Na příkopě
히베르니아 극장
호텔 릴리오바
구시가
Stáre Město
무하 미술관
Mucha Museum
프라하 오페라
마리오네트 극장
레지던스 유 말바제
Opletalova
Metro C
Wilsonova
굿 푸드 커피 & 베이커리
Můstek
Panská
Perlova
Růžová
Hlavní Nádraží
스메타나 박물관
Muzeum Bedřicha Smetany
Krocínova
Na Perštýně
Jindřišská
Politických vězňů
프라하 중앙역
카바르나 슬라비아
Národní
G
H
Národní třída
바츨라프 광장
Václavské náměstí
Španělská
국민 극장
Národní divadlo
국립 오페라 하우스
Slovanský ostrov
슈퍼 트램프 커피
Vodičkova
Jungmannova
더 아이콘 호텔
Opatovická
Spálená
Muzeum
국립 박물관
Národní museum
Pštrossova
우 플레쿠
호텔 시저 프라하
신시청사
Školská
Štěpánská
Ve Smečkách
Krakovská
Čelakovského sady
Balbínova
Myslíkova
요리 레스토랑
Metro A
Římská
마사리코보 제방 길
Masarykovo nábřeží
카를 광장
karlovo nám.
Žitná
Anglická
춤추는 건물
Tančící dům(Dancing House)
미루 광장
nám. Míru
Resslova
Karlovo náměstí
Ječná
Jugoslávská
Gorazdova
I. P. Pavlova
Náměstí Míru
Metro B
Lipová
Kateřinská
드보르자크 기념관
Antonín Dvořák Museum
Rumunská
보헤미아 티켓 인터내셔널
Na Moráni
Karlovo náměstí
U Nemocnice
Ke Karlovu
Na bojišti
Londýnská
Bělehradská
Belgická
Uruguayská
Americká
sv.Kateřina
신시가
Nové Město
Bruselská
Klášter Na Slovanech
Benátská
Botanická zahrada
Sokolská
Legerova
Koubkova
Rašínovo nábřeží
K
L
Trojická
Apolinářská
Wenzigova
Podskalská
Plavecká
Vyšehradská
Botičská
Albertov
Na Slupi
Horská
Svobodova
Perucká
Sekaninova
Fričova
↓ 비셰흐라드 Vyšehradrad 방향

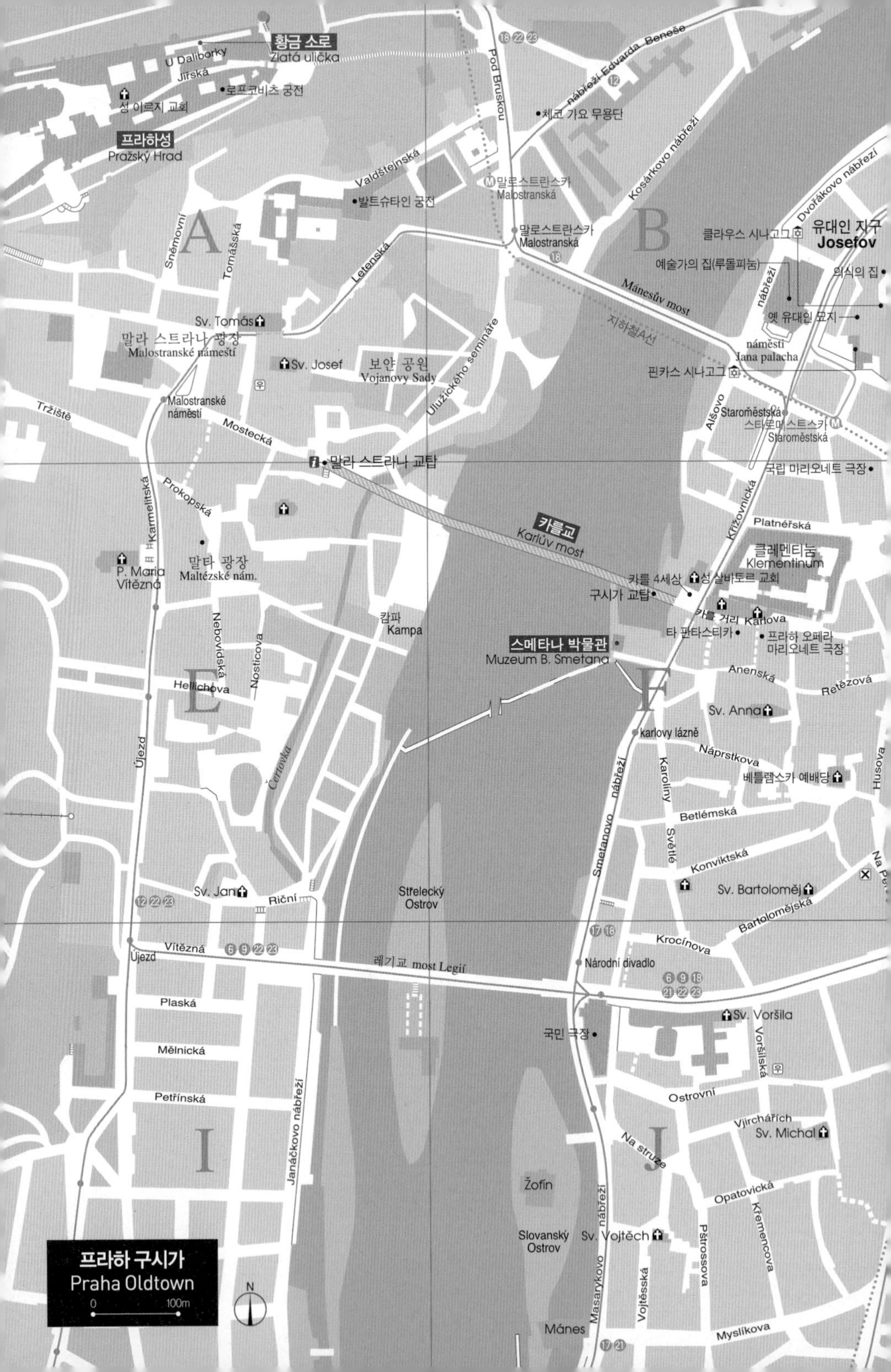

프라하 구시가
Praha Oldtown
0
100m
N
황금 소로
Zlatá ulička
U Daliborky
Jiřská
로프코비츠 궁전
성 이르지 교회
프라하성
Pražský Hrad
Valdštejnská
발트슈타인 궁전
Pod Bruskou
18 22 23
nábřeží Edvarda Beneše
12
체코 가요 무용단
Kosárkovo nábřeží
말로스트란스카
Malostranská
18
Dvořákovo nábřeží
유대인 지구
Josefov
클라우스 시나고그
예술가의 집(루돌피눔)
의식의 집
Mánesův most
지하철A선
nábřeží
옛 유대인 묘지
náměstí
Jana palacha
핀카스 시나고그
A
B
Sněmovní
Tomášská
Letenská
Sv. Tomás
말라 스트라나 광장
Malostranské náměstí
Sv. Josef
보얀 공원
Vojanovy Sady
Užického semináře
Tržiště
Malostranské náměstí
Mostecká
말라 스트라나 교탑
Aišovo
Staroměstská
스타로메스트스카
Staroměstská
국립 마리오네트 극장
Karmelitská
Prokopská
카를교
Karlův most
Křižovnická
Platnéřská
클레멘티눔
Klementinum
P. Maria Vítězná
말타 광장
Maltézské nám.
카를 4세상
성 살바토르 교회
구시가 교탑
캄파
Kampa
카를 거리
Karlova
타 판타스티카
프라하 오페라 마리오네트 극장
스메타나 박물관
Muzeum B. Smetana
Nebovidská
Nosticova
Hellichova
E
F
Anenská
Retězová
Sv. Anna
karlovy lázně
Čertovka
Újezd
Náprstkova
Karoliny Světlé
Smetanovo nábřeží
베들렘스카 예배당
Husova
Betlémská
Konviktská
Sv. Bartoloměj
Bartolomějská
Na Perštýně
Střelecký Ostrov
Sv. Jan
Řiční
12 22 23
Vítězná
6 9 22 23
Újezd
레기교 most Legií
17 18
Krocínova
Národní divadlo
6 9 18
21 22 23
Plaská
Sv. Voršila
국민 극장
Voršilská
Mělnická
Petřínská
Ostrovní
Vjirchářích
Sv. Michal
Na struze
I
J
Janáčkovo nábřeží
Žofín
Opatovická
Křemencova
Slovanský Ostrov
Sv. Vojtěch
Masarykovo nábřeží
Pštrossova
Vojtěšská
Mánes
Myslíkova
17 21

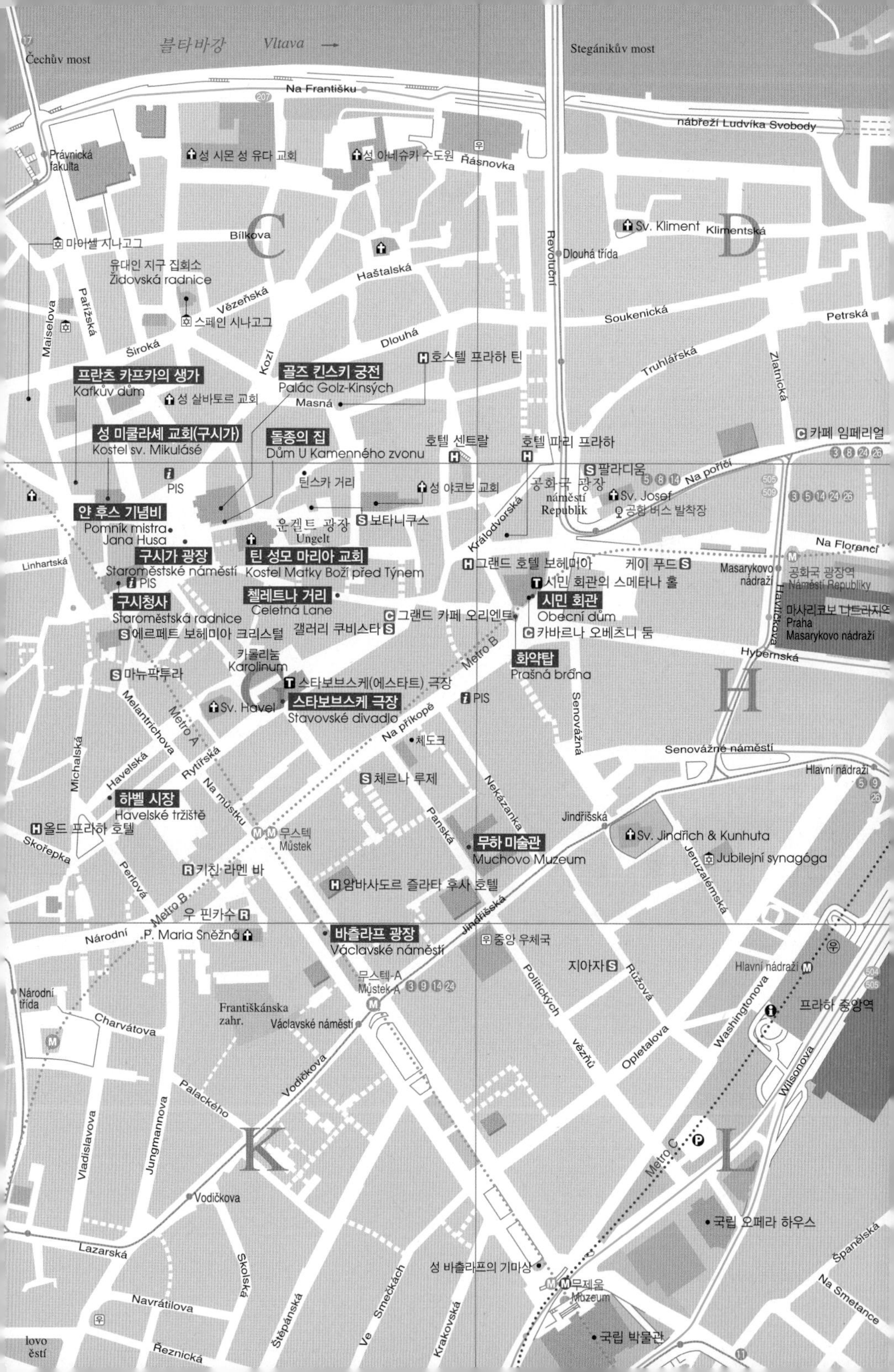

블타바강 Vltava
Čechův most
Stegánikův most
Na Františku
nábřeží Ludvíka Svobody
Právnická fakulta
성 시몬 성 유다 교회
성 아네슈카 수도원
Řásnovka
C
D
Bílkova
Revoluční
Sv. Kliment
Klimentská
Dlouhá třída
마이셀 시나고그
유대인 지구 집회소
Židovská radnice
Haštalská
Vězeňská
Pařížská
Maiselova
스페인 시나고그
Soukenická
Petrská
Široká
Dlouhá
Kozí
호스텔 프라하 틴
Truhlářská
Zlatnická
프란츠 카프카의 생가
Kafkův dům
골즈 킨스키 궁전
Palác Golz-Kinsých
성 살바토르 교회
Masná
성 미쿨라셰 교회(구시가)
Kostel sv. Mikuláše
돌종의 집
Dům U Kamenného zvonu
호텔 센트랄
호텔 파리 프라하
카페 임페리얼
PIS
틴스카 거리
성 야코브 교회
팔라디움
공화국 광장
náměstí Republik
Na poříčí
Sv. Josef
공항 버스 발착장
얀 후스 기념비
Pomník mistra Jana Husa
운겔트 광장
Ungelt
보타니쿠스
Královodvorská
Na Florenci
Linhartská
구시가 광장
Staroměstské náměstí
틴 성모 마리아 교회
Kostel Matky Boží před Týnem
그랜드 호텔 보헤미아
케이 푸드
Masarykovo nádraží
공화국 광장역
Náměstí Republiky
구시청사
Staroměstská radnice
첼레트나 거리
Celetná Lane
시민 회관의 스메타나 홀
시민 회관
Obecní dům
마사리코보 나드라지역
Praha Masarykovo nádraží
에르페트 보헤미아 크리스털
그랜드 카페 오리엔트
갤러리 쿠비스타
카바르나 오베츠니 둠
Havlíčkova
Hybernská
카롤리눔
Karolinum
Metro B
화약탑
Prašná brána
마뉴팍투라
H
스타보브스케(에스타트) 극장
스타보브스케 극장
Stavovské divadlo
Sv. Havel
PIS
Melantrichova
Metro A
Senovážná
Na příkopě
체도크
Michalská
Havelská
Rytířská
Senovážné náměstí
Hlavní nádraží
체르나 루제
Nekázanka
Na můstku
하벨 시장
Havelské tržiště
Panská
Jindřišská
Sv. Jindřich & Kunhuta
올드 프라하 호텔
무스텍
Můstek
무하 미술관
Muchovo Muzeum
Jubilejní synagóga
Skořepka
Jeruzalémská
Perlová
키친 라멘 바
암바사도르 즐라타 후사 호텔
우 핀카수
Národní
P. Maria Sněžná
바츨라프 광장
Václavské náměstí
Jindřišská
중앙 우체국
Politických
지아자
Růžová
Hlavní nádraží
무스텍-A
Můstek-A
Národní třída
Františkánska zahr.
Václavské náměstí
Charvátova
프라하 중앙역
Vodičkova
Washingtonova
Opletalova
vězňů
Wilsonova
Palackého
Vladislavova
Jungmannova
K
Metro C
L
Vodičkova
국립 오페라 하우스
Lazarská
Španělská
Skolská
성 바츨라프의 기마상
무제움
Muzeum
Na Smetance
Navrátilova
Štěpánská
Ve Smečkách
Krakovská
국립 박물관
Řeznická

MUST DO

프라하에서 꼭 해봐야 할 것들

유럽에서 가장 로맨틱한 도시 중 하나인 프라하를 200% 만끽하는 방법

1 프라하성의 야경 감상하기

블타바강을 사이에 두고 바라보는 은은하면서도 우아한 프라하성의 야경은 프라하 여행의 하이라이트 중에서도 단연 최고다. 카를교 주변에서 바라보는 야경을 추천하며, 특히 구시가지 쪽에 있는 교탑에 올라가서 바라보는 야경이 환상적이다.

2

2 프라하 최고의 진미 족발, 콜레노 맛보기

체코의 전통 족발 요리인 콜레노는 속살은 부드럽고 겉은 바삭한 최고의 진미 요리다. 체코 전통 맥주에 곁들이면 금상첨화다.

3

4

5

6

3 수도원 맥주 맛보기

구시가 언덕 위 스트라호프 수도원에서 만드는 수도원 맥주는 프라하 여행에서 꼭 마셔봐야 할 최고의 수제 맥주다.

4 해 질 무렵 카를교 거닐기

프라하 카를교만큼 낭만적인 장소는 없다. 해 질 무렵 카를교를 거닐며 거리 악사의 연주를 감상하는 여유를 누려본다.

5 마뉴팍투라에서 쇼핑하기

체코의 온천 도시 카를로비바리의 천연 소금으로 만든 미용 용품을 비롯해 찻주전자와 찻잔, 컵 같은 도자기 제품도 판매한다. 프라하 곳곳에 매장이 있어서 쇼핑도 용이하다.

6 클래식 공연 관람하기

시민 회관 스메타나 홀, 스타니 오페라 극장뿐만 아니라 크고 작은 성당에서 펼쳐지는 공연까지. 프라하에서 격조 높은 클래식 공연의 즐거움을 만끽해 보자.

7

7

8

8

7 프란츠 카프카의 흔적 찾아보기

체코를 대표하는 작가이자 프라하의 작가 카프카가 살았던 곳과 카프카 박물관 등 문학적 발자취를 따라가는 여행을 해본다.

8 마리오네트 인형극 감상하기

관절 마디마디를 실로 묶은 목각 인형을 사람이 줄을 조종하여 움직이도록 연출하는 인형극인 마리오네트 관람은 프라하 여행의 필수 코스 중 하나다. 목각 인형은 기념품으로 간직하기에도 좋다.

TIP 현지 사진작가와 함께하는 프라하 사진 촬영 투어

현지 사진작가와 함께하는 프라하 사진 찍기 투어는 여행도 하고 최고로 멋진 혹은 숨겨진 장소에서 사진도 남기는 일석이조의 체험이자 값진 추억이다. 약 4시간 소요된다. 다음 홈페이지를 참조할 것.

조니의 프라하 포토 투어 www.johnnyspraguetours.com

9 프라하 근교 소도시로 당일치기 여행 다녀오기

프라하만 보기에는 모처럼의 체코 여행이 아쉬운 여행자라면 근교 소도시를 당일치기로 다녀오는 것도 괜찮은 선택이다. 동화 같은 중세 마을 체스키크룸로프, 필스너 맥주의 고장 플젠, 인간의 뼈로 만든 해골 예배당이 있는 쿠트나호라, 온천 도시 카를로비바리, 모라비아의 중세 도시 올로모우츠 등 편도 3~4시간 이내에 있는 대표적인 도시들이다.

ACCESS

프라하 가는 법

동유럽 여행의 핵심 도시 프라하는 유럽 내에서는 다양한 기차 노선과 버스, 항공 노선으로 잘 연결되어 있어서 접근이 편리하다. 인접 국가인 오스트리아나 독일, 폴란드에서 특히 이동하기 용이하다.

출발	교통편	도착
인천 공항	비행기 직항 12시간 55분	프라하 공항
빈 중앙역	기차 4시간	프라하 중앙역
빈	버스 4시간 45분	프라하
부다페스트 뉴가티역	기차 6시간 30분	프라하 중앙역
부다페스트 켈렌푈트역	버스 6시간 45분	프라하 UAN 플로렌츠역

비행기

프라하 바츨라프 하벨 국제공항 Va´clav Havel Airport Prague

프라하의 국제공항인 프라하 바츨라프 하벨 공항은 프라하 시내에서 17km 정도 떨어져 있다. 도심을 연결하는 지하철이나 기차는 없으므로 버스를 이용해야 하며 1시간이면 도착할 수 있다. 공항은 터미널 1과 터미널 2로 구분되어 있다. 터미널 1은 셍겐 조약 외 지역(인천 등) 출발과 도착, 터미널 2는 셍겐 조약 지역(유럽 26개국) 내 출발과 도착으로 나뉜다.

홈페이지 www.prg.aero

직항

대한항공이 인천공항에서 프라하 바츨라프 하벨 국제공항까지 직항편을 주 3회 운항하고 있다. 보통 오전 11시에 출발해서 현지 시각으로 같은 날 오후 5시경에 도착한다. 체코 입국 수속을 밟고 숙소까지 이동하면 꽤 늦은 저녁이 되니 본격적인 일정은 다음 날부터로 계획하는 것을 추천한다. 대한항공을 이용하면 인천공항 제2 여객 터미널에서 출국 수속을 밟게 된다.

대한항공 www.koreanair.com

경유

유럽 주요 항공사들이 인천에서 자국을 거쳐 프라하까지 경유편을 운항하고 있다. 프랑크푸르트나 뮌헨을 경유하는 루프트한자, 암스테르담을 경유하는 KLM 네덜란드항공, 이스탄불을 경유하는 터키항공, 파리를 경유하는 에어프랑스 등을 통해 프라하에 갈 수 있다.
직항편에 비해 가격은 저렴한 편이며 경유지 스톱오버를 잘 활용하는 것도 좋다. 경유지에서 환승 대기 시간에 따라 13~20시간 이상까지 총 소요 시간은 다양하다. 환승 대기는 2시간 정도가 적당하다. 국적기의 경우 아시아나항공의 일정이 가장 무난하며, 폴란드항공과 알이탈리아항공도 경유편이지만 소요 시간이 13시간 정도여서 이용하면 편리하다. 13시간 정도의 소요 시간이면 같은 날 오후 늦게 프라하에 도착하므로 다음 날부터 일정을 시작하면 된다.

저가 항공

유럽 내 주요 도시들과 프라하 간을 저가 항공편들이 운항하고 있다. 저가 항공편은 주로 유럽 내에서 장거리 이동을 할 때 기차나 버스보다는 훨씬 더 시간적인 면에서 효율적인 수단이다. 이지젯(EasyJet), 라이언에어(Ryanair), 부엘링(Vueling), 위즈에어(Wizzair) 등 다양한 저가 항공사들이 유럽의 주요 도시들과 프라하를 이어주고 있다.
부다페스트 리스트 국제공항에서 라이언에어로 1시간 10분, 빈 국제공항에서 오스트리안항공으로 50분 정도 비행시간이 소요된다. 저가 항공 노선은 스카이스캐너(Skyscanner), 카약(Kayak) 등 항공 스케줄 예약 사이트를 활용하면 편리하게 일정을 검색할 수 있다.

이지젯 www.easyjet.com **라이언에어** www.rayanair.com
부엘링 www.vueling.com **위즈에어 항공** www.wizzair.com
스카이스캐너 www.skyscanner.co.kr
카약 www.kayak.co.kr

프라하 공항에서 시내 가는 법

프라하 공항에서 시내까지는 대략 20km 거리이며, 공항에서 시내까지 운행하는 공항 고속버스(AE, Airport Express)가 구시가 중심부를 거쳐 중앙역까지 운행한다. 택시, 공항 고속버스, 호텔 셔틀버스, 개인 미니버스 등을 이용해 시내에 접근할 수 있다.

승차권

대중교통을 이용해 공항에서 시내까지 이동할 때는 (단, 공항 고속버스는 예외) 대중교통 티켓을 잘 활용해야 한다. 30Kč(30분), 40Kč(90분), 120Kč(24시간), 330Kč(3일) 등 다양한 종류의 티켓들 중에서 공항까지 소요 시간을 계산해서 적합한 티켓을 구입하면 된다. 소요 시간이 30분 이상일 때는 90분 유효한 티켓을 구매해서 탑승해야 한다.

티켓 자동 발매기는 터미널 1 입국장을 나오면 밖으로 나가는 문 옆에 있으며, 터미널 1 입국장으로 나와서 오른쪽으로 보면 유인 매표소가 있다. 자동 발매기는 카드 결제도 가능하다.

티켓에 날짜가 안 찍힌 표는 무임승차로 간주하기 때문에 탑승 전에 반드시 노란색 펀칭 기계에 펀칭을 하도록 한다. 펀칭을 하지 않으면 검표 시 무조건 벌금을 부과한다.

TIP 일정 크기 이상의 캐리어는 수하물 티켓도 필요

트램이나 버스, 지하철 이용 시에 25x45x70cm 크기 이상의 캐리어는 20Kč의 수하물 티켓을 추가로 구입해야 한다. 불시에 검표를 할 수 있으므로 자신의 수하물 크기가 크다면 수하물 티켓도 따로 끊도록 하자.

공항 고속버스 Airport Express(AE)

대중교통을 제외하면 프라하 공항과 시내를 이어주는 공항 고속버스가 가장 저렴하고 시내 이동에 편리하다. 매일 약 30분 간격으로 운행하며, 소요 시간은 30~40분 내외다. 공항버스 정류장은 1 터미널, 2 터미널 각각 체크인 홀 앞에 있는 도시 환승 터미널에 있다. 시내에는 프라하 중앙역(지하철 노선 C, Hlavní Nádraží역), 프라하 마사리크역(지하철 노선 B, Náměstí Republiky역) 등이 있다. 일반 지하철, 트램, 버스와 같은 대중교통 티켓으로는 탑승할 수 없으며, 버스를 탈 때 기사에게서 공항버스 티켓을 구입해야 한다.

운행 시간 30분 간격, 30~40분 소요
요금 성인 60Kč, 6~15세 30Kč, 6세 미만 무료

지하철 + 버스

지하철역과 가까운 곳에 숙소를 잡았을 때는 먼저 공항에서 버스를 타고 이용할 노선의 메트로역으로 간 후 지하철을 갈아타는 방법이 편리하다.

◎ 숙소가 메트로 A노선에 있을 경우

119번 버스 공항에서 시내로 갈 때는 일반 버스인 119번 버스를 타고 메트로 나드라지 벨레슬라빈(Nadrazi Veleslavin)역에서 지하철 A선으로 환승하여 목적지로 이동하면 된다.

버스 탑승 장소 공항 터미널 1, 플랫폼 E번
버스 소요 시간 공항~벨레슬라빈역 25분 내외
요금 32Kč(90분 교통권을 구입해 버스, 지하철 모두 이용)

◎ 숙소가 지하철 B노선에 있을 경우

100번 버스 공항에서 탑승하는 일반 버스 100번을 타고 지하철 즐리친(Zličín)역에서 지하철 B선으로 갈아타면 된다.

버스 탑승 장소 터미널 1, 플랫폼 E번
버스 소요 시간 공항~즐리친역 15분 내외
요금 40Kč(90분 교통권을 구입해 버스, 지하철 모두 이용)

택시

프라하의 택시 운전사는 관광객들에게 바가지요금을 씌우는 것으로 악명이 높다. 택시에 탑승하기 전에 대략적인 요금을 물어보는 것이 좋다. 미터기가 달린 택시에 대한 불만 접수도 꽤 있는 편이다. 그래서 공항에서 시내 이동 시에는 아래에 설명하는 EU픽업닷컴 같은 공항 픽업 서비스를 추천한다. 시내에서 공항으로 갈 때는 우버(Uber), 볼트(Bolt) 같은 택시 앱이 유용하다.

◎ EU픽업닷컴

카카오톡으로도 문의 가능한 고정 요금 공항 픽업 서비스. 요금은 현금으로 €25(575Kč, 일반적으로 프라하 시내 숙소 픽업 서비스의 경우 €40 정도)여서 저렴하고 픽업 시간도 잘 지킨다는 평이다.

카카오톡 ID EUPICKUP
홈페이지 www.eupickup.com

◎ 프라하 공항 트랜스퍼 택시

Prague Airport Transfers

예약 필수인 공항 픽업 택시. 프라하 시내의 모든 호텔과 시내 대부분의 지역을 고정 요금으로 운행하는 택시 회사이며 가장 평판이 좋은 공항 택시 회사 중 하나다.
1~4명은 750Kč(세단), 5~8명은 990Kč(미니밴)을 이용해 시내까지 이동할 수 있다. 온라인이나 전화로 미리 예약을 해야 하고, 영어로 의사소통이 가능한 운전사가 도착 홀에서 예약자의 이름이 적힌 카드를 들고 맞아준다.

홈페이지 www.prague-airport-shuttle.cz/ko
전화 0222-554-211

◎ 그 외 택시 회사

공항 안에 예약 카운터가 있으며, 홈페이지에서 공항 픽업 서비스 예약도 가능하다.

픽스 택시 FIX Taxi fix-taxi.com/prices
택시 프라하 Taxi Praha www.praguefairtransfer.cz

TIP 시내에서 공항 갈 때는 우버·볼트가 편하다

시내에서 공항에 갈 때는 우리나라의 카카오택시와 비슷한 우버(Uber)나 볼트(Bolt) 같은 앱을 이용하는 편이 저렴하다. 신용카드를 등록해 놓으면 쿠폰이나 프로모션 요금 혜택을 받을 수 있어서 저렴하게 이용할 수 있다. 유럽의 다른 도시에서도 사용 가능한 앱이다.

철도

프라하의 중앙역인 흘라브니 나드라지(Praha Hlavní Nádraží)역을 포함해서 총 4곳의 기차역이 있다. 유럽의 주요 도시에서는 대부분 흘라브니 나드라지역이나 나드라지 홀레쇼비체(Nádraží Praha-Holešovice)역을 통해 프라하로 들어간다.

헝가리 철도청 www.cd.cz

오스트리아 빈 → 프라하

일반적으로 프라하행 열차는 빈 중앙역(Wien HBF)에서 출발해서 프라하 중앙역에 도착한다. 직행열차인 레일젯(RJ, Railjet) 열차를 타고 약 4시간 정도 소요된다. 주요 시간대에는 매시 10분 출발하는 RJ 열차가 있으며, 1시간에 1대꼴로 운행되고 있다.
레일젯은 OBB의 장거리 고속 열차다. 이동 시 짐이 많을 경우에는 열차 중간 객차 사이에 있는 짐 보관 공간이 한정되어 있으므로 가능하면 빨리 탑승해서 짐 보관소에 짐을 넣는 편이 힘이 덜 든다. 객차 내 좌석 상단에 있는 수하물 보관대는 높이가 너무 높아서 무거운 캐리어는 혼자서 들어 올리기가 어려울 수도 있다. 열차 내에서는 간식 카트가 객차 사이를 자주 왕복하기 때문에 간단히 끼니를 해결할 수도 있다.

예약 오스트리아 연방 철도 홈페이지인 OBB에서 열차 스케줄과 예약을 할 수 있다. 오스트리아 연방 철도 앱 ÖBB를 깔아두면 스마트폰으로 기차 시간 조회와 티켓 구매도 바로 할 수 있다. 빈 프라하 노선의 경우는 체코 철도청과 공동 운행을 하기 때문에 체코 철도청 홈페이지에서 예약해도 된다.

오스트리아 연방철도 앱 OBB **체코 철도청** Muj vlak

헝가리 부다페스트 → 프라하

부다페스트 뉴가티(Budapest Nyugati)역에서 프라하 중앙역까지 직행열차가 있으며 주간에 5대 정도 운행되고 있다. 약 6시간 30분 정도 소요된다.

예약 헝가리 철도청 홈페이지나 체코 철도청 홈페이지를 통해 스케줄 조회와 예약을 할 수 있으며 헝가리 철도청 앱 MAV, 체코 철도청 앱 Muj vlak, 유럽 교통 앱 오미오(Omio) 등을 통해 스케줄 조회 및 티켓 구매를 할 수 있다.
헝가리 철도청 www.mavcsoport.hu

프라하의 주요 기차역

프라하 흘라브니 나드라지(중앙역) Hlavni Nádraží

주요 국제선 열차와 국내선 열차들이 발착하는 메인 기차역이다. 메인 홀에 매표 창구가 있으며 환전소, 여행사, 레스토랑, 상점, 숙소 에이전시들이 들어서 있다. 지하철 C노선 흘라브니 나드라지역이 지하에 있어서 시내로 들어가기에도 편리하다.

프라하 홀레쇼비체역 Nádraží Holešovice

빈, 베를린, 드레스덴 등 오스트리아와 독일의 주요 도시와 국제선 열차가 오간다. 지하철 C노선 나드라지 홀레쇼비체역과 연결되어 있다.

마사리코보역 Masarykovo Nádraží

북쪽이나 동쪽으로 향하는 국내선 열차가 이곳에서 출발한다. 지하철 B노선 공화국 광장(Náměstí Republiky)역을 통해 시내로 들어갈 수 있다.

프라하와 주요 국제 도시들을 연결해주는 장거리 버스가 대부분 정차하는 메인 터미널인 플로렌츠(Florenc ÚAN) 버스 터미널과 그보다 규모가 작은 홀레쇼비체(Holešovice) 버스 터미널이 있다.

오스트리아 빈 → 프라하

빈 중앙역 앞에 있는 비드너 귀르텔 국제 버스 정류장(Busbahnhof Wiedner Gürtel)에서 출발하는 장거리 버스가 프라하 플로렌츠 버스 터미널까지 연결된다. 레지오젯(Regiojet) 버스와 유로라인(Eurolines) 버스들이 공동으로 하루에 5대 정도 운행되고 있다. 레지오젯 버스는 플랫폼 B1, B2에 정차한다. 요금은 €15 정도, 소요 시간은 4시간 45분 정도다.
유럽 교통 앱 오미오(Omio)에서 스케줄 조회 및 티켓을 구매할 수 있다.

헝가리 부다페스트 → 프라하

부다페스트 네플리게트(Népliget) 버스 터미널에서 출발하는 플릭스버스가 프라하 플로렌츠 버스 터미널까지 직행으로 연결된다. 주간에 1일 4~5대 정도 운행하며 소요 시간은 7시간 30분~8시간 10분 정도이고, 요금은 €18 정도다. 부다페스트 켈렌푈트(Kelenföld) 터미널에서도 플릭스버스가 운행되고 있으며 프라하 플로렌츠 버스 터미널까지 직행으로 연결된다. 주간 3대 정도 운행하며 소요 시간은 7시간~7시간 40분, 요금은 €16~18 정도다.

프라하의 주요 버스 터미널

플로렌츠 버스 터미널
Autobusové nádraží Praha Florenc

프라하로 들어오는 국제 노선버스들이 마지막으로 정차하는 메인 터미널이다. 또한 체코 국내 버스 노선의 중심 터미널이기도 하다. 플로렌츠 버스 터미널 근처에 플로렌츠 지하철역과 트램역이 있어서 구시가로 진입하기에 편리하다. 국립 박물관이 있는 무제움(Muzeum)역이나 구시가에 가까운 무스텍(Můstek)역까지 두 정거장이다. 환전소, 인터넷 카페, 패스트푸드점, 수하물 보관소, 화장실, 대중교통 티켓 매표소 등을 갖추고 있다. ATM 기기는 지하철 플로렌츠역에 있다.

홈페이지 www.florenc.cz
위치 지하철 B, C선 플로렌츠(Florenc)역

홀레쇼비체 버스 터미널
Autobusové nádraží Praha-Holešovice

나드라지 홀레쇼비체 지하철역 근처에 있으며, 체코 북동쪽의 상대적으로 가까운 도시들로 운행하는 버스편들이 정차한다.

홈페이지 www.florenc.cz/holesovice
위치 지하철 C선 나드라지 홀레쇼비체(Nádraží Holešovice)역

프라하의 시내 교통

프라하의 대중교통망은 매우 효율적이고 체계적인 편이며 주요 명소들을 연결해준다. 대중교통수단은 지하철, 트램, 버스 그리고 블타바강을 오르내리는 페리까지 총 4종류가 있다. 가장 편리한 수단은 지하철이며, 트램은 지하철보다 느리지만 프라하 시내를 천천히 둘러보며 다니는 낭만을 즐길 수 있다. 버스는 주로 시 외곽을 돌기 때문에 여행자들이 이용할 일은 별로 없다.

승차권

프라하의 대중교통 승차권은 지하철과 트램, 버스 등 모든 대중교통에서 사용 가능하며, 유효 시간 내에는 환승이 가능하다. 승차권은 지하철역이나 트램역, 버스 정류장 매표소나 자동 발매기 그리고 정류장 근처 노점 가판대에서 판매한다. 중요한 것은, 승강장에 들어가기 전에(트램의 경우 승차한 후에 바로 차내에서) 반드시 티켓을 펀칭 기계에 넣어서 밸리데이팅(유효화)해야 한다는 것이다.

승차권 종류별 요금

종류	요금
1회권 (30분 유효)	성인(15~60세) 30Kč, 성인(60~65세) 15Kč, 아동(15세 이하) & 연장자(65세 이상) 무료
1회권 (90분 유효)	성인(15~60세) 40Kč, 성인(60~65세) 20Kč, 아동(15세 이하) & 연장자(65세 이상) 무료
24시간	성인(15~60세) 120Kč, 성인(60~65세) 60Kč, 아동(15세 이하) & 연장자(65세 이상) 무료
72시간	성인(15~60세) 330Kč (72시간은 성인권만 판매)

구간과 요금

프라하의 대중교통 구간은 크게 존(Zone)으로 구분된다. 일반적으로 여행자들이 이용하는 30분짜리 티켓은 2개 존에서 유효하고 90분짜리 티켓은 4개 존에서 유효하다. 30분 이내에 이동이 가능한 구간이 프라하의 주요 명소가 포함된 중심 구간인 P Zone, 90분 이내에 이동이 가능한 구간은 프라하 광역 구간에 해당하는 0 Zone이다. 여행자들이 주로 돌아다니는 구간은 프라하 P Zone이므로 보통은 30분 티켓을 구입하면 된다.

프라하 대중교통 정보 www.dpp.cz (**앱** DPP Praha)

구입하기

티켓은 지하철 정류장 매표소 또는 자동 발매기, 트램 정류장 자동 발매기나 길가의 Relay 등과 같은 소형 매점에서 구입할 수 있다.
지하철이 아닌 트램의 경우 승차권을 구입할 있는 매표소나 매점을 찾기가 쉽지 않다. 더구나 밤 9시 이후에는 거의 문을 닫는 경우가 많아서 자동 발매기를 이용해야 한다. 티켓 자동 발매기는 지폐 사용이 불가능하고 동전만 사용할 수 있으므로 미리 준비해야 한다.

TIP 모바일 티켓을 살 수 있는 프라하 대중교통 정보 앱 PID lítačka

PID lítačka 앱을 설치해두면 프라하의 대중교통 관련 정보 조회 시 편리하다. 길찾기가 가능하며 티켓도 구매할 수 있다. 비자 카드, 마스터 카드 모두 사용 가능하다. 티켓 구매 후에 바로 펀칭 기능을 활성화하지 말고, 수동 활성화(Later Manually) 설정을 해둔 후 버스나 트램, 지하철을 타기 전에 펀칭 대신 활성화(Active) 버튼을 누르면 된다. 다만 주의할 점은 버튼을 누르면 2분 후에 기능이 활성화되기 때문에 대중교통편이 도착하기 2분 전에는 버튼을 눌러야 한다는 것이다. 티켓은 모바일 티켓으로 발급된다.

티켓 펀칭은 필수

승차권을 사용할 때는 반드시 유효 기간의 시작을 표시하기 위한 펀칭을 해야 정상적으로 사용 가능한 승차권이 된다. 1회용, 24시간, 72시간 티켓 모두 마찬가지다. 펀칭 없이 탑승하면 승차권을 가지고 있더라도 무임승차로 간주된다.

트램과 버스는 각각 트램과 버스 안에 펀칭 기계가 있으며, 지하철은 탑승 역 입구에 있다. 펀칭 기계를 이용할 때 티켓을 화살표 방향으로 끝까지 확실하게 넣어서 탑승 정류장과 시간이 입력되도록 해야 한다. 펀칭하면 티켓에는 탑승 정류장과 탑승 시간이 기록된다. 티켓 단속 시 적정한 요금의 티켓인지 그리고 날짜 펀칭을 했는지 확인하기 때문에 티켓에 펀칭을 하지 않은 경우 무조건 벌금을 물게 된다.

TIP 24시간, 72시간 티켓 구입 및 이용 노하우

"자주 이용할지, 며칠 동안 체류할지가 중요"

하루 종일 여러 번 교통수단을 이용하거나 3일 이상 체류할 경우, 정해진 기간에 무제한으로 이용할 수 있는 24시간 티켓이나 72시간 티켓을 이용하면 경제적이고 편리하다.

"당일 자정까지가 아니라, 구입 시점부터 24시간 사용 가능"

24시간 티켓은 구입해서 펀칭 후 사용할 수 있다. 매번 티켓을 끊지 않아도 되고 언제든지 트램이나 지하철, 버스를 이용할 수 있어 편리하다. 특히 펀칭 후 24시간 동안 유효하므로 때에 따라서 1박 2일 프라하 여행 시에도 효율적으로 사용할 수 있어 매우 경제적이다.

자동 발매기 이용하기

대중교통 티켓 자동 발매기는 오로지 동전만 사용할 수 있다(단, 공항에서는 신용카드 사용 가능).

대부분의 명소는 프라하 구시가 중심에 있어 이동 시간이 30분을 넘기는 경우가 거의 없으므로 30분짜리 티켓을 구매해서 다니면 된다. 티켓에는 날짜, 시간 등이 찍혀 있지 않기 때문에, 2~3장을 한꺼번에 미리 사두고 필요할 때 사용하는 것도 지혜로운 방법이다.

자동 발매기 사용 순서

① 제일 먼저 우측 하단의 'ENGLISH'라고 표기된 버튼을 눌러 영어 화면으로 전환한다.

② 구입하려는 티켓의 요금(예: 24Kč) 버튼을 누른다. 2번 누르면 2장, 3번 누르면 3장을 구매하게 된다.

③ 구식 디스플레이에 표시된 요금을 확인한다. 3장을 선택했다면 총 비용(예: 72Kč)이 맞는지 확인한다.

④ 금액이 맞으면 디스플레이 오른쪽 동전 투입구에 동전을 넣는다.

⑤ 하단 배출구에서 표와 거스름돈을 꺼낸다.

TIP

위반 사항과 범칙금을 알아두자
교통경찰의 티켓 검사

프라하에서 대중교통을 이용하기 위해서는 승차권을 필히 구입하고 소지해야 한다. 승차권은 교통수단 이용 시 반드시 정류장에 설치된 개찰기를 통해 펀칭해서 승차 시점을 기록해야 한다. 사복을 입은 검표원이 돌아다니며 임의로 여행자들의 승차권을 검사하는 빈도가 유럽의 어느 도시보다도 높은 편이다. 펀칭을 하지 않으면 표를 소지하고 있어도 무임승차로 간주하고 벌금을 부과한다. 벌금은 최대 1500Kč. 만일 이를 넘는 금액을 요구하거나 펀칭한 정당한 승차권을 제시했는데도 불구하고 여권까지 요구하는 경우에는 검표원이 사기꾼일 확률이 높다. 가까운 경찰서로 가자고 하거나 다른 제복을 입은 교통경찰에게 알리고 도움을 청하는 편이 좋다.

그 외 관광객이 벌금을 내야 하는 대표적인 위반 사항

● **여권 미소지** 여권 검사는 정말 드물게 있을 수 있다. 원칙적으로 체코 국적이 아니라면 항상 여권을 가지고 다녀야 한다. 여권 검사만 하는 경우는 거의 없고, 무단 횡단 또는 다른 위반 사항으로 경찰에게 적발되었을 때 여권과 같은 신분증을 검사하게 된다. 이때 여권을 미소지하고 있다면 벌금이 더 부과될 수 있다.

● **무단 횡단** 간혹 현지인들이 무단 횡단을 하는 것을 따라서 무단 횡단을 하다가 걸렸을 경우에 아무리 항변해도 소용이 없다. 조금 빨리 가려고 무단 횡단을 하다가 교통경찰에게 적발되면 일반적으로 500Kč 정도의 벌금이 부과된다.

프라하 경찰

프라하 구시가 중심인 1구역은 사방에 제복 차림의 경찰들이 있어 안전하다. 간혹 경찰들이 신분증(여권)을 보자고 할 경우는 근처에 사건 사고가 있거나, 신분증을 확인해야 할 타당한 근거가 있을 때다. 보통 신분증을 '패스포트' 혹은 '푸르카즈'라고 발음한다. 여행자의 경우 여권 원본을 제시해야 올바른 신분증으로 인정을 받는다. 체코 경찰은 대부분 제복을 입고 있으며, 제복을 입었든 사복을 입었든 확실하게 경찰 신분을 확인하는 방법은 경찰 마크와 신분증이다.

경찰로 위장한 사기 또는 소매치기 수법

프라하에서는 경찰을 사칭해서 여권 검사를 하고 돈을 뜯어가거나, 부당하게 교통 위반을 주장하며 벌금 명목으로 돈을 뜯어가는 경찰 사기꾼들이 있다. 진짜 경찰들은 대부분 제복을 입고 있으며, 벌금을 부과할 경우 벌금 딱지(영수증)를 반드시 발행한다. 지갑 안의 현금을 보자고 하거나, 아무 이유 없이 여권 검사부터 하는 사람은 일단 의심해야 한다. 벌금을 부과하는 데 영수증을 발행해주지 않으면 경찰을 사칭한 사기꾼일 확률이 높다. 만약 사복을 입은 사람이 경찰이라며 다짜고짜 여권을 검사한다고 하면, 무조건 거부하거나 도망을 치기보다 가까운 경찰서로 가거나 주변의 제복을 입은 경찰에게 문의하는 편이 좋다. 사복 경찰을 사칭한 사기는 아주 드문 케이스이므로 주의는 하되 미리 겁먹을 필요는 없다.

TIP

명소 60곳의 혜택을 가진 패스
프라하 카드 Prague Card / 쿨패스 CoolPass

프라하에 2일 이상 체류하는 여행자들에게 유용한 여행자 카드. 이 카드는 프라하성을 포함한 70여 곳의 관광 명소 무료 입장, 제휴 식당과 콘서트 및 크루즈 할인, 2시간 무료 버스 투어, 리버 크루즈 무료 이용 혜택이 있다.

2일권, 3일권, 4일권까지 있으며 연령별로 성인용과 16세 이하 학생용 카드로 나뉘어 있다. 학생 할인은 26세까지 가능하며 할인을 받으려면 유효한 학생증(국제 학생증)이 있어야 한다. 한글은 없지만 영어를 포함해 7개 언어로 된 무료 가이드북도 제공한다.

프라하 쿨패스(Prague CoolPass) 앱을 다운받으면 프라하 카드의 모든 혜택과 각 명소의 정보, 대중교통 정보 등을 모바일에서 편하게 볼 수 있으며, 프라하 카드 예약 및 구매도 할 수 있다. 프라하 쿨패스는 1일권부터 7일권, 10일권까지 다양하게 있다. 프라하 카드는 일반적인 카드 형태이지만, 쿨패스는 스마트폰에 QR코드를 받아서 사용하는 디지털 패스이므로 자신의 여행 일정과 선호하는 유형에 따라 선택하면 된다.

판매 장소 프라하 바츨라프 공항 제1터미널, 플로렌츠 버스 터미널, 프라하 중앙역, 카를교의 관광 안내소, 프라하성 내 박물관 상점 등 주요 관광 명소나 터미널, 체독(Cedok) 여행사 지점 등
홈페이지 www.praguecard.com, praguecoolpass.com

프라하 카드 종류와 요금

종류	성인	아동(6~16세)/학생(26세까지)
2일권	1,840Kč	1,320Kč
3일권	2,100Kč	1,500Kč
4일권	2,280 Kč	1,660Kč

프라하 쿨패스 종류와 요금

종류	성인	아동(6~16세)/학생(26세 이하)
1일권	€50	€35
2일권	€76	€55
3일권	€87	€62
4일권	€94	€69
5일권	€103	€76
6일권	€112	€83
7일권	€120	€91
10일권	€132	€103

프라하 카드 / 쿨패스 이용법

STEP 1. 카드 주문과 수령하기 현지 판매 장소에서 바로 구입할 수 있으며, 프라하 쿨패스(Prague CoolPass) 앱을 통해 미리 예약하고 구매할 수도 있다. 앱을 통해 예약한 경우 현지 판매 장소에서 예약 확인증을 제시하고 본인이 직접 카드를 수령해야 한다.

STEP 2. 카드 활성화하기 카드 사용 전에 먼저 카드 사용자의 이름과 사용 시작 날짜를 카드에 표기해야 한다. 미기재 시에는 사용이 불가하다. 박물관이나 관광 명소 입장, 대중교통 이용 등은 카드 뒷면에 표기한 날짜부터 유효 기간이 시작된다.

STEP 3. 카드 사용하기 관광 명소를 입장할 때 프라하 카드를 제시하면 된다. 대중교통은 카드를 소지한 채 탑승하면 되고, 검표원이 표를 검사하면 프라하 카드를 제시하면 된다. 유효 기간을 잘 확인하고 이용할 것.

주요 혜택 체크하기(성인 요금 기준)

프라하성 Circuit B 티켓
(성 비투스 대성당, 구왕궁, 성 이르지 바실리카, 황금 소로, 달리보르카탑) 250Kč → 무료

화약탑
100Kč → 무료

유대인 구역의 다양한 시나고그
350Kč → 무료

카를교 구시가 교탑
100Kč → 무료

페트린 전망대
150Kč → 무료

국립 박물관
100Kč → 무료

국립 박물관 신관
250Kč → 무료

프라하성 콘서트
390~490Kč → 195~245Kč

히스토리컬 시티 2시간 버스 투어
400Kč → 무료

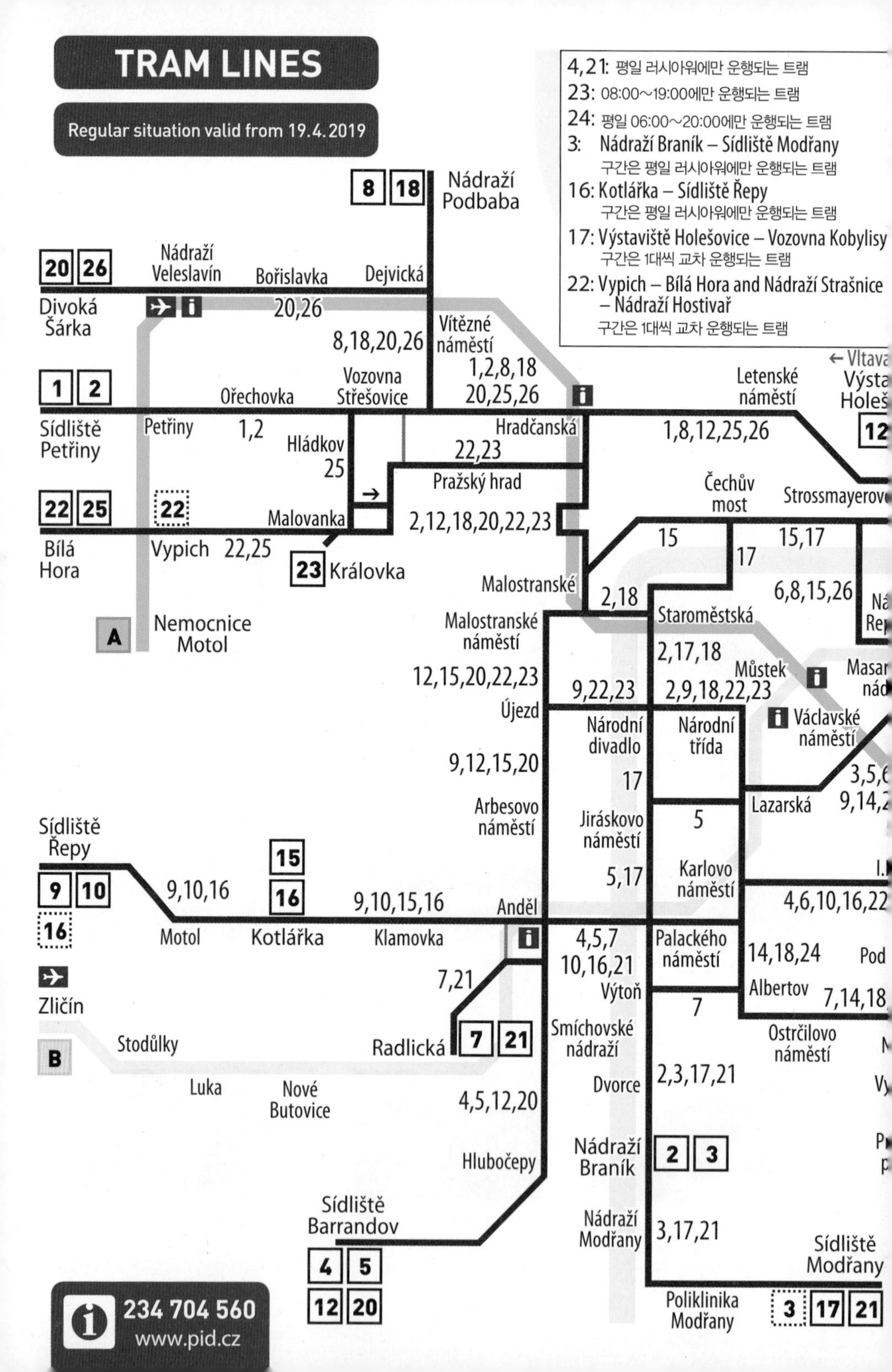
TRAM LINES
Regular situation valid from 19.4.2019
4,21: 평일 러시아워에만 운행되는 트램
23: 08:00~19:00에만 운행되는 트램
24: 평일 06:00~20:00에만 운행되는 트램
3: Nádraží Braník – Sídliště Modřany
구간은 평일 러시아워에만 운행되는 트램
16: Kotlářka – Sídliště Řepy
구간은 평일 러시아워에만 운행되는 트램
17: Výstaviště Holešovice – Vozovna Kobylisy
구간은 1대씩 교차 운행되는 트램
22: Vypich – Bílá Hora and Nádraží Strašnice – Nádraží Hostivař
구간은 1대씩 교차 운행되는 트램
Nádraží Podbaba
Nádraží Veleslavín
Bořislavka
Dejvická
Divoká Šárka
20,26
8,18,20,26
Vítězné náměstí
1,2,8,18
20,25,26
Ořechovka
Vozovna Střešovice
Sídliště Petřiny
Petřiny
1,2
Hládkov
25
Hradčanská
22,23
Pražský hrad
Letenské náměstí
1,8,12,25,26
Čechův most
Strossmayerovo
Bílá Hora
Vypich
22,25
Malovanka
2,12,18,20,22,23
Královka
15
15,17
17
6,8,15,26
Malostranské
2,18
Staroměstská
Nemocnice Motol
Malostranské náměstí
12,15,20,22,23
9,22,23
2,17,18
Můstek
2,9,18,22,23
Václavské náměstí
Újezd
Národní divadlo
Národní třída
9,12,15,20
17
Lazarská
Arbesovo náměstí
Jiráskovo náměstí
5
5,17
Karlovo náměstí
Sídliště Řepy
9,10,16
9,10,15,16
Anděl
4,6,10,16,22
Motol
Kotlářka
Klamovka
4,5,7
10,16,21
Palackého náměstí
14,18,24
Zličín
7,21
Výtoň
Albertov
7,14,18
7
Stodůlky
Radlická
Smíchovské nádraží
Ostrčilovo náměstí
Luka
Nové Butovice
Dvorce
2,3,17,21
4,5,12,20
Hlubočepy
Nádraží Braník
Sídliště Barrandov
Nádraží Modřany
3,17,21
Sídliště Modřany
Poliklinika Modřany
234 704 560
www.pid.cz

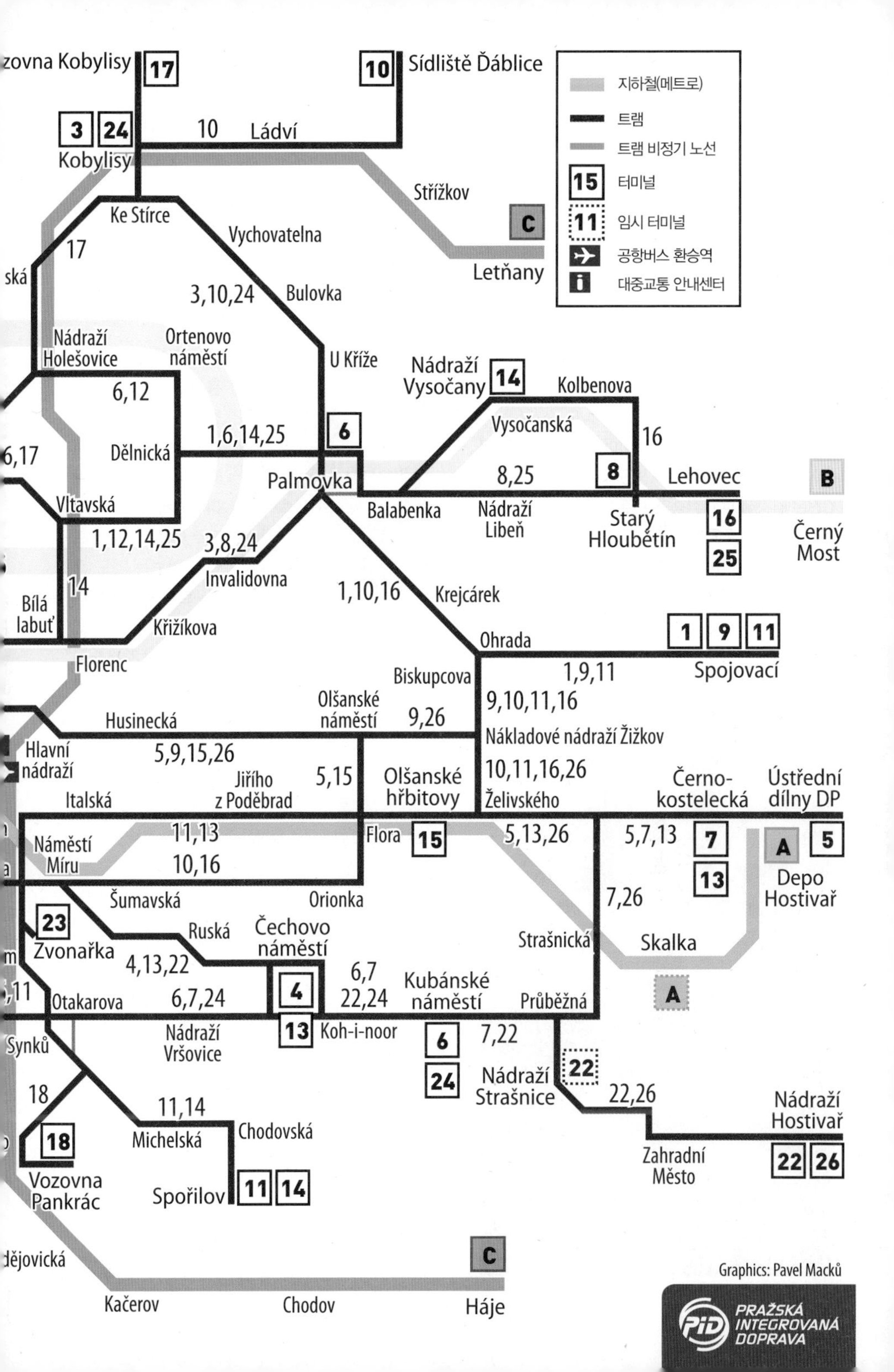

zovna Kobylisy
17
10
Sídliště Ďáblice
3
24
10
Ládví
Kobylisy
Střížkov
C
Letňany
Ke Stírce
17
Vychovatelna
ská
3,10,24
Bulovka
Nádraží Holešovice
Ortenovo náměstí
U Kříže
Nádraží Vysočany
14
Kolbenova
6,12
Vysočanská
16
1,6,14,25
6
6,17
Dělnická
Palmovka
8,25
8
Lehovec
B
Vltavská
Balabenka
Nádraží Libeň
Starý Hloubětín
16
25
Černý Most
1,12,14,25
3,8,24
Invalidovna
14
Bílá labuť
Křižíkova
1,10,16
Krejcárek
Ohrada
1
9
11
Florenc
1,9,11
Spojovací
Biskupcova
9,10,11,16
Olšanské náměstí
9,26
Husinecká
Nákladové nádraží Žižkov
Hlavní nádraží
5,9,15,26
Jiřího z Poděbrad
5,15
Olšanské hřbitovy
10,11,16,26
Želivského
Černo-kostelecká
Ústřední dílny DP
Italská
11,13
Flora
15
5,13,26
5,7,13
7
A
5
Náměstí Míru
10,16
13
Depo Hostivař
Šumavská
Orionka
7,26
23
Zvonařka
Ruská
Čechovo náměstí
Strašnická
Skalka
4,13,22
6,7
A
11
Otakarova
6,7,24
4
22,24
Kubánské náměstí
Průběžná
Nádraží Vršovice
13
Koh-i-noor
6
7,22
Synků
22
18
Nádraží Strašnice
24
22,26
11,14
Nádraží Hostivař
18
Michelská
Chodovská
Zahradní Město
22
26
Vozovna Pankrác
Spořilov
11
14
C
dějovická
Kačerov
Chodov
Háje
지하철(메트로)
트램
트램 비정기 노선
15
터미널
11
임시 터미널
공항버스 환승역
대중교통 안내센터
Graphics: Pavel Macků
PRAŽSKÁ INTEGROVANÁ DOPRAVA

시내 교통수단

지하철 Metro

프라하를 여행할 때 가장 빠르고 효과적인 교통수단은 단연 지하철이다. 프라하 지하철은 3개 노선과 총 54개 정류장으로 구성되어 있다.

전체 노선 길이는 총 54.7km이며, 3개 노선은 영문 약자와 색깔로 구분된다. A선은 녹색, B선은 노란색, C선은 빨강색이다. 환승역은 무스텍(Můstek), 무제움(Muzeum), 플로렌츠(Florenc) 3개 역이다.

여행자들에게 가장 편리한 노선은 녹색 노선인 A노선이다. 레서 타운(Malostranská), 올드 타운(Staroměstská), 뉴 타운 등 프라하 시내 주요 지역과 바츨라프 광장 주변의 쇼핑 지역인 무스텍역과 무제움역을 지나기 때문이다.

트램 Tramvaj

프라하 시내 여기저기를 누비는 트램은 지하철보다는 조금 속도가 늦지만 지상을 달리며 훨씬 더 많은 것을 보여주기 때문에 시간적으로 여유가 있다면 트램을 타보는 것도 좋다. 트램 정류장마다 각 트램 노선별 정류장 이름과 시간표가 표시되어 있다. 프라하에는 주간에는 1번부터 26번까지 22개 노선(15, 19, 21, 23 제외)의 트램이 있고, 야간에는 51번부터 59번까지 9개 노선의 트램이 운행되고 있다.

유용한 트램 노선

시내 중심부를 돌아보려면 트램 14, 17, 22번이 편리하다. 블타바강 변 양쪽으로 펼쳐진 주요 명소에 정차한다.

트램 번호	운행 노선
14번	카를 광장에서 출발해서 바츨라프 광장을 거쳐 공화국 광장과 레트나 공원까지 들른다.
17번	비셰흐라트에서 강변을 따라 신시가의 국립 극장, 구시가의 스타로메스츠카(Staroměstská), 유대인 지구를 거쳐 레트나 공원까지 운행한다.
22번	대형 마트 테스코(Tesco)가 있는 나로드니 트리다(Národní Třída), 국립 극장, 페트린 언덕, 레서 타운의 말로스트란스케 광장(Malostranské náměstí), 카를 광장, 신시가를 거쳐 프라하성, 스트라호프(Strahov)까지 이어지는 노선으로 프라하 시내 관광에 아주 유용한 노선이다. 여름 시즌에는 도로 수리 공사를 자주 하는데 그 기간에는 노선이 우회될 수 있으니 미리 확인하자.

트램은 자동문이 아니다

우리나라 지하철과는 달리 프라하의 트램은 유럽 대부분의 도시처럼 자동문이 아니다. 문에 있는 버튼을 누르거나 손잡이를 돌려야 문이 열린다. 프라하 시민들이 타고 내릴 때 문을 열고 타는 걸 볼 수 있다. 가만히 있으면 열리지 않으니 주의해야 한다.

버스 Bus

프라하의 지하철과 트램이 여행자들에게 매우 효율적이고 주요 관광 명소와 연결되기 때문에 관광객이 버스를 자주 이용할 일은 없는 편이다. 프라하의 버스 노선은 대부분 시의 변두리 지역을 매일 아침 5시부터 자정까지 운행한다. 심야 버스는 30분 간격으로 자정부터 아침 5시까지 일반 버스가 운행하지 않는 시간대에 운행한다.

페리 Přívozy

프라하의 모든 페리는 프라하 통합 교통 시스템(PID)에 포함되어 있다. 그래서 유효한 대중교통 티켓이 있으면 페리도 이용할 수 있다. 현재 페리는 총 6개 노선이 있다. P1, P2는 1년 내내 운행하며 P3, P5, P6, P7 노선은 4월에서 10월 사이에만 운행한다. 운영 시간은 계절에 따라 아침 6시 혹은 8시부터 밤 9시 혹은 10시까지이다.
유람선과는 달리 정말 단순히 강을 건너기 위한 수단으로 유람선보다 작지만 버스, 트램, 지하철과 마찬가지로 엄연한 대중교통 수단이다. 페리는 프라하 시내

중심부에서 벗어난 외곽에 사는 주민들이 강을 건너야 할 때 주변에 다리가 없는 경우에 주로 이용한다. 관광객에게는 크게 쓸모가 없다. 다만 비셰흐라트와 안델-스미호프 지역 사이를 이어주는 페리인 P5는 강변을 따라 산책하다가 혹은 비셰흐라트를 방문한 후 재미 삼아 타볼 만하다.

택시 Taxi

프라하 시내 택시는 종류가 다양하다. 택시 지붕에 택시(TAXI) 글자가 표시되어 있으며 택시 회사 이름과 등록 번호 그리고 요금표가 문에 붙어 있다. 택시 내부에는 운전자의 신분증이 부착되어 있으며, 미터제로 요금이 부과되고 목적지에 도착하면 영수증이 발행된다. 택시는 그냥 길에서는 잡을 수가 없으며 정해진 택시 승강장에서 탑승해야 한다. 일반적으로 택시(TAXI)라고 적힌 표지판 앞에 택시가 대기하고 있다. 택시 잡기가 어렵다면 묵고 있는 호텔 프런트에 부탁하거나 우버, 볼트와 같은 앱을 이용하는 편이 낫다.

기본요금 60Kč **주행 요금** 1km당 36Kč
주행 중 대기 요금 1분당 7Kč

주요 택시 회사 전화번호
AAA Taxi 222-333-222
Halotaxi 848-144-144
ProfiTaxi 261-314-151

관광 마차 Kočáry taženými koňmi

일반적으로 구시가 광장에서 출발해서 구시가지 일대를 둘러보는 코스로 운행되고 있다. 최대 5명까지 탑승할 수 있으며 가격은 1,000Kč, 20분 정도 소요된다. 구시가 광장에서 출발해서 말레 광장, 카를 거리, 마이젤로바 거리, 유대인 묘지, 파르지주스카 거리 등을 둘러보고 다시 구시가 광장으로 돌아온다. 참고로 프라하 시의회는 말을 더 이상 혹사시키지 말아 달라는 시민들의 청원을 받아들여 구시가에서 운영 중인 관광 마차를 2023년 1월부터 점진적으로 금지하기로 결정했다. 앞으로 관광 마차를 이용할 기회가 줄어들 확률이 높다.

포니 트래블 Pony Travel s.r.o.
전화 777-111172 **홈페이지** ponytravelsro.cz
요금 기본 20분 마차 투어(최대 5명 탑승), 시간과 코스에 따라 1,000~4,000Kč

프라하 홉온 홉오프 시티투어 버스 (Hop-on Hop-off)

구시가 광장에서 출발해서 프라하성, 스트라호프 수도원, 캄파섬, 말라 스트라나 지역 등 시내 주요 관광 명소를 돌아볼 수 있는 오픈 데크의 2층 시티 투어 버스다.

한국어는 없지만 영어, 체코어, 프랑스어, 독어, 이탈리아어, 스페인어, 러시아어로 오디오 가이드가 제공된다. 레드 노선(90분), 블루 노선(50분), 퍼플 노선(70분)이 있으며 각각의 정거장에서 자유롭게 승하차를 하면서 여유롭게 프라하를 둘러볼 수 있다. 24시간, 48시간 동안 유효한 티켓이 있으며 추가 요금을 내고 보트 투어를 옵션으로 선택할 수 있다. 주요 관광지 입장권은 포함되어 있지 않다. 온라인으로 티켓을 미리 구매할 수 있으며 투어 시작은 오전 10시, 마지막 투어는 오후 4시이므로 시간을 잘 확인하고 계획을 짜도록 한다.

전화 0776-464-417
홈페이지 www.sightseeingprague.com
요금 24시간권 성인 650Kč, 학생 600Kč, 아동(4~12세) 5500Kč/48시간권 성인 800Kč, 학생 750Kč, 아동(4~12세) 700Kč

SPECIAL

프라하 명소 투어는 물론
근교 이동까지

블타바강 유람선

블타바강 유람선은 1865년 운항을 시작한 오랜 역사를 자랑한다.
특히 2013년 국가 문화 기념물로 지정된 2척의 증기선인 블타바(Vltava)호와 비셰흐라트(Vyšehrad)호는 가장 원형에 가까운 증기선의 형태를 갖추고 있으며 특별한 체험을 선사한다.
블타바강을 따라 근교 도시인 슬라피(Slapy)와 멜닉(Mělník)까지 운행하는 코스도 있다.
다음에 소개한 코스 외에도 점심이나 저녁 식사를 포함하는 크루즈 투어 등 다양한 유람선 상품들이 있으니 자신의 일정이나 관심에 맞는 상품을 선택하자. 코로나 팬데믹으로 인해 운행 시간이나 코스에 변동이 있을 수 있으므로 미리 관광 안내소나 크루즈 매표소에 꼭 확인하자.

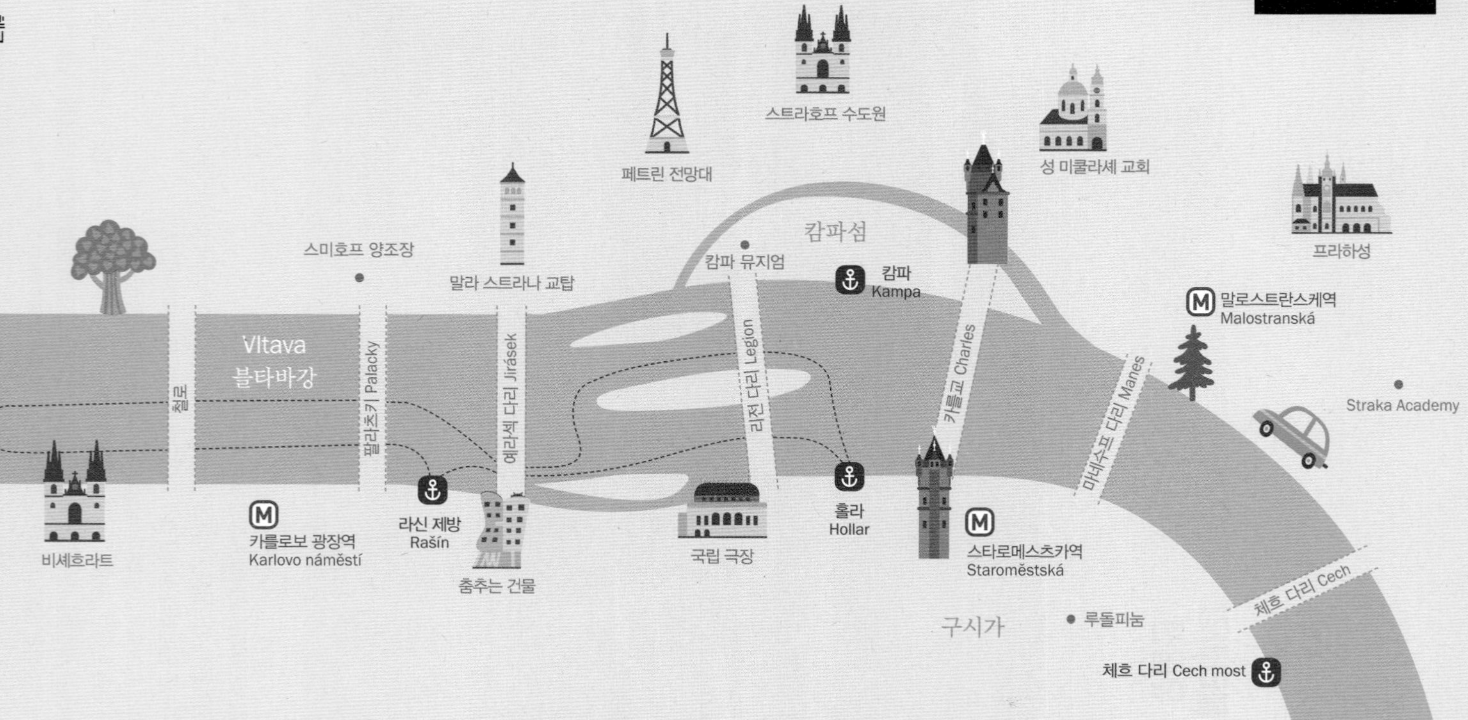
크루즈 노선도
스트라호프 수도원
성 미쿨라셰 교회
페트린 전망대
프라하성
말라 스트라나 교탑
스미호프 양조장
캄파섬
캄파 뮤지엄
캄파
Kampa
말로스트란스케역
Malostranská
Straka Academy
Vltava
블타바강
철교
팔라츠키 Palacky
예라세 다리 Jirásek
리전 다리 Legion
카를교 Charles
마네수프 다리 Manes
비셰흐라트
카를로보 광장역
Karlovo náměstí
라신 제방
Rašín
춤추는 건물
국립 극장
홀라
Hollar
스타로메스츠카역
Staroměstská
구시가
루돌피눔
체흐 다리 Cech
체흐 다리 Cech most
슈테파니쿠프 다리 Stefanik

추천 상품

1시간 크루즈 투어

가장 기본 코스는 블타바강을 따라 프라하성, 국립 극장, 카를교, 비셰흐라트 등 역사적인 프라하 구시가 명소들을 1시간 동안 증기선이나 모터 크루즈를 타고 돌아보는 상품이다. 출발지는 라신(Rašín) 제방이며 유람 시간은 약 55분 소요된다.

홈페이지 www.paroplavba.cz
요금 성인 260Kč, 아동 160Kč **운행** 3월 중순~3월 말 토 · 일 11:00~17:00, 4 · 5월 매일 11:00~18:00, 6월~9월 초 매일 10:00~19:00, 9월 초~9월 말 매일 11:00~18:00, 10월 토 · 일 11:00~17:00

그랜드 크루즈 투어 Grand Cruise Tour

체흐 다리(Čechův most)에서 출발해서 2시간 동안 프라하의 주요 명소들을 돌아보고 다시 체흐 다리로 돌아오는 코스다. 1시간 투어보다 좀 더 멀리 블타바강을 따라 이동한다. 춤추는 건물, 비셰흐라트, 프라하성, 카를교, 국립 극장과 루돌피눔 등 다양한 명소들을 크루즈를 타고 감상한다.

요금 490Kč(€20), 아동 290Kč(€12)
운행 3월 중순~11월 초 매일 15시와 16시 30분 2번 운행

주요 승선장

라신 제방 Rašín

팔라츠키(Palacký) 다리와 예라섹(Jirásek) 다리 사이에 있다. 프라하 구시가 중심 카를교에서 스메타나(Smetana) 제방과 마사릭(Masaryk) 제방을 따라 도보로 약 20분 소요 또는 트램을 타고 팔락케호 광장(Masaryk) 정류장이나 지라스코보 광장(Jiráskovo náměstí)역에 내려 강변으로 걸어간다.
지하철의 경우 B선을 타고 카를로보 광장(Karlovo náměstí)역에 내린 후 팔라츠키 광장 방향 출구로 나와 제방으로 걸어서 이동하면 된다.

체흐 다리 Čechův most

구시가지 광장 근처의 화려한 명품 거리인 파르지주스카 거리에서 도보 5분 거리다.
지하철을 이용하는 경우 A선 스타로메스츠카(Staroměstská)역에서 내려 도보 10분 정도 드보르자크 제방을 따라 이동하면 체흐 다리에 있는 선착장에 도착한다.
또는 17번 트램이나 207번 버스를 타고 프라브니츠카 파쿨타(Právnická fakulta)역에서 내려 드보르자크 제방으로 이동하면 된다.

QUICK VIEW

프라하 한눈에 보기

동서로 25km, 남북으로 15km 면적의 프라하는 15개 구와 42개 지구로 나뉜다. 블타바강이 동서로 프라하를 가로지르며 흐르고 카를교를 비롯한 여러 다리들이 두 지역을 이어주고 있다. 관광의 중심은 프라하 한가운데에 자리한 1구이다.

구시가와 카를교 주변 Staré Město P.134

구시가 광장을 중심으로 화약탑에서 카를교까지 이어진 거리. 구시청사와 천문 시계, 틴 성모 마리아 교회 등 다양한 건축 양식의 아름다운 건축물들이 빼곡하게 자리하고 있다. 광장에서 이어지는 첼레트나 거리는 보헤미아의 유리 공예품과 수공예품 등 다양한 상점들과 레스토랑들이 즐비하게 늘어선 쇼핑 중심 거리다. 구시가와 말라스트라나 구역을 이어주는 보행자 전용 석조 다리인 카를교까지 산책하면서 구경하자. 프라하성을 조망하기에 가장 아름다운 카를교는 노점상과 거리의 악사와 예술가들로 늘 활기차다.

신시가 Nové Město P.164

지하철 무스텍(Můstek)역을 중심으로 동서로 길게 나로드니(Národni)와 나 프르지코프에(Na Příkopě) 거리가 뻗어 있다. 바츨라프 광장과 국립 박물관, 프라하 중앙역이 이 구역에 속해 있다.

프라하성과 흐라트차니 구역 P.146

Pražský Hrad, Hradčany

주로 관공서와 옛 귀족 저택들이 모여 있던 고지대로 거대한 프라하성이 언덕 위에 길게 위치해 있다. 카를교를 건너 말라 스트라나 지역을 지나면 나온다.

말라 스트라나 Malá Strana (P.156)

성 미쿨라셰 교회를 중심으로 성에 출입하던 기능인들의 거리가 형성되었던 곳이다. 귀족들의 저택들이 여기저기 흩어져 있고 다양한 대사관 건물들을 볼 수 있다. 서쪽에서 남쪽으로 이어진 페트린 언덕에서는 프라하를 한눈에 조망할 수 있다.

유대인 구역 Josefov (P.172)

예전에 유대인들이 주로 거주했던 지역으로 유대인 묘지와 다양한 시나고그(유대인 회당)들을 볼 수 있다. 구시가 광장에서 북쪽으로 이어진 파르지주스카 거리(Parizska ul.)와 연결되며 이 거리는 명품 브랜드 상점들로 빼곡하다.

BEST COURSE

프라하의 추천 코스

프라하는 하루에 다 보기에는 분명 무리가 있다. 최소 2박 3일의 일정으로 이틀은 프라하 시내, 하루는 근교 소도시나 카를슈테인성 정도를 돌아보고 저녁에는 카를교에서 야경을 감상하는 일정이 좋다. 구역별로 도보 또는 지하철을 활용해 이동 시간을 최소화하면서 돌아보자.

구시가 광장

프라하 초행자를 위한 관광 중심 3일 코스

DAY 3

프라하는 구역별로 나누어서 도보로 천천히 돌아보는 편이 좋다. 첫째 날에 구시가, 유대인 구역, 신시가 일부 지역을 돌아보고 구시가 광장에서 하루를 마무리한다. 둘째 날에는 카를교, 말라 스트라나, 프라하성 구역을 돌아보고, 저녁에는 인형극이나 클래식 공연을 관람한다. 셋째 날에는 근교 고성인 카를슈테인성을 둘러보고 비셰흐라트와 댄싱 하우스 등 신시가를 둘러본 후 카를교에서 야경을 감상하는 코스를 추천한다.

일자	코스
1일	구시가 광장 → 구시청사와 탑 → 틴 성모 교회 → 파르지주스카 거리 → 시나고그(마이셀 시나고그, 구 · 신 시나고그, 핀카스 시나고그) → 유대인 묘지 → 바츨라프 광장 → 국립 박물관 → 구시가 광장(야경 감상)
2일	카를교 → 성 미쿨라셰 교회 → 네루도바 거리 → 프라하성(프라하성, 성 비투스 대성당, 황금 소로 등) → 스트라호프 수도원 → 페트린 전망대→저녁 공연 관람
3일	카를슈테인성(근교) → 비셰흐라트 → 춤추는 건물 → 카를교(야경 감상)

구시청사와 탑
바츨라프 광장

예술 애호가를 위한 테마 여행 2일 코스

DAY 2

자신의 고향이자 삶의 터전인 프라하 곳곳에 남겨진 프란츠 카프카의 흔적들, 세계적 화가 무하 그리고 체코 음악의 아버지 스메타나와 드보르자크 등 유명 예술가들의 발자취를 좇는 여정은 프라하의 색다른 추억으로 오래오래 남을 것이다. 《참을 수 없는 존재의 가벼움》의 작가 밀란 쿤데라, 전 대통령이자 문인이기도 한 바츨라프 하벨의 기록을 따라가보고, 모차르트의 〈돈 조반니〉 인형극을 보며 프라하의 예술 기행을 마무리하면 어떨까.

일자	코스
1일	알폰소 무하 미술관 → 스메타나 박물관 → 프란츠 카프카의 생가와 집필실, 박물관 (유대인 구역에서 프라하성 황금 소로까지)
2일	드보르자크 기념관 → 바츨라프 광장 → 바츨라프 하벨 도서관→ 모차르트의 〈돈 조반니〉 마리오네트 인형극 감상

알폰소 무하 미술관

스메타나 박물관

프란츠 카프카의 생가

프라하의 관광 명소

구시가 광장

프라하 여행의 시작점이자 하이라이트

유럽에서 가장 아름다운 구시가 구역 중 하나로 프라하 여행의 중심이자 많은 관광객들이 찾는 필수 코스다. 블타바강 오른편에 위치해 있으며 중세에는 성벽으로 둘러싸인 지역이었다. 화려한 로마네스크와 고딕 양식의 건축물들로 둘러싸여 있으며 화약탑에서부터 카를교를 건너 프라하성까지 이어진 역사적인 왕의 길이 구시가 중심을 가로지르고 있다. 카를 4세가 14세기에 신시가(Nové Město)를 건설하면서 프라하의 가장 오랜 역사가 담긴 이 구역을 구시가(Staré Město)로 부르게 됐다. 규모가 넓지 않아 아름다운 건축물들과 중세 거리를 걸어다니며 둘러보기에 좋다.

구시가 광장
Staroměstské náměstí

주소 Staroměstské nám.
위치 지하철 A, B선 무스텍(Můstek)역에서 도보 5분
지도 p.103-G

아름다운 건축물들로 둘러싸인 프라하 여행의 출발점

고딕 양식의 틴 성모 마리아 교회, 바로크 양식의 성 미쿨라셰 교회 등 다양한 양식의 화려한 건축물들로 둘러싸인 구시가의 중심 광장이다. 세계에서 세 번째로 오래된 것으로 전해지는 천문 시계가 설치되어 있는 구시청사도 광장 한 켠에 자리하고 있다. 틴 성모 마리아 교회 옆에는 돌종의 집, 골즈 킨스키 궁전 등 유서 깊은 건물들이 빼곡히 들어서 있다. 골즈 킨스키 궁전은 최초의 여성 노벨 평화상 수상자인 베르타 폰 주트너가 태어난 곳이기도 하며, 프란츠 카프카의 아버지는 이 건물 1층에서 상점을 운영했다고 한다.
크리스마스에는 중세의 모습을 재연한 큰 시장이 광장에서 열리는데, 2016년 CNN 선정 세계 최고의 크리스마스 시장으로 뽑히기도 했다.

얀 후스 기념비
Pomník mistra Jana Husa

주소 Staroměstské nám.
위치 구시가 광장 중앙에 위치. 지하철 A, B선 무스텍(Můstek)역에서 하차
지도 p.103-G

체코인들이 자랑하는 위대한 종교 개혁자

구시가 광장 중앙에 우뚝 솟아 있는 얀 후스의 군상은 중세 시대 가톨릭교회의 부패를 신랄하게 비판하다가 로마 교황에게 파문당하고 독일의 콘스탄츠 공의회에 소환되어 화형을 당한 얀 후스(1372~1415년)를 기리는 기념비다. 1915년 7월 6일 그의 사망 500주년을 기념하여 건립한 것으로 조각가 라디슬라프 샬로운(Ladislav Šaloun)이 만들었다. 프라하 대학에서 학생들을 가르치기도 했던 얀 후스는 신교도뿐만 아니라 종교 개혁자로서 체코인들이 사랑하는 역사적 인물이다. 후스를 추종해서 부패한 가톨릭 군대에 끝까지 저항한 후스파도 존경을 받고 있다. 후스 조각상을 잘 살펴보면 그의 얼굴이 한때 후스파의 교회였던 틴 성모 마리아 교회를 향하고 있다.

구시청사
Staroměstská radnice

구시가 광장의 랜드마크이자 핵심 관광 포인트

틴 성모 마리아 교회 맞은편으로 구시가 광장을 가로질러 우뚝 솟은 건물로 구시가 광장의 랜드마크다. 1338년 볼프린(Volflin) 가문으로부터 거대한 저택을 사들여 처음 건립되었고, 단계적으로 일반 주택을 매입한 후 하나로 연결한 탓에 시대별 건축 양식을 한자리에서 감상할 수 있다. 현재 5개의 유서 깊은 건축물로 구성되어 있으며 세계에서 가장 오래된 시청사 건물로 손꼽힌다.

1364년 완성 당시, 구시청사 탑의 높이는 정확히 69.5m로 프라하에서 가장 높은 건물이었다. 1410년에 천문 시계가 설치되었는데, 구시청사 천문 시계는 현재 세계에서 작동되는 가장 오래된 천문 시계로 인정받고 있다. 수세기가 흐르면서 시청사 건물은 개축과 증축을 거듭하며 크게 바뀌었다. 제2차 세계대전으로 건물의 북쪽 부분은 소실되었지만, 시청사 탑은 그대로 남아 있다.

주소 Staroměstské nám. 1
전화 0236-002-629
홈페이지 www.prague.eu/staromestskaradnice
개방 1~3월 월 11:00~20:00, 화~일 10:00~20:00, 4~12월 월 11:00~21:00, 화~일 09:00~21:00
요금 성인 250Kč, 아동 150Kč, 가족 600Kč, 모바일 티켓 210Kč
위치 구시가 광장 **지도** p.103-G

천문 시계
Staroměstský orloj(Pražský orloj)

600년의 이야기를 품은 천문 시계

1410년에 시계 장인 미쿨라스 카단(Mikuláš z Kadaně)과 카를 대학교 수학과 천문학 교수 얀 신델(Jan Šindel)에 의해 처음 만들기 시작해 오랜 세월에 걸쳐 완성된 이 아름다운 천문 시계는 600년이라는 세월이 지난 지금도 거의 원형 그대로 보존되고 있다. 구시청사 남쪽 벽면에 세로로 길게 설치된 천문 시계는 프라하 여행에서 꼭 구경해야 할 랜드마크다. 특히 아침 9시부터 저녁 9시까지 매시 정각에 40초 정도 펼쳐지는 천문 시계 장치의 작은 공연은 수많은 사람들이 몰려 진풍경을 연출한다. 미리 가서 대기하지 않으면 관광객이 몰려서 아주 멀리서 봐야 할 정도로 인기가 높다.

천문 시계의 공연 순서

해골이 줄을 당겨 종을 울리고 왼손의 모래시계를 거꾸로 놓는다.
↓
맨 위의 창이 열리면서 12명의 예수 그리스도 사도가 등장한다.
↓
12사도가 한 바퀴 돌면 닭이 울고 종이 울리며 공연이 끝난다.

① 해와 달 등 다양한 천체의 운행을 보여주는 천체 다이얼. 천동설에 기초해서 제작된 천문 시계는 연월일, 시간, 일출, 일몰, 월출, 월몰을 표시한다. 해골은 죽음의 신, 악기를 가진 남자는 번뇌, 거울의 청년은 허영, 금자루를 든 남자는 욕심을 상징하고 있다.

② 12달을 표현한 달력 다이얼. 프라하의 문장을 별자리로 둘러싸고, 그 둘레를 1년 12달을 보헤미아 농민 생활로 묘사한 그림이 에워싸고 있다.

〔 구시청사 탑 〕

구시가 전경을 감상할 수 있는 최고의 전망대

69.5m 높이의 구시청사 탑은 입장 티켓을 끊고 내부를 둘러볼 수 있으며 도중에 예배당으로 가는 계단이 있다. 이곳에는 천문 시계의 12사도상이 서 있는데, 매시 정각에 움직이는 사도들을 안쪽에서 관람할 수 있다. 푸른 천장이 유난이 아름다운 예배당은 중세 시대 광장에서 사형이 집행될 때면 기도를 드리던 곳이기도 하다.

유리 엘리베이터를 타고 시청사 탑에 올라가면 프라하성을 비롯해 백탑의 도시 프라하의 구시가 전경을 360도 파노라마로 감상할 수 있으니 시간이 되면 꼭 올라가보자.

틴 성모 마리아 교회

Kostel Matky Boží před Týnem

2기(基)의 첨탑이 아름다운 교회

프라하 구시가를 수놓는 가장 아름다운 고딕 양식 교회로, 14세기 중반부터 16세기 초에 걸쳐 완성되었다.

한때 체코의 종교 개혁자 얀 후스를 추종하는 후스파의 교회로 200년 동안 기능하기도 했다. 교회의 첨탑은 80m 높이에 이른다. 내부 장식은 17세기 말 바로크 양식으로 개조되었다. 성당 안의 파이프 오르간은 1673년에 하인리히 문트(Heinrich Mundt)에 의해 제작되었는데, 17세기 유럽을 대표하는 프라하에서 가장 오래된 파이프 오르간이다. 제단화는 1649년경 카렐 슈크레타(Karel Škréta)가 제작한 초기 바로크 양식의 유명한 작품이다. 성당의 주 출입구는 좁은 골목길을 따라 서쪽 면에 있다.

주소 Staroměstské nám. 604
전화 0222-318-186
홈페이지 www.tyn.cz
개방 화~일 10:00~13:00, 15:00~17:00 / 월 휴무, 미사 중 입장 불가
요금 무료(자발적 후원금 40Kč) **지도** p.103-G

돌종의 집

Dům U Kamenného zvonu

건물 모서리에 박힌 돌종이 특이한 집

건물 모서리에 박혀 있는 돌종 때문에 돌종의 집으로 불리는 바로크 양식 건물로 골즈 킨즈키 궁전과 틴 성모 마리아 교회 사이에 위치해 있다. 14세기 후반에 처음으로 문헌상에 등장하며, 중세를 거쳐 여러 차례 재건되었다. 이 건물은 카를 4세의 어머니인 엘리슈카 프제미슬로브나(Eliška Přemyslovna)의 거처로도 알려져 있다. 1988년부터 프라하시의 갤러리로 새단장해 전시회와 콘서트가 열리는 문화공간으로 이용되고 있다.

주소 Staroměstské nám. 605/13 **전화** 0224-828-245
홈페이지 www.ghmp.cz/dum-u-kamenneho-zvonu
개방 화~일 10:00~20:00 / 월 휴무
요금 성인 125Kč, 학생 60Kč
위치 구시가 광장의 틴 성모 마리아 교회 바로 옆
지도 p.103-G

골즈 킨스키 궁전

Palác Golz-Kinských

카프카가 다닌 학교이기도 했던 로코코 양식 궁전

18세기 중반 킨스키 백작에 의해 건설된 로코코 양식 궁전이다. 여성 최초의 노벨 평화상 수상자인 베르타 폰 주트너(Berta von Suttner)가 1843년 출생한 곳이기도 하다. 예전에 이곳에 독일어로 교육하는 중등학교(Gymnasium)가 있었고 프란츠 카프카도 이곳에 다녔다. 특히 40년간 이어진 공산주의 통치의 시작을 알리는 고트발트(Gottwald)의 연설이 행해진 역사적인 곳이기도 하다. 현재는 건물 일부가 국립 미술관으로 이용되고 있다.

주소 Staroměstské nám. 1/3
전화 0224-301-122
홈페이지 ngprague.cz
개방 화~일 10:00~16:00 / 월 휴무
요금 성인 220Kč, 10세 미만 아동 무료
위치 돌종의 집 바로 옆 **지도** p.103-G

성 미쿨라셰 교회 Kostel sv. Mikulásé

프라하에서 가장 오랜 역사를 자랑하는 교회

구시가 광장 근처에 있는 성 미쿨라셰 교회는 프라하 구시가에서 가장 오래된 교회다. 1273년에 처음 관련된 기록이 등장했을 정도로 오랜 역사를 자랑한다. 체코 종교 개혁의 주역인 후스파와 함께 설교의 장이자 교구의 중심지로서 역할을 했다. 1635년 베네딕트회 수도회의 소유가 되었고, 1735년 완공되었다. 교회 건축은 프라하의 유명 바로크 건축가 딘젠호퍼(Kilián Ignác Dienzenhofer)가 설계했다. 예전에는 다른 건물들에 둘러싸여 있었으나 현재는 탁 트인 구시가 광장을 향해 있다. 당시 제한된 공간에 있던 교회를 감안해 십자형 구조로 건설된 점이 특징이며, 종탑이 정점을 이루고 있다. 현재까지도 후스파 교회로서 전통을 이어가고 있으며 다양한 음악회가 열리는 공간으로 이용되기도 한다.

주소 Staroměstské nám. 1101 **전화** 0224-190-990 **홈페이지** svmikulas.cz **개방** 월~토 10:00~16:00, 일 12:00~16:00
위치 구시가 광장에서 파르지주스카(Pařížská) 거리 초입 **지도** p.103-G

프란츠 카프카의 생가
Kafkův dům

주소 nám. Franze Kafky 1
위치 성 미쿨라셰 교회 바로 옆
지도 p.103-G

체코 대표 문학가 프란츠 카프카의 생가

프란츠 카프카는 1883년 7월 3일 바느질 도구 판매상인 아버지 헤르만 카프카의 6자녀 중 장남으로 태어났다. 구시가 광장 북쪽 끝에 있는 그의 생가는 성 미쿨라셰 교회 바로 옆에 있다. 프라하의 유대인 게토 지구와 경계를 이루고 있다. 원래는 18세기에 성 미쿨라셰 교회의 고위 성직자들이 기거할 곳으로 건설되었으나 1787년 요셉 2세 통치하에 수도원이 해체되면서 일반 주거지로 변경되었다. 1897년 화재 이후 1902년 공동 주택으로 재건되었다. 출입구는 카프카 출생 당시 모습 그대로 남아 있다. 1965년 체코 조각가 카렐 흐라딕(Karel Hladík, 1912~67년)에 의해 건물 외벽에 카프카를 기리는 기념 흉상 부조가 설치되었다. 생가 앞 광장은 프란츠 카프카 광장으로 불린다. 외부 감상만 가능.

화약탑
Prašná brána

화약고로 사용되던 고딕 양식의 중세 탑

현재의 시민 회관 자리에 왕궁이 있었고, 그 왕궁과 균형을 이루는 형태로 65m의 웅장한 고딕 양식문을 건설한 것이 화약탑이다. 왕궁이 프라하성으로 이전된 후에는 방치되기도 했으나, 17세기 중반 러시아군이 프라하를 포위했을 당시 탑은 화약 창고로 사용되었다. 1886년에 개축된 후 화약탑으로 불리며 현재까지 이어져오고 있다.

주소 nám. Republiky 5
전화 0775-400-052
홈페이지 www.prague.eu/prasnabrana
개방 1~3월 10:00~18:00, 4 · 5월 10:00~19:00, 6~8월 09:00~21:00, 9월 10:00~19:00, 10 · 11월 10:00~18:00, 12월 10:00~20:00 / 연중무휴
요금 성인 150Kč, 아동 & 학생(7~26세) 100Kč, 가족 350Kč
위치 지하철 B선 공화국 광장(nám. Republiky)역에서 도보 1분
지도 p.103-H

첼레트나 거리 **Celetná Lane**

왕의 길 일부이자 쇼핑 거리

구시가 광장에서 화약탑이 있는 공화국 광장까지 이어지는 산책로이자 쇼핑 거리다. 중세 시대 왕들이 통행하던 길을 일컫는 '왕의 길'의 일부이기도 하다. 왕의 대관식에 참석한 이들이 구시가의 왕궁에서 대관식을 거행하는 성 비투스 성당까지 이 길을 따라 행진했다. 불안정한 시대에는 보헤미아의 왕들이 자신들의 안전을 위해서 요새화된 프라하성에 머물렀고, 이로 인해 왕의 길은 그 의미가 퇴색되었다. 현재는 프라하의 주요 쇼핑 거리로 탈바꿈하며 보헤미아 유리나 기념품을 파는 가게와 카페로 가득하다. 첼레트나 거리를 따라 역사적으로 중요한 인물들과 연관된 건물들이 곳곳에 위치해 있다. 카프카가 청소년기에 살았다고 알려진 3번지(세 왕의 집), 흰 사자가 장식된 6번지, 빨간 독수리 장식의 21번지, 황금 천사 장식의 29번지, 검은 마돈나상이 있는 34번지 등 유서 깊은 건물들이 즐비하다. 특히 검은 마돈나의 집은 1912년 큐비즘 건축가 요제프 고차르(Josef Gočár)가 지은 큐비즘 양식 건물로 유명하다. 1층은 큐비즘 식기와 액세서리를 파는 쿠비스타(Kubista)가 있고, 2층에는 큐비즘 양식의 그랜드 카페 오리엔트(Grand Café Orient)가 자리하고 있다.

주소 Ovocný trh 19 **위치** 지하철 B선 공화국 광장(nám. Republiky)역에서 도보 2분 **지도** p.103-G

검은 마돈나의 집 2층 모퉁이에 있는 검은 마돈나상

첼레트나 거리에 있는 '검은 마돈나의 집'

시민 회관
Obecní dům

프라하의 봄 음악 축제가 열리는 아르누보 양식 문화 시설

1905년에 건축을 시작해서 1911년에 완성된 화려한 아르누보 양식 건축물이다. 중세 보헤미아 왕의 성터였던 마름모꼴 땅 위에 건설되었다. 외부와 내부는 무하, 슈바빈스키, 미슬벡 등 대가들의 아름다운 아르누보 작품으로 수놓아져 있다. 이곳의 대표 상징은 '프라하에 경의'라는 제목이 붙은 입구 외벽의 모자이크화다. 외관은 네오 바로크 양식이고 내부는 아르누보 양식으로 전체적으로 통일을 이루고 있다. 아름다운 홀과 라운지, 스메타나 홀, 아르누보 양식의 카페와 프랑스 식당 그리고 지하에 있는 우아한 플젠스카 레스토랑 등 볼거리와 즐길거리가 다양하다. 매년 개최되는 프라하의 봄 국제 음악제에서는 스메타나가 작곡한 연작 교향시 〈나의 조국〉 전곡이 스메타나 홀에서 연주된다.

주소 nám. Republiky 5 **전화** 0222-002-101
홈페이지 www.obecnidum.cz
개방 요일마다 정해진 시간에 가이드 투어로 견학 가능
요금 성인 290Kč, 아동(11~14세) & 학생(26세 이하) & 연장자(60세 이상) 240Kč, 아동(10세 이하) 무료, 사진 촬영 55Kč
위치 지하철 B선 공화국 광장(nám. Republiky)역에서 도보 1분
지도 p.103-H

스타보브스케 극장
Stavovské divadlo

모차르트의 오페라 〈돈 조반니〉가 초연된 극장

1783년 건설된 이래 유럽에서 가장 아름다운 극장 하면 빠지지 않고 거론되는 곳이다. 1920년부터 국립 극장 중 하나로서 역할을 해오고 있으며 에스타테 극장(Estates Theatre)이라고도 불린다. 주로 오페라, 연극, 발레 공연이 무대에 오른다. 모차르트가 프라하시의 의뢰를 받아 오페라 〈돈 조반니〉를 작곡하고, 1787년 10월에 직접 지휘를 해서 갈채를 받은 곳으로도 명성이 높다. 극장 외관과 내부 모두 옅은 녹색으로 통일되어 있으며, 특히 극장 내부의 호화로움이 눈길을 끈다.

주소 Železná 24
전화 0224-901-448
홈페이지 narodni-divadlo.cz
개방 티켓 판매소 10:00~18:00
위치 지하철 A선 무스텍(Můstek)역에서 도보 5분
지도 p.103-G

하벨 시장

Havelské tržiště

프라하 시민들의 식재료와 관광객들을 위한 기념품들로 가득한 시장

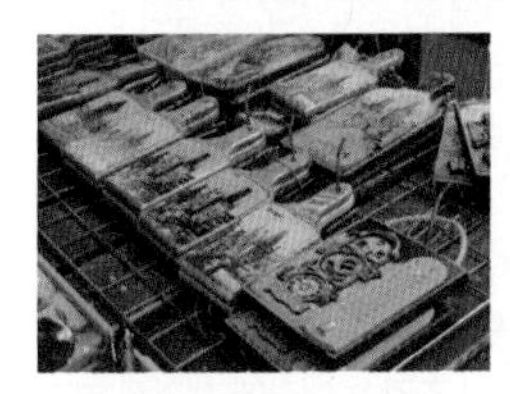

1232년 문을 연 전통 있는 재래시장으로 프라하 구시가에서 유일하게 보전된 곳이다. 성 하벨 교회를 마주 보는 하벨 거리를 따라 길 한복판에 길게 형성된 천막 시장에는 아침부터 저녁까지 식재료를 사기 위해 장을 보러 나온 시민들로 붐빈다. 관광지답게 체코 전통 기념품을 판매하는 가판대도 많아서 기념품이나 간단한 선물을 고르기에도 안성맞춤이다. 평일에는 각종 채소와 과일 진열대가, 주말이면 작은 마리오네트 인형, 자석이나 유리 제품 등 관광객을 대상으로 하는 가판대가 늘어선다. 일반 상점보다 가격이 저렴하고 간단한 먹거리 노점상도 있다.

주소 Havelská 13
전화 0602-962-166
홈페이지 www.prague.eu/ko
개방 월~토 07:00~19:00, 일 08:00~18:30
위치 구시가 광장에서 도보 4~5분 소요. 지하철 B선 무스텍(Můstek)역에서 도보 3~4분
지도 p.103-G

스메타나 박물관

Muzeum Bedřicha Smetany

카를교 옆 블타바강 변에 위치한 전망 좋은 박물관

아름다운 상부 파사드와 노란색과 검은색의 조화가 눈에 띄는 스그라피토 기법(겹친 2개의 층 중에서 윗부분을 긁어내서 무늬와 패턴을 내는 기법)으로 장식된 외벽이 아름다운 네오 르네상스 양식 건물이다. 내부에는 스메타나가 연주하던 그랜드 피아노와 지휘봉 등이 전시되어 있고 건물 북쪽 앞에 있는 스메타나 동상은 1984년에 스메타나 사망 100주기를 기념해서 세웠다.
카를교 아래 블타바강 변에 위치해 카를교와 프라하 성을 한눈에 바라볼 수 있어 금상첨화다. 박물관 앞에는 노천카페가 있어 멋진 전망을 감상보며 잠시 쉬었다 가기에도 좋다.

주소 Novotného lávka 201/1 **전화** 0222-220-082
홈페이지 www.nm.cz/navstivte-nas/objekty/muzeum-bedricha-smetany **개방** 월, 수~일 10:00~17:00 / 화 휴무
요금 성인 50Kč, 학생 & 아동(6~15세) 30Kč
위치 구시가 방향 카를교 입구 교탑에서 도보 3분 거리
지도 p.102-F

카를교
Karlův most

프라하에서 가장 아름다운 중세 다리

1357년 카를 4세의 명에 따라 성 비투스 대성당을 건설한 페테르 파를레르시의 지휘 아래 건설에 착수하여 바츨라프 4세가 통치하던 1402년에 완성되었다. 총길이 516m, 폭 9.5m의 석조 다리로 중세 건축의 걸작으로 평가받고 있다. 1890년과 1975년에 있었던 대대적인 보수 공사를 제외하고는 외형의 변화를 겪지 않고 중세 시대 모습 그대로 이어져 내려오고 있다.

다리 위에는 17세기 말부터 20세기 초에 걸쳐서 제작된 30기의 성인 조각상들이 웅장하게 서 있다. 성경 속 인물들과 체코 성인들의 조각상들로 이루어져 있으며, 특히 프라하의 순교자 성 얀 네포무크의 조각상이 유명하다. 그의 조각상 대좌에 새겨진 부조를 만지며 소원을 빌면 이루어진다는 전설이 내려오고 있다. 또한 그가 강물에 던져졌다고 전해지는 교각에는 그를 기리는 십자가가 설치되어 있다.

홈페이지 prague.eu
위치 구시가 광장에서 도보 8분
지도 p.102-F

30 29 28 27 26 25 24 23 22 21 20 19 18 17 16 15 14 13 12

카를교의 성인 조각상

카를교의 악사들

카를교에서 바라본 프라하성

❸ 성 바르바라, 성 마르가르타, 성 엘리자베트상

① 성모 마리아와 성 베르나르두스상(1709년작의 복제)
② 성 이브상(1711년작의 복제)
③ 성모 마리아와 성 도미니쿠스,
토마스 아퀴나스상(1708년작의 복제)
④ 성 바르바라, 성 마르가리타, 성 엘리자베트상(1705년작)
⑤ 청동 십자가(1629년작)와 성모 마리아, 성 요한상(1861년작)
⑥ 피에타상(1859년작)
⑦ 성 안나, 성 모자상(1707년작)
⑧ 성 요제프상(1854년작)
⑨ 그리스도와 메토디우스상(1711년작의 복제)
⑩ 성 프란체스코 자비에르상(1711년작의 복제)
⑪ 세례 요한상(1855년작)

⑫ 성 크리스토포루스상(1857년작)
⑬ 성 노베르트, 바츨라프, 지기스문트상(1855년작)
⑭ 보르자의 성 프란시스코상(1710년작)
⑮ 성 얀 네포무크상(1683년작)
⑯ 성 루드밀라와 바츨라프상(1720년작)
⑰ 파도바의 성 안토니우스상(1710년작)
⑱ 성 프란체스코상(1855년작)
⑲ 성 타데오의 유다상(1708년작)
⑳ 성 빈켄티우스 페레리우스와 프로코피우스(1712년작)
바깥측의 '로랑의 기둥'에 브룬티크상(1886년작)
㉑ 성 아우구스티누스상(1708년작의 복제)
㉒ 톨렌티노의 성 미쿨라셰상(1708년작)
㉓ 성 키예타누스상(1709년작)
㉔ 성 루트가르디스상(1710년작)
㉕ 성 베네티우스상(1714년작)
㉖ 성 아달베르투스상(1709년작)
㉗ 성 비투스상(1714년작)
㉘ 마타의 성 요한과 바로프의 성 펠릭스, 성 이반상(1714년작)
㉙ 구세주와 쌍둥이 아들 성 코스마와 다미아노상(1709년작)
㉚ 성 바츨라프상(1857년작)

프라하성과 흐라트차니 주변

프라하 관광의 하이라이트

구시청사에서 카를교를 건너면 말라스트라나 지구 위로 압도적인 프라하성과 성 비투스 대성당이 프라하의 멋진 스카이라인을 그린다. 블타바강 왼쪽의 고지대를 흐라트차니라고 부르는데 프라하성을 중심으로 궁전들과 귀족의 저택들, 분위기 좋은 레스토랑들이 줄지어 있다.

흐라트차니 광장에서 로레탄스카 거리를 따라 약간 오르막길을 올라가다 보면 스트라호프 수도원이 있고, 여기서 더 서쪽으로 가면 프라하 시내가 한눈에 보이는 전망 좋은 페트린 공원이 나온다. 스트라호프 수도원에서 구시가로 내려오는 우보스(Uvoz) 골목길이나 프라하성을 둘러보고 내려가는 네루도바(Nerudova) 거리에도 소박한 상점과 레스토랑, 카페가 늘어서 있으니 산책하듯 거닐어보자.

프라하성

Pražský hrad

체코에서 가장 중요한 문화유산이자 프라하의 상징

880년경 프르셰미슬(Přemyslovci) 왕조의 보르지보이(Bořivoj)왕에 의해 처음 건설되었고, 14세기 카를 4세 때 고딕 양식으로 개축되어 현재의 모습으로 거의 완성되었다. 16세기 말 합스부르크 왕가의 루돌프 2세가 프라하에 궁정을 두면서 프라하성은 최전성기를 맞았다. 이후 마티아스왕이 궁정을 다시 빈으로 옮기면서 프라하성은 쇠락하게 된다. 이후 마리아 테레지아 황후 시기에 대대적으로 개축되기도 했다. 1918년 체코슬로바키아 공화국이 세워지면서 현재까지 프라하성의 구왕궁 일부는 대통령 관저로 이용되고 있다. 유네스코 세계 문화유산인 프라하성은 무려 7만m² 의 규모로 세계에서 가장 거대한 성 복합 건물로 인정받아 기네스 세계 기록에 올랐다. 로마네스크 양식부터 고딕 양식이 어우러져 웅장함과 화려함을 자랑하는 프라하성은 프라하 여행에서 반드시 들러야 할 필수 코스다.

주소 Hradčany
전화 0224-372-423, 0224-372-434 **홈페이지** hrad.cz
개방 프라하성 주요 건물 4~10월 09:00~17:00, 11~3월 09:00~16:00, 프라하성 단지 06:00~22:00 / 연중무휴
지도 p.100-B

가는 방법
프라하성은 트램이나 지하철을 타는 게 가장 편리하다. 높은 지대에 있기 때문에 체력과 일정을 고려하여 이동 방법을 결정하자.
❶ 트램 이용하기
프라하성에 가까운 트램 정류장은 왕실 여름 궁전(Královský letohrádek)역, 프라하성(Pražský hrad), 포호르젤레츠(Pohořelec)역이다. 특히 트램 22번이 프라하성까지 가는 가장 용이한 교통수단이다. 프라하성역이 제일 가까우며 역에 따라 도보 10분 안팎이 소요된다.

❷ 메트로 이용하기
말로스트란스카(Malostranská) 또는 흐라트찬스카(Hradčanská)역까지 지하철을 이용한 후 도보로 프라하성까지 이동해도 된다. 도보로 말로스트란스카에서 10분, 흐라트찬스카에서 15분 소요된다.

성에 입장하기
프라하성은 동서로 길게 펼쳐진 모양을 하고 있고, 성 입구인 흐라트차니 광장에 면해 있는 정문과 말라스트라나 쪽의 동문 그리고 성 정원에 있는 북문 등이 주요 입구다. 각 문마다 위병이 2명씩 지키고 서 있으며 아침 7시부터 밤 11시까지 1시간마다 교대한다. 특히 매일 정오 정문에는 수많은 관람객들이 지켜보는 가운데 화려한 위병 교대식 펼쳐져 특별한 볼거리를 선사한다.
프라하성 정문을 통과하면 제1정원이 나오고 마티아스 문을 통과하면 왕궁 미술관이 있는 제2정원이 나온다. 제2정원에서 제3정원으로 넘어가면 성 비투스 대성당과 구왕궁이 있고, 거기서 조금 더 가면 성 이르지 교회와 황금 소로를 지나 동문으로 이어진다. 관광 안내소는 제2정원과 제3정원에 1곳씩 있다. 이곳에서 프라하성 입장권을 구입할 수 있다.
(매일 09:00~17:00, 겨울 09:00~16:00)

입장권 구입하기
프라하성 입장권은 대부분의 명소를 둘러볼 수 있는 순환권이 기본이며 대성당 탑, 프라하성 이야기 전시관은 추가 요금을 내고 티켓을 구매하는 방식으로 운영되고 있다. 입장권은 2일간 유효하며, 입장권에 포함되는 건물은 1회만 방문 가능하다. 건물 번호를 기억하면 투어 지도를 볼 때 편리하다.

프라하성 요금표

티켓종류	성인	할인: 6~16세, 학생 (26세까지), 65세 이상 성인	가족: 성인 2명 + 16세 이하 자녀 1~5명까지
프라하성 순환권 (구왕궁, 성 이르지 바실리카, 황금 소로, 성 비투스 대성당)	250Kč	125Kč	500Kč
대성당 탑과 갤러리	150Kč	80Kč	300Kč
프라하성 이야기 전시관	150Kč	80Kč	300Kč
가이드 투어 (영 · 독 · 이 · 스 · 불 · 러)	100Kč/1인/1시간 기준		
오디오 가이드 (영 · 체 · 독 · 불 · 이 · 스 · 러 · 한국어)	350Kč/3시간 대여. 예치금 500Kč		
내부 사진 촬영(플래시 X, 삼각대 X)	50Kč		

성 비투스 대성당
Katedrála Sv. Víta

대관식이 거행되던 프라하 고딕 양식의 대표 건축물

성 비투스 대성당은 프라하에서 규모가 가장 큰 성당일 뿐만 아니라 종교적으로나 역사적으로 가장 중요한 성당이다. 체코의 왕과 왕비들의 대관식이 열렸던 장소가 바로 이곳이다.

925년경 바츨라프 1세가 이곳에 로마네스크 양식의 로툰다(원형 교회)를 건설했고, 이후 1060년에 3개의 신랑(身廊)과 2개의 첨탑을 갖춘 바실리카로 개조되었다. 현재의 모습을 갖추게 된 건 14세기 카를 4세 때로, 건축가 매튜 드 아라스(Mathieu d'Arras)가 건설을 시작했고, 이후 독일 출신의 건축가 페터 파를로(Peter Parler)가 이어받아 동쪽 절반을 완성시켰다. 15세기에는 종교 개혁을 외치는 후스파와의 전쟁으로 공사가 중단되기도 했다. 서쪽 부분은 19~20세기에 걸쳐 건설되었고 1929년 현재의 모습으로 마침내 완성되었다.

전체 길이 124m, 너비 60m, 천장 높이는 33m이고 남쪽에 있는 탑은 96.5m, 서쪽에 있는 2기의 탑은 82m 높이다. 20세기 초에 건설된 서쪽 측랑에는 좌우로 각각 3채의 예배당이 있으며, 아르누보 화가들이 그린 스테인드글라스가 화려하고 아름답다. 특히 왼쪽 세 번째에 있는 '성 그리스도와 성 메토디우스' 그림은 아르누보 양식의 대표 작가인 알폰소 무하가 그린 걸작으로 손꼽힌다.

성당 내부 중앙에는 16세기에 만들어진 페르디난트 1세와 그 가족들이 잠든 왕가의 영묘가 있다. 주제단 뒤쪽에는 7채의 예배당이 있고, 중앙에 있는 마리아 예배당에 그려진 스테인드글라스가 인상적이다. 또한 주제단의 오른쪽 옆에 자리한 성 얀 네포무크의 거대한 영묘 위에 장식된 은빛으로 빛나는 조각상이 눈길을 끄는데, 여기에 사용된 은이 무려 2t에 이른다고 한다. 맞은편에는 네포무크 예배당이 위치해 있다.

보헤미아의 수호성인 바츨라프의 유물이 들어 있는 성 바츨라프 예배당도 놓치지 말아야 할 볼거리다. 예배당 벽은 석류석, 자수정, 에메랄드 등 여러 가지 보석으로 장식되어 있고, 이음매는 금으로 되어 있다. 당시 보헤미아의 부와 권력을 짐작게 하는 호화로운 예배당이다.

대성당 바로 옆에 있는 조그마한 문으로 들어가면 탑 전망대(별도 요금 150Kč)로 올라갈 수 있다. 207개의 나선형 계단을 통해 정상까지 올라가면 프라하 시내 전망이 시원스럽게 펼쳐진다.

구왕궁
Starý královský palác

프라하 창밖 방출 사건의 역사적 장소

대성당 남쪽에 자리한 커다란 건물은 마리아 테레지아 시대에 3동의 건물을 연결해서 로코코 양식으로 개조한 궁전이다. 현재 대통령 집무실과 영빈관으로 사용되고 있다. 그 왼쪽에 있는 구왕궁은 12세기 보헤미아의 왕이 머물기 위해 건축되었다.

3층에 있는 큰 방인 블라디슬라프 홀은 블라디슬라프 야겔론스키왕 시대에 건축가 베네딕트 리드가 지어 1503년에 완성시켰다. 길이 62m, 너비 16m, 천장 높이 13m로, 당시 성당을 제외하고 기둥 없는 방으로는 제일 큰 규모였다.

홀의 오른쪽 안쪽으로 30년 전쟁의 계기가 된 '프라하 창밖 방출 사건'의 무대가 된 방이 있다. 막다른 상황에 몰린 비가톨릭 일파가 3명의 왕 고문관을 이 방의 창문 밖으로 던져버린 역사적 사건이다.

홀에서 밖으로 이어진 계단은 중세 시대 기사들이 말을 탄 채 이 계단을 올랐다고 해서 '기사의 계단'이라고 불린다. 계단 천장의 아치가 만들어내는 빗살무늬도 아름답다. 이 외에도 17세기 가구와 장식품으로 복원된 의회의 방, 귀족들의 문장이 천장과 벽에 촘촘히 그려진 지방 공문서 보관실 그리고 보헤미아 왕실 전용 예배당 등이 있다.

블라디슬라프 홀

성 이르지 바실리카
Bazilika svatého Jiří

아름다운 로마네스크 양식 교회

프라하성 내에서 두 번째로 설립된 교회이며, 920년경 브라티슬라프 1세에 의해 설립된 건물 일부가 남아 있다. 973년 베네딕트회 수도원이 설립되면서 확장, 재건되었고 보존 상태가 양호한 로마네스크 건축으로 인정받고 있다. 특히 1142년 큰 화재로 소실된 것을 이후 로마네스크 양식으로 복구하면서 현재의 모습을 갖추게 됐다. 후진에는 2갈래로 나뉜 바로크 양식 돌계단이 있고 그 아래에 수도원장들의 납골당이 있다. 교회 왼쪽의 수도원 건물은 현재는 보헤미아 미술 국립 갤러리로 이용되고 있다.

황금 소로
Zlatá ulička

동화 같은 색채의 좁은 골목길

이르지 거리를 내려와 우 달리보르키 거리 왼쪽으로 작은 집들이 일렬로 늘어선 작은 골목길이 바로 황금 소로다. 15세기에 건축된 북쪽 요새 성곽 안에 위치한 소박한 주거지로 과거 성을 지키던 보초병들과 하인들, 금세공인들이 살던 곳이다. 16세기 루돌프 2세가 고용한 연금술사들이 이곳에서 불로장생하는 비밀의 약을 만들었다고도 전해진다. 또 다른 설로는 이곳에 금박 장인들이 살았기 때문에 황금 소로라고 불리게 됐다고도 한다. 처음에는 성벽 회랑 아래로 작은 집들이 들어섰고, 이후 성벽뿐만 아니라 거리 반대쪽에도 집들이 지어졌다. 마리아 테레지아 시대에 한쪽은 철거되고 현재 성벽 쪽에만 15채 정도의 주택들이 보존되어 있다.

현재는 기념품점이나 전시실로 사용되고 있다. 그중 13~16번지는 주방, 응접실, 침실, 작업실 등 당시 시대를 재현해놓아 중세부터 근세까지 프라하성 내 서민들의 생활 모습을 살펴볼 수 있다. 특히 22번지 푸른색 집은 1916~17년에 프란츠 카프카가 작업실로 사용했던 곳이고 12번지는 사수(射手)의 집으로 16세기 주거 양식을 엿볼 수 있다. 14번지는 유명한 타로 카드 예언가였던 마틸다 프루쇼바(Matylda Průšová)가 살았던 집으로 제2차 세계대전 당시 나치의 멸망을 예언했다가 독일 정부의 게슈타포에게 체포되어 심문을 받다가 사망하기도 했다.

12번지 계단을 통해 달리보르카탑 앞쪽 테라스까지 올라갈 수 있으니 내부를 둘러보고 나와 골목길에서 기념사진을 찍으면 최고의 인생 샷을 남길 수 있다.

전시실

흐라트차니 광장
Hradčanské náměstí

궁전에 둘러싸인 프라하성 정문 앞 광장

프라하성 정문 앞에 큰 사각형을 이루고 있는 광장으로 중앙에는 1726년에 세워진 페스트 기념주가 있다. 성을 마주 보았을 때 왼쪽에 있는 새하얀 건물은 16세기에 건설된 대주교 궁전(Arcibiskupský palác)이며 18세기에 현재와 같은 로코코 양식으로 개축되었다. 대주교 궁전 왼쪽에는 18세기에 건설된 귀족 저택 슈테른베르크 궁전(Šternberský palác)이 있다. 현재는 국립 회화관으로 이용되며 고대 그리스, 로마 시대 작품부터 중세 유럽 회화를 중심으로 19세기 회화까지 폭넓은 내용의 전시물을 볼 수 있다(화~일 10:00~18:00, 월 휴무). 맞은편에는 르네상스 양식의 귀족 저택 슈바르첸베르크 궁전(Schwarzenberský palác)이 있다. 독특한 스그라피토 기법으로 장식된 외벽이 특히 아름다우며, 내부는 새롭게 단장해서 체코 회화 국립 갤러리로 이용되고 있다(화, 목~일 10:00~18:00, 수 10:00~20:00, 월 휴무).

좀 더 자세히 보고 싶은 사람을 위한
프라하성 북쪽, 남쪽의 명소

화약탑(미훌카탑) Prašná věž(Mihulka vez)

성 비투스 대성당 북쪽에 있다. 15세기 말에 대포 요새 겸 탄약고로 건설된 탑이다. 16세기에 화재가 발생한 후에는 주조 장인의 주거지 겸 작업장으로 이용되었으며, 현재 그 모습이 재현되어 있다.

백탑 Bilá věž

황금 소로 서쪽에 위치해 있다. 16세기에는 감옥으로 이용되다가 이후에는 성 건설에 참여한 장인들의 주거지로 이용되었다. 현재는 중세 시대의 고문 기구 등이 전시되어 있다.

달리보르카탑 Věž Daliborka

황금 소로 동쪽에 위치해 있으며 원래는 15세기에 건설된 감옥이었다. 북보헤미아의 기사 달리보르가 농민 반란에 가담했다가 체포되어 이곳에 감금되었다고 전해진다. 그는 매일 밤 바이올린으로 구슬픈 곡을 연주해서 사람들의 마음을 사로잡았다고 한다. 하지만 결국 처형되었고, 훗날 스메타나가 이 이야기를 모티브로 해서 오페라 〈달리보르〉를 작곡했다.

흑탑 Cerna věž

프라하성 동문 왼쪽에 있다. 12세기 무렵 건설된 탑으로, 당시 채무를 갚지 않은 사람을 가두는 감옥 역할을 했다. 현재는 카페로 사용되고 있다.

벨베데르 Belveder Letohrádek královny Anny

프라하성 북쪽에 펼쳐진 왕궁 정원의 동쪽 끝에 있다. 16세기 중반에 페르디난트 1세가 후궁을 위해 건설한 아름다운 르네상스 양식의 건물로, 여름 별궁으로 쓰였다. 섬세한 이오니아식 주랑과 정원의 분수가 아름답다.

로브코비츠 궁전 Lobkowiczký palác

7대 로브코비츠 후작이 베토벤의 후원자였다는 연유에서 베토벤이 작곡하여 헌정한 교향곡 3번 에로이카(Eroica), 5번 운명(Schicksal), 6번 전원(Pastoval)의 원본 악보가 전시되어 있다. 회화에서는 피터르 브뤼헐의 6연작 작품 중 현존하는 5장 중에서 1장 〈건초 만들기〉를 감상할 수 있다.

홈페이지 www.lobkowicz.cz/lobkowicz-palace
개방 10:00~18:00 / 연중무휴
요금 성인 295Kč

성벽 정원 Zahrada Na Valech

프라하성 동문에서 성 남쪽을 지나 걷다 보면 도중에 '프라하 창밖 방출 사건'이 일어났던 보헤미아 방의 창이 나온다. 이곳을 관람하다가 흐라트차니 광장 방향으로 나올 수 있다. 남쪽 방향으로 아래 성벽에는 아름다운 정원이 있으며 성에서 내려갈 수 있다.

스트라호프 수도원
Strahovský klášter

세계에서 가장 아름다운 도서관 중 하나

140년 보헤미아의 왕 블라디슬라프 1세에 의해 건설된 거대한 수도원이다. 13세기 중반에 일어난 대화재로 인해 초기의 책들은 소실되었음에도 불구하고 귀중한 장서들을 소장하고 있는 도서관은 체코 문화유산의 보고로 평가받고 있다. '철학의 방'과 '신학의 방'으로 나뉘어 있는데, 손으로 쓴 사본 3,000권과 초기 목판 활자본 2,000여 권을 포함해 총 13만 권에 이른다. 18세기 후반에 만든 철학의 방은 높이 14m의 2층 발코니 벽면에 5만 권의 장서로 채워져 있다. 신학의 방으로 이어지는 복도에는 보석으로 장식된 가장 오래된 사본을 볼 수 있다. 신학의 방은 천장 프레스코화가 아름답기로도 유명한데 벽면을 가득 채운 장서 외에도 오래된 지구의와 천구의도 볼거리다. 높은 언덕에 위치해 있어 프라하 시내를 한눈에 감상할 수 있다. 수도원 내부에는 17세기부터 맥주를 양조해온 양조장 겸 레스토랑이 있는데 현지인과 관광객들에게 인기가 높다.

주소 Strahovské nádvoří 1/132
전화 0233-107-704
홈페이지 strahovskyklaster.cz
개방 도서관 09:00~12:00, 13:00~17:00 / 12월 24 · 25일, 부활절, 일요일 휴무
갤러리 09:00~12:00, 13:00~17:00 / 12월 24 · 25일, 부활절, 일요일 휴무
요금 도서관 성인 150Kč, 학생(27세까지) 80Kč, 6세 이하 무료
갤러리 성인 190Kč, 아동(6~15세) & 학생 90Kč, 6세 이하 무료
위치 흐라트차니 광장에서 도보 12분. 트램 프라하성(Pražský hrad)역에서 트램 22번(Vypich행)을 타고 2정거장 가서 포호르젤레츠(Pohořelec)역에서 도보 5분
지도 p.100-E

수도사들이 만들던 전통의 흑맥주를 꼭 마셔보자

스트라호프 수도원 레스토랑
Klášterní pivovar Strahov a restaurace Sv. Norbert

수도원 내부에는 17세기부터 맥주를 양조해온 양조장 겸 레스토랑이 있다. 이 양조장에 관한 최초의 기록은 13~14세기 무렵으로 확인된다. 스트라호프 수도원은 블라디슬라프 2세(Vladislav II)에 의해 1142년에 처음 건설되어 17세기에 완벽한 설비를 갖춘 양조장으로 재건되었다. 1907년에 문을 닫고 농가로 사용되다가 2000년에 다시 양조장으로 복구되었다. 수도원 양조장은 총 230석을 갖추고 있으며 양조장, 성 노르베르트 레스토랑, 양조장 안뜰의 세 구역으로 나뉜다.

추천 메뉴

성 노르베르트 흑맥주 400ml(Sv. Norbert dark) 78Kč
성 노르베르트 맥주 400ml(Sv. Norbert polotmavý amber) 73Kč
치즈 토스트와 양파 수프(Pivní cibulačka se sýrovým toustem) 110Kč
흑맥주 소스로 요리한 구운 소시지 100g(Vuřty pečené na tmavém pivě) 160Kč
칠리, 매실, 마늘 소스를 곁들인 맥주에 절인 폭립 800g
(Vepřová žebra v pivní marinádě s chilli, švestkovou a česnekovou omáčkou) 390Kč

전화 0233-353-155 **홈페이지** klasterni-pivovar.cz **영업** 10:00~22:00(12월 24일은 오후 2시까지 영업) / 연중무휴

말라 스트라나

여행자들 사이에서 특히 인기가 높은 구역

'작은 동네'라는 뜻을 지닌 말라 스트라나(Malá Strana)는 이름처럼 아기자기한 골목길과 볼거리로 가득한 정감 어린 동네다. 프라하성 언덕 기슭에 13세기부터 형성된 성 아래의 작은 동네로 블타바강 너머 구시가를 조망하기에도 좋다. 현재는 스트라호프 수도원 아래 과수원과 페트린 공원의 구릉지도 포함하고 있다. 카를교를 건너자마자 나오는 강변의 캄파섬과 존 레논 벽, 프라하성으로 이어지는 네루도바 거리, 프란츠 카프카 박물관, 여기에 아름다운 정원을 자랑하는 발트슈타인 궁전 등 여러 명소를 여유롭게 둘러보기에 좋다.

페트린 언덕 **Vrch Petřín**

프라하를 한눈에 조망할 수 있는 전망대

스트라호프 수도원 과수원에서 남쪽으로 능선을 따라 펼쳐지는 구릉 지대로 공원으로 조성되어 있다. 프라하 시내와 프라하성까지 한눈에 조망할 수 있는 페트린탑(Petřínská rozhledna)은 최고의 전망을 자랑한다. 이 탑은 1891년 만국박람회 때 에펠탑을 본떠 지은 것으로 박람회 이후 이 언덕으로 옮겨졌다. 페트린탑 외에도 성 로렌스 성당(Katedrální chrám sv. Vavřince)과 정원 등을 둘러보기에 좋다.

주소 Hradčany **개방** 24시간 / 연중무휴
위치 스트라호프 수도원에서 도보 15분. 시내에서는 우예즈(Ujezd)역에서 등산 열차(푸니쿨라)를 타고 페트린 정상역까지 4분
지도 p.100-E

페트린탑 Petřínská rozhledna
개방 1~3월 10:00~18:00, 4·5월 09:00~20:00, 6~9월 09:00~21:00, 10~12월 10:00~20:00 / 연중무휴(크리스마스 연휴에는 운영 시간 변동) **요금** 성인 150Kč, 아동(7~15세) & 학생(16~26세) 100Kč, 엘리베이터 추가 요금 150Kč
※티켓 소지자는 42번 관광 트램 티켓 구매 시 50Kč 할인받을 수 있다.

페트린 언덕에서 바라본 프라하 시내 전경

페트린탑

캄파
Kampa

카를교 아래 아름답고 운치 있는 작은 광장

카를교 아래 블타바 강 변의 넓고 평평한 모래톱이 있던 지역으로 엄밀히 말하면 섬이지만 워낙 육지와 붙어 있어 섬처럼 느껴지지는 않는다. 체르토프카(Čertovka) 수로(위 사진)가 말라 스트라나 지역과 경계를 나누고 있고 수로를 가로지르는 몇 개의 작은 다리가 연결되어 있다. 수로 이름은 물레방아의 오두막집에 작은 악마(체르토프카)가 살았다고 전해지는 데서 유래한다. 카를교에서 옆 계단을 통해 내려오면 나 캄파(Na Kampě) 광장이 나오고 광장 주변으로 호텔, 레스토랑, 카페와 상점들이 빼곡히 들어서 있다. 광장 바로 근처에는 존 레논의 벽이 있다. 나 캄파 광장에서 강변을 따라 계속 걸으면 캄파 공원이 나오고, 공원 중간즈음에 강변 쪽으로 캄파 박물관이 위치해 있다. 캄파 박물관은 예전에는 방앗간으로 사용되던 곳인데 현재는 체코와 중유럽의 현대 예술 작품들을 소장하는 박물관으로 이용되고 있다.

캄파 박물관
Museum Kampa
주소 U Sovových mlýnů 2
전화 0257-286-147
홈페이지 museumkampa.cz
개방 매일 10:00~18:00 / 12월 25일 휴관
요금 성인 290Kč, 학생 170Kč, 6세 이하 아동 무료
위치 프라하성 방면 카를교에서 도보 5분 **지도** p.100-F

존 레논의 벽
Lennonova zeď

공산주의 시절의 자유와 저항을 상징

원래 평범한 벽이었으나, 1980년대부터 익명의 아티스트가 비틀스 멤버 존 레논과 비틀스의 노래 가사를 벽에 그래피티로 그리기 시작하면서 널리 알려지게 되었다. 원래는 사랑과 평화의 메시지를 강조했던 존 레논을 추모하기 위해 생겼으나, 1980년대 구스타프 후사크의 공산 정권하에서 자유와 평화를 요구하는 저항의 도구를 상징하게 되었다. 공산 정권에 저항하는 수백 명의 학생들은 프라하 곳곳에서 경찰들과 충돌했고, 젊은이들의 저항 메시지를 담아낸 공간이 바로 존 레논의 벽이었다. 원래 이 벽에는 존 레논의 커다란 초상화가 있었는데, 이후 사랑과 평화를 기원하는 낙서와 그림으로 채워졌다. 현재도 합법적으로 자유롭게 낙서가 허용되는 유일한 관광 명소로 인기를 끌고 있다. 현재 이 벽의 소유권은 몰타 기사단에 있다.

주소 Velkopřevorské nám.
위치 나 캄파 광장에서 도보 2분 **지도** p.100-F

카프카 박물관

Muzeum Franze Kafky

카프카의 생애를 엿볼 수 있는 곳

2005년 여름, 말라 스트라나 지구 블타바강 변의 헤르게토바 치헬나(Hergetova Cihelna)의 멋진 건물에 처음 문을 열었다. 1883년 프라하에서 태어나 1924년 키얼링 요양소에서 사망한 카프카는 프라하 유대인 묘지에 묻혀 있다. 그의 성장 과정부터 40세의 나이로 사망할 때까지 그의 생애를 '실존의 공간'과 '상상의 지도'라는 두 구역으로 나누어 전시하고 있는 모습이 신비롭다.

주소 Cihelná 635/2b
전화 0257-535-373

홈페이지 kafkamuseum.cz
개방 10:00~18:00 / 연중무휴(크리스마스 연휴 단축 운영)
요금 성인 240Kč, 학생 160Kč, 가족(성인 2, 자녀 2) 620Kč
위치 프라하성 방면 카를교에서 도보 5분
지도 p.100-B

성 미쿨라셰 교회

Kostel sv. Mikuláše

모차르트가 연주한 오르간이 남아 있는 우아한 바로크 교회

18세기 중반 딘첸호퍼 부자가 건설한 프라하 바로크 건축의 정수라고 평가받는 교회다. 공사는 1745년에 시작해서 거의 100년, 3세대에 걸쳐 진행됐다. 딘첸호퍼 일가는 독일 남부 출신의 건축가 가문으로 특히 보헤미아에서 활약하며 바로크 건축의 거장으로 추앙을 받았다. 교회 가운데 중심 공간인 네이브(身廊, nave), 천장의 프레스코화 〈성 미쿨라셰의 축제〉, 돔 천장의 프레스코화 〈삼위일체 신의 축하〉가 특히 인상적이며, 성 미쿨라셰의 제단과 황금의 설교단도 중요한 볼거리다. 악기를 연주하는 황금 천사들로 장식된 오르간은 토마스 슈바르츠가 1745~47년에 제작한 것으로 오르간 파이프 개수가 4,000개가 넘고, 길이는 6m에 이른다. 특히 1787년 모차르트가 프라하에 머무는 동안 연주한 것으로도 유명하다. 지금도 여전히 연간 200회 이상의 많은 연주회가 열린다.

주소 Malostranské nám.
전화 0257-534-215 **홈페이지** stnicholas.cz
개방 11~1월 매일 09:00~16:00, 2월 월~목 09:00~16:00, 금~일 09:00~17:00, 3~10월 매일 09:00~17:00
콘서트 3월 말~11월 초 매일 18시(화 제외) 1시간 정도 진행.
위치 카를교(프라하성 방면)에서 도보 10분. 트램 12, 20, 22번을 타고 말로스트란스케 광장(Malostranské nám.)역에서 하차
지도 p.100-B

네루도바 거리

Nerudova ulice

다양한 상징의 조형물이 인상적인 거리

프라하에서 가장 흥미로운 거리들 중 하나로 말로스트란스케 광장에서 프라하성으로 이어지는 대로다. 1541년의 화재 이후 르네상스, 후기 바로크, 고전주의 양식으로 재건되었다. 중세 시대 왕의 대관식이 있을 때 카를교를 건너 프라하성까지 행렬이 진행되던 '왕의 길' 일부가 바로 네루도바 거리다. 네루도바 거리가 끝나는 지점에서 갈림길이 나오는데 오른쪽은 프라하성으로 이어지고 다른 한쪽은 스트라호프 수도원으로 이어진다.

약 375m 길이의 거리 양쪽에는 각국의 대사관들과 다양한 레스토랑, 상점, 카페가 늘어서 있다. 특히 예전 주소가 없던 시절에 자신의 집을 표시하기 위해 다양한 상징적인 조형물이나 부조를 건물의 외벽에 장식해서 번지수를 대신했다. 특히 47번지 2개의 태양이 장식된 건물은 19세기 체코 작가 얀 네루다(J. Neruda)가 30년간 살면서 《말라 스트라나 이야기》를 비롯한 작품을 저술한 곳으로도 알려져 있다.

위치 성 미쿨라셰 교회에서 도보 2분 **지도** p.100-B

5번지 무어인 조각상

6번지 빨간 독수리

11번지 붉은 양

12번지 3개의 바이올린

14번지 메두사

16번지 황금 잔

28번지 황금 바퀴

34번지 황금 말편자

37번지 황금 열쇠

41번지 붉은 사자

47번지 2개의 태양

49번지 하얀 백조

발트슈타인 궁전
Valdštejnský palác

발트슈타인 장군이 조성한 초기 바로크 양식의 대궁전

1623~29년에 당시 최고 권력과 부를 과시하던 알브레히트 폰 발트슈타인(Albrecht von Wallenstein, 1583~1634년) 장군이 프라하성 아래의 6개 정원과 26채의 주택을 사들여 바로크 양식의 대궁전을 건설했다. 당시 황제가 프라하성을 능가하는 규모를 두려워했다고도 전해진다. 프라하에서 종교적 건축물을 제외하고 세속의 건축물들 중에서 최초의 기념비적 초기 바로크 양식 건축물로 인정받고 있다.

현재는 체코 의회가 들어와 있으며 궁전 앞의 발트슈타인 정원은 기하학적으로 설계된 초기 바로크 정원으로 연못과 분수, 조각상 등 프랑스풍으로 꾸몄다. 야외 공연장, 인공 동굴, 종유석 등이 정원을 더욱 특별하게 만들어준다. 여름철에는 콘서트와 연극 공연이 열리기도 한다. 궁전은 토요일과 일요일에만 개방되며 정원은 평일에도 무료로 개방된다.

주소 Valdštejnské nám. 4 **전화** 0257-075-707
홈페이지 www.senat.cz/informace/pro_verejnost/valdstejnska_zahrada/
개방 궁전 토요일과 일요일만 4·5·10월 10:00~17:00, 6~9월 10:00~18:00, 11~3월 매달 첫째 주말 10:00~16:00 / 월~금 휴무
정원 4·5·10월 월~금 07:30~18:00, 토·일 10:00~18:00, 6~9월 월~금 07:30~19:00, 토·일 10:00~19:00 / 11~3월 휴무
요금 무료
위치 지하철 A선 말로스트란스카(Malostranská)역에서 도보 5분. 트램 2, 5, 7, 12, 15, 20, 22번 말로스트란스카(Malostranská)역에서 도보 8분 **지도** p.100-B

TIP 많은 예술 작품의 모티브가 된 발트슈타인 장군

보헤미아 귀족 가문 출신으로 발트슈타인(발렌슈타인)은 독일어를 유창하게 구사했으며, 30년 전쟁에서 황제군의 지휘를 맡으며 인정을 받아 황제 페르디난트 2세의 눈에 들었다. 점차 부와 권력을 잡으며 세력이 커지자 결국 황제의 명으로 암살된다. 독일의 대문호 프리드리히 실러는 그의 생애를 소재로 3부작으로 된 대작 《발렌슈타인》을 썼다. 또한 스메타나를 비롯한 많은 작곡가들이 이 희곡을 바탕으로 많은 작품들을 남겼다.

SPECIAL

다양한 건축 양식의 전시장

프라하의 건축물 산책

포스트모더니즘 양식의 춤추는 건물

프라하만큼 다양한 건축 양식의 보고는 유럽의 그 어느 곳에서조차 보기 힘들다.
구시가와 신시가를 오가는 길에 만나는 고딕부터 큐비즘까지 화려하고 다채로운 건축 양식의 건축물은
프라하 여행의 색다른 즐거움이다.

고딕 양식의 성 비투스 대성당

르네상스 양식의 슈바르첸베르크 궁전

고딕 양식

하늘을 찌를 듯 뾰족한 첨탑이 고딕 양식 건축물의 주요 특징이다. 프라하에 있는 고딕 양식 건축물은 구시가의 화약탑과 프라하성에 있는 성 비투스 대성당, 카를교의 구시가 교탑 등이 대표적이다.

르네상스 양식

체코 보헤미아의 르네상스 양식 건축물은 정면의 박공 지붕에 홈을 넣어 장식하고, 벽에 스그라피토(Sgraffito, 이탈리아에서 발전한 장식 기술로 벽면을 끌로 파낸 후 색채를 집어 넣어 완성하는 벽화 기법) 기법을 적용한 것이 특징이다. 구시청사 주변 주택들을 비롯해, 특히 프라하성 입구에 있는 슈바르첸베르크 궁전에서 확연하게 볼 수 있다.

로코코 양식의 골즈 킨스키 궁전

로코코 양식

바로크 양식이 풍요롭고 장중한 장식의 느낌이라면 로코코 양식은 경쾌하고 섬세한 느낌이 더 강조되어 있다. 구시가 광장 동쪽에 있는 골즈 킨스키 궁전이 대표적인 로코코 양식의 건축물이다.

바로크 양식의 미쿨라셰 교회

바로크 양식

모든 양식 중 가장 화려하고 중후한 건축 양식이다. 특히 말라 스트라나 지구에 있는 바로크 건축의 대표적 건축물인 성 미쿨라셰 교회는 장엄하고 화려한 모습이 압권이다.

아르누보 양식의 시민 회관

아르누보 양식

19세기 말 유럽에서 발생한 새로운 사조의 건축 양식으로 아르누보(파리), 유겐트슈틸(독일), 제체시온(빈) 등의 이름으로 불렸으며 나라마다 개성을 가지고 발전했다. 프라하는 처음에는 파리의 영향을 받았으나 이후에는 독일과 빈의 스타일을 따라갔다. 호텔 파르지시나 호텔 에브로파, 시민 회관 등이 아르누보 양식의 대표적 건축물이다.

큐비즘 양식의 검은 마돈나의 집

큐비즘 양식

1910년대에 체코에서 생겨난 독특한 건축 양식으로 빈의 오토 바그너의 가르침을 받은 요제프 고차르와 요제프 호훌 그리고 그의 제자들에 의해 건축된 건물들이다. 코바로비초바 빌라(Kovařovicova Vila), 네크라노바(Neklanova) 집합 주택 등이 있고, 구시가의 첼레트나 거리에 있는 검은 마돈나의 집과 상점 쿠비스타(Kubista) 건물이 큐비즘 양식의 대표 건축물이다.

포스트모더니즘 양식

후기 모더니즘을 의미한다. 모더니즘에 대한 거부와 반작용으로 생겨난 예술 사조로 1960년대에 대두한 문화 현상이다. 근대 건축 분야에서는 기존의 사고방식이나 표현 방법 체계를 초월하려는 새로운 디자인 운동으로 표현됐다. 마사리코보 제방 길에 있는 춤추는 건물(댄싱 하우스, Tancici dum)은 프라하 유일의 대표적 포스트모더니즘 양식 건물이다.

신시가

대표적인 문화 시설이 모인 지역

14세기 카를 4세의 의해 조성되었으며 구시가를 에워싸는 형세로 블타바 강 남서쪽에서 북동쪽으로 펼쳐진다. 현재의 카를 광장과 바츨라프 광장 등 큰 광장들도 그 당시에 건설되었다. 나로드니(Národní) 거리, 나 프르지코프예(Na Příkopě) 거리, 레볼루치니(Revoluční) 거리가 구시가와 신시가의 경계를 이루고 있다. 새로 조성된 신시가에는 국립 오페라 하우스를 비롯해서 국립 박물관, 무하 미술관, 국민 극장 등 체코를 대표하는 문화 시설들이 모여 있다. 또한 아르누보 양식의 멋진 건축물들이 늘어서 있는 마사리코보 제방 길은 여유롭게 산책하기에 좋다.

바츨라프 광장

Václavské náměstí

벨벳 혁명 등 체코 근현대사의 역사적 장소

신시가 중심에 있는 바츨라프 광장은 수많은 역사적 사건들이 일어난 체코 역사의 중심지라 해도 과언이 아니다. 지금도 다양한 행사와 시위가 열리는데, 1348년 카를 4세가 신시가를 건설할 당시만 해도 말 시장이었다. 1848년 보헤미아의 시인 카렐 하블리체크 보로프스키의 제안으로 성 바츨라프 광장으로 불리게 되었다. 현재의 바츨라프 광장은 길이가 70m, 너비가 60m로 차도와 인도로 나뉘어 있고 중앙에는 화단이 조성되어 있다.

광장 이름은 보헤미아의 수호성인 바츨라프 1세 공작에서 유래되었다. 광장 동남쪽 끝에는 4명의 수호성인들에 둘러싸인 바츨라프상이 우뚝 서 있다. 근현대사를 거치면서 이 광장은 프라하 시민들의 집회 장소로 이용되고 있는데, 특히 1989년 11월 벨벳 혁명 때는 수십만 명의 시민들이 이 광장을 가득 채웠다. 지금은 고급 호텔, 레스토랑, 카페, 백화점, 부티크들이 늘어서 있는 쇼핑의 중심지이자 프라하 최고의 번화가로 사랑받고 있다.

위치 지하철 A, B선 무스텍(Můstek)역 또는 A, C선 무제움(Muzeum)역에서 하차 **지도** p.101-G

국립 박물관

Národní museum

아름다운 홀을 갖춘 체코 최대 국립 박물관

국립 박물관은 광장 앞에 웅장하게 서 있는 역사적인 건물과 비노흐라드스카 1번지에 있는 새로운 건물로 구성되어 있다. 프라하에서 가장 중요한 건물 중 하나인 국립 박물관 구관은 1962년 국가 유산으로 지정되었다. 1818년 체코의 재건을 상징하기 위해 1885년부터 1890년에 걸쳐 완공된 르네상스 양식 건축물이다. 국민들의 민족의식을 드높이고, 체코 문화의 우수함을 알리기 위해 귀족들이 자금을 모아서 이 박물관을 건설했다. 세계 10대 박물관에 꼽히는 3층 규모의 이 건물은 요제프 슐츠의 설계로 지어졌고 중후하고 화려한 내부 홀로 유명하다. 1층에는 그림들과 청동상들, 다양한 자연과학 자료가 전시되어 있고 체코 최대의 도서관도 자리하고 있다. 2층은 시대별 체코 유물을 전시하는 역사관, 3층은 자연사 박물관으로 꾸며져 있다. 2018년 10월 설립 100주년 기념을 위해 대대적인 리뉴얼 공사에 들어갔고 2020년 3월 1일 재개관했다. 신관은 원래 라디오 방송국 건물이었으나 국립 박물관에서 인수해서 전시관으로 변모시켰다.

주소 Václavské nám.(구관) / Vinohradská 1(신관)
전화 0224-497-111
홈페이지 nm.cz
개방 매일 10:00~18:00 / 12월 24일, 1월 1일 휴관
요금 성인 250Kč, 청소년(15~18세) & 학생 150Kč, 아동(15세 이하) 무료
위치 지하철 A, C선 무제움(Muzeum)역에서 하차
지도 p.101-H

마사리코보 제방 길 · 춤추는 건물(댄싱 하우스)

Masarykovo nábřeží · Tančící dům(Dancing House)

블타바강 변 제방 길 따라 늘어선 현대적 건축물들

국민 극장에서 비셰흐라트 방향으로 블타바강을 따라 걸으면 19세기 말 네오 바로크 양식과 아르누보 양식 건물들이 줄지어 있다. 쭉 더 가다 보면 큐비즘 건축물도 눈에 들어온다. 가장 오래된 현대 건축물은 프라하 현대 건축의 선두로 손꼽히는 '춤추는 건물'이다. 세계적인 건축가 블라도 밀루니취(Vlado Milunić)와 프랭크 게리(Frank O. Gehry)가 1996년 블타바강 변에 건축한, 현대 프라하 건축의 한 획을 그은 포스트모더니즘 양식 건축물이다. 원래 공동 주택이 있는 자리였으나 제2차 세계대전 때 연합군의 폭격으로 파괴된 후 90년대까지 방치되어 있었다. 이웃에 살던 블라도 밀루니취가 이 공터에 건물을 짓겠다는 생각을 하게 되었고, 마침

내 프랭크 게리와 함께 프라하를 대표하는 건축물로 재건했다. 그들은 이 건물을 설계할 때 유명한 영화배우 프레드 아스테어(석탑을 상징)와 파트너 진저 로저스(유리탑을 상징)의 춤추는 모습에서 영감을 받았다고 전해진다. 그래서 진저 & 프레드라고도 불린다. 체코와 세계 예술가들의 작품 전시 갤러리로 이용되고 있으며 상층 2개 층에는 360도 전망을 자랑하는 진저 & 프레드 레스토랑, 커피나 와인, 맥주를 즐길 수 있는 글라스 바와 전망대가 있다.

주소 Jiráskovo nám. 6 **전화** 0605-083-611
홈페이지 tancici-dum.cz **개방** 10:00~22:00 / 연중무휴
요금 춤추는 집 무료, 갤러리 190Kč **위치** 트램 5, 17번 지라스코보 광장(Jiráskovo nám.)역에서 도보 1분 **지도** p.101-G, K

무하 미술관

Mucha Museum

아르누보 예술을 대표하는 체코의 화가

알폰스 무하(Alfons Maria Mucha,1860~1939년)는 아르누보 시대에 파리에 살면서 화가, 일러스트레이터, 그래픽 예술가로서 명성을 떨쳤다. 특히 사라 베르나르(Sarah Bernhardt)의 장식적인 극장 포스터로 더욱 유명해졌다. 43세에 파리 생활을 정리하고 자신의 경력 후반부를 고향인 체코로 돌아와서 슬라브 민족의 역사를 묘사한 〈슬라브 서사시〉와 같은 대작들을 그리는 데 몰두한다. 미술관에는 파리에 머물며 그린 포스터들과 프라하로 돌아온 1910년 이후의 작품들이 전시되어 있다. 관능미 넘치는 여성을 주로 그렸던 파리 시절과 달리 만년에는 주로 민족적 색채가 강한 중후한 작품들이 많은 것이 특징이다.

주소 7, Panská 809 **전화** 0224-216-415
홈페이지 mucha.cz **개방** 10:00~18:00 / 연중무휴
요금 성인 240Kč, 아동 & 학생 160Kč, 가족 600Kč
위치 지하철 A, B선 무스텍(Můstek)역에서 도보 5분
지도 p.101-G

국민 극장
Národní divadlo

체코인들의 문화의 자부심이 서린 극장

'체코어에 의한 체코인을 위한 무대를'이라는 기치를 내걸고 1881년에 완성한 극장이다. 초연 후 얼마 되지 않아 화재가 나서 전소한 것을 곧바로 시민들이 기금을 모아 1883년에 재건했다. 체코 건축가의 설계로 지은 네오 르네상스 양식의 장엄한 건물은 19세기 말 프라하 건축에 한 획을 그은 것으로 평가받는다. 현재는 오페라, 연극, 발레 등 체코 국내 작품을 중심으로 다양한 공연이 무대에 올려진다.

주소 Národní 2
전화 0224-901-448
홈페이지 narodni-divadlo.cz
티켓 판매소 월~금 09:00~18:00, 토·일 10:00~18:00
위치 주간에는 트램 2, 9, 18, 22, 23번, 야간에는 93, 97, 98, 99번을 타고 국민 극장(Národní divadlo)역에서 하차
지도 p.101-G

비셰흐라트
Vyšehrad

신시가 남쪽에 위치한 프라하의 발상지

비셰흐라트는 보헤미아 왕국의 시초로 알려져 있는 리부셰 왕비가 프라하를 도읍으로 정하고 건립한 성이자 요새이다. 높은 언덕 위에 자리해 정상에 오르면 프라하 시내와 프라하성 그리고 블타바강이 한눈에 내려다보인다. 현지인들에게도 인기 있는 일몰 감상 장소로 사진가들에게도 인기가 높다. 요새 안에는 네오고딕 양식의 성 베드로와 바오로 성당(Bazilika svatého Petra a Pavla)이 정교한 프레스코화와 모자이크를 품은 채 웅장한 자태를 뽐내고 있다. 특히 이곳에 있는 비셰흐라트 묘지(hřbitov Vyšehrad)에는 스메타나, 드보르자크, 무하 등의 묘소가 있어 그들을 기리는 여행자들이 많이 찾는다.

주소 V Pevnosti 159/5b
개방 0241-410-348
홈페이지 www.praha-vysehrad.cz
개방 요새 연중무휴
요금 무료
위치 트램 2, 3, 7, 17번을 타고 비톤(Národní divadlo)역에서 도보 10분
지도 p.101-K

SPECIAL

프라하에서 공연 즐기기

콘서트 · 오페라 발레 · 뮤지컬

프라하는 클래식 음악의 중심지답게 매년 봄 국제 음악제와 가을 음악제를 개최한다. 계절에 상관없이 도시 곳곳에서 연주회와 다양한 공연이, 교회에서는 실내악 연주회가 일상적으로 열리기 때문에 관광객도 가벼운 마음으로 다양한 연주와 공연을 감상할 수 있다. 오페라, 발레, 뮤지컬을 비롯해서 연극, 인형극 그리고 특히 인기가 높은 블랙라이트 시어터 등 전용 극장을 갖춘 공연들도 많다. 블랙라이트 시어터 공연은 체코어를 이해하지 못해도 충분히 즐길 수 있다. 프라하에서 최소한 하룻밤은 멋진 공연 감상을 위해 시간을 투자해보자. 클래식부터 민속 음악까지 폭넓은 구성을 자랑하는 프라하의 공연들은 프라하 여행을 한층 더 풍요롭게 해준다.

오페라 · 발레 · 뮤지컬

국립 오페라 하우스에서는 정통 오페라 공연이, 국민 극장과 스타보브스케 극장에서는 오페라 외에도 발레와 연극 공연이 열린다. 공화국 광장에 있는 히베르니아 극장은 뮤지컬과 연극이 중심이며 연주회와 발레 공연도 열린다.

클래식 · 연주회

시민 회관 내의 스메타나 홀이나 루돌피눔을 중심으로 오케스트라 연주회를 즐길 수 있는 외에 교회와 궁전에서도 연주회가 활발하게 열린다. 성 이르지 바실리카나 슈테른베르크 궁전 등 평소에 공개되지 않는 공간에서 열리기도 하므로 이런 곳에 들어가 볼 수 있는 특별한 기회이기도 하다.

인형극

독일어를 강요당하던 시대에 유일하게 체코어가 허용된 장르가 인형극이었다. 이런 역사적 배경에서 체코의 인형극은 활발하게 무대에 올려졌다. 가장 유명한 극장은 스페이블 부자가 등장하는 스페이블 & 후르비네크 극장이다. 국립 마리오네트 극장에서는 〈돈 조반니〉와 〈오르페우스〉 등의 오페라를 테마로 한 공연이 열린다. 시즌에는 거의 매일 상연되며 성인이 즐기기에도 손색없다. 이 극장에는 1929년 프라하에 설립된 국제 인형극 연맹 우니마의 간판이 있다.

민속 공연

체코의 민속 음악이나 민속 무용을 즐길 수도 있다. 전통 민속 의상을 입은 무용수가 민속 춤을 추는 것인데, 매우 밝고 화려하며 대중적이다. 레스토랑에서 공연을 열기도 한다.

블랙라이트 시어터

체코 특유의 엔터테인먼트로 어두운 무대를 배경으로 물건이나 인형을 조종해서 극을 연출한다. 프라하에서는 팬터마임 등과 함께 인기가 높다. 형광 도료를 칠한 의상이나 세트가 블랙라이트에 비쳐 무대 위로 나타나는 등 신기하고 흥미로운 장면을 만들어낸다. 체코어를 이해하지 못해도 충분히 즐길 수 있고 꽤 감동적이다. 블랙라이트 시어터를 비롯해 시내 전용 극장에서 거의 매일 상연되고 있다.

공연 정보 구하기

공연 정보는 호텔 프런트 데스크, 관광 안내소, 체코 최대 여행사 체독(Cedok) 등에서 구할 수 있다. 대규모 티켓 판매 회사인 보헤미아 티켓 인터내셔널(Bohemia Ticket International, BTI)도 극장별, 일시별로 프로그램을 게재해서 매달 발행하고 있으며, 홈페이지(www.bohemiaticket.cz)에서도 관련 정보를 제공하고 있다. 구시가 광장이나 카를교 등 관광객이 많이 모이는 곳에서 배포되는 공연 관련 전단지도 참고하면 좋다. 클래식 콘서트 정보도 클래식 콘서트 홈페이지에서 확인할 수 있고 온라인으로도 티켓 구매가 가능하다.

클래식 콘서트 정보 및 티켓 구매
www.classicconcertstickets.com

티켓 구입 방법

티켓은 대부분의 공연장 매표소에서 구매할 수 있다. 그 자리에서 좌석을 선택할 수도 있으므로 가격과 좌석표를 확인하고 구입하자. 또한 각 극장의 온라인 홈페이지나 위에 소개한 클래식 콘서트 티켓 홈페이지에서 예매할 수 있다. 온라인으로 티켓 구매 시 신용카드로 결제 후 e티켓을 프린트해서 가져가면 바로 입장할 수 있다. 매일 열리는 공연은 특별히 단체 예약이 없다면 당일에 가도 대부분 자리가 있다. 다만 프라하 봄 국제 음악제와 같은 큰 행사가 열릴 때는 티켓 발매 개시와 동시에 매진되는 경우가 많으므로 일정을 정해두었다면 한국에서 미리 예약하고 가는 편이 좋다.

티켓 요금

프라하의 봄 국제 음악제 같은 큰 이벤트를 제외하고 대부분의 티켓 요금은 다른 나라에 비해 저렴한 편이다. 공연 장소와 내용, 좌석 등에 따라 가격대가 다양하지만 오페라와 발레는 100~1,500Kč, 오케스트라의 콘서트는 500~1,200Kč, 마리오네트나 블랙라이트 시어터는 600Kč 내외다. 교회에서 열리는 연주회는 500~800Kč부터이며, 신용카드 결제가 불가한 곳도 있으므로 현금도 준비해두는 편이 좋다.

주요 공연 정보 & 티켓 구매처

프라하 공식 관광 안내소
구시청사를 비롯해서 바츨라프 공항 1, 2터미널, 바츨라프 광장, 나 무스투쿠(Na Můstku) 등
주소 Staroměstské náměstí 1(구시청사)
전화 0221-714-714
홈페이지 www.prague.eu
개방 09:00~19:00 / 연중무휴
위치 구시청사 1층

보헤미아 티켓 인터내셔널
BTI, Bohemia Ticket International
공식 사무실은 프라하 4구에 있어서 구시가에서 좀 멀다.
시내 주요 호텔에서 판매하고 있으니 아래 홈페이지를 참고하자.
주소 nám. Bratří Synků 300/15
전화 0224-215-031
홈페이지 www.bohemiaticket.cz
위치 시내 주요 호텔

교회와 궁전에서 즐기는 실내악

프라하는 봄부터 가을까지 다양한 공연장을 비롯해서 구시가 곳곳에 있는 유서 깊은 교회에서 아름다운 선율이 울려 퍼지는 음악의 도시다. 매일 곳곳에서 연주회가 열리고 있으므로 잠시 음악이 선사하는 여유와 낭만에 빠져드는 시간을 가져보자. 특히 교회에서 열리는 연주회는 연주 시간도 낮 시간이나 17시, 20시 등 선택의 폭이 넓다. 관광을 마치고 들르거나 저녁 식사 후에 여유로운 마음으로 찾기에도 좋다. 일반 공연장과는 다른 장엄한 교회와 궁전 안에서 듣는 음악은 색다른 여행의 추억으로 남을 것이다.

티켓

호텔이나 관광 안내소에서 구할 수 있는 공연 관련 소책자에도 공연 소식이 실려 있지만, 구시가 광장 등 주요 관광 명소나 공연이 열리는 교회 주변에서 배포되는 전단지에도 프로그램들이 잘 소개되어 있다. 관광 안내소나 주요 티켓 판매처에서 구매해도 되고, 공연이 열리는 교회나 궁전 앞에 부스가 있다

면 직접 구매해도 된다. 정액제로 표시되어 있지만, 가끔 흥정을 하면 더 낮은 가격에 구매할 수도 있다. 길거리나 공연이 열리는 연주회장 앞에서 중세 의상을 입고 전단지를 나눠주며 홍보와 호객을 하거나 티켓을 판매하는 모습을 곳곳에서 볼 수 있다.

프로그램

현악 앙상블이나 오르간 연주, 성악 등 프로그램이 다양하고 작곡가별, 시대별, 연주 악단 등 내용도 다채롭다. 같은 프로그램이 날짜별로 다른 연주회장에서 공연되기도 한다. 연주 시간은 일반적으로 1시간 내외다.

요금

연주자와 프로그램에 따라 다르지만 대략 500~800Kč 정도. 좌석은 등급이 따로 정해져 있지 않으며 일반적으로 입장하는 대로 원하는 자리에 앉으면 된다. 교회 규모나 프로그램에 따라 지정석이 있는 경우도 가끔 있다. 지정석은 기본적으로 500Kč 이상이며 뒷좌석은 더 낮은 가격대도 있다.

실내악을 감상할 수 있는 곳

로프코비츠 궁전 Lobkowiczký Palác(프라하성 내부)
주소 Jiřská 3/1 **전화** 0233-312-925

돌종의 집 Dům U Kamenného zvonu
주소 Staroměstské náměstí 605/13 **전화** 0233-312-925

클레멘티눔 거울의 방 Klementinum - Zrcadlová Síň
주소 Mariánské nám. 5 **전화** 0222-220-879

리히텐슈테인 궁전 Lichtenštejnský palác
주소 U Sovových mlýnů 506/4 **전화** 0257-534-205

슈테른베르크 궁전 Šternberský palác
주소 Hradčanské náměstí 15 **전화** 0233-090-558

성 미쿨라셰 교회 Kostel sv. Mikuláše
주소 Staroměstské nám. **전화** 0602-958-927

성 이르지 바실리카 Bazilika svatého Jiří
주소 náměstí U Svatého Jiří(프라하성 내부)
전화 0224-372-434

성 시몬 성 유다 교회 Kostel sv. Šimona a Judy
주소 Dušní **전화** 0222 002 336

인형극 · 블랙라이트 극장

국립 마리오네트 극장
Národní Divadlo Marionet

마리오네트 전용 극장으로 모차르트의 오페라 〈돈 조반니〉 인형극을 상설 공연한다.

주소 Žatecká 98/1
전화 0224-819-322
홈페이지 mozart.cz **공연** 20:00

프라하 오페라 마리오네트 극장
Prague Opera Marionette Theatre

모차르트를 테마로 한 연주 목록 등을 매일 공연한다.

주소 Karlova 12 **전화** 0222-220-913 **공연** 17:00, 20:00

타 판타스티카
Ta Fantastika

유명 배우이자 작가인 페트르 크라토흐빌이 세운 극장으로 블랙라이트를 이용해서 다양한 연극을 공연한다.

주소 Karlova 186/8 **전화** 0222-221-369
홈페이지 www.tafantastika.cz

루돌피눔(예술가의 집)

Rudolfinum(Dum Umelcu)

루돌피눔 내부에 있는 드보르자크 홀에서는 클래식을 비롯한 다양한 장르의 콘서트가 열린다. 체코 저축 은행이 설립 50주년을 기념해 지은 이 건물은 외벽을 장식한 조각상들이 특히 인상적이다. 조작상은 바흐, 하이든, 모차르트, 베토벤, 슈베르트, 멘델스존, 슈만 등 위대한 음악가들과 화가, 조각가, 건축가들이다. 그래서 '예술가의 집'이라고도 불린다. 루돌피눔이라는 이름은 1889년 오스트리아의 황태자 루돌프가 마이어링에서 자살한 사건을 애도해 붙인 이름이다.

주소 Alšovo nábř. 12 **전화** 0227-059-244
홈페이지 rudolfinum.cz

시민 회관의 스메타나 홀

Obecní dům - Smetanova síň

시민 회관에 있는 스메타나 홀은 프라하의 봄 국제 음악 축제 오프닝과 메인 공연이 열리는 콘서트홀이다. 작은 홀들에서도 각종 콘서트가 열린다.

주소 nám. Republiky 1090/5 **전화** 0222-002-107
홈페이지 www.obecnidum.cz

스타보브스케(에스타트) 극장

Stavovské divadlo, Estates Theatre

모차르트의 오페라 〈돈 조반니〉가 초연된 극장으로 유명하다. 오페라와 발레 공연이 주로 많이 열린다.

주소 Železná **전화** 0224-901-448
홈페이지 narodni-divadlo.cz/en/estates-theatre

국립 오페라 하우스

Státní opera

오페라와 발레 오리지널을 포함해 세계적인 연주 목록을 공연하는 곳이다. 2016년부터 2020년까지 장기간 보수를 거친 뒤 현재 정상 운영 중이다.

주소 Wilsonova 4 **전화** 0224-901-448
홈페이지 www.narodni-divadlo.cz/en/state-opera

국민 극장

Národní divadlo

1883년에 건설된 역사적 건축물이자 국민 극장으로 체코에서 가장 중요한 공연 무대로 여겨지는 곳이다. 오페라와 발레단이 있으며, 특히 발레단은 이 극장을 주무대로 활동하고 있다. 뮤지컬 공연도 한다.

주소 Národní 2
전화 224-901-488

히베르니아 극장

Divadlo Hybernia

뮤지컬과 댄스 공연이 중심으로 열리는 극장이다. 재즈나 팝 콘서트도 열린다.

주소 nám. Republiky 4
전화 0221-419-412
홈페이지 www.hybernia.eu

TIP 연주회 홀이나 교회 이름에 주의하자!

교회에서 열리는 연주회 전단지(팸플릿)에는 영어식으로 표기되어 있는 경우가 많아서 체코 현지어 표기와 발음이 영어의 그것과 많이 다르기 때문에 혼동된다. 연주회 티켓을 예매할 때 체코 현지어 표기와 발음도 알아두는 편이 좋으며 지도에 미리 위치를 표시해두거나 스마트폰 구글 지도에 위치를 저장해두면 편리하다. 예를 들어 성 미쿨라셰(Sv. Mikulase) 교회는 영어로는 세인트 니콜라스(St. Nicholas) 성당으로 불린다.

유대인 구역

프라하 속 유대인 마을

구시가 광장에서 블타바강 변을 향해 이어진 파르지주스카 거리를 따라 5분 정도 걸어가다 보면 시나고그(회당)들이 눈에 들어오기 시작한다. 유대인 관련 회당과 건축물들이 많이 모여 있는 구역이 바로 유대인 구역이다. 유대인 구역(Josefov)은 유대인 묘지, 구 · 신 시나고그, 마이셀 시나고그, 핀카스 시나고그, 스페인 시나고그, 클라우스 시나고그, 비소카 시나고그의 6개 시나고그와 관공서 등 프라하의 유대인 문화와 역사를 엿볼 수 있는 곳이다.

스페인 시나고그

Španělská Synagoga

스페인계 유대인에 의해 건설된 정교한 내부 장식의 회당

1868년에 스페인에서 쫓겨난 유대인들에 의해 건설된 아름다운 시나고그다. 프라하에서 안식처를 얻은 스페인계 유대인들이 스페인의 알함브라 궁전에서 영감을 얻어 무어 양식의 화려한 인테리어로 장식한 시나고그를 지은 것으로 알려져 있다. 특히 내부의 금박 치장 벽 세공은 그 정교함이 황홀할 정도로 눈부시다. 시나고그 바로 옆에는 체코 조각가 야로슬라브 로나(Jaroslav Rona)에 의해 세워진 높이 3.75m의 카프카 조각상이 있다. 카프카의 120번째 생일을 기념해서 2003년에 공개된 청동 조각상으로 무게가 무려 800kg에 이른다.

주소 Vězeňská 1
전화 0222-749-211 **홈페이지** jewishmuseum.cz
개방 월~금, 일 4~10월 09:00~18:00, 11~3월 09:00~16:30 / 토 · 유대인 명절 휴무
요금 통합권 성인 500Kč, 아동(6~15세) & 학생(26세 이하) 350Kč, 아동(6세 이하) 무료
위치 지하철 A선 스타로메스츠카(Staroměstsk)역에서 도보 6분, 구시가지 광장에서 도보 5분 **지도** p.101-C

구 · 신 시나고그

Staronová Synagoga

현재도 활발한, 유럽에서 가장 오래된 유대교 회당

유럽에 현존하는 가장 오래된 시나고그로 현재도 회당으로서 제 역할을 하고 있다. 1270년경에 처음 건설되고 16세기에 증축되었는데, 이런 연유에서 구 · 신 시나고그라고 불리게 되었다. 본당을 둘러싸고 있는 통로에는 본당을 들여다볼 수 있는 작은 창문이 있는데, 유대교에서는 남녀가 따로 예배를 드려야 하는 규율 때문에 본당에 들어가지 못하는 여성들이 이 창문을 들여다보며 예배를 드렸다고 한다. 여성들은 자신의 인생에서 딱 한 번 결혼식 때 시나고그의 중심에 들어갈 수 있었다고 한다.

주소 Maiselova 18
전화 0224-800-812 **홈페이지** synagogue.cz
개방 월~금 4~10월 09:00~18:00, 11~3월 09:00~17:00, 금 안식일 예배 1시간 전부터 일반인 관람 금지 / 토 · 유대인 명절 휴무
요금 성인 200Kč, 아동(6~15세) & 학생 140Kč, 6세 미만 무료, 입장료에는 가이드 서비스가 포함되어 있으니 원하면 신청
위치 지하철 A선 스타로메스츠카(Staroměstsk)역에서 도보 4분, 스페인 시나고그에서 도보 4분 **지도** p.101-C

TIP 유대인 지구 시나고그 티켓

구 · 신 시나고그만 개별 티켓 구매가 가능하다. 마이셀, 핀카스, 클라우스, 스페인 시나고그 등 나머지 시나고그들과 로버트 구트만 갤러리는 통합 티켓을 구매해야 관람할 수 있다.

요금 통합권 성인 500Kč, 아동(6~15세) & 학생(26세 이하) 350Kč, 6세 미만 무료
구 · 신 시나고그 성인 300Kč, 아동(6~15세) & 학생(26세 이하) 140Kč, 6세 미만 무료

SPECIAL

5 · 6월 클래식 음악이 흘러넘치는 기간

프라하의 봄 국제 음악 축제

체코 출신의 대표 음악가 스메타나의 생일인 5월 12일, 그의 모음곡 〈나의 조국〉으로 개막해서 6월 4일 베토벤의 〈교향곡 제9번〉 연주로 폐막하는 프라하의 봄 국제 음악 축제는 약 3주에 걸쳐 체코 국내외 최고 연주가들이 모이는 프라하 최고의 음악제 중 하나다. 꽃이 만발하는 5월이면 계절, 음악 모든 것이 충만한 '프라하의 봄'을 만끽할 수 있다.

축제의 시작

제2차 세계대전의 비극이 끝나고 체코슬로바키아가 독일의 지배에서 벗어난 다음 해인 1946년에 첫 공연이 열렸다. 독립을 축하하고 체코 필하모닉 오케스트라(Česká filharmonie) 창단 50주년을 기념하는 의미로 시작되었다. 참혹한 전쟁으로 황폐화되고 혼란스러운 상황에서 체코 필하모닉 오케스트라가 중심이 되어 세계 최고 연주자들을 초대해서 음악제를 열었다. 절망과 비극 속에 빠져 있던 체코 국민들에게 이 음악제는 새로운 희망과 용기를 불어넣었고, 이후 반세기가 넘는 세월 동안 다양한 음악이 연주되었다.

축제의 의미

이 음악제는 체코의 음악을 집중적으로 조명하고 연주했다는 점에서 주목할 만하다. 체코인의 피에는 음악이 깊숙이 녹아 있다고도 말할 정도로 스메타나, 드보르자크 같은 국민악파 작곡가들은 체코인의 민족적 정체성 형성에 큰 영향을 미쳤으며 체코인들의 자랑이자 자긍심의 상징이기도 하다. 음악 축제 시작일을 5월 12일로 정한 이유도 스메타나의 서거일을 기리기 위해서다. 스메타나와 드보르자크, 야나체크 등 체코의 뛰어난 음악가들이 만든 명곡들을 체코의 중심 프라하에서 감상한다면 역사적 의미와 더불어 감동은 배가될 것이다.

개최 시기

음악제는 매년 5월 12일~6월 4일에 열리며, 티켓은 전년도 12월 중순에 발매된다. 우리나라에서 티켓을 구입하려면 인터넷으로 신청하는 것이 가장 효율적이다. 여행 일정과 음악제 기간이 겹친다면 12월 중순 발매가 시작되자마자 구입에 도전해보자. 보통 발매 시작과 동시에 매진되기 때문에 서두르는 편이 좋다.

홈페이지 www.festival.cz/en

SPECIAL

체코를 사랑한 음악의 거장들

체코와 인연이 깊은 음악가들

안토닌 드보르자크
Antonín Dvořák
1841~1904년

드보르자크는 프라하 근교 보헤미아 시골의 정육점 아들로 태어나 아버지의 반대를 무릅쓰고 프라하의 오르간 학교에 들어갔다(1857~59년). 졸업 후에는 스메타나가 지휘하는 오페라 극장에서 비올라 연주자(1862~73년)로 악단원 생활을 하며 작곡을 시작했다. 초기의 대표작 〈슬라브 무곡(舞曲, 1878년)〉은 체코뿐 아니라 슬로바키아와 우크라이나의 민요까지 수집해서 민족적인 다양성을 실현한 곡으로 유럽 각지에서 성공작으로 환영을 받았다. 프라하에서 처음 지휘자로 출연, 대환영을 받은 후에는 지휘자로서 연주 여행을 하며 더욱 활발히 활동하기도 했다. 1891년 프라하 음악원 교수를 역임했고, 51세에는 뉴욕에 신설된 음악원 원장(1892~95년)으로 초청되어 3년간 재직하면서 미국 민요와 흑인 선율을 연구한다. 그리고 마침내 그 유명한 교향곡 제5번 〈신세계 교향곡(1893년)〉을 완성한다. 이 시를 담아내 미국에서 작곡한 작품들은 미국에 대한 생생한 인상과 그의 고향 보헤미아에 대한 향수가 혼재된 독특한 정서로서 드보르자크적이라고 불리는 그만의 경지를 표현해냈다는 평가를 받았다. 그의 작품들은 고전 또는 낭만파 기법에 특유의 민족성을 짙게 반영한 점이 특징이다. 스메타나가 체코슬로바키아적 특징과 범위에 국한되었다면, 드보르자크는 소아시아와 폴란드 등의 요소도 가미해서 범슬라브적 요소와 미국의 흑인과 아메리카 인디언의 민족 음악까지 흡수해서 좀 더 넓은 경지를 표현한 점을 높이 인정받았다. 귀국 후에는 프라하 음악원 원장으로 활동하면서 교향시와 오페라를 작곡했다. 만년에는 황실과 학교에서 수많은 영예와 찬사가 주어졌으며, 스메타나가 잠들어 있는 프라하의 묘지 비셰흐라트에 묻혔다. 프라하 시내에 있는 드보르자크 기념관에서 그의 작품과 업적을 자세히 살펴볼 수 있다.

드보르자크 기념관 Antonín Dvořák Museum
주소 Ke Karlovu 462/20 **전화** 0774-845-823 **홈페이지** www.nm.cz/navstivte-nas/objekty/muzeum-antonina-dvoraka
개방 화~일 10:00~17:00 / 월 휴무 **요금** 성인 50Kč **위치** 지하철 C선 이페 파블로바(I. P. Pavlova)역에서 도보 10분 **지도** p.101-K

베드르지흐 스메타나
Bedřich Smetana
1824~1884년

1824년 보헤미아 교외 리토미슐(Litomysl)에서 맥주 양조업자의 아들로 태어나 4세 때 바이올린을 연주하고, 6세 때 이미 공개 연주회에서 피아노를 치는 등 어릴 적부터 천재적 재능을 보였다. 정식으로 음악가가 되기로 결심한 것은 성인이 된 1843년의 일이다. 훗날 백작 가문의 음악 교사가 되어 비교적 윤택한 환경에서 창작 활동을 이어갔다. '1848년 혁명' 당시 민족주의의 열광적인 선구자로 활약했으며 이때의 활동으로 국민 작곡가로 일컬어지게 되었다. 1856년부터 5년간 스웨덴에서 지휘자로 활동한 후 1860년 이후 다시 독립운동이 고조된 프라하로 돌아온다. 그는 프라하에서 오케스트라를 조직하고 국민 극장의 전신인 가극장의 지휘자로 활발하게 활동하며 국민주의적 오페라를 작곡, 상연하는 등 후진 양성에도 열정을 쏟는다. 〈팔려 간 신부〉 등 많은 오페라를 발표하기도 한 그는 1874년부터 차츰 귀가 들리지 않게 되자 모든 공직에서 물러났다. 정든 프라하를 떠나 보헤미아 야브케니체의 들과 숲속에서 은거하면서 창작 활동에 몰두했다. 이 시기에 조국의 자연, 전설 및 역사를 칭송하는 6곡의 교향시 〈나의 조국〉을 발표한다. 그중에서도 제2곡 〈몰다우〉는 특히 전 세계적으로 알려져 있다. 모음 악보에는 '귀가 전혀 들리지 않게 되어…' 라고 기록되어 있을 정도로 청각을 완전히 잃었지만, 조국에 대한 사랑은 그의 신체적, 정신적 고난을 뛰어넘을 정도로 뜨거웠다. 스메타나는 체코의 전통 민요를 소재를 활용했을 뿐 아니라 유럽의 정통 음악도 수용하여 독자적인 국민 음악의 길을 개척한 인물로 평가받는다. 또한 그 음악적 유산을 드보르자크에게 계승시킨 인물로도 평가받는다. 이런 점을 인정받아 스메타나는 '체코 근대 음악의 창시자'라고 불리운다. 스메타나의 작품과 업적은 스메타나 박물관(p.143)에서 살펴볼 수 있다.

레오시 야나체크
Leoš Janáček
1854~1928년

체코 후크발디에서 태어나 생애의 대부분을 모라비아의 수도 브르노(Brno)에서 살며 활동한 작곡가로, 스메타나와 드보르자크를 잇는 근대 체코의 대표 작곡가 중 한 사람이다. 10세 때 브르노에 있는 수도원 성가대에 들어갔고, 1866년 프라하 오르간 학교에 입학했다. 1879년에 라이프치히 음악원을 거쳐 빈 음악원으로 옮겼다. 1881년 브르노에 오르간 학교를 세우고 평생을 후학을 양성하는 데 매진하며, 체코 필하모닉 오케스트라를 지휘하기도 했다. 그는 당시 체코 음악의 중심이던 보헤미아와는 달리 모라비아의 민족적 특색이 짙은 작품을 주로 발표했다. 특히 50세가 지난 후 초연된 〈예누파〉 등의 오페라들은 오페라 성공작이 없었던 드보르자크를 능가했다는 평가를 받는다. 자신의 음악의 고향 모라비아 지방의 민요를 수집한 〈모라비아 지방의 민요(1901)〉는 민요의 곡조나 리듬 위에 자신만의 독창적 양식을 가미한 작품으로 높은 평가를 받고 있다. 또한 19세기 러시아의 리얼리즘 문학을 테마로 활용했다는 점에서 '모라비아의 무소르그스키'라고 불리기도 한다.

볼프강 아마데우스 모차르트
Wolfgang Amadeus Mozart
1756~1791년

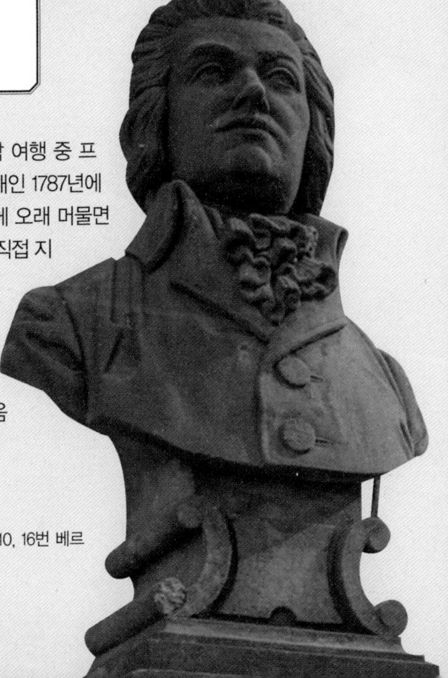

오스트리아 잘츠부르크에서 태어난 모차르트는 그의 유럽 음악 여행 중 프라하에 무려 4차례나 방문했다. 31세 때 처음 방문했으며 같은 해인 1787년에 2차례 머물렀다. 두 번째 방문 시에 음악가 두세크 부부의 별장에 오래 머물면서 〈돈 조반니〉를 작곡했다. 스타보브스케 극장에서의 초연 때는 직접 지휘를 맡기도 했다. 마지막 프라하 체류는 그가 죽던 1791년 여름이었고, 그의 교향곡 제38번 〈프라하〉는 그의 프라하에 대한 깊은 애정과 프라하와의 숙명 같은 인연을 느끼게 한다. 두세크 부부의 별장은 현재 모차르트 협회 소유의 기념관(베르트람카)으로 사용되는데, 이곳에는 프라하에서 지낸 모차르트의 삶과 음악에 관한 모든 자료가 전시되어 있다.

베르트람카(모차르트 기념관) Bertramka
주소 Mozartova 169 **전화** 0723-323-320 **홈페이지** bertramka.eu
개방 매일 09:00~18:00(12~3월 09:30~16:30) **요금** 110Kč **위치** 트램 4, 9, 10, 16번 베르트람카(Bertamka)역에서 하차 **지도** p.100-I

CAFE

프라하의 추천 카페

카페 임페리얼

카페 임페리얼
Café Imperial

주소 Na Poříčí 1072/15
전화 0246-011-440
홈페이지 cafeimperial.cz
영업 07:00~23:00 / 연중무휴
위치 지하철 B선 공화국 광장(nám. Republiky)역에서 도보 3분
지도 p.103-D

아름다운 아르데코풍 인테리어와 도자기 장식이 고급스러운 카페
정교하고 화려한 타일로 장식된 아르누보 양식 인테리어와 독특한 도자기 장식이 고급스러움을 자아내는 분위기 좋은 카페다. 1914년부터 영업을 시작한 이 카페는 임페리얼 호텔 1층에 있으며 입구는 건물 왼쪽 모퉁이에 있다. 프라하의 고든 램지라고 불리는 체코 TV의 인기 셰프 즈데넥 폴르라이히(Zdeněk Pohlreich)가 운영하고 있다. 커피나 차에 케이크를 곁들여 분위기를 만끽하기에 좋고 인기 만점 에그 베네딕트나 식사를 하기에도 좋다. 임페리얼 조식 뷔페(07:00~10:30)는 375Kč에 이용할 수 있다.

추천 메뉴
에스프레소 69Kč, 카푸치노 85Kč, 수제 케이크 149Kč, 돼지족발 구이(Pecené vepìové koleno na majoránce s kroupovim rizotem) 249Kč

수제 케이크

카푸치노

그랜드 카페 오리엔트 Grand Café Orient

체코의 큐비즘 역사를 품은 독특한 카페

검은 마돈나상이 있는 건물 2층에 위치한 카페로, 특히 체코 큐비즘 운동에서 중요한 역할을 한 곳답게 세계 유일의 큐비즘 양식 카페로 알려져 있다. 건물 외관뿐 아니라 가구, 도자기, 유리 공예품에 이르기까지 카페 내부도 다양한 큐비즘 양식이 적용되었다. 1912년 처음 문을 열었고 10여 년 후 큐비즘이 시들해지면서 문을 닫았다가 2005년에 다시 영업을 시작했다. 특별히 맛봐야 할 메뉴는 전통 체코 케이크 '큐비스트의 화관(Kubistický věneček)'이다. 커피를 비롯해 샌드위치, 샐러드, 디저트 등을 제공한다.

추천 메뉴

조식 메뉴(snídaně komplet) 265Kč, 샌드위치 128Kč~, 샐러드 155Kč~, 크레페 149Kč~, 큐비스트의 화관 89Kč, 카푸치노 8Kč

주소 Ovocný trh 19
전화 0224-224-240 **홈페이지** grandcafeorient.cz
영업 월~금 09:00~22:00, 토·일 10:00~22:00 / 연중무휴
위치 구시가 광장에서 도보 5분. 트램이나 지하철 B선을 타고 공화국 광장(nám. Republiky)역에서 도보 5분 **지도** p.103-G

카바르나 슬라비아 Kavárna Slavia

국민 극장 옆의 전통과 역사를 간직한 카페

20세기 초 프라하의 시인들과 화가들이 모여 토론을 벌이던 카페로 국민 극장 바로 옆에 있다. 사회주의 시대의 카페들은 대부분 사라졌지만 유일하게 현재까지 그 전통을 이어오고 있다. 저녁에는 라이브 피아노 연주를 감상할 수 있다. 아르누보 양식 벽지와 거울들 그리고 샹들리에가 운치를 더한다. 극장 옆에 위치해 스메타나를 비롯한 음악가들과 배우들이 즐겨 찾은 카페이기도 하다. 특히 체코 대통령이었던 바츨라프 하벨(Václav Havel)이 단골로 찾은 카페로 유명하다.

추천 메뉴

프라하 비프 굴라시 295Kč, 자허 케이크 슬라비아 190Kč, 아메리카노 85Kč, 룬고(Lungo) 75Kč

주소 Smetanovo nábř. 1012/2
전화 0224-218-493 **홈페이지** cafeslavia.cz
영업 09:00~24:00 / 연중무휴
위치 2, 9, 18, 22, 23번 트램을 타고 국민 극장(Národní divadlo)역에서 도보 1분 **지도** p.101-G

슈퍼 트램프 커피 Super Tramp Coffee

프라하에서 가장 힙한 신시가 주택가 속 카페

프라하 구시가 중심에서 멀지 않은 신시가의 조용한 주택가에 숨어 있는 프라하에서 현재 가장 힙한 카페다. 사방을 둘러싼 건물 안쪽에 있어 소음이 없고 관광객으로 번잡하지 않아 한적하다. 특별히 꾸미지 않은 안뜰과 그리 넓지 않은 실내의 좌석들은 소박하면서도 운치가 있다. 커피 외에도 와인, 맥주, 요구르트, 수제 쿠키 등도 판매하며 현지 젊은이들에게 인기가 높다. 현금만 결제 가능.

추천 메뉴
에스프레소 55Kč, 모카커피 70Kč, 아이스커피 75Kč, 쿠키 40Kč

주소 Opatovická 160/18
전화 0777-446-022
홈페이지 www.facebook.com/supertrampcoffee.cz
영업 월~금 08:00~20:00, 일 10:00~17:00 / 토 휴무
위치 지하철 B선 나로드니 트리다(Národní třída)역에서 도보 3분. 국민 극장에서 도보 6~7분
지도 p.101-G

카바르나 오베츠니 둠 Kavárna Obecní dům

시민 회관 1층에 있는 아르누보 양식 카페

카바르나 오베츠니 둠은 당대를 대표하는 체코 화가들이 참여해서 예술적 장식을 했던 시민 회관 건물 1층에 들어서 있는 프라하 대표 전통 카페다. 1912년 처음 문을 연 아르누보 양식의 멋스러운 카페는 20세기 당대의 엘리트들과 예술가들이 즐겨 찾았다. 실내에 남은 일부 장식과 가구들은 오리지널 그대로이다. 정문 벽에 있는 분수는 이탈리아 카라라에서 생산되는 최고의 대리석으로 장식되었다.

추천 메뉴
잉글리시 브렉퍼스트(Anglická snídaně) 279Kč, 오베츠니 둠 오믈렛(Vaječná omeleta) 199Kč, 수제 디저트 케이크(Dezerty) 149Kč, 에스프레소 89Kč, 비엔나커피 99Kč

주소 Obecní dům, nám. Republiky 1090/5
전화 0222-002-763 **홈페이지** kavarnaod.cz
영업 08:00~23:00 / 연중무휴
위치 지하철 B선 공화국 광장(nám. Republiky)역에서 도보 2분. 화약탑에서 도보 1분 **지도** p.103-H

RESTAURANT

프라하의 추천 식당

콜코브나 첼니체의 추천 메뉴인 콜레노와 코젤 맥주

콜코브나 첼니체 Kolkovna Celnice

한국인 여행자들에게 콜레노 맛집으로 인정받는 곳

필스너 맥주와 함께 체코 전통 족발 요리인 콜레노의 진수를 맛볼 수 있는 곳으로 최초의 콜코브나 식당 중 1곳이다. 쫄깃하고 부드러운 콜레노의 식감과 알싸한 필스너 라거 맥주의 조화가 환상이다. 바텐더가 맥주 탭에서 신선한 맥주를 담아내는 모습을 보는 것도 흥미롭다. 여름철에는 야외와 실내의 400석 넘는 좌석 모두 현지인과 관광객들로 가득하다. 코젤(Kozel)이나 스베틀리(Světlý) 맥주도 맛볼 수 있다. 공화국 광장 근처에 위치해 있다.

추천 메뉴

콜레노(Pečené vepřové koleno) 389Kč, 슈비치코바(Svíčková na smetaně, 180g) 249Kč, 플젠식 굴라시(Plzeňský guláš, 200g) 229Kč, 필스너 우르켈 맥주 50Kč~

주소 V Celnici 1031/4 **전화** 0224-212-240
홈페이지 kolkovna.cz
영업 11:00~24:00 / 연중무휴
위치 시민 회관이나 화약탑에서 도보 3분
지도 p.101-D

우 핀카수 U Pinkasů

프라하 최초로
플젠 맥주를 들여온 인기 선술집 겸 레스토랑

1843년에 재단사였던 야쿱 핀카수가 플젠의 양조장에서 기존 맥주와는 다른 새로운 공법으로 양조되는 플젠 맥주에 대한 이야기를 듣게 된다. 그는 필스너 우르켈 맥주를 맛보자마자 그 독특함과 매력에 빠지게 되고 주변 친구들과 지인에게 맛을 보여주면서 폭발적인 반응을 얻게 되었다. 그는 하던 일을 그만두고 플젠 맥주를 들여와 대중적인 선술집 우 핀카수를 열었고, 금세 프라하의 시민들과 문인들, 저명인사들의 단골 장소가 되었다. 편안한 분위기에서 최고의 맥주와 전통 체코 요리를 맛볼 수 있다.

추천 메뉴

구운 카망베르 치즈(100g) 149Kč, 핀카수 소고기 굴라시(150g) 269Kč, 핀카수 족발 구이 499Kč, 필스너 우르켈(270ml/470ml) 51Kč/67Kč, 코젤 흑맥주(470ml) 63Kč

주소 Jungmannovo nám. 15/16
전화 0221-111-152 **홈페이지** upinkasu.cz
영업 10:00~22:30 / 연중무휴
위치 지하철 B선 무스텍(Můstek)역에서 도보 1분
지도 p.103-G

우 플레쿠
U Fleků

프라하에서 가장 오래되고 유명한 전통 비어 홀 중 하나

1499년에 처음 문을 연 퍼브이자 작은 양조장이다. 520년의 역사를 지닌 프라하에서 가장 오래된 양조장으로 인정받고 있다. 국립 극장에서 멀지 않은 신시가에 자리 잡고 있으며 건물 입구 외벽을 장식한 커다란 시계가 인상적이다. 양조장 규모는 작지만 이곳에서만 맛볼 수 있는 알코올 도수 13%의 흑맥주 맛이 특히 일품이다. 그러한 장점을 부각하기 위해 '플레코브스키 트마비 레작 13°', '플로코브스카 트린낙트카 13°'와 같이 제품명에 도수를 넣은 것이 특징이다. 오랜 역사 속에서 살아남은 비어 홀인만큼 이곳에서 하루에만 2,000여 잔의 맥주가 판매된다고 한다. 맥주와 함께 즐기기 좋은 체코 전통 음식을 맛볼 수 있으며 가격은 다른 식당보다 조금 높은 편이다.

추천 메뉴
우 플레쿠 굴라시(150g) 259Kč, 콜레노(Pečené koleno, 600g) 339Kč, 전통 빵 크네들리키와 함께 나오는 스비치코바 소고기 요리(Svíčková na smetaně, houskový knedlík, 150g) 259Kč, 플레코브스키 트마비 레작 13°(400ml) 79Kč

주소 Křemencova 11
전화 0224-934-019
홈페이지 ufleku.cz
영업 10:00~23:00 / 12월 24일 휴무
위치 트램 5번을 타고 미슬리코바(Myslíkova)역에서 도보 2~3분. 국민 극장에서 도보 5분
지도 p.101-G

키친 라멘 바 Kitchen Ramen Bar

일본 라멘 전문 일식당
제대로 된 일본 라멘을 선보이는 일식당이다. 이탈리아 패션 디자이너 에우제니오 브라메리니(Eugenio Bramerini)가 만든 기업 어드레스 아이디어(Address Idea)에 속해 있다. 근면과 정직이 성공의 열쇠라는 철학을 갖고 있는 기업이다. 현지인들에게 인기를 얻고 있는 라멘 외에도 야키 우동, 교자 등도 있으며 일반 음료 외에 사케와 일본 맥주도 갖추고 있다. 런치 메뉴가 저렴한 편이다.

추천 메뉴
삿포로 미소 라멘 299Kč, 도쿄 쇼유 라멘 289Kč, 하카타 돈코슈 라멘 309Kč, 소고기 야키 소바 305Kč

주소 28. října 375/9 **전화** 0724-704-444
홈페이지 kitchen-ramen-bar.cz
영업 10:30~24:00 / 연중무휴
위치 지하철 B선 무스텍(Můstek)역에서 도보 2분. 천문 시계에서 도보 7분
지도 p.103-G

요리 레스토랑 Yori Restaurant

맛과 가성비 좋은 아시안 식당
춤추는 건물이 있는 마사리코보 제방 길 가까이 있으며 조핀 궁전(Palác Žofín)이 있는 슬로반스키섬(Slovanský ostrov) 근처에 있다. 베트남과 태국 음식을 주메뉴로 하며 차분하고 아늑한 공간에서 아시안 요리를 제대로 맛볼 수 있다. 쉬트코프스카 급수탑(Šítkovská vodárenská věž) 바로 맞은편에 위치하고 현지인들도 즐겨 찾는다.

추천 메뉴
스프링 롤(2조각) 139Kč, 분짜 199Kč, 스프링롤과 각종 튀김 세트 389Kč, 팟타이 219Kč

주소 Masarykovo nábř. 246/12
전화 0792-397-906
홈페이지 www.yorirestaurant.cz
영업 월~금 11:00~23:00, 토 · 일 12:00~23:00 / 연중무휴
위치 춤추는 건물에서 도보 2~3분. 트램 17번, 27번을 타고 지라스코보 광장(Jiráskovo nám.)역에서 도보 1~2분
지도 p.101-G

나세 마소 Naše maso

수제 버거가 인기 높은 정육점 겸 미니멀 식당

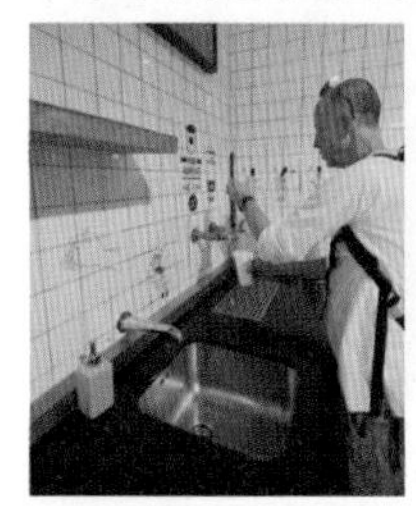

질 좋은 체코산 소고기와 체코 남부의 프레스티체(Přeštice)산 돼지고기를 취급하는 정육점이자 원하는 고기를 고르면 바로 요리해주는 미니멀 식당이다. 전통의 조리법으로 만드는 훈제고기도 인기가 높다. 작은 나무 테이블이 6개 정도 옹기종기 모여 있고 늘 현지인 손님들로 북적인다. 특히 이곳은 수제 버거가 인기다. 월요일부터 수요일까지는 다양한 코스로 준비되는 저녁 식사도 할 수 있는데, 딱 1테이블만 준비하기 때문에 예약은 필수다.

추천 메뉴

저녁 코스 1,300Kč, 드라이 에이지드 나세 햄버거 215Kč, 나세 소시지(250g) 215Kč, 나세 소고기 스테이크(200g) 255Kč

주소 Dlouhá 727/39
전화 0222-311-378 **홈페이지** www.nasemaso.cz
영업 월~목 11:00~22:00, 금 · 토 10:00~22:00 / 일 휴무
위치 화약탑에서 도보 6분. 팔라디움 백화점에서 도보 3분. 구시가 광장에서 도보 7~8분. 구시가 광장(Staroměstské nám.) 버스 정류장에서 플로렌츠(Florenc)행 194번 버스를 타고 2정거장 지나 흐라데브니(Hradební)에서 3분 내외
지도 p.101-C

2002 비어 & 키친 2002 Beer & Kitchen

꼬치구이로 유명한 프라하 신시가 식당

12세기에 건설된 유서 깊은 건물에 들어서 있는 로컬 식당으로 현지인과 관광객 모두에게 인기 있다. 필스너 우르켈 맥주와 함께 다양한 요리를 맛볼 수 있다. 꼬치구이로 유명한 식당답게 양파, 칠리 페퍼와 함께 구워 나오는 소고기, 돼지고기, 닭고기 3종류의 꼬치구이가 인기 있다. 맥주와 함께 곁들여 먹기 좋은 1m 길이의 파프리카 소시지도 인기 있다.

추천 메뉴

비프 타르타르(90g/180g) 145Kč/245Kč, 굴라시 수프 65Kč, 콜레노(1,200g) 285Kč, 1m 소시지(250g) 215Kč, 소고기 꼬치구이(250g) 425Kč, 닭고기 꼬치구이(250g) 275Kč

주소 Hybernská 1033/7
전화 0224-226-004
홈페이지 www.hybernia.cz
영업 10:30~23:30 / 연중무휴
위치 화약탑에서 도보 3~4분. 프라하 중앙역에서 도보 10분
지도 p.101-D

굿 푸드 커피 & 베이커리
Good Food Coffee & Bakery

갓 구운 트르들로를 맛볼 수 있는 전문가게
체코를 여행한다면 꼭 한 번은 먹어야 할 디저트 케이크가 바로 트르들로(일명 굴뚝 빵)이다. 굴뚝처럼 생겼다고 해서 붙은 이름이다. 100년이 넘는 레시피를 토대로 전통과 현대적 감각을 가미해서 프라하에서 가장 인기 있는 트르들로 가게 중 하나로 명성이 높다. 견과류가 들어간 전통적인 오리지널 제품부터 가운데 비어 있는 공간에 다양한 아이스크림이나 햄, 치즈 등으로 속을 채운 침니 스트루델(Chimney strudel), 침니 티라미수(Chimney tiramisu), 침니 베리스(Chimney berries) 등 다양한 트르들로를 선보이고 있다. 햄, 치즈, 루콜라 등이 들어간 침니 샌드위치도 간식으로 인기 있다. 구시가에서 카를교를 향하는 카를로바 길에 있다. 두바이, 중국, 바레인 등에도 지점이 생겼을 정도로 세계적으로 인기몰이를 하고 있다.

추천 메뉴
오리지널 70Kč, 더블 초콜릿 170Kč, 더블 피스타치오 180Kč, 베리스 150Kč, 스트루델 150Kč

주소 Karlova 160/8
전화 0727-857-434
홈페이지 goodfoodchimney.com
영업 10:00~23:00
위치 카를교 교탑에서 도보 1~2분. 구시가 광장에서 도보 5분
지도 p.101-G

비건스 프라하 **Vegan's Prague**

네루도바 거리에 자리한 채식주의자를 위한 식당
프라하성 바로 아래 말라 스트라나 지구의 네루도바 거리에 위치해 있다. 성이 보이는 멋진 테라스를 갖추고 있으며 식당 자체도 건물의 높은 다락방 층에 있어서 계단을 걸어 올라가야 한다. 목재 들보가 드러나 있는 식당에서 신선한 재료로 만든 채식주의자를 위해 마련한 메뉴는 육식 요리에 지친 여행자에게는 좋은 선택이 될 수 있다.

추천 메뉴
양배추 굴라시(Gulas se zelim) 298Kč, 덤플링을 곁들인 스비치코바(Svickova) 298Kč, 호박 라자냐(Cuketove lasagne) 318Kč, 각종 채소로 만든 새티스팩션 버거(Satisfaction burger) 318Kč

주소 Nerudova 221/36
전화 0735-171-313
홈페이지 www.vegansprague.cz
영업 11:30~21:30 / 연중무휴
위치 성 미쿨라셰 교회에서 도보 5분. 카를교에서 도보 15분
지도 p.100-B

SPECIAL

체코의 전통을 느낄 수 있는
다양한 기념품들

프라하의 추천 쇼핑 아이템

프라하 구시가 곳곳에는 다양한 기념품점이 자리 잡고 있다.
체코 전통 인형극에 사용되는 마리오네트, 색채가 아름다운 보헤미안 글라스 등 전통적인 쇼핑 아이템부터
마뉴팍투라의 미용 제품이나 세련된 비즈 액세서리를 쇼핑하기에도 좋은 곳이다.

마리오네트

마리오네트

구시가 곳곳에 마리오네트 상점과 공방들이 있다. 제품도 크기부터 의상이나 표정, 장식 등이 다양하게 구비되어 있고 가격대도 천차만별이다. 인형극에 사용되는 큰 마리오네트도 있는데 선물용으로는 작은 마리오네트가 좋다.

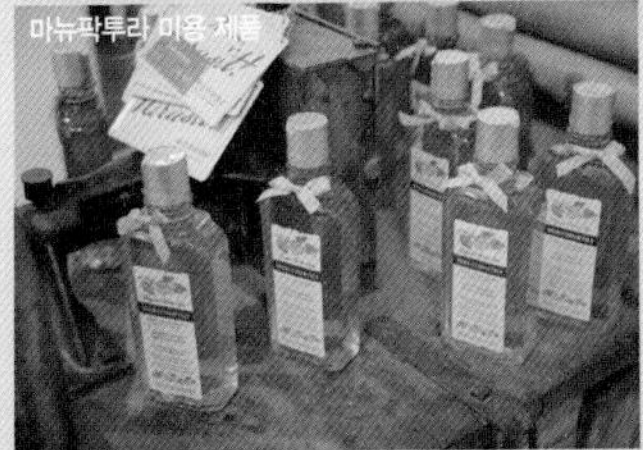
마뉴팍투라 미용 제품

마뉴팍투라 미용 제품

마뉴팍투라는 구시가와 시내에 여러 지점을 두고 있다. 우리나라에도 들어와 있지만 미용 제품이나 비누, 화장품 등 현지에서 좀 더 저렴한 가격으로 구매할 수 있다. 맥주 샴푸, 와인 보디워시, 사해 헤어 밤 등이 인기 있다.

보헤미안 글라스 제품

보헤미안 글라스 제품

와인잔이나 꽃병, 식기 등 정교한 커팅 기술로 만든 뛰어난 제품이 많으며 작은 꽃병이나 와인잔 등은 선물용으로 좋다. 투명한 제품부터 다양한 색채가 들어간 불투명 글라스, 금색을 입힌 화려한 글라스 제품까지 종류와 가격대가 다양하다.

블루 어니언 도자기

블루 어니언 도자기

푸른색 장식과 양파처럼 생겼다고 해서 블루 어니언(Blue Onion)이라고 불리는 도자기로 독일의 마이센이 가장 유명하지만, 세계 3대 블루 어니언에 속하는 도자기가 바로 체코의 카를로비바리 제품이다. 마이센의 블루 어니언은 얇고 가격이 비싸지만, 카를로비바리 제품은 좀 더 두껍고 가격도 저렴한 편이어서 일상생활에서 사용하기에 부담이 적다.

비즈

비즈

체코의 비즈 제품들은 좋은 품질의 글라스를 사용하기 때문에 빛깔이 특히 아름답다. 핸드메이드 비즈 전문점도 구시가나 신시가 쇼핑 거리에서 만날 수 있다.

석류석

석류석

석류석은 보헤미아가 주산지이기 때문에 가격이 저렴한 편이며 펜던트나 반지, 브로치, 목걸이 등에 다양하게 장식된다. 체코의 석류석은 어두운 붉은빛을 띠며 유럽인들에게 특히 인기가 높다.

인기 쇼핑 구역

구시가

구시가 광장에서 사방으로 뻗은 골목들이 대부분 쇼핑 구역이다. 그중에서도 첼레트나(Celetná) 거리 일대에 온갖 상점들이 가득하다. 보헤미안 유리 공예 제품은 카를로바(Karlova) 거리에, 유명 브랜드 상점들은 유대인 구역으로 이어지는 파르지주스카(Pařížskd)에 모여 있다.

신시가

바츨라프 광장에서 보디치코바(Vodičkova) 거리로 향하면 왼쪽으로 20세기 초에 건설된 멋진 건물 2채가 있다. 먼저 눈에 들어오는 건물이 루체르나(Lucerna), 그 옆이 우 노바크(U Nováků) 건물이다. 1층의 쇼핑 아케이드에는 프라하 시민들이 즐겨 찾는 개성 있고 센스 넘치는 상점들이 들어서 있다.

말라 스트라나

구시가지에서 카를교를 건너서 곧바로 이어지는 모스테카(Mostecká) 거리와 네루도바(Nerudova) 거리에는 주로 기념품이나 선물 가게들이 즐비하다.

쇼핑센터

공화국 광장에 있는 대형 쇼핑센터 팔라디움 (Palladium)은 다양한 상점들이 입점해 있어서 한 건물 안에서 편안하게 쇼핑을 즐길 수 있는 백화점과 같은 곳이다. 근처에 한국 식품을 판매하는 K-Food도 있어서 한국 음식이나 간식이 그리울 때 들르면 좋다. 지하철 B선 안델(Anděl)역 앞에 있는 대형 쇼핑센터 노비 스미호프(Nový smíchov)도 쇼핑하기에 안성맞춤이다.

이 외에도 프라하에는 나 프르지코프예(Na Příkopě) 거리의 체르나 루제(Černá Růže) 쇼핑센터, 보디치코바 (Vodičkova) 거리의 루체르나 아케이드(Lucerna Arcade) 등 인기 있는 쇼핑 아케이드와 쇼핑센터가 몇 곳 더 있다.

영업시간과 휴무

체코에는 상점들의 영업시간을 딱히 제한하는 법이 없어 상점들은 늦게까지 영업하거나 주말에도 문을 여는 곳이 많다. 하지만 대부분의 상점들은 아침 10시경에 문을 열고 저녁 6시경이면 문을 닫는다. 단 관광객이 많이 오가는 성수기에는 구시가 광장 주변 상점들은 저녁 8시까지도 영업하기도 한다.

신용카드와 면세

대부분의 상점에서 신용카드 결제가 가능하나, 일부 소규모 상점에서는 카드를 받지 않는 곳도 있으므로 현금을 미리 준비하는 게 좋다. 면세 적용 상점(TAX FREE 마크가 붙어 있다)에서 당일 2,000Kč 이상 물건을 구입하면 면세 혜택을 받을 수 있다. 영수증을 잘 보관했다가 출국할 때 공항의 부가가치세 환급(Tax Refund) 카운터에서 현금으로 돌려받도록 하자.

마뉴팍투라 Manufaktura

전통 민예품과 천연 성분의 기초화장품이 인기

1991년 프라하에서 처음 문을 열었고 현재는 체코 곳곳에 40여 곳의 지점을 갖춘 브랜드로 성장했다. 특히 사양길을 걷던 체코 전통 장난감 제조업을 다시 살려내며 주목을 받았다. 스트레스 많은 현대인들을 위해 편안한 홈스파의 소중한 가치를 실현한다는 목표를 가지고 질 좋은 입욕 제품들을 선보이고 있다. 화장품 개발에 동물 실험을 하지 않는 기업임을 증명하는 HSC 국제 인증을 체코 최초로 받은 회사이기도 하다.

상점 안에는 볏짚 인형부터 목재 인형까지 전통 민예품들로 가득한데, 250여 명의 민속 공예품 장인들과 협업을 통해 전통 기술을 바탕으로 좋은 품질을 유지하고 있다. 특히 천연 성분으로 만든 비누와 입욕제, 기초화장품이 인기다. 카를로바 거리, 모스테카 거리, 네루도바 거리, 공화국 광장에도 지점이 있다.

주소 Melantrichova 970/17
전화 0601-310-611
홈페이지 manufaktura.cz
영업 월~금 10:00~19:00, 토 10:00~20:00,
일 10:00~19:00 / 크리스마스 연휴에는 영업 시간 변동
위치 지하철 A, B선 무스텍(Můstek)역에서 도보 7분.
천문 시계에서 도보 2~3분 **지도** p.103-G

케이 푸드 K-FOOD

한국 과자와 식료품으로 가득한 상점

각종 라면과 과자, 김치, 햇반, 고추장, 조미료, 쌀, 각종 양념 소스들을 비롯해 다양한 한국 식료품을 갖추고 있다. 마치 한국의 슈퍼마켓을 프라하 한가운데 그대로 옮겨 놓은 듯한 느낌이다. 가격도 그다지 비싸지 않은 편이며 K-Pop 열풍의 영향으로 K-Food에 관심이 많은 체코 현지 젊은이들도 라면이나 김치, 과자 등 한국적인 맛을 찾아 자주 들른다. 프라하에 총 3곳의 상점이 있고 폴란드 브로츠와프에도 지점을 두고 있다. 프라하 여행 시에 들르기 편한 곳은 공화국 광장에서 가까운 원조 1호점인 첼니치 거리에 있는 상점이다.

주소 V Celnici 1031/4
전화 0230-234-646
홈페이지 shinfood.com
영업 월~토 10:30~20:30 / 일 휴무
위치 트램 6, 8, 15, 26번이나 지하철 노선을 타고 공화국 광장(nám. Republiky)에서 도보 1분. 시민 회관에서 도보 2~3분
지도 p.103-H

보타니쿠스 Botanicus

전통적인 레시피로 만드는 유기농 화장품

농장에서 유기농법으로 직접 기른 허브와 과일, 식물들을 재료로 전통적인 기법으로 좋은 품질의 천연 기초화장품과 비누 등의 제품을 생산한다. 특히 비료나 화학 스프레이, 성장 촉진제 등을 사용하지 않고 키운 식물에서 추출한 천연 성분을 사용한다. 건조시키지 않은 생 허브를 사용하고 인공적인 첨가제나 불순물을 넣지 않기 때문에 효과가 탁월하다고. 마멀레이드, 코디얼(과일 주스로 만들어 물에 타 마시는 단 음료), 처트니(과일 · 설탕 · 향신료와 식초로 만드는 걸쭉한 소스) 등 식료품도 판매한다. 체코의 프라하, 체스키크룸로프, 카를로비바리를 비롯해 오스트리아, 프랑스, 독일, 스위스, 헝가리 등 유럽과 중국, 일본, 대만, 싱가포르 등 아시아에도 지점을 두고 있다.

주소 Týn 3
전화 0702-207-096
홈페이지 botanicus.cz
영업 월~일 10:00~19:00
위치 메트로 B선 공화국 광장(nám. Republiky)역에서 도보 5분. 구시가 광장에서 도보 3분 **지도** p.103-G

갤러리 쿠비스타 Galerie Kubista

큐비즘 양식의 독특한 디자인 가구, 식기

큐비즘 건축으로 유명한 '검은 마돈나의 집' 1층에 있다. 큐비즘은 1910년대에 체코에서 유행한 독특한 양식으로 건축, 가구, 식기에까지 영향을 미쳤다. 당시의 큐비즘 디자인을 토대로 새롭게 만든 도자기, 식기, 유리 제품, 가구와 장식품들을 판매하고 있다. 2002년 처음 문을 열었으며 프라하에서는 유일한 큐비즘 제품들을 판매하는 상점이다. 큐비스트 머그 720Kč, 커피잔 1,190Kč~, 도자기 꽃병 990Kč~.

주소 Ovocný trh 569
전화 0224-236-378 **홈페이지** kubista.cz
영업 화~일 10:00~19:00 / 월 휴무
위치 메트로 B선 공화국 광장(nám. Republiky)역에서 도보 3분. 구시가 광장에서 도보 4분 **지도** p.103-G

트룰라 마리오네티 Truhlář Marionety

좋은 품질의 수제 목각 마리오네트 인형

2000년에 마리오네트 인형을 만들기 시작한 파벨 트룰라가 2006년 말라 스트라나에 연 가게. 수제 목각 마리오네트 인형 상점으로 천연 재료를 이용해서 전통적인 기술로 마리오네트를 제작한다. 브노흐라디에 있는 공방에는 마리오네트 제작 클래스도 있어서 일반인들도 숙련된 장인의 도움을 받아 직접 만들어볼 수 있다.

주소 U Lužického semináře 5
전화 0602-689-918
홈페이지 marionety.com
영업 매일 10:00~21:00
위치 지하철 A선 말로스트란스케 광장(Malostranské nám.)역에서 도보 4~5분 **지도** p.100-B

체르나 루제 Černá Růže

프라하 시민들이 즐겨 찾는 복합 쇼핑몰

1932년에 지어진 체르나 루제는 나 프르지코프에(Na Příkopě) 12번지 건물과 판스카(Panská) 4번지 건물이 통로로 연결된 형태의 복합 쇼핑몰이다. 멋진 아케이드와 아름다운 아치형 통로를 지니고 있으며 근대 건축의 중요 유산으로 인정받아 법적 보호를 받고 있다. 1996년에 낙후된 설비를 현대적인 기준에 맞도록 재건축했으며 1998년부터 프라하 구시가의 대표적 쇼핑몰들 중 하나로 인정받고 있다. 다양한 브랜드 스토어, 카페, 레스토랑이 입점해 있으며 가구, 장식품, 유리 공예품, 도자기, 전자 기기, 패션 의류, 핸드백, 생활 소품, 보석류, 시계, 선물, 장난감 등 원하는 모든 것을 한자리에서 쇼핑할 수 있다.

주소 Černá Růže pasáž, Na Příkopě 12
전화 0221-014-000 **홈페이지** cernaruze.cz
영업 월~금 10:00~20:00, 토 10:00~19:00, 일 11:00~19:00
위치 지하철 B선 무스테크(Můstek)역에서 도보 4분
지도 p.103-G

에르페트 보헤미아 크리스털 Erpet Bohemia Crystal

보헤미안 유리 공예품과 질 좋은 석류석 제품들

다양한 보헤미안 크리스털 제품과 석류석을 주로 취급하는 상점으로 천문 시계 근처에 있다. 실력 있기로 유명한 보헤미아 글라스 전문 생산자들과 특별한 소수의 전문 제조자들과의 돈독한 관계를 바탕으로 여러 공방에서 제품을 받아오고 있다. 특히 크리스털 제품과 체코산 석류석으로 만든 다양한 펜던트들이 인기다. 크리스털 글라스 800Kč~, 찻잔 700Kč~, 스와로브스키 크리스털 귀걸이 400Kč~.

주소 Staroměstské nám. 27
전화 0224-229-755 **홈페이지** erpetcrystal.cz
영업 매일 10:00~23:00 / 연중무휴
위치 지하철 B선 무스테크(Můstek)역에서 도보 7분
지도 p.103-G

지아자 Ziaja

폴란드의 국민 화장품 브랜드

지아자는 유명 약학자 제논 지아자(Zenon Ziaja)와 알렉산드라(Aleksandra)가 치료를 목적으로 개발한 화장품에서 시작된 폴란드 브랜드다. 지아자에서 생산하는 다수의 화장품이 국민 화장품으로 널리 사랑받고 있다. 특히 산양유 성분을 함유한 보디로션이 인기가 높으며, 풍부한 유기산과 비타민 A, D 성분으로 피부에 윤기와 수분을 제공한다. 모든 제품이 임상 시험을 거쳐 생산되기 때문에 안전하고, 가격대도 저렴한 편이라 부담 없이 구매할 수 있다. 지아자 스킨크림 50ml 69Kč, 산양유 보디로션 400ml 129Kč, 주름 방지 크림(SPF +50) 269Kč 등.

주소 Růžová 10 **전화** 0778-004-921
홈페이지 ziajaprotebe.cz
영업 월~목 10:00~13:30, 14:00~18:00, 금 09:00~13:20, 14:00~18:00, 토 10:00~13:30, 14:00~17:00 / 일 휴무
위치 지하철 A선 무스텍(Můstek)역에서 도보 7분
지도 p.103-L

팔라디움 Palladium

200여 개의 상점이 입점해 있는 거대 쇼핑몰

2007년에 영업을 시작한, 프라하 중심가에 자리한 쇼핑몰로 체코에서 가장 큰 쇼핑센터 중 하나로 손꼽힌다. 약 4만m²의 면적에 면적에 170여 개의 상점들과 30여 개의 레스토랑들이 입점되어 있다. 뿐만 아니라 19세기 건축물의 외양과 현대적인 인테리어가 절묘하게 결합되어 건물 자체만으로도 방문객들에게 독특한 경험을 선물한다. 차량을 900여 대 수용할 수 있는 넉넉한 지하 주차장도 갖추고 있다. 공화국 광장에 코트바(Kotva) 백화점과 마주 보고 위치해 있으며 지하철과 트램 등 대중교통으로 접근하기도 편리하다.

주소 nám. Republiky 1078/1 **전화** 0225-770-250
홈페이지 palladiumpraha.cz
영업 팔라디움 월~일 07:00~22:00 / 식당 월~일 08:00~22:00 / 슈퍼마켓 월~일 07:00~22:00(입점된 상점과 식당은 각기 영업 시간이 조금씩 다를 수 있다.)
위치 지하철 B선 공화국 광장(nám. Republiky)역에서 도보 1분
지도 p.103-H

호텔 파리 프라하 Hotel Paris Praha

우아한 아르누보 양식의 전통을 갖춘 5성급 호텔

1904년에 브란데이스(Brandejs) 가문에 의해 설립되어 110년이 넘는 역사와 전통을 자랑하는 아르누보와 네오고딕 양식의 우아한 5성급 호텔이다. 이름에서 알 수 있듯이 프랑스와 체코 요리를 주 메뉴로 하는 사라 베른하르트(Sarah Bernhardt) 식당과 카페 드 파리(Café de Paris)를 운영하고 있다. 전체적으로 안락한 느낌이 드는 호텔은 1984년에 역사 기념물로 지정되었을 정도로 가치를 인정받고 있다. 구시가 중심까지 도보로 접근하기 쉬운 위치에 있다.

주소 U Obecního domu 1
전화 0222-195-195
홈페이지 www.hotel-paris.cz
요금 더블룸 6,300Kč~ **객실 수** 86실
위치 화약탑에서 도보 2분. 구시청사 광장에서 도보 5~6분
지도 p.103-H

호텔 릴리오바 Hotel Liliova

구시가 도보 여행에 최적의 위치인 4성 호텔

카를교에서 200m, 구시가 중심부까지 도보 5분 거리에 위치해 있어서 구시가 도보 여행에 최적인 호텔이다. 객실마다 목조 가구를 갖추고 있어서 아늑함이 느껴진다. 객실도 깨끗하게 관리되고 있으며, 무엇보다 18~19세기풍 인테리어와 현대적 디자인이 조화를 이루고 있어 눈길을 끈다. 리셉션도 24시간 운영해서 편리하며, 호텔 레스토랑은 전통 체코 요리와 다양한 체코 맥주를 갖추고 있다.

주소 Liliová 1099/18
전화 0226-808-200
홈페이지 www.hotelliliova.com
요금 3,150Kč~ **객실 수** 34실
위치 카를교에서 도보 3분 거리. 구시청사 광장에서 카를교 방향으로 도보 5분
지도 p.101-G

호텔 센트랄 Hotel Central(Prague)

위치는 좋으나 설비가 아쉬운 3성급 호텔

1931년에 지어진 호텔로 구시청사 광장에서 400m 거리에 있다. 제일 높은 층 객실들은 구시가를 조망할 수 있는 발코니를 갖추고 있다. 지하철 B선 공화국 광장역에서 도보 4~5분 거리에 있으며 프라하 중앙역, 화약탑이나 팔라디움 백화점과도 가까워 편리하다. 에어컨이 없어서 한여름에는 더위와 바깥 소음으로 인해 조금 불편할 수도 있다.

주소 Rybná 677/8 **전화** 0222-317-220
홈페이지 prague-central.hotel-rn.com
요금 더블룸 3,058Kč~ **객실 수** 50실
위치 지하철 B선 공화국 광장(nám. Republiky)역에서 도보 3~4분, 화약탑에서 도보 3분 **지도** p.103-C

호스텔 프라하 틴 Hostel Prague Týn

틴 성모 마리아 교회 뒤에 위치,
프라하 도보 여행에 안성맞춤인 호스텔

틴 성모 마리아 교회 바로 뒤 구시가 중심의 한적한 골목에 위치해 있어서 구시가 도보 여행에 최적인 호스텔이다. 전 세계 배낭여행자들이 찾아오는 프라하 대표 호스텔로 최근 리뉴얼을 해서 내부도 깔끔하게 정비되었다. 배낭여행자를 위한 2~8베드 도미토리와 커플이나 가족여행자들을 위한 2인실과 3인실도 갖추고 있다. 리셉션도 24시간 운영해서 편리하며, 주방에서는 간단한 요리도 해 먹을 수 있다. 도미토리마다 개인별 사물함이 갖춰져 있으며 리셉션에는 안전 금고도 있어 귀중품을 넣어둘 수 있다.

주소 Týnská 1053/19 **전화** 0224-808-301
홈페이지 www.hostelpraguetyn.com **요금** 성수기(4~10월) 1bed 40€/1인, 2bed 23.90€/1인, 4bed 19.90€/1인, 6bed 15.90€/1인. 비수기와 최성수기 등 시즌에 따라 가격 변동
객실 수 27실 **위치** 구시청사 광장과 틴 성모 마리아 교회에서 도보 2~3분, 구시청사 천문 시계탑에서 도보 4분 **지도** p.103-C

그랜드 호텔 보헤미아
Grand Hotel Bohemia

프라하를 대표하는 역사적인 5성급 호텔 중 하나

8층 건물의 5성급 호텔로 프라하를 대표하는 호텔들 중 하나다. 영국과 스위스에서 유학하고 돌아온 호텔리어 요제프 슈타이너(Josef Steiner)가 1927년 처음 그랜드 호텔 슈타이너라는 이름으로 문을 열었다. 화려한 실내 장식과 대리석 욕실 그리고 아르데코풍 로비를 갖춘 호텔은 프라하 상류층들이 모이는 유명 장소 중 하나로 자리 잡았다. 하지만 공산 정권 치하에서 소유권을 잃고 여행자들을 위한 공간이 아닌 공산당 장교들의 숙소와 공산당의 모임 장소로 수십 년간 사용되기도 했다. 1989년 벨벳 혁명 이후 호텔의 소유권을 돌려받은 슈타이너 가문은 얼마 후 오스트리아 호텔 회사에 호텔을 매각했다. 1년간의 리뉴얼 공사를 마치고 1993년에 마침내 그랜드 호텔 보헤미아라는 이름으로 다시 문을 열었다.

주소 Králodvorská 652/4
전화 0234-608-111
홈페이지 www.grandhotelbohemia.cz
요금 더블룸 5,461Kč~ **객실 수** 79실
위치 지하철 B선 공화국 광장(nám. Republiky)역에서 도보 4분 내외 **지도** p.103-G

레지던스 유 말바제 Residence U Malvaze

카를교 근처의 내부 인테리어가 운치 있는 4성급 숙소

프라하 중심 카를교 바로 옆에 위치해 있어서 프라하 성 방향과 구시청사 방향 모두 도보로 여행하기에 좋은 숙소다. 유서 깊은 15세기 건물에 들어서 있는 호텔 객실은 바로크 양식 가구로 꾸몄으며 공간도 넓고 청결한 편이다. 직원들도 대부분 친절하며 같은 이름의 레스토랑에서 조식을 제공한다. 다만 엘리베이터가 없어서 높은 층의 투숙객은 짐을 옮기는 데 조금 불편하다.

주소 Karlova 185/10
전화 0226-211-171
홈페이지 residence-u-malvaze.prague-hotels.org
요금 더블룸 3,611Kč~. 시즌에 따라 가격 변동 **객실 수** 32실
위치 카를교에서 도보 2분. 구시청사 광장에서 도보 6분
지도 p.101-G

암바사도르 즐라타 후사 호텔 Ambassador Zlata Husa Hotel

신시가 바츨라프 광장에 위치한 5성급 호텔

1920년경에 아르누보 양식으로 건설된 호텔이며 바츨라프 광장에 위치해 있다. 1964년에 이웃해 있던 앰버서더 호텔과 즐라타 후사 호텔이 하나의 호텔로 병합되어 오늘날에 이르고 있다. 객실은 넓은 편이며, 바츨라프 광장에 위치해 있어 쇼핑하기에 편리하다. 조식 뷔페도 평이 좋으며 앤티크 스타일의 가구를 배치한 객실은 전통적인 느낌이 물씬 풍긴다.

주소 Václavské nám. 840/5
전화 0224-193-111 **홈페이지** www.ambassador.cz
요금 더블룸 2,666Kč~ **객실 수** 162실
위치 지하철 무스텍(Můstek)역에서 도보 1분. 구시청사 광장에서 도보 7분 **지도** p.103-G

더 아이콘 호텔 The Icon Hotel

여행자들의 압도적 추천을 받은 신시가의 4성급 호텔

직원들이 친절한 것으로 높이 평가받는 곳이다. 내부 설비는 깔끔하고 31개의 세련된 객실은 모던하고 깨끗해서 쾌적하게 머물 수 있다. 모든 객실에는 스웨덴 명품 수제 침대로 유명한 해스텐스(Hästens) 침대가 놓여 있다. 특히 식사를 하루 종일 제공하는 걸로도 인기 있는데, 아침 7시부터 밤 11시까지 제공된다.

주소 V Jámě 1263/6
전화 0221-634-100
홈페이지 www.iconhotel.eu
요금 더블룸 3,350Kč~ **객실 수** 31실
위치 지하철 무스텍(Můstek)역에서 도보 6분. 국립 박물관에서 도보 7분. 구시청사 천문 시계탑에서 도보 12분
지도 p.101-G

호텔 시저 프라하 Hotel Caesar Prague

춤추는 건물 근처에 위치한 아르누보 양식의 4성급 호텔

춤추는 건물 근처에 위치해 있는 아르누보 건물에 들어선 4성급 호텔이다. 2005년에 완전히 새롭게 리노베이션을 단행했으며 우아한 객실에는 앤티크 가구가 구비되어 있다. 전통의 맥주 주점인 우 플레쿠(U Fleků)가 가까운 곳에 있으며 국립 극장, 바츨라프 광장 등 주요 볼거리까지 도보로 다닐 수 있다. 나로드니 트리다(Národní třída) 지하철역과도 가까워 대중교통을 이용하기에 편리하다.

주소 Myslíkova 1959/15
전화 0222-500-126
홈페이지 www.hotelcaesarprague.com
요금 더블룸 4,086Kč~ **객실 수** 89실
위치 바츨라프 광장에서 도보 13분. 지하철 나로드니 트리다(Národní třída)역에서 도보 4분
지도 p.101-G

더 그랜드 마크 프라하

The Grand Mark Praha

여행자들의 지지를 받는
프라하 최고 인기의 5성급 호텔

구시청사 광장에서 도보 10분 거리에 있는 5성급 호텔이다. 프라하 중심부의 17세기 주거용 궁전에 들어선 5성급 호텔로 전통과 현대가 조화를 이룬 디자인의 우아한 실내 장식과 객실을 자랑한다. 특히 이 호텔은 부지 내에 아름다운 1,800m² 규모의 독특한 전용 안뜰 정원을 갖추고 있다. 지역에서 생산하는 유기농 재료로 만든 조식도 여행자들에게 좋은 평가를 받고 있다. 객실 요금에 포함된 24시간 피트니스와 고급 스파도 인기 있다. 마사리코보 나드라지(Masarykovo Nádraží)역과 가깝다.

주소 Hybernská 12
전화 0226-226-111
홈페이지 www.grandmark.cz
요금 더블룸 9,747Kč~ **객실 수** 78실
위치 메트로 공화국 광장(nám. Republiky)역에서 도보 2분. 구시청사 광장에서 도보 8분 **지도** p.101-H

올드 프라하 호텔 **Old Prague Hotel**

도보 여행에 최적인 위치에 자리한 숙소

구시가 중심에 위치해 있어서 도보 여행에 최적인 곳이다. 본관과 부속 건물로 이루어져 있으며 본관에 있는 객실들은 목재 가구들과 에어컨을 모두 갖추고 있으나 부속 건물에 있는 객실은 에어컨이 없으니 예약 시에 참고하자. 객실은 조금은 낡은 느낌이 있으나 메트로 무스텍역에서 도보 3분 거리에 있으며 22번 트램 승강장도 가깝다. 하벨 시장도 근처에 있어서 편리하다.

주소 Skořepka 421/5 **전화** 0224-211-801
홈페이지 www.oldpraguehotel.cz **요금** 더블룸 3,060Kč~
객실 수 30실 **위치** 하벨 시장에서 도보 3분. 천문 시계탑에서 도보 6분 **지도** p.103-G

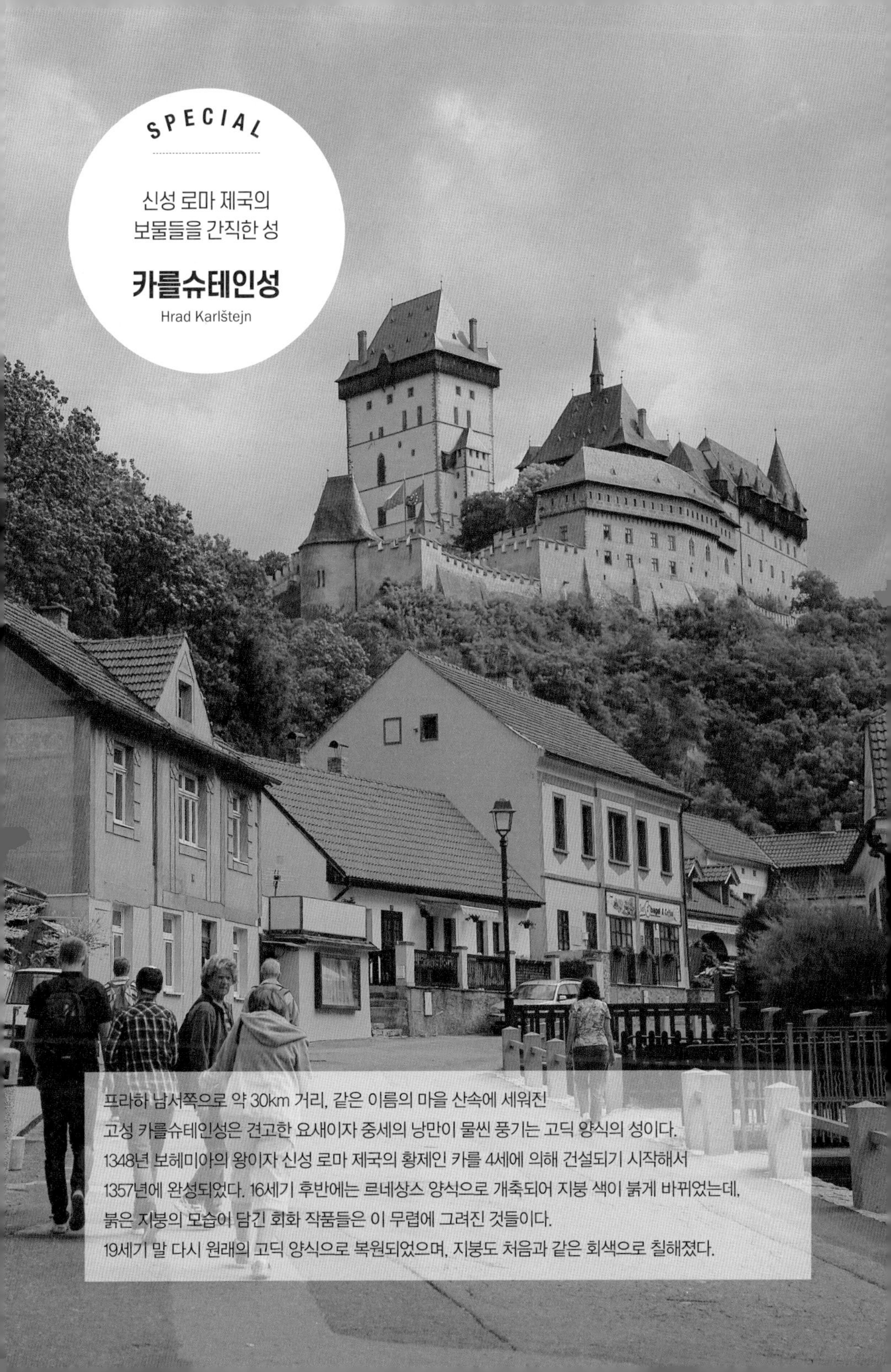

SPECIAL

신성 로마 제국의
보물들을 간직한 성

카를슈테인성

Hrad Karlštejn

프라하 남서쪽으로 약 30km 거리, 같은 이름의 마을 산속에 세워진
고성 카를슈테인성은 견고한 요새이자 중세의 낭만이 물씬 풍기는 고딕 양식의 성이다.
1348년 보헤미아의 왕이자 신성 로마 제국의 황제인 카를 4세에 의해 건설되기 시작해서
1357년에 완성되었다. 16세기 후반에는 르네상스 양식으로 개축되어 지붕 색이 붉게 바뀌었는데,
붉은 지붕의 모습이 담긴 회화 작품들은 이 무렵에 그려진 것들이다.
19세기 말 다시 원래의 고딕 양식으로 복원되었으며, 지붕도 처음과 같은 회색으로 칠해졌다.

숲으로 둘러싸인 카를슈테인 마을 높은 곳에 자리한 성

깊은 산속에 이렇게 견고한 성을 지은 까닭

카를슈테인성을 이곳에 지은 이유는 바로 신성 로마 제국의 보물과 장신구, 보헤미아 왕의 왕위를 상징하는 물건들, 성유물, 중요한 서류 등을 보관하기 위해 견고한 요새와도 같은 성이 필요했기 때문이다. 그래서인지 성의 구조는 아주 복잡하게 설계되었다. 황제의 거처였던 본관보다 예배당이 있는 2기의 탑 쪽이 더 웅장해 보인다. 남쪽 경사면에는 황제의 관, 성백(황제 부재 시 성을 지키는 대관)의 관 그리고 성의 생명줄이었던 깊이 90m의 우물이 있는 오두막집이 있다. 황제의 관에는 중세 시대에 사용했던 가구 등이 전시되어 있고 중세 시대의 성답게 수수한 편이다. 성모 마리아 예배당의 탑은 아기 예수를 안은 마리아 상으로 장식되어 있으며 14세기의 벽화가 남아 있어 눈길을 끈다.

성 최대의 볼거리

가장 눈여겨볼 것은 성 십자가 예배당으로 높이 37m, 벽 두께는 무려 6m나 되는 견고한 탑이다. 예배당 정면에는 마리아와 예수의 제단화가 놓여 있으며 벽은 연마되지 않은 석류석과 금으로 덮여 있다. 그 상부에는 14세기에 유명했던 종교 화가의 판화 127장이

끼워져 있다. 황금으로 빛나는 반구형 천장에는 무수한 별이 박혀 있고, 주위에는 황금 촛대 365개가 부착되어 있다. 특히 꼭대기에 있는 예배당은 너무도 호화롭다.

관람 방법

내부 관람은 가이드 투어로만 가능하다. 가이드 투어는 카를 4세 황제의 방들을 돌아보는 기본 투어(약 55분 소요), 성 십자가 예배당과 함께 성의 신성한 방들을 돌아보는 특별 투어(약 100분 소요), 그리고 성의 가장 높은 곳에 올라가서 예전 무기고, 경비실과 더불어 최고의 전망을 볼 수 있는 탑 전망대 투어(약 40분 소요)로 나뉜다.

기왕이면 이 성의 하이라이트라고 불리는 성 십자가 예배당을 볼 수 있는 특별 투어를 추천한다. 탑 전망대 투어는 성의 가장 높은 곳에 올라가서 예전 무기고, 경비실 등과 함께 최고의 전망을 볼 수 있다. 특별 투어로 황제의 방과 성 십자가 예배당을 둘러본 후, 탑 전망대 투어로 멋진 뷰를 감상하며 마무리하면 좋다. 투어마다 개방 시간이 계절에 따라 조금씩 다르므로 주의하자.

주소 Karlštejn 172 **전화** 0311–681–617
홈페이지 www.hrad-karlstejn.cz
위치 프라하 중앙역에서 열차(44분 소요)를 타고 카를슈테인 역에서 하차. 성은 카를슈테인 마을에서 제일 높은 319m 언덕 위에 있으며 역에서 걸으면 약 40분 정도 걸린다. 차로 갈 때도 언덕 아래 주차장에 차를 두고 급한 비탈길을 따라 20분 정도는 걸어야 한다.
※프라하에서 당일치기하는 여행자라면 프라하로 돌아가는 기차 시간을 미리 확인하고 이동 시간을 조금 여유롭게 잡는 편이 좋다. **지도** p.100–I

가이드 투어 시간과 요금

투어 이름	개방 시간 / 휴무	요금	소요 시간
황제 카를 4세 방들 투어 (기본 투어)	1월 초 매일 10:00~15:00, 1월 초순~1월 말 2월 금~일 10:00~15:00, 3월 화~일 09:30~16:00, 4월 화~일 9:30~17:00, 5월 화~일 09:30~17:30, 6월 화~일 09:00~17:30 7 · 8월 매일 09:00~18:00, 9월 화~일 09:30~17:30, 10월 화~일 09:30~16:30, 11월 초~11월 중순 화~일 10:00~15:00, 11월 중순~12월 중순 금~일 10:00~15:00, 크리스마스(12월 23일~12월 25일) 휴무, 12월 하순~1월 초순 화~일 10:00~15:00	성인(25~64세) 250Kč, 연장자(65세 이상) & 청소년(18~24세) 200Kč, 아동(6~17세) 100Kč	55분, 최대 인원 55명까지 / 휴무 1월 초순~1월 말, 크리스마스
성 십자가 예배당과 신성한 방들 투어 (특별 투어)	4월 중순~4월 말 화~일 09:30~17:00, 5월 화~일 09:35~17:05, 6월 화~일 09:35~17:05, 7 · 8월 월 09:35~17:05, 화~일 09:35~17:35, 9월 화~일 09:25~17:05, 10월 화~일 09:35~16:05, 11~4월 중순 휴무	성인(25~64세) 550Kč, 연장자(65세 이상) & 청소년(18~24세) 440Kč, 아동(6~17세) 220Kč	100분, 최대 인원 16명까지 / 휴무 11~4월
탑 전망대 투어	5월 토 · 일 10:15~16:15, 6월 화~일 10:15~17:15, 7 · 8월 매일 09:15~17:15, 9월 토 · 일 10:15~17:15 / 10~4월 휴무	성인(25~64세) 190Kč, 연장자(65세 이상) & 청소년(18~24세) 150Kč, 아동(6~17세) 80Kč	약 40분, 최대 인원 20명까지 / 휴무 10~4월

체스키크룸로프

ČESKÝ KRUMLOV

시간이 멈춘 보헤미아의 중세 도시

굽이굽이 흐르는 블타바강 줄기에 부드럽게 에워싸인 체코 남부 보헤미아의 중세 도시다. 13세기부터 도시가 형성되었고 14세기부터는 로젠베르크, 18세기 들어서는 슈바르첸베르크 등 남보헤미아 영주들의 영향을 받은 귀중한 건물과 미술품들이 보존되어 있다. 특히 중세와 르네상스 시대의 거리 모습은 예나 지금이나 변함이 없으며 18세기 이후에 지어진 건물이 거의 없다고 할 정도로 중세의 모습이 완벽한 상태로 보존되어 있다.

가는 방법

프라하 중앙역에서 체스키크룸로프까지는 주로 열차나 버스를 이용해서 간다. 직행열차는 하루에 1대 정도밖에 없어서 대부분 체스케부데요비체에서 환승해야 한다. 버스는 낮에는 1시간에 1대꼴로 자주 운행하고 요금도 열차 요금의 절반으로 저렴하다. 다만 오전 8시에서 9시 시간대는 프라하에서 당일치기로 다녀오려는 여행자들이 많아 표를 구하기 어려울 수 있으니 미리 예약하는 편이 좋다.

철도

프라하 중앙역에서 체스케부데요비체(České Budějovice)를 경유(환승)해서 약 3시간~3시간 40분 소요. 프라하 중앙역에서 오전 8시 1분(동절기에는 9시 1분)에 출발하는 급행 열차는 환승 없이 직행(2시간 54분 소요).

버스

프라하 나 크니체치(Na Knizeci)역에서 체코의 대형 여행사인 스튜던트 에이전시(Student Agency)가 운행하는 레지오젯(Regiojet) 버스를 타고 출발해서 직행으로 약 2시간 50분 소요(주간은 매시간 거의 1편 운행). 체스케부데요비체에서는 레지오젯 버스를 타고 25~30분 만에 체스키크룸로프에 도착한다. 1시간에 1대 출발.

스튜던트 에이전시의 레지오젯 버스 Reglojet

체코뿐만 아니라 유럽 90개 이상의 주요 도시들을 연결해주는 버스와 기차를 예약할 수 있다. 이름은 스튜던트 에이전시이지만 학생들만 대상이 아니라 일반인들을 대상으로 하는 여행사다. 승무원이 있으며 버스 안에 화장실 시설이 구비되어 있다. 또한 모니터로 영화 감상이 가능하고, 커피 · 음료 서비스가 제공되어 이동 시간 내내 편안하게 휴식을 즐길 수 있다. 전기 콘센트가 있어서 스마트폰 충전도 가능하다. 스마트폰 앱 레지오젯 티켓(RegioJet Tickets)을 깔아두거나 홈페이지에서 미리 운행 시간을 확인하고 예약하면 된다. 출발 15분 전까지 무료 취소가 가능하다.

레지오젯 www.regiojet.com
스튜던트 에이전시 www.studentagency.eu

지역 정보

구시가는 S자로 휘어져 흐르는 블타바강 줄기에 의해 크게 두 부분으로 나뉜다. 열차로 도착할 경우 체스키크룸로프역에서 구시가 입구인 부데요비체 문까지는 도보로 약 20분 소요되니 택시 이용을 추천한다. 버스 터미널에서 구시가 중심부와 가까운 호르니 다리까지는 도보로 약 10분 걸린다. 북쪽의 고지대에는 체스키크룸로프성이 우뚝 솟아 있고, 그 아래 강으로 에워싸인 곳에 구시가의 중심인 스보르노스티 광장이 있다.

추천 코스

구시가 중심인 스보르노스티 광장에서 출발해서 광장 주변의 주요 명소와 전망 포인트(세미나르니 정원)를 둘러본 후 이발사의 다리를 지나 부데요비체 문까지 다녀온다. 그리고 나머지 시간은 체스키크룸로프성 내부의 주요 명소들을 찬찬히 둘러본다. 특히 성의 탑과 망토 다리는 체스키크룸로프를 가장 아름답게 찍을 수 있는 인생 사진 포인트이므로 꼭 들러보자.

스보르노스티 광장

도보 2~3분

에곤 실레 아트 센터

도보 5분

세미나르니 정원

도보 4분

이발사의 다리

도보 6~7분

부데요비체 문

도보 4분

체스키크룸로프성

성의 탑 ⋯ 성 내부 ⋯ 망토 다리 ⋯ 성의 정원과 연못

추천 볼거리

르네상스 양식을 중심으로 고딕, 바로크 건축 양식이 혼재된 골목들로 수놓아진 체스키크룸로프는 마을 구석구석이 볼거리다. 구시가로 들어가는 출입문에 해당하는 부데요비체 문을 들어서는 순간 중세로의 시간 여행이 시작된다. 특히 성의 탑과 망토 다리에서 내려다보는 블타바강과 중세의 붉은 지붕이 펼치는 광경은 환상적이다. 구시가 중심의 호텔 루제(Hotel Luze) 앞 세미나르니 정원(Seminární zahrada)에서 바라보는 체스키크룸로프성과 그 아래 구시가 전망 또한 압권이다.

관광 안내소

구시가 시청사

주소 Náměstí Svornosti 2 **전화** 380 704 622
홈페이지 www.ckrumlov.info
개방 11~3월 월~금 09:00~17:00,
토 · 일 09:00~12:00, 13:00~17:00
4 · 5월 월~금 09:00~18:00,
토 · 일 09:00~12:00, 13:00~18:00
6~8월 월~금 09:00~19:00,
토 · 일 09:00~13:00, 14:00~19:00
9 · 10월 월~금 09:00~18:00,
토 · 일 09:00~13:00, 14:00~18:00 / 연중무휴
위치 스보르노스티 광장에서 도보 1분, 시청사 내
지도 p.205-E

체스키크룸로프 기차역

주소 tř. Míru 1, Nádražní Předměstí
전화 380 715 000
홈페이지 c-krumlov.cz
개방 매일 07:30~17:30 / 연중무휴
위치 체스키크룸로프 기차역 내
지도 p.205-B

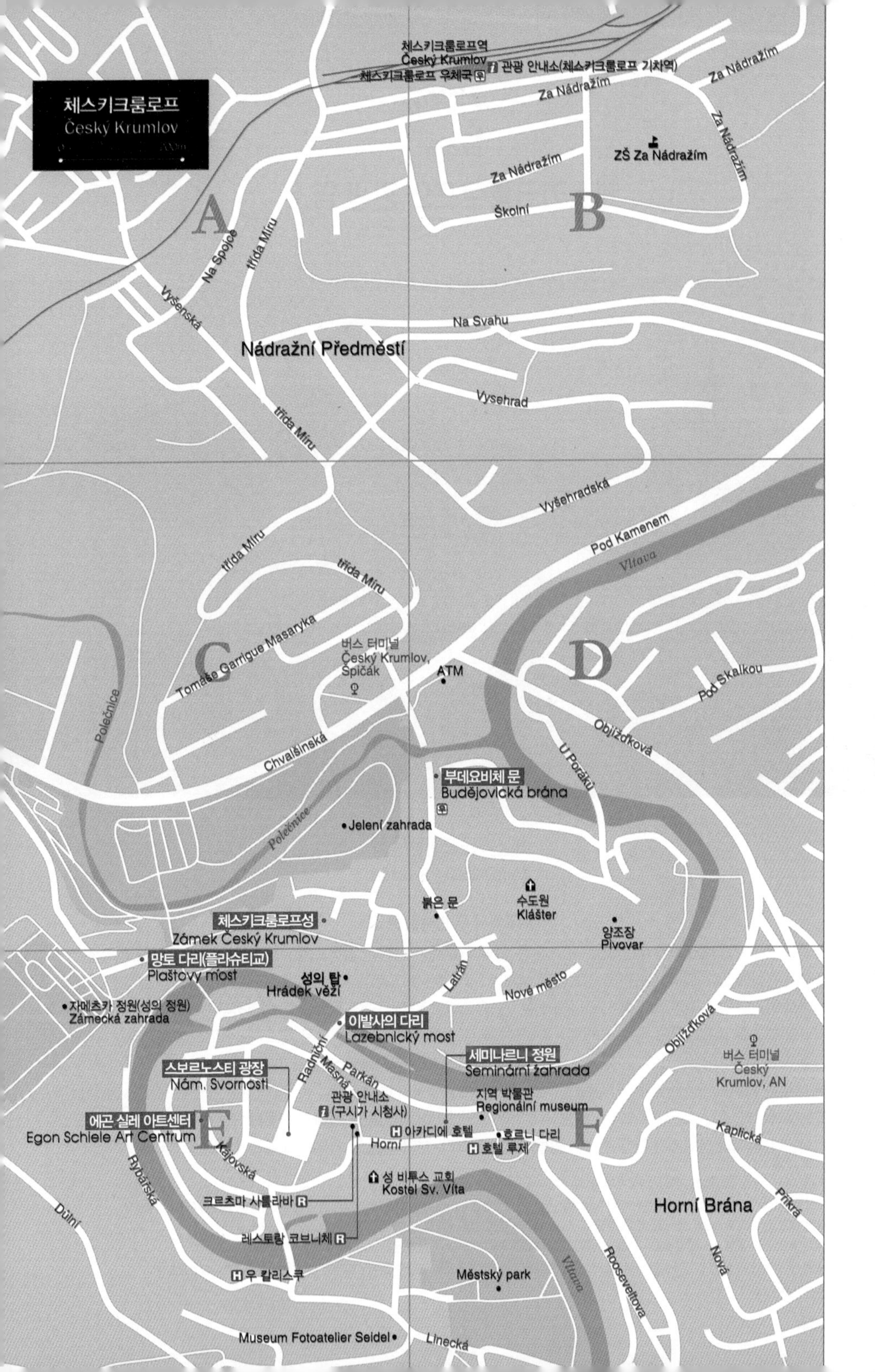

체스키크룸로프
Český Krumlov
체스키크룸로프역
Český Krumlov
관광 안내소(체스키크룸로프 기차역)
체스키크룸로프 우체국
Za Nádražím
ZŠ Za Nádražím
Školní
Na Spojce
třída Míru
Vyšenská
Nádražní Předměstí
Na Svahu
Vysehrad
Vyšehradská
Pod Kamenem
Vltava
Tomáše Garrigue Masaryka
버스 터미널
Český Krumlov, Špičák
ATM
Pod Skalkou
Objížďková
U Poráků
Polečnice
Chvalšinská
부데요비체 문
Budějovická brána
Jelení zahrada
붉은 문
수도원
Klášter
양조장
Pivovar
체스키크룸로프성
Zámek Český Krumlov
망토 다리(플라슈티교)
Plaštový most
성의 탑
Hrádek věží
자메츠카 정원(성의 정원)
Zámecká zahrada
Latrán
Nové město
이발사의 다리
Lazebnický most
세미나르니 정원
Seminární zahrada
버스 터미널
Český Krumlov, AN
스보르노스티 광장
Nám. Svornosti
Radniční
Masná
Parkán
관광 안내소
(구시가 시청사)
지역 박물관
Regionální museum
에곤 실레 아트센터
Egon Schiele Art Centrum
아카디에 호텔
호르니 다리
호텔 루제
Horní
Kájovská
Kaplická
Rybářská
성 비투스 교회
Kostel Sv. Víta
Horní Brána
Přikrá
크르츠마 사틀라바
Dúlní
레스토랑 코브니체
Nová
Rooseveltova
Městský park
우 칼리스쿠
Museum Fotoatelier Seidel
Linecká

체스키크룸로프의 관광 명소

체스키크룸로프성
Zámek Český Krumlov

체코에서 두 번째로 큰 성

프라하성에 이어 체코에서 두 번째로 규모가 큰 성이다. 13세기 전반에 영주 크룸로프에 의해 최초의 체스키크룸로프성이 건설되었다. 외벽은 표면에 입체감과 색채를 드러내는 스그라피토(Sgraffito, 도료의 표면이 마르기 전에 긁어내서 바탕의 대조적인 색조를 드러나게 하는 기법) 기법으로 장식되어 독특하고 선명하다. 14세기에는 보헤미아 지방의 대귀족 로젠베르크가, 18세기에는 슈바르첸베르크가를 거치면서 확장된 체스키크룸로프성의 내부는 수 세기 동안 고딕, 르네상스, 바로크, 로코코 양식으로 장식되어 오랜 역사를 확연히 느끼게 한다.
성 내부는 가이드 투어(영어)로만 관람할 수 있으며, 코스는 성의 예배당이나 바로크 살롱, 가면 무도회의 방 등을 도는 루트 1과, 슈바르첸베르크가의 초상화 갤러리나 인테리어, 미술품을 돌아보는 루트 2가 있다. 각각 1시간 정도 소요된다. 양식과 분위기가 다른 수많은 방들이 인상적이다. 성의 정원 등 외부는 자유롭게 무료로 둘러볼 수 있다.

주소 Zámek čp. 59 **전화** 380-704-721 **홈페이지** www.zamek-ceskykrumlov.cz
개방 성 박물관 & 성의 탑 1~3월, 11·12월 하순 화~일 09:00~16:00, 4·5·9·10월 매일 09:00~17:00, 6~8월 월~일 09:00~18:00
투어 루트 1 4·5·9·10월 화~일 09:00~16:00, 6~8월 화~일 09:00~17:00 / 11~3월 휴무
투어 루트 2 6~8월 화~일 09:00~17:00, 9월 토·일 09:00~16:00 / 10~5월 휴무
요금 성 박물관 & 성의 탑 성인(25~64세) 180Kč, 연장자(65세 이상) & 청소년(18~24세) 140Kč, 아동(6~17세) 70Kč **성 정원** 무료
지도 p.205-C

망토 다리에서 바라본 풍경

성의 탑
Hrádek věží

구시가와 주변 풍경이 파노라마로 펼쳐진다

제2정원 모퉁이에 있는 원통형 건물로 13세기 전반에 소박한 고딕 양식으로 지어졌다가 르네상스 양식으로 바뀌었다. 16세기에는 스그라피토 벽화 기법으로 독특하면서도 아름다운 장식이 더해졌다. 총 계단 수는 162개, 높이는 54.5m인데, 블타바강 수면으로부터는 86m에 이른다. 또한 원통형 탑의 최대 직경은 12m, 가장 두꺼운 벽의 두께는 3.7m나 된다. 사방이 탁 트인 구시가와 주변 풍경을 감상할 수 있으며 특히 구시가 중심부의 붉은 지붕들과 블타바강 그리고 구시가 너머의 산세가 어우러져 최고의 전망을 연출한다. 카메라 셔터만 누르면 작품이 되는 포인트다.

망토 다리(플라슈티교)
Plaštovy most

구시가와 블타바강이 한눈에

성의 탑과 성 내부를 돌아본 후에는 망토 다리로 가자. 망토 다리에서 바라보는 구시가와 블타바강 그리고 체스키크룸로프성의 탑이 조화를 이루어 환상이다. 망토 다리를 건너서 계속 서쪽으로 올라가면 평화롭고 넓은 성의 정원과 연못 그리고 분수대까지 둘러볼 수 있다.

요금 영어 등의 외국어 가이드를 선택할 경우 요금이 올라간다.
투어 루트 1 성인(25~64세) 240Kč, 연장자(65세 이상) & 청소년(18~24세) 190Kč, 아동(6~17세) 100Kč
투어 루트 2 성인(25~64세) 210Kč, 연장자(65세 이상) & 청소년(18~24세) 170Kč, 아동(6~17세) 80Kč
위치 부데요비체 문에서 도보 5분. 구시가 스보르노스티 광장에서 도보 7~8분
지도 p.205-E

부데요비체 문
Budějovická brána

체스키크룸로프에 남아 있는 유일한 중세 문

기차역에서 내려 체스키크룸로프로 들어갈 때 지나게 되는 문이다. 체스키크룸로프에 남아 있는 유일한 중세 시대의 문이며 르네상스 시대의 가장 중요한 랜드마크이기도 하다. 체스키크룸로프의 귀족 페트르 복즈 로즘베르카(Petr Vok z Rožmberka, 1539~1611년)의 명을 따라 1598년에서 1602년에 건축가 도메니코 베네데토 코메타 즈 엑투르누(Domenico Benedetto Cometta z Eckthurnu)에 의해 건설되었으며 당시 도시의 9개 성문 중에서 최신 성문으로 건설되었다. 아치형 석재로 만들어진 중앙부는 위엄이 넘치며 창문 주위의 다양한 장식과 해시계 다이얼이 인상적이다. 피라미드 모양의 지붕은 스페인산 타일로 덮여 있다. 벽은 얇고 거친 석고층으로 이루어져 있고 붉은색으로 칠해져 있다. 바로크 시대에는 황토색으로 북쪽 외관을 장식했다.

도시를 바라보는 안쪽 면과 바깥으로 향하는 면이 서로 완전히 다른 콘셉트로 만들어져 있으며 다양한 장식 기법이 도입되어 어디서 보는지에 따라 느낌이 다른 것이 인상적이다. 역사의 흐름 속에서 많이 손상되었으며 1940년대, 1960년대 그리고 1990년대에 복구 과정을 거치면서 원래의 구성 요소를 많이 잃어버린 점은 아쉽다. 하지만 중세 시대로 들어가는 관문이자 이정표로서 구시가 외곽에 변함없이 든든하게 서 있다.

주소 Latrán 106, Latrán
개방 24시간
위치 이발사의 다리에서 도보 6분
지도 p.205-D

이발사의 다리
Lazebnický most

이발사의 비극이 서린 다리

구시가 바깥의 라트란(Latrán)과 구시가 중심을 이어주는 보행교로 1930년대에 건설된 목조 다리다. 다리에는 주철로 만들어진 체코의 위대한 성인이자 체스키크룸로프의 수호 성인 성 요한 네포무크와 십자가에 달린 예수 조각상이 장식되어 있다. 체스키크룸로프를 여행한다면 반드시 지나가게 되는 다리로 늘 여행자들로 붐빈다.

이발사의 다리라고 불리게 된 데는 슬픈 이야기가 전해져 내려온다. 라트란 거리의 이발소 주인에게는 아름다운 딸이 1명 있었다. 루돌프 2세의 서자 세자르 왕자가 첫눈에 딸에게 반해 결혼을 하게 되었는데 어느 날 그녀가 살해된 채 발견된다. 일설에는 정신 질환을 앓고 있던 왕자가 죽였다고도 하는데, 왕자는 범인을 찾기 위해 마을 사람들을 1명씩 죽이기 시작한다. 죄 없는 마을 사람들이 희생되는 것을 막기 위해 결국 아버지인 이발사가 자신이 범인이라고 거짓 자백을 하고 교수형에 처해진다. 이발사의 안타까운 죽음과 희생 정신을 기려서 이발사의 다리로 불리게 되었다는 이야기다.

다리에서 올려다보는 체스키크룸로프의 성과 유유히 흘러가는 블타바강이 한 폭의 그림처럼 아름답다. 여름철에는 보트를 타거나 물놀이를 즐기는 여행자들로 늘 활기 넘친다.

주소 381 01 Český Krumlov
위치 부데요비체 문에서 도보 6분, 스보르노스티 광장에서 도보 2분 **지도** p.205-E

세미나르니 정원

Seminární zahrada

체스키크룸로프성 전망이 아름다운 작은 정원

세미나르니 정원은 구시가 안에 있는 아주 작은 공원으로 호텔 루제 앞에 있다. 이곳은 체스키크룸로프성과 구시가 주택들 그리고 블타바강이 한눈에 내려다보이는 아름다운 전망을 자랑한다. 인생 최고의 사진을 남길 수 있는 멋진 전망 포인트이므로 꼭 들러보자. 스보르노스티 광장에서 도보 3분이면 도착한다.

주소 381 01 4 Český Krumlov
개방 24시간
위치 스보르노스티 광장에서 도보 2~3분. 호텔 루제(Hotel Ruze) 맞은편. **지도** p.205-F

스보르노스티 광장

Náměstí Svornosti

구시가 중심의 아담한 광장

구시가의 제일 중심에 있는 광장이며 고풍스런 건축물들에 의해 둘러싸여 있다. 광장 한쪽에는 중세 시대 흑사병이 물러난 것을 기념하는 1716년에 세워진 석주(Kašna a morový sloup)가 우뚝 서 있고, 16세기에 건설된 시청사는 존재만으로도 오랜 역사를 말해준다. 광장을 둘러싼 건축물마다 중세 르네상스 양식과 바로크 양식의 아름다운 장식과 스투코(stucco, 건축의 천장, 벽면, 기둥 등을 덮어 칠한 화장 도료)로 꾸며진 중세의 아름다움이 물씬 풍긴다. 광장에 자리한 시청사 1층에 구시가 관광 안내소가 있다.

위치 체스키크룸로프성의 탑에서 도보 7~8분
지도 p.205-E

에곤 실레 아트 센터

Egon Schiele Art Centrum

에곤 실레 어머니의 고향에 세워진 예술 센터

구시가 시로카 거리의 오래된 양조장 건물에 들어선 에곤 실레(1890~1918년)의 미술관이다. 오스트리아 툴른(Tulln) 출생으로 주로 빈에서 활동한 실레는 자신의 어머니 고향인 이곳 체스키크룸로프를 자주 찾아 머무르며 작품 활동을 했다. 당시 실레의 예술을 이해하지 못한 고향 사람들로부터 배척을 받기도 했으며, 1918년 빈에서 28살의 젊은 나이로 사망하고 만다. 젊은 나이에도 자신만의 예술 세계를 구축한 에곤 실레의 작품뿐만 아니라 클림트와 피카소 등 19세기 말부터 20세기에 활약한 예술가들의 작품들도 전시하고 있다. 내부에 뮤지엄 숍과 카페가 있어서 차 한잔 마시기에도 좋다. 에곤 실레의 사진과 편지, 데스 마스크 등도 볼 수 있다.

주소 Široká 71 **전화** 380-704-011
홈페이지 www.esac.cz **개방** 화~일 10:00~18:00 / 월 휴무
요금 성인(25~64세) 200Kč, 연장자(65세 이상) 150Kč, 학생 100Kč, 아동(6~15세) 50Kč, 가족(성인 2명+자녀 5명까지) 450Kč
위치 스보르노스티 광장에서 도보 1~2분 **지도** p.205-E

체스키크룸로프의 추천 식당

크르츠마 사틀라바 Krčma Šatlava

숯불에 구워내는 고기 요리가 일품

현지인들에게 인기 있는 전통 방식의 숯불 구이 전문 식당이다. 구시가 중심의 스보르노스티 광장에서 작은 골목으로 들어가면 바로 나온다. 숯불에 직접 구워내는 고기 구이는 양도 넉넉하고 맛나다. 손님이 많을 경우에 그릴 구이를 주문하면 굽는 시간 때문에 30~45분 정도는 기다려야 한다.

추천 메뉴

숯불 구이 비프 스테이크(Grilovany hovezi steak) 385Kč, 돼지 목살 구이(Grilovana veprova krkovicka) 225Kč, 1인용 믹스드 그릴 구이(Mix grilovanych mas pro 1 osobu, 소 우둔살, 돼지 안심, 닭 가슴살) 300g 325Kč

주소 Šatlavská 157 **전화** 380-713-344
홈페이지 www.satlava.cz
영업 매일 11:00~00:00 / 연중무휴
위치 스보르노스티 광장에서 도보 1~2분 **지도** p.205-E

레스토랑 코브니체 Restaurant Konvice

체코 전통 요리와 와인을 맛볼 수 있는 곳

구시가 중심의 스보르노스티 광장에서 이어지는 호르니 거리에 위치한 체코 요리 전문 레스토랑이다. 와인 셀렉션이 제대로 갖추어져 있으며 다양한 체코 맥주도 판매하고 있다. 식당 테라스에서 바라보는 체스키크룸로프 구시가 전망이 환상적이다.

추천 메뉴

소고기 타르타르(Tartarsky biftek, 100g) 230Kč, 보헤미아 남부 감자 수프(Jihoceska bramboracka) 60Kč, 보헤미안 덤플링과 양배추를 곁들인 돼지고기 구이(Pecena veprova krkovice) 220Kč, 보헤미아 덤플링을 곁들인 소고기 굴라시(Krumlovsky hovezi gulas) 200Kč

주소 Horní 145 **전화** 380-711-611
홈페이지 www.ckrumlov.info
영업 매일 08:00~22:00 / 연중무휴
위치 스보르노스티 광장에서 도보 1~2분 **지도** p.205-E

체스키크룸로프의 추천 숙소

아카디에 호텔 Arcadie Hotel

푸른색 외관의 아담한 호텔

푸른색 페인트로 칠해진 외관이 인상적인 아담한 호텔이다. 14세기 고딕 양식으로 지어진 건물에 들어선 호텔로 객실을 장식한 노출된 목재 빔이 정감 간다. 한때 이 도시에서 가장 큰 건물이었는데, 16세기에는 이 건물에 당대 최고의 석공 가족이 살았다고 전해진다. 구시가 중심에 위치해 있어 체스키크룸로프성까지 도보 7분, 에곤 실레 아트 센터까지 도보 3분 거리다. 고딕 양식의 호텔 레스토랑 테라스는 전망이 좋아 인기가 높으며 피제리아도 운영하고 있다. 호텔 투숙객은 레스토랑과 피제리아에서 약간의 할인을 받을 수 있다.

주소 Horní 148
전화 727-889-123
홈페이지 hotelarcadie.cz
요금 더블룸 2,000Kč~ **객실 수** 36실
위치 스보르노스티 광장에서 도보 2분
지도 p.205-E

호텔 루제 Hotel Růže

우아한 중세풍의 5성급 호텔

16세기 예수회 학교였던 건물에 들어선 중세풍의 5성급 호텔이다. 아름다운 프레스코화로 장식되어 있으며 호텔에서 바라보는 구시가와 체스키크룸로프성의 전망도 환상적이다. 호텔 바로 앞에 있는 세미나르니 정원은 전망이 아름답기로도 유명하다. 객실도 넓은 편이고 편안한 인테리어와 직원들도 친절하다.

주소 Horní 154
전화 380-772-100
홈페이지 www.hotelruze.cz
요금 더블룸 2,766Kč **객실 수** 75실
위치 스보르노스티 광장에서 도보 2~3분. 부데요비체 문에서 도보 10분
지도 p.205-F

우 칼리스쿠 U Kališku

블타바강 변의 아담한 숙소

500년 된 유서 깊은 건물을 숙소로 이용하고 있다. 구시가 안쪽에 위치해 있으며 블타바강 변에 있어서 조용하고 편안하다. 다만 객실이 2개밖에 없어서 미리 예약을 해야 한다. 투숙객은 작은 안뜰에서 무료로 바비큐를 이용할 수 있다.

주소 Rybářská 3 **전화** 778-037-666 **홈페이지** u-kalisku-guest-house.cesky-krumlov-hotels.com
요금 더블룸 1,478Kč **객실 수** 2 **위치** 스보르노스티 광장에서 도보 5분 **지도** p.205-E

카를로비바리

KARLOVY VARY

보헤미아 온천 삼각 지대의 대표 마을

카를로비바리는 14세기 중반 보헤미아의 숲에서 사냥을 하던 카를 4세가 처음 온천을 발견한 곳이다. '카를로비바리'라는 지명은 바로 그 일화에서 비롯된 것으로 '카를의 원천'이라는 뜻이다. 독일어로는 카를스바트라고 불린다. 18세기 들어 휴양지로 유럽에 널리 알려지면서 왕후, 귀족과 정치가, 문학가, 예술가 등 저명인사들이 즐겨 찾았다. 특히 드보르자크와 카프카를 필두로 쇼팽, 바그너, 리스트, 브람스, 괴테, 실러 등 체코와 독일을 비롯한 유럽의 유명 인사들이 자주 들렀다. 그리고 마리아 테레지아와 프로이센의 프리드리히 1세도 이곳을 찾았다고 한다. 기차는 마을보다 높은 지대에 있으며 도시는 언덕 아래 골짜기에 위치해 있다. 테플라강 가에서 아름다운 도시 모습을 조망할 수 있다.

가는 방법

버스

프라하에서 1시간에 1~2편 정도 운행되며, 약 2시간 15분 정도 소요된다.

철도

프라하에서 직행열차를 타고 카를로비바리역까지 3시간 20분 소요. 카를로비바리역은 오흐르제강 건너편 북쪽에 있다. 카를로비바리 돌니역이 오제강 남쪽에 있지만 이 역에서는 마리안스케 라즈네에서 오는 지방선만 발착한다.

추천 볼거리

온천은 콜로나다(Kolanáda, 건축물의 형태로 나란히 세워진 기둥 위로 지붕이 덮여 있는 건축물)와 파빌리온(Pavilion, 정자나 정원 건축처럼 일정 공간에 단을 세우고 지붕이나 돔으로 덮은 구조물) 안에 있기 때문에 비가 오는 날에도 온천수를 마시면서 산책을 즐길 수 있다. 광장에서 그랜드 호텔까지 이어진 테플라강 양쪽과, 광장에서 드보르자크 공원까지 뻗은 테플라강

변이 카를로비바리 관광의 중심지다. 주요 호텔과 레스토랑, 카페들이 대부분 이곳에 모여 있어 인기를 얻고 있다.

관광 안내소
주소 Lázeňská 2075/14
전화 0355-321-176
홈페이지 www.karlovyvary.cz
개방 매일 09:00~18:00(점심 휴무 12:30~13:00) / 연중무휴
위치 카를로비바리 기차역에서 도보 20분
지도 p.213

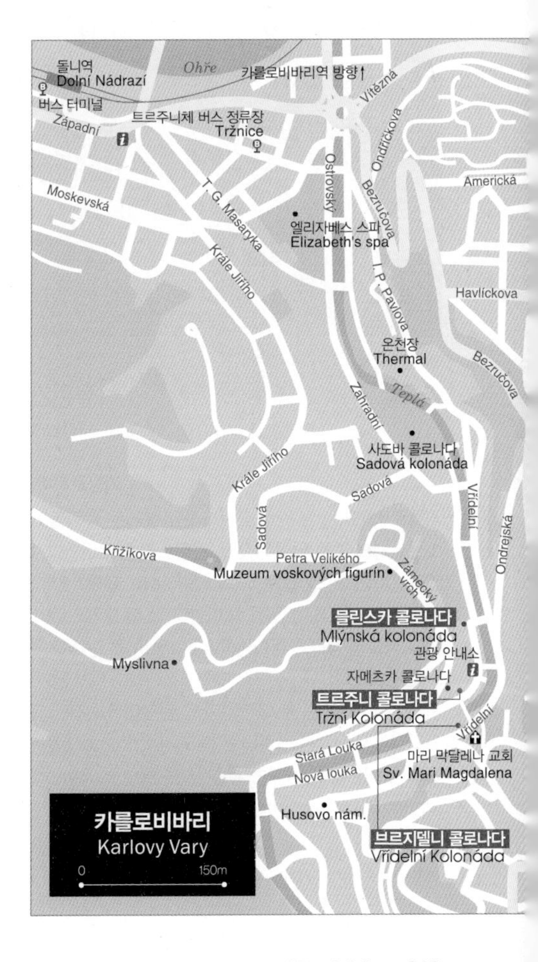

카를로비바리의 관광 명소

믈린스카 콜로나다
Mlýnská Kolonáda

카를로비바리의 상징, 콜로나다

카를로비바리는 특히 콜로나다라고 불리는 주랑들이 발달해 있는데, 카를로비바리에서 가장 큰 콜로나다는 바로 드보르자크 공원 남쪽에 있는 믈린스카 콜로나다다. 이 구조물은 카를로비바리의 전통적인 상징물과도 같다. 너비 13m, 길이 132m에 걸쳐 1개의 신랑(nave, 身廊), 2개의 통로와 124개의 코린트 양식 기둥이 늘어서 있다. 회랑 위의 12개 조각상은 1년 12달을 의미한다. 스파 오케스트라가 정기적으로 무료 공연을 하는 무대도 마련되어 있다. 프라하의 국립 극장과 루돌피눔(Rudolfinum)을 설계한 건축가 조제프 지텍(Josef Zítek)이 설계했으며 1871~81년에 걸쳐 완성되었다.

카를로비바리에는 총 13개의 주요 온천이 있는데, 그중에서도 인기가 많은 믈린스키 온천(Mlýnský pramen)과 테플라강에서 시작된 스칼니 온천(Skalní pramen), 엘리자베스의 장미라고 불리는 리부제 온천(Libuše pramen), 님프의 온천이라고 불리는 루살친 온천(Rusalčin pramen), 가장 분출력이 강했다고 하는 바츨라프 1세의 온천(Prince Václav I pramen) 등 5곳의 온천이 믈린스카 콜로나다 안에 있다.

주소 Mlýnské nábř. **전화** 0355-321-176 **홈페이지** www.karlovyvary.cz/cs/mlynska-kolonada-0 **개방** 24시간
위치 카를로비바리 기차역에서 도보 22분, 자동차로는 10분 소요 **지도** p.213

브르지델니 콜로나다 · 트르주니 콜로나다

Vřídelní Kolonáda · Tržní Kolonáda

온천수를 마시며 즐기는 산책

브르지델니 콜로나다

도시의 중심은 브르지델니 광장이며, 이 광장에서 그랜드 호텔까지 이어진 테플라강 양쪽과, 광장에서 드보르자크 공원까지 뻗은 테플라강 변이 카를로비바리 관광의 중심이다. 이곳에는 브르지델니 콜로나다와 네오 르네상스 양식이 아름다운 트르주니 콜로나다가 있다. 브르지델니 콜로나다는 1975년 처음 문을 열었고, 근대적인 유리와 강화 콘크리트를 이용해 기능주의적 양식의 건축물로 건설되었다. 스위스 샬레 스타일의 트르주니 콜로나다는 목조를 이용한 우아한 장식이 인상적인데, 1883년 처음 건설되어 1990년대 초에 리모델링했다. 카를 4세 온천(Pramen Karlav IV.), 낮은 성 온천(Dolní zámecký pramen) 그리고 트르주니 온천(Tržní pramen) 등 3개의 광물 온천이 트르주니 콜로나다 안에 있다.

브르지델니 콜로나다
주소 Divadelní nám. 2036/2
홈페이지 www.karlovyvary.cz/cs/vridelni-kolonada-0
개방 여름 매일 06:00~19:00, 겨울 매일 06:30~18:00
위치 카를로비바리 기차역에서 도보 30분, 자동차로는 12분 소요 **지도** p.213

트르주니 콜로나다
주소 Tržiště 30/11
개방 24시간
위치 카를로비바리 기차역에서 도보 26분, 자동차로는 12분 소요 **지도** p.213

트르주니 콜로나다

TIP 체코 온천의 특징
마시는 온천과 콜로나다

헝가리 부다페스트의 온천은 몸을 담그는 것이 중심인 반면 체코의 온천은 주로 온천수를 마시는 것에 중점을 두고 있다. 물론 각 온천지마다 몸을 담그는 욕탕도 있겠지만, 좀 더 많은 사람들이 온천의 혜택을 충분히 누릴 수 있도록 온천수를 마시면서 아름다운 콜로나다(Kolonáda)를 산책하는 것이 체코식 온천의 대표적인 특징이다. 콜로나다는 일렬로 줄지어 늘어선 기둥인 열주를 의미한다. 온천들은 이 콜로나다 안에 들어서 있다.

온천수를 편하게 마시기 위해서 보헤미아의 온천 마을 상점에서는 손잡이 끝에 입을 대고 빨아 마시는 독특한 형태의 머그잔을 판매하고 있다. 이러한 온천수 전용 머그잔을 라젠스키 포하레크(Lázeňský pohárek)라고 부르는데 크기와 문양, 그리고 가격이 다양해서 체코 여행 기념품이나 선물로도 제격이다. 온천수는 종류와 성분에 따라 맛이 제각각이지만 주로 철분 때문에 쇠 맛이 나는 경우가 많다.

TIP 카를로비바리의 명물 와플

카를로바르스케 오플라트키 Karlovarské oplatky

오늘날의 와플과는 전혀 다른 카를로비바리의 전통 와플, 카를로바르스케 오플라트키는 1788년 카를로비바리 여행자를 위한 가이드책에 소개될 만큼 오래된 것으로 전해진다. 예로부터 온천을 이용하는 손님들을 위해 요리사가 설탕을 뿌린 와플을 제공했는데, 이후 몇 겹의 층으로 쌓고 헤이즐넛 가루, 코코아 가루나 바닐라, 시나몬 등 다양한 향신료가 더해졌다. 무엇보다 카를로비바리의 온천수와 소금이 가미되어 독특한 향을 지닌 이곳만의 명물 와플이 탄생하게 되었다. 1867년 이 와플 전문 제과점이 처음 문을 열었고 이후 대중에게 큰 인기를 얻었다. 와플 과자를 잘 살펴보면 한쪽 면에는 나뭇잎이 가장자리를 따라 원을 그리고 있고, 중앙에 카를스바트(Karlsbad, Karlovy Vary)라는 글씨가 새겨져 있다. 다른 한쪽 면에는 온천과 사슴이 그려진 그림이 찍혀 있다. 이 그림은 카를 4세가 사냥을 하다가 다친 사슴이 온천수에 들어가 치료를 하는 것을 보고 이 도시를 건설했다는 전설을 담고 있다. 이 전통 와플은 일반적으로 지름이 19cm인 원형이지만 지금은 삼각형, 사각형 등 다양한 형태로 생산되고 있다. 콜로나다를 산책하면서 와플을 음미하는 이들을 심심찮게 볼 수 있다. 카를로비바리 여행의 기념품이자 선물로도 인기가 높다. 가장 대표적인 와플 브랜드는 온천 마을의 특징인 콜로나다에서 그 이름을 따온 콜로나다(Kolonada)이며, 프라하 시내 슈퍼마켓과 프라하 공항 면세점에서도 살 수 있다.

TIP 카를로비바리의 전통주이자 약술로 유명한

베헤로브카 Becherovka

체코를 대표하는 국민 술이자 카를로비바리에서 탄생한 전통주다. 1805년 처음 제조되어 1807년부터 판매되기 시작한 것으로 알려져 있다. 카를로비바리의 얀 베헤르 컴퍼니(Jan Becher company)에서 처음 생산되었다. 20가지 이상의 허브와 향신료 등 100% 천연 재료로 만드는 제조 비법은 200여 년 동안 비밀로 유지되고 있으며 2명 정도만 알고 있다고 한다. 원래는 카를로비바리의 음용 온천수에 허브 혼합물, 아로마 오일 등의 약재를 넣어 위장약을 만들 의도로 개발되었다. 1807년 위장약으로 베헤로브카가 판매되기 시작하자 특별한 치유력과 천연 허브의 섬세한 맛 그리고 특유의 허브 향이 좋아서 복통 환자들에게 큰 인기를 얻었다. 하지만 환자들이 이를 남용하게 되었고, 결국 술로 개발해서 도수가 38%인 현재의 리큐르가 되었다. 체코 국민들 사이에서는 1잔만 마셔도 1년 젊어진다는 얘기가 있을 정도로 지지를 받고 있다. 2013년 월드 리큐르 대회에서 1위를 차지했을 정도로 체코 국민뿐만 아니라 세계인의 사랑을 받고 있다. 우리나라 위장약인 까스활명수와 비슷한 맛이 난다. 프라하 공항 면세점에서도 살 수 있다.

홈페이지 becherovka.com

SPECIAL

전통의 온천지에서
누리는 휴식

서보헤미아의 온천 삼각 지대

Lázeňský Trojúhelník

독일 국경과 가까운 서보헤미아 지방은 예로부터 온천 휴양지로 유명한 지역이다.
유럽의 왕후 귀족들과 정치가, 작곡가, 시인, 예술가들이 휴식과 요양을 위해 자주 찾았다. 특히 서보헤미아의 산악 지대에 있는 3개 도시인 카를로비바리(Karlovy Vary), 마리안스케 라즈네(Mariánské Lázně), 프란티슈코비 라즈네(Františkovy Lázně)는 아름답고 유서 깊은 온천 도시로 명성이 높다.
또한 그 위치가 삼각형 모양으로 위치해 있어 '보헤미아의 온천 삼각 지대'라고 불린다. 이 삼각 지대에서 가장 아름답고 역사적인 온천 도시가 바로 카를로비바리이며 한국인들이 가장 많이 찾는 곳이기도 하다.
카를로비바리 외의 다른 곳을 방문하고 싶다면 마리안스케 라즈네와 프란티슈코비 라즈네를 고려해보자.

마리안스케 라즈네
Mariánské Lázně

쇼팽과 괴테가 사랑한 온천 휴양지

서보헤미아 온천 삼각 지대의 대표 도시들 중 하나로 숲과 미네랄 온천과 공원에 둘러싸인 스파 휴양지다. 아름답기로는 카를로비바리에 전혀 뒤지지 않는 온천 마을이며 소설이나 영화 배경으로도 자주 등장했다. 독일어로는 마리엔바트(Marienbad)라고 불린다. 보헤미니움 마리안스케 라즈네(Boheminium Mariánské Lázně) 공원은 체코 기념물을 원형 그대로 재현해놓은 미니어처 조형물들로 가득하다. 19세기 말에 지어진 네오 바로크 양식의 라젠스키(Lázeňský) 콜로나다는 온천 삼각 지대에서 가장 아름다운 주랑으로 손꼽힌다. 바깥에 있는 분수에서는 2시간마다 클래식 음악이 흐르며 분수가 높이 솟아오른다. '노래하는 분수'라고 불리는 이 분수는 음악에 맞춰 물을 내뿜는 모양이 바뀌어서 더욱 흥미롭다. 19세기 들어 본격적으로 휴양지로 알려지면서 수많은 유명 인사들이 이곳을 찾았는데, 그중에서도 쇼팽과 괴테가 자주 찾아와 며칠씩 머물다 가곤 했다. 콜로나다 근처에 있는 노베 라즈네라는 목욕탕은 19세기 말의 멋진 네오 바로크 양식 외관은 물론 내부 장식도 매우 아름답다. 특히 영국의 에드워드 7세가 사용했던 별실은 '왕의 오두막'이라고 불린다. 온천 치료객을 위해 건설된 아름다운 건축물들 대부분은 현재 고급 호텔로 여행자들을 맞이하고 있다.

가는 방법

철도 프라하에서 급행열차를 타고 약 3시간 소요되며 1일 9대 정도 운행하고 있다. 플젠에서 운행 대수가 많으며 약 1시간 10분 소요

버스 플젠을 경유하는 헤프(Cheb)행을 타고 약 3시간~3시간 30분 소요

프란티슈코비 라즈네
Františkovy Lázně

황제 프란츠 요제프가 자주 들른 온천 마을

서보헤미아 온천 삼각 지대의 한 꼭짓점에 자리한 온천 휴양 마을이다. 온천 삼각 지대 중 독일에서 가장 가까워 독일인들이 많이 찾는다. 독일인들은 이곳을 '프란츠의 온천'이라는 의미인 '프란체스바트'라고 부른다. 합스부르크가의 지배하에 있던 19세기 초에 오스트리아 황제 프란츠 1세가 이곳에 자주 머물러서 붙은 별명이다. 다른 두 온천 마을에 비해서 규모가 작고 관광객도 적은 편이어서 거리는 조용하면서도 깔끔하다.

카를로비바리나 마리안스케 라즈네와는 달리 도시 전체가 노란색 벽에 흰색 창틀로 통일감을 줘서 인상적이다. 노란색의 화사함과 잘 구획된 거리 모습이 조화를 이루어 도시 전체가 평온한 분위기다. 콜로나다와 요양 시설도 노란색 벽에 흰색 기둥으로 통일되어 있어서 전체적으로 균형감과 통일감이 느껴진다. 흰색 기둥들로 둘러싸인 건물 위쪽에는 숫자 1793이 표시되어 있는데 이는 마을이 온천 요양을 시작한 해를 의미한다. 주변에는 유황이나 철분을 풍부하게 함유한 연못이 몇 개 있어서 진흙 목욕 요법이 널리 이용되고 있다.

가는 방법

철도 프라하에서 헤프(Cheb)행 급행열차로 약 3시간 소요. 헤프에서 프란티슈코비 라즈네행 열차로 갈아타고 7분 소요된다. 완행열차는 약 4시간 가서 종점 헤프에서 갈아타고 약 7분 소요된다. 헤프에서는 낮 시간에 1~2시간마다 1대꼴로 운행한다.

버스 프라하의 플로렌츠 버스 터미널에서 약 2시간 45분~3시간 소요. 1일 약 10대 운행한다.

쿠트나호라

KUTNÁ HORA

프라하 동쪽의 옛 은광 도시

프라하 동쪽으로 80km 거리에 위치한 쿠트나호라는 13세기 초부터 은광이 개발되어 유럽 최대의 은광 도시로 발전했다. 15세기에는 프라하에 버금갈 정도로 번영을 누렸고, 보헤미아 왕이 머물렀던 역사도 있다. 전쟁 피해를 입지 않은 덕분에 중세 프레스코화와 멋진 부벽을 갖춘 고딕 양식의 성 바르바라 대성당을 비롯해 역사적인 건축물들이 잘 보존되어 있다. 또한 인간의 뼈로 장식된 유일무이한 예배당 해골 성당(세들레츠 납골당)의 명성도 널리 알려져 있다. 시토 수도원 자리에 세워진 고딕 양식과 바로크 양식의 성모 승천 성당, 은광으로 경제적인 부흥을 누렸던 시절을 떠오르게 하는 은광 박물관도 좋은 볼거리다.

가는 방법

쿠트나호라 메스토역

프라하에서 쿠트나호라까지는 중앙역에서 기차 연결편이 더 자주 있고 소요 시간도 짧아서 편리한 편이다. 요금은 버스보다 조금 비싼 편이지만 열차를 이용하는 것이 버스보다 훨씬 나은 선택이다.

열차

프라하 중앙역에서 쿠트나호라 중앙역(Kutná Hora Hlavní Nádraží)까지 직행열차로 약 50분 내외 소요, 1~2시간마다 1~2대꼴로 운행한다.
구시가 중심부로 바로 가려면 중앙역에서 다시 지방선 열차로 갈아타고 쿠트나호라 메스토(Kutna Hora mesto)역까지 약 8분 소요된다.

버스

프라하 지하철 C노선 하예(Háje)역에 있는 하예 버스 터미널에서 381번 차드(CSAD) 버스를 타고 약 1시간 40분 소요. 쿠트나호라의 구시가 중심에 있는 나 발레크(Na Valech) 버스 정류장에서 내리면 관광하기에 편리하다.

어느 기차역에서 내리는 것이 좋을까

쿠트나호라 중앙역에서 내리면 해골 성당과 가까우며, 성 바르바라 대성당 등 구시가 중심부로 가려면 쿠트나호라 중앙역에서 다시 지방선 열차를 갈아타고 쿠트나호라 메스토역에서 내리는 것이 좋다. 쿠트나호라의 대표 관광 명소는 대부분 구시가에 집중되어 있다. 해골 성당을 볼 거라면 중앙역에서 내리고, 해골 성당을 보지 않을 거라면 메스토역에서 내리면 된다.

구역 정보

언덕이 많지만 작은 마을이다 보니 도보로 충분히 돌아볼 수 있다. 도시의 중심은 팔라츠케호 광장(Palac kého náměstí)이며 이곳에 관광 안내소가 있다. 광장에서 성 바르바라 대성당으로 가려면 옛날 조폐국이 있던 블라슈스키 궁전, 성 야콥 교회를 거쳐 가면 된다.

관광 안내소
주소 Palackého nám. 377/5
전화 0327-512-378
홈페이지 www.kutnahora.cz
개방 월~금 09:00~17:00, 토 · 일 10:00~16:00 / 연중무휴
위치 쿠트나호라 메스토(Mesto) 기차역에서 도보 12분. 팔라츠케호 광장에 위치 **지도** p.221

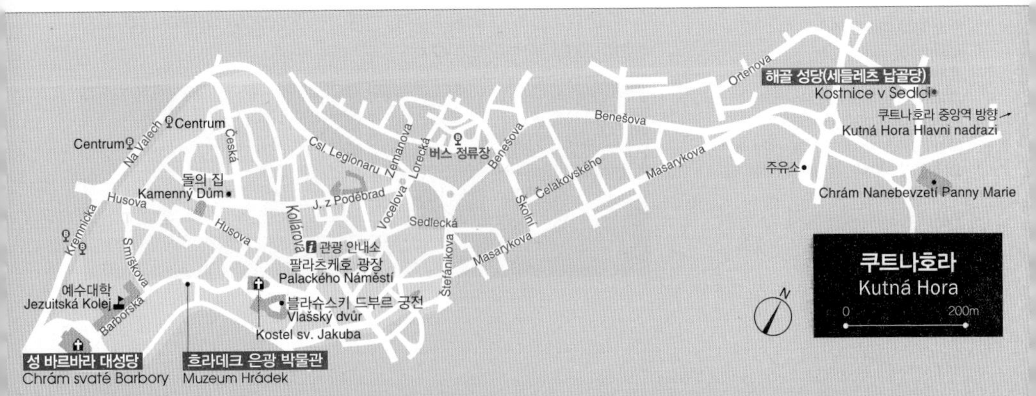

쿠트나호라의 관광 명소

해골 성당 (세들레츠 납골당)

Kostnice v Sedlci

주소 Zámecká, 284
전화 0326-551-049
홈페이지 www.sedlec.info
개방 4~9월 매일 09:00~18:00, 3·10월 매일 09:00~17:00, 11~2월 매일 09:00~16:00 / 12월 24일 휴무
요금 성인 160Kč, 연장자 & 학생 120 Kč, 아동 50Kč
위치 쿠트나호라 세들레츠(Sedlec)역에서 도보 8분. 중앙역에서는 도보 15분
지도 p.221

유골로 지어진 로마 카톨릭 성당

해골 성당은 쿠트나호라의 교외, 세들레츠에 있는 수도원의 일부인 '모든 성인의 묘지 교회(Hřbitovní kostel Všech Svatých)' 아래에 세워진 작은 로마 가톨릭 성당이다. 해골 성당은 무려 4~7만 명에 달하는 사람의 뼈를 이용하여 예술적으로 장식한 구조물이다.
성당 네 모서리에는 뼈를 쌓아 놓은 종 모양의 커다란 무더기가 있으며 거대한 샹들리에, 제단 장식, 슈바르첸베르크 가문의 문장 등 해골 성당의 모든 중요 요소들이 다 뼈를 이용해 만들어졌다. 2020년 1월부터 내부 사진 촬영이 금지되었으니 알아두자.

해골 성당이 탄생하게 된 이유

1278년 세들레츠의 시토 수도회 원장 헨리는 이스라엘 골고다 언덕에서 약간의 흙을 가져와 수도원 묘지에 골고루 뿌렸다. 이 일이 소문나자 세들레츠의 묘지는 중부 유럽에서 수많은 신자들이 가장 묻히고 싶어 하는 곳이 되었다. 14세기의 흑사병, 15세기 체코의 종교 개혁을 주장한 후스파 전쟁으로 인한 무수한 사망자들이 이곳 수도원 묘지에 묻혔다. 이후 이곳에 성당 건축을 위해 엄청난 수의 묘지들이 파헤쳐지면서 발굴된 유해들을 위해 지하 예배당이 납골당으로 사용되었다. 결과적으로 한정된 공간에 수많은 뼈들을 보관하기 위해 1870년 나무 조각가 프란티셱 린트(František Rint)에 의해 현재와 같은 해골 성당으로 만들어지게 되었다.

흐라데크 은광 박물관

Muzeum Hrádek

은광 도시의 역사와 은광 터 관람

쿠트나호라를 번영케 한 은광 채굴 모습과 도시의 발전상 및 그 역사를 전시하고 있다. 은광 터 관람의 하이라이트이며, 영어 가이드 투어도 진행되고 있다. 중세 시대 은광의 모습을 비롯해 당시 사용한 기계들과 기술들에 대한 설명 그리고 광부들의 생활 모습을 살펴볼 수 있다. 은으로 부를 쌓은 귀족들의 생활 모습은 물론 지질학과 고고학적 배경 등도 살펴볼 수 있다.

주소 Barborská 28/9 **전화** 0327-512-159
홈페이지 www.cms-kh.cz
개방 1월 일부 날짜만 개방 10:00~16:00, 2·3월 휴무, 4·5월 화~일 09:00~17:00, 6월 화~일 09:00~18:00, 7·8월 화~일 10:00~18:00, 9월 화~일 09:00~18:00, 10월 화~일 09:00~17:00, 11월 화~일 10:00~16:00, 12월 일부 날짜만 개방 / 월 휴무
요금 투어 1(은광 도시) 성인 70Kč, 학생 & 아동 & 연장자(65세 이상) 40Kč, 투어 2(은의 길, 광산 포함 가이드 투어) 성인 140Kč, 학생 & 아동 & 연장자(65세 이상) 100Kč, 사진 촬영 50Kč
위치 쿠트나호라 메스토(Mesto)역에서 도보 15분 **지도** p.221

성 바르바라 대성당

Chrám svaté Barbory

광부의 수호성인 성 바르바라를 모신 성당

유럽 최대의 은광 산업이 발달했던 쿠트나호라의 특성에 맞게 광산 노동자들을 위해 세운 성당으로 후기 고딕 양식의 진수로 인정받고 있다. 내부에는 위험한 직업을 가진 이들, 특히 광부의 수호성인 성 바르바라가 모셔져 있으며, 남쪽 측랑에는 화폐 주조 과정을 그린 귀중한 벽화가 걸려 있다. 주제단에는 〈최후의 만찬〉과 성 바르바라의 목조 부조, 뒤쪽에는 4,000개 이상의 파이프로 만들어진 파이프오르간이 있다. 천장에서 교차하는 리브(rib)가 만들어내는 아름다운 형태가 인상적이다.

주소 Barborská, 284
전화 0327-515-796
홈페이지 khfarnost.cz/en/st-barbaras-cathedral
개방 1·2월 매일 10:00~16:00, 3월 매일 10:00~17:00, 4~10월 매일 09:00~18:00, 11·12월 매일 10:00~17:00 / 12월 24일 휴무
요금 성인 160Kč, 학생(15~26세) & 연장자(65세 이상) 120Kč, 아동(6~15세) 50Kč, 6세 미만 무료
위치 쿠트나호라 메스토(Mesto)역에서 도보 20분
지도 p.221

플젠
PLZEŇ

필스너 우르켈 맥주의 본고장

플젠은 체코 서보헤미아 지방에서 가장 큰 도시이자 플젠주의 주도다. 프라하에서 서쪽으로 약 90km 거리에 위치해 있으며 체코에서 네 번째로 인구가 많은 도시다. 특히 플젠은 1842년에 바바리아의 양조업자 조세프 그롤(Josef Groll)이 창업한 필스너 우르켈(Pilsner Urquell) 맥주의 본고장으로 그 명성이 높다. 철광석과 석탄 산업의 발달로 기계 공업이 발달했으며 스코다(Škoda) 자동차 공장도 여기에 있다. 고풍스러운 구시가의 중심에 자리 잡은 고딕 양식의 성 바르톨레메오 대성당이 플젠의 랜드마크다. 102m의 높은 탑과 웅장한 성당을 중심으로 르네상스 양식의 시청사, 유럽에서 두 번째로 큰 유대인 회당, 20km에 이르는 옛 지하 터널 등 뛰어난 건축물을 다양하게 즐길 수 있다.

가는 방법

프라하에서 열차와 버스편이 잘 연결되어 있으며 열차는 1시간 30분 내외, 버스는 1시간가량 소요된다. 독일 뮌헨에서는 2시간 간격으로 열차편이 운행되고 있으며 약 4시간 30분 소요된다. 플젠 중앙역(Plzeň Hlavní Nádraží)과 중앙 버스 터미널(Pilsen Centrální autobusové nádraží, CAN Pilsen)에서 시내 중심까지는 도보로 충분히 이동할 수 있다. 플젠 중앙역에서 시내 중심부까지는 도보 12~15분 정도, 버스 터미널에서 시내 중심부까지는 도보로 15분 내외 걸린다.

열차

프라하 중앙역에서 플젠 중앙역까지 직행편으로 1시간 15분~1시간 40분 정도 소요된다. 직행편은 시간당 2~3대 정도 운행된다. 플젠 중앙역은 1907년 처음 문을 열었으며 아름다운 아르누보 양식의 멋진 건물이다. 메인 출입구 앞에 시내 중심으로 이동하는 트램 노선들이 정차한다.

버스

프라하 즐리친(Zličín) 버스 터미널에서 플젠 중앙 버스 터미널(Pilsen Centrální autobusové nádraží, CAN Pilsen)까지 시간당 1대씩 운행되며 약 1시간 소요된다. 중앙 버스 터미널은 구시가를 사이에 두고 기차역과 정반대편에 있다. 기차역 반대편의 구시가 외곽 후소바(Husova) 거리에 있다.

구역 정보

플젠 여행의 핵심은 필스너 우르켈 양조장 내부 견학과 맥주 시음이다. 그 외에는 구시가의 대성당과 유대인 대 시나고그(Velká synagoga), 양조 박물관, 옛 지하 터널 등 종교와 역사가 담긴 건축물 등을 둘러보면 충분하다.

시내 교통

시내 관광은 도보로도 충분히 돌아볼 수 있다. 시내 교통은 대중교통 시스템인 PMD에 의해 운행되고 있으며 트램, 버스, 트롤리 버스 등을 관리한다. 홈페이지에 노선, 운행 시간표, 요금 등이 잘 안내되어 있다.

홈페이지 en.pmdp.cz

플젠의 관광 명소

필스너 우르켈 양조장
Plzeňský Prazdroj

주소 U Prazdroje 7
전화 0377-062-888
홈페이지 www.prazdrojvisit.cz
개방 5~9월 매일 09:00~18:00, 10~4월 매일 10:00~18:00 / 12월 24~26일, 1월 1일 휴무
요금 필스너 우르켈 양조장 투어 300Kč, 감브리누스 양조장 투어 200Kč, 양조장 박물관 투어 100Kč
위치 플젠 중앙역(Plzeň Hlavní Nádraží)에서 도보 10분. 중앙역과 구시가 중간쯤에 위치
지도 p.225

최초의 페일 라거 양조장

1842년 설립된 필스너 우르켈 맥주의 본사가 바로 플젠에 위치해 있다. 필스너 우르켈은 페일 라거(Pale lager)를 최초로 생산한 양조장이다. 현재 전 세계에서 생산되는 맥주의 삼분의 이가 페일 라거인 것을 보면 필스너 우르켈의 영향력을 짐작할 수 있다. 세계 각지에서 이를 따라 필스, 필스너, 필제너 등 세계적으로 다양한 페일 라거 맥주들이 등장했다. 필스너 우르켈의 의미는 '플젠의 오리지널 원천'이라는 뜻이며 1898년에 플젠 맥주의 트레이드 마크로 채택되었다. 양조장 방문자 센터에 들러 양조장 투어(100분 소요)를 신청할 수 있으며 맥주의 재료부터 양조 과정 그리고 역사적 셀러에서 아직 여과되지 않은 맥주 시음까지 체험할 수 있다. 이 전통의 체코 맥주 회사는 안타깝게도 2017년에 일본의 아사히(Asahi) 맥주에 팔렸지만 여전히 체코를 대표하는 라거 맥주의 명성을 이어가고 있다.

영어 투어는 여름에는 평일 5회, 주말 6회 진행되며 겨울에는 매일 3회 진행된다. 맥주 저장고는 항상 5℃ 정도이므로 따뜻한 겉옷 하나 준비하는 편이 좋다.

성 바르톨로메오 성당

Katedrála svatého Bartoloměje

플젠 구시가 중심에 위치한 고딕 성당

13세기 후반 플젠 도시 건설과 함께 고딕 양식으로 건설된 성 바르톨로메오 성당은 구시가 중심 공화국 광장에 위치한 대표적인 랜드마크로 1995년 체코 국가 기념물로 지정되었다. 탑의 높이는 체코에서 가장 높은 102m에 이른다. 1993년 5월 교황 요한 바오로 2세에 의해 플젠 교구가 설립된 이래 주교좌 교구 교회 역할을 하고 있다. 주제단에는 아름다운 고딕 양식으로 만든 플젠의 마돈나가 세워져 있다. 성당 동쪽 바깥에 있는 조각상은 수많은 천사들에게 둘러싸인 올리브산의 그리스도를 나타낸다. 특히 이 천사들 중 한 명은 기도하는 사람의 소원을 들어준다는 전설이 전해진다.

주소 nám. Republiky **전화** 0377-226-098
홈페이지 nove.katedralaplzen.org
개방 **성당** 월~금 10:00~18:00, 토·일 13:00~18:00, 탑 매일 10:00~18:30(입장은 18시 마감) / 성당 내부 월 휴무
요금 탑 성인 90Kč, 아동 & 학생 & 연장자 60Kč
위치 플젠 중앙역(Plzeň Hlavní Nádraží)에서 도보 15분. 필스너 우르켈 양조장에서 도보 10분 **지도** p.225

양조 박물관

Pivovarské Muzeum

맥주 제조 공법과 옛 퍼브를 재현

15세기 양조장 건물에 들어선 박물관으로, 필스너 우르켈이 등장하기 이전에 맥주가 어떻게 만들어지고 마셨는지에 관한 자료들과 전시물들을 관람할 수 있다. 19세기의 선술집과 실험실을 재현한 공간이 흥미로우며 거대한 시베리아산 목조 맥주 탱커도 눈길을 끈다. 플젠의 고대부터 현재까지 길드의 출현과 성장, 양조 기술의 발전 등을 보여주는 전시물을 비롯해 중세 시대 양조 기술과 설비들을 체계적으로 살펴볼 수 있다. 세계에서 가장 작은 맥주 머그잔도 있다. 1시간 소요되는 투어에는 필스너 우르켈 맥주 시음(300ml)이 포함되어 있다(단 18세 이상만 시음 가능).

주소 Veleslavínova 58
전화 377-062-888
홈페이지 www.prazdrojvisit.cz
개방 10:00~18:00 / 연중무휴 **요금** 100Kč
위치 구시가 중심 공화국 광장(nám. Republiky)에서 도보 3분
지도 p.225

플젠 옛 지하 터널

Plzeňské historické podzemí

중부 유럽 최대의 옛 지하 도시 시스템

아주 정교한 지하실과 터널 시스템으로 플젠 구시가 중심부의 지하에 총 3개 층으로 이루어져 있다. 지하 통행로만 해도 총 14km에 이를 정도로 방대한 규모의 역사적 지하 구조물이다. 투어(50분 소요)는 약 800m 정도를 둘러보며 지하 9~12m 깊이에서 진행된다. 중세 시대 사람들의 다양한 유물들과 지하 은신처를 구석구석 구경할 수 있다. 주중에는 영어로 진행되는 투어가 1일 1회, 주말에는 1일 3회 진행된다. 투어 소요 시간은 60분.

주소 Veleslavínova 58/6 **전화** 0724-618-357
홈페이지 www.prazdrojvisit.cz
개방 10:00~18:00 / 연중무휴
요금 성인 150Kč, 아동 & 학생 & 연장자 100Kč
위치 양조 박물관에서 바로 **지도** p.225

체스케부데요비체

ČESKÉ BUDĚJOVICE

부드바 맥주의 탄생지

남부 보헤미아의 수도이며 1895년 이래 이곳 부드바(Budvar) 양조장에서 부드바 맥주가 탄생, 생산되고 있다. 아름다운 회랑이 늘어선 구시가 중심부에는 프르제미슬라 오타카라 2세 광장이 있으며, 바로크 양식의 멋진 삼손 분수와 3개의 첨탑을 갖춘 시청사가 랜드마크로 자리 잡고 있다. 고딕 양식과 르네상스 양식이 혼재된 흑탑에 오르면 구시가 전체 풍경은 물론 남서쪽으로 클레트(Klet)산까지 한눈에 펼쳐지니 체스케부데요비체를 방문한다면 가장 먼저 들러야 할 곳임이 분명하다. 체스케부데요비체를 방문하기 좋은 시기는 5~9월이며 6월에는 슬라브노스티 피바(Slavnosti Piva) 맥주 축제가 열린다. 8 · 9월에는 클래식 음악 콘서트 에미 데스틴(Emmy Destinn) 뮤직 페스티벌이 열린다.

가는 방법

프라하에서 체스케부데요비체까지는 기차를 이용하는 게 좀 더 편리하다. 기차역에서 구시가 중심에 있는 프르제미슬라 오타카라 2세 광장(Náměstí Přemysla Otakara II)까지는 도보로 15분 정도 걸린다.

열차

프라하 중앙역에서 매 시간 기차가 운행되며, 약 2시간에서 2시간 30분 정도 소요된다. 기차는 R(rychlík)선과 EX(express)선 2종류이며 EX선이 조금 더 빠르고 안락하다. 단 가격은 동일하다. 체스키크룸로프까지 연결되는 열차 노선이 일반적으로 체스케부데요비체를 경유한다.

버스

프라하 나 크니체시(Na Knizeci) 버스 터미널에서 레지오젯(RegioJet) 버스가 매 시간 운행되며 약 2시간 15분 정도 소요된다. 플릭스버스(Flixbus)는 프라하 UAN 플로렌츠(UAN Florenc)역에서 출발하며 약 2시간 15분 소요된다.
체스케부데요비체 버스 터미널(Autobusové Nádražní České Budějovice)은 기차역 바로 앞에 있으며 구시가 중심부까지 걸어서 15분 정도 걸린다.

구역 정보

체스케부데요비체의 관광 명소 대부분은 프르제미슬라 오타카라 2세 광장 주변에 있으므로 도보로 돌아보기에 편리하다. 다만, 부드바 양조장만 시내 외곽에 있어서 택시를 타고 10분 정도 걸린다.

시내 교통

구시가는 도보로도 충분하지만 기차역에서 자전거를 렌트해서 돌아봐도 좋다. 자전거 공유 앱 레콜라(Rekola)를 이용하는 것도 한 방법이다.
도시 구석구석을 연결해주는 버스와 트롤리버스는 가장 대표적인 대중교통수단이다. 티켓은 16Kč이며 1시간 유효하다. 버스 탑승 전에 티켓을 밸리데이팅(유효화)해야 한다.
택시를 탈 때는 중앙역 앞에 서 있는 택시를 타거나 택시 앱 택시파이(Taxify)를 이용하는 것이 편리하다.

관광 안내소
주소 Náměstí Přemysla Otakara II. 1/1 **전화** 0386-801-413
홈페이지 www.budejce.cz
개방 1~5월, 10~12월 월·수 09:00~17:00,
화·목·금 09:00~16:00, 토 09:00~13:00 /
일요일, 12월 24~26일, 31일, 1월 1일 휴무,
6~9월 월~금 08:30~18:00, 토 08:30~17:00,
일 10:00~16:00
위치 구시가 중심, 프르제미슬라 오타카라 2세 광장의 시청사 1층에 위치. 기차역에서 도보 15분 **지도** p.229

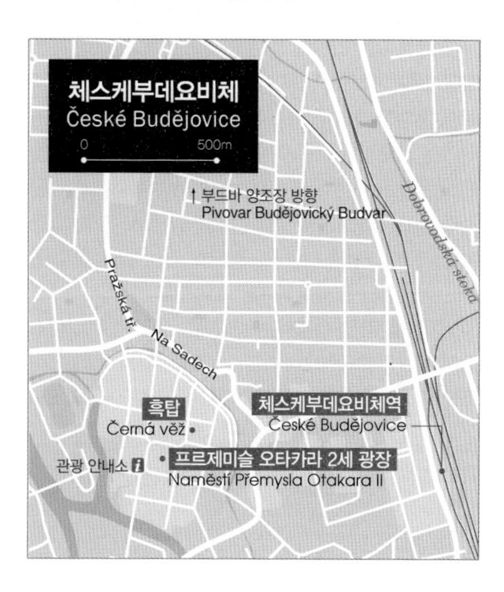

체스케부데요비체의 관광 명소

프르제미슬라 오타카라 2세 광장

Naměstí Přemysla Otakara II

아름다운 건축물에 둘러싸인 구시가 중심

구시가 중심에 위치한 거대한 광장으로 체스케부데요비체의 중요 랜드마크들이 대부분 이 광장에 모여 있다. 성 니콜라스 대성당, 흑탑, 삼손 분수, 벌꿀 궁전이라 불리는 노란색의 브첼라(Vcela) 궁전 등 아름다운 건축물들에 둘러싸여 있다. 광장 중앙에 있는 바로크 양식의 삼손 분수(Samsonova kašna)는 1721~26년에 걸쳐 자카리아스 호른에 의해 완성되었으며 조각상은 조세프 디트리히에 의해 만들어졌다. 조각상 제일 꼭대기에는 성서의 영웅 삼손이 서 있다.

삼손 분수에서 남동쪽으로 몇 발자국 떨어진 근처 바닥에는 십자가가 표시된 '이상하게 생긴 둥근 돌(Bludný kámen)'이 있는데, 중세 시대 처형대가 있던 자리라고 전해진다. 전설에 따르면 밤 10시 이후 이 돌 위를 지나간 사람은 누구도 집으로 가는 길을 찾지 못하고 아침까지 도시를 배회한다고 한다.

3개의 탑을 가진 시청사는 처음에는 1555년 르네상스 양식으로 건설되었으나 1727~30년에 걸쳐 우아한 바로크 양식 건축물로 재건되었다.

위치 구시가 중심에 위치. 체스케부데요비체역에서 도보 12분
지도 p.229

부드바 양조장

Pivovar Budějovický Budvar

중세부터 시작된 역사적인 부드바 맥주 양조장

세계적으로는 버드와이저(Budweiser)로 알려져 있는 부드바 맥주의 탄생지가 바로 체스케부데요비체이며, 대부분의 유럽에서 판매되는 버드와이저 맥주가 생산되는 곳이 바로 이곳이다. 미국이나 캐나다에서 판매되는 버드와이저 맥주와는 다르다. 미국에 토대를 둔 안호이저-부쉬(Anheuser-Busch)와 상표권 분쟁으로 미국에서는 버드와이저라는 명칭을 사용하지 못하고, 부드바(Budvar) 또는 체크바르(Czechvar)라는 이름으로 판매되고 있다. 체스케부데요비체의 양조장은 1895년에 설립되었으며 현재 전 세계 70개국 이상에 수출되고 있다. 양조장 투어가 매일(1월과 2월은 일 휴무) 정해진 시간에 진행되며 부드바 맥주 역사와 양조 과정을 견학할 수 있다. 18세 이상의 관람객은 맥주 시음도 가능하다. 양조장 투어는 1시간 정도 진행된다.

주소 Karolíny Světlé 512/4
전화 0387-705-347, 0387-705-199
홈페이지 www.budejovickybudvar.cz
개방 매일 09:00~17:00 **투어 시간** 9~12월, 3~6월 매일 14시, 7·8월 매일 11시, 14시, 1·2월 월~토 14시 / 1·2월 일 휴무
요금 성인 180Kč, 학생 & 아동 90Kč
위치 구시가 중심에서 택시로 10분, 도보로는 30분 소요
지도 p.229

흑탑 **Černá věž**

72m 높이의 르네상스 양식의 검은 탑

프르제미슬라 오타카라 2세 광장 북동쪽으로 바로 근처에 있으며 체스케부데요비체에서 가장 높은 72m 르네상스 양식의 탑이다. 1577년 완성되었으며 탑 안에는 6개의 종이 있다. 가장 큰 종은 무게가 3.5t, 직경이 182cm, 높이가 147cm나 되는 부메린(Bumerin)이라고 불리는 종으로 1723년에 완성되었다. 탑 전망대까지는 총 225개의 계단이 있으며 전망대 높이는 46m이다. 중세 시대 적의 침입을 경계하는 감시탑 역할을 했으며 현재는 최고의 전망대로 그 역할을 하고 있다.

주소 U Černé věže 70
개방 4~6월, 9 · 10월 화~일 10:00~18:00, 7 · 8월 매일 10:00~18:00 /
휴무 월(7 · 8월은 월요일도 오픈), 11~3월
요금 50Kč **위치** 프르제미슬라 오타카라 2세 광장에서 도보 2분 **지도** p.229

흑탑 전망대에서 내려다본 프르제미슬라 오타카라 2세 광장

올로모우츠

OLOMÓC

유네스코 세계 문화유산 도시

체코 모라비아 지역의 동쪽에 위치해 있으며 모라비아 왕국의 옛 수도이자 체코에서 여섯 번째로 큰 도시다. 거의 1,000년 동안 이어온 가톨릭 주교좌 도시답게 올로모우츠는 중부 유럽에서 가장 아름답게 장식된 성당들을 가지고 있다고 해도 과언이 아니다. 아름다운 6개의 바로크 양식 분수들과 18세기에 건설된 성 삼위일체 석주 그리고 다양한 성당들과 건축물들이 빼곡히 자리한 유서 깊은 도시다. 시청사 벽에 설치된 천문 시계는 프라하의 천문 시계와는 다른 특별한 매력이자 랜드마크다. 유네스코 세계 문화유산에 선정된 성 삼위일체 석주를 비롯해서 프라하 다음으로 가장 크고 가장 오래된 역사 보존 지역으로서 많은 기념물과 역사, 전설로 가득한 도시가 바로 올로모우츠다.

가는 방법

프라하에서 열차 노선이 잘 연결되어 있어서 당일치기 여행으로도 적합하다. 버스는 환승해야 하고 열차보다 소요 시간이 훨씬 길기 때문에 열차를 이용하는 것이 편하다.

열차

프라하 중앙역에서 올로모우츠 중앙역까지 직행열차로 2시간 10분~2시간 30분 소요. 1시간에 2~3대 운행하고 있어서 편리하다. 요금은 예약 시기와 시간대, 열차 종류에 따라 차이가 있으며 직행편 기준으로 400~680Kč 정도(2023년 1월, 2등석 기준).
브르노(Brno)에서 1시간 30분 소요, 2시간에 1대꼴로 운행한다.

구역 정보

올로모우츠는 바로크의 도시라고 할 수 있을 정도로 바로크 양식 건축물과 기념물들이 구시가 곳곳에 위치해 있다. 봄부터 가을까지가 방문하기에 좋은 계절이며, 특히 6월과 7월에 열리는 올로모우츠 바로크 축제에서는 다양한 오페라 공연과 바로크 랜드마크를 따라 야간 투어 등이 진행된다. 9월에는 국제 오르간 축제가 열리는데 1745년에 제작되어 성 모리스 교회(Kostel svatého Mořice)에 설치된 미하엘 엥글러(Michael Engler) 오르간을 세계적인 오르가니스트가 연주한다.

시내 교통

올로모우츠 구시가의 주요 관광 명소는 도보로 돌아보기에 충분하다. 대중교통도 잘되어 있어 편리하고 가격도 저렴하다. 트램과 버스가 주요 교통수단이며 주요 정류장이나 신문 가판대 키오스크에서 티켓을 살 수 있다. 기본요금은 14Kč.
택시는 기차역 앞에서 구시가 중심부까지 이동할 때 이용하기 편리하며 요금은 100~150Kč 정도다.

관광 안내소
주소 Horní nám. 583 **전화** 085-513-385
홈페이지 tourism.olomouc.eu
개방 1·2월 월~금 09:00~18:00, 토·일 09:00~17:00, 3~12월 매일 09:00~19:00 / 연중무휴
위치 구시가 중심 호르니 광장에 있는 시청사 1층에 위치
지도 p.233

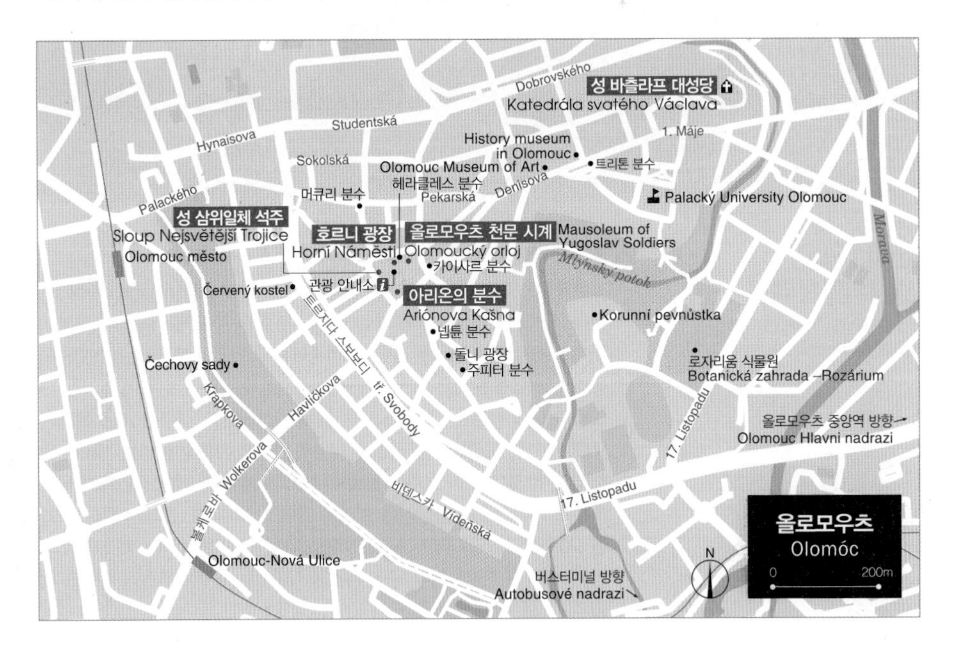

올로모우츠의 관광 명소

호르니 광장·성 삼위일체 석주

Sloup Nejsvětější Trojice · Horní náměstí

호르니 광장을 대표하는 랜드마크이자 유네스코 세계유산

올로모우츠 여행의 출발점이자 중심은 바로 호르니 광장(Horní náměstí)이다. 시청사와 천문 시계, 바로크 양식 분수 등 주요 볼거리들 대부분이 거대한 호르니 광장에 몰려 있다. 그중에서도 최고의 볼거리는 2000년에 유네스코 세계 문화유산에 등록된 성 삼위일체 석주다. 유럽에서 가장 큰 35m 높이의 석주는 1716~54년에 걸쳐 완성되었다. 석주를 세운 목적은 1713년~15년 모라비아를 덮친 흑사병의 종식과 가톨릭 신앙을 기리기 위해서다. 무엇보다 이 석주는 올로모우츠의 예술가와 공예 장인들이 올로모우츠 시민으로서 충성심을 보이기 위한 작업이기도 했다. 석주에 묘사된 모든 성인들도 대부분 올로모우츠와 관련된 인물들이다. 체코에서 가장 큰 바로크 기념물이며, 중부 유럽을 대표하는 올로모우츠식 바로크 예술 작품으로 인정받고 있다.

위치 구시가 중심
지도 p.233

6개의 바로크 분수들과 아리온의 분수

Barokní kašny & Arionova kašna

역사와 전설이 깃든 아름다운 분수

호르니 광장을 중심으로 올로모우츠 구시가 여기저기에 6개의 바로크 분수들이 흩어져 있다. 고대 로마 신화를 주테마로 해서 건설되었으며 돌니 광장(Dolní náměstí)에 넵튠의 분수(Neptunova kašna)와 주피터 분수(Jupiterova kašna)가, 프리오르(Prior) 상점 근처에 머큐리 분수(Merkurova kašna)가, 공화국 광장(Náměstí republiky)에 트리톤 분수(Kašna Tritonů)가 위치해 있다. 히드라와 싸우고 있는 헤라클레스 분수(Herkulova kašna)와 이 도시를 건설한 율리우스 시저의 분수(Caesarova kašna)가 메인 광장인 호르니 광장에 있다. 이 분수들은 번영했던 과거 올로모우츠의 역사를 보여주는 상징이기도 하다.

비교적 최근에 만들어진 아리온의 분수는 올로모우츠 출신의 유명 조각가 이반 테이메르(Ivan Theimer)가 2002년에 디자인해서 건설한 7번째 분수다. 시청사 남서쪽 모퉁이에 위치해 있으며, 분수의 장식 조각은 고대 그리스 출신의 시인이자 발현악기 키타라(Kithara)의 연주자였던 아리온에 관한 전설을 담고 있다. 아리온이 이탈리아에서 성공을 거두고 그리스로 돌아가던 중, 돈을 노린 선원들에게 목숨을 잃을 위기에 처했다고 한다. 마지막 노래를 부르게 해달라고 간청한 뒤 있는 힘껏 노래를 부른 아리온은 바다에 내던져졌지만, 그의 아름다운 노래를 듣고 나타난 돌고래가 그를 육지까지 데려다주었다고 한다.

위치 호르니 광장 곳곳에 분수들이 흩어져 있다. **지도** p.233

올로모우츠 천문 시계

Olomoucký orloj

공산주의 흔적이 남아 있는 천문 시계

호르니 광장 중심에 르네상스 양식의 시청사가 우뚝 서 있다. 가이드 투어로 시청사 홀과 예배당을 둘러볼 수 있으며 매일 오전 11시와 오후 3시에는 시청사 탑에 올라갈 수도 있다. 1층에는 갤러리, 레스토랑 그리고 관광 안내소가 들어서 있다. 시청사 건물 북쪽 벽면에는 체코에서 프라하와 함께 올로모우츠 단 두 도시에만 존재하는 천문 시계가 자리하고 있다.

15세기에 건설된 천문 시계는 약 14m 높이이며, 아래쪽 다이얼은 지구를 상징하고 분, 시간, 일, 월, 연과 달의 변화를 알려준다. 위쪽 다이얼은 천상의 세계를 상징하고 별자리 지도, 태양, 지구, 행성들을 보여준다. 낮 12시에는 황동 수탉이 울고 다양한 프롤레타리아 직업을 나타내는 인형들이 움직이며 7분 동안 시계의 창문을 지나간다. 천문 시계는 제2차 세계대전 당시 크게 훼손되었고, 지금의 모습은 체코가 공산화되던 1950년대에 복구한 것이다. 이때 원래의 중세풍 외관에서 당시 체코를 지배하던 공산주의 이념이 반영된 모습으로 바뀌었다. 성인과 천사의 자리가 과학자, 운동선수, 노동자로 대체되고 현재와 같은 외관을 갖게 되었다. 프라하의 천문 시계가 중세 시대 성경에 기초한 본래의 모습을 유지하고 있다면, 올로모우츠의 천문 시계는 공산주의 시대의 이념을 반영해 독특한 외관으로 보존되고 있다. 또한 세계에서 좀처럼 보기 힘든 태양 중심의 천문 시계이기도 하다. 지금은 올로모우츠 시민들의 만남의 장소로 이용되고 있다.

주소 Radnice, Horní nám. 26
위치 호르니 광장 중심에 있는 시청사 북쪽 벽면에 설치되어 있다.
지도 p.233

성 바츨라프 대성당

Katedrála svatého Václava

1,000년 역사를 지닌 고딕 양식 대성당

보헤미아의 공작 성 바츨라프 1세의 이름을 따서 지은 고딕 양식 성당으로 무려 1107년에 건설되었다. 교황 요한 바오로 2세와 마더 테레사도 방문했을 정도로 가톨릭에서는 유서 깊은 성당이다. 내부에는 성 얀 사르칸더(Jan Sarkander)의 유해가 매장되어 있다.

성당은 건축 당시 로마네스크 양식으로 지어졌으며 1131년에 축성되었고, 13세기와 14세기에 걸쳐 광범위하게 고딕 양식으로 개축되었다. 성당 전면부에 2개, 뒷부분에 1개 총 3개의 탑이 있다. 이 탑의 높이는 약 100m인데 모라비아에서 가장 높은 성당 탑이며, 체코에서 두 번째로 높은 첨탑이다.

주소 Václavské nám.
전화 0585-224-236
홈페이지 www.katedralaolomouc.cz
개방 월 · 화, 목~토 06:30~17:30, 수 06:30~16:00, 일 07:30~17:30 / 연중무휴 **요금** 무료
위치 호르니 광장에서 도보 14분 내외 **지도** p.233

TIP

올로모우츠의 전통 음식

하나 지방의 전통 치즈

올로모우츠 트바루츠키 Olomoucké tvarůžky

올로모우츠와 그 주변의 하나(Haná) 지방은 체코 요리의 훌륭한 표본 지역이기도 하다. 이 지역만의 독특한 음식들이 있는데, 그중에서도 가장 유명한 것이 올로모우츠 트바루츠키 치즈다. 15세기부터 전해오는 전통의 저지방 치즈이며 쏘는 듯한 맛과 강한 향으로 유명하다. 이름은 올로모우츠라고 붙어 있지만 실제로는 올로모우츠에서 30km 정도 떨어진 로스티체(Loštice)라는 작은 도시에서 생산된다. 체코 대부분의 상점에서 구입할 수 있으며, 맥주에 곁들여 먹기도 한다. 하나 지방에서는 코르동 블루의 속을 이 치즈로 채우기도 하고, 치즈를 튀겨서 먹기도 한다. 뢰스티츠케(Loštické)란 이름이 붙어 있으면 이 치즈가 들어가 있다고 생각하면 된다. 향이 너무 강해서 간혹 이 치즈가 들어간 요리에는 민트 사탕(Hašlerka)을 곁들여 내기도 한다.

갈릭 수프

하나츠카 체스네츠카 Hanácká česnečka

갈릭 수프는 체코 어디서나 맛볼 수 있지만, 특히 강렬한 맛이 인상적인 하나 지방의 갈릭 수프가 최고로 인정받고 있다. 올로모우츠 치즈가 더해지면 이 수프는 뢰스티츠카 체스네츠카(Loštická česnečka)로 불린다. 마늘과 잘 숙성된 전통 치즈가 어우러진 강한 맛과 향 때문에, 농담 삼아 누군가와 키스를 할 계획이라면 절대 먹지 말라고 말리는 음식이다. 감기에 걸렸거나 목이 아플 때 먹으면 기력 회복에 좋다고.

전통 케이크

하나츠키 콜라츠 Hanácký koláč

디저트 또는 커피와 함께 가볍게 먹기에 좋은 달콤한 케이크다. 크림치즈, 양귀비 씨앗, 살구, 딸기, 과일 등으로 속을 채운 체코의 전통 디저트이며, 특히 하나 지방에서 발달한 달달한 맛이 특징인 케이크다.

크로메르지시

KROMĚŘÍŽ

바로크 양식의 눈부신 꽃 정원 도시

체코 동부 모라비아 지방에 위치한 인구 약 3만 명의 작은 도시로, 도시 대부분이 유네스코 세계유산으로 지정될 정도로 역사적인 건축물이 가득하다. 대표 랜드마크인 바로크 양식의 대주교 궁전은 영화 〈아마데우스〉가 촬영된 곳이기도 하다. 궁전 뒤로 펼쳐지는 광대한 정원과 구시가 외곽에 조성된 바로크 양식 플라워 정원은 규모와 예술적 아름다움에 탄성이 절로 난다. 가장 놀라운 것은 수 세기가 지난 오늘날까지 잘 보존되어 있다는 점이다. 두 차례의 세계대전으로 피해를 입었지만 재건되었고, 구시가의 건축물들은 거의 옛 모습 그대로 복원되어 특히 인상적이다. 모라비아 지방의 주요 도시인 올로모우츠, 브르노와는 기차와 버스 노선으로 잘 연결되어 있어 같이 둘러보기 좋다.

가는 방법

프라하에서 열차를 탈 때는 중간에 훌린(Hulin)에서 환승해야 한다. 모라비아의 대표 도시 브르노에서는 직행열차나 버스로 들어갈 수 있다. 프라하에서 열차와 버스 모두 직행은 없으므로 열차의 경우에는 훌린에서, 버스는 브르노에서 갈아타는 편이 좋다. 열차가 운행 편수가 많고 시간도 버스보다 짧다. 요금도 별 차이가 없으므로 오미오(Omio)와 같은 교통 앱으로 예약하고 열차로 이동하는 게 편리하다.

열차

프라하에서 갈 때는 중앙역에서 훌린까지 이동(2시간 58분 소요) 후 열차를 갈아타고 크로메르지시까지 간다(32분 소요). 총 약 3시간 40분 소요되며, 2시간마다 1대씩 운행한다. 모라비아의 대표 도시 브르노에서는 열차로 갈 수 있다. 직행으로 1시간 46분 정도 소요되며 2시간에 1대꼴로 운행한다.

버스

프라하 우안 플로렌츠(ÚAN Florenc) 버스 터미널에서 브르노까지 이동(2시간 30분 소요)한 후 브르노에서 버스를 갈아타고 크로메르지시까지 갈 수 있다(약 1시간 소요). 브르노에서는 버스가 열차보다 소요 시간이 더 짧다. 레지오젯(Regiojet) 버스로 약 1시간 소요되고 오전 9시, 오후 2시, 저녁 7시에 출발한다.

구역 정보

도시 중심은 시청사가 위치해 있는 벨케 광장(Velké nám.)으로 대주교의 궁전은 북쪽 끝에 위치하며 궁전 뒤쪽에는 넓은 정원이 펼쳐져 있다. 타원형의 구시가 동쪽에는 아름다운 꽃들로 가득한 플라워 정원이 있다.

관광 안내소
주소 Velké nám. 115
전화 0573-321-408
홈페이지 www.kromeriz.eu
개방 5~9월 월~금 09:00~18:00, 토 09:00~17:00, 일 10:00~17:00, 10~4월 월~금 09:00~17:00, 토 09:00~14:00 / 일 휴무
위치 구시가 중심에 있는 벨케 광장의 시청사 1층
지도 p.239

크로메르지시의 관광 명소

대주교의 궁전과 정원

Arcibiskupský zámek a zahrady

권력자였던 올로모우츠 주교의 궁전

12세기에 최초의 궁전이 올로모우츠 주교에 의해 건설되었다. 17세기 후반에 리히테슈타인 카스텔코르노 가문의 카를 2세(Karl II von Liechtenstein-Castelcorno)가 올로모우츠 주교가 되면서 궁전을 대대적으로 개축한다. 그는 미술품을 사들이고 유명한 음악가를 초빙해서 악단을 결성하는 등 이 도시를 모라비아의 바로크 음악 거점으로 삼고자 했다. 성 내부는 가이드 투어로 관람할 수 있고 약 90분 소요된다. 회화관은 프라하의 국립 미술관 다음으로 중요한 작품이 많이 전시되어 있다. 성 북쪽에는 카를 주교 시대에 조성된 아주 넓은 정원이 펼쳐진다.

주소 Sněmovní nám. 1 **전화** 0573-502-011 **홈페이지** www.zamek-kromeriz.cz
개방 성 내부 4월 토 · 일 09:30~16:00, 5월 화~금 09:30~16:00, 토 · 일 08:30~17:00, 6월 화~일 08:30~17:00, 7 · 8월 화~일 08:30~18:00, 9월 화~일 08:30~17:00, 10월 토 · 일 09:30~16:00 / 11 · 12월 휴무(시즌에 따라 개방 시간, 휴무일 변동. 관광 안내소에 문의), 정원은 연중무휴
요금 가이드 투어(체코어) 성인 210Kč, 아동 & 학생(6~26세) 150Kč, 가이드 투어(영어) 성인 290Kč, 아동 & 학생(6~26세) 210Kč
위치 구시가 중심 벨케 광장에서 도보 5분 **지도** p.239

플라워 정원

Květná zahrada

꽃으로 만든 아름다운 기하학 정원

기쁨의 정원이라고도 불리는 이 정원은 후기 르네상스 양식의 이탈리아 스타일 정원으로부터 클래식한 바로크 양식의 프랑스 스타일 정원으로의 변화를 보여준다. 17세기 후반 올로모우츠의 주교였던 리히텐슈타인 카스텔코르노 가문의 카를 2세(Karl II von Liechtenstein-Castelcorno, 1664~95년)에 의해 처음 건설되었다. 현재의 모습으로 완성된 시기는 19세기 중반이다. 약 300×500m에 이르는 직사각형의 바로크풍 정원으로, 키 작은 나무들과 꽃들이 기하학 도형을 만들어내고 있다. 정원의 북쪽 끝에는 244m의 열주랑이 있으며 그리스 신화에 등장하는 46명의 신들의 흉상으로 장식되어 있다. 열주랑 위에서 내려다보는 정원 모습이 정말 아름답다. 정원 중앙에 있는 팔각형 파빌리온은 17세기에 건설되었다. 천장의 프레스코화와 조각은 예전의 아름다운 모습으로 복원되었다. 이 외에도 미로 정원과 분수가 있으며 입구 근처에는 온실도 갖춰져 있다. 플라워 정원도 주교의 궁전과 함께 그 가치를 인정받아 유네스코 세계 문화유산에 등록되었다.

주소 Gen. Svobody 1192
전화 0723-962-891
홈페이지 www.kvetnazahrada-kromeriz.cz
개방 4월 매일 09:00~16:30, 5~8월 초 매일 08:00~18:30, 8월 중순~9월 말 매일 08:00~18:30, 10월 매일 09:00~16:30, 11~12월 하순 매일 09:00~15:30, 12월 말~2월 중순 09:00~15:30(요일과 날짜에 따라 변동), 2월 중순~3월 매일 09:00~15:30
※계절과 달에 따라 개방 요일과 시간이 자주 변동되므로 관광 안내소나 홈페이지에서 반드시 확인하도록 한다.
요금 성인 140Kč, 학생(18~25세) & 연장자(65세 이상) 110Kč, 아동 & 청소년(6~18세) 60Kč, 아동(6세 이하) 무료 **지도** p.239

레드니체와 발티체 문화 경관

LEDNICE & VALTICE

유네스코 세계유산이자 체코 모라비아 와인 산지

지리적으로 프라하보다는 오스트리아 빈이 더 가까울 만큼 국경에 인접한 남모라비아의 레드니체와 발티체 사이의 지역은 유네스코 세계유산으로 등재된 아름다운 경관과 와인 산지로 유명하다. 철도역이 있는 발티체에 리히텐슈타인 후작의 궁전이 있으며, 북쪽으로 8km 떨어져 있는 레드니체에는 후작의 여름 별궁이 있다. 15세기경부터 리히텐슈타인 후작의 영지로 사용되며 호화로운 2개의 성을 세우고 두 성 사이에 약 200km²에 이르는 광대하고 아름다운 정원을 조성했다. 현재 유럽에서 네 번째로 작은 나라인 리히텐슈타인 공국의 기원이 바로 이곳이라고 알려져 있다. 이곳에서라면 모라비아의 향기로운 화이트와인과 함께 자연 경관을 즐기는 사치를 누려도 좋다.

가는 방법

철도역이 있는 발티체(Valtice)로 가서 버스나 택시를 이용해서 레드니체(Lednice)까지 둘러볼 수 있다. 발티체에는 미쿨로프(Mikulov)와 레드니체(Lednice)로 가는 지역 버스가 있다. 발티체에서 미쿨로프까지는 열차로 갈 수도 있으며 11분 소요된다(2시간에 1대가량 운행).

열차

프라하에서 발티체로 가려면 일단 브르제츨라프(Břeclav)로 가서 환승해야 발티체로 들어갈 수 있다. 프라하 중앙역에서 브르제츨라프역까지는 열차 직행편으로 3시간 정도 소요된다. 주간에는 1시간에 1대씩 운행한다. 브르제츨라프에서 발티체까지는 열차로 13~14분 정도 걸리며 하루에 8대 정도 운행한다.

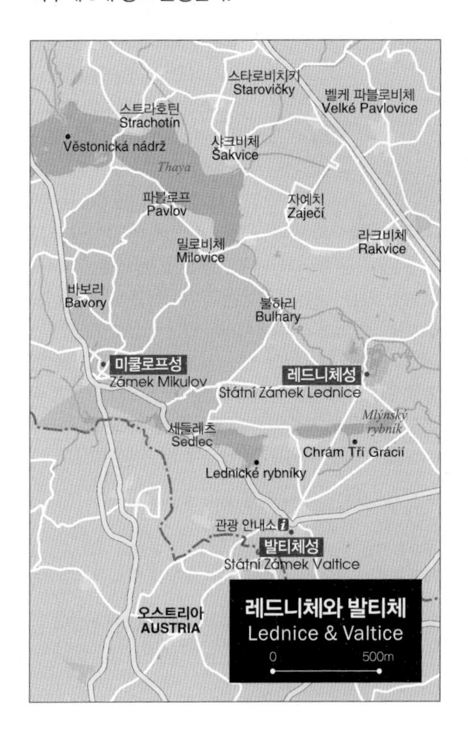

구역 정보

레드니체와 발티체 지역은 체코 와인의 산지로, 특히 화이트와인이 유명하다. 주요 도시마다 세워져 있는 옛 성과 궁전을 둘러보는 여행을 추천한다. 현지인들은 자전거를 타고 와인 산지를 돌아보는 여행을 선호한다.

관광 안내소
주소 nám. Svobody 21
전화 0734-256-709
홈페이지 www.valtice.eu
개방 4~9월 매일 09:00~12:30, 13:00~17:00, 10~3월 월~금 07:00~11:30, 12:00~15:30 / 10~3월 토·일 휴무
위치 발티체 궁전 건물 1층
지도 p.243

프라하보다는 빈에서 접근하는 편이 가깝고 수월하다

빈 중앙역에서 브르제츨라프(Břeclav)까지 유로 시티(Euro city) 열차로 이동(54분 소요)한 후 브르제츨라프에서 발티체까지 지역선 열차로 갈아타고 13~14분 소요된다. 빈에서 총 1시간 44분 정도 소요되고 하루에 4대 정도 운행된다.

레드니체와 발티체의 관광 명소

발티체성
Státní Zámek Valtice

화려한 방들과 거대한 지하 와인 저장고를 갖춘 궁전

12세기에 건설되었으며 14세기에 리히텐슈타인 가문의 소유가 되었다. 17세기 초 후작 칭호를 얻은 카를 1세가 이곳을 거성으로 삼았으며, 이후 여러 차례 증개축을 반복하면서 오늘날의 멋진 모습을 갖춘 성이 되었다.
성 내부는 기본 가이드 투어로 관람할 수 있으며 기본 투어 외에 와인 투어 등 다양한 투어가 진행된다. 가이드 투어는 약 55분 정도 진행되며 20개가 넘는 방들을 둘러본다. 샹들리에가 빛나는 수많은 방들과 천사가 춤추는 바로크 예배당이 특히 아름답다. 성 지하에는 커다란 와인 저장고가 있으며 좋은 품질의 모라비아 와인을 시음할 수 있고, 저렴한 가격에 구입할 수도 있다.

주소 Zámek 1, Valtice **전화** 0778-743-754
홈페이지 zamek-valtice.cz
개방 성수기 매일 09:00~17:00, 비수기와 계절에 따라 개방 시간이 자주 변동되므로 미리 홈페이지를 확인하자. / 성수기는 연중무휴이지만, 비수기와 계절에 따라 쉬는 요일이 많다.
요금 가이드 투어(체코어) 성인(25~65세) 230Kč, 연장자(65세 이상) & 청소년(18~25세) 180Kč, 아동(6~17세) 90Kč
지도 p.243

레드니체성
Státní Zámek Lednice

발티체의 본궁보다 더 멋지고 화려한 여름 별궁

발티체성보다 먼저 건설되었으며, 리히텐슈타인 가문의 거성으로 이용되었다. 카를 1세가 발티체를 거성으로 삼으면서 이곳은 여름 별궁이 되었다.
성 내부는 가이드 투어로 관람할 수 있으며 공적인 부분을 도는 기본 투어와 사적인 부분을 돌아보는 투어로 나뉘어 있다. 내부의 장식이나 가구들은 발티체 성보다 더욱 화려하다. 특히 서재에 있는 나선형 계단은 빈에서 제작된 작품인데, 한 그루의 떡갈나무로 제작한 매우 귀중한 유산이다. 성에 있는 정원에서 조금만 걸어가면 이슬람 사원인 미나렛을 닮은 탑 등을 둘러볼 수 있다. 가이드 투어는 약 50분 정도 진행된다.

주소 Zámek 1, Lednice **전화** 0519-340-128
홈페이지 www.zamek-lednice.com
개방 7·8월 매일 09:00~17:00, 비수기와 계절에 따라 쉬는 요일이 많으며, 시간도 자주 변동된다. 홈페이지에서 개방 요일과 시간을 반드시 확인하자.
요금 가이드 투어(체코어) 성인 240Kč, 연장자(65세 이상) & 청소년(18~24세) 190Kč, 아동(6~7세) 100Kč
지도 p.243

미쿨로프성

Zámek Mikulov

모라비아에서 가장 그림 같은 중세 와인 마을

미쿨로프는 남모라비아의 작은 중세 마을이다. 구시가 중심에 미쿨로프성이 가장 높이 솟아 있으며 13세기 말 이래 돌로 지은 성이 세워졌고 현재의 성은 디트리히슈타인의 통치 시기인 1719~30년 사이에 재건된 것이다. 제2차 세계대전 당시 독일 군대가 퇴각하면서 성에 불을 질러서 큰 피해를 입기도 했다. 1950년대에 대대적인 복구 작업을 진행했고, 이때 예술 작품과 역사적 유물 그리고 모라비아 와인 생산 역사와 관련된 유물들을 소장한 미쿨로프 지역 박물관도 들어섰다. 성 지하에는 거대한 와인셀러가 있으며 이곳에 1643년에 만들어진 거대한 와인 배럴들이 전시되고 있는데, 그중에는 1,014hl(헥토리터)나 되는 거대한 통도 있다.

주소 Zámek 1, Lednice
전화 0519-309-014
홈페이지 www.rmm.cz
개방 4 · 10 · 11월 금~일 09:00~16:00,
5 · 6 · 9월 화~일 09:00~17:00, 7 · 8월 매일 09:00~18:00 /
12~3월, 4 · 10 · 11월 월~목, 5 · 6 · 9월 월 휴무
요금 가이드 투어 코스에 따라 요금이 다르다(홈페이지 참조)
기본 가이드 투어 성인 120Kč, 아동 & 학생 60Kč, 성 지하 와인셀러와 거대한 와인 저장통 성인 60Kč, 학생 & 아동 30Kč
위치 구시가 중심의 가장 높은 곳에 위치
지도 p.243

TIP 모라비아 와인을 즐기자

모라비아인들에게 와인은 생명수와도 같다. 와인 바를 일컫는 비나르나(Vinarna) 또는 와인셀러를 일컫는 빈니 스클레프(Vinný sklep)를 방문하면 모라비아의 다양한 와인들을 둘러보고 맛도 볼 수 있다. 특히 모라비아 와인 산지는 남부가 유명하며 미쿨로프를 비롯한 마을은 중세의 모습을 간직한 구시가와 마을 외곽을 둘러싼 포도밭이 마치 그림 같은 풍경을 연출한다. 직접 유리병이나 플라스틱 통을 들고 와서 와인셀러에서 와인을 사가는 현지인들을 자주 볼 수 있다. 세계적으로 명성이 높은 프랑스나 이태리 와인에 뒤지지 않는 품질의 와인을 생산하고 있으며 가격은 상대적으로 저렴한 편이다. 일반적으로 알려져 있는 유럽의 와인들과는 맛과 향이 다르다는 평을 받고 있다.

추천 와인

스바토바브리네츠케(Svatovavrinecké): 강하고 드라이한 맛의 레드와인
모드리 포르투갈(Modrý Portugal): 중간 정도의 맛을 가진 레드와인
프란코브카(Frankovka): 달콤한 맛의 레드와인
뮐러 투르가우(Müller Thurgau): 가벼운 꽃 향기와 균형 잡힌 맛의 화이트와인
벨트린츠케(Veltlinské): 중간 정도의 향미와 낮은 산미를 가진 화이트와인

AUSTRIA
오스트리아
서유럽과 동유럽의 경계에 위치한 오스트리아는 세계적 음악 거장들의 발자취와 시대를 풍미한 화가들 그리고 합스부르크 왕가의 풍요로운 문화유산이 가득한 나라다. 또한 유럽 국가들 중 국토 면적은 작은 편이지만 청정한 티롤 알프스의 산과 호수로 둘러싸인 잘츠캄머구트의 수려한 자연 경관이 어우러져서 스위스 못지않은 자연 여행의 최적지이기도 하다.

MUST KNOW

여행하기 전에 반드시 알아야 할 오스트리아 필수 정보

여행을 준비하면서 꼭 알아두어야 할 오스트리아의 기본 정보들을 한데 모았다.
준비물과 일정 등을 계획하기 위해 이 정도는 미리 인지하고 있어야 한다.

"직항의 경우 비행시간 12시간 40분 내외"

대한항공이 빈 직항편을 주 3회(수 · 금 · 일) 운항하고 있으며 소요 시간은 12시간 40분 정도다.
경유편은 오스트리안, 에어프랑스, 루프트한자 등 주요 항공사들이 로마, 파리, 런던 등 유럽 주요 도시를 거쳐 빈으로 들어간다. 경유편 소요 시간은 연결편에 따라 16시간~19시간 정도 걸린다.

"한국, 오스트리아의 시차는 8시간"

오스트리아는 한국보다 8시간 늦다. 한국이 오후 6시면 오스트리아는 오전 10시다. 단, 매년 3월 마지막 일요일에 시작해서 10월 마지막 일요일까지의 서머타임 동안은 7시간 늦다. 유럽 연합의 의결로 2021년부터 서머타임 강제 의무를 폐지하도록 결정했으나, 코로나 팬데믹으로 인해 시행이 미루어지면서 현재까지도 지속되고 있는 상황이다.

"오스트리아의 통화는 유로"

오스트리아는 EU 회원국으로 통용되는 통화는 유로(Euro)이고 €로 표기한다. 5, 10, 20, 50, 100, 200, 500유로 지폐와 1유로, 2유로 동전, 1, 2, 5, 10, 20, 50센트 동전이 통용되고 있다. €1는 100센트다.

"독일어를 사용, 영어도 잘 통하는 편"

오스트리아의 공용어는 독일어다. 제1차 세계대전 이후 대다수의 국민이 독일어를 모국어로 사용하고 있다. 일부 소수 민족은 각자의 언어로 교육을 하기도 한다. 오스트리아에서 영어는 잘 통하는 편이며 대부분의 국민들이 영어를 능통하게 구사한다. 다만 시골 지역의 연령이 높은 노인들은 독일어만 구사하는 경우가 많다.

"대체적으로 여름은 덜 더운 편"

오스트리아는 사할린과 거의 비슷한 위도에 있으며, 평야 지대와 산악 지대의 기후가 크게 다르지 않다. 여름에도 대체적으로 서늘하고 건조하며, 겨울에는 많은 눈을 동반하는 매서운 추위가 찾아온다. 최근에는 지구 온난화로 인해 여름에 무더운 날이 이어지는 경우가 많다. 하지만 습도는 낮아서 그늘에 들어가면 시원한 편이다. 특히 티롤 알프스와 같은 산간 지대는 겨울에 눈이 많이 내려 스키를 즐기기에 좋다.

"한국 전자 제품은 그대로 사용 가능"

전압은 220V이고 주파수는 50Hz, 전기 플러그는 둥근 모양의 핀이 2개 있는 C타입이 일반적이다(일부 SE타입도 있다). 우리나라 콘센트를 그대로 꽂아서 사용할 수 있다. 다만 우리나라의 상용 주파수는 60Hz이므로 50/60Hz 겸용 전기 제품은 그냥 사용해도 되지만 겸용이 아닌 60Hz 전용 제품은 고장이 날 수도 있으므로 주의해야 한다.

실용편

"미네랄워터를 구입해 마시는 것이 보통"

오스트리아의 수돗물은 식수로 마실 수는 있지만, 석회질 성분이 많아서 미네랄워터를 구입해서 마시는 편이 좋다. 탄산이 들어 있는 것과 탄산이 없는 일반 생수가 있다.

탄산 없는 생수 미네랄바서 오네 가스(Mineralwasser ohne Gas)
나투를리헤스 미네랄바서(Natürliches Mineralwasser)
슈틸바서(Stillwasser)
탄산수 바서 미트 콜렌조이레(Wasser mit Kohlensäure)
바서 미트 가스(Wasser mit Gas)

"공중화장실은 대부분 유료"

주요 기차역이나 지하철역, 관광지에 공중화장실이 마련되어 있다. 공중화장실은 대부분 유료이며 기기에 동전을 투입하거나 관리하는 사람에게 팁(€0.5~1 내외)을 주어야 한다. 이때 거스름돈을 주지 않거나 없는 경우가 많으므로 동전으로 미리 준비하는 편이 좋다. 카페나 레스토랑에서 커피나 식사를 할 때는 무료로 이용할 수 있다.

여자 화장실은 다멘토일레테(Damentoilette)나 다멘의 D자만 써서 토일레텐 데(Toiletten D)로 표기한다. 남자 화장실은 헤렌 토일레테(Herren-toilette 또는 Herren)나 헤렌의 약자인 H만 써서 토일레텐 하(Toiletten H)로 표기한다.

"팁 문화가 있다"

레스토랑에서는 요금의 5~10%, 택시는 요금의 5% 정도를 팁으로 준다. 호텔에서는 룸서비스와 포터에게 €1, 아침에 베개에 팁을 놓아둘 경우에도 €1 정도가 적당하다.

레스토랑에서 카드로 계산할 경우에는 영수증의 음식값 아래에 팁이라고 쓰여 있는 빈칸이 있는데 그곳에 음식값의 5~10%의 팁 금액을 적으면 된다. 현금으로 계산할 경우에는 거스름돈을 팁으로 주거나 잔돈을 반올림해서 계산하면 된다. 만약 €18 정도 나왔다면 €20를 주면 된다.

“체코, 헝가리에 비하면 물가는 비싼 편”

일반적으로 체코와 헝가리에 비하면 물가는 조금 더 비싼 편이다. OECD 비교 물가 수준에 따르면 한국을 100으로 기준 잡았을 때 오스트리아는 104, 헝가리는 56, 체코는 62 정도다. 빈, 잘츠부르크와 같은 인기 있는 여행지는 대체적으로 다른 도시들보다 물가가 더 비싼 편이다. 대형 체인 슈퍼마켓에서는 그나마 저렴하게 생수를 비롯한 식재료를 구입할 수 있다.

상품	평균 가격
생수 500ml	€0.59
지하철 1구간	€2.40
택시 기본요금	€3.80(밤에는 €4.30)
샌드위치	€4~5
중급 레스토랑 한 끼 식사비	€20~25

“일요일 · 국경일에 쉬는 곳이 많다”

관공서는 대부분 월~금요일까지 문을 열며, 상점들은 토요일에도 영업을 하는 경우가 많다. 빈과 같은 관광지 중심 지역의 상점과 레스토랑도 일요일과 국경일에는 대부분 휴무인 경우가 많으며 일부는 연중무휴로 운영한다. 일반 슈퍼마켓의 영업이 끝난 후에는 밤늦게까지 운영하는 역내, 공항 내 슈퍼마켓도 있으니 필요하다면 이용하자. 단 시중보다 가격이 1.5~2배 정도 비싸다.
아래의 영업시간은 일반적인 경우이며 도시나 계절, 특별한 상황에 따라 조금씩 다를 수 있다.

종류	영업시간 · 휴무일
은행	08:00~12:30, 13:30~15:00(목요일 ~17:30) / 토 · 일 · 국경일 휴무
우체국	08:00~12:00, 14:00~18:00 / 토 · 일요일 휴무 (특정 우체국은 토요일 오전만 영업. 대도시 중앙 우체국이나 주요 역의 우체국은 무휴)
상점	09:00~18:00 / 일 · 국경일 휴무
레스토랑	11:00~23:00(중간 휴식이 있는 곳도 있다) / 대개 일 · 국경일 휴무

전화 거는 법

오스트리아에서 한국의 02-123-4567로 걸 경우
00(국제전화 접속 번호) + 82(한국 국가 번호) + 0을 생략한 지역 번호 + 상대방 전화번호 순서로 누른다. 호텔 객실 전화는 외선 번호를 누른 후 사용한다.

00 – 82 – 2 – 123 – 4567

한국에서 오스트리아 빈의 478 1991로 걸 경우
국제전화 접속 번호 + 43(오스트리아 국가 번호) + 0을 생략한 빈 지역 번호 + 상대방 전화번호 순서로 누른다.

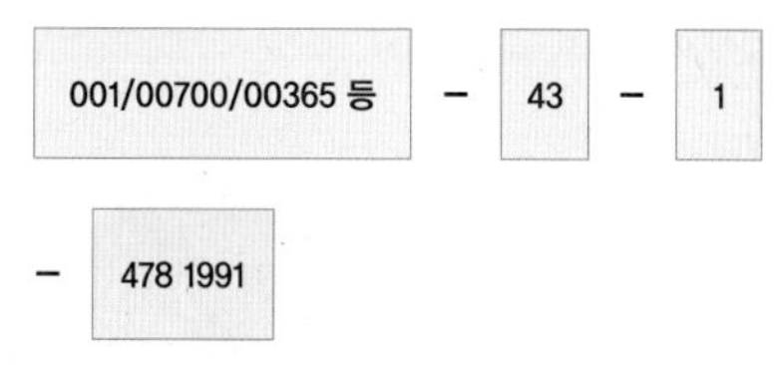

유럽 다른 국가에서
오스트리아 빈의 478 1991로 걸 경우
00(국제전화 접속 번호) + 43(오스트리아 국가 번호) + 0을 생략한 지역 번호 + 상대방 전화번호 순서로 누른다.

00 – 43 – 1 – 478 1991

오스트리아에서 오스트리아로 걸 경우
로밍된 핸드폰을 사용할 경우에는 현지 전화로 로밍되어 있기 때문에 별도로 국가 번호를 누를 필요가 없다. 국가 번호를 제외하고 상대방 번호를 그대로 누르면 된다. 공중전화 및 현지 전화를 사용할 경우에도 마찬가지다.
단, 로밍되지 않은 핸드폰을 사용할 경우에는 한국에서 국제전화를 하듯이 국제전화 접속 번호 혹은 + 표시(0을 길게 누르면 된다) + 오스트리아 국가 번호 + 앞자리 0을 뺀 상대방 번호를 누르면 된다.

여행 캘린더

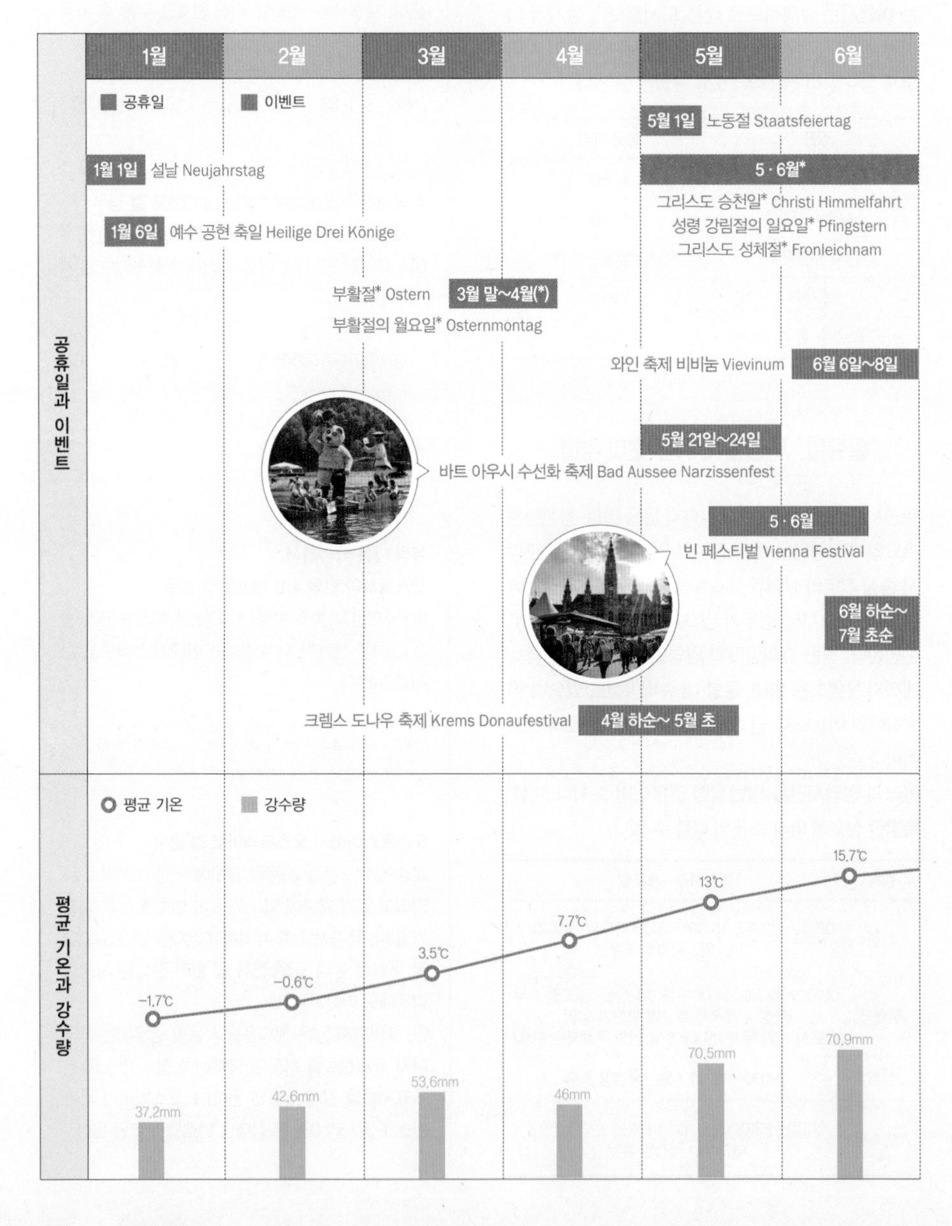

1월
2월
3월
4월
5월
6월
공휴일과 이벤트
공휴일
이벤트
5월 1일 노동절 Staatsfeiertag
1월 1일 설날 Neujahrstag
5·6월*
그리스도 승천일* Christi Himmelfahrt
성령 강림절의 일요일* Pfingstern
그리스도 성체절* Fronleichnam
1월 6일 예수 공현 축일 Heilige Drei Könige
부활절* Ostern
3월 말~4월(*)
부활절의 월요일* Osternmontag
와인 축제 비비늄 Vievinum
6월 6일~8일
5월 21일~24일
바트 아우시 수선화 축제 Bad Aussee Narzissenfest
5·6월
빈 페스티벌 Vienna Festival
6월 하순~
7월 초순
크렘스 도나우 축제 Krems Donaufestival
4월 하순~ 5월 초
평균 기온과 강수량
평균 기온
강수량
-1.7℃
-0.6℃
3.5℃
7.7℃
13℃
15.7℃
37.2mm
42.6mm
53.6mm
46mm
70.5mm
70.9mm

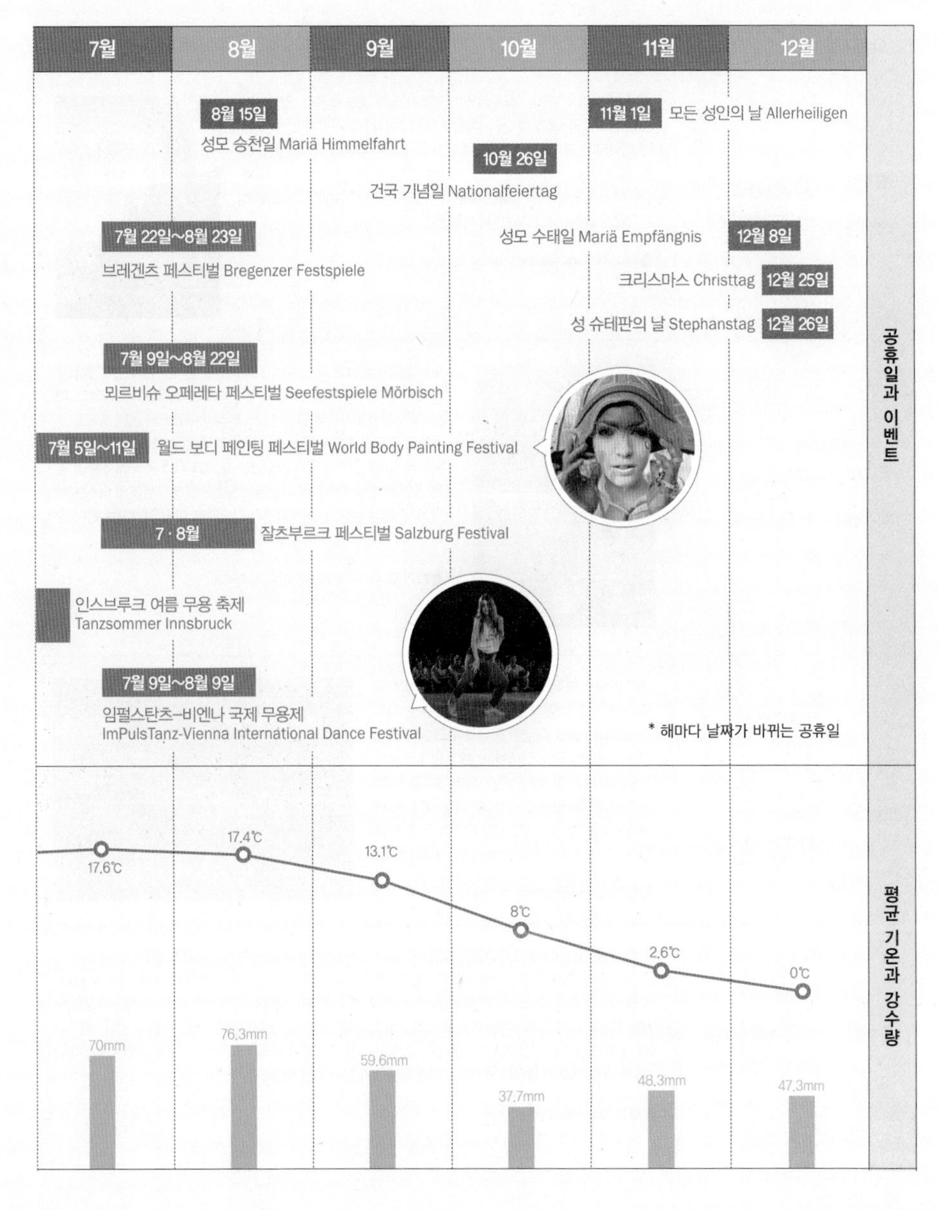

7월
8월
9월
10월
11월
12월
8월 15일
성모 승천일 Mariä Himmelfahrt
11월 1일 모든 성인의 날 Allerheiligen
10월 26일
건국 기념일 Nationalfeiertag
7월 22일~8월 23일
브레겐츠 페스티벌 Bregenzer Festspiele
성모 수태일 Mariä Empfängnis 12월 8일
크리스마스 Christtag 12월 25일
성 슈테판의 날 Stephanstag 12월 26일
7월 9일~8월 22일
뫼르비슈 오페레타 페스티벌 Seefestspiele Mörbisch
7월 5일~11일 월드 보디 페인팅 페스티벌 World Body Painting Festival
7 · 8월 잘츠부르크 페스티벌 Salzburg Festival
인스브루크 여름 무용 축제
Tanzsommer Innsbruck
7월 9일~8월 9일
임펄스탄츠–비엔나 국제 무용제
ImPulsTanz-Vienna International Dance Festival
* 해마다 날짜가 바뀌는 공휴일
공휴일과 이벤트
17.6℃
17.4℃
13.1℃
8℃
2.6℃
0℃
70mm
76.3mm
59.6mm
37.7mm
48.3mm
47.3mm
평균 기온과 강수량

축제와 이벤트

시기	축제	내용
5월 12일 ~ 6월 21일	빈 페스티벌 Vienna Festival	매년 봄 빈에서 열리는 오스트리아 최대의 종합 예술 축제다. 연합군이 점령하고 있던 1951년 처음 시작되어 매년 5월과 6월에 걸쳐 5~6주 동안 이어지며, 클래식 음악 공연을 비롯해서 연극, 뮤지컬, 영화, 무용, 미술, 대중음악 등 거의 모든 분야의 예술 행사가 펼쳐진다. 빈 시청사 앞 광장에서 열리는 개막식에는 누구나 무료로 참가할 수 있다. 2023년에는 5월 12일부터 6월 21일까지 개최된다. **홈페이지** www.festwochen.at
7월 20일 ~ 8월 31일	잘츠부르크 페스티벌 Salzburg Festival	모차르트가 탄생한 도시 잘츠부르크에서 열리는 유서 깊은 행사로 100년 역사를 자랑하는 음악 축제다. 1920년에 처음 시작되었고, 매년 7월부터 8월 사이에 열리는 오스트리아 대규모의 음악 축제로 인정받고 있으며 200여 개가 넘는 공연이 열린다. 모차르트 음악뿐만 아니라 오페라, 연극, 콘서트 등 잘츠부르크 시내 곳곳에서 수준 높은 공연들이 펼쳐진다. 이 기간에는 잘츠부르크 대부분의 숙소는 예약이 다 차서 빈방이 없는 경우가 많으므로 미리 예약하는 편이 좋다. 2023년에는 7월 20일부터 8월 31일까지 열린다. **홈페이지** www.salzburgerfestspiele.at
7월 6일 ~ 8월 6일	임펄스탄츠- 비엔나 국제 무용제 ImPulsTanz- Vienna International Dance Festival	매년 빈에서 개최되는 유럽 최대 규모의 현대 무용 축제다. 수천 명의 전문 무용수, 안무가, 지도자들이 5주 동안 다양한 공연과 워크숍 그리고 연구 프로젝트 등을 진행한다. 현대 세계 무용의 흐름을 보려면 이 축제에 참가하면 된다고 할 정도로 세계적인 명성을 자랑하는 무용제다. 2023년에는 7월 6일부터 8월 6일까지 한 달간 진행된다. **홈페이지** www.impulstanz.com
2024년 5월 25일 ~ 27일	와인 축제 비비늄 Vievinum	2년마다 열리는 오스트리아 최대의 와인 축제로 빈의 호프부르크 왕궁에서 성대하게 열린다. 오스트리아를 대표하는 와인 생산자 수백 명과 전 세계에서 초대받은 와인 수입상들, 소믈리에, 언론 기자 등 1,000여 명의 전문가들 그리고 수만 명의 와인 애호가들과 관광객이 참여하는 진정한 와인 축제다. 다양한 와인을 시음하고 오스트리아의 11개 DAC(와인 원산지)를 대표하는 빈티지 와인들도 맛볼 수 있다. 2024년에는 5월 25일부터 27일까지 3일간 열린다. 행사 기간 중 오전 9시에서 오후 1시까지는 와인 수입상이나 기자들에게, 오후 1시부터 6시까지는 일반 대중에게 행사가 공개된다. **홈페이지** www.vievinum.com

오스트리아는 왈츠의 아버지 요한 슈트라우스의 고향 빈, 모차르트의 고향 잘츠부르크로 대표되는 음악의 나라답게 음악 관련 축제가 특히 성대하게 열린다. 또한 수세기 동안 합스부르크 왕가의 중심지이자 제국의 심장으로서 다양한 예술가들이 활동하는 문화적 다양성과 잘츠캄머구트로 대표되는 아름답고 비옥한 자연 경관이 어우러져 해마다 온갖 축제가 펼쳐진다.

시기	축제	내용
6월 하순 ~ 7월 초순	인스브루크 여름 무용 축제 Tanzsommer Innsbruck	1995년에 시작된 세계적인 현대 무용 축제이며 티롤 알프스에 둘러싸인 아름다운 인스브루크에서 매년 6월 하순부터 7월 초순 사이에 개최된다. 축제 기간에는 세계적 명성의 무용가와 안무가들이 인스브루크를 찾는다. **홈페이지** www.innsbruck.info
7월 19일 ~ 8월 20일	브레겐츠 페스티벌 Bregenzer Festspiele	매년 7월과 8월 오스트리아 브레겐츠의 세계 최대 규모의 야외 수상 무대에서 펼쳐지는 유서 깊은 오페라 공연 축제. 보덴호(Bodensee) 위에 떠 있다고 해서 '떠있는 무대'라는 뜻의 이름을 갖게 된 '제뷔네(Seebühne)'는 7,000명을 수용할 수 있는 야외 수상 무대다. 이곳에서 브레겐츠 페스티벌의 메인 오케스트라인 빈 심포니 오케스트라의 격조 높은 연주를 감상할 수 있다. 2023년에는 7월 19일부터 8월 20일까지 한 달간 열린다. **홈페이지** bregenzerfestspiele.com
6월 1일 ~ 4일	바트 아우시 수선화 축제 Bad Aussee Narzissenfest	오스트리아 잘츠캄머구트 지역의 바트 아우시 마을의 아름다운 호숫가에서 펼쳐지는 야생 수선화 축제. 하얀색 별 모양의 수선화가 들판을 가득 덮는 5월 하순에 열리는 전통 축제로 특히 수선화로 장식한 거대한 조형물들을 보트에 싣고 펼치는 수상 퍼레이드가 인상적이다. 개화 시기에 따라 축제 시기는 변동된다. 2023년에는 6월 1일부터 4일까지 열린다. **홈페이지** www.narzissenfest.at
7월 13일 ~ 8월 19일	뫼르비슈 오페레타 페스티벌 Seefestspiele Moörbisch	브레겐츠 페스티벌과 함께 오스트리아 최대의 오페라 축제로 불린다. 뫼르비슈는 빈에서 3~4시간 거리에 있으며 노이지들러 호수의 풍경과 함께 낭만 가득한 오페라를 즐길 수 있다. 특히 이 오페라 축제의 특징은 매년 한 작품만을 선정해서 무대에 올린다는 점이다. 오직 한 작품만으로 축제 기간 내내 공연을 하지만 매번 대성공을 거둔다고 한다. 2023년에는 맘마미아(Mamma Mia)가 선정되어 이 작품만 무대에 오른다. 공연은 저녁 8시 30분경에 시작된다. 2023년에는 7월 13일부터 8월 19일까지 열린다. **홈페이지** www.seefestspiele-moerbisch.at
4월 하순 ~ 5월 초	크렘스 도나우 축제 Krems Donaufestival	도나우강 변 바하우 계곡의 도시인 크렘스안데어도나우(Krems an der Donau)에서 열리는 음악 공연 축제. 특히 이 축제는 아방가르드 록, 행위 예술, 일렉트릭 분야의 혁신적 예술가들이 많이 참여하는 것으로 유명하다. 음악과 현대 무용, 드라마 등 다른 전통적인 축제와는 다른 색다른 경험을 만끽할 수 있다. 매년 4월 하순에서 5월 초 사이 2주간 열린다.

BETTER KNOW

알고 가면 더욱 도움 되는 오스트리아 기초 정보

오스트리아에 대한 좀 더 풍부한 이야기와 정보를 읽어보면 여행하면서 더 많은 것이 보일 것이다.

“붉은색과 흰색의 국기”

국기와 국장에 있는 붉은색, 흰색, 붉은색의 가로형 3색 띠에 대해 명확하게 말할 수 있는 역사적 실체는 없다. 하지만 제3차 십자군 전쟁에 참가한 대공 레오폴트 5세의 흰 갑옷이 1191년 아콘 전투에서 선혈로 물들었고, 이때 칼집을 맨 띠 아래만 흰색으로 남았다는 이야기가 전해진다. 독일 황제 하인리히 6세가 그 붉은색, 흰색, 붉은색을 문장으로 그에게 주었다고 한다. 1230년 프리드리히 2세가 이것을 봉인에 새긴 것이 시초로 여겨진다.

“동서로 길게 뻗은 오스트리아”

오스트리아의 총면적은 약 8만 3,879km^2, 동서 길이는 540km로 길게 뻗어 있다. 유럽의 중심부에 위치하며 독일, 체코, 슬로바키아, 헝가리, 슬로베니아, 이탈리아, 스위스, 리히텐슈타인의 8개국에 둘러싸여 있다. 국토의 3분의 2는 알프스 산지로 이루어져 있다. 기복이 심한 계곡과 빙하로 이루어진 산악 지대는 특유의 복잡 미묘한 지형을 형성하고 있다. 또한 남티롤로 대표되는 아름다운 숲과 산, 계곡에는 액티비티를 즐기려는 여행자들의 발길이 이어진다. 오스트리아 강의 대부분은 독일에서 발원해서 흑해까지 흘러가는 도나우강으로 이어진다. 특히 도나우강을 따라 형성된 바하우 계곡은 포도밭과 자연 경관이 운치를 더해 유네스코 세계 유산에 등재될 만큼 아름답다. 잘츠부르크를 중심으로 하는 잘츠캄머구트 지역도 자연 애호가들에게는 최고의 여행지로 사랑받는다.

“민족의 약 90%가 게르만계”

오스트리아의 총인구는 약 875만 명이며, 빈의 인구는 약 182만 명이다. 민족의 약 90%가 게르만계, 그 밖에 동구계와 유대계로 구성되어 있다.

“인구의 다수가 가톨릭을 믿는다”

오스트리아 국민의 74%가 가톨릭, 5%가 개신교이고, 그 외에 이슬람교, 그리스정교, 유대교 등이다.

“9개 자치주로 이루어진 연방 공화국”

제2차 세계대전 이후 연합군에게 점령되었다가 1955년 영세 중립국으로 독립하였다. 9개 자치주로 이루어진 연방 공화국으로 각각의 주가 주의회에 의해 독자적으로 운영된다.

연방 국가이지만 실제로는 중앙 집권적 색채가 짙고, 정치적 결정은 중앙의 연방 정부와 의회에 위임된다. 연방 의회는 국민 의회와 연방 참의원으로 구성되는 양원제 체제이며, 국가원수는 국민 투표로 선출되는 연방 대통령이다.

현 대통령은 2017년 제12대 대통령으로 당선된 알렉산더 판데어벨렌(Alexander Van der Bellen)이다.

빈

WIEN

합스부르크 왕가의 유산과 거장들의 예술이 어우러진 도시

오스트리아의 수도이자 오스트리아에서 가장 큰 도시 빈은 오스트리아 전체 인구의 약 3분의 1이 거주하는 문화, 경제, 정치 그리고 예술의 중심지다. 20세기 전까지만 해도 전 세계 독일어권 도시들 중에 가장 큰 도시였다. 현재는 베를린 다음으로 두 번째로 큰 독일어권 도시다. 오스트리아 동쪽 끝부분에 위치해 있으며 체코, 슬로바키아, 헝가리 국경과 무척 가깝다. 걸출한 음악인들을 품어온 역사를 지녀 '음악의 도시'라고 불리우며, 지그문트 프로이트(Sigmund Freud)와 같은 심리학자들의 고향으로서 '꿈의 도시'라고도 불린다. 12세기 중엽 바벤베르크 왕가가 빈으로 수도를 이전한 이래 빈은 오스트리아의 수도로서 800년의 역사를 자랑한다. 뒤를 이은 합스부르크 왕가는 번영을 누렸는데, 이때 웅장하고 화려한 바로크 양식을 비롯해 다양한

여행 기간

3일

빈 여행의 중요 키워드

역사 건축 미술 음악 커피

건축물들이 빈 구시가를 둘러싼 링슈트라세와 그 안쪽으로 즐비하게 들어서 명실공히 유럽에서 가장 아름다운 도시로 우뚝 섰다. 문화적으로도 빈은 유럽 음악의 중심지로서 선도적인 역할을 했으며 도시 곳곳에 음악 거장들의 발자취가 남아 있어 클래식 마니아들의 성지가 되고 있다. 풍부한 문화적 유산을 마음껏 누리기 때문일까. 빈은 글로벌 리서치 기업이 선정하는 '살기 좋은 도시'에서 1, 2위를 다툴 정도로 삶의 질이 높은 도시로 인정받고 있다.

빈
Wien
0
1km
퍼츨라인스도르프 공원
Pötzleinsdorfer Park
Pötzleinsdorfer strasse
Gersthofer Strasse
칼렌베르크 방향
Oberdöbling
Krottenbachstrasse
Krottenbachstr.
Billrothstrasse
Peter Jordan Strasse
Neuwaldegger Strasse
Gersthof
Nussdorfer Str.
Czartoryskigasse
Währinger Strasse
Gentzgasse
Währinger Str. Volksoper
폴크스오퍼
Dornbacher Strasse
Alszeile
헤르날서 묘지
Hernalser Friedhof
Oberwiedenstrasse
Hernals
Kongresspark
Kreuzgasse
Michelbeuern AKH
종합 병원
Jörgerstrasse
Hernalser Hauptstrasse
Alser Str.
Geblergasse
Wilhelminenstrasse
Gallitzinstrasse
Johann-Staud-Strasse
오타크링거 묘지
Ottakringer Friedhof
Wattgasse
Neulerchenfelder Strasse
Josefstädter Str.
Ottakring
브룬네 마르크트
Thaliastrasse
Koppstrasse
Thaliastr.
Lerchenfelder Gürtel
Lerchenfelder Strasse
Flötzersteig
Kendlerstr.
Possinger-gasse
Gablenzgasse
Neustiftgasse
Burggasse
Burggasse-Stadthalle
Maroltingergasse
바움가르텐 묘지
Friedhof Baumgarten
슈니첼비르트
그린 익스프레스
Neubau Gürtel
비파
Neubaug
Hütteldorfer str.
Hütteldorfer Strasse
Breitensee
모텔 원 빈 베스트반호프
Schweglerstr.
Johnstr.
마르크트 커피
빈 서역
Wien Westbahnhof
트 버거
두란 소야
커피 펠로우즈
Westbahnhof
레오나르도 호텔
Goldschlagstrasse
Linzer Strasse
Felberstrasse
Johnstrasse
하이든하우스
Haydnhaus
스태니스
Penzing
Unter St.Veit
마리아힐퍼 거리
Mariahilfer Strasse
Gumpendorfer Str.
산업 기술 박물관
마우어러
Braunschweiggasse
Hietzinger Kai
웨스트엔드 시티 호스텔
Hadikgasse
Hietzing
Sechshauser Strasse
Margaretengürtel
Hietzinger Hauptstrasse
Linke Wienzeile
히칭 문
Schönbrunn
이비스 빈 마리아힐프 호텔
쇤브룬 궁전
Schloss Schönbrunn
Längenfeldgasse
Lainzer Strasse
Maxingstrasse
Meidling Hauptstr.
Arndtstrasse
Niederhofstr.
Grünbergstrasse
Wilhelmstrasse
카페 글로리에테
Ruckergasse
Eichenstrasse
Hohenbergstrasse
Meidling
마이트링역
Meidling
Kundratstrasse
Edelsinnstrasse
하일리겐크로이츠, 마이어링 방향
Wienerbergstrasse
A
B
E
F
I
J
N

하일리겐슈타트, R마이어 암 파르플라츠 방향 ↑
Neue Dona
Alte Donau
Donauturmstrasse
A22
Handelskai
도나우탑
도나우파크
Donau Park
Heiligenstädter Strasse
Heiligenstädter Lände
Brigittenauer Lände
Adalbert Stifter Strasse
Stromstrasse
Dresdner Strasse
Dresdner Str.
브리기테나우어 다리
Brigittenauer Brücke
Spittelau
Jägerstr.
Jägerstrasse
빈 쓰레기 소각장
Traisengasse
C
D
우노 시티
Kaisermühlen-Vienna Int.Centre
Wagramer Strasse
프란츠 요제프역
Franz Josefs Bahnhof
Engerthstrasse
슈베르트 생가
Schubert Geburtshaus
Friedensbrücke
아우가르텐
Augarten
Nordbahnstrasse
Donauinsel
Neue Donau
라이히스 다리
Reichsbrücke
Alserbachstrasse
Obere Augartenstrasse
아우가르텐 궁전
Vorgartenstr
Lassallestrasse
리히텐슈타인 박물관
브리기테나우어 다리
Brigittenauer Brücke
Handelskai
Donau
Rossauer Lände
Taborstrasse
Währinger Strasse
프로이트 기념관
빈 북역
Wien Nord
Wien Nord/ Praterstern
Ausstellungsstrasse
Schottenring
Franz Josefs Kai
대관람차
보티프 교회
Nestroyplatz
Schottentor
요한 슈트라우스 기념관
Johann Strauss Wohnung
박람회장
빈 대학
Schwedenplatz
쿤스트하우스 빈
Kunsthaus Wien
슈테판 대성당
Stephansdom
시청사
C카페 쿤스트하우스
경마장
R피그뮐러
Stephanspl.
C카페 디글라스
칼케 빌리지
국회 의사당
모차르트하우스
Mozarthaus
훈데르트바서하우스(시영 주택)
H
가스트하우스 R
주 덴 드라이 학켄
빈 미테역
Wien Mittebhf.
호프부르크
Volks-theater
프라터
R센티미터 2
시립 공원
T빈 국립 오페라 하우스
Stadtpark
Babenberger-strasse
D트램 정류장
Rochusgasse
Donaukanal
Schüttelstrasse
Erdberger Lände
버툴러스
Karlsplatz
R바피아노
Ungargasse
Landstrasser Hauptstrasse
카를 교회
Linke Wienzeile
H다스 티롤 호텔
S바인 앤 코
R잘름 브로이
H움밧
Kardinal-Nagl-Platz
Rennweg
슈베르트 최후의 집
Taubstummengasse
C아이스 그라이슬러
Rennweg
Schlachthausgasse
도나우 운하
Donaukanal
Pilgramgasse
Erdberg
벨베데레 궁전
Schloss Belvedere
Hauptstrasse
D트램 정류장
에르트베르크 버스터미널
A4
Landstrasser Gürtel
Südtiroler Platz
중앙역
Hauptbahnhof
20세기 현대 박물관
군사사 박물관
Wiedner
Margaretengürtel
Gasometer
K
Landgutgasse
Sonnwendgass
Arsenalstrasse
마르크스 묘지
L
Zipperestrasse
Matzleinsdorfer Pl.
Keplerplatz
Simmeringer Hauptstrasse
Triester Strasse
Quellenstrasse
Gudrunstrasse
Simmering Aspangbahn
Enkplatz
A23
Laxenburger Strasse
Reumannplatz
Favoritenstrasse
Geiselbergstrasse
↙ 바덴 방향
중앙 묘지 방향 ↘

프로이트 기념관
Berggasse
로사우어 병사
Rossauer Kaserne
Währinger Strasse
Wasag.
Türkenstr.
Schlick-
platz
Lazarettg.
Altes Allgemeines
Krankenhaus
Garnisong.
Schwarzspanierstrasse
Spitalg.
국립 은행
Schwarzspanierstr.
Otto
Wagner
Platz
Hörlg.
Koling.
Marianneng.
Frankg.
보티프 교회
Maria Theresien Strasse
Börse
Börse
Schottenring
Börsegasse
A
B
Alser
Strass
Skodagasse
Lange Gasse
Sigmund
Freud Park
Schottentor
경찰서
Skodag.
미노리텐 수도원
Universitätsstr.
Landesgerichtsstrasse
쇼텐토어
Schottentor
Hohenstaufeng.
Helfers-
torferstrass
주 법원
Landesgericht
Univ.
Inst.
Schottentor
Universität
Schotteng.
Dr. Karl Lueger Ring
Liebiggasse
Renngasse
Laudongasse
Laudong.
Koch.
Gasse
Schösselg.
빈 대학
Lange
Gasse
Lammgasse
Grillparzerstr.
파스콸라티하우스
Pasqualatihaus
Schönborn Park
Florianigasse
Fuhrmannsg.
Piaristeng.
Buchfeldg.
Landesgerichtsstr.
Oppolzergasse
카페 란트만
Mariensaüle
암 호프
Am Hof
시청사
Neues
Rathaus
시청사 앞 광장
Rathausplatz
라트하우스
Rathaus
페르스텔 파사지
카페 첸트랄
팔레 페르스텔
Palais Ferstel
Dr. Karl Renner
부르크 극장
Burgtheater
카페 라트하우스
Lichtenfels Gasse
에스테르하지켈러
슈타이겐베르거 호텔
카페 슬루카
웅어 운트 클라인 임 호하우스
Lederergasse/
Josefstädter Strasse
Stadiong.
콜마르크트
Kohlmarkt
헤렌가세
Herrengasse
Stadiongasse/Parlament
미노리텐 교회
Minoritenkirche
주립 박물관
데멜
Josefs Gasse
Doblh. Gasse
Theseus Temple
로스하우스
미하엘 광장
Michaelerplatz
국회 의사당
Parliament
시민 정원
Volksgarten
E
F
미하엘 문
Michaelertor
스페인
승마 학교 입구
Strozzig.
Neudegger Gasse
Trautson Gasse
호프부르크
Hofburg
구왕궁
Alte Burg
레헨펠더 슈트라세
Lerchenfelder Strasse
왕궁 예배당
Burgkapelle
Strozzig
Piaristeng
프티 포앵 마리아 슈트란스키
법원
Justizpalast
Volksgartenstr.
국립 도서관(프룽크잘)
Nationalbibliothek
(Prunksaal der Österreichischen)
Neubaugasse/
Neustiftgasse
메히타리스텐 교회
법무부
Justizministerium
자연사 박물관
Naturhistorisches Museum
Neustiftg.
Kellermanngasse
부르크링
Burgring
신왕궁
Neue burg
마리아 테레지아 동상
폴크스테아터
Volkstheater
St. Ulrichkirche
Kirchbergg.
Breiteg.
왕궁 정원
Burggarten
마리아 테레지아 광장
Maria-Theresien Platz
Neubaugasse
Burggasse
St. Ulrichs Platz
Burgg.
Sigmunds
gasse
Stift
gasse
Schrank
gasse
Spitt. bg.
Gutenbg.
Burgring
빈 미술사 박물관
Kunsthistorisches Museum Wien
Stuckg.
Kirchen.
Breitegasse
Elisabethstr.
무제움스크바르티어
Museums Quartier, MQ
Babenberger Strasse
Siebensterngasse
Siebensterngasse
Stiftgasse
K.-Schweighof-
Gasse
Neubaugasse/
Westbahnstrasse
호텔 애드머럴
조형 미술 아카데미 회화실
Akademie der bildenden Künste,
Gemäldegalerie
Getreidemarkt
Rahlg.
Kircheng.
Stiftg.
Königsklostergasse
Theobaldg.
공과 대학
Neubaug.
Königsklosterg.
Mariahilfer Strasse/Stiftgasse
Stiftskirche
제체시온
Sezession
I
J
Mariahilfer Strasse
St. Josef
Lindeng.
Kirchengasse/Neubaugasse
Stiftgasse/Neubaugasse
Fillgraderg.
Laimgrubeng.
Strasse
Lehárg.
Richter
Gasse
Windmühlg.
마리아 힐프 교회
Girardig.
Ressel-
Gasse
노이바우가세
Neubaugasse
Stiegengasse
Gumpendorfer
Bien.-Köstler-
gasse
A.Grünwald
Park
Linke Wienzeile
나슈 마르크트
Naschmarkt
Rechte Wienzeile
Schaurhoferg.
Operng.
Schadekg.
Medaillons Haus
에스테르하지 공원
Esterházy Park
Kaunitz-
gasse
Luftbad-
g.
Majolikahaus
Amerlingstr.
Pressgasse
Mühlg.
Schleif-mühlg

빈 중심부
Wien Zentrum
0
200m
N
Augartenbrücke
Hochedlinger Gasse
Im Werd
Sperlg.
Haidg.
Glockengasse
Rotensterng.
Tandelmarktg.
Karmeliter Gasse
Kleine Sperlgasse
Karmeliterplatz
Schmelz-gasse
Mohreng.
Zirkusg.
Weintraubeng.
Praterstrasse
도나우 운하 Donaukanal
쇼텐링
Schottenring
Gonzaga g.
Esslingg.
Neutorg.
Werdertorg.
루돌프 광장
Rudolfsplatz
Franz Josefs Kai
Obere Donaustr.
Hollandstrasse
Hamm. Purgst.g.
Lilienbrunn Gasse
Negerleg.
Taborstrasse
잘츠터 다리
Salztor-brücke
네스트로이플라츠
Nestroyplatz
요한 슈트라우스 기념관
Johann Strauss-Wohnung
Tempsel Gasse
Gredlerstrasse
Gredlerstr.
Marienbrücke
Ferdinand strasse
Donaustrasse
Untere
Aspernbrückeng.
Gonzagag.
Passauerplatz
Salzgries
Marc Aurel Strasse
Morzinplatz
마리엔 다리
Marienbrücke
슈베덴플라츠
Schwedenplatz
슈베덴 다리
Schwedenbrücke
아스페른 다리
Aspernbrücke
Obere Dampfschiffstr.
심플리 로 베이커리
구 시청사
Altes Rathaus
Juden-platz
Dr.-G.
Paris-Gasse
슈베덴 광장
Schwedenplatz
Schwedenplatz
우라니아 홀
Urania
Julius Raab Platz
Uraniastr.
Hint. Zollamtsstrasse
Radetzkystr.
Franz Josefs Kai
Jul. Raab Platz
호허 마르크트
Hoher Markt
궁켈
암 호프 교회
파크 하얏트 빈
빌레로이 운트 보흐
Brandstätte
Bognergasse
Fleischmarkt
Laurenz-erberg
Wiesingerstr.
Kolonitzg.
우체국 저축은행
Österreichische Postsparkasse
정부 청사
아카키코
페터 교회
마너 플래그십 스토어
콩피세리 하인들
바질리스켄하우스
Zollamtsstr.
Hintere Zollamtsstr.
Obere Viadukt Gasse
슈테판 광장 북쪽
Stephansplatz Nord
슈테판 대성당
Stephansdom
Dominikaner-kirche
그라벤
Graben
슈테판스플라츠
Stephansplatz
모차르트하우스빈
하스 & 하스
알빈 뎅크
프리크 서점
아이다 카페 콘디토라이
다 카포
Riemergasse
슈투벤링
Stubenring
응용 미술관 MAK
Österreicher Museum für angewandte Kunst
카푸치너 납골당
Kapuzinergruft
Piemer-Gasse
슈투벤토어
Stubentor
Stubentor
Weiskirchnerstr.
란트슈트라세 빈 미테
Landstrasse/Wien-Mitte
빈 미테역
Wien Mittebahnhof
프티 포앵 코바체스
데겐바허 운트 블룸너
Neuer Markt
Parkring
힐튼 비엔나 파크
Landstrasse Wien-Mitte
Gärtnerg.
Seidlg.
케른트너 거리
Kärntner Strasse
스와로브스키
호텔 암 파크링
아스토리아 호텔
도심 공항 터미널
Am Stadtpark
시립 공원
Stadtpark
호텔 자허 빈
자허
자허 에크 빈
시립 공원 입구
슈타이어레 암 슈타트파크
Weyrgasse
요한 슈트라우스상
Johan Strauss Denkmal
Kursalon
Wienfluss
카페 게르스트너
빈 국립 오페라하우스
Wiener Staatsoper
Mahlerstr.
Hegel-gasse
슈베르트링
Schubertring
Johannesg.
Reisnerstr.
Ungerg.
Oper Karlsplatz
슈타트파크
Stadtpark
베토벤 광장
Beethovenplatz
인터컨티넨탈 빈
Beatrixg.
국립음악대학
Universität Für Musik Und Darstellende Kunst Wien
임페리얼 호텔
Am Heumarkt
Bayerngasse
Linke Bahng.
Rechte Bahng.
퀸스틀러하우스
Künstlerhaus
빈 음악 협회
Wiener Musikverein
Lothringer Strasse
Gottfr. Keller Gasse
Am Modena-park
Salesianer Gasse
Marokkanerg.
Lisztstr.
카를스플라츠 역사
Karlsplatz Stadtbahn-Pavillon
카를스플라츠
Karlsplatz
빈 시립 역사 박물관
Neulingg.
Am Modenapark
Ungargasse/ Neulinggasse
Lisztstasse
Technische Universität
슈바르첸베르크 광장
Schwarzenbergplatz
호호슈트랄 분수
Strohg.
Daponte Gasse
카를 교회
Karlskirche
Paniglag.
Metternich Gasse
Reisnerstr.
Frankenbergg.
Gusshausstrasse
Schwind-Gasse
벨베데레 궁전 방향
Unt. Belvedere
Barichg.

MUST DO

빈에서
꼭 해봐야 할 것들

합스부르크 제국의 화려한 유산을 탐방하고 빈에서 활동한 예술가들의 발자취와 작품을 찾아보자.

1
합스부르크 왕가의 자취 찾아보기

빈의 상징 슈테판 대성당을 비롯해서 호프부르크 왕궁, 쇤브룬 궁전, 카푸치너 납골당, 왕궁 예배당 등 역사와 건축 유산을 돌아본다.

2
ESKIMO
win2day
Schaut's eini –
auf win2day.at!
NEU!
2
2
锦绣香
3
4

2 세기말 건축을 비롯해서 건축 기행 해보기

유겐트슈틸의 대표적 건축인 제체시온, 오토 바그너의 마욜리카 하우스, 훈데르트바서의 쿤스트하우스 빈과 훈데르트바서 하우스 둘러보기

3 오페라와 음악회 관람하기

빈 국립 오페라 하우스에서 수준 높은 오페라를 감상하고, 빈 필하모닉 오케스트라의 본거지인 빈 음악 동호 협회 음악당에서 연주 즐기기. 거기에 왕궁 예배당에서 빈 소년 합창단의 공연까지 감상해보자.

4 그해 수확한 포도로 빚은 햇와인 호이리게 즐기기

빈 외곽의 그린칭 지구나 하일리겐슈타트는 그해 빚은 포도주를 의미하는 호이리게로 유명한 곳이다. 소박하고 정겨운 호이리게 선술집에서 흥겨운 밴드 음악과 향기로운 호이리게를 즐겨보자.

5 전통 있는 카페에서 우아하게 커피와 케이크 맛보기

300년 이상의 역사를 자랑하는 빈의 카페는 하나의 문화와 예술 공간이기도 하다. 클림트가 자주 찾은 첸트랄 카페를 비롯해 전통과 역사가 서린 카페 탐방을 해보자.

5

6 도나우강 유람선 타고 바하우 계곡 감상하기

빈에서 출발해서 도나우강을 따라 바하우 계곡을 오르내리는 유람선을 타보자. 바하우 계곡은 오스트리아 와인 산지이기도 해서 다양한 와인도 맛볼 수 있다.

6

7 클림트의 키스를 비롯해 미술관 순례하기

〈키스〉를 필두로 클림트의 그림이 가득한 벨베데레 상궁을 비롯해 10개 이상의 복합 미술관 구역인 무제움 스크바르티어 순례하기

8

8 트램 타고 링슈트라세 한 바퀴 돌아보기

트램을 적절히 갈아타며 빈 구시가를 원형으로 감싸고 있는 링슈트라세를 한 바퀴 돌아보자. 1일권을 구매하면 몇 번이고 타고 내릴 수 있으니 트램 정류장 주변도 구석구석 구경해보자.

9 음악의 거장들이 잠들어 있는 중앙 묘지 순례하기

중앙 묘지는 표시가 잘되어 있긴 하나 지도를 보며 다녀야 할 정도로 규모가 크다. 천천히 산책하듯 거장들을 기리며 숨어 있는 거장들의 묘지를 순례해보자.

10 빈의 요리 탐닉하기

빈의 대표 전통 요리인 비너슈니첼(Wienerschnitzel)은 부드러운 송아지 고기에 빵가루, 달걀물을 묻혀 기름에 튀겨내고 레몬즙을 살짝 뿌려 먹는 요리다. 빈 곳곳에 역사가 깊은 슈니첼 식당들이 숨어 있다.

7
7
21D
STRASSENBAHN
HALTESTELLE
9
Beethoven
9
10

빈 가는 법

한국과의 직항 항공편이 연결되어 동유럽 여행의 기착점이 되는 빈.
또한 유럽 내에서도 주요 도시 간 국제선 열차와 버스가 잘 연결되어 있어서 오스트리아 인근의 동유럽이나 서유럽의 주요 도시에서는 열차나 버스를 이용해 쉽게 오고갈 수 있다.

비행기

공항은 시내에서 17km 정도 떨어져 있다. 도심을 연결하는 지하철이나 기차는 없으므로 버스를 이용해야 하며 1시간이면 도착할 수 있다.

빈 국제공항 Flughafen Wien - Schwechat

오스트리아의 메인 국제공항으로 국제선 비행기는 모두 빈 국제공항 슈베하트에 도착한다. 아시아, 북미, 아프리카로 가는 장거리 비행편들과 유럽의 다양한 목적지로 향하는 노선들까지 밀도 높은 연결망을 자랑한다.

빈 국제공항은 터미널 1, 터미널 1A, 터미널 3으로 구분되어 있다. 터미널 1은 스타얼라이언스 이외의 주요 항공사를 이용할 때 거치게 된다. 터미널 1A는 2005년 건설된 임시 건물이며, 터미널 3은 오스트리아항공을 비롯한 스타얼라이언스 항공사, 그리고 대한항공이 취항하고 있다. 기존에는 터미널 2도 있었으나 2013년부터 현재까지 보수 공사 중으로 체크인 카운터가 운영되지 않고 있다. 도착층은 1층, 출발층은 2층이며, 도착 로비에는 레스토랑, 환전소, 렌터카 회사, 택시 회사, 호텔을 알선해주는 숙박 안내소, 카페, 관광 안내소 등이 있으니 일정이나 여행 목적에 맞게 이용해보자. 관광 안내소에서 빈 시내 지도와 교통 노선도, 각종 공연 팸플릿 등을 잘 챙기도록 한다. 밤늦게 도착해서 환전소가 문을 닫았을 경우에는 자동 환전기에서 환전을 할 수 있다.

직항

대한항공이 빈 직항편을 운행하고 있으며, 2023년 현재 주 3회(수 · 금 · 일) 보잉 B777기를 운행하고 있다. 인천–빈 구간 비행 소요 시간은 12시간 40분 내외다.

경유

경유편은 루프트한자, 핀에어, 에어프랑스, 알이탈리아 등 주요 항공사들이 프랑크푸르트, 헬싱키, 파리, 로마 등 유럽의 주요 도시를 경유해서 빈으로 들어간다. 소요 시간은 대기 시간에 따라 15~16시간 정도다.

저가 항공

유럽 주요 저가 항공사의 경우 3개월 전에 예매한다면 국제선 열차나 버스보다 저렴하게 표를 구할 수도 있으며 무엇보다 이동 시간이 짧다는 장점이 있다. 저가 항공사가 아닌 주요 국적기도 미리 예약만 한다면 저렴한 가격에 예매할 수도 있으니 미리 각 항공사 사이트에서 검색해보자.

TIP 유럽 내 주요 저가 항공사

유로윙즈 Eurowings 독일 루프트한자의 자회사로 저먼윙즈(Germanwings)에서 유로윙즈로 이름을 변경했다. www.eurowings.com

이지젯 EasyJet 영국의 저가 항공사 www.easyjet.com
스마트윙즈 Smartwings 체코의 저가 항공사 www.smartwings.com

에어이태리 AirItaly 이탈리아 저가 항공사 www.airitaly.com

콘돌 Condor 독일의 저가 항공사 www.condor.com
부엘링 Vueling 스페인의 저가 항공사 www.vueling.com
헬베틱 Helvetic 스위스의 저가 항공사 www.helvetic.com

빈 공항에서 시내 가는 법

빈 국제공항은 시내 남동쪽 약 19km 거리에 있어 비교적 가까운 편이다. 빈 시내로 들어가려면 리무진 버스나 시티 에어포트 트레인, 택시, 근교 전차인 S반 등을 이용하면 된다.

리무진 버스

총 3개 노선이 있다. 10곳의 정류장을 거쳐가며 모든 정류장은 빈의 대중교통 노선, 주로 지하철 U반(U-bahn) 노선에 연결되므로 시내로 이동하기 편리하다.

홈페이지 www.viennaairportlines.at
운행 시간 05:00~01:15(노선에 따라 운행 시간과 간격이 다르므로 미리 확인하도록 하자)
타는 곳 도착 로비 출구에 위치
승차권 구입 짐 찾는 곳과 도착 로비의 관광 안내소, 자동 발매기 등에서 구입해 승차 시 운전사에게 내면 된다. 미처 사지 못했을 경우 버스 운전사에게 바로 구입해도 된다.

철도

공항과 시내를 연결하는 철도는 총 3가지. 공항 특급인 시티 에어포트 트레인(줄여서 CAT), 국영 연방 철도 OBB의 레일젯(줄여서 RJ), 도시 고속 철도인 S반(S-Bahn)이다.
목적지가 빈 중앙역이면 RJ열차나 S반을 이용하는 게 편리하고, 빈 미테역은 CAT을 이용하는 편이 좋다.
공항 도착층에서 5~10분 정도 걸어가면 RJ열차와 S반 그리고 CAT이 정차하는 빈 공항 기차역이 나온다. 기차역에서 플랫폼이 나뉘며 각각 지정된 플랫폼에서 RJ열차, S반, CAT이 출발한다. 플랫폼으로 내려가는 계단에 티켓 판매기가 있으며 RJ열차와 S반은 빨간색, CAT는 초록색 발매기에서 티켓을 구입하면 된다.

리무진 버스 노선 정보

노선 번호	노선	소요 시간	운행 간격	요금
노선 1 Val 1	빈 공항에서 빈 중앙역(Hauptbahnhof)을 거쳐 빈 서역(Westbahnhof)까지 가는 노선	40분	30분 간격	편도 €9 왕복 €15
노선 2 Val 2	빈 공항에서 슈베덴 광장/모르친 광장(Schwedenplatz/Morzinplatz)까지 가는 노선	약 20분	30분 간격	
노선 3 Val 3	빈 공항에서 카그란 다리(Kagraner Brücke)를 지나 도나우젠트룸(Donauzentrum)까지 가는 노선	약 40분	1시간 간격	

◎ **시티 에어포트 트레인(공항 특급)**
City Airport Train(CAT)

눈에 잘 띄는 초록색이 인상적인 특급 열차로, 줄여서 캣(CAT)으로 불린다. 빈 공항과 시내의 빈 미테(Wien Mitte)역까지 약 20km 구간을 정차 없이 이어주는 열차다.
도착층에서 5분 정도 거리에 CAT 플랫폼이 있으며 일반 기차 플랫폼이 아닌 지정된 플랫폼에서 출발한다.

홈페이지 www.cityairporttrain.com

공항-빈 미테역
소요 시간 16분(30분 간격)
요금 편도 €12, 왕복 €21(온라인 발권 시 편도 €11, 왕복 €19), 15세 이하 무료, 비엔나 카드 소지 시 €2 할인(구입 후 6개월간 유효)

◎ **OBB 레일젯 열차 Railjet(RJ)**
도시 고속 철도 S반 S-Bahn

오스트리아 국영 연방 철도(OBB)인 레일젯(Railjet, 약자로 RJ) 열차를 이용하거나 근교 열차인 S반을 이용하는 방법이 있다. RJ열차가 S반보다 빠르지만 요금은 동일하다.
RJ열차는 빈 중앙역까지 15분 소요된다. 빈 중앙역에서 환승해서 빈 시내의 다른 곳으로 가더라도 시내 이동은 추가 요금이 없어서 편리하다. S반은 S7 열차를 타면 시내 중심까지 갈 수 있으며 약 25분 소요된다.

홈페이지 tickets.oebb.at/en/ticket
공항-빈 미테역
소요 시간 RJ열차 15분 소요(30분 간격)
S반(S7) 25분 소요(30분 간격)
요금 RJ열차, S반 €4.30로 동일

TIP 빈 시내에서 CAT을 타고 공항으로 갈 때

시내에서는 빈 미테역에 CAT 터미널이 있는데, 빈에서 제일 현대적이고 최대 규모의 쇼핑센터인 더 몰(The Mall)의 그라운드층에 CAT 터미널이 있다. CAT를 이용하면 시내에서 공항으로 갈 때 빈 미테역의 CAT 터미널에서 미리 체크인 할 수 있다는 점이 매우 편리하다. 체크인 수속을 밟아 무거운 짐은 미리 부치고 가벼운 짐만 들고 공항으로 가면 된다. 시내 체크인 서비스는 출발 24시간 전부터 75분 전까지 가능하다.

택시

대한항공과 오스트리아항공 등은 터미널 3을 이용하는데, 도착층 건물 밖의 리무진 버스 정류장 근처에 택시 승강장이 있다.

◎ **일반 택시 TAXI**

4명까지 탑승할 수 있다. 공항에서 빈 시내까지 약 30분 소요되며, 요금은 €40~50 내외다.

◎ **에어포트 드라이버 Airport Driver**

공항과 시내 사이를 연결해주는 전용 택시. 공항에서 빈 시내까지 이코노미 4인승 €33, 8인승 €48, 비즈니스 4인승 €39, 8인승 €53다.

◎ **우버 Uber**

일반 택시보다 저렴하고 처음 이용 시 할인 코드를 사용하면 더 저렴하게 이용 가능하다. 공항에서 시내까지 €20 내외.

열차

유럽 각 도시를 연결하는 국제선 열차는 대부분 빈 서역이나 중앙역에 도착한다.

출발	열차	요금	도착
프라하 중앙역 (체코)	RJ 또는 CD열차 4시간(1일 9대)	**요금** €40	빈 중앙역
부다페스트 켈레티역 (헝가리)	ÖBB 또는 RJX열차로 2시간 40분(1일 4대)	**요금** €53	빈 중앙역
뮌헨 중앙역 (독일)	DB열차 4시간 10분(1일 8대)	**요금** €103	빈 중앙역

빈 중앙역

빈의 주요 기차역

빈 서역 Wien Westbahnhof

빈 서역은 1858년에 문을 연 빈의 주요 철도역으로, 2015년 중앙역이 종착역 역할을 하기 전까지 국제선 열차의 종착지였다. 잘츠부르크와 빈을 연결하는 인터시티 열차의 종착역이며 사철인 웨스트반(WESTbahn)도 여전히 서역을 종착역으로 삼고 있다. 영화 〈비포 선라이즈〉의 주요 촬영 장소였던 기차역이기도 하다. S반 S50, U반 U3와 U6이 연결되어 있어 편리하다.

역 앞에는 6개의 트램 노선이 정차하며 공항버스 정류장도 있어 중심부로 들어가기에 편리하다.

빈 중앙역 Wien Hauptbahnhof, Wien Hbf

2015년부터 빈의 명실상부한 메인 허브역이자 종착역 역할을 하고 있다. 독일, 헝가리, 체코, 세르비아, 폴란드, 크로아티아, 러시아, 이탈리아, 스위스, 슬로바키아 등 유럽의 주요 나라들과 국제선 특급 열차편이 운행되고 있다. 다양한 S반 노선도 중앙역에 연결되어 있어서 빈 근교 여행에 편리하며, U반을 이용하면 시내로 들어가기에도 용이하다. 역사 내 대형 쇼핑센터에는 대략 100여 개의 상점과 레스토랑이 들어서 쇼핑의 메카로도 부상하였다.

빈 미테역 Wien Mitte

빈 공항과 빈 시내를 논스톱으로 연결해 주는 시티 에어포트 트레인(City Airport Train, CAT)의 발착역이다. 또한 빈 근교 열차인 S반 노선들의 메인 허브역이기도 하다. 이 역은 시내로 들어가는 U반(U3, U4)의 미테/란트슈트라세(Mitte/Landstrasse)역과도 연결되어 있다. 빈 공항에서 출국하는 CAT 승객은 빈 미테역에서 체크인을 하고 큰 수하물을 부칠 수 있어 편리하다.

빈 프란츠 요제프역 Wien Franz-Josefs-Bahnhof

1872년 처음 문을 열었으며 오스트리아 국영 철도(ÖBB)에서 운영하는 철도역이다. 현재 지역선 철도역으로 사용되고 있다. 크렘스(Krems), 그뮌트(Gmünd), 툴른(Tulln) 등의 국내선과 체코의 체스케 벨레니체(České Velenice)를 연결해준다. 장크트 푈텐 중앙역(St. Pölten Hauptbahnhof)까지 가는 S반 S40의 종착역이기도 하다.

빈 프라터슈테른역 Wien Praterstern

예전에는 북역(Wien Nord)으로 불리던 빈의 메인 역들 중 하나다. 이 역의 플랫폼에서는 빈에서 가장 눈에 띄는 두 건축물인 대관람차(Wiener Riesenrad)와 슈테판 대성당의 돔이 보이는 걸로도 유명하다. 지하에는 프라터슈테른 U1과 U2 역이 있다.

그 밖의 수단

장거리 버스

유럽 각지에서 오는 장거리 버스는 빈의 국제 버스 터미널인 에르트베르크 버스 터미널을 중심으로 발착한다. 뮌헨에서 빈까지 장거리 버스로 6시간 정도 소요된다.

에르트베르크 버스 터미널 Erdberg Bus Bahnhof
오스트리아에서 가장 큰 버스 터미널로 수백 대의 국내선 버스와 국제선 장거리 버스들이 발착한다. 1년 365일 영업을 하고 있으며, 오전 6시 30분부터 밤 11시 45분까지 운영한다. 티켓 판매소, 상점, 비스트로 등이 들어서 있고 사물함도 갖추고 있다. 인포메이션 데스크에서 버스 정보를 얻을 수 있고 무료 와이파이도 된다. U3 에르트베르크역에서 역사로 이어지는 고가교 아래가 버스 터미널이다.

주소 Erdbergstrasse 202
위치 U3 에르트베르크(Erdberg)역 하차

도나우강 유람선

도나우강을 따라 빈과 부다페스트, 브라티슬라바로 유람선이 오가며, 또한 빈에서 독일 방면으로도 유람선이 다닌다. 시간적 여유가 있다면 도나우강 유람선을 타보는 것도 색다른 체험이 될 수 있다. 일반적으로 빈에서 바하우 계곡으로 이어지는 구간이 시간도 적게 걸리면서 낭만적인 강변 풍경과 작은 마을들을 돌아보기에도 좋다.

라이히스브뤼케 국제 승선장 Reichsbrücke

배를 타고 빈으로 들어갈 때 관문 역할을 하는 것이 바로 라이히스브뤼케 승선장이다. 도나우강 유람선 국제선을 타고 빈에 도착할 경우 이 항구에 도착해서 공항처럼 출입국 수속을 밟아야 한다.
헝가리 부다페스트, 오스트리아의 국내를 오가는 유람선도 이곳에 도착한다. 부다페스트에서 빈까지 약 5시간 30분 정도 소요된다. 매년 약 2,500여 척의 유람선을 이용해서 약 30만 명 가까운 승객이 빈을 찾는다. 겨울(12월 중순~3월)에는 운행하지 않으므로 미리 운행 일정을 잘 확인하도록 한다.
참고로 슬로바키아의 브라티슬라바에서 오는 수중 익선은 슈베덴 광장의 도나우 운하에 있는 수중 익선 승선장에서 발착한다.

홈페이지 www.donauraum.at
www.ddsg-blue-danube.at
위치 U1 포어가르텐슈트라세(Vorgartenstrasse)역에서 도보 8분

TRANSPORTATION

빈의 시내 교통

빈의 대중교통으로는 지하철 U반(U-Bahn), 트램 슈트라센반(Strassenbahn), 근교 전차 S반(S-Bahn) 등이 있으며, 체계적인 교통 시스템으로 운행되고 있어서 관광객도 손쉽게 이용할 수 있다.
관광객들이 가장 많이 이용하는 대중교통 수단은 지하철 U반과 트램이다.

승차권

지하철 U반, 트램, 버스 그리고 빈 시내의 S반에서 공통 승차권을 사용한다. 지하철과 S반은 반드시 타기 전에 표를 구매해서 개찰기에 티켓을 찍어야 하며, 버스와 트램은 미리 표를 사지 못하고 탔을 경우 차량 내 운전기사 뒤쪽에 놓인 자동 발매기에서 구매하면 되지만, 거스름돈은 나오지 않고 1회권만 구입 가능하니 유의해야 한다.

빈 교통국 홈페이지 www.wienerlinien.at

승차권 하나로 환승도 가능

교통수단의 종류를 바꿔가며 여러 번 갈아타더라도 목적지까지 승차권 1장으로 갈 수 있다. 하지만 식사나 쇼핑 등을 하기 위해 이동을 중단하고 하차한 경우와 되돌아가는 차량을 탄 경우에는 더 이상 사용할 수 없으며 새로운 표를 구매해야 한다.

구입하기

요금은 구역제이며 1구역부터 8구역까지 나뉘는데, 빈 시내는 모두 1구역에 속한다. 주요 트램역에는 키오스크와 나란히 매표소와 자동 발매기가 설치되어 있다. 또한 역 창구나 자동 발매기에서는 모든 종류의 승차

타박 트라픽 간판이 걸린 가게에서도 승차권 구입이 가능하다.

권을 구입할 수 있다. 주요 지하철역 광장의 교통국 안내소에서도 각종 승차권 구입이 가능하다. 자동 발매기가 없는 경우에는 담배와 잡지 등을 판매하는 타박-트라픽(Tabak-Trafik) 간판이 있는 가판대나 노점상에서도 승차권을 구매할 수 있다.

프리패스 Netzkarte

하루 이상 체류하면서 시내 이동을 자주 하는 경우에는 매번 1회권을 구매하는 것보다 자신의 일정에 맞는 프리패스를 구매하는 편이 경제적이고 여러모로 편리하다. 프리패스는 유효 기간 내에는 아무 때나 몇 번을 사용해도 되며, 사용하지 않을 때는 다른 사람이 사용해도 되므로 경제적이다. 프리패스는 구입 후 사용을 개시할 때 펀칭하여 날짜와 시간을 반드시 찍어야 한다.

승차권의 종류

종류	요금	요금
1회권 Einzelfahrschein (1 Journey Vienna)	€2.40	회수권 Streifenkarten(Strip Ticket) 1인이 4회 혹은 8회 이용 가능한 티켓. 혹은 4명이나 8명이 동시에 함께 이동할 때 사용 가능한 티켓
1일권 1 Tag Wien (1 day Vienna)	€5.80	티켓을 개시한 시간부터 그다음 날 오전 1시까지 유효. 양도 불가능
24시간 프리패스 24 Stunden Wien-Karte(24 Hour Pass)	€8	티켓을 개시한 시간부터 24시간 유효. 양도 가능
48시간 프리패스 48 Stunden Wien-Karte(48 Hour Pass)	€14.10	티켓을 개시한 시간부터 48시간 유효. 양도 가능
72시간 프리패스 72 Stunden Wien-Karte(72 Hour Pass)	€17.10	티켓을 개시한 시간부터 72시간 유효. 양도 가능
8일 프리패스 8 Tage-Klimakarte (8 Day Ticket)	€40.80	임의 선택한 8일 사용 가능. 2명 이상이 함께 사용 가능하며 양도 가능

8일 프리패스 8 Tage-Klimakarte

1일권이 8매 붙어 있는 패스로 임의로 선택한 8일 동안 마음대로 탈 수 있다. 1일 요금이 다른 프리패스보다 훨씬 저렴하다. 2명 이상 사용할 때는 인원수만큼 접어서 날짜와 시간을 찍으면 된다. 다른 사람에게 양도 가능하다. 단, 한 장씩 떼어서 사용해서는 안 된다.

장기 체류에 적합한 정기권

정기권은 창구에서 구입하며 자동 개찰기에 찍을 필요가 없어 편리하다. 정기권 1장으로 여러 명이 교대로 사용해도 된다.

1주일 정기권 Die übertragbare Wochenkarte

월요일 0시부터 다음 주 월요일 오전 9시까지 유효한 티켓으로 빈 시내의 모든 대중교통을 이용할 수 있다. 월요일부터 여행을 시작하는 이들에게 유리하며 토요일에 구입하더라도 구입 시점부터 월요일 오전 9시까지밖에 사용할 수 없다. 월요일에서 목요일 사이에 구입하면 72시간 패스보다 이득이다. 다른 사람에게 양도 불가능.

요금 €17.10

1개월 정기권 Die übertragbare Monatskarte

1개월 동안 빈의 모든 대중교통을 무제한 이용할 수 있는 정기권이다. 매월 1일 0시부터 그다음 달 2일 자정까지 유효한 티켓이다. 다른 사람에게 양도 불가능.

요금 €51

TIP 관광 명소 무료입장과 대중교통 이용 혜택이 있는 빈 시티 카드 Vienna City Card

단기간 체류하는 여행자가 대중교통을 이용해 여러 명소를 돌아보고 싶을 때 유용한 카드다. 최대 7일까지 유효하다.

주요 혜택 및 특이 사항

• 빈의 다양한 박물관, 쇤부른 궁전을 비롯한 관광 명소뿐만 아니라 유람선, 음악회, 쇼핑, 카페, 레스토랑 등에서도 할인 혜택이 있다(팸플릿 참고).

• 자신이 선택한 카드에 따라 24시간, 48시간, 72시간 동안 빈 시내 대중교통을 무제한 이용할 수 있다.

• 카드 소지자와 동행하는 15세 이하 아동 1명은 대중교통 무료 탑승이 가능하다.

• 카드 구입 시 기본요금에 추가 요금을 내는 형태로 추가 혜택을 선택할 수 있다. 공항 트랜스퍼 또는 홉온 홉오프 빅 버스 탑승의 2가지 옵션이 있다.

• 공항 트랜스퍼는 CAT, ÖBB RJ열차 1등석, 급행열차 S7 중에서 선택할 수 있으며, 카드 소지자와 동행하는 15세 이하 아동 2명이 무료 탑승할 수 있다.

*홉온 홉오프 빅 버스 탑승을 선택했을 경우는 카드 소지자와 함께 16세 이하 아동 1명은 무료로 탑승 가능하다.

구입 관광 안내소, 교통국 안내소, 키오스크, 대부분의 호텔 등. 홈페이지에서 구매할 경우에는 10% 할인 혜택이 있다. 스마트폰 앱(Vienna City Card로 검색)을 받아두면 훨씬 편리하다.

홈페이지 www.viennacitycard.at

빈 시티 카드 요금(2023년 5월 기준)

종류 (기본+선택)	기본	기본+ 24시간 빅 버스	기본+ 공항 트랜스퍼	기본+ 24시간 빅 버스 + 공항 트랜스퍼
24시간	€17	€46	€39	€68
48시간	€25	€54	€47	€76
72시간	€29	€58	€51	€80

※모든 카드에 대중교통 이용 포함

자동 발매기 이용법

자동 발매기는 모두 터치 패널 방식이다. 화면을 터치하면 첫 화면이 나타나는데, 첫 화면의 하단에 있는 언어 선택에서 원하는 언어를 먼저 터치한다.

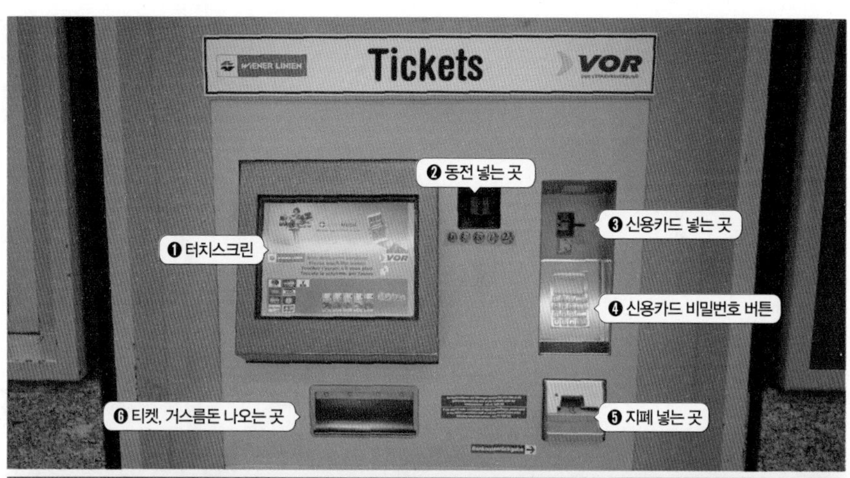

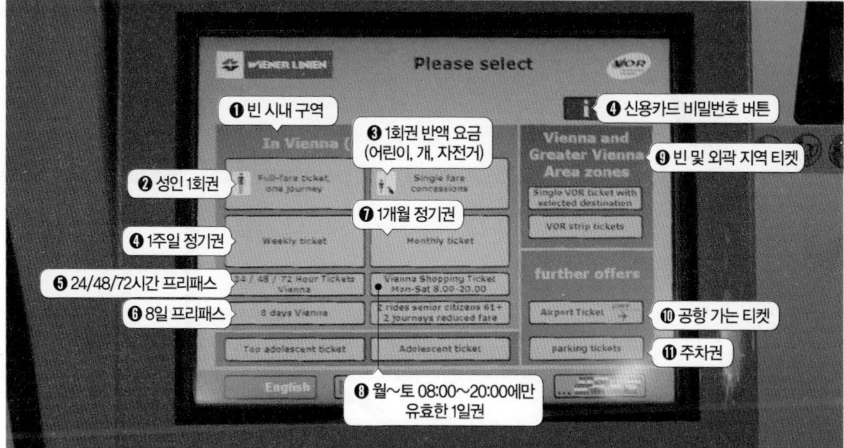

① **언어를 영어로 선택** ② **승차권 종류를 선택** ③ **승차권 매수를 선택**

④ **승차권 매수, 개찰 날짜를 선택** 주의할 점은 '지금 개찰하기(Validate now)'와 '나중에 개찰하기(Validate later)' 중에서 선택하는 일이다. 구입 후 바로 승차한다면 '지금 개찰하기'를 선택하면 되고, 바로 승차하지 않는다면 '나중에 개찰하기'를 선택하도록 한다. 그렇지 않으면 승차권에 구입 시각이 찍혀서 바로 승차권의 효력이 개시된다. ⑤ **요금 확인 후 결제하기**

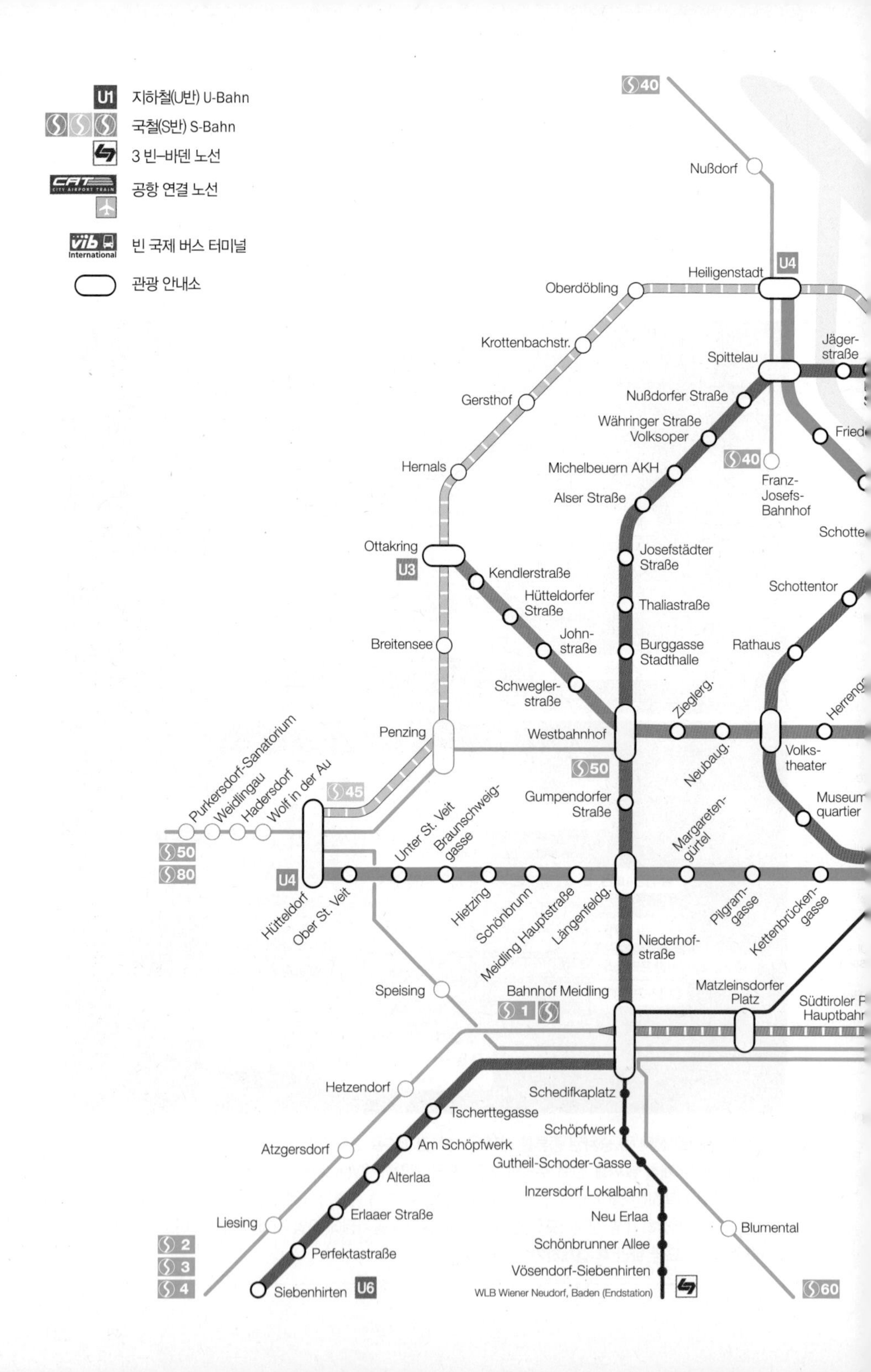

U1 지하철(U반) U-Bahn
국철(S반) S-Bahn
3 빈-바덴 노선
공항 연결 노선
빈 국제 버스 터미널
관광 안내소
S40
Nußdorf
Heiligenstadt
U4
Oberdöbling
Krottenbachstr.
Jäger-straße
Spittelau
Gersthof
Nußdorfer Straße
Währinger Straße Volksoper
Hernals
Michelbeuern AKH
S40
Franz-Josefs-Bahnhof
Alser Straße
Ottakring
U3
Kendlerstraße
Josefstädter Straße
Hütteldorfer Straße
Thaliastraße
Schottentor
John-straße
Breitensee
Burggasse Stadthalle
Rathaus
Schwegler-straße
Ziegler g.
Penzing
Westbahnhof
Neubaug.
Volks-theater
S50
Purkersdorf-Sanatorium
Weidlingau
Hadersdorf
Wolf in der Au
S45
Unter St. Veit
Braunschweig-gasse
Gumpendorfer Straße
Margareten-gürtel
S50
S80
U4
Hütteldorf
Ober St. Veit
Hietzing
Schönbrunn
Meidling Hauptstraße
Längenfeldg.
Pilgram-gasse
Kettenbrücken-gasse
Niederhof-straße
Speising
Bahnhof Meidling
S1
Matzleinsdorfer Platz
Hetzendorf
Schedifkaplatz
Tscherttegasse
Schöpfwerk
Atzgersdorf
Am Schöpfwerk
Gutheil-Schoder-Gasse
Alterlaa
Inzersdorf Lokalbahn
Neu Erlaa
Liesing
Erlaaer Straße
Blumental
Schönbrunner Allee
S2
S3
S4
Perfektastraße
Vösendorf-Siebenhirten
Siebenhirten
U6
WLB Wiener Neudorf, Baden (Endstation)
S60

Strebersdorf
Jedlersdorf
Brünner Straße
U6
Floridsdorf
Siemensstraße
S 2
S 7
Gerasdorf
U1
Leopoldau
Süßenbrunn
S 1
Großfeldsiedlung
Aderklaaer Straße
Rennbahnweg
Kagraner Platz
Kagran
Alte Donau
Kaisermühlen VIC
Donauinsel
Handelskai
Traisengasse
Lände
Vorgartenstraße
Taborstraße
Praterstern
Messe Prater
Nestroypl.
Krieau
Stadion
S 80
Erzherzog-Karl-Straße
Hirschstetten
Hausfeldstraße
Aspern Nord
Aspernstraße
Hardeggasse
Donauspital
Seestadt
U2
Stadlau
Donaustadtbrücke
Donaumarina
Stubentor
Landstraße (Bhf. Wien Mitte)
Rochusgasse
Kardinal-Nagl-Platz
Schlachthausgasse
Erdberg
vib International
Gasometer
Praterkai
Stadtpark
Zipperer-straße
Rennweg
Enkplatz
Haidestraße
Biocenter Vienna St. Marx
Geiselbergstr.
Quartier Belvedere
Simmering
U3
Grillgasse
Zentralfriedhof
Reumannplatz
Troststraße
Altes Landgut
Alaudagasse
Neulaa
Oberlaa
U1
Kledering
Kaiserebersdorf
Schwechat
S 60
S 7
WIENER LINIEN

지하철
(U반)

빈의 지하철인 U반(U-Bahn)은 독일어로 지하철을 의미하는 운터그룬트반(Untergrundbahn)의 약자다. 빈 시내에서 빠르게 이동하려면 U반을 이용하는 게 제일 편리하다. U반은 U1, U2, U3, U4, U6의 5개 노선이 있다. 각 역 입구마다 파란색 바탕에 흰색으로 크게 U자가 적힌 표지판이 세워져 있으며 각 노선은 색깔을 다르게 해서 구분하기 쉽게 했다. 티켓은 빈의 모든 대중교통망 시스템인 비너 리니엔(Wiener Linien)하에 트램, 버스 등과 함께 통합되어 있다.

운행 시간 첫차 새벽 5시 전후, 막차 새벽 1시경. 또한 금 · 토요일, 토 · 일요일 사이, 국경일 전날 밤에는 15분 간격으로 24시간 운행

지하철 타는 법

① **노선을 확인한다.**
노선도에서 목적지로 가는 노선을 확인하고 가장 가까운 역을 확인한다.
동일 노선의 경우 목적지로 가는 노선의 종착역 이름을 확인한다.
다른 노선의 경우(환승) 어느 역에서 환승을 해야 하는지 확인한다. 갈아타는 노선의 진행 방향 종착역을 잘 기억해두고 반대 방향으로 타지 않도록 주의한다.
② **승차권을 구입한다.**
③ **개찰 후 승차한다.**
상자 모양의 자동 개찰기에 날짜와 시간을 찍는다. 한 번 개찰한 후에는 여러 번 갈아타더라도 다시 개찰할 필요가 없다. 플랫폼으로 들어가서 열차 진행 방향과 노선도의 종착역을 잘 확인하고 타야 할 노선의 색깔과 번호를 보면서 따라간다.
④ 지하철 출입문은 자동문이 아니어서 일반적으로 문 중앙에 있는 버튼을 눌러야 열린다. 닫히는 건 자동이다.
⑤ 목적지 역에 도착해서 하차할 경우에도 문에 있는 버튼을 눌러야 열린다. 갈아탈 때는 항상 종착역을 잘 확인하고 자신이 가고자 하는 방향의 종착역이 맞는지 잘 확인해야 한다.

개찰구
개찰기
문은 수동으로 연다.

트램
(슈트라센반)

빈 대중교통의 필수 수단이자 낭만까지 즐길 수 있는 트램(슈트라센반)은 1865년 처음 운행을 시작했다. 현재 전 세계 트램 중에서 다섯 번째로 큰 교통망을 가진 대중교통으로서 약 177km의 총 길이를 자랑하며 1,071개의 역을 갖추고 있다. 바깥 풍경을 감상하면서 여유롭게 여행할 수 있다는 점이 지하로 다니는 U반과는 다르다. 운행 시간은 노선에 따라 약간의 차이는 있지만 첫차가 새벽 5시 전후, 막차가 밤 11시에서 자정이다.

트램 정류장에는 타원형의 하얀색 표지판이 세워져 있는데, 타원형 안에 트램 정류장이라는 뜻의 슈트라센반 할테슈텔레(Strassenbahn Haltestelle)가 적혀 있고, 타원 위에는 정류장 이름이, 타원 아래에는 이 정류장을 지나는 노선 번호가 적혀 있다.

트램 타는 법

① 승차권을 구입한다.

정류장에 자동 발매기와 키오스크가 없는 경우, 차내 운전기사 뒤쪽의 자동 발매기에서 구입한다. 1회권만 발매되며, 거스름돈은 나오지 않으므로 미리 동전을 준비한다.

② 승차한다.

– 트램 정면의 행선지와 번호를 확인한다.

– 출입문 옆에 불이 들어와 있는 버튼을 누르면 문이 열린다.

– 승차권을 개찰기에 넣어서 날짜와 시간을 찍는다.

③ 하차한다.

차내의 안내 방송이나 정류장 표시 화면을 확인하여 출입문 옆에 있는 하차 버튼을 누른다. 버튼을 눌러야 문이 열린다.

트램의 주요 노선

노선 번호	특징
1번	여행자들이 가장 많이 이용하는 노선으로 빈 구시가를 감싸고 도는 링 순환 도로를 운행한다. 시계 방향으로 돌며 링 주위에 있는 주요 관광 명소를 돌아보기에 편리한 노선이다.
2번	1번 노선과 함께 여행자들이 많이 이용하는 노선으로 역시 링 순환 도로를 운행하는데, 1번과 반대로 반시계 방향으로 1번보다 바깥쪽으로 돈다.
37번, 38번	빈 대학이 있는 쇼텐토어역에서 호이리게가 모여 있는 하일리겐슈타트(37번)와 그린칭(38번) 방면으로 가는 노선이다.
D번	슈바르첸베르크 광장에서 링으로 들어가 뵈르제까지 갔다가 링 밖으로 나와 뉘스도르프까지 운행하는 노선이다.

트램 여행 팁

1번 트램 활용하기

빈 일정이 빠듯한 여행자는 1일권을 구매한 후 1 · 2번 트램을 활용하면 주요 관광 명소를 좀 더 효율적으로 돌아볼 수 있다. 도보 사이사이에 트램을 적절히 이용해 체력도 아끼고 일정을 알차게 써보자(p.294).

빈 링 트램 Vienna Ring Tram

도나우 운하부터 폭이 넓은 링슈트라게(환상 도로)가 구시가를 빙 둘러싸고 있다. 링 도로 좌우로 관광 명소가 줄지어 있기 때문에 트램을 타고 둘러보기 좋다. 빈 링 트램은 링을 한 바퀴 도는 노란색 관광 트램이다. 오스트리아에서는 애칭으로 빔(Bim)이라고 불린다. 매일 오전 10시부터 오후 5시 30분까지 30분 간격으로 운행하며 총 13개의 정류장에서 정차하고 약 25분 정도 소요된다. 차내에 35개의 좌석이 있고, 이어폰을 통해 관광 안내를 받을 수 있다. 영어, 독어, 스페인어, 불어, 이태리어, 일어 등 총 8개 언어로 안내되며 아쉽게도 한국어는 아직 없다. 티켓은 비너 리니엔(Wiener Linien) 티켓 매표소나 온라인으로 구입할 수 있다. 일반 승차권으로는 이용할 수 없다.

홈페이지 www.viennasightseeing.at/vienna-ring-tram
운행 매일 10:00~17:30 / 2023년 현재 임시 휴업 중
요금 1회권 성인 €12, 아동 €6
출발 & 종점 슈베덴 광장(Schwedenplatz) 플랫폼 C

버스

트램이나 지하철에 비해서 여행자가 이용할 기회는 많지 않지만 교외로 여행할 때는 버스가 아주 편리하고 중요한 교통수단이다. 소형 시티 버스는 링 안쪽을, 일반 버스는 링 주변에서 교외까지 노선이 연결되어 있다.

타는 방법이나 승차권 구입은 트램과 같다. 운행 시간은 노선에 따라 약간의 차이는 있지만 첫차가 새벽 5시 전후, 막차가 밤 11시부터 자정 사이다.

버스 정류장 표지판은 반원형이며 버스 정류장이라는 의미의 아우토부스 할테슈텔레(Autobus Haltestelle)라고 쓰여 있다. 그리고 표지판 상단에는 정류장 이름이, 아래에는 노선 번호가 적혀 있다.

심야 버스인 나이트 라인(Night Line)은 노란색 N자로 표시되어 있으며 대부분 트램 운행이 종료한 후에 운행을 하기 때문에 N 다음에 트램 번호가 붙는다. 요금은 일반 버스와 동일하다.

시티 버스

링 안쪽의 구시가를 달리는 버스이며 1A, 2A, 3A의 3개 노선이 있다. 1A 외에는 버스의 크기가 좀 작다. 구시가 안에서 버스를 탈 일은 거의 없지만, 한가운데를 가로질러 가는 것이 가능하기 때문에 급하게 이동해야 할 경우에는 편리하다. 운행 시간은 월요일부터 금요일 새벽 6시부터 오후 8시, 토요일 오전 6시부터 오후 7시 내외다. 일요일은 운행하지 않는다.

주요 버스 노선

노선 번호	특징
1A번	링 안쪽의 쇼텐토어에서 링 반대쪽의 슈투벤토어 사이를 가로질러 운행한다.
2A번	도나우 운하 쪽 슈베덴 광장에서 미술사 박물관이 있는 마리아 테레지아 광장까지 링 안을 가로지른다.
3A번	쇼텐링에서 슈테판 광장 사이를 달린다.
38A번	U반 4호선 종점인 하일리겐슈타트에서 칼렌베르크까지 가는 이 노선은 관광객이 많이 타는 노선이다. 타는 곳은 하일리겐슈타트역 앞의 아이젠반슈트라세(Eisenbahnstrasse)이다. 종점인 칼렌베르크까지 올라가서 빈과 도나우강의 아름다운 풍경을 즐긴 후 그린칭이나 베토벤과 관계 깊은 호이리게의 중심지 하일리겐슈타트를 방문하는 코스도 좋다. 호이리게에서 와인을 맛보며 여유로운 저녁 시간을 누려보자. 늦어지면 심야 버스인 N38번을 타고 빈 시내로 돌아오면 된다.

택시

공항에서 호텔로 갈 때, 밤늦게 호텔로 돌아갈 때, 혹은 정장을 입고 음악회에 가거나 짐이 많아 대중교통을 이용하기 힘들 때 편리하게 이용할 수 있는 것이 택시다. 빈의 택시는 안전하고 바가지요금이 거의 없으므로 안심하고 이용할 수 있다.

하지만 우리나라에서처럼 어디서나 택시를 잡는 게 아니라 거리에 있는 택시 승강장이나 주요 역 앞의 택시 승강장에 대기 중인 택시를 타야 한다. 가장 간편한 방법은 호텔이나 레스토랑에서 직원에게 택시를 불러달라고 부탁하는 것이다. 또 우버, 볼트 같은 앱을 이용하여 불러도 편하다.

택시를 타서 행선지를 얘기할 때 발음이 어렵다면 스마트폰을 이용해 보여주는 편이 확실하다. 목적지에 도착하면 미터기의 숫자와 기사가 요구하는 금액이 일치하는지 확인한다. 팁은 택시 미터기에 나온 요금의 3~5% 정도를 주면 되지만, 일반적으로는 거스름돈을 받지 않는 것으로 대신한다.

택시 요금
낮 기본요금 €6.60, 1km당 €1.05~1.08,
밤(23:00~06:00)과 일요일 종일 기본요금 €7.10, 1km당 €1.18~1.28 정도

주요 콜택시
전화 31300, 40100, 60160, 81400

TIP 관광 마차 피아커 Fiaker

빈의 관광 명물 중 하나가 바로 관광 마차다. 슈테판 대성당 앞 광장과 호프부르크의 헬덴 광장, 미하엘 광장, 국립 오페라 하우스 뒤쪽의 알베르티나 광장 등에 타는 곳이 있으며 마차들이 대기하고 있다. 마부는 주로 영어로 관광 안내를 해준다. 정원은 4명이며 상황에 따라 5명까지 태우기도 한다. 타기 전에 꼭 요금을 확인해야 한다. 요금은 마차 1대당 40분 €80, 60분 €110, 시내 중심부에서 쇤부른 궁전까지 가는 코스는 €250 정도다.

관광버스

대중교통을 이용해서 관광 명소를 찾아다니기 어려운 여행자에게는 홉온 홉오프(Hop on Hop off) 관광버스가 좋은 대안이다. 주요 관광 명소마다 세워주고 자유롭게 승하차가 가능해서 효율적으로 돌아볼 수 있다. 홉온 홉오프 버스는 크게 2가지가 있다.

빈 사이트시잉 버스 Vienna Sightseeing Bus

초록색과 노란색으로 칠해진 이 버스는 4가지 시내 투어 루트가 있다. 티켓은 24시간 유효한 클래식, 48시간 유효한 로열, 72시간 유효한 임페리얼 3가지가 있다. 클래식은 빨강 · 노랑 · 파랑 노선을, 로열과 임페리얼은 빨강 · 노랑 · 파랑 · 녹색 노선을 탑승할 수 있다. 모든 티켓에는 워킹 투어가 포함되며, 로열은 나이트 투어와 링 트램 중 하나를 선택할 수 있다. 임페리얼은 나이트 투어가 기본으로 포함되고 링 트램과 보트 중 택일 가능한 혜택이 주어진다.

만일 빈 시티 패스가 있다면 빈 사이트시잉 버스와 링 트램 등을 무제한으로 탈 수 있다.

빨간색 루트 구시가를 감싸고 도는 루트. 호프부르크, 자연사 & 미술사 박물관, 시청사, 오페라 하우스 등 주요 명소를 들른다. 여행자들에게 가장 인기 있는 루트이기도 하다.
노란색 루트 링의 일부분을 돌아보는 루트. 박물관과 오페라 하우스를 포함해서 벨베데레와 쇤부른 궁전까지 간다.
초록색 루트 호이리게로 유명한 그린칭과 칼렌베르크(Kahlenberg)산으로 가는 루트다. 산에서 바라보는 경치가 장관이며 와인을 파는 선술집인 호이리게에 들러서 와인의 향기에 취해볼 수 있다. 겨울보다는 봄부터 가을에 방문하는 편이 좋다.
파란색 루트 도나우강을 건너 UN본부와 프라터(Prater) 놀이공원을 둘러보는 루트다.
홈페이지 www.viennasightseeing.at
요금 클래식(24시간) €32, 로열(48시간) €37, 임페리얼(72시간) €43 / 온라인 구매 시 할인 혜택

빅 버스 투어 The Big Bus Tour

빨간색으로 칠해진 빅 버스 투어는 3개 루트로 운행된다. 24시간 클래식 티켓은 빨간색과 파란색 루트 그리고 워킹 투어까지 포함하고 있다. 48시간 프리미엄 티켓은 초록색 루트와 야간 투어까지도 포함한다. 72시간 딜럭스 티켓은 리버 크루즈까지 포함하는 티켓이다. 빈 시티 카드는 빅 버스 24시간 티켓을 포함하고 있으므로 잘 활용하면 유용하다.

빨간색 루트 빈 사이트시잉 버스의 빨간색 루트와 파란색 루트를 합친 것과 루트가 같으며 구시가 주요 명소들과 프라터, 도나우강 건너 UN빌딩까지 돌아보는 코스. 여행 일정이 짧은 여행자가 효과적으로 주요 명소를 돌아볼 때 안성맞춤이다.
파란색 루트 주요 궁전을 돌아보는 루트. 호프부르크, 벨베데레, 쇤부른 궁전 등을 돌아본다.
초록색 루트 훈데르트바서 하우스를 돌아보는 루트다.
홈페이지 www.bigbustours.com
요금 클래식 티켓 €37, 프리미엄 티켓 €47,
프리미엄 티켓+벨베데레 궁전 €57 / 온라인 구매 시 할인 혜택

QUICK VIEW

빈 한눈에 보기

빈은 총 23개 구로 나뉘어 있다. 링(Ring)이라 부르는 환상 도로에 에워싸인 안쪽이 1구이고, 그다음부터는 시계 방향으로 번호가 매겨져 있다. 주요 관광 명소는 구시가인 1구에 집중되어 있다.

호프부르크 왕궁 P.303

역대 합스부르크 왕가의 궁전이지만 건물들이 복합체를 이루고 있어서 하나의 큰 구역을 형성하고 있다. 프란츠 요제프 황제와 엘리자베트 황비 부부가 머물던 황제의 아파트와 왕실 보물관이 중심이며, 한때 황실 부속 학교였던 스페인 승마 학교와 국립 도서관도 왕궁에 이어져 있다. 신왕궁에는 4개의 박물관이 있다.

슈테판 광장과 주변 P.296

옛날에는 성벽에 둘러싸여 있던 구시가 링 안쪽의 동쪽 부근에 슈테판 대성당이 있다. 빈 관광의 출발점이자 주변의 보행자 전용 쇼핑 거리에는 수많은 여행자들이 오간다. 대성당 북쪽으로는 옛 거리가 남아 있고 도나우 운하도 있다.

암 호프 주변 P.309

구시가 중심의 서쪽에 빈의 발상지라 할 수 있는 광장이 있다. 서쪽으로는 큰 건물들이 들어서 있고, 동쪽으로는 풍경이 예쁜 골목길이 이어진다.

링 주변 P.312

도나우 운하부터 폭이 넓은 링슈트라세(환상 도로)가 구시가를 빙 둘러싸고 있다. 링 좌우로는 관광 명소가 줄지어 있기 때문에 트램이나 U반을 타고 주요 역마다 내려서 구경하기에 좋다.

링 바깥쪽 P.326

관광 명소가 군데군데 떨어져 있기 때문에 이동 시간이나 거리를 잘 확인해야 한다. 벨베데레 궁전은 그나마 구시가와 가까운 편이다.

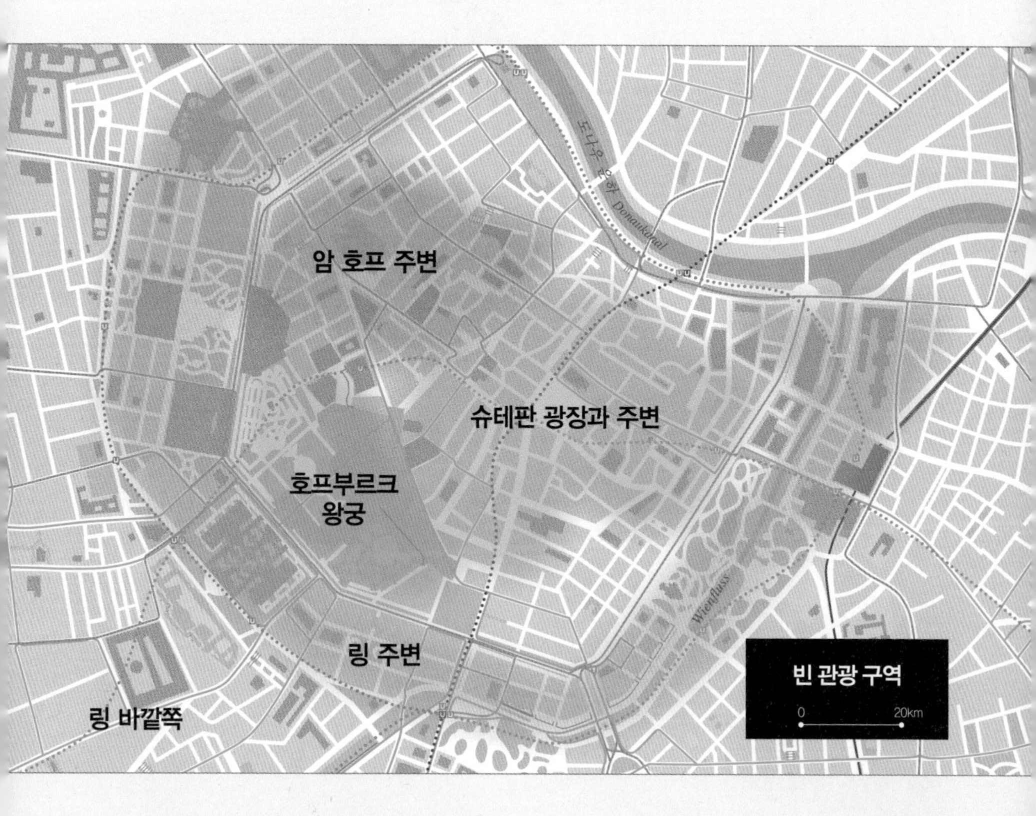

BEST COURSE

빈의 추천 코스

1일차에는 슈테판 대성당을 기점으로 메트로와 트램을 활용해서 구시가 중심의 명소들을 돌아보고, 2일차에는 벨베데레 궁전과 쇤부른 궁전, 중앙 묘지 등을 돌아보자.

빈 2일 코스

DAY 2

1일차에는 링 안쪽과 링 주변에 있는 주요 관광 명소를 돌아보고, 저녁에는 오페라 공연을 감상한다. 2일차에는 링 바깥쪽에 있는 궁전들과 그린칭 지구를 둘러보는 코스로 짜면 좋다.

일자	코스
1일	**{ 링 안쪽과 링 주변 관광 }** 슈테판 대성당 → 케른트너 거리의 자허 카페까지 도보 7~8분 → 케른트너 거리(자허 카페에 들러서 비너 멜랑제와 자허토르테 맛보기) → 자허 카페에서 오페라 하우스까지 도보 2분 → 국립 오페라 하우스 → 미술사 박물관까지 도보 10분. 트램 1번을 타고 1정거장(부르크링), 총 6~7분 소요 → 뮤지엄 구역(미술사, 자연사, 레오폴트 박물관) → 도보 5분 내외 → 호프부르크 왕궁 → 도보 11분 내외 → 국회 의사당 → 도보 5분 → 시청사 → 도보 3분 → 부르크 극장 → U3 이용 시 총 12분 내외, 트램 2번 이용 시 총 16분 내외 → 시립 공원
2일	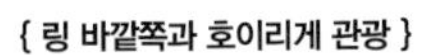 **{ 링 바깥쪽과 호이리게 관광 }** 시내 → 트램 71번이나 U반을 이용해서 40~50분 소요 → 중앙 묘지 → 트램 71번 45분 소요 → 벨베데레 궁전 → 벨베데레 하궁 앞에서 71번을 타고 중앙 묘지에서 하차. 총 40분 소요 → 쇤부른 궁전 → U4과 버스 38A를 타고 50분 소요 → 그린칭 지구

뮤지엄 구역

국회 의사당

부르크 극장

시립 공원

중앙 묘지

벨베데레 궁전

쇤부른 궁전

TIP 트램으로 링 일주하기

빈 링 트램(p.286)을 이용하면 빈 중심가를 둘러싼 링을 한 번에 돌 수 있지만 일단 한번 타면 중간에 내릴 수 없다는 단점이 있다. 주요 명소에 내려 관광을 즐기고 싶다면 대중교통 트램 중 1, 2번을 이용하면 된다. 1번 트램은 빈 링의 서쪽을, 2번 트램은 동쪽을 훑고 지나간다. 둘 중 하나를 타고 가다가 노선이 겹치는 구간에서 다른 트램으로 갈아타면 링을 한 바퀴 돌게 되어 빈의 대략적인 윤곽이 눈에 그려진다. 빈을 처음 여행하는 사람이라면 꼭 한번 타보기를 추천한다. 큰 가로수들이 늘어서 있고, 넓은 거리를 따라 자동차와 트램이 달린다. 링 도로 좌우로 중후한 건축물과 관광 명소들이 연속적으로 늘어서 있다. 빈 전성기의 화려함을 간직한 링 거리를 따라 트램을 타보는 경험은 빈 여행의 특별한 추억이 될 것이다. 극성수기를 제외하면 트램은 오전 10시가 지나면 어느 정도 한산해지니 여유로운 트램 투어를 즐기고 싶다면 러시아워는 피할 것.

※아래 정류장의 순서는 임의로 정한 것으로 여행자별 동선에 따라 편한 역에서 탑승하면 된다.

A 오퍼 · 카를스플라츠 Oper · Karlsplatz ❶❷
국립 오페라하우스 앞 정류장이며 카를스플라츠가 근처에 있고, 호텔 브리스톨이 바로 앞에 있다.

B 부르크링 Burgring ❶❷
호프부르크 왕궁 앞 정류장이며, 링을 사이에 두고 왕궁과 바로크 건축부터 현대 건축 등 다양한양식의 미술관이 모여있는 무제움스크바르티어가 서로 마주보고 있다. 왕궁 정원에는 모차르트 상이 서 있으며 자연사 박물관, 미술사 박물관, 레오폴트 미술관 등 다양한 박물관과 왕궁과 헬덴 광장 등을 둘러볼 수 있다.

C 닥터 카를-레너 링 Dr. Karl-Renner Ring ❶❷
헬덴 광장과 시민 정원 사이에 있는 정류장이며 국회 의사당, 자연사 박물관 등 주요 명소에 쉽게 접근할 수 있다.

D 슈타디온가세 · 파를라멘트 Stadiongasse·Parlament ❶
국회 의사당, 시민 정원 등으로 편리하게 이동할 수 있다.

E 라트하우스플라츠 · 부르크테아터 Rathausplatz·Burgtheater ❶
시청사 앞 정류장이며 시청사와 부르크 극장 등에 가기 편리하다. 링 안쪽에 있는 카페 란트만은 고급스러운 빈 카페들 중 하나로 카페를 좋아하는 여행자라면 꼭 들러볼 만하다.

F 쇼텐토어 · 유니베르지테트 Schottentor·Universität ❶
독일어권에서는 가장 오래된 역사와 전통을 자랑하는 명문 대학인 빈 대학이 바로 근처에 있다.

G 뵈르제 · 뷔플링거슈트라세 Böorse·Wipplingerstrasse ❶
힐튼 비엔나 플라자 호텔이 바로 옆에 있으며 옛 증권 거래소가 근처에 있다. 빈 대학도 가깝다.

H 쇼텐링 Schottenring ❶
도나우 운하가 근처에 있다. 이 역에서부터 트램 왼편으로 도나우 운하가 보이기 시작한다.

I 잘츠토르브뤼케 Salztorbrücke ❶
정류장에서 내리면 도나우 운하가 바로 왼쪽에 있어 주변 경관을 즐길 수 있다.

J 슈베덴플라츠 Schwedenplatz ❶❷
케른트너 거리를 따라 걷다 슈테판 대성당을 지나 도나우 운하 방향으로 계속 가면 도착하게 되는 정류장이다. 관광용 링 트램의 승하차 정류장이기도 하다. 주로 젊은이들이 많이 모이는 곳으로 간단히 배를 채울 수 있는 음식점이 꽤 많다.

K 율리우스 라브 플라츠 Julius Raab-Platz ❶❷
오토 바그너의 근대 건축물들 중 하나인 우편 저금국이 근처에 있다.

L 슈투벤토어 Stubentor ❷
시립공원이 가까이에 있으며 시립공원 내에 있는 요한 슈트라우스 기념상은 인기 있는 포토 스폿이다. 응용 미술관(MAK)도 근처에 있다.

M 바이부르크가세 Weihburggasse ❷
역시 시립공원이 가까이 있으며, 요한 슈트라우스 기념상을 보고 싶다면 이 역에서 내리는 것을추천한다.

N 슈바르첸베르크플라츠 Schwarzenbergplatz ❷
특급 호텔인 임페리얼 호텔이 근처에 있으며 이 역에서 D라인으로 갈아타고 슐로스 벨베데레(Schloss Belvedere)역에서 내리면 벨베데레 궁전으로 이동할 수 있다. 클림트의 그림이 소장된 상궁만 본다면 1시간, 하궁까지 본다면 1시간 30분에서 2시간 정도 소요된다.

빈의 관광 명소

슈테판 대성당이 있는 빈의 중심이자 빈 여행의 출발점

링 도로로 둘러싸인 구시가의 중심부로 빈의 정신적 지주나 다름 없는 슈테판 대성당이 자리 잡고 있는 곳이다. 지하철 1호선과 3호선이 교차하는 슈테판스플라츠(Stephansplatz)역에서 내리면 된다. 웅장한 슈테판 대성당과 화려한 쇼핑의 천국, 케른트너 거리, 그라벤에서 미하엘 광장으로 이어지는 보행자 도로를 따라 명품 숍들과 기념품 가게들 그리고 전통의 카페들이 여행자들을 반긴다. 또한 슈테판 대성당 북쪽으로는 오래된 빈의 주택가가 남아 있어서 조용히 산책하기에 좋다. 번화한 케른트너 거리에서는 빈의 활기를, 대성당 북쪽의 조넨펠스 거리에서는 여유로운 빈의 운치를 느껴보자.

케른트너 거리
Kärntner Strasse

빈에서 가장 화려한 보행자 전용 거리

슈테판 광장에서 곧장 남쪽으로 이어지는 보행자 전용 도로로 그라벤과 함께 가장 번화한 거리다. 고급 선물 가게, 부티크, 액세서리 가게, 레스토랑, 호텔, 카페들이 늘어서 있고 거리 곳곳에서 공연이 펼쳐져 볼거리가 풍성하다. 케른트너 거리를 따라 계속 걷다 보면 자허 호텔과 자허 카페가 나오고 국립 오페라 하우스로 이어진다. 이곳에서 바로 링슈트라세로 연결된다.

주소 Kärntner Strasse **위치** U1, U3 슈테판스플라츠(Stephansplatz)역, U1, U2, U4 카를스플라츠(Karlsplatz)역 또는 트램 1, 2, 71, D번 케른트너 링, 오퍼(Kärntner Ring, Oper)역에서 도보 1분
지도 p.263-G

카푸치너 납골당
Kapuzinergruft

마리아 테레지아와 시시가 잠든 황실 묘지

카푸치너 교회 지하에 있는 황실의 납골당으로 황제 10명, 황후 15명 그리고 합스부르크가와 연고 있는 이들의 관이 안치되어 있다. 프란츠 요제프 황제와 엘리자베트 황후의 관이 가장 유명하며, 관 주위에는 항상 꽃이 놓여 있다. 남편을 깊이 사랑한 것으로 잘 알려진 마리아 테레지아의 관은 그녀의 유언대로 먼저 세상을 떠난 남편 로트링겐공과 합장해 일반 관보다 2배나 크다.

주소 Tegetthoffstrasse 2 **전화** 01-5126853-88 **홈페이지** www.kapuzinergruft.com
개방 매일 10:00~18:00(17:30 입장 마감)
요금 성인 €8, 연장자(60세 이상) & 학생(27세 이하) €7, 아동(18세 이하) €4.80
위치 U1, U3 슈테판스플라츠(Stephansplatz)역에서 도보 5분 **지도** p.263-G

슈테판 대성당

Stephansdom

주소 Stephansplatz 3
전화 01-51552-3530
홈페이지 www.stephanskirche.at
개방 월~토 06:00~22:00, 일·국경일 07:00~22:00
요금 통합권(성당+오디오 가이드, 카타콤베, 서쪽 갤러리, 남탑, 북탑, 튜톤 기사단 보물 보관소) 성인 €20, 아동(6~14세) €5
성당 입장 무료, 오디오 가이드 €6 북탑 성인 €6.50, 아동(6~14세) €2.50 남탑 성인 €6, 학생(15~18세) €3.50, 아동 €2.50 카타콤베 가이드 투어 성인 €6.50, 아동 €2.50
*민소매, 모자 착용 제한, 음식물 반입 제한
위치 U1, U3 슈테판스플라츠(Stephansplatz)역 하차
지도 p.263-G

빈의 중심이자 랜드마크

12세기 중엽 로마네스크 양식의 작은 교회가 건설되며 그 역사가 시작된 슈테판 대성당은 800년이 넘는 역사를 자랑하는 빈의 심장과도 같은 건축물이다. 1359년 합스부르크 왕가의 루돌프 4세에 의해 고딕 양식의 대성당으로 개축되었다. '빈의 혼'이라고 불리는 이 성당의 이름은 기독교 역사상 최초의 순교자인 슈테판 성인에게서 따왔다. 성당 중심부인 신랑(nave)은 길이가 107m, 높이가 39m에 이른다. 137m 높이의 첨탑과 25만 개의 청색과 금색 타일로 만든 화려한 모자이크 지붕이 인상적이다. 보헤미아의 왕이 세운 '거인의 문'과 '이교도의 탑'도 남아 있다. 건물 내부에는 16세기 조각가 안톤 필그람(Anton Pilgram)이 16세기에 제작한 희대의 부조 작품, 대리석 강론대가 신랑 왼쪽에 있다. 계단 아래에 창문을 열고 반신을 내밀고 있는 조각상은 조각가 자신이며, 그 앞 왼쪽 벽에 있는 오르간대 아래에도 컴퍼스와 저울을 손에 든 조각가 자신의 상을 설치했다. 스테인드글라스 장식이 특히 아름다우며 북탑 아래에는 흥미로운 조각상이 하나 있는데, 〈치통의 그리스도〉라는 15세기 조각상이다. 그리스도의 표정이 치통으로 고통스러워 보인다는 설과 악인을 치통으로 벌을 준다는 설이 있다. 슈테판 대성당은 특히 모차르트의 결혼식(1782년)과 장례식(1791년)이 거행된 장소이며, 매년 12월 31일 빈 시민들은 슈테판 대성당 앞 광장에 모여 새해를 맞이한다.

〔 북탑 〕

독수리 탑

제국을 상징하는 두 머리 독수리로 장식되어 독수리 탑(Adlerturm)으로 불리는 68.3m의 탑이다. 오스만 투르크군이 남기고 간 180개의 대포를 녹여 만든 큰 종이 있으며(원형은 1711년, 현재의 것은 1957년에 제작), 연말이나 새해 등 특별한 경우에 울린다.
북탑의 50m 지점에 있는 조금 넓은 공간인 푸메린(Pummerin)까지 엘리베이터를 타고 올라가면 빈의 전망이 시원스럽게 펼쳐진다.

개방 매일 09:00~17:30(마지막 입장 17:15)
요금 성인 €6, 아동(6~14세) €2.50

〔 카타콤베 〕

역대 황제들의 내장을 안치한 곳

성당 지하에는 중세 시대 페스트로 죽은 사람의 유골 약 2,000구와 합스부르크 왕가 역대 황제들의 유해 가운데 내장을 안치한 납골당(카타콤베)이 있다. 이는 합스부르크 왕가의 관습에 따른 장례 방식이다. 공식적인 의식이 끝나면 심장은 아우구스티너 교회, 심장 이외의 내장은 슈테판 대성당 그리고 유골은 카푸치너 교회의 지하 납골당에 안치하도록 정해져 있었다.

개방 월~토 10:00, 11:00, 11:30, 13:30, 14:30, 15:30, 16:30, 일 · 공휴일 13:30, 14:30, 15:30, 16:30
요금 성인 €6, 아동 €2.50

〔 다락 〕

120개의 나선형 계단으로 연결

슈테판 대성당의 다락을 방문해보는 것은 특별한 경험이다. 120개의 나선형 계단을 걸어 올라가면서 대성당의 지붕과 도시 풍경을 감상할 수 있다. 다락방 투어는 여름(7~9월) 토요일 저녁에만 진행되며 날씨가 궂은 날은 진행되지 않는다.

※특별 투어로 특정 시기에만 개방

〔 남탑 〕

137m 높이의 고딕 양식 탑

빈의 핵심 랜드마크 중 하나인 남탑은 빈 시민들이 슈테플(Steffle)이라는 애칭으로 부르는 곳이다. 엘리베이터는 없으며 343개의 계단을 따라 올라가면 탑실 투어마슈투버(Türmerstube)에 이른다. 이곳에서는 빈의 전경이 환상적으로 펼쳐진다.

개방 매일 09:00~17:30(마지막 입장 17:15)
요금 €5.50, 학생(14~18세) 3.50€, 아동(6~14세) €2

슈테판 대성당 내부 배치도

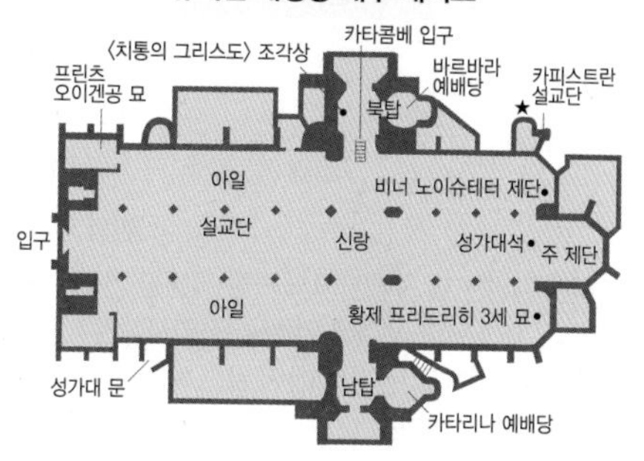

TIP 가이드 투어

성당 오디오 가이드(한국어) 월~토 09:00~11:30, 13:00~16:30, 일 13:00~16:30
요금 성인 €6.50, 아동(6~14세) €2.50

카타콤베 개방 월~토 10:00, 11:00, 11:30, 13:30, 14:30, 15:30, 16:30, 일 · 공휴일 13:30, 14:30, 15:30, 16:30
요금 성인 €6, 아동 €2.50 / 15인 이상 그룹으로 진행

요금 통합 공통권
오디오 가이드를 포함한 성당 입장, 카타콤베 투어, 서쪽 갤러리, 남탑, 북탑, 튜톤 기사단 보물 보관소 입장까지 포함한 통합권
요금 성인 €20, 아동(6~14세) €5

성 페테 성당

하스 하우스

그라벤
Graben

빈의 역사가 담긴 보행자 거리

그라벤 거리는 빈 구시가에서 가장 유명한 거리들 중 하나로 폭이 30m가 넘는 보행자 전용 거리이자 활기찬 쇼핑 거리다. 고대 로마 시대에 기원을 둔 역사적인 거리답게 역사적 건축물들과 고급 상점들이 빼곡하게 들어서 있다. 슈테판 대성당 대각선 방향에 세워진 하스 하우스(Haas haus)는 빈을 대표하는 포스트모던 건축가 한스 홀라인이 설계한 건축물이다. 그라벤 거리의 건물 대부분은 17~18세기에 세워졌으며 전통의 도자기 회사 아우가르텐(Augarten), 궁정 보석상 헬트바인(Heldwein), 궁정 향수 업자 내겔레 & 슈트루벨(Nägele & Strubell) 등 오랜 역사와 전통을 자랑하는 상점들도 많다. 또한 전통적인 인테리어가 고스란히 보존된 궁정 의류 회사 브라운앤코(Braun&Co.)의 옛 건물에는 H&M 플래그십 스토어가 입점해 있다. 그라벤 거리를 따라 다양한 카페와 레스토랑도 곳곳에 위치해 있다. 도로테어가세(Dorotheergasse)에 있는 하벨카(Hawelka)는 1939년에 문을 연 전통 깊은 카페로 실내 분위기가 고풍스러워서인지 예술가들도 즐겨 찾는다. 그라벤 거리 끝 나글러가세(Naglergasse) 모퉁이에 있는 율리어스 마이늘(Julius Meinl)도 들러볼 만하다.

그라벤 거리 한가운데는 흑사병이 창궐하던 1679년에 흑사병 퇴치를 기원하기 위해 세운 페스트 기념탑(Wiener pestsäule)이 있는데, 원래는 신에게 기원을 드린 삼위일체 탑이었다. 약 10만 명의 목숨을 앗아간 페스트의 종식을 위해 세운 탑은 처음에는 목조로 제작되었으나 1694년에 대리석으로 다시 세웠다. 페스트 기념탑을 사이에 두고 조셉 분수(Josefsbrunnen)와 레오폴트 분수(Leopoldbrunnen)가 각각 자리를 잡고 있다. 그라벤 거리의 다양한 건축물 중 특히 10번지에 있는 오토 바그너가 세운 앙커하우스(Ankerhaus)가 유명하다. 그라벤 거리 중간쯤에 있는 성 페터 성당(Peterskirche)은 빈에서 가장 오래된 성당으로 18세기 힐데브란트 등에 의해 개축되었다.

위치 U1, U3 슈테판스플라츠(Stephansplatz)역에서 콜마르크트(Kohlmarkt) 거리 방향으로 도보 1~2분 **지도** p.263-G

콜마르크트

Kohlmarkt

고급 상점이 늘어선 보행자 전용 거리

마르크트는 시장이라는 뜻이며, 옛날 이 거리에 목탄(Kohl)을 파는 시장이 있었던 데서 콜렌마르크트라고 불리기도 했다. 번화가인 그라벤 모퉁이를 돌면 콜마르크트가 나오고 콜마르크트의 막다른 지점에 갑자기 단아한 미하엘 문(Michaelertor)이 떡하니 등장한다. 호프부르크 왕궁과 가깝다 보니 옛날에는 왕실 용품과 왕후와 귀족을 상대로 하는 상점들이 늘어서 있던 호화로운 곳이었다. 지금은 까르띠에, 구찌, 루이 비통 등 유럽의 명품 브랜드 가게가 줄지어 있고, 특히 빈의 전통 제과점 데멜의 쇼윈도가 눈길을 끈다. 데멜은 합스부르크 왕실에 초콜릿과 케이크를 납품하던 왕실 납품 상점이었으며 특히 자허토르테 상표권을 두고 빈을 대표하는 라이벌 카페인 자허와 소송을 벌인 일화는 유명하다.

위치 U3 헤렌가세(Herrengasse)역에서 4분. 버스 2A, 3A 미하엘플라츠(Michaelerplatz)역에서 1분 **지도** p.262-F

미하엘 광장

Michaelerplatz

마차들이 늘어서 있는 왕궁 입구

호프부르크 왕궁의 정면 입구에 해당하는 문이며, 관광객을 태우기 위한 마차들이 줄지어 서 있다. 특히 광장 모퉁이에 있는 로스하우스(Looshaus)가 유명한데, 1910년에 아돌프 로스(Adolf Loos)가 세운 이 건물은 불필요한 장식 없이 매스만으로 구성한 건축을 추구해서 단순하고 기능적인 근대 건축의 진수를 보여준다. 로스는 화려한 미하엘 문과의 조화를 고려해서 녹색 대리석 기둥을 장식적으로 줄지어 세워 놓았다. 하지만 건물 상단은 전혀 장식을 하지 않아서 프란츠 요제프 황제는 왕궁의 문에 어울리지 않는다는 이유로 미하엘 문을 이용하지 않았을 정도로 이 건물을 싫어한 것으로 전해진다. 13세기에 건설된 성 미하엘 교회는 옛날 왕실 사람들이 미사를 드리던 곳이며, 제단 뒤쪽 벽면에 조각된 타락한 천사의 군상에서 생동감이 느껴진다. 왕궁 입구 미하엘 문에서 콜마르크트 거리를 보았을 때 오른편에 위치해 있다. 미하엘 광장에서부터 서남쪽 일대에는 황실 보물관, 구왕궁, 국립 도서관, 신왕궁 등 다양하게 이어진 건물들과 아름다운 정원으로 구성된 호프부르크 왕궁이 펼쳐진다. 최근에는 지하에서 로마 시대 유적이 발굴되어 보존되고 있다.

위치 U3 헤렌가세(Herrengasse)역에서 도보 3분. 버스 2A, 3A 미하엘플라츠(Michaelerplatz)역 하차
지도 p.262-F

슈테판 광장 북쪽

Stephansplatz Nord

빈의 옛 모습이 남아 있는 거리

슈테판 광장을 기준으로 케른트너 거리, 무제움스크바르티어, 왕궁 등 빈의 남쪽이 늘 관광객으로 붐비고 소란스러운 반면 슈테판 광장 북쪽은 중세의 돌들이 깔린 좁은 골목과 오래된 집들이 많이 남아 있어서 다른 분위기가 연출된다. 존넨펠스 거리(Sonnenfelsgasse)에서 이어진 좁은 골목길은 예전부터 예쁜 등불들이 길을 밝혔다고 해서 '아름다운 등불의 길(Schönlaterngasse)'이라고 불린다. 이 길 6번지에 있는 집 2층 벽에 아직까지도 오래된 램프가 남아 있다. 7번지는 바질리스켄하우스(Basiliskenhaus)라고 불리는데, 이 집의 우물에 살던 못된 괴수 바질리스크가 한 젊은이가 들이민 거울을 보고 자신의 추한 모습에 놀라 죽었다는 전설이 내려온다. 7번지 왼쪽은 낭만주의 작곡가 슈만이 살았던 집이며 북쪽으로 좀 더 걸어가면 플라이슈마르크트(Fleischmarkt)가 있다. 이름에서 알 수 있듯이 육류 시장이었던 이곳에는 그리스 상인들이 주로 살았다. 11번지는 그리헨바이슬(Griechenbeisl)이라는 유명 레스토랑으로, 간판의 남자는 '사랑스러운 아우구스틴'으로 알려진 17세기 방랑 시인 아우구스틴이다. 그는 이 식당에서 자주 노래를 불렀다고 한다.

위치 슈테판 대성당 북쪽으로 4~5분 **지도** p.263-G

도나우 운하

Donaukanal

여름철 낮에는 해변, 밤에는 클럽으로 변신

링슈트라세(Riugstrasse)의 일부 구간은 쇼텐링(Schottenring)에서 율리우스 라브 광장(Julius-Raab-Platz)까지 도나우 운하를 따라 이어진다. 특히 아스페른 다리(Aspernbrücke)부터 아우가르텐 다리(Augartenbrücke)에 이르는 구간은 여름이면 파라솔을 친 노천카페가 열리고, 밤에는 라이브 연주를 하는 음악 클럽과 젊은이들이 몰려드는 바가 문을 열어 활기가 넘친다.

위치 U1, U4 슈베덴플라츠(Schwedenplatz)역에서 바로 앞 운하 주변 **지도** p.261-L

호허 마르크트

Hoher Markt

유겐트슈틸이 시작된 앙커 시계를 볼 수 있는 곳

빈에서 가장 오래된 광장으로 1732년 피셔 폰 에를라흐가 세운 '성처녀 결혼의 샘(Vermählungsbrunnen)'이라는 분수가 있다. 광장 동쪽 끝에는 2개 건물로 나뉜 앙커 보험 회사를 이어주는 10m 길이의 복도가 있고, 여기에 20세기 초에 만들어진 앙커 시계(Ankeruhr)가 있다. 시계는 매시 정각에 빈의 역사상 중요 인물이 2인 1조를 이루어 등장한다. 정오에는 총 12명의 인물이 전원 등장하는데, 카를 대제와 루돌프 1세, 마리아 테레지아, 작곡가 하이든 등 친숙한 인물들도 있다.

위치 U1, U3 슈테판스플라츠(Schwedenplatz)역에서 도보 4분
지도 p.263-G

호프부르크 왕궁 주변

화려한 합스부르크 왕가의 역사가 살아 있는 곳

합스부르크 왕가의 역사와 화려한 번영의 자취가 고스란히 남아 있는 곳이 바로 호프부르크 왕궁(Hofburg)이다. 이 왕궁은 1220년경에 세워진 최초의 성관(城館, 서유럽 군주 · 제후 · 귀족의 거성이나 별장)을 중심으로 역대 군주들이 증개축을 거듭하며 각기 다른 양식의 복합 건축물이 집합체를 이루고 있다. 미하엘 광장 방향에는 황제의 아파트먼트와 궁정 은식기 컬렉션(Hofburg Silberkammer) 전시실이 있으며, 마주 보는 왼쪽 아우구스티너 거리 방향으로는 스페인 승마 학교, 왕궁 예배당, 국립 도서관, 그래픽 아트 미술관 알베르티나(Albertina)가 자리 잡고 있다. 남쪽으로는 드넓은 영웅 광장(Heldenplatz)이, 동쪽으로는 웅장한 신왕궁이 펼쳐져 있다.

호프부르크 Hofburg
주소 Michaelerkuppel **홈페이지** www.hofburg-wien.at
개방 매일 09:30~17:00(마지막 입장 16:00) **요금** 황제의 아파트먼트 · 시시 박물관 · 궁정 은식기 컬렉션 입장+오디오 가이드 성인 €16, 어린이 €10 ※시시 티켓(Sisi Ticket: 호프부르크, 쇤브룬 궁전, 황실 가구 컬렉션 Imperial Furniture Collection 통합권) 성인 €40, 아동(6~18세) €27, 비엔나 시티 카드 소지자 €37
위치 U3 헤렌가세(Herrengasse)역에서 도보 5분. 또는 트램 1, 2, D, 71번 부르크링(Burgring)에서 하차 **지도** p.262-F

미하엘 문
Michaelertor

웅장한 조각상과 철 세공으로 장식된 왕궁 정문

호프부르크 왕궁의 정문. 문 양옆으로는 4개의 헤라클레스 조각상이 있고 앞에는 바다와 육지의 힘을 상징하는 분수가 있다. 이 문을 통과하면 오스트리아 황제 프란츠 1세의 동상이 우뚝 서 있는 중정이 나온다. 네오 바로크 양식으로 건설된 미하엘 문 안의 돔 홀은 웅장한 느낌을 준다. 미하엘 문에서 바로 이어지는 건물이 시시 박물관과 황제의 아파트먼트 그리고 스페인 승마 학교 건물이다.

구왕궁
Alte Burg

루돌프 1세 시대 이후의 왕궁

합스부르크 왕가의 역사와 번영의 자취가 남아 있는 곳으로 제국 재상 집무관에 있는 황제의 아파트먼트와 시시 박물관이 특히 인기 있다. 아말리에궁, 레오폴트관, 스위스궁이 구왕궁에 속해 있다. 구왕궁에서 가장 오래된 스위스궁(Schweizerhof)에는 보물관과 왕궁 예배당이 있다. 13세기에 성채로 건설된 후 증개축을 거쳐 16세기에 페르디난트 1세에 의해 현재의 르네상스 양식 건축물로 완성되었다. 이후 18세기 전반의 카를 6세 시대까지 역대 황제들이 거주하던 거성 역할을 했다. 왕궁 중정과 이어지는 스위스 문(Schweizertor)은 16세기 르네상스 양식이 눈길을 끈다.

황제의 아파트먼트와 시시 박물관
Kaiserappartements & Sisi Museum

프란츠 요제프 황제 부부의 거처

바로크 양식의 제국 재상 집무관과 인접해 있는 아말리에궁(엘리자베트가 머무른 곳)의 22개 실을 시시 박물관과 황제의 아파트먼트로 꾸며 일반에 공개하고 있다. 입구는 미하엘 문을 들어서자마자 원형 홀의 오른쪽에 있다. 시시 박물관은 시시의 드라마틱한 삶과 죽음을 테마로 하며 어린 시절, 궁정 생활, 도피, 암살 등의 주제로 전시하고 있다. 황제의 아파트먼트는 프란츠 요제프 황제의 방과 엘리자베트 황후(시시)의 아파트먼트 그리고 알렉산드르 황제의 아파트먼트로 나뉘어 전시되고 있다.

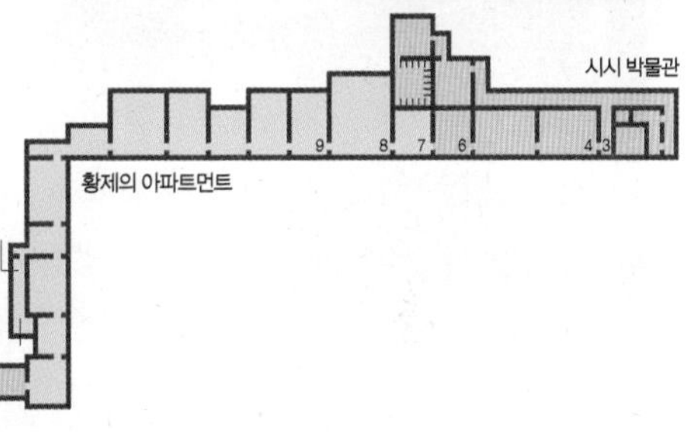

왕실 보물관
Kaiserlich Schatzkammer Wien

합스부르크 왕가의 무수한 보물을 전시

16세기 이후 수집된 합스부르크 왕가의 보물들이 전시되어 있다. 합스부르크가에서 신성 로마 제국 황제 자리를 이어받았기 때문에 오토 대제의 왕관과 11세기 십자가 등 신성 로마 제국의 역대 황제들이 소장했던 매우 귀중한 보물들도 전시되어 있다. 특히 2번 방에는 1602년 프라하에서 제작된 루돌프 2세의 왕관과 홀장(구부러진 지팡이), 보주(보석들), 붉은 벨벳에 황금색 화려한 자수가 장식된 황제의 망토 등 볼거리가 많다. 또한 황제 프란츠 1세의 딸이자 정략 결혼으로 나폴레옹의 황후가 된 마리 루이즈의 기념실인 5번 방도 들러볼 만하다. 7번 방에서는 합스부르크가의 화려한 보물들 중 416캐럿의 루비가 박힌 장식품과 17세기 초 프라하에서 제작된 2,680캐럿의 에메랄드를 세공한 향유병 등이 눈길을 끈다. 11번 방은 신성 로마 제국에 전해오는 역대 왕관들이 전시된 보물 전시실이다.

궁정 은식기 컬렉션
Hofburg Silberkammer

감탄이 나올 만큼 호화스러운 식기

합스부르크가의 역대 식기 컬렉션. 도자기와 은식기가 중심인데 특히 도자기는 유럽 최고의 기술로 제작한 디너 세트와 티 세트가 다양하게 전시되어 있다. 은식기는 프란츠 요제프 황제 때 사용한 것들이 많다. 마리 앙투아네트, 영국 빅토리아 여왕이 선물한 도자기들도 전시되어 있으니 놓치지 말자.

프란츠 요제프와 엘리자베트 이야기

헝가리 괴될뢰성에 걸린 대관식 그림

1848년 빈에서 일어난 혁명으로 큰아버지인 페르디난트 1세가 퇴위하고, 18세의 어린 나이에 프란츠 요제프 1세(Franz Joseph I, 1830~1916년)가 오스트리아 황제에 즉위했다. 이후 68년의 재위 기간 동안 군주로서 훌륭하게 책임을 완수했으며 1916년 제1차 세계대전이 한창이던 중 86세의 나이로 세상을 떠났다.

엘리자베트(Elisabeth Amalie Eugenie, 1837~98년)는 독일 바이에른의 비텔스바흐 공작 가문의 둘째 딸로 태어나서 어릴 때부터 시시라는 애칭으로 불렸다. 자유분방한 성격의 그녀는 15세 때 오스트리아 황후 후보인 언니 헬레나가 선을 보는 자리에 동행한다. 엘리자베트를 보고 첫눈에 반한 프란츠 요제프는 엘리자베트를 황후로 선택했다. 16세의 나이에 빈의 궁정에 들어간 그녀는 엄격한 궁정 생활을 힘겨워하다가 정신 이상을 일으켜 요양 생활을 하는가 하면 장기 여행을 자주 떠나기도 했다.

1867년 오스트리아-헝가리 이중 제국이 세워지고 헝가리 국왕과 왕비가 되는 대관식이 헝가리 부다페스트의 마차시 성당에서 거행되었다. 대관식에서 프란츠 요제프는 헝가리 군복을, 엘리자베트는 헝가리 예복을 입었는데, 이날 예복 차림을 한 엘리자베트의 초상화를 게오르크 라프가 그렸다. 그의 걸작으로도 인정받는 이 작품은 엘리자베트의 가장 아름답고 유명한 초상화로 사랑받고 있다.

엘리자베트는 헝가리를 특히 좋아해서 빈의 왕궁보다도 부다페스트 교외의 괴될뢰성에 더 오래 머물렀다고 한다. 이 성에 대관식 모습을 담은 대형 그림이 걸려 있다. 헝가리를 몹시 사랑한 엘리자베트는 헝가리 국민들의 압도적인 지지를 얻어 프란츠 요제프를 대신해서 헝가리의 외교를 직접 담당하기도 했다고 한다.

부다페스트에서 대관식을 거행한 1867년부터 서서히 합스부르크 왕가의 몰락을 암시하는 사건들이 차례로 일어난다. 1867년 동생인 막시밀리안 1세가 반란군에 의해 처형되었고, 1889년에는 합스부르크 왕가의 제위 계승자인 황제의 유일한 아들 루돌프 황태자가 빈 남쪽 마이어링에서 애인과 함께 스스로 생을 마감한다. 아들을 잃은 슬픔에 엘리자베트는 죽는 날까지 늘 검은 상복을 입었다고 하는데, 이는 여러 초상화에서 확인할 수 있다. 이후 엘리자베트는 1898년 제네바 레만 호숫가에서 무정부주의자에게 암살당하는 비극을 겪는다. 설상가상으로 루돌프를 대신할 제위 계승자로 지명된 조카 프란츠 페르디난트 대공마저 1914년 사라예보 사건으로 죽임을 당하고 만다. 이로써 약 600년 동안 유럽 역사의 중심에 있던 합스부르크 왕가가 크게 기울게 된다. 그러나 그들의 화려했던 시절은 여전히 많은 이들의 가슴 속에 남아 있다. 빈 시내 첸트랄 카페(Café Central)에는 프란츠 요제프와 엘리자베트의 초상화가 카페 제일 중앙에 우아하게 자리 잡고 있어서 많은 여행자들의 사랑을 받고 있다.

신왕궁
Neue burg

합스부르크 왕가 최후의 왕궁

무제움스크바르티어(Museums Quartier, 박물관 구역)와 부르크링(Burgring)에 인접해서 세워진 웅장한 네오 바로크 양식의 건축물이다. 합스부르크가 황제의 권위를 상징하는 머리 둘 달린 독수리가 왕궁 정면 위에서 날개를 활짝 펼치고 있다. 1881년부터 1916년까지 카를 폰 하제나우어(Carl von Hasenauer)와 고트프리트 젬퍼(Gottfried Semper)에 의해 건설되었다. 신왕궁에는 다양한 박물관과 국립 도서관, 스페인 승마 학교, 빈 소년 합창단이 노래하는 왕궁 예배당, 황제 일가의 교회 아우구스티너 교회, 미술관 알베르티나(Albertina) 등이 들어서 있다. 신왕궁에 들어서 있는 주요 박물관은 전 세계에서 수집한 15만 점의 수집품이 전시되어 있는 민족학 박물관(Museum für Völkerkunde), 베토벤, 모차르트, 슈베르트, 브람스 등 음악의 대가들이 사용했던 악기들을 소장하고 있는 고대 악기 박물관(Sammlung Alter Musikinstrumente), 게르만족 대이동 시대부터 합스부르크가 역대 황제의 무기를 소장하고 있는 궁정 무기 박물관(Hofjagd-und Rüstkammer), 고대 로마의 속주였던 터키의 에페소스에서 발굴된 출토품을 소장하고 있는 에페소스 박물관(Ephesos Museum) 등이다.

스페인 승마 학교
Spanische Reitschule

왈츠와 미뉴에트에 맞춰 춤추는 백마

1572년 설립된 전통 있는 승마 학교로 원래는 지능이 뛰어난 스페인산 말을 군마로 조련했다. 1580년에는 현재의 슬로베니아 리피차에 지은 말 사육장에서 안달루시아 말을 번식시켰다. 현재의 승마 학교 백마들은 오스트리아 그라츠 근교에서 사육되는 리피차 말들로 고도의 기술을 선보인다. 승마 학교 건물은 18세기 초 마리아 테레지아의 아버지인 카를 6세 때 피셔 폰 에를라흐에 의해 건축되었다. 건물 안 2개 층의 발코니가 관객석으로 만들어져 있는데, 빈 의회가 한창일 때는 이곳이 무도회장으로 사용된 것에서 '회의는 춤춘다'는 말도 나왔다. 말의 집단 연기와 오전 시간의 조련 모습을 일반에게 공개하고 있다. 왈츠와 미뉴에트에 맞춰 집단으로 스텝을 맞춰 춤을 추는 백마들의 기술이 화려하다. 공식 홈페이지에 연간 프로그램이 나와 있으며 입장권은 창구 또는 현지 여행사 등에서 구매할 수 있다.

주소 Michaelerplatz 1
전화 01-533-90-31
홈페이지 www.srs.at
개방 매일 09:00~16:00
요금 €30~237(좌석에 따라 다름) / 자세한 일정과 요금은 홈페이지 참조 **지도** p.262-F

왕궁 예배당

Burgkapelle

빈 소년 합창단이 노래하는 예배당

15세기에 구왕궁 안에 세워진 작은 예배당으로 빈 소년 합창단이 미사 때 노래하는 것으로 특히 유명하다. 여름 휴가를 제외한 일요일 미사에 가면 합창단의 노래를 들을 수 있다. 빈 소년 합창단과 함께 빈 필하모닉 오케스트라 그리고 빈 국립 오페라 남성 합창단 공연도 감상할 수 있다. 미사에 참여하려면 미리 이메일이나 팩스로 양식을 갖춰 신청해야 한다. 티켓은 발송해주지 않으므로 금요일 오전 11시에서 오후 1시와 오후 3시에서 5시 사이, 일요일(혹은 미사 있는 날) 8시에서 8시 45분 사이에 왕궁 예배당 티켓 오피스에서 수령해야 한다.

일요일 미사를 위한 티켓은 매주 금요일 오전 11시에서 오후 1시, 오후 3시에서 5시 그리고 일요일(혹은 미사 있는 날) 오전 8시에서 8시 45분에 왕궁 예배당에서 판매한다. 또한 오페른가세(Operngasse) 2번지에 있는 분데스 극장(Bundestheater) 티켓 판매소에서 월~금 오전 8시에서 오후 6시 사이에, 토, 일, 공휴일 오전 9시에서 오후 12시 사이에 판매한다.

주소 Hofburg-Schweizerhof
전화 01-533-99-27 **팩스** 01-533-99-27-80
홈페이지 www.hofmusikkapelle.gv.at
이메일 office@hofmusikkapelle.gv.at
개방 예배당 관람 1~6월, 9~12월 월 · 화 10:00~14:00, 금 11:00~13:00
빈 소년 합창단 미사 1~6월, 9~12월 일요일 09:15
요금 €12~43 / 미사 참여는 팩스나 이메일로 직접 신청(홈페이지 참조) **지도** p.262-F

국립 도서관(프룽크잘)

Prunksaal der Österreichischen Nationalbibliothek

궁정 내 장서 서고를 이어받은 국립 도서관

오스트리아에서 제일 큰 도서관이자 세계에서 가장 아름다운 도서관으로도 인정받고 있으며 약 20만 권의 진귀한 장서를 소장하고 있다. 1920년 국립 도서관으로 불리기 시작했는데 이전에는 '제국 궁정 도서관(Kaiserliche Hofbibliothek)'으로 불렸다. 14세기에 오스트리아 대공 알베르트 3세(Albert III)가 자신의 책들을 이곳으로 옮겼으며, 이때부터 제국의 도서관으로서 역할을 하게 되었다. 특히 기록상 가장 오래된 장서가 바로 알베르트 3세 소유의 1368년에 제작된 《황금 복음서》다. 이 책은 성경의 4복음서를 자세한 예화와 함께 황금색 글자로 기록한 책이다. '호화로운 큰 방'이라는 뜻의 프룽크잘(Prunksaal)이라고도 불리는데 웅장한 바로크 양식 홀과 고풍스러운 천장 프레스코화가 눈길을 사로잡는다. 18세기에 건설된 바로크 홀은 80m 길이에 높이는 20m에 이른다.

주소 Josefsplatz 1 **전화** 01-534-10-394
홈페이지 www.onb.ac.at
개방 10:00~18:00(목 10:00~21:00) / 연중무휴
요금 성인 €8, 27세 이하 학생 €6, 19세 이하 무료 **지도** p.262-F

옛 귀족들이 살던 동네

빈에서 슈테판 광장 다음으로 규모가 큰 광장이지만 상대적으로 관광객이 적어서 한적하다. 광장 서쪽 방면으로는 옛 귀족들이 살던 고급 주택들이 모여 있으며, 동쪽 방향으로는 미로 같은 좁은 골목길이 이어진 보그너가세(Bognergasse), 소박한 술집들이 모여 있는 나글러가세(Naglergasse) 등 빈의 옛 정취가 물씬 느껴지는 거리들이 이어진다. 특히 암 호프 주변에서 여행자들에게 가장 인기 있는 곳은 1860년에 건설된 고풍스러운 아케이드형 건물 팔레 페르스텔(Palais Ferstel)로 고급 상점들이 입점해 있다.

암 호프
Am Hof

역사의 변화와 함께한 광장

빈에서 가장 오래되고 역사적인 광장들 중 하나로, 그 시초는 로마 군대 주둔지가 있던 고대 로마로 거슬러 올라간다. 12세기 바벤베르크(Barbenberg)의 공작 헨리 2세가 과거 로마 주둔지였던 이 터에 성을 지었고, 성채 앞 광장은 마상 창시합장에서 시장으로 변모하는 과정을 거치며 현재에 이르게 됐다. 이 광장에 우뚝 서 있는 바로크 양식의 하얀색 암 호프 성당은 1386년에 고딕 양식으로 건설되었다. 1806년 나폴레옹이 빈을 점령한 후 이 성당 발코니에서 신성 로마 제국의 종언을 선언하기도 한 역사적인 성당이다. 또한 성당 발코니에서 교황 베네딕트 14세(Benedict XVI)가 2007년에 설교를 하기도 했다. 성당 맞은편에 우뚝 서 있는 마리아 기념비(Mariensäule)는 신성 로마 제국 황제 페르디난트 3세(Ferdinand III)가 30년 전쟁에서 스웨덴 군대를 물리친 것을 성모 마리아에게 감사하기 위해 세운 것이다. 기념비 아래에 자리한 무장한 천사는 각각 도시를 위험에 빠뜨린 4가지 재앙, 즉 전쟁, 전염병, 기근 그리고 이단에 맞서 싸우는 형상을 하고 있다.

주소 Am Hof
위치 U3 헤렌가세(Herrengasse)역에서 도보 2분. 그라벤에서는 도보 10분
지도 p.262-F

팔레 페르스텔
Palais Ferstel

네오 르네상스 양식의 아름다운 쇼핑 아케이드

1860년에 건설된 네오 르네상스 양식의 아름다운 건축물이다. 헤렌가세(Herrengasse)와 프라이윰(Freyung) 거리를 이어주는 아케이드 통로가 있으며 통로 양쪽으로 다양한 상점, 카페, 레스토랑들이 들어서 있다. 통로를 따라 천천히 걸으면서 실내 장식이나 다양한 전통과 개성을 가진 상점과 카페를 둘러보는 것도 즐겁다. 특히 이 건물 1층에는 클림트의 단골 카페이자 아름다운 실내 장식으로 빈에서 가장 유명한 카페 중 하나인 카페 첸트랄(Café Central)이 있다.

주소 Strauchgasse 4
전화 0-533-37-63-0
홈페이지 www.palaisevents.at/palais-ferstel
위치 U3 헤렌가세(Herrengasse)역에서 도보 1분
지도 p.262-F

유덴 광장

나글러가세

암 호프 주변 골목길

Gassen rund um Am Hof

옛 정취가 남아 있는 빈의 작은 골목 산책

암 호프 광장의 남쪽에는 옛 정취가 물씬 풍기는 골목들이 있어서 산책하며 돌아다니기에 안성맞춤이다.
멋진 상점들이 늘어선 보그너가세(Bognergasse) 9번지에는 빈에서 가장 오래된 약국이자 유겐트슈틸 양식의 프레스코화가 인상적인 엥겔 약국(Engelapotheke)이 있다. 또한 로마 시대의 성벽을 따라 자리 잡고 있는 나글러가세(Naglergasse)에는 다양한 비어 홀이 자리하고 있다.
암 호프에서 도나우 운하 방향으로 조금만 걸어가면 작은 유덴 광장(Judenplatz)이 나타난다. 광장에는 18세기 독일의 시인이자 극작가 고트홀트 에프라임 레싱(Gotthold Ephraim Lessing)을 기리는 레싱 조각상이 우뚝 서 있고, 마주 보는 위치에 유대인 홀로코스트 희생자 기념물이 세워져 있는 모습이 인상적이다.

엥겔 약국

뒤에 보이는 흰색 건물이 파스콸라티하우스

파스콸라티하우스

Pasqualatihaus

베토벤이 8년간 살았던 집

1804~08년, 1810~14년에 베토벤이 살았던 집으로 현재는 기념관이다. 교향곡 제4번, 제5번, 제7번, 제8번, 피아노 소나타 〈고별〉 등 수많은 명곡이 이곳에서 탄생했다. 기념실에는 베토벤이 쓰던 물건들이 전시되어 있다.

주소 Mölker Bastei 8
개방 화~일, 공휴일 10:00~13:00, 14:00~18:00 / 월, 1/1, 5/1, 12/15 휴무
요금 €5
위치 U2 쇼텐토어(Schottentor)역에서 도보 4분. 기념관은 건물 5층
지도 p.262-B

트램을 타고 링 주변 돌아보기

구시가의 성벽을 철거하고 폭 56m, 전체 길이 4km의 원형으로 이어지게 만든 환상 대로를 링(Ring)이라고 부른다. 1866년에 완성된 대로는 도나우 운하 방향을 향해 크게 말발굽을 그리고 있는 모양을 하고 있다. 이후 링 주변으로 공원, 국립 오페라 하우스, 미술관, 국회 의사당, 시청사, 부르크 극장 등이 차례로 지어져 단순히 새로 건설된 도로가 아닌 빈 중심부를 둘러싼 문화 구역으로 거듭났다. 고전에서 바로크 양식에 이르기까지 다양한 건축 양식을 도입한 19세기 후반의 건축 양식을 한눈에 볼 수 있다. 링을 따라 도보 산책을 하거나 트램을 타고 천천히 돌아보면 좋다.

시립 공원
Stadtpark

황금빛으로 빛나는 요한 슈트라우스 조각상

1862년 링을 따라 길게 조성된 영국식 정원으로 빈 시민들이 휴식을 취하러 즐겨 찾는 공원이다. 경쾌한 자세로 바이올린을 연주하고 있는 황금빛 요한 슈트라우스상은 늘 인기가 있어 기념사진을 남기는 여행자들로 북적거린다. 슈베르트와 브루크너 등 오스트리아가 배출한 음악 대가들의 조각상도 있다. 공원 남쪽으로 걸어가면 콘체르트하우스(Konzerthaus)가 나온다. 20세기 초에 건설된 새로운 음악당으로 3개의 홀로 구성되어 있고 외벽에는 레너드 번스타인의 기념판이 있다.

주소 Parkring 1
전화 01-40008042
홈페이지 www.wien.gv.at
개방 24시간
위치 U4 슈타트파크(Stadtpark)역에서 바로. 바이흐부르크가세(Weihburggasse)역에서 도보 1분 이내
지도 p.263-H

우체국 저축 은행
Österreichische Postsparkasse

오토 바그너의 건축 양식을 집대성한 작품

1906년 링 안쪽으로 화려한 장식을 배제하고 단조로운 건물이 세워졌다. 오토 바그너(Otto Wagner, 1841~1918년)의 건축 양식을 집대성한 건축물로 근대 건축의 개막을 알리는 중요한 작품으로 인정받고 있다. 100년 전에 건설된 건물이라고 하기에는 믿기지 않을 정도로 참신하면서도 세련된 아름다움을 갖췄다. 유리로 마감해 자연광이 실내로 쏟아지게 한 천장하며 건축 소재로 알루미늄을 처음 사용한 것도 획기적인 시도로 평가받았다. 외벽에는 대리석 판재를 볼트로 고정시켜 장식을 철저히 배제하고 기능적인 구조를 강조했다. 현재도 우체국 저축 은행으로 사용되고 있으며 오토 바그너 박물관이 병설되어 있어 내부를 관람할 수 있다.

주소 Georg-Coch-Platz 2
전화 59-998-999 **홈페이지** www.ottowagner.com
개방 월~금 13:00~18:00(목 13:00~20:00) / 토·일 휴무(연휴 기간에는 변동되거나 휴무) **요금** 무료
위치 U4 슈베덴플라츠(Schwedenplatz)역, S2 율리우스 라브플라츠(Julius-Raab-Platz)역에서 도보 3분 **지도** p.263-H

빈 음악 협회

Wiener Musikverein

빈 필하모닉 오케스트라의 신년 음악회가 열리는 곳

빈 음악 협회는 1812년에 설립된 고전 음악 관계자 단체로, '황금 홀'이라 불리는 협회 건물은 1870년에 건설되었다. 빈 필하모닉 오케스트라의 주 연주회장이며, 해마다 열리는 신년 음악회는 위성으로 전 세계에 중계될 정도로 유명하다. 정기 연주회 입장권은 회원에게만 판매되므로 잔여분이나 취소되는 표는 거의 없다. 좌석은 2,854석이며 특히 음향이 뛰어난 음악당으로 명성이 높다. 고급 호텔들이 늘어선 케른트너링(Karntnerring)에서 둠바(Dumba) 거리로 들어서는 지점에 있다.

주소 Musikvereinsplatz 1
전화 01-505-81-90
홈페이지 www.musikverein.at
개방 '황금의 방'과 각 음악당 가이드 투어 월~토 13:00~(영어), 13:45~(독일어)
요금 성인 €10, 학생 €6, 12세 이하 무료
위치 U1, U2, U4 카를스플라츠(Karlsplatz)역, 트램 2번 카를스플라츠(Karlsplatz)역에서 도보 3분 **지도** p.263-K

빈 국립 오페라 하우스

Wiener Staatsoper

세계 3대 오페라 하우스 중 하나

파리 오페라 하우스, 밀라노 오페라 하우스와 함께 세계 3대 오페라 하우스로 손꼽히는 음악의 도시 빈을 대표하는 오페라 극장이다. 2,200여 개의 좌석을 갖춘 극장은 1869년에 완성되어 모차르트의 〈돈 조반니〉로 막을 올렸다. 1897년부터 10년 동안 구스타프 말러가 총감독으로 있으면서 유럽 최고 오페라 하우스의 지위로 올려놓았다. 이후로도 리하르트 슈트라우스, 카라얀, 카를 뵘 등 세계적인 지휘자가 총감독을 맡으며 그 명성을 이어갔다. 객석의 3배나 되는 광활한 무대는 몇 개로 구분되어 장면을 짧은 시간에 전환할 수 있도록 장치해 놓았다. 빈 필하모닉은 이 극장의 전속 오케스트라이며, 잘츠부르크 음악 축제의 오페라도 빈 필하모닉이 중심이 되고 있다. 정면에서 2층으로 이어지는 계단과 샹들리에가 빛나는 로비, 진홍색 객석, 황금빛으로 가장자리를 장식한 하얀 발코니 등 내부 장식이 무척 호화롭다. 건물 정면은 장식이 많은 네오 르네상스 양식이다.

주소 Opernring 2
전화 01-514-44-2250(7880)
홈페이지 www.wiener-staatsoper.at

내부 가이드 관람 투어
빈 국립 오페라 하우스 숍 아카르디아 옆에 매월 투어 예정일 공고(매일, 티켓은 투어 시작 20분 전에 구입, 약 40분 소요)
요금 성인 €13, 아동 & 학생(27세까지) €7, 6세 이하 무료
위치 U1, U2, U4 카를스플라츠(Karlsplatz)역에서 도보 5분. 트램 1, 2, D번 오퍼(Oper)역에서 바로
지도 p.263-K

카를스플라츠 역사

Karlsplatz Stadtbahn-Pavillon

세기말 양식의 오토 바그너의 걸작

카를스플라츠역은 이름 그대로 카를 광장에 위치한 지하철 역사로 지하철(U반) U1, U2, U4이 정차한다. 아르누보 건축 양식의 우아한 건축물로 당시 빈에서 유행하던 빈 분리파(제체시온)를 대표하는 오토 바그너, 요제프 마리아 올브리히가 설계를 맡았다. 옛 카를스플라츠역은 1889년에 운영을 시작했고 현재 U4의 전신인 슈타트반(Stadtbahn)에 사용된 역사였다. 1981년 슈타트반이 빈 지하철로 전환되는 시점에 철거될 예정이었으나 건축적으로 의미 있는 유산을 보존하자는 의견이 힘을 얻으면서 옛 역사의 모습 그대로 남게 됐다. 똑같은 건물이 서로 마주 보고 있는데 동쪽은 카페, 서쪽은 미니 갤러리로 활용되고 있다.

주소 Karlsplatz **전화** 01-505-87-47-85177
홈페이지 www.wienmuseum.at/en/locations/otto-wagner-pavillon-karlsplatz
개방 3월 중순~10월 화~일, 공휴일 10:00~13:00, 14:00~18:00 / 11~3월 초순, 5/1, 공휴일이 월요일일 때 휴무
요금 성인 €5, 학생(27세까지) & 빈 카드 소지자, 10명 이상 그룹 €4, 19세 미만 무료, 매달 첫 번째 일요일 무료
위치 U1, U2, U4 카를스플라츠(Karlsplatz)역에서 하차
지도 p.263-K

카를 교회

Karlskirche

빈에서 가장 아름다운 바로크 양식 교회

1737년 피셔 폰 에를라흐(Johann Bernhard Fischer von Erlach)가 건축한 빈에서 가장 아름다운 바로크 양식 교회다. 건물 양쪽에 세워진 거대한 한쌍의 둥근 기둥에는 나선형 부조가 새겨져 있다. 정면 입구 위에는 페스트에 걸려 고통받는 시민들의 참상이 묘사되어 있다. 내부는 적갈색 대리석과 빛 바랜 황금색으로 장식되어 있으며, 타원형 돔에 그려진 프레스코화와 주제단의 십자가에 매달린 그리스도 조각상도 눈길을 끈다. 교회의 높이는 72m에 이른다.

주소 Kreuzherrengasse 1
전화 01-5046187
홈페이지 karlskirche.eu
개방 월~토 09:00~18:00, 일 · 공휴일 11:00~19:00
요금 교회 + 파노라마 관람 리프트 성인 €9.50, 학생 €5, 10세 이하 무료
위치 U1, U2, U4 카를스플라츠(Karlsplatz)역에서 도보 4분
지도 p.263-K

제체시온
Sezession

주소 Friedrichstrasse 12
전화 01-587-53-07
홈페이지 www.secession.at
개방 화~일 10:00~18:00, 가이드 투어 매주 토 11시(영어), 14시(독어) / 월 휴무
요금 성인 €9.50, 학생 €6, 10세 이하 아동 무료
위치 U1, U2, U4 카를스플라츠(Karlsplatz)역에서 도보 1분
지도 p.262-J

세기말 예술 유겐트슈틸의 걸작

1898년 빈 분리파가 세운 제체시온 운동의 거점이자 본부로 사용된 건물로 현지인들은 황금 카펫이라고도 부른다. 정육면체, 직육면체 형태로 각진 건물 위에 돔이 얹어진 외관이 인상적이다. 가까이서 보면 안쪽이 비어 있는 이 황금빛 돔은 올리브 잎을 모티브로 만든 것이다. 현관 위에는 빈 분리파의 표어라고 할 수 있는 '시대에는 시대의 예술을, 예술에는 예술의 자유를(Der Zeit ihre Kunst. Der Kunst ihre Freiheit)'이라는 금색 글자가 적혀 있다.

제체시온 건물 지하에는 베토벤 프리즈(Beethoven Frieze)라 불리는 클림트의 벽화가 있다. 1902년 개최된 제14회 빈 분리파 전시회 주제가 바로 '사회의 몰이해와 고독과 싸운 베토벤'이었다. 클림트는 이 주제에 맞춰 한 개의 지하 방 벽 3면에 베토벤의 제9번 교향곡 마지막 악장 〈환희의 송가〉를 표현한 프레스코화를 그렸다. '행복에 대한 동경', '적대하는 힘', '행복에 대한 동경이 시 속에 녹아 있는 것을 찾아낸다' 등을 차례로 주제로 해서 전체 길이 무려 34m에 이르는 거대한 프레스코화를 완성했다. 개막식에는 말러가 이끄는 빈 필하모닉 오케스트라의 금관 악기 주자들이 이 방에서 제9번 교황곡의 마지막 악장을 연주하기도 했다.

TIP 제체시온(Sezession, 빈 분리파)

제체시온은 오토 바그너의 영향을 받은 건축가 요제프 마리아 올브리히와 화가 클림트가 1897년 낡은 예술과 인습을 따르는 예술가들에게 반기를 들고, 새로운 예술 창조를 목적으로 제체시온, 즉 분리를 의미하는 빈 분리파를 결성한 역사적 사건이자 예술 운동이다. 당시 빈의 전시관인 퀸스틀러하우스(Künstlerhaus)의 보수주의 성향에 불만을 가진 예술가들이 퀸스틀러하우스를 탈퇴하면서 결성하게 된다. 특히 이 운동은 19세기 후반에 유행하던 역사주의로부터 '분리'하는 것이 주목적이었다. 빈 분리파에는 회화, 조각, 공예, 건축 등의 여러 예술가들이 참가했다. 이 운동에는 작곡가 말러 등도 참여하였고, 자신들의 활동 거점이자 본부로 삼기 위해 1898년 제체시온 건물을 세우게 된다. 1903년에는 요제프 호프만(Josef Hoffmann)이 빈 공방을 설립했지만 순수 예술을 지향하던 일부 회원들은 빈 분리파에 불만을 갖게 된다. 결국 1905년 구스타프 클림트 등 핵심 멤버가 탈퇴하면서 빈 분리파는 소멸되고 만다.

왕궁 정원
Burggarten

모차르트 동상이 랜드마크인 정원

왕궁 정원은 신왕궁 뒤쪽의 링슈트라세(Ringstrasse)에 있는 공원이다. 경쾌한 높은음자리표 모양의 화단 안쪽에 모차르트상이 서 있다. 1896년 빅토르 틸그너(Viktor Tilgner)가 제작한 모차르트상은 원래 알베르티나 광장(Albertinaplatz)에 있었으나 1953년 이 정원으로 옮겨왔다. 정원 한쪽 끝에는 68년의 최장 통치 기간을 누린 프란츠 요제프 황제의 동상이 있다. 요제프 황제의 통치 기간에 빈은 가장 번영을 누렸으나 그의 서거와 함께 그 영화로운 시절은 끝이 나고 만다.

주소 Josefsplatz 1
전화 01-533-9083
개방 매일 06:00~22:00
요금 무료
위치 트램 1, 2, D번 부르크링(Brugring)역에서 도보 2분
지도 p.262-F

TIP 링슈트라세 Ringstrasse

원래 링슈트라세(링 환상 대로)는 빈 구시가를 둘러싸고 있던 거대한 성벽이 있던 자리다. 요제프 2세 시대부터 집권이 바뀔 때마다 여러 차례 성벽의 철거 계획이 세워졌으나 관료들의 강력한 반대에 부딪혀 좀처럼 계획을 실행하지 못했다. 1857년 프란츠 요제프 황제는 망설이는 관료들을 설득해서 마침내 성벽 철거를 명령했지만 쉬운 일이 아니었다. 오랜 세월이 걸려 마침내 1865년 5월 1일 링슈트라세가 공식적으로 완성되었다. 링슈트라세는 주변 건물들과 함께 빈의 새로운 경관을 만들어냈으며 빈 구시가를 돌아보는 데 가장 중요한 도로 역할을 하고 있다.

빈 미술사 박물관

Kunsthistorisches Museum Wien

유럽 3대 미술관으로 손꼽히는 곳

마리아 테레지아 광장을 사이에 두고 자연사 박물관과 마주 보고 있는 신고전주의 건물에 들어선 박물관이다. 박물관 건축에는 신왕궁 건설에 참여했던 카를 폰 하제나우어(Karl von Hasenauer), 독일의 유명 건축가 고트프리트 젬퍼(Gottfried Semper)도 참여해서 1891년에 개관했다. 대대로 오스트리아 황제의 컬렉션을 중심으로 전시되고 있다. 현관 홀의 천장화는 헝가리의 유명 화가 문카치의 작품이며 중앙 계단도 화려함을 자랑한다. 고대, 중세의 조각이나 공예품 명작도 많이 소장하고 있지만 단연 이 박물관의 중심 컬렉션은 회화다. 합스부르크가의 방대한 수집품들이 소장되어 있는데, 그중에서도 브뤼헐의 컬렉션은 감히 세계 최고라 말할 수 있다. 〈바벨탑〉, 〈설경 속의 사냥꾼들〉, 〈농민의 결혼식〉, 〈사육제와 사순절의 싸움〉 등은 꼭 관람하자. 또한 벨라스케스의 〈마르가리타 테레사 공녀의 연작 회화〉, 페르메이르의 〈화가와 모델〉, 라파엘로의 〈초원의 성모〉 등도 꼭 봐야 할 작품이다. 그 밖에 뒤러, 루

빈 미술사 박물관 2층 배치도

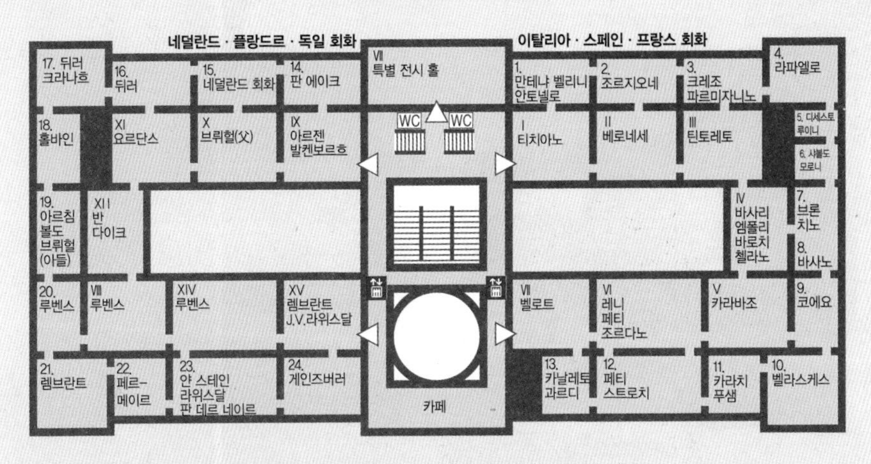

벤스, 크라나흐 등 거장들의 명화가 2층에 전시되어 있다.

1층에는 2013년 봄에 처음 오픈한 미술 공예품 컬렉션을 전시하는 쿤스트캄머가 있다. 이탈리아 출신의 금세공 조각가 벤베누토 첼리니의 16세기 황금 조각품인 소금통 〈살리에라(Saliera)〉를 비롯해서 청금석이라고 불리는 라피스 라줄리(Lapis Lazuli)로 만든 그릇 등 아름다운 미술 공예품들을 감상할 수 있다. 특히 살리에라는 '조각 작품계의 모나리자'라고 불리는데 26cm 높이의 이 소금통의 가치는 무려 600억 원으로 책정되어 있다고 한다.

주소 Maria-Theresien-Platz **전화** 01-525-24-0 **홈페이지** www.khm.at **개방** 매일 10:00~18:00, 목 10:00~21:00
요금 성인 €18, 빈 카드 소지자 €17, 학생(25세 이하) €15, 아동(0~19세) 무료, 왕실 보물관 결합 티켓 €24
위치 U2 무제움스크바르티어(Museumsquartier)역, 트램 1, 2, D번 부르크링(Burgring)역에서 도보 2분 **지도** p.262-J

사육제와 사순절의 싸움 © KHM-Museumsverband
바벨탑 © KHM-Museumsverband
농민의 결혼식 © KHM-Museumsverband
설경 속의 사냥꾼들 © KHM-Museumsverband

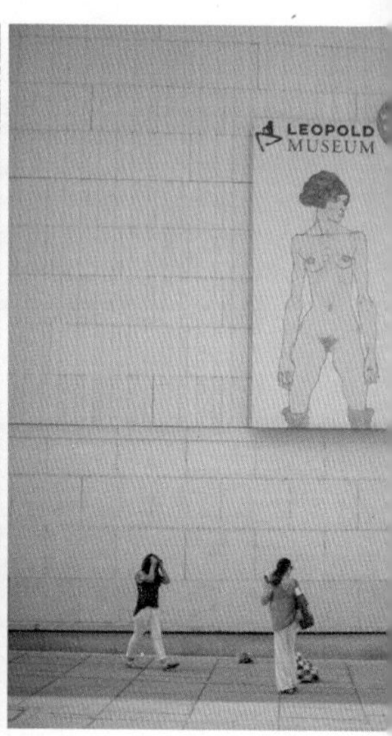

무제움스크바르티어
Museums Quartier, MQ

10개 이상의 복합 미술관 구역

빈의 노이바우(Neubau) 지구, 6만㎡의 면적에 분포한 미술관 밀집 지역으로, 과거 왕궁의 마구간 자리였다. 바로크 건축 양식에서 현대 건축 양식까지 다양한 예술 양식으로 지어진 미술관들이 밀집해 있다. 1998년 4월부터 약 3년간 1억 5,000만 유로를 투자해서 문화 예술 구역으로 개발됐다. 피카소, 클레와 같은 20세기 예술가들의 작품이 전시된 근대 미술관(MUMOK), 빈 건축 센터, 레오폴트 미술관(Leopold Museum), 쿤스트할레 빈(Kunsthalle wien) 등 주요 미술관과 박물관들이 밀집해 있다. 특히 이 중에서도 에곤 실레의 작품을 세계에서 가장 많이 소장하고 있는 레오폴트 미술관은 꼭 들러볼 것. 빈 대학에서 미술사를 공부한 레오폴트 박사의 개인 수집품을 중심으로 실레 외에도 클림트, 코코슈카, 게르스틀 등 빈에서 활동한 화가들이 19세기 말에서 20세기 전반에 그린 그림들이 많이 소장되어 있다.

레오폴트 미술관
주소 Museumsplatz 1 **전화** 01-525-70-1584 **홈페이지** www.leopoldmuseum.org **개방** 월 · 수 · 금~일 10:00~18:00(마지막 입장 17:30) / 화 휴무 **요금** 성인 €15, 26세 이하 & 65세 이상 €11, 아동(19세 이하) €2.50, 아동(7세 이하) 무료, 비엔나 카드 소지자 €12.50, 비엔나 패스 소지자 무료 **레오폴트 미술관 + 미술사 박물관 통합권** €27 / 학생 요금 이용 시 국제 학생증 소지 필수 **위치** U2, U3 시민 극장(Volkstheater)역 또는 U2 무제움스크바르티어(Mueumsquartier)역에서 도보 1분 **지도** p.262-J

자연사 박물관

Naturhistorisches Museum

세계적으로도 중요한 자연사 박물관

마리아 테레지아 광장을 사이에 두고 미술사 박물관과 마주 보고 있는 건물로 세계적으로도 그 중요성을 인정받는 자연사 박물관이다. 마리아 테레지아의 부군 프란츠 1세의 수집품을 토대로 세운 박물관으로 자연 과학 전반에 관련된 다양한 컬렉션을 감상할 수 있다. 1889년 8,460m²의 공간에 처음 개관했으며 총 39개의 전시실에 소장된 10만 점 이상의 소장품을 자랑한다. 특히 도나우강 변 바하우 계곡에서 발견된 2만 5,000년 전의 〈빌렌도르프의 비너스 Venus of Willendorf〉를 소장하고 있다.

주소 Maria-Theresien-Platz
전화 01-52177-0
홈페이지 www.nhm-wien.ac.at
개방 월, 목~일 09:00~18:30, 수 09:00~21:00 / 화 휴무
요금 성인 €14, 학생(25세 이하) €10, 연장자(65세 이상) €10, 비엔나 카드 소지자 €10, 아동(19세 이하) 무료
위치 U2, U3 폴크스 극장(Volkstheater)역, 트램 1, 2, 46, D번 닥터 칼 레너 링(Dr. Karl-Renner-Ring)역에서 도보 2분
지도 p.262-F

국회 의사당

Parliament

아름다운 그리스풍 건축물

링슈트라세에 자리 잡고 있는 멋진 그리스풍 건축물로 오스트리아 상하원의 회기가 열리는 곳이다. 1860년대부터 1870년대에 계속된 링의 건설과 함께 장식적 경향이 한층 두드러진 건축물들이 세워졌다. 19세기 후반 절충주의의 대표 건축가로서 그리스 아테네에서 실력을 인정받은 테오필 폰 한젠(Theophil Hansen)이 1883년 레너 링에 웅장한 국회 의사당을 건설했다. 정면으로 그리스 신전을 연상케 하는 8개의 장중한 기둥이 늘어서 있고 그 위에는 그리스 로마 시대의 학자와 정치가들이 새겨져 있다. 지붕 위에는 그리스 전차 조각상이 날렵한 자태로 서 있고, 건물 정면에는 지혜의 여신 아테네의 분수가 있다.

주소 Dr.-Karl-Renner-Ring 3
전화 01-401-10-0
홈페이지 www.parlament.gv.at
개방 국회 의사당 리노베이션 공사로 가이드 투어는 2023년 재개 예정. 홈페이지 참조
위치 U2, U3 폴크스 극장(Volkstherater)역, 트램 1, 2, D번 스타디온가세(Stadiongasse) 또는 국회 의사당(Parlament)역에서 도보 2분
지도 p.262-F

부르크 극장

Burgtheater

독일어권 연극계 최고 권위의 극장

링슈트라세 옆에 우뚝 서 있는 네오 바로크 양식의 화려한 극장이다. 독일어권 연극계에서 최고 권위를 자랑하는 극장으로 1888년 하제나우어와 젬퍼가 함께 세운 장식이 많은 건축물이다. 정면이 부드러운 곡선을 그리며 링슈트라세를 바라보고 있으며 좌우로 펴져 있는 양 날개는 대계단이 되어 2층 로비로 이어진다. 정면을 바라보았을 때 왼쪽 계단의 천장에는 클림트가 1888년에 그린 프레스코화가 있으며 젊은 시절 자신의 얼굴도 그림 일부에 그려 넣은 걸 찾아볼 수 있다. 곡선으로 이어진 긴 로비에는 19세기 명배우들의 초상화가 걸려 있다. 현재 이곳에서는 고전극과 함께 현대극도 상연되고 있다. 링슈트라세를 사이에 두고 시청사와 마주 보고 있다.

주소 Universitätsring 2
전화 01-51444-4545 **홈페이지** www. burgtheater.at
가이드 투어 대계단과 클림트 천장화 등 포함. 부르크 극장 내부를 가이드를 따라 둘러보는 코스. 약 50분 소요. 목 · 금 15:00, 토 · 일 · 공휴일 11:00 독일어 진행(영어, 불어 등 설명문 제공)
요금 성인 €8, 학생(27세 이하) & 아동 €4
위치 트램 1, D번 라트하우스플라츠/부르크테아터(Rathausplatz/Burgtheater)역에서 도보 1분 이내
지도 p.262-F

시청사

Neues Rathaus

네오고딕 양식의 걸작품

98m 높이로 솟아 있는 탑이 인상적이며 네오고딕 양식 건축의 대가인 프리드리히 폰 슈미트(Friedrich von Schmidt)의 걸작으로 인정받고 있다. 이후 독일 시청사 건축에 많은 영향을 미쳤다. 원래 구시가 호허 마르크트(Hoher Markt) 근처의 구시청사 대신 1872년에 건설을 시작해서 1883년에 완성했다. 이 시청사를 건설하는 데 3,000만 장의 벽돌이 사용되었다고 한다. 해마다 여름이면 안뜰에서 음악회가 열리며 대형 스크린에 다양한 공연을 상영한다. 무대 주변으로는 온갖 노점상이 펼쳐지며 빈 시민들과 여행자들이 흥겨운 여름 밤을 보낸다. 겨울에는 크리스마스 4주 전부터 마켓이 열리는데, 특히 조명 장식이 아름다워 빈의 낭만을 한껏 돋운다.

주소 Friedrich-Schmidt-Platz 1 **전화** 01-52550
홈페이지 www. wien.gv.at
개방 월~금 08:00~18:00 / 일 · 월 휴무
가이드 투어 월 · 수 · 금 13:00(독일어로 진행. 시 의회 회기 중에는 없음)
요금 무료. 여권 맡기고 오디오 가이드 무료(영어, 불어, 이태리어, 스페인어, 러시아어)
위치 U반 시청사(Rathaus)역, 트램 2번 시청사(Rathaus)역에서 도보 3분
지도 p.262-E

유겐트슈틸에서 포스트모던까지

19세기 후반 빈에서는 과거의 건축 기법에 대한 동경을 반영한 절충주의 혹은 역사주의라고 불리는 웅장하고 화려한 양식의 건축물이 계속 만들어졌다. 1857년부터 시작된 링의 건설과 함께 환상 도로의 양쪽을 장식하기 위해 건설된 공공 건물이나 호텔, 집합 주택 등이 바로 그런 결과물이었다.
하지만 19세기 말에 이르자 과거 양식을 반복하는 역사주의에서 벗어나려는 움직임이 크게 일어났는데, 이를 가장 먼저 표방한 대표적 인물이 바로 오토 바그너다.

오토 바그너
Otto Wagner
1841~1918년

빈의 조형 미술 아카데미에서 공부한 오토 바그너는 1894년부터 시작된 시내의 철도 역사와 철교 등의 설계를 맡았다. 현재 지하철 U4, U6 각 역에서 바그너의 작품을 확인할 수 있는데, 특히 카를스플라츠 역사는 빈의 세기말 양식인 유겐트슈틸(아르누보)을 대표하는 걸작으로도 인정받고 있다. 바그너는 집합 주택 설계도 맡았는데, 그중에서도 마욜리카 타일로 붉은 장미를 표현한 마욜리카 하우스(Majolica Haus)와 엘리베이터 장식이 인상적인 메다용 하우스(Medaillons Haus)가 대표작이다. 바그너는 1899년에 빈 분리파(제체시온)의 멤버로 참가하기도 했다. 20세기 들어서면서 바그너의 작품에 변화가 나타나기 시작하는데 그 대표작이 바로 중앙 우체국이다. 1906년에 건설된 이 건축물은 세기말 양식의 특징인 곡선미에서 탈피한 작품으로 근대 건축의 시작으로 평가받는다. 또한 《근대건축》이라는 책을 집필하고, 철골과 유리 소재 건축을 찬미하며 쓸데없는 장식을 배제한 '필요 양식'을 주장하는 등 기능주의의 선구자로 우뚝 선 인물이다.

카를스플라츠 역사

우체국 저축 은행

아돌프 로스
Adolf Loos
1870~1933년

로스하우스

미국에서 건축을 공부한 로스는 화려한 장식의 건축물들을 보고 "장식은 죄다"라고 말할 정도로 장식을 배제한 건축을 추구했다. 1899년에 장식을 철저히 배제한 카페 무제움(Café Museum, 오페른가세 7번지)을 설계했다. 1910년에는 왕궁 입구 앞에 로스하우스를 건축했는데, 이때 일어난 흥미로운 사건이 있다. 왕궁 입구인 미하엘 문 앞 광장 모퉁이에 세워진 로스하우스가 아무런 장식이 없다는 이유로 프란츠 요제프 황제의 빈축을 사 시 당국에서 건설을 중지시킨 일이다. 결국 로스는 미하엘 문의 색깔에 맞추어 대리석 기둥의 색을 녹색으로 변경했다. 당시 장식이 없는 외벽은 사회적 물의를 일으킬 정도로 중대한 사안이었다. 하지만 결국 불필요한 장식을 배제한 근대 건축은 20세기 초반에 유럽의 주류로 자리 잡았다.

한스 홀라인
Hans Hollein
1934~2014년

하스 하우스

장식을 배제한 무미건조한 모던 양식에 대한 반발로 대두되기 시작한 포스트모던 건축 움직임은 1980년대 들어서면서 한층 더 두드러졌다. 모던 건축의 특징인 편평한 벽과 사각 창의 획일적인 배치에 반대해서 곡선으로 이어진 벽과 자유로운 채광 창, 눈에 띄는 색채와 강조된 기둥을 사용한 포스트모던 건축이 마침내 전 세계에 유행하게 되었다. 1990년에 한스 홀라인은 빈의 상징과도 같은 슈테판 대성당 정면에 포스트 모던 건축물인 하스 하우스를 세웠다. 콘크리트와 유리를 주재료로 만든 이 건축물은 건설 당시 엄청난 비난을 받았지만, 지금은 오히려 슈테판 대성당의 모습을 아름답게 비추며 광장과도 잘 어울린다는 평가를 받고 있다.

프리덴슈라이히 훈데르트바서
Freidensreich Hundertwasser
1928~2000년

스페인 바르셀로나에 가우디가 있다면 빈에는 훈데르트바서가 있다고 할 정도로 건축물에 자연을 표현한 대표적 근대 건축가 중 하나다. 화가이기도 했던 훈데르트바서는 일률적으로 늘어선 네모난 창, 평면과 직선으로 구성된 건축물의 무미건조함에 염증을 느끼고 나무와 곡선을 자신의 건축에 도입했다. 1960년대부터 그는 '도심에 나무를 심자'는 슬로건을 내걸고 이러한 가치를 자신의 건축에 반영했다. 1986년에 완성된 시영 주택 훈데르트바서 하우스는 여기저기에 나무가 심어져 있고, 옥상 정원이 딸려 있는 꼭대기 층 방도 나무로 둘러싸여 있다. 빈 시내에는 훈데르트바서가 설계한 독특한 디자인의 쓰레기 소각장도 있다.

훈데르트바서 하우스

빈 쓰레기 소각장

링 바깥쪽

글로리에테에서 바라본 쇤브룬 궁전과 정원

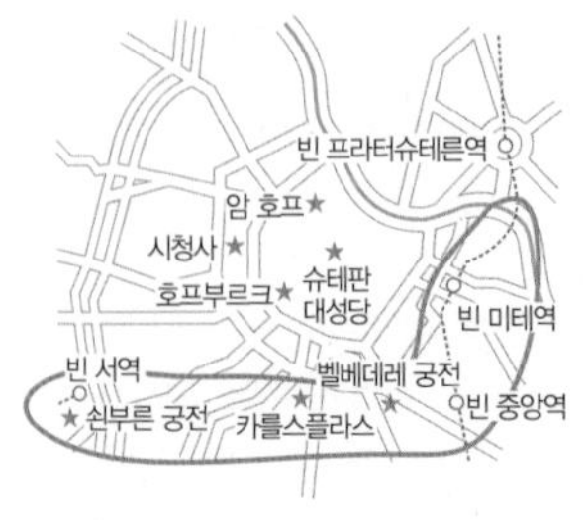

왕가의 별궁과 귀족들의 거성과 별장들이 있는 곳

과거 성벽으로 둘러싸여 있던 구시가 바깥 지역을 말한다. 현재는 링의 바깥쪽이며 왕가의 별궁과 귀족들의 거성과 별장들이 있다. 특히 여행자들이 가장 많이 찾는 명소는 쇤브룬 궁전과 벨베데레 궁전이다. 쇤부른 궁전은 시의 남쪽에, 벨베데레 궁전은 링과 빈 중앙역 사이에 있다. 또한 음악의 거장들이 잠든 중앙 묘지는 시의 남동쪽에, 건축가 훈데르트바서의 미술관과 집합 주택은 도나우 운하 근처에 있으므로 꼭 들러보자.

글로리에테

쇤브룬 궁전

Schloss Schönbrunn

합스부르크 왕가의 여름 별궁

'아름다운 샘'이라는 뜻의 쇤브룬은 17세기 말 마티아스 황제가 당시 이 자리에 있던 숲의 사냥터에서 아름다운 샘을 발견한 데서 그 이름이 유래했다. 사냥터에 세웠던 원래의 성이 오스만 투르크군에 의해 파괴되었기 때문에 레오폴트 1세 때인 1696년에 프랑스 베르사유 궁전을 본떠 새로운 성을 건설하게 되었다. 오스트리아 바로크 양식의 거장인 피셔 폰 에를라흐가 설계를 맡았다. 에를라흐 사망 이후에도 공사는 계속되었고, 18세기 중엽 마리아 테레지아 시대까지 이어졌다. 마침내 완성되었을 때는 무려 1,441개의 방을 갖춘 대궁전의 모습을 갖췄다.

드넓은 정원에 들어서면 마리아 테레지아가 좋아하던 짙은 황금빛으로 칠한 궁전이 눈부신 자태를 드러낸다. 중앙을 기준으로 양 날개를 펼친 궁전의 길이는 무려 180m에 달한다. 정면의 입구 왼쪽으로는 마리아 테레지아가 세운 합스부르크 왕가의 전용 궁전 극장이 있다. 매년 여름이면 이곳에서 음악회가 열린다. 이 외에도 마차 박물관(Wagenburg), 전쟁에서 죽은 이를 기리는 글로리에테, 식물원, 아치형 외관이 특히 인상적인 정원, 동물원 등을 갖

추고 있다. 특히 마리아 테레지아의 남편인 프란츠 1세에 의해 1752년에 개장된 동물원은 현존하는 세계에서 가장 오래된 동물원으로 유명하다. 멀리 낮은 언덕 위에 있는 글로리에테는 1층에 카페가 있고 제일 꼭대기에 전망대가 있는데, 이곳에 올라가면 정원과 궁전 그리고 저 멀리 빈 시내까지 한눈에 감상할 수 있다.

궁전 내부 관람은 22개 실을 돌아볼 수 있는 임페리얼 투어와 40개 실을 관람할 수 있는 그랜드 투어로 크게 나뉜다. 일반인에게 공개하는 2층 중앙에는 행사용 그랜드 홀과 응접실이 있으며 서관에는 프란츠 요제프와 엘리자베스의 살롱이, 동관에는 마리아 테레지아와 프란츠 카를 대공의 살롱이 있다. 프란츠 요제프의 서재(4번실), 마리아 테레지아의 딸인 마리 앙주앙-틀의 방(11번실), 어린 모차르트가 마리아 테레지아 앞에서 피아노 연주를 했던 거울의 방(16번실), 역사적인 회의 무대이자 프레스코화가 장엄한 대회랑(21번실), 나폴레옹이 빈 정복 당시 머물렀던 나폴레옹의 방(30번실) 등 찬찬히 역사의 장소들을 둘러보도록 하자.

주소 Schönbrunner Schlossstrasse 47 **전화** 01-811130 **홈페이지** www.schoenbrunn.at
개방 궁전 1~3월 09:00~17:00, 4~10월 08:30~17:30, 11월 · 12월 08:30~17:00 정원 1 · 2월 06:30~17:30, 3월 06:30~19:00, 4월 06:30~20:00, 5~7월 06:30~21:00, 8 · 9월 06:30~20:00, 10월 06:30~19:00, 11 · 12월 06:30~17:30 / 연중무휴 글로리에테 전망대 테라스 4~6월 09:30~17:30, 7 · 8월 09:30~18:30, 9~10월 말 09:30~17:00, 10월 말~11월 초 09:30~16:00(폐관 30분 전 마지막 입장) / 11월 초~3월 휴무
요금 임페리얼 투어(22개 실 관람, 30~40분 소요, 오디오 가이드 포함) 성인 €22, 아동(6~18세) €15, 학생(19~25세) €18 그랜드 투어(40개 실 관람, 50~60분 소요, 오디오 가이드 포함) 성인 €26, 아동(6~18세) €19, 학생(19~25세) €22 글로리에테 성인 €4.50, 아동(6~18세) €3.20, 학생(19~25세) €3.50
위치 U4 쇤브룬(Schönbrunn)역 또는 히에칭(Hietzing)역에서 도보 5분. 트램 10번, 58번 또는 버스 10A 슐로스 쇤브룬(Schloss Schönbrunn)역에서 하차
지도 p.260-I

쇤부른 궁전 배치도

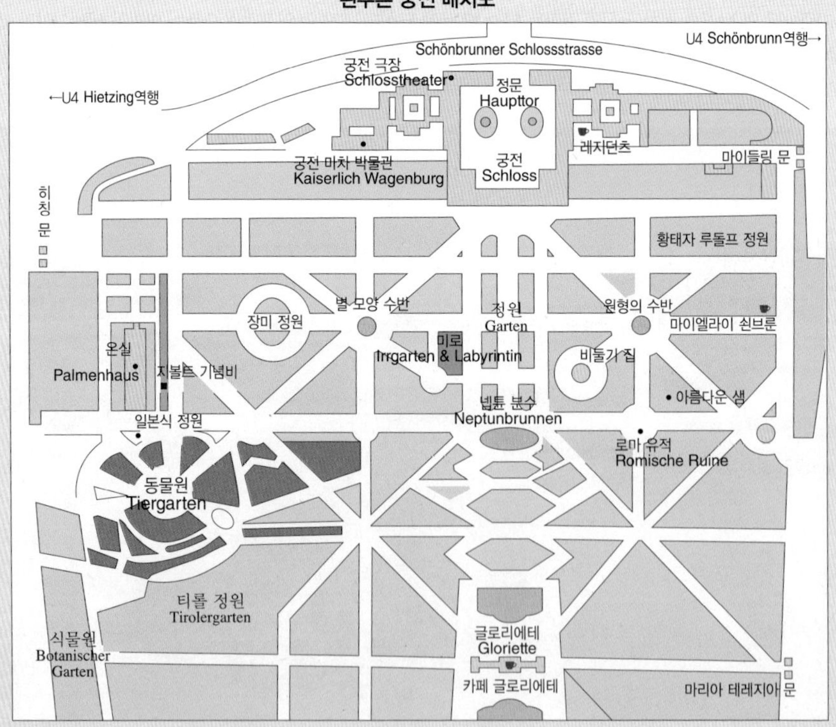

호두나무 방

프란츠 요제프의 서재

프란츠 요제프의 침실

엘리자베트의 욕실

일반인에게 공개되고 있는 곳은 2층이다. 궁전 중앙에는 축하 행사용 그랜드 홀과 응접실이 있으며, 서관에는 프란츠 요제프와 엘리자베트의 살롱이, 동관에는 마리아 테레지아와 프란츠 카를 대공의 살롱이 있다.

1번 방 **근위병의 방 Gardezimmer**
서관 계단을 올라가면 바로 보인다.

2번 방 **당구실 Billardzimmer**
프란츠 요제프 황제를 알현하기 위해 방문한 손님들의 대기실이다.

3번 방 **호두나무 방 Nussholzzimmer**
로코코 양식으로 장식된 장대한 호두나무 패널과 큰 거울이 인상적이다.

4번 방 **프란츠 요제프의 서재**
Schreibzimmer von Franz Joseph I
황제의 집무실이며 엘리자베트 황후를 비롯해 황실 인물들의 사적인 사진과 그림이 많이 전시되어 있는 방이다.

5번 방 **프란츠 요제프의 침실**
Schlafzimmer Franz Joseph
프란츠 요제프가 휴식을 취했던 방. 생각보다 검소해 보이는 침실이다.

6번 방 **테라스의 작은 방**
Terassenkabinett West
엘리자베트 황후가 사용했던 방들 중 하나

7번 방 **계단의 작은 방 Stiegenkabinett**
엘리자베트 황후의 서재로 붉은 벽지가 아름답다.

8번 방 **파우더 룸 Toilettezimmer**
합스부르크가의 여성들이 야회복을 입을 때 사용한 준비실. 엘리자베트 황후의 유품이 전시되어 있다.

9번 방 **공동 침실 Gemeinsames Schlafzimmer**
프란츠 요제프 황제 부처의 침실. 목제 트윈 베드와 기도대가 설치되어 있다.

10번 방 **황후의 살롱 Salon der Kaiserin**
원래 마리아 테레지아의 거실. 자녀들의 그림으로 방이 장식되어 있다.

11번 방 **마리 앙투아네트의 방**
Marie-Antoinette Zimmer
마리아 테레지아의 딸로 프랑스의 루이 16세와 결혼했다. 프랑스 대혁명 때 처형당했으며 나중에 황제의 식당으로 사용되었다.

12번 방 **어린이의 방 Kinderzimmer**
마리아 테레지아가 낳은 딸들의 초상화가 걸려 있다. 딸들 중에 크리스티나는 마리아 테레지아가 특별히 좋아했던 딸로 유일하게 정략 결혼을 면하기도 했다.

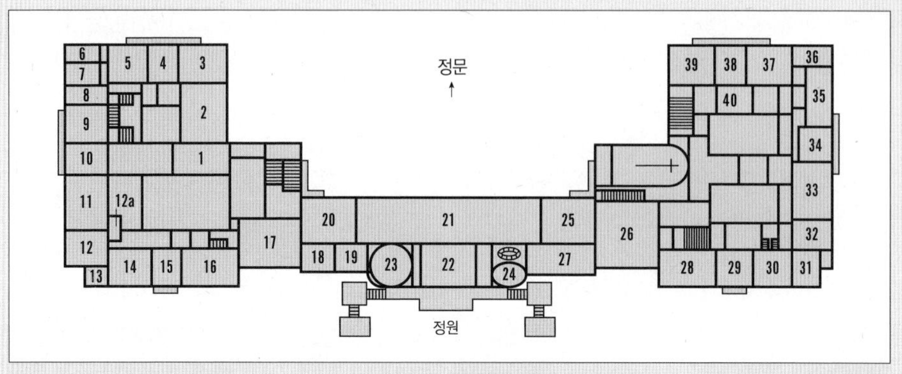

궁전 내부 배치도

12a번 방 **엘리자베트의 욕실**
Badezimmer der Kaiserin Elisabeth

흰 대리석 욕조가 놓여 있고, 당시로서는 획기적인 샤워기까지 있다. 이 시대에는 세면기만 사용하던 시대였기 때문에 욕조는 화제가 되기도 했다. 벽에 붙어 있는 고리는 헤어 행어로 엘리자베트의 긴 머리카락이 젖지 않도록 하기 위한 용도이다.

13번 방 **아침 식사의 방 Früstückszimmer**

벽에 있는 꽃 모양은 마리아 테레지아와 딸들이 디자인한 것이다.

14번 방 **노란색의 방 Gelber Salon**

비단을 씌운 의자와 카우치가 아름다운 방이다.

15번 방 **발코니의 방 Balkonzimmer**

마리아 테레지아 자녀들의 초상화가 걸려 있다.

16번 방 **거울의 방 Spiegelsaal**

어린 모차르트가 마리아 테레지아 앞에서 피아노를 연주했던 방. 연주회는 대성공이었고, 모차르트는 그녀의 마음에 들어서 데뷔하게 되었다.

17번 방 **로자의 큰 방 Grosses Rosa-Zimmer**

다양한 악기들이 전시되어 있으며, 음악의 방으로 이용되기도 했다.

18 & 19번 방 **로자의 작은 방 Kleines Rosa-Zimmer**

3개나 되는 로자의 방은 화자 요제프 로자의 이름이 붙여진 방으로, 이 방들에는 로자가 그린 풍경화들이 걸려 있다.

20번 방 **램프의 방 Laternzimmer**

연회가 열렸던 그랜드 홀로 이어지는 대기실이다.

21번 방 **대회랑 Grosse Galerie**

폭 10m, 길이 40m의 거대한 홀로 마리아 테레지아가 살아 있을 때는 행사용 공간으로 사용되었다. 천장의 커다란 프레스코화 한가운데에는 마리아 테레지아와 부군 프란츠 1세가 그려져 있으며, 벽에는 수많은 촛대가 세워져 있다.

22번 방 **소회랑 Kleine Galerie**

소규모 연회가 개최된 방. 크기는 작지만 화려하다.

23번 방 **중국식 원형 작은 방**
Chinesisches Rundkabinett

요제프 1세의 개인 방이었지만, 마리아 테레지아도 사용했다. 촛대의 푸른 도자기 장식이 무척 아름답다.

24번 방 **중국식 타원형 작은 방**
Ovales Chinesisches Kabinett

중국식 원형 작은 방과 동일한 실내 장식으로 꾸민 방.

25번 방 **카루셀의 방 Karussellzimmer**

스페인 승마 학교를 묘사한 것 같은 그림에서 유래한 이름이다.

26번 방 **축하의 방 Zeremoniensaal**

합스부르크가의 결혼식 등이 열렸던 방이며, 마리아 테레지아의 커다란 초상화가 걸려 있다.

27번 방 **말의 방 Rösselzimmer**

말과 사냥을 묘사한 거대한 풍경화가 걸려 있다. 19세기에는 궁정에 있던 장군들의 식당이기도 했다.

28번 방 **파란색의 중국식 살롱**
Blauer Chinesischer Salon

중국풍의 방으로 파란색이 아름다운 방.

29번 방 **옻칠의 방 Vieux-Laque Zimmer**

홀로 된 마리아 테레지아가 주로 지냈던 방. 나무 조각으로 만든 상과 옻칠을 한 벽면이 특히 화려하다. 마리아 테레지아의 동양적 취향이 돋보이는 방이다.

30번 방 **나폴레옹의 방 Napoleonzimmer**

나폴레옹이 빈을 정복했을 때 사용했던 방이다. 당시

황제 프란츠 1세는 딸 마리 루이즈를 나폴레옹과 결혼시켰다. 그 아들 라이히슈타트 공작은 나폴레옹 실각 후 유폐되다시피 이 방에서 지내다가 21세의 젊은 나이에 병으로 비극적 생을 마감했다.

31번 방 **도자기의 방 Porzellanzimmer**
마리아 테레지아의 서재로 중국풍 그림이 있는 방.

32번 방 **백만의 방 Millionenzimmer**
자단목으로 벽을 장식해서 중후한 분위기가 넘친다. 벽에는 인도 세밀화가 들어가 있는데, 당시의 화폐로 공사비가 100만 굴덴이 들어갔다고 해서 붙여진 이름이다.

33번 방 **고블랭 살롱 Gobellinsalon**
고블랭의 커다란 태피스트리와 고블랭을 씌운 의자가 놓여 있다.

34번 방 **조피 대공비의 서재**
Schreibzimmer der Erzherzogin Sophie
프란츠 요제프 황제의 모친인 조피가 사용했던 방이다.

35번 방 **붉은 살롱 Roter Salon**
서재로 사용된 방으로 붉은 벽지가 씌워져 있고 합스부르크 역대 황제의 초상화가 걸려 있다.

36번 방 **동관 테라스의 작은 방**
Terassen-kabinett Ost
장미 모양의 작은 방이며 특히 천장의 프레스코화가 아름답다.

37번 방 **침실 Schlafzimmer**
바로 이 방에서 1830년에 프란츠 요제프 황제가 태어났다. 마리아 테레지아가 사용한 지붕이 달린 침대가 놓여 있다.

38 & 49번 방 **프란츠 카를의 서재**
Scheibzimmer von Erzherzog Franz Karl
프란츠 요제프의 부친 카를의 서재이며 마리아 테레지아 자녀들의 초상화가 있다.

40번 방 **사냥의 방 Jagdzimmer**
궁전 2층에 있는 마지막 방으로 사냥을 좋아했던 카를 6세와 소년 시절의 프란츠 슈테판(마리아 테레지아의 부군)의 초상화가 걸려 있다.

공동 침실
마리 앙투아네트의 방
로사의 큰 방
대회랑

벨베데레 궁전 Schloss Belvedere

오이겐공의 여름 별궁이자 클림트의 〈키스〉를 소장한 궁전

18세기 초반 당시 빈의 권력자였던 오이겐 폰 사보이공이 1716년에 별궁으로 사용하기 위해 하궁을 건축하고, 1723년에는 연회장으로 이용하기 위해 상궁을 건설했다. 오스트리아 바로크 건축의 거장 힐데브란트에 의해 지어진 아름다운 궁전으로 상궁과 하궁 사이에는 완만한 언덕을 따라 프랑스식 정원과 분수를 조성해 놓았다. 오이겐공이 사망한 후 합스부르크 왕가에서 궁을 사들여 미술 수집품들을 보관했다. 19세기 말부터 왕위 계승자가 된 프란츠 페르디난트가 사라예보에서 암살당한 1914년까지 이 궁에서 살았다고 하며, 현재 상궁은 19~20세기 회화관, 하궁은 바로크 미술관인 오스트리아 미술관으로 운영되고 있다.

주소 상궁(Oberes Belvedere) Prinz Eugen-Strasse 27 하궁(Unteres Belvedere) Rennweg 6
전화 01-795570 **홈페이지** www.belvedere.at
개방 매일 10:00~18:00
요금 상궁 성인 €15.90, 학생(19~26세) & 연장자(65세 이상) €13.40, 아동 & 청소년(18세 이하) 무료, 비엔나 시티 카드 소지자 €14.50
하궁 성인 €13.90, 학생(19~26세) & 연장자(65세 이상) €10.90, 아동 & 청소년(18세 이하) 무료, 비엔나 시티 카드 소지자 €12
지도 p.261-K

벨베데레 상궁(19, 20세기 회화관)
Oberes Belvedere

클림트의 걸작들이 가득

구스타프 클림트, 에곤 실레, 오스카 코코슈카와 같은 19세기 말을 대표하는 화가들의 걸작들이 전시되어 있다. 클림트 최고의 걸작인 〈키스〉, 〈유디트〉, 에곤 실레의 〈죽음과 소녀〉, 〈나체의 자화상〉 등을 비롯해 다수의 작품들을 감상할 수 있다. 특히 클림트의 풍경화가 인상적이며, 오스카 코코슈카의 작품들 외에도 동시대 화가이자 젊은 나이로 자살한 리하르트 게르스틀의 걸작 〈웃는 자화상〉 등도 있다.

벨베데레 하궁
Unteres Belvedere

중세와 바로크 미술관

18세기 회화와 조각들이 전시된 바로크 미술관이다. 독일의 조각가 프란츠 메서슈미트의 연작 〈두상〉이 유명하다. 빈 미술 학교 출신인 그는 초기에는 주로 유명 인사의 초상화를 그렸지만 이후 사실성을 배제하고 찌푸린 얼굴을 모티브 삼아 독특한 두상을 제작한 것으로 유명하다.

클림트의 작품들

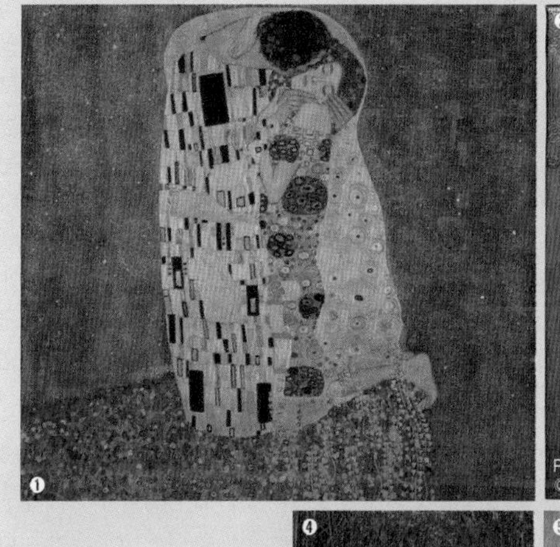

❶

❷

Photo: Johannes Stoll
© Belvedere, Vienna

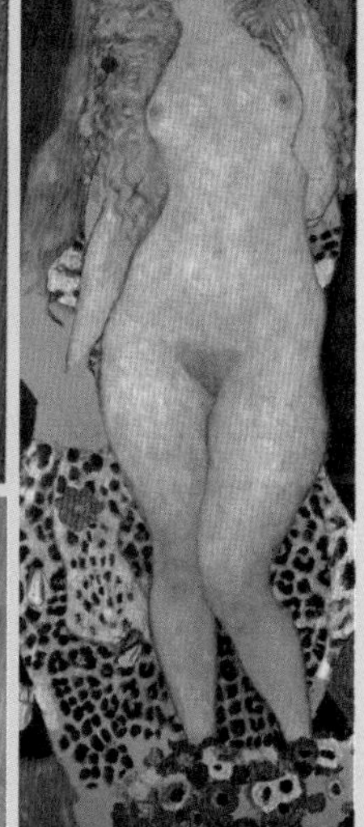

❸

❹ ❺

① 〈키스〉
② 〈유디트〉
③ 〈아담과 이브〉
④ 〈쉴로스 카머로 가는 길〉
⑤ 〈소냐 닙스〉

쿤스트하우스 빈
Kunsthaus Wien

주소 Untere Weissgerberstrasse 13
전화 01-7120491
홈페이지 www.kunsthauswien.com
개방 매일 10:00~18:00 / 연중무휴
요금 훈데르트바서 전시 & 특별전 €12, 훈데르트바서 전시 €11, 특별전 €9, 가족 티켓(성인 2, 19세 이하 자녀 4명 €22, 학생(~26세) €5, 아동 & 청소년(~19세) €5, 10세 이하 아동 무료
위치 트램 1번, O번 라데츠키 플라츠(Radetzkyplatz)역에서 도보 4분
지도 p.261-H

건축가이자 화가인 훈데르트바서가 세운 미술관

건축가이자 화가인 프리덴슈라이히 훈데르트바서(Friedensreich Hundertwasser)가 1991년 완성한 미술관으로 란트슈트라세(Landstrasse) 구역에 위치해 있다. 훈데르트바서의 작품을 영구 전시하고 있는 유일한 미술관이며 다양한 예술가들의 특별전도 주기적으로 열린다. 훈데르트바서는 클림트와 실레, 클레 등의 영향을 받으면서 독특한 색채와 곡선을 이용해 독자적인 예술 영역을 개척했다. 특히 '자연계에 곡선은 존재하지 않는다'는 주장을 뒷받침하듯 그의 작품 속에는 다양한 곡선과 소용돌이 모양들이 표현되어 있다. 건물 벽도 물결처럼 휘어지고 바닥도 솟아오르는 등 부드러운 곡선과 원색을 십분 활용한 그의 건축은 특히 유명하다. 그는 기능주의와 실용주의에 바탕을 둔 현대 건축물이 사람을 병들게 하고 있다고 생각해, 검정, 초록, 갈색 등 생태주의적 색상을 사용했을 뿐만 아니라 녹색의 나선 등 친환경적 건축을 추구해서 '건축 치료사'라는 이름을 얻기도 했다. 미술관 안에는 그의 개성 넘치는 그림들도 다수 전시되어 있다. 또한 미술관 근처에는 그가 세운 시영 주택 훈데르트바서 하우스가 있으며 그 맞은편에 기념품 가게와 카페 등 상점들이 모여 있는 칼케 빌리지(Kalke Village)가 있다.

중앙 묘지
Zentralfriedhof

음악의 거장들이 잠들어 있는 묘지

음악의 도시 빈에서 활약하며 살았던 유명 음악 대가들이 잠들어 있는 묘지를 둘러보며 조용히 추모의 시간을 가질 수 있는 곳이다. 240ha에 이르는 광대한 면적의 묘지는 종교에 따라 구획이 나뉘어 있으며 약 33만여 기의 묘가 있다. 그중에서도 우리에게 친숙한 음악의 거장들이 잠들어 있는 곳은 제2문 입구에서 가까이 있는 32A 구역이다. 돔 형태의 지붕이 있는 성 카롤루스 보로메오 묘지 교회로 향하는 가로수 길을 200m 정도 가다 보면 왼쪽에 있다. 베토벤, 슈베르트, 브람스, 요한 슈트라우스 부자 등이 이곳에 잠들어 있다. 중앙에는 모차르트 기념비가 세워져 있는데, 사실 그는 구시가와 중앙 묘지 사이에 있는 마르크스 묘지에 잠들어 있다. 돔 교회로 가는 가로수 길은 영화 〈제3의 사나이〉에서 마지막 장면에 등장한 길로도 유명하다. 중앙 묘지는 워낙 넓기 때문에 묘지 지도와 안내판을 잘 보면서 길을 헤매지 않도록 주의한다.

주소 Simmeringer Hauptstrasse 234 **전화** 01-5346928405
홈페이지 www.friedhoefewien.at **개방** 매일 07:00~18:00
요금 성인 €12, 학생 & 14세 이하 아동 €5
위치 트램 6번, 71번 중앙 묘지(Zentralfriedhof)역에서 하차 **지도** p.261-L

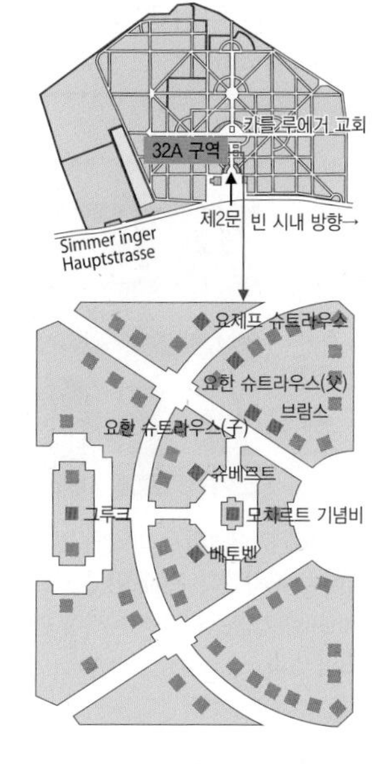

중앙 묘지 개념도

SPECIAL

음악 거장의 발자취를 따라

거장들의 음악 산책로

다양한 예술의 도시 빈은 그 무엇보다 음악의 도시라고 할 수 있다. 빈 시내 곳곳에서 아름다운 선율을 들을 수 있고 수많은 극장과 콘서트홀에서 제대로 된 음악을 감상할 수 있다. 18세기부터 20세기에 이르기까지 음악의 도시 빈에는 당대 최고의 음악가들과 대작곡가들이 모여들었다. 빈 고전파라 불리는 하이든, 모차르트, 베토벤, 왈츠의 왕 요한 슈트라우스, 교향곡의 브루크너, 가곡의 왕 슈베르트, 브람스 그리고 말러, 리하르트 슈트라우스, 쇤베르크 등 시대를 뛰어넘는 최고의 음악가들이 빈에서 활약했다. 빈 시내에는 음악가와 관련된 장소가 많이 남아 있다. 그들이 살았던 곳 혹은 묻혀 있는 중앙 묘지 등 다양한 장소를 찾아 음악 산책을 해보면 특별한 여행이 될 것이다.

요제프 하이든
Joseph Haydn 1732~1809년

오스트리아 로라우(Rohrau) 출생. 슈테판 대성당의 소년 합창단원이 된 하이든은 당시 유럽 최대의 영지와 재산을 가졌다고 알려진 에스테르하지 후작의 후원을 받아 30년 동안 후작의 저택에서 지내며 작품 활동을 했다. 1790년 그 집을 나와서 런던을 방문했다 귀국해서 빈의 신시가에서 지내면서 〈천지창조〉와 〈사계〉를 작곡한다. 1797년부터 세상을 떠난 1809년까지 살았던 집은 박물관으로 바뀌었고, 6개의 전시실 가운데 1곳에 브람스의 유품과 악보가 전시되어 있다. 구시가 중심부인 노이어 마르크트(Neuer Markt)에 하이든이 살던 집이 있다.

하이든하우스 Haydnhaus
주소 Haydngasse 19 **전화** 01-5961307
홈페이지 www.wienmuseum.at/de/standorte/haydnhaus.html
개방 화~일 10:00~13:00, 14:00~18:00 / 월 휴무 **요금** 성인 €5, 19세 미만 무료
위치 U3 지글러가세(Zieglergasse)역에서 도보 6분 **지도** p.260-J

볼프강 아마데우스 모차르트
Wolfgang Amadeus Mozart 1756~1791년

잘츠부르크에서 출생한 모차르트는 음악 신동으로 소문 났고, 그의 이야기는 오스트리아를 넘어 독일로도 퍼져 나갔다. 성인이 된 모차르트는 음악의 모든 장르를 집대성했다고 해도 과언이 아닐 만큼 불멸의 걸작들을 많이 만들었고, 최고의 경지에 이른다. 1784년부터 1788년까지 살았던 빈의 집에서 〈피가로의 결혼〉을 작곡했다. 현재 이곳은 모차르트하우스(Mozarthaus) 기념관으로 사용되며 편지와 악보 등이 전시되어 있다.

모차르트하우스 Mozarthaus
주소 Domgasse 5 **전화** 01-5121791
홈페이지 www.wienmuseum.at/de/standorte/mozartwohnung.html **개방** 매일 10:00~19:00 / 연중무휴
요금 성인 €11, 19세 미만 €4.50 **위치** U1, U3 슈테판스플라츠(Stephansplatz)역에서 도보 1분 **지도** p.261-G

루트비히 판 베토벤
Ludwig van Beethoven 1770~1827년

독일 본에서 태어난 베토벤은 어릴 때부터 음악에 천재적인 소질을 발휘했다. 17세 때 빈으로 건너와 사교계에서 환영을 받으며 유명세를 얻었고 피아노 소나타와 교향곡 등 수많은 걸작들을 탄생시켰다. 하지만 난청으로 고통을 겪었고, 빈 외곽 하일리겐슈타트에서 유서를 쓰기도 했다. 그러나 불안과 고뇌를 이겨내고 더욱 열정적으로 작곡 활동을 이어갔다. 요양을 위해 바덴 등 빈 교외의 온천 휴양지에 머무르기도 하며 여러 차례 집을 옮겨 다녔는데, 그 가운데 하나인 파스콸라티하우스(Pasqualatihaus)가 기념관으로 이용되고 있다.

파스콸라티하우스 Pasqualatihaus
주소 Mölker Bastei 8 **전화** 1-535-8905
홈페이지 www.wienmuseum.at/en/locations/beethoven-pasqualatihaus
개방 화~일 10:00~13:00, 14:00~18:00, 12월 말 10:00~13:00 / 월 휴무 **요금** 성인 €5, 19세 미만 무료
위치 U3 쇼텐토어(Schottentor)역, 트램 1, 37, 38, 40, 41, 42, 43, 44, D번 쇼텐토어 또는 쇼텐링(Schottenring)역에서 도보 4분
지도 p.262-B

요한 슈트라우스 2세
Johann Strauss II 1825~1899년

왈츠의 아버지 요한 슈트라우스의 아들로 왈츠의 왕이라 불리는 동명의 작곡가. 순수 빈 태생으로 그의 대표작 〈아름답고 푸른 도나우강〉에는 빈 특유의 감성이 담겨 있다. 〈집시 남작〉, 〈박쥐〉 등 그의 희극 오페라는 빈의 극장에서 늘 인기를 얻는 작품이다. 이 외에도 〈빈의 숲 이야기〉, 〈봄의 소리〉, 〈황제 왈츠〉, 〈예술가의 생애〉, 〈안넨 폴카〉 등 수많은 작품들이 있다. 1867년 〈아름답고 푸른 도나우강〉을 작곡했던 집이 시내에 있으며, 그가 사용했던 가정용 오르간과 가구, 악보 등을 전시하는 기념관으로 이용되고 있다.

요한 슈트라우스 기념관 Johann Strauss Wohnung
주소 Praterstrasse 54 **전화** 01-214-0121
홈페이지 www.wienmuseum.at/de/standorte/johann-strauss-wohnung **개방** 화~일 10:00~13:00, 14:00~18:00 / 월 휴무
요금 성인 €5, 19세 미만 무료
위치 U1 네스트로이플라츠(Nestroyplatz)역에서 하차
지도 p.261-H

프란츠 슈베르트
Franz Schubert 1797~1828년

불과 31년이라는 짧은 생을 살았지만 그가 작곡한 가곡은 무려 600곡 이상에 이른다. 빈 교외의 리히텐탈에서 태어난 그는 가난 때문에 독학으로 음악 공부를 했고, 18세라는 나이에 〈마왕〉을 작곡할 만큼 놀라운 재능을 보였다. 베토벤이 죽기 직전 슈베르트를 만나고 왜 좀 더 일찍 알지 못했는지 한탄했을 정도로 음악의 거장으로부터 천재성을 인정받았다. 시내에 남아 있는 집은 기념관으로 조성하여 그의 유품과 흉상 등을 전시하고 있다. 구시가에 있는 레스토랑 괴트바이거 슈티프츠켈러(Gottweiger Stiftskeller)는 슈베르트가 〈미완성 교향곡〉을 작곡했던 집으로 벽에는 그 사실을 새긴 부조가 있다. 1828년 11월 19일 슈베르트가 사망한 그의 최후의 집(Schubert Sterbewohnung)이 나슈마르크트 부근에 남아 있다.

슈베르트 생가 Schubert Geburtshaus
주소 Nussdorfer Strasse 54 **전화** 01-317-3601 **홈페이지** www.wienmuseum.at/de/standorte/schubert-geburtshaus
개방 화~일 10:00~13:00, 14:00~18:00, 12월 말 10:00~13:00 / 월 휴무 **요금** 성인 €5, 19세 미만 무료 **위치** 트램 37, 38번 카니시우스가세(Canisiusgasse)역에서 하차 **지도** p.261-C

빈 숲

와인과 산책을 즐기는 여행

빈 숲(Wienerwald)은 빈의 서쪽 절반을 빙 둘러싸고 있는 아주 넓은 숲 지대를 말하는데, 북쪽의 레오폴츠베르크부터 남쪽의 바덴까지 세로로 길게 펼쳐진 광대한 구릉 지대다. 빈 숲에는 수많은 하이킹 코스가 있다. 하일리겐슈타트(Heiligenstadt)에서 칼렌베르크(Kahlenberg), 레오폴츠베르크(Leopoldsberg)로 올라가서 칼렌베르거도르프(Kahlenbergerdorf)로 내려오는 3~5시간 코스를 추천한다. 왕복으로 걷는 코스가 체력적으로 힘들면 갈 때는 버스를 이용하고, 돌아올 때는 걷는 코스를 선택하는 것도 방법이다. 또한 호이리겐 익스프레스(Vienna Heurigen Express)라는 트램이 빈 숲을 따라 길게 펼쳐진 포도밭에서부터 베토벤이 거닐었던 가로수 길까지 달리고 있으니 적절히 이용하자.

빈 숲의 북쪽

햇와인을 파는 선술집을 의미하는 호이리게가 모여 있는 그린칭과 베토벤과 연관이 있는 하일리겐슈타트 그리고 포도밭과 숲이 펼쳐진 칼렌베르크의 구릉 지대를 말한다. 호이리게에서 햇와인과 지역 전통 음식을 맛보며 한적하게 휴식을 취할 수 있는 멋진 곳이다.

하일리겐슈타트
Heiligenstadt

베토벤의 흔적이 남아 있는 곳

19세기 여름 휴양지로 명성을 얻은 하일리겐슈타트는 현재 빈의 19번째 행정 구역 되블링(Döbling)을 이루는 10개의 지방 자치제 중 하나다. 특히 하일리겐슈타트에는 베토벤이 살았던 집이 3곳 남아 있다. 그가 살았던 프로부스 거리(Probusgasse) 6번지는 베토벤 아파트라고 불린다. 이곳의 작은 기념관에는 피아노와 악보가 전시되어 있다. 베토벤 아파트 근처에 있는 파르플라츠(Pfarrplatz) 2번지는 베토벤이 1817년에 2개월 정도 머문 집이다. 지금은 마이어 암 파르플라츠 호이리게(선술집)로 운영되고 있다. 그리고 그린칭으로 가는 그린치거 거리(Grinzigerstrasse) 64번지는 그가 1808년 여름을 보낸 별장이다. 하일리겐슈타트는 19세기 초까지 온천 휴양지가 있었는데, 베토벤도 난청이 악화되자 온천에서 요양을 하기 위해 이곳에서 살았다. 생전에 80번 넘게 집을 옮겨 다닌 걸로 유명한 그는 건강을 회복하려는 마음과는 달리 나아지지 않았고, 1802년 10월 하일리겐슈타트의 베토벤 아파트(Beethoven Wohnung Heiligenstadt)에서 하일리겐슈타트 유서(Heiligenstadt Testament)를 쓰기도 했다. 요한 슈트라우스도 1850년 이곳에서 〈하일리겐슈타트 랑데뷰 폴카(Heiligenstadt Rendez-vous-Polka)〉를 작곡했다.

위치 U4 하일리겐슈타트(Heiligenstadt BF)역, 트램 D번 누스도르프 베토벤강(Nussdorf Beethovengang, 종점)역 또는 버스 38A 아름브루스터가세(Armbrustergasse)역에서 하차

베토벤 하일리겐슈타트 아파트
Beethoven Wohnung Heiligenstadt
주소 Probusgasse 6
전화 0-664-889-50-801
개방 화~일 10:00~13:00, 14:00~18:00(12월 24일, 31일 10:00~13:00) / 월 휴무 **요금** 성인 €7, 학생(27세 이하) €5, 19세 이하 아동 & 청소년 무료 **지도** p.261-C

칼렌베르크
Kahlenberg

빈 시가지와 도나우강을 한눈에 조망

동부 알프스의 북동쪽 자락을 따라 형성된 해발 고도 484m의 그리 높지 않은 언덕이며 중턱에는 포도밭이 널찍하게 펼쳐져 있다. 빈의 19번째 행정 구역 되블링에 속해 있으며 빈 숲의 한 자락이다. 빈 시가지 전체를 조망할 수 있는 시원한 파노라마가 펼쳐져 기분마저 탁 트인다. 갈 때는 38A번 버스를 타고 돌아올 때는 아름다운 회엔슈트라세(Höhenstrasse) 길을 따라 가볍게 산책을 하기에 안성맞춤이다. 언덕 중간에는 호이리게가 많아서 오스트리아 포도주를 마시며 잠시 쉬기에도 좋다.

위치 U4 하일리겐슈타트(Heiligenstadt)역 하차 후 버스 38A번으로 갈아타고 칼렌베르크(Kahlenberg, 종점)역에서 하차
지도 p.260-B

빈 숲의 남쪽

빈 숲의 북쪽은 주로 산이 많은 반면 빈 숲의 남쪽으로 내려갈수록 골짜기가 많고 작은 마을들이 나타난다. 바덴, 하일리겐크로이츠, 마이어링 등이 대표적인 빈 숲 남쪽 마을들이다. 빈에서 지하철 S반(S-Bahn)을 타고 당일치기로 다녀올 수 있는 곳이니 일정에 여유가 있다면 한번 들러보자.

바덴
Baden

위치 빈 국립 오페라 하우스 앞에서 빈 로컬 반(WLB)을 타고 약 1시간 소요, 혹은 빈 마이들링역에서 R2243 열차로 약 15분 소요
지도 p.261-K

왕후와 유명 인사들이 사랑한 온천 휴양지

빈 숲의 남쪽에 있는 바덴(독일어 어원 '목욕하다'라는 의미)은 지명에서 알 수 있듯이 온천이 샘솟는 휴양지다. 이곳은 로마 시대부터 온천이 솟아났는데 로마 황제 마르쿠스 아우렐리우스는 기록을 남기기도 했다. 19세기 초 많은 온천 시설이 들어서며 온천 휴양지로 본격적으로 명성을 얻는다. 모차르트와 슈베르트, 요한 슈트라우스 등 음악가들도 이곳을 즐겨 찾았고, 특히 베토벤은 이곳에 자주 들러서 휴양을 했던 것으로 알려져 있다. 오늘날 남아 있는 대표적인 온천 시설은 쿠어미텔하우스(Kurmittelhaus)와 슈트란트바트(Strandbad)이다. 쿠어미텔하우스는 바덴 중심부에 세워진 역사적인 온천이며, 슈트란바트는 슈베하트강 변을 따라 세워진 인공 사구가 있는 야외 온천 풀이다. 구시가에는 클래식한 옛 건축물이 많이 남아 있어 운치를 더한다. 쿠어파크(Kurpark)가 펼쳐지는데, 제일 먼저 시선을 끄는 것은 요한 슈트라우스 1세와 동시대의 왈츠 작곡가 요제프 란너의 동상이다. 바덴 마을에서 이어진 그리 높지 않은 언덕을 올라가면 베토벤 템펠(Beethoven tempel)이라 불리는 돔 형태의 전망대가 있으며, 그 안에 베토벤의 데스 마스크가 전시되어 있다.

하일리겐크로이츠
Heiligenkreuz

오스트리아 역사의 중요한 장소

하일리겐크로이츠는 바덴에 속한 마을이며 시토파 수도원으로 유명하다. 빈에서 마리아젤(Mariazell)까지 이어지는 비아 자크라(Via Sacra, 성스러운 길)의 중요한 중간 체류지이기도 하다. 1133년 바벤베르크의 변경백 레오폴트 3세에 의해 창건된 시토파 수도원 부속 교회에는 12세기 로마네스크 양식의 신랑(nave)과 13세기 고딕 양식의 내부 시설이 남아 있다. 아름다운 스테인드글라스가 인상적이며, 넓은 안뜰은 우아한 르네상스 양식 회랑이 둘러싸고 있다. 그 가운데에는 페스트 기념탑이 세워져 있다.

위치 바덴에서 버스로 20분 소요 **지도** p.260-I

마이어링
Mayerling

황태자 루돌프가 생을 마감한 곳

하일리겐크로이츠에서 서쪽 방면으로 약 4km 떨어져 있으며 버스로 5분 정도면 도착하는 마을이다. 이 마을에는 과거 합스부르크 왕가의 '수렵관'이 있었다. 1889년 이 수렵관에서 오스트리아 제위 계승자이자 프란츠 요제프 황제의 외아들인 루돌프 황태자가 애인 마리 베체라와 함께 권총 자살을 하는 비극이 발생했다. 보수적인 아버지 요제프 황제와는 달리 자유분방했던 루돌프 황태자는 잦은 갈등과 정치적 소외, 연인 마리와의 신분 차이로 비관에 빠졌던 것으로 알려져 있다. 프란츠 요제프 황제는 사건 후 수렵관 자리에 수도원을 세웠고 현재는 예배당만이 남아 있다. 죽은 루돌프 황태자를 위해 세워진 예배당은 일반에게 공개되고 있으며, 예배당 오른쪽에는 수렵관을 재현한 기념실이 있고 루돌프 황태자의 초상화 등이 전시되어 있다.

위치 바덴에서 버스로 40분, 하일리겐크로이츠에서 버스로 5분 내외 **지도** p.260-I

TIP 빈 숲 Wienerwald

프랑스 니스 부근의 코트다쥐르부터 솟아오른 알프스산맥은 점점 고도가 높아지면서 북상하다가 몽블랑(Mont Blanc, 4,807m)에 이르러 최고점을 찍는다. 그리고 여기서부터 북쪽으로 방향을 틀어 스위스를 가로지른 뒤 오스트리아 티롤(Tirol)로 향한다. 수많은 빙하와 날카로운 바위산들 그리고 눈과 얼음으로 뒤덮인 산들이 하강하면서 점차 동쪽으로 이어지다가 오스트리아 동부에서 완만한 구릉 지대를 형성한다. 그리고 마침내 도나우강을 만나면서 알프스 산지는 완전히 사라진다. 이 마지막 구릉 지대가 바로 빈 숲이며 알프스의 아름다운 모습을 간직하고 있는 지역이다.

빈에서는 커피를 마시는 방법이 다양하다. 스트레이트로 그대로 마시거나 우유 또는 생크림을 넣어 먹기도 하며, 리큐어를 넣는 커피도 있다. 진정한 빈 스타일 커피를 맛보는 가장 좋은 방법은 전통과 역사를 자랑하는 카페에 가는 것이다. 빈 커피만이 주는 여유와 낭만을 온전히 누리기 위해 몇 가지 상식을 알아두자.

커피 주문 방법

빈에 왔으니 주문도 '빈 스타일'로 해보자. '아메리카노 커피'나 '레귤러 커피'와 같은 식으로 주문해서는 안 된다. 빈의 카페에서는 다음과 같이 주문해 보자. "아이네 멜랑주 비테(Eine Melange, bitte, 멜랑주 1잔)"라고 말하거나 "츠바이 브라우너 비테(Zwei Brauner, bitte, 브라우너 2잔)"라고 말하면 된다. 그러면 직원이 바로 "야볼(Jawohl, 잘 알겠습니다)"이라고 대답할 것이다. 전통 카페에서는 보통 작은 은쟁반에 주문한 커피와 각설탕이 함께 담겨 나온다. 또한 유리잔 가득히 물 1잔도 내준다. 그리고 정확한 이유는 모르지만 숟가락이 유리잔 위에 거꾸로 얹혀 있는 상태로 나오는 경우가 많다.

빈에는 '비엔나커피'가 있다?

비엔나커피는 '빈의 커피'라는 뜻이다. 하지만 빈에서는 그런 이름의 커피가 없으며 빈 시민들에게 물어봐도 어깨를 으쓱하며 그게 뭐냐고 되물을 확률이 높다. 우리나라의 나이 든 사람들 중 어떤 사람은 생크림이나 우유 거품을 올려주는 커피라고 하고, 아이스크림을 올려주는 커피라고 추억하는 사람도 있다. 빈에서는 그나마 '섞다'라는 뜻을 가진 멜랑주가 비슷한 듯하다.

커피 종류

Brauner 브라우너

우리나라의 밀크커피에 해당한다. 따뜻한 우유를 조금 넣거나 따로 담아서 커피와 함께 나온다. 빈 시민들이 가장 많이 주문하는 커피다.

Schwarzer 슈바르처

독일어로 슈바르츠(Schwarz)는 검다는 뜻으로 이름처럼 아무것도 넣지 않은 블랙커피를 말한다. 일명 모카(Mokka)라고도 불린다.

Melange 멜랑주

카푸치노처럼 거품을 낸 우유를 듬뿍 넣은 커피로 부드러운 맛이다. 휘핑크림을 얹기도 한다. 특히 자허토르테와 잘 어울리는 커피다.

Kapuziner 카푸치너

거품을 낸 우유 위에 계핏가루를 뿌린 커피이며 이탈리아의 카푸치노와 같다.

Einspänner 아인슈페너

'말 한 마리가 끄는 마차'라는 뜻이다. 블랙커피에 휘핑크림을 얹은 커피이며 유리잔에 담겨 나온다.

Türkischer 터키셔

'터키 커피'라는 뜻이며 빻은 커피 원두를 끓여서 만든 아랍식 커피다. 취향에 따라 설탕을 넣어서 마신다.

Kaffee Verkehrt 카페 페어케르트

'거꾸로 된 커피'라는 뜻이며 커피보다 우유가 더 많아서 그렇게 부른다.

Eiskaffee 아이스카페

우리나라의 아이스커피와는 다르게 차가운 커피에 아이스크림과 휘핑크림이 들어 있다.

Fiaker 피아커

럼주 또는 브랜디를 넣은 커피에 거품을 낸 생크림을 얹은 커피다.

빈의 케이크는 주로 터키와 헝가리 케이크의 영향을 받았다.
외국에서 받아들인 아이디어와 재료에 오스트리아 특유의 재료가 가미되어 빈 스타일의 케이크가 탄생했다.

빈에서 가장 유명한 케이크, 자허토르테

빈에서 가장 유명한 케이크는 뭐니 뭐니 해도 자허토르테(Sachertorte)다. 살구잼이 들어가서 달콤하면서도 진한 맛의 초콜릿 케이크이며 오래 둬도 상하지 않아서 선물용으로도 인기가 많다. 카페 자허(Café Sacher)와 데멜(Demel)에서 구입할 수 있다.

원조 논란으로 그 유명한 재판을 치른 자허토르테

자허토르테는 1832년 프란츠 자허가 고안해 만든 케이크이며 레시피 노하우는 비밀리에 전해졌다. 그러나 자허(Sacher)의 아들과 데멜(Demel)의 딸이 결혼을 하면서 그 비법이 데멜에게도 전해져서 데멜에서도 자허토르테를 만들게 됐다. 화가 난 자허는 오리지널 상표권을 얻기 위해 소송을 걸었다. 오랜 법정 투쟁 끝에 오리지널 상표권은 자허가 획득했지만, 각각 독자적으로 자허토르테를 만들 수 있게 되었다. 오리지널 자허토르테에는 원형 초콜릿 봉인이, 데멜에서 만드는 자허토르테에는 삼각형 봉인이 얹혀 있다.

케이크 종류

Salzburger Nockerl
잘츠부르크 녹케를

달걀노른자와 약간의 바닐라 슈거를
밀가루에 넣고 섞은 것에 거품이 날 정도로 휘저은
달걀흰자를 넣는다. 이것을 오븐에 굽고
설탕을 뿌리면, 잘츠부르크에서 바라보는 알프스의
세 봉우리처럼 생겼다고 해서
붙은 이름이다. 이름처럼 잘츠부르크가 기원이다.

Kaiserschmarren
카이저슈마렌

건포도를 넣은 팬케이크를 잘게 찢은 뒤,
그 위에 슈거파우더를 뿌린 케이크다.
설탕에 절인 살구나 자두를 곁들인다.
프란츠 요제프 1세가 특히 좋아했다고 해서 카이저
(Kaiser, 황제)의 슈마렌(Schmarren, 제물)
이라는 이름이 붙었다.

Apfelstrudel
아펠슈트루델

사과 파이의 일종이며 바삭거리는 식감은 아니다.
오스트리아에서 디저트로 가장 인기 있으며
호이리게를 비롯해 어느 레스토랑이나 기본 메뉴로
제공된다. 보통은 주문을 하면
따뜻하게 데워져 나오는 게 전통이다.

Kirschtorte
키르슈토르테

일명 체리 케이크다.
가게마다 모양이나 맛이 다 다른데, 공통점은
사워 체리를 사용한다는 점이다.

SPECIAL

전통과 역사가 가득한
빈의 카페들

빈의 카페 문화

300년 이상의 역사와 전통을 간직한 빈의 카페 문화는 여느 유럽의 카페와는 다른 특별한 시간을 선사한다.
커피 마니아뿐만 아니라 빈을 여행하는 여행자라면 누구나 꼭 한번 들러볼 만하다.
획일화된 프랜차이즈 카페와는 다른 저마다의 개성이 있고 역사적인 배경도 다양하다.
빈의 카페 역사는 무려 약 350년에 이른다. 클림트, 말러, 프로이트 등의 단골 카페가 전통을 이어오고 있는 빈에서
여행 중 짧은 여유를 가지고 커피나 차 한 잔의 여유를 누려보자.

카페의 역사와 문화

빈의 카페에는 전통과 역사 그리고 전설 같은 이야기가 담겨 있다. 빈의 카페는 1685년 황제에게 인가를 받아 처음 탄생했다. 1683년 빈을 포위하고 있다가 퇴각한 오스만 투르크 군대가 두고 간 낙타의 먹이(커피 원두)에서 처음 빈의 커피가 탄생했다는 설도 전해진다. 실제로는 1670년 아르메니아 상인이 황제에게 허가를 얻어 커피 원두를 수입하기 시작했고, 그 이전에도 이미 궁정에서는 커피를 마셔왔다고 한다.
19세기 초 빈의 카페는 예술가와 언론인들이 즐겨 찾는 사랑방이 되었다. 신문을 읽거나 일상적인 대화를 하면서 한 잔의 커피로 충분히 하루를 보낼 수 있는 공간이었다. 또 작가나 철학자들이 모여서 격렬하게 토론을 벌이는 곳이기도 했다. 카페에서 원고 작업을 하는 작가도 있었으며 이러한 전통은 지금까지도 이어져오고 있다. 최근에는 전통적인 카페와 함께 현대적인 분위기의 카페도 늘어나는 추세다. 커피뿐만 아니라 홍차나 중국차 등 동양차를 판매하는 카페도 있다. 빈을 처음 여행한다면 빈의 전통을 간직하고 있는 카페 자허, 카페 첸트랄 등과 같은 역사적인 카페에 들어가서 커피나 차를 마셔보기를 추천한다. 카페를 통해 색다른 빈의 전통과 문화를 느낄 수 있어서 특별한 경험이 될 것이다.

빈 카페의 풍경

카페에서 빈 시민들은 각자 느긋하게 책이나 신문을 읽고 있다. 오래 있어도 아무도 눈치를 주거나 절대로 싫은 소리를 하지 않는다. 다만 관광객이 많이 찾는 카페들은 조금은 어수선한 편이다. 여행객들에게 많이 알려진 카페의 경우에는 이른 아침이나 밤늦은 시간에 가면 그나마 조금 한적하게 즐길 수 있다.

콘디토라이 vs 카페

빈에서 제대로 케이크를 먹으려면 콘디토라이(Konditorei)로 가면 된다. 콘디토라이는 제과점이라는 뜻이다. 갓 구운 신선하고 다양한 케이크와 커피를 맛볼 수 있는 곳이 카페 콘디토라이이다. 카페와 거의 비슷하지만, 정식 명칭은 콘디토라이라고 한다. 데멜, 게르스트너, 엘 하이너가 대표적인 콘디토라이이며, 서민적인 콘디토라이로는 체인점 아이다가 있다.

영업시간

일반적으로 오전 8시부터 밤 11시까지 영업하는 곳이 많다. 간혹 새벽 1시나 2시까지 영업하는 곳도 있다. 대부분 쉬는 날 없이 영업하는 경우가 많으며, 일요일이나 국경일에 문을 닫는 곳도 일부 있다.

카페 이용 방법과 지불

인기 있는 카페에 관광객이 몰리는 시간에 방문하면 줄을 서서 기다려야 할 때도 있다. 카페 첸트랄의 경우 성수기에는 오전 9시 부터 줄을 서는 경우도 많다. 대부분의 카페는 아침 식사 메뉴를 제공하기 때문에 아침 일찍 오래된 카페에서 가벼운 아침을 먹어보는 것도 추천한다.
그리고 빈에서는 아유제(Jause)라고 부르는 오후 티타임 때 느긋한 한때를 즐기곤 하는데, 주로 설탕이나 휘핑크림을 듬뿍 넣은 커피와 달달한 케이크를 먹으면서 편안한 시간을 보낸다.
비용은 레스토랑과 마찬가지로 테이블로 직원을 불러 지불하면 된다. 레스토랑보다는 금액이 적은 경우가 많기 때문에 대부분 현금으로 지불하지만 물론 카드로도 계산할 수 있다. 팁은 요금의 5~10% 정도면 충분하며 잔돈이 없으면 거스름돈을 받지 않거나, 지불할 금액에 팁을 포함시켜 직원에게 주면 된다.

CAFE

빈의 추천 카페

카페 첸트랄

카페 첸트랄
Café Central

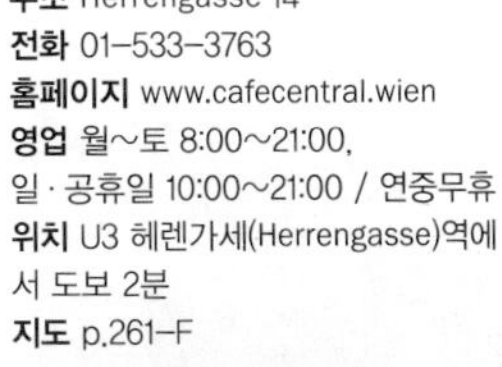

주소 Herrengasse 14
전화 01-533-3763
홈페이지 www.cafecentral.wien
영업 월~토 8:00~21:00,
일 · 공휴일 10:00~21:00 / 연중무휴
위치 U3 헤렌가세(Herrengasse)역에서 도보 2분
지도 p.261-F

예술가들이 사랑한 빈의 전통 카페

빈 제1구 구시가의 중심인 이너슈타트의 헤렌가세 14번지에 자리한 전통 카페다. 예전 은행이자 증권 거래소 건물 1층에 들어서 있으며 이 건물은 건축가의 이름을 따서 팔레 페르슈텔(Palais Ferstel)이라고 불린다. 1876년 처음 오픈했으며 19세기 후반부터는 빈 지식인들의 만남의 장소로 등극했다. 빈 인상주의의 대표 작가 피터 알텐베르크를 비롯해서 구스타프 클림트, 지그문트 프로이트, 아돌프 히틀러 등도 단골이었다. 특히 이 카페는 '체스 학교(Die Schachhochschule)'라고 불리기도 했는데, 많은 체스 선수들이 이 카페에서 체스 게임을 즐겼기 때문이다. 아치형 천장과 웅장한 대리석 기둥들, 우아한 샹들리에 등 내부 인테리어가 아름다우며 특히 카페 제일 중앙에는 프란츠 요제프 황제와 엘리자베트 황후의 초상화가 크게 걸려 있다. 카페에 들어서면 작가 알텐베르크를 실물 크기로 제작한 동상이 여행자들을 맞이한다.

추천 메뉴
카페 첸트랄 커피(더블 에스프레소+살구 술+휘핑크림) €7.50, 비너 아펠슈트루델(애플케이크) €8, 카페 첸트랄 조식 €22, 카이저 조식 €24, 비너 멜랑주 €5.30

카페 란트만
Café Landtmann

주소 Universitätsring 4
전화 01-24100120
홈페이지 www.landtmann.at
영업 매일 7:30~22:00 / 연중무휴, 연말 연초에는 변동
위치 U2 쇼텐토어(Schottentor)역에서 2분
지도 p.262-B, F

빈 시민들이 즐겨 찾는 인기 카페

1873년 프란츠 란트만이 부르크 극장 근처에 문을 연 고급스러운 분위기의 카페다. 시청사, 부르크 극장, 빈 대학 사이의 네오 바로크 양식 건물인 팔레 리벤 아우슈피츠(Palais Lieben-Auspitz) 건물 1층에 들어서 있다. 이런 지리적인 위치 때문에 이 카페는 배우, 정치인, 공무원 그리고 언론인들이 즐겨 찾는 만남의 장소 역할을 한다. 구스타프 말러, 지그문트 프로이트도 단골 손님이었다. 관광객들이 몰려드는 자허나 데멜보다 빈 시민들은 이곳을 더 즐겨 찾는다. 커피, 차와 함께 신선한 케이크, 빈의 가정식 요리도 맛볼 수 있다.

추천 메뉴
살롱 아인슈페너(Salon Einspänner) €6, 모차르트 초콜릿(Mozart Schokolade, 핫 초코+휘핑크림+피스타치오 소스+ 모차르트 쿠겔른 1개) €6.80, 비너슈니첼(Wiener Schnitzel) €23, 비너 타펠슈피츠(Wiener Tafelspitz) €29.50

카페 라트하우스 Café Rathaus

1843년 문을 연 전통 있는 카페

클래식 가구와 로코코 양식의 거울들로 인테리어를 한 전통이 느껴지는 카페이며 오늘날까지 그 모습이 그대로 유지되고 있다. 커피와 함께 빈의 가정식 요리도 맛볼 수 있다.

추천 메뉴
감자튀김을 곁들인 버섯구이 €15.90, 홈메이드 살구 덤플링 €6.90

주소 Landesgerichtsstrasse 5
전화 01-406-1282
홈페이지 www.caferathaus.com
영업 월~금 07:00~23:00, 토 · 일 · 국경일 08:00~22:00 / 연중무휴
위치 U2 시청(Rathaus)역에서 도보 1분 이내
지도 p.262-E

커피 펠로우즈 Coffee Fellows Wien

탈리아 서점에 들어선 편안한 카페

'집처럼 편안한 분위기'를 제공하는 것을 콘셉트로 뮌헨, 런던을 비롯해 유럽의 주요 도시에 지점을 두고 있다. 2000년 이후 독일의 5대 커피숍 브랜드의 하나로 인정받고 있다. 마리아힐퍼 거리의 탈리아(Thalia) 서점에 입점해 있어 조용한 분위기에서 향기로운 커피를 맛볼 수 있다.

주소 Mariahilfer strasse 99
전화 699-1071-8288
홈페이지 www.coffee-fellows.com
영업 월~금 09:00~18:30, 토 09:00~18:00 / 일 · 국경일 휴무
위치 U3 지글러가세(Zieglergasse)역에서 도보 1분
지도 p.260-F

카페 슬루카 Sluka

황실 납품 제과점이자 카페

1891년 시청사 옆에 문을 연 유서 깊은 카페 겸 콘디토라이(제과점)로 황실에 납품했을 정도로 인정받은 곳이다. 출입구의 파사드가 우아하고 고풍스럽다. 가족적인 분위기의 편안하고 아담한 카페로 빈 시민들이 여유로운 시간을 보내는 곳이다. 케른트너 거리 13~15번지에 제 2호점이 있다.

추천 메뉴
아펠슈트루델 €4.30, 카푸치노 €4.40, 밀크커피 €4.90, 아인슈페너 €4.50

주소 Rathausplatz 8 / Kärntner Strasse 13-15
전화 01-405-7172 / 01-5124663-500
홈페이지 www.sluka.at
영업 시청사 지점 월~금 08:00~19:00, 토 08:00~17:00(7 · 8월 08:00~15:00) / 일 · 공휴일 휴무
케른트너 거리 지점 월~토 08:30~20:00, 일 10:00~18:00 / 연중무휴
위치 시청사 지점 U2 라트하우스(Rathaus)역에서 도보 2분. 시청사 정면을 마주 봤을 때 바로 왼편에 있다. **케른트너 거리 지점** U1, U3 슈테판스플라츠(Stephansplatz)역에서 도보 3분
지도 p.262-E

데멜
Demel

주소 Kohlmarkt 14
전화 01-535-1717
홈페이지 www.demel.com
영업 매일 10:00~19:00 / 연중무휴
위치 미하엘플라츠(Michaelerplatz)역에서 도보 1분. U1, U3 슈테판스플라츠(Stephansplatz)역에서 도보 5~6분
지도 p.262-F

프란츠 요제프 황제가 어린 시절부터 좋아한 데멜 케이크

1786년 설립된 빈을 대표하는 전통 제과점이며 케이크 종류가 많고 맛도 훌륭하다. 합스부르크 시대에는 황실에 물건을 납품했던 곳이기도 하며, 로코코 양식의 우아한 데멜 살롱은 특히 아름답다. 프란츠 요제프 황제가 어린 시절부터 호프부르크궁으로 배달되는 이곳의 달콤한 제과들을 좋아해서 후원했던 곳으로 유명하다. 당대 귀족들과 부르주아 계급 상류층들의 모임 장소이기도 했다. 호프부르크궁과 가까운 콜마르크트 14번지에 예전 그대로 자리하고 있으며, 하얀 앞치마를 두른 직원이 친절하게 서빙을 한다. 200년 전통을 자랑하는 60여 가지의 비법 레시피로 만드는 토르테 컬렉션이 특히 유명하다. 조식(프뤼슈튁) 메뉴가 다양하며 낮 12시까지 제공한다.

추천 메뉴
데멜 자허토르테(Demel's Sachertorte) €7.50, 멜랑주(Melange) €6.10, 아이스커피(카페 프레도, Café Freddo) €6.50, 프리슈튁(Frühstück) €18~21

카페 글로리에테
Café Gloriette

주소 Schlosspark
전화 01-879-1311
홈페이지 www.gloriette-cafe.at
영업 매일 09:00~20:00 / 연중무휴
위치 쇤부른 궁전 안에 있으며 궁전 본 건물에서 정원을 가로질러 약간 높은 언덕 위에 있다. 본 건물 기준으로 도보 17분 내외
지도 p.260-I

쇤부른 궁전의 전몰자 기념관 '글로리에테'의 카페

쇤부른 궁전의 풍경과 카이저 시대의 분위기를 느끼며 커피를 즐길 수 있는 곳이다. 넓은 좌석과 단풍나무로 만든 테이블, 외벽을 따라 늘어선 기둥들이 한껏 편안한 분위기를 연출한다. 커피와 함께 오스트리아의 역사를 느껴보는 시간을 가질 수 있다. 14세기에 처음 시작된 쇤부른의 역사는 황제 막시밀리안 2세의 사냥 오두막에서 출발한다. 이후 헝가리와 투르크족의 침략으로 황폐화되기도 했지만, 17세기 말에서 18세기 초에 걸쳐 웅장한 바로크 양식의 궁전으로 화려하게 탄생했다. 글로리에테는 넓은 정원을 사이에 두고 쇤부른 궁전을 마주 보고 있다. 글로리에테 전망대에 오르면 쇤부른 궁전과 정원 그리고 멀리 빈 시내까지 한눈에 펼쳐진다. 시시 뷔페가 인기인데, 토 · 일 · 공휴일 오전 9시부터 이용 가능하며 미리 예약하는 편이 좋다. 성인 €34.00, 청소년(13~17세) €22.00, 아동(2~12세) €14.00.

추천 메뉴
마리아 테레지아 커피 €8.30, 블랙 티 €5.40, 아펠슈트루델 €7.70

카페 게르스트너 **Café Gerstner**

황실에 케이크와 초콜릿을 납품했던 유서 깊은 카페

1847년 설립되어 전통과 역사를 이어오는 빈의 제과점이자 카페로 수제 케이크와 초콜릿이 특히 인기다. 황실에 수제 케이크와 초콜릿을 납품했을 정도로 그 맛과 품질을 인정받고 있다. 케른트너 거리 중간쯤에 있는 2층 건물로 1층에서는 다양한 케이크와 제과, 초콜릿을 판매하고, 2층에서는 커피와 케이크를 즐길 수 있다.

추천 메뉴
게르스트너 토르테(직경 24cm) €54, 마카롱 10조각 €17, 나무 상자에 포장된 시시 토르테(직경 12cm) €31, 커피 종류 €5~10 내외

주소 Kärntner strasse 51 **전화** 01-526-1361 **홈페이지** www.gerstner-konditorei.at
영업 매일 10:00~22:00 / 연중무휴 **위치** 트램 1, 2, 71, D번 케른트너 링, 오퍼(Kärntner Ring, Oper)역에서 도보 1~2분, 국립 오페라 극장 맞은편 **지도** p.263-K

자허
Sacher

'오리지널' 자허토르테가 탄생한 곳

세계적으로 가장 유명하고 인기 있는 초콜릿 케이크 자허토르테를 탄생시킨 자허 가문의 카페다. 국립 오페라 하우스 옆 자허 호텔 1층에 있다. 1832년에 메테르니히(Metternich) 왕자의 궁정 셰프가 귀한 손님을 맞기 직전에 병이 나서 당시 견습 요리사였던 프란츠 자허(Franz Sacher)가 갑자기 디저트를 만들어야 했다. 바로 이때 탄생한 디저트가 바로 전 세계인들의 입맛을 사로잡은 오리지널 자허토르테다. 오랫동안 데멜과 오리지널 시비가 붙어서 법정 싸움을 계속했고, 1962년에 법원은 마침내 자허에서 만든 케이크에만 '오리지널'이라는 수식어가 붙은 자허토르테를 만들 수 있다고 판결했다. 자허 외에는 그냥 자허토르테라고 이름을 붙일 수밖에 없다. 오리지널 자허토르테는 비법 레시피로 총 34단계의 과정을 거쳐 만드는 특별한 케이크다. 오스트리아 예술가들과 매년 협업을 통해 예술적인 포장을 선보이며 더욱 품격을 높이고 있다. 카페 내부는 붉은 융단과 샹들리에로 장식해서 우아한 분위기가 감돈다. 자허토르테 1조각과 자허 멜랑주 세트를 추천한다.

추천 메뉴
휘핑크림을 곁들인 오리지널 자허토르테와 뜨거운 음료(커피 포함)+생수 330ml 1잔(Original Sacher-Torte mit Schlagobers, alkoholfreiem Heissgetränk und 330ml Römerquelle Mineralwasser) €20, 로열 얼그레이 티 €6.90, 자허 멜랑주(Sacher Melange) €6.90

주소 Philharmoniker strasse 4
전화 01-514-560
홈페이지 www.sacher.com
영업 매일 08:00~20:00 / 연중무휴
위치 트램 1, 2, 71, D번 케른트너 링, 오퍼(Kärntner Ring, Oper)역에서 도보 3분. 국립 오페라 하우스 옆에 있는 호텔 자허 1층
지도 p.263-K

카페 쿤스트하우스 Cafe Kunsthaus

훈데르트바서의 건축미를 느끼는 공간

훈데르트바서가 설계한 쿤스트하우스 내에 있는 카페로 자연의 곡선을 강조한 그의 건축 철학을 느낄 수 있다. 다양한 컬러와 흑백 타일들, 부드러운 곡선과 고르지 않은 바닥은 마치 놀이 공간을 연상케 한다. 자연 친화적 인테리어로 꾸며 빈의 전통적 카페와는 다른 색다른 분위기를 즐길 수 있다. 레스토랑을 겸하고 있어서 식사도 주문할 수 있다.

추천 메뉴
비너슈니첼(Wiener Schnitzel) €14.90, 에스프레소 마키아토(Espresso macchiato) €3.10, 오렌지주스(Orangensaft) €4.90

주소 Weissgerberlände 14 **전화** 01-347-3086
홈페이지 cafe-kunsthauswien.at **영업** 매일 10:00~18:00 / 연중무휴 **위치** 트램 1번 라데츠키플라츠(Radetzkyplatz)역에서 도보 4분 **지도** p.261-H

카페 디글라스 Café Diglas

예술가와 문인들의 단골 카페

1873년 한스 디글라스(Hans Diglas) 1세가 레스토랑으로 문을 열었다가 1923년 그의 두 아들이 카페로 전환한 곳으로, 빈의 옛 정취가 남아 있다. 포크, 나이프, 스푼으로 장식한 샹들리에가 인상적이며 좌석은 안락하다. 수많은 예술가와 시인들이 즐겨 찾은 만남의 장소이기도 했다. 케이크와 다양한 요리 메뉴는 물론 레스토랑으로 시작한 곳답게 식사 메뉴도 갖추고 있다.

추천 메뉴
슈바인 슈니첼(돼지고기 슈니첼, Wiener Schnitzel vom Schwein) €16.50, 타펠슈피츠(Tafelspitz) €24, 카푸치노 €5.60, 모차르트 커피(Mozart Kaffee, 알코올과 휘핑크림이 들어간 더블 에스프레소) €9.90

주소 Wollzeile 10
전화 01-512-5765 **홈페이지** www.diglas.at
영업 월~금 8:00~22:30, 토 09:00~22:30 / 일 휴무
위치 슈테판 대성당에서 도보 3분 **지도** p.261-G

아이스 그라이슬러 Eis Greissler

현지인들이 사랑하는 유기농 아이스크림 가게

오스트리아에서 선풍적 인기를 얻고 있는 아이스크림 가게로 마리아힐퍼 거리 대로변에 자리 잡고 있다. 유기농으로 키우는 50여 마리의 젖소에서 채취한 신선한 우유로 만드는 아이스크림 맛은 정말 훌륭하다. 수도 빈을 비롯해 잘츠부르크, 그라츠, 린츠 등 주요 도시에 지점을 두고 있다. 딸기, 초콜릿, 바나나, 산딸기, 바닐라 등 다양한 맛의 아이스크림을 갖추고 있으며 계절에 따라 호박씨 기름, 염소 치즈, 아스파라거스, 딱총나무 꽃(elderflower) 같은 특별한 재료로 만든 메뉴를 선보인다.

추천 메뉴

가격은 스쿱(scoop) 단위로 계산되며, 1스쿱 €1.60, 2스쿱 €3, 3스쿱 €4.30, 4스쿱 €5.30, 5스쿱 €6

주소 Mariahilfer Strasse 33
전화 02-647-429-50 **홈페이지** www.eis-greissler.at
영업 월~목 · 일 11:00~21:00, 금 · 토 11:00~22:00 (계절에 따라 영업시간 변동) / 연중무휴, 내부 좌석은 없으며 테이크아웃 전문
위치 U3 노이바우가세(Neubaugasse)역에서 도보 6분
지도 p.261-G

아이다 카페 콘디토라이

AIDA Café Konditorei

다양한 케이크를 맛볼 수 있는 카페

보헤미아 지방 출신 요제프 프루섹(Josef Prousek) 셰프가 빈에 정착해 설립한 제과점이다. 빈의 주요 거리에서 만날 수 있으며, 2018년에는 인스브루크에도 지점을 열었다. 마리아힐퍼 거리(Mariahilfer strasse) 101번지를 비롯해서 빈 곳곳에 20여 곳의 지점이 있다.

추천 메뉴

아이다 멜랑주(Aida Melange) €4.50, 프란지스카너 커피(Franziskaner) €4.20, 빈 전통 아펠슈트루델(Gezogener Apfelstrudel) €5.95, 아이다 조각 케이크 €5.30

주소 Singerstrasse 1
전화 01-8908988210 **홈페이지** aida.at
영업 월~토 08:00~23:00, 일 · 국경일 08:00~22:00 / 연중무휴
위치 슈테판 대성당(Stephansdom)에서 도보 1분
지도 p.263-G

웅어 운트 클라인 임 호하우스

Unger und Klein im Hochhaus

헤렌가의 모던한 미니멀 카페

웅장한 건물들이 많이 들어선 헤렌가세에서 눈에 띄는 뜻밖의 미니멀 카페다. 모자처럼 생긴 작은 이 카페에서는 자부심을 가진 주인장이 향기로운 커피를 내려준다. 커피 맛으로도 인정을 받고 있으며 크루아상, 파니니 등 간단한 먹거리도 있다. 전통적인 빈의 카페가 식상하다면 모던하고 미니멀한 웅어 운트 클라인에 들러보는 것도 색다른 즐거움이다.

추천 메뉴

에스프레소를 비롯한 커피 메뉴가 인기. €5~10내외

주소 Herrengasse 6-8
전화 01-969-2117 **홈페이지** www.imhochhaus.at
영업 월~금 8:00~23:00, 토 10:00~23:00, 일 10:00~18:00(명절에는 영업시간 변동) / 연중무휴
위치 미하엘플라츠(Michaelerplatz)에서 도보 2분, U3 헤렌가세(Herrengasse)역에서 도보 1분 **지도** p.262-F

SPECIAL

다채로운 요리의 집합소

빈의 레스토랑

빈 여행의 큰 장점은 전 세계 여행자들이 몰려드는 곳답게 다양한 스펙트럼의 레스토랑에서
오스트리아 전통 음식뿐만 아니라 세계 여러 나라의 요리를 즐길 수 있다는 것.
오스트리아 전통 와인 레스토랑을 의미하는 호이리게와 가정 요리를 제공하는 바이슬은 꼭 들러보자.
가벼운 식사를 원한다면 빈 곳곳에 있는 전통과 역사를 자랑하는 카페를 추천한다.

레스토랑 종류

고급 레스토랑

호텔 레스토랑 등의 고급 레스토랑에서는 프랑스 요리가 주를 이루며 빈의 전통 요리도 프랑스식으로 변형되어 제공되는 경우가 많다.

바이슬 Beisl

원래는 선술집이었지만, 지금은 빈의 가정식 요리를 맛볼 수 있는 서민 레스토랑의 대명사가 되었다.

호이리게 Heurige

간단한 요리와 함께 와인을 즐기는 와인 레스토랑이다. 슈람멜(Schrammel)이라는 빈 특유의 음악 연주를 들을 수 있다. 시내에도 있지만 그린칭이나 하일리겐슈타트 부근으로 나가면 전통을 자랑하는 호이리게를 쉽게 발견할 수 있다.

바인켈러 Weinkeller

제대로 된 오스트리아 와인을 마시고 싶다면 바인켈러로 가면 된다. 각 점포 소유의 농장에서 만든 와인을 마실 수도 있다. 먹을 것은 간단한 안주 정도뿐이지만 와인을 즐기는 사람들로 늘 붐빈다. 바이슬을 겸한 곳도 있다.

세계 요리 레스토랑

국제적인 관광 도시답게 빈에서는 한국, 일본, 중국, 터키, 그리스, 태국, 이탈리아 등 세계 각국의 요리를 즐길 수 있다. 햄버거와 피자를 비롯해서 스시 바, 타이 음식 등 다양한 세계 음식을 맛볼 수 있으며, 노르트제(Nordsee) 같은 해산물 전문 체인 식당도 있다.

메뉴 읽는 법

대부분의 레스토랑에서는 독일어와 영어로 메뉴가 적혀 있다. 메뉴에는 요리 이름과 재료, 조리 방법이 적혀 있으므로 단어를 알면 어떤 요리인지 대충 짐작할 수 있다. 우리가 흔히 말하는 '메뉴'는 독일어로는 슈파이제카르테(Speisekarte)라고 말해야 한다. 그냥 메뉴(Menu)라고 말하면 독일어에서는 코스 요리를 의미하기 때문에 직원에게 "메뉴, 플리즈" 혹은 "메뉴 비테"라고 말하면 코스 요리가 나올 수도 있으니 주의하자. 런치 타임에 제공되는 '오늘의 메뉴(Tages Menu)'는 대부분 3가지 요리로 구성되어 있으며 가격도 €15~20 정도로 실속 있다.

계산 방법

식사 후 계산은 자신의 테이블을 담당한 직원에게 하면 된다. 대부분의 레스토랑에서는 신용카드를 사용할 수 있다. 팁은 거스름돈을 받지 않는 식으로 5~10% 정도 주면 된다. 신용카드로 지불할 경우에는 총액 밑에 팁을 쓰는 칸이 있으므로 팁을 기입하고 그 밑에 총액을 적으면 된다. 또는 테이블 위에 €2~3 정도 두고 나오면 된다.

SPECIAL

독일 요리와 유사한

빈의 전통 요리

빈의 요리는 기본적으로 독일 요리와 유사하다. 합스부르크 제국의 영토였던 여러 나라의 요리와 오스만 투르크군이 전한 음식 문화가 혼합되었기 때문에 이웃 나라에서도 비슷한 요리를 발견할 수 있다. 순수하게 빈에서 만들어진 전통 요리는 타펠슈피츠와 비너슈니첼뿐이다. 두 메뉴는 어느 음식점에서 먹어도 맛이 보장되기 때문에 실패할 확률이 거의 없으며 대부분의 음식점에서 기본 메뉴로 갖추고 있다.

대표 요리

비너슈니첼 Wienerschnitzel

비너(Wiener)는 '빈의', 슈니첼(Schnitzel)은 '커틀릿'이라는 뜻이다. 송아지 안심살에 밀가루, 빵가루, 달걀물을 입혀 기름에 튀겨내고 레몬즙을 뿌려 먹는다. 오스트리아식 돈가스라고 생각하면 된다. 부드러운 맛을 위해 고기를 두드려서 다지고 소금과 후추로 간을 하기 때문에 소스는 필요 없다. 돼지고기를 사용한 슈바인슈니첼(Schweinschnitzel)과 닭고기를 사용한 휴너슈니첼(Hünerschnitzel)도 있다. 가게마다 손님에게 제공하는 방식도 다양해서 튀겨낸 고기와 레몬즙만 내는 곳도 있고, 채소를 곁들여 내는 곳도 있다.

굴라시 Gulasch

헝가리를 대표하는 전통 요리 구야시가 오스트리아에 전해진 요리다. 헝가리의 구야시와 달리 독일어권에서 일종의 비프 스튜를 의미한다. 빈에서는 피아커 굴라시가 유명하며 소시지와 달걀프라이를 얹기도 한다.

슈바이네브라텐 Schweinebraten

돼지고기를 오븐에 구워 두툼하게 자른 음식으로 소스는 레스토랑마다 다양하다. 독일어권에서 아주 대중적인 요리다.

츠비벨로스트브라텐 Zwiebelrostbraten

비프스테이크 위에 볶은 양파(Zwiebel)를 얹은 것으로 빈의 명물 요리 중 하나다.

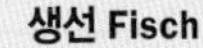

생선 Fisch

바다가 없는 오스트리아에서는 민물 고기인 포렐레(Forelle, 송어의 일종)와 바르시(Barsch, 농어의 일종)가 주요 생선 요리다. 고급 레스토랑에서는 독자적으로 개발한 비법 소스를 이용해 훌륭한 맛을 낸다.

타펠슈피츠 Tafelspitz

빈의 대표적 명물 요리로 프란츠 요제프 황제가 즐겨 먹었다고 전해진다. 소고기 덩어리를 부드러워질 때까지 오랜 시간 삶은 후 얇게 썰어 채소와 함께 먹는데 주로 으깬 감자나 으깬 시금치가 곁들여 나온다. 그리고 빠질 수 없는 것이 아펠크렘(Apfelkrem)이라는 사과 소스와 메에레티히(Meerrettich)라는 서양고추냉이를 갈아 만든 소스다. 삶은 고기를 꺼내 소스류를 끼얹고 나머지는 국물로 먹는다. 당근이나 파를 넣은 마요네즈 소스와 함께 내오는 음식점도 있다. 가게마다 독자적인 방식으로 만들지만 어느 곳에서 먹어도 맛있다.

오스트리아 와인

오스트리아에서는 독일과 마찬가지로 화이트와인이 주류를 이룬다. 니더외스터라이히(Niederösterreich), 부르겐란트(Burgenland), 슈타이어마르크(Steiermark) 등의 지역이 와인 산지로 유명하다. 그중에서도 빈 근교의 도나우강을 따라 형성된 바하우 계곡은 품질이 뛰어난 오스트리아 대표 와인 산지로 이름이 높다. 특히 쌉쌀한 맛의 리슬링(Riesling)을 최고로 손꼽는다. 화이트와인의 왕이라고 불리는 리슬링은 역사적으로 라인 계곡에서 번성한 야생 포도 품종으로 알려져 있다. 오스트리아에서는 도나우강을 따라 바하우(Wachau) 계곡과 크렘슈탈(Kremstal), 캄프탈(Kamptal) 등지에서 최고의 리슬링 와인이 생산되고 있다. 복숭아, 살구와 같은 상큼한 과일 향이 나며 숙성될수록 장미 향이 감돈다. 리슬링이 최고의 맛을 내는 이유는 도나우강 줄기를 따라 위치한 햇살 좋은 경사면에서 재배되기 때문이다. 와인 집산지이자 교통 요지인 크렘스(Krems)에는 와인 박물관도 있다.

슈타이어렉 임 슈타트파크

Steirereck im Stadtpark

시립 공원 안에 있는 모던한 고급 인기 식당

빈에서도 최고로 손꼽히는 최고급 레스토랑으로 시립 공원 안에 위치한다. 빈 시민들도 인정하는 평판 좋은 레스토랑이며 전통적인 오스트리아 요리뿐만 아니라 새로운 요리를 개발해서 선보이고 있다. 모던한 외관과 클래식한 분위기의 내관이 이채롭다.

추천 메뉴

굴라시(Gulash) €30, 비너슈니첼(Wiener Schnitzel) €36, 4가지 코스 메뉴(런치) €125, 5가지 코스 메뉴(런치) €145, 6가지 코스 메뉴 €185, 7가지 코스 메뉴 €205

주소 Am Heumarkt 2A **전화** 01-713-3168
홈페이지 www.steirereck.at
영업 월~금 11:30~14:30, 18:30~22:00 / 토 · 일 · 공휴일 휴무
위치 U4 슈타트파크(Stadtpark)역에서 도보 5분. 시립 공원 안에 있다.
지도 p.263-H

아카키코 Akakiko

한식과 일식으로 현지인들의 입맛을 사로잡은 곳

오스트리아에서 아시안 요리로 가장 크게 성공한 음식점으로 20년 이상의 역사를 가지고 있다. 1994년 처음 문을 열고 비빔밥, 불고기 등 한식과 스시로 대표되는 일식을 비롯해 범 아시안 요리의 현지화에 성공했다. 빈 시내를 비롯해 오스트리아 전역에 13곳의 지점을 둘 정도로 현지 젊은이들에게 높은 지지를 얻고 있다. 그리스와 키프로스에도 지점을 열었다. 한국인이 운영하는 식당이라 특히 한식 메뉴의 맛이 훌륭하며 양도 많다. 빈 시내에서는 주문 가격이 €13.50 이상이면 배달 서비스도 가능하다. 매장 안에서는 와이파이를 사용할 수 있고 테이크아웃도 가능하다. 빈 중앙역과 마리아힐퍼 거리 42~48번지에 있는 게른그로스(Gerngross) 백화점에도 입점해 있다.

추천 메뉴

불고기 비빔밥 €14.50, 소불고기 덮밥(Beef Bulgogi) €14.50, 치킨 카레(Red Curry Chicken) €13.50, 스시 세트 사이즈 중(Sushi Set Mittel) €15.90,

주소 Rotenturmstrasse 6 **전화** 057-333-190
홈페이지 akakiko.at
영업 매일 10:30~23:00(주방 마감 22:30) / 연중무휴
위치 슈테판 대성당(Stephansdom)에서 도보 2분
지도 p.263-G

다 카포 Da Cappo

빈 시민들이 추천하는 화덕 피자 맛집

슈테판 광장에서 가까운 이탈리아 요리 전문점으로 화덕 피자와 홈메이드 파스타가 인기다. 유명 관광지가 아니다 보니 관광객보다는 빈 현지인들이 즐겨 찾는 곳이다. 장작으로 불을 피워 굽는 피자는 이탈리아 본토의 맛을 제대로 구현했다는 평을 얻고 있다. 메뉴 가격대는 €10~15 정도다.

추천 메뉴

펜네 페데리코(Penne Federico) €15.90, 새우 탈리아텔레(Tagliatelle con gamberi) €19.90, 닭고기와 로즈메리 샐러드(Insalata di Pollo al rosmarino) €15.90, 버섯 리소토(Risotto al parmigiano tartufato) €19.50, 양파 살라미 피자(Cipolle e Salami) €15.80, 매콤한 페퍼로니가 들어간 디아볼로 피자(Diavolo) €14.90

주소 Schulerstrasse 18 **전화** 01-512-4491
홈페이지 www.dacapo.co.at
영업 매일 11:30~22:00(명절에는 영업시간 변동) / 연중무휴
위치 슈테판 대성당에서 도보 2~3분. U3 슈투벤토어(Stubentor)역에서 도보 3~4분 **지도** p.263-G

르 버거 Le Burger

마리아힐퍼 거리의 핫한 수제 버거 전문점

쇼핑 거리이자 보행자 편의성이 좋은 마리아힐퍼 거리에 위치한 수제 버거 전문점으로 모던한 실내 인테리어와 다양한 버거 메뉴로 인기 있다. 빈 젊은이들에게 특히 인기가 높아 식사 시간이면 늘 붐빈다. 수제 버거 외에 커피나 음료수, 다양한 맥주도 판매한다. 메인 메뉴인 버거 외에 감자튀김(€3.50)과 어니언 링(€3) 등의 사이드 메뉴도 있다. 빈 시내에 총 5개의 지점이 있다.

추천 메뉴

클래식 베이컨 치즈 버거(Bacon Cheeseburger) 싱글 €10, 더블 €12.50, 소고기와 훈제 베이컨, 다양한 채소로 만든 팜하우스(Farmhouse) €12, 비건 캘리포니아 샐러드(California Salad) €9.60, 빌바오 비건 버거(Bilbao) €12

주소 Mariahilfer Strasse 114 **전화** 01-905-9615
홈페이지 www.leburger.at
영업 월~목 11:00~23:00, 금 · 토 11:00~00:00, 일 · 공휴일 11:00~22:00 / 연중무휴
위치 U3, U6 빈 서역(Westbahnhof)에서 도보 4분. U3호선 지글러가세(Zieglergasse)역에서 도보 3~4분
지도 p.260-F

잘름 브로이

Salm Bräu

여행자들로 붐비는 립 & 맥주 전문점

18세기 초만 해도 빈 시장 소유의 포도밭과 와인셀러가 있던 장소이자 수도원이 세워진 곳이기도 하다. 벨베데레 궁전 바로 옆에 있어서 이후 황비의 마차를 끄는 말들의 마구간으로 이용되기도 했다. 1924년 설립된 양조 회사인 오 잘름앤코(O. Salm & Co.)가 양조 설비를 이곳에 설치했고 전통적인 레시피에 따라 양조되는 맥주는 특히 인기가 높다. 오스트리아 맥주 홍보 대사로 활약하며 전 세계에서 찾아온 많은 양조 업자들이 이곳에서 양조 기술을 배우고 훈련받을 정도로 명성이 높다. 양조 과정과 양조 설비를 둘러보는 브루어리 투어도 진행한다. 체코 플젠 맥주 공법에 따라 제조되는 잘름 브로이 필스(Salm Bräu PILS), 전형적인 빈 스타일 맥주인 잘름 브로이 헬레스(Salm Bräu HELLES)와 잘름 브로이 메르첸(Salm Bräu MÄRZEN) 등 다양한 맥주가 있다.

추천 메뉴

잘름 바이젠 맥주(Salm Weizen) 300ml €4.20, 500ml €5.10, 1L €9.20, 오리지널 비너슈니첼(Wiener Schnitzel) €24.80, 참치 샐러드(Tuna Salad) €13.80, 소고기 굴라시(Beef Gulasch) €16.40

주소 Rennweg 8
전화 01-799-5992
홈페이지 www.salmbraeu.com
영업 매일 11:00~23:30 / 연중무휴
위치 트램 71번 벨베데레 하궁(U teres Belvedere)역에서 도보 1분. 벨베데레 하궁 바로 옆
지도 p.261-G

센티미터 2 Centimeter 2

슈니첼이 대표 메뉴인 오스트리아 식당

빈 7구에 있는 인기 식당으로 1996년 문을 연 이래 현지인들뿐만 아니라 여행자들에게도 인기가 높다. 이곳의 비너슈니첼은 접시보다 큰 것으로 유명한데 맛도 훌륭하다. 전통적으로 인기 있는 비너슈니첼 외에 8종의 맥주가 1m 길이 맥주잔 거치대에 얹어져 나오는 세트 메뉴도 인기다.

추천 메뉴

스페어립(Spare Ribs, 돼지갈비) 사이즈 M €16.90, L €25.90, 센티미터 버거(Centimeter Burger) €19.90, 슈니첼(Schnitzel) €13.90

주소 Stiftgasse 4
전화 01-470060642
홈페이지 centimeter.at
영업 매일 10:00~00:00 / 연중무휴
위치 트램 49번 스티프트가세(Stiftgasse)역에서 도보 1분. 무제움스크바르티어에서 도보 7~10분 **지도** p.261-G

에스테르하지켈러 Esterházykeller

구시가 중심 뒷골목에 있는 선술집 겸 식당

17세기 와인 선술집을 개조한 곳으로 지금은 전통적인 빈 가정식이나 고급 요리를 선보인다. 켈러는 지하실이란 뜻으로 다소 어둡고 서늘하지만 미로 같은 분위기가 호기심을 자극하는 지하 레스토랑이다. 이 건물은 원래 헝가리의 명문 귀족 에스테르하지 가문에서 소유하고 있던 건물이다. 에스테르하지 후작이 고용한 지휘자였던 요제프 하이든은 후작과 함께 종종 이곳에 머물렀으며 이 켈러에서 포도주를 자주 마시며 악상을 떠올리거나 영감을 받기도 했다고 전해진다. 지금도 이곳에서는 에스테르하지 양조장에서 만든 질 좋은 포도주와 다양한 맥주를 훌륭한 요리와 함께 즐길 수 있다. 최대 300명까지 수용할 수 있는 넓은 홀이 있어 시끌벅적한 분위기에 흠뻑 취하고 싶을 때 찾기 좋은 곳이다.

추천 메뉴

오리지널 송아지고기 비너슈니첼(Original Wiener Schnitzel vom Kalb) €24.90, 구운 돼지고기(Schweinsbraten) €17.90, 에스테르하지 굴라시(Esterházy-Rindsgulasch) €18.90

주소 Haarhof 1
전화 01-533-3482
홈페이지 esterhazykeller.at
영업 월~금 16:00~23:00,
토 · 일 · 공휴일 11:00~23:00(주방 마감 22:00) / 연중무휴
위치 미하엘플라츠(Michaelerplatz)에서 도보 5분.
U3 헤렌가세(Herrengasse)역에서 도보 1분
지도 p.262-F

마르크트 퀴헤 Markt Küche

간편하게 조식을 먹을 수 있는 곳

메르쿠어(Merkur) 슈퍼마켓에서 운영하는 간편한 셀프서비스 식당으로 서역 지하에 있다. 모던하고 편안한 공간에서 간단한 조식을 즐기기에 좋다. 조식은 오전 10시 30분까지 제공되며 과일주스, 커피, 달걀 반숙, 빵 등이 제공되는 조식이 가격 대비 실속 있다. 서역 건물 안 지하 1층 메르쿠어 슈퍼마켓 맞은편에 있다.

추천 메뉴
조식(Frühstück) €5.90, 볼로냐 스파게티(Spaghetti Bolognese) €7.20, 피시 앤 칩스(Fish & Chips) €7.50, 야채 버거(Veggie Burger) €7.50

주소 Europaplatz 3 **전화** 01-892-1499
홈페이지 www.merkurmarkt.at
영업 월~금 08:30~21:00, 토 08:30~13:00 / 일 휴무
위치 빈 서역(Westbahnhof) 지하 1층
지도 p.260-F

피그뮐러 Figlmüller

현지인이 추천하는 슈니첼 전문점

1905년 영업을 시작한 이래 100년이 넘는 역사를 자랑하는 빈 전통 식당이다. 특대 사이즈의 비너슈니첼로 유명하며 언제나 손님들로 만원이어서 미리 예약하거나 식사 시간보다 조금 일찍 가는 편이 좋다. 이곳의 슈니첼은 1905년부터 송아지고기가 아닌 돼지고기로 만드는데, 크기가 너무 커서 접시보다 큰 경우도 많다. 빈 구시가 10대 레스토랑에 선정되기도 했으며 최고의 비너슈니첼을 맛볼 수 있는 식당으로 유명하다.

추천 메뉴
오리지널 피그뮐러 슈니첼(Figlmüller-Schnitzel vom Schwein) €17.90, 빈 타펠슈피츠(Wiener Tafelspitz) €24.90

주소 Wollzeile 5
전화 01-512-6177
홈페이지 figlmueller.at
영업 매일 11:00~22:30(주방 11:00~21:30) / 연중무휴
위치 슈테판 대성당(Stephansdom)에서 도보 3분
지도 p.261-G

두란 Duran

마리아힐퍼 거리의 샌드위치 전문점

1966년 오픈한 샌드위치 가게로 마리아힐퍼 거리 대로변에 있어서 찾아가기 쉽다. 유기농 재료로 만드는 60가지 이상의 수제 롤빵과 샌드위치 외에도 다양한 요리와 수프, 샐러드, 디저트 등을 갖추고 있다. 현지인들에게도 인기가 있다.

추천 메뉴
버팔로 모차렐라(Büffelmozarella) 샌드위치 €3, 에그 커리(Ei-Curry) 샌드위치 €2, 새우(Shrimps) 샌드위치 €1.90

주소 Mariahilferstarasse 91
전화 01-596-2373
홈페이지 duran.at
영업 월~토 09:00~16:00 / 일·국경일 휴무
위치 U3 지글러가세(Zieglergasse)역에서 도보 1~2분
지도 p.260-F

바피아노 Vapiano

모던한 이탈리안 요리 전문 식당

마리아힐퍼 거리를 따라 무제움스크바르티어 구역으로 가는 길에 테오발트 거리로 살짝 들어가면 바로 나온다. 유럽 주요 나라에 체인점을 두고 있는 파스타, 피자 전문점으로 모던한 인테리어와 합리적인 가격, 깔끔한 메뉴로 인기를 얻고 있다.

추천 메뉴
파스타 메뉴 €10~15, 피자 메뉴 €9~15, 버섯 리소토(Risotto al funghi) €12.50

주소 Theobaldgasse 19A **전화** 01-581-1212
홈페이지 www.vapiano.at
영업 월~토 11:00~22:30, 일 12:00~22:30(주방 마감 22:00)
위치 U2 무제움스크바르티어(Museumsquartier)역에서 도보 5분 **지도** p.261-G

슈니첼비르트 Schnitzelwirt

빈을 대표하는 다양한 슈니첼 전문 식당

40년 전통을 가진 슈니첼 전문 식당으로 12가지 슈니첼 메뉴를 갖추고 있다. 가격 대비 맛이 훌륭하고 양도 넉넉해서 현지인들이 즐겨 찾는 맛집이다. 1대 주인장 귄터 슈미트(Günther Schmidt)의 뒤를 이어 그의 두 딸이 아버지의 철학을 그대로 물려받아서 가게를 운영하고 있다.

추천 메뉴
비너슈니첼(Wiener Schnitzel) €8.10, 채소 샐러드를 곁들인 파리 슈니첼(Pariser Schnitzel) €12.50, 코르동 블루(Cordon bleu) €14.50

주소 Neubaugasse 52 **전화** 01-523-3771
홈페이지 www.schnitzelwirt.co.at
영업 월~토 11:00~21:30 / 일 휴무
위치 트램 49번 노이바우가세(Neubaugasse)역에서 도보 1분
지도 p.260-F

마이어 암 파르플라츠 Mayer am Pfarrplatz

베토벤이 머물렀던 호이리게

베토벤이 제9번 교향곡을 작곡한 것으로 전해지는 집으로, 안뜰의 포도 창고였던 건물이 운치 가득한 호이리게로 탈바꿈했다. 예약을 하면 아코디언 연주를 들을 수 있는 안뜰에 자리를 마련해준다. 연주는 매일 저녁 7시부터 시작된다. 근처에 베토벤이 유서를 쓴 집으로 알려진 하일리겐슈타트의 베토벤 아파트(Beethoven Wohnung Heiligenstadt)와 작은 기념관이 있다.

추천 메뉴
비프 타르타르 소(klein) €15, 대(gross) €19, 비너슈니첼 €18, 글라스 와인 €5 내외

주소 Pfarrpl. 2 **전화** 01-370-1287 **홈페이지** pfarrplatz.at
영업 월~목 16:00~00:00, 금~일, 공휴일 12:00~00:00 / 연중무휴 **위치** 트램 37번 호어 바르테(Hohe Warte)역에서 도보 5분, 버스 38A 아름브루스터(Armburstergasse)역에서 도보 3분
지도 p.261-C

소야 Soya

마리아힐퍼 거리에 있는 정통 일식당

2006년 마리아힐퍼 거리에 오픈한 정통 일식당으로 현지인들에게도 인기가 높다. 일식 요리가 전문이며 다른 아시안 요리들도 선보이고 있다. 내부는 크지 않지만 직원들이 친절하고 음식도 빨리 나오는 편이며 가격도 적절해서 인기가 많다.

추천 메뉴
교자 6pcs €5.50, 12pcs €9.80, 필라델피아 마키 10pcs €11.80, 스시 세트 대(gross) 10pcs+마키 3pcs €12.90, 해산물 라멘 €9.80

주소 Mariahilfer Strasse 81 **전화** 01-586-0601
홈페이지 www.soya.wien
영업 월~토 11:00~22:00 / 일 · 공휴일 휴무
위치 U3 노이바우가세(Neubaugasse)역에서 도보 2분
지도 p.260-F

심플리 로 베이커리 Simply Raw Bakery

암 호프 근처에 있는 건강한 비건 브런치 비스트로

암 호프 주변에 위치한 비건 제과점 겸 비스트로다. '건강하고 영양가 있는 먹거리 제공'을 슬로건으로 글루텐이나 설탕이 들어있지 않은, 채식주의자를 위한 메뉴를 만들고 있다. 커피와 차는 물론 직접 제조한 레모네이드와 신선한 채소가 들어간 재료가 들어간 볼(Bowl) 메뉴, 2인을 위한 브런치 콤보 메뉴 등을 갖추고 있다.

추천 메뉴
브런치 콤보 시시 & 프란츠(Sisi & Franz) €49.90(2인용), 부다 볼(Buddha Bowl) €15.50, 와플 €10.90, 주스 종류 250ml €6.50, 400ml €11.50

주소 Drahtgasse 2 **전화** 677-624-691-24
홈페이지 www.simplyrawbakery.at
영업 월~토 09:30~17:00(주방은 16시까지)
위치 암 호프에서 도보 1분, 슈테판 대성당에서 도보 6분
지도 p.263-G

가스트하우스 주 덴 드라이 학켄
Gasthaus Zu Den 3 Hacken

슈베르트가 들렀던 옛 빈 요리 식당
빈 정통 요리를 전문으로 하는 식당으로 작곡가 슈베르트를 비롯해 옛 시인, 배우, 화가 등 예술가들의 단골 식당이었다. 예스러운 분위기에서 타펠슈피츠와 슈니첼 같은 빈 전통 요리를 맛볼 수 있다.

추천 메뉴
송아지 고기 비너슈니첼(Original Wiener Schnitzel) €22.80, 타펠슈피츠(Tafelspitz) €19.80, 바삭한 양파와 구운 감자를 곁들인 삶은 등심 스테이크(Zwiebelrostbraten) €21.50

주소 Singerstrasse 28 **전화** 01-512-5895
홈페이지 www.zuden3hacken.at
영업 월~토 11:30~23:00(주방 마감 22:00) / 일·공휴일 휴무
위치 U1, U3호선 슈테판스플라츠(Stephansplatz)역에서 도보 5분
지도 p.261-G

그린 익스프레스 **Green Express**

마리아힐퍼 거리의 아시안 음식 전문점
일본, 중국 요리 등을 선보이는 패스트푸드 식당이다. 맛이 아주 뛰어난 것은 아니지만 가볍고 신속하게 한 끼 식사를 해결할 수 있어 바쁘거나 지갑이 가벼운 여행자에게 추천한다. 연중무휴여서 시간대에 구애받지 않고 편하게 들를 수 있다.

추천 메뉴
해산물 우동(Seafood udon) €13.90, 마키 롤 12pcs €7.50, 완탕 수프(Wonton soup) €8.90

주소 Mariahilfer Strasse 102 **전화** 01-522-7448
홈페이지 www.greenexpress.at
영업 월~토 10:00~23:00, 일 10:30~23:00 / 연중무휴
위치 서역에서 도보 6분. U3호선 지글러가세(Zieglergasse)역에서 도보 1분
지도 p.260-F

SPECIAL

직접 담근 와인을 내는 술집

호이리게
Heurige

빈 특유의 옛 분위기를 느끼고 싶다면 호이리게로 가보자.
특히 교외에 있는 작은 술집은 왠지 모를 정감이 느껴져서 매력이 있다.
슈람멜(Schrammel)이라는 독특하면서도 흥겨운 음악이 연주되면 손님들이 함께 어울려 노래하거나
춤을 추며 분위기가 무르익는다.

호이리게(Heurige)란?

호이리게의 어원인 호이리크(heurig)는 '올해의'라는 의미이며, 호이리게 바인(Heuriger Wein)은 올해 만든 햇와인을 의미한다. 자가 농장에서 직접 만든 햇와인을 내는 술집이 호이리겐로칼(Heurigenlokal)인데, 빈에서는 이를 줄여서 호이리게라고 부르고 있다. 보통 호이리게 출입문 위에는 아이겐바우라고 불리는 소나무 가지를 늘어뜨려서 '올해의 새 술이 나왔다'고 알린다. 호이리게 와인은 매년 11월 11일 성 마르틴의 날에 개시하는 게 전통이다.

호이리게의 기원

호이리게의 역사는 18세기로 거슬러 올라간다. 빈의 북쪽에 펼쳐진 구릉 지대는 예부터 포도 재배가 활발하고 질 좋은 포도가 생산되었다. 그러나 부유한 상인들이 이곳에서 생산된 좋은 와인을 모두 매입해버렸기 때문에 농민들이 마실 수 있는 와인은 남아나질 않았다. 이에 불만을 가진 농민들은 당시의 황제 요제프 2세에게 와인 판매권을 달라고 요청했다. 요제프 2세는 청원을 받아들여 농민들이 밭에서 직접 재배한 포도로 만든 와인을 팔거나 마실 수 있도록 허가했는데, 이것이 바로 호이리게의 시초다.

호이리게를 즐기려면 빈 숲으로 가자

빈 숲의 산기슭에 있는 마을에는 호이리게가 많이 모여 있다. 그중에서도 유명한 곳이 하일리겐슈타트, 누스도르프, 그린칭 등이다. 이 지역에는 주변에 남은 오래된 민가와 헛간을 개조해서 호이리게로 문을 연 레스토랑이 많다. 그린칭은 구릉 지대에 위치한 마을이라 경사진 정원에 놓은 테이블이 마치 계단처럼 층을 이루는데, 이처럼 지형을 훌륭하게 이용해서 독특한 분위기를 연출하기도 한다.

호이리게의 음악

호이리게에서는 슈람멜(Schrammel)이라는 경쾌한 음악이 연주되어 빈 특유의 분위기를 연출한다. 독일의 비어 홀이 브라스밴드 중심으로 행진곡풍의 음악을 많이 연주하는 데 비해 이곳에서는 바이올린, 아코디언, 기타의 앙상블 연주로 부드러운 느낌을 준다. 19세기 말 요한 슈람멜이라는 사람이 2대의 바이올린과 기타, 클라리넷으로 술집에서 4중주를 연주했고, 자신이 작곡한 곡을 호이리게에서 연주한 것이 이 음악의 시초라고 한다. 클라리넷은 나중에 아코디언으로 대체되어 애상적인 요소가 가미됐다. 현재 호이리게에서 연주되고 있는 것은 민요풍 곡과 순수 빈 왈츠, 오페레타의 인기 곡 등이다.

호이리게의 요리

호이리게에서 나오는 요리는 기본적으로 칼테스 에센(Kaltes Essen, 찬 음식)이라는 와인에 곁들이는 간단한 스낵류이지만, 최근에는 대부분의 호이리게에서 삶은 소시지나 슈니첼 같은 따뜻한 음식도 먹을 수 있다. 칼테스 에센은 1접시에 €15 내외이며 햄, 소시지, 콩류, 샐러드류 등이 많다.

SPECIAL

쇼핑은 이곳에서

빈의 대표 상점가

도로테어가세

빈의 대표적 쇼핑 거리는 크게 구시가 중심부의 주요 거리들과 빈 서역에서 왕궁 정원 방향으로 길게 이어지는 마리아힐퍼 거리를 꼽을 수 있다. 관광 명소를 돌아보다가 인접한 쇼핑 거리에 들러 맘에 드는 선물이나 기념품을 골라보자. 슈테판 대성당 앞 광장에서 바로 이어지는 케른트너 거리에서 그라벤, 콜마르크트로 이어지는 거리를 따라 명품 브랜드 상점과 선물용품점들이 즐비하게 늘어서 있다. 또한 큰 거리 사이사이 작은 골목길마다 전통과 개성을 지닌 상점들이 숨어 있다.

영업시간과 휴무일

가게마다 조금씩 차이는 있지만 대체로 일반 상점의 경우에는 월요일부터 토요일은 오전 9시 또는 10시부터 18시(목, 금요일은 19시 혹은 20시까지)까지 영업을 한다. 관광객을 상대로 하는 상점 이외의 대부분 상점들은 일요일과 국경일에는 문을 닫는다.

빈 프로덕츠 Wien Products 마크를 확인하자

빈 상공 회의소에서 제정한 빈 프로덕츠(Wien Products) 마크는 빈 최고의 특산품이라는 의미다. 이 마크는 엄격한 선정 기준을 통과한 기업(가게)에게 특별히 부여된다. 다시 말해, 오랜 역사와 전통을 이어오고 있고 빈의 특색을 잘 반영한 품질 좋은 제품임을 보증하는 것이다. 최소 150년 이상의 전통을 자랑하거나 과거에 왕실에 납품을 했던 곳이며 현재도 모든 공정을 수작업으로 진행하고 있는 명품들이다. 쇼핑을 할 때 이 표시가 붙어 있다면 일단 믿고 살 수 있다. 상품은 액세서리, 도자기, 과자, 잡화 등 종류가 다양하다. 게르스트너(Gerstner), 데멜((Demel), 하스 & 하스(Haas & Haas), 마너(Manner), 하인들(Heindl) 등의 별미 제과들, 쾨헤르트(Köchert), 프라이 빌레(Heindl) 등의 보석류 브랜드, 아우가르텐(Augarten), 뷜마이어(Bühlmayer) 등의 생활용품 브랜드 등 다양한 빈 프로덕츠 제품들이 있다.

빈 프로덕츠 서비스 센터
WIEN PRODUCTS Service Center
주소 Wirtschaftskammer Wien, Stubenring 8–10
전화 01–514–50–1517
홈페이지 www.wienproducts.at

케른트너 거리

케른트너 거리 Kaerntner Strasse

슈테판 광장에서 국립 오페라 하우스까지 이어진 보행자 전용 거리이자 빈 최대의 번화가다. 각종 기념품 가게와 카페, 명품 브랜드 상점들이 거리 양쪽으로 길게 늘어서 있다. 캐주얼한 부티크를 비롯해 생활용품점, 쇼핑몰, 초콜릿 가게 등 다양하다.

그라벤

그라벤 Graben

슈테판 광장과 콜마르크트 사이의 넓은 보행자 전용 거리이며 아우가르텐을 비롯한 고급 상점들이 많이 늘어서 있다.

슈피겔가세

도로테어가세 · 슈피겔가세 Dorotheergasse · Spiegelgasse

그라벤 거리에서 왕궁 방면으로 이어지는 골목길인 도로테어가세와 슈피겔가세에는 주로 골동품점들이 많다.

콜마르크트

콜마르크트 Kohlmarkt

그라벤 거리 끝에서 미하엘 광장으로 이어진 거리이며, 예전에는 곡물 시장이었다. 빈에서 가장 대표적인 명품 브랜드 거리로 까르띠에, 샤넬, 버버리, 구찌, 루이 비통, 불가리, 티파니, 페라가모, 마이클 코어스 등 유럽의 명품 브랜드 상점이 모여 있다.

마리아힐퍼 거리

마리아힐퍼 거리 Mariahilfer Strasse

빈 서역에서 왕궁 정원 방향으로 길게 이어지는 약 1.8km의 대로다. 거리 양옆으로 백화점, 쇼핑몰, 생활용품점, 카페, 레스토랑 등 다양한 상점들이 자리하고 있다.

SPECIAL

한눈에 보는

빈의 추천 쇼핑 아이템

빈 여행자들 사이에서 가장 인기 있는 쇼핑 아이템은 모차르트 쿠겔른으로 대표되는 초콜릿, 과자, 스와로브스키로 대표되는 크리스털, 프티 포앵과 같은 품격 있는 자수 제품 그리고 클림트의 디자인을 토대로 한 액세서리 등이다. 좀 더 오래 간직하거나 특별한 의미를 담고 싶다면 빈의 장미 세트와 같은 아우가르텐의 도자기나 고급스러운 은 제품을 추천한다.

모차르트 쿠겔른 Mozart-Kugeln

가장 인기 있는 품목 중 하나. 마지팬이 들어있는 공 모양의 초콜릿은 모차르트의 초상화가 그려진 은박지로 포장되어 있어서 눈에 잘 띈다. 모차르트 쿠겔른의 인기를 바탕으로 엘리자베트 황후인 시시 쿠겔른과 요한 슈트라우스 쿠겔른도 판매되고 있다. 슈테판 대성당이 있는 슈테판 광장 11번지의 콩피세리 하인들(p.381)에서 다양한 크기와 포장의 모차르트 쿠겔른을 구입할 수 있다.

자허토르테 Sachertorte

자허 호텔 & 카페에서 판매하는 빈의 명물 초콜릿 케이크. 카페 자허, 직영 케이크 가게인 자허 콩피세리, 데멜, 공항 등에서 판매되고 있다.

마너 웨하스
Manner

1890년에 창업, 130년이 넘는 전통을 자랑하는 마너 웨하스는 빈에서 꼭 맛봐야 할 과자다. 무게가 가벼워서 선물용으로도 좋다. 빈 시내 곳곳에 있는 마너 지점이나 기념품점에서 구입할 수 있으며 특히 슈테판 대성당 부근의 마너 플래그십 스토어(p.382)가 여행자들이 가장 많이 찾는 곳이다.

제비꽃 사탕
Kandierte Veilchen

바이에른 왕가 출신이자 프란츠 요제프 황제의 아내였던 시시 황후가 좋아했던 제비꽃 사탕도 인기 있다. 이름처럼 제비꽃 향이 강한 보라색 사탕으로 남성보다는 여성들이 더 좋아한다. 있다. 카페 게르스트너(p.354)를 비롯해서 데멜(p.352), 빈 공항에서도 살 수 있다.

허브 차
Kräutertee

맛과 향을 음미하는 것도 즐겁지만 체질 개선에도 좋은 허브 차. 시아나이(Cyani)라고 불리는 보라색 수레국화는 눈 통증에 효과가 있어서 눈이 피로한 사람에게 추천한다. 하스 & 하스(Haas & Haas) 매장에서 다양한 허브 차를 구매할 수 있다.

커피와 홍차 Kaffee & Schwarzer Tee

커피와 차 전문점은 물론 슈퍼마켓, 카페에서도 커피 원두와 홍차 잎을 구입할 수 있다. 블렌드 종류와 찻잎의 종류도 다양하며, 선물용으로는 진공 포장된 커피 원두가 좋다. 커피는 율리어스 마이늘(Julius Meinl) 카페에서 판매하는 다양한 원두 커피를, 홍차는 자허 카페에서 판매하는 자허스 미슝(Sachers Mischung)이나 데머스 티하우스(Demmers teehaus)의 클림트 그림 틴 케이스에 포장된 제품을 추천한다. 데머스 티하우스는 빈 시내의 여러 지점을 포함해 오스트리아 주요 도시와 유럽의 여러 나라 그리고 일본에도 지점이 있다. 빈 공항에서도 구매할 수 있으니 참고하자.

데머스 티하우스 www.demmersteahouse.com

프라이 빌레 Frey Wille

1951년 빈에서 창립된 액세서리 브랜드. 칠보를 금이나 백금으로 가공한 세기말풍 디자인이 인상적이며, 클림트의 디자인을 모티브로 만든 액세서리 제품들이 인기 높다.

스와로브스키 Swarovski

1895년 오스트리아 출신의 사업가 다니엘 스와로브스키(Daniel Swarivski, 1862~1956년)가 오스트리아 티롤주 인스브루크에서 창업해서 세계적인 명성을 얻고 있는 스와로브스키의 크리스털 제품은 여행자들에게도 인기가 높다. 케른트너 거리를 비롯해서 빈 시내의 스와로브스키 전문 매장에서 다양한 액세서리와 실내 장식용 제품을 판매하고 있다. 한국보다 제품의 종류가 더 풍부하고, 최신 제품을 제외하면 저렴한 제품도 많다. €100 이상 구매할 경우 세금 환급도 가능해서 여러모로 유리하다.

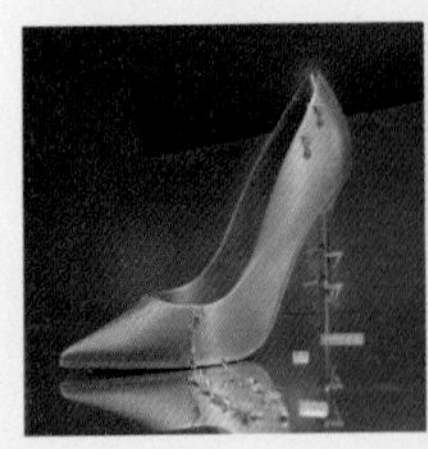

프티 포앵 Petit Point

정교한 자수를 의미하는 프티 포앵은 일반적인 자수 제품보다 훨씬 더 세밀하고 정교하며 제작하는 데 시간과 노력이 많이 든다. 정교함으로 유명한 오스트리아의 프티 포앵 공예품은 궁정에서 탄생해서 빈의 전통을 지켜오고 있다. 가방, 펜던트, 브로치, 지갑 등 다양한 자수용품들이 있으며, 자수의 코가 가늘수록 더 비싸다. 왕궁에 있는 마리아 슈트란스키(Maria Stransky) 상점에서 구경하거나 구매할 수 있다.

리슬링 와인 Riesling Wein

리슬링은 청포도 품종의 하나로 향이 다채롭고 산도가 매우 높은 포도 품종이다. 세계에서 20번째로 많이 재배되는 포도 품종이며 와인의 품질까지 고려하면 샤르도네, 소비뇽 블랑과 함께 세계 3대 화이트와인으로 분류되고 있다. 상대적으로 따스한 기후에서 자란 오스트리아의 리슬링은 좀 더 시트러스 향과 복숭아 향이 두드러진다. 빈 근교의 바하우 계곡이 대표적인 리슬링 와인 생산지다. 흰살생선이나 돼지고기, 맵고 강한 향을 가진 음식과도 잘 어울린다. 바인 & 코(Wein & Co)와 같은 와인 전문점이나 슈퍼마켓에서도 손쉽게 구입할 수 있다. 바인 & 코는 슈테판 광장 근처(Jasomirgottstrasse 3–5), 나슈마르크트 근처(Linke Wienzeile 4), 마리아힐퍼 거리 36번지 등 빈 시내 여러 곳에 지점을 두고 있다.

바인 & 코(Wein & Co) 홈페이지 www.weinco.at

아우가르텐
Augarten

오스트리아를 대표하는 도자기 브랜드 아우가르텐(Augarten)은 유럽에서도 명성이 자자하다. 1718년 설립된, 유럽에서 두 번째로 오래된 명품 도자기 브랜드다. 슈테판 대성당 근처에 큰 상점이 있고 그 외에도 빈 시내 여러 곳에서 판매하고 있다. 빈의 장미 세트를 비롯해 마리아 테레지아 등 여러 종류의 시리즈가 있다.

리델의 유리잔 Riedel Glas

리델은 오스트리아 쿠프슈타인(Kufstein)에 기반을 둔 유리 제품 전문 회사다. 리델 가문이 17세기부터 260여 년간 가업으로 이어온 기업이다. 특히 다양한 종류의 와인잔으로 명성이 높다. 술의 종류에 따라 모양이 다른 수제품 유리잔들이 인기다.

홈페이지 www.riedel.com

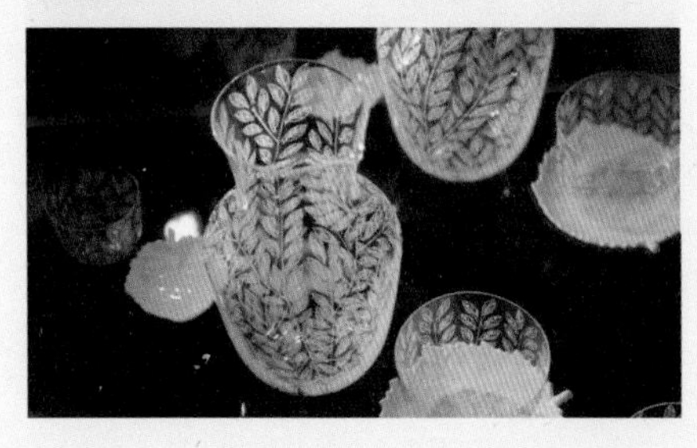

자석 기념품 Magnet

자석 기념품은 귀여우면서도 부피가 작아서 부담 없는 선물용으로 제격이다. 클림트의 그림이나 모차르트를 소재로 한 다양한 자석 제품들이 인기다. 시내 기념품점에서 손쉽게 구입할 수 있다.

스와로브스키 Swarovski Wien

오스트리아를 대표하는 크리스털 명가

1895년 다니엘 스와로브스키(Daniel Swarovski, 1862~1956년)가 티롤주 와튼즈에 세운 크리스털 전문 회사다. 창의적이고 다양한 크리스털 제품이 호평을 받아 세계적 크리스털 회사로 우뚝 섰다. 오스트리아를 비롯해서 전 세계에 매장을 두고 있으며 케른트너 거리에도 큰 매장이 입점해 있다. 귀여운 동물 장식품과 액세서리, 목걸이, 반지, 팔찌 등 고급스러운 다양한 크리스털 제품을 구경하고 구매할 수 있다.

주소 Kärntner strasse 24
전화 01-324-0000 **홈페이지** www.swarovski.com
영업 월~금 09:00~19:00, 토 09:00~18:00 / 일 휴무
위치 U1, U3 슈테판스플라츠(Stephlansplatz)역에서 도보 2분
지도 p.263-G

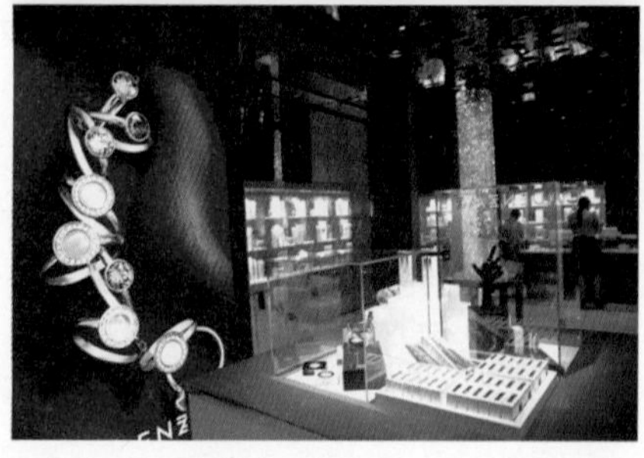

프티 포앵 마리아 슈트란스키 Petit Point Maria Stransky

섬세한 궁정 자수의 진수

프티 포앵 자수는 궁정에서 탄생해서 빈의 전통을 이어오고 있는 공예품이다. 섬세한 수공예 자수의 진수를 느낄 수 있으며 다양한 액세서리부터 가방에 이르기까지 화려한 작품들로 가득하다. 2.5cm² 안에 바늘땀이 많이 들어갈수록 화려하고 고급 제품으로 인정받는다. 어떤 제품은 3,500번의 바늘땀이 들어가 있을 정도로 정교하고 화려하다. 수작업이다 보니 그만큼 가격도 비싸다. 빈 시티 카드 소지자는 약간의 할인을 받을 수 있다.

주소 Hofburg Passage 2
전화 01-533-6098
홈페이지 www.maria-stransky.at
영업 수~금 11:15~17:00/
월 · 화 · 토 · 일 휴무(12월에는 토요일 영업)
위치 U3 헤렌가세(Herrengasse)역에서 도보 4분
지도 p.262-F

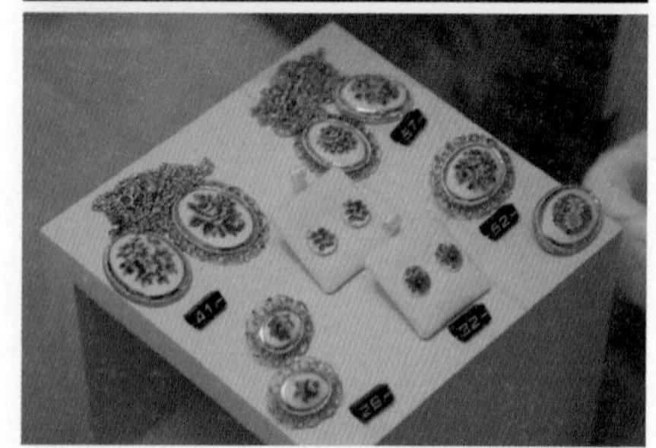

궁켈 Gunkel

1796년 문을 연 전통의 리넨 전문점

1796년 문을 연 이래 줄곧 전통을 이어오고 있는 리넨 제품 전문 상점으로 침구류나 테이블웨어 등의 패브릭 상품들이 많다. 섬세한 레이스와 화려한 꽃무늬 리넨 제품들은 현지인뿐만 아니라 여행자들의 시선도 사로잡는다. 쿠션 커버와 커튼 등은 천을 직접 선택해 주문 제작할 수 있다. 지하에는 타월류와 테이블센터, 깔개 등의 소품이 진열되어 있다.

주소 Tuchlauben 11
전화 01-533-6301 **홈페이지** www.gunkel.at
영업 월~금 10:00~18:30, 토 10:00~17:00 / 일 · 국경일 휴무
위치 U1, U3 슈테판스플라스(Stephansplatz)역에서 도보 5분
지도 p.263-G

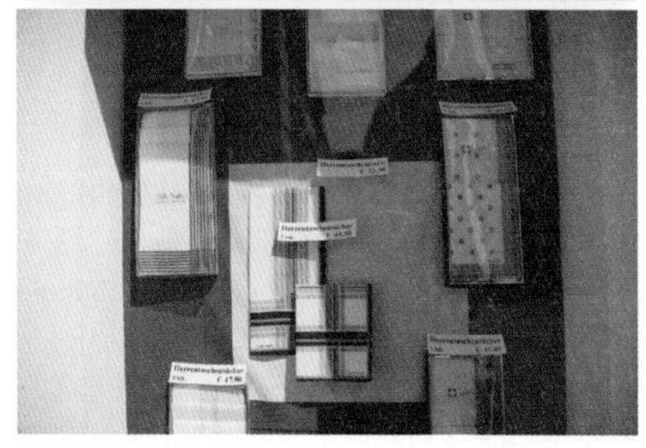

프티 포앵 코바체스 Petit Point Kovacec

프티 포앵 제품을 전문으로 하는 작은 상점

거의 100년 전통을 자랑하는 아담한 프티 포앵 전문점으로 케른트너 거리 중간쯤에 위치해 있다. 가방, 지갑, 브로치 등 모두 손으로 직접 만든 자수 제품들을 전시 판매하고 있다. 특히 소형 지갑과 가방 종류가 많다. 브로치 €25~, 가방 €500~.

주소 Kärntner strasse 16
전화 01-512-4886
홈페이지 www.petitpoint.eu
영업 월~토 10:30~18:00 / 일 · 국경일 휴무
위치 U1, U3 슈테판스플라츠(Stephansplatz)역에서 도보 3분
지도 p.263-G

프리크 서점 Buchhandlung Frick

예술 서적을 저렴하게 구입할 수 있는 곳

서점의 기원은 무려 18세기로 거슬러 올라간다. 인쇄소에서 일하던 요한 토마스 트랏트너(Johann Thomas Trattner)는 인쇄 기술을 익혀서 다양한 책들을 인쇄하고, 7개의 서점들을 운영하면서 빈에서 성공한 사업가로 인정받는다. 1752년에는 마리아 테레지아 황후로부터 궁정 책 상인의 지위를 부여받으며 빈 시내에 최초의 서점을 열 수 있는 특권을 얻는다. 이후 그의 후손들에게로 그리고 다른 소유주에게로 서점이 계속 이전되다가 1868년 빌헬름 프리크(Wilhelm Frick)가 인수하게 된다. 1875년 그라벤 27번지로 이전해서 지금까지 이어져오고 있다. 오랜 역사와 전통을 지닌 빈의 서점으로 클림트나 훈데르트바서와 같은 인기 있는 예술가들의 서적을 다양하게 갖추고 있다.

주소 Graben 27
전화 01-533-9914 **홈페이지** www.buchhandlung-frick.at
영업 월~금 09:00~19:00, 토 09:30~18:00 / 일 · 국경일 휴무
위치 U1, U3 슈테판스플라츠(Stephansplatz)역에서 도보 2분
지도 p.263-G

버틀러스 Butlers

생활 소품이나 작은 기념품을 사기에 좋은 곳

마리아힐퍼 거리 17번지에 자리한, 빈 시민들이 즐겨 찾는 생활 소품 인테리어 상점이다. 1829년 독일 노이스에서 빌헬름 요스텐 죈네(Wilhelm Josten Söhne)가 처음 영업을 시작한 이래 가업으로 이어온 가정 생활 소품 전문점으로 유럽 주요 국가에 지점을 둘 정도로 시민들의 큰 사랑을 받고 있다. 디즈니 컬렉션과 피넛(Peanut) 컬렉션을 론칭하면서 성공 가도를 달리고 있다. 현재 독일을 비롯해서 전 세계에 120곳의 지점을 두고 있다.

주소 Mariahilfer strasse 17 **전화** 01-585-7108
홈페이지 www.butlers.com
영업 월~수 09:00~20:00, 목 · 금 09:00~20:30, 토 09:00~18:00 / 일 · 국경일 휴무
위치 U2 무제움스크바르티어(Museums Quartier)역에서 도보 3분
지도 p.261-G

데켄바허 운트 블룸너 Deckenbacher & Blümner

품질 좋은 은 & 스테인리스 전문점

앙증맞으면서도 성능 좋은 스테인리스 가위와 나이프는 관광객들에게 늘 인기가 많다. 주방용품, 아웃도어 제품들, 와인 관련 상품, 미용, 일상 생활용품을 다양하게 갖추고 있다. 손톱깎이, 예쁜 가위, 은으로 만든 약 케이스 등도 여행자들이 많이 선택하는 제품이다.

주소 Kårntner strasse 21-23
전화 01-512-3190
홈페이지 www.solinger.at
영업 월~금 09:30~18:30, 토 09:30~18:00 / 일 · 공휴일 휴무
위치 U1, U3 슈테판스플라츠(Stephansplatz)역에서 도보 2분
지도 p.263-G

비파 BIPA

마리아힐퍼 거리에 있는 가성비 좋은 화장품과 생활용품 상점

1980년 설립되어 약 600개의 지점을 운영하고 있는

오스트리아 최대의 드러그 스토어 중 하나. 우리나라의 올리브영, 독일의 DM과 유사하다고 보면 된다. 대표 소매 상점 중 하나인 빌라(Billa)의 자매 회사로 설립되었으며, 처음에는 약국으로 시작했다가 점차 다양한 제품군을 취급하게 되었다. 테테셉트(Tetesept)와 같은 비타민제, 인후통에 효과가 좋은 살베이 사탕(Mivolis Salbei)을 비롯한 약품과 건강식품, 화장품 등을 구비하고 있다.

주소 Mariahilfer Strasse 112
전화 59-9130-0758
홈페이지 bipa.at
영업 월~금 08:30~20:00, 토 09:00~18:00 / 일 휴무
위치 빈 서역에서 도보 5분 **지도** p.260-F

하스 & 하스 Haas & Haas

빈 최고의 차 전문점

에바 하스(Eva Haas)가 27세에 문을 연 가게로 차 문화를 제대로 알기 위해 중국, 스리랑카 그리고 우리나라까지 방문해서 차 문화와 차에 대해 배우기도 했다. 모든 제품은 무첨가, 무착색 최상품들이며 각종 홍차, 허브 차, 과일 차, 일본 차, 중국 차까지 다양하게 갖추고 있다. 선물용으로 좋은 예쁜 박스 포장 제품들도 다양하게 있으며, 차와 식사를 즐길 수 있는 카페도 같이 운영하고 있다. 허브 차 100g €4.36~, 시시 과일 차 100g €5, 포장 선물용 구운 사과와 시나몬 와플 세트 €19.

주소 Stephansplatz 4
전화 01-512-9770
홈페이지 www.haas-haas.at
영업 월~금 09:00~18:30, 토 09:00~18:00 / 일 휴무
위치 U1, U3 슈테판스플라츠(Stephansplatz)역에서 도보 2분
지도 p.263-G

콩피세리 하인들 Confiserie Heindl

빈의 대표적인 초콜릿 전문점

오스트리아 하인들 가문의 제과 장인 월터 하인들(Walter Heindl)이 가족 사업으로 1953년 처음 개업했다. 그의 초콜릿 제품은 큰 인기를 얻기 시작했고, 이후 그의 아들이 참여해서 한층 더 다양한 제품들을 선보이며 성장세를 이어오고 있다. 2023년 현재 빈에 22곳, 오스트리아 전역에 31곳의 지점을 거느린 초콜릿 전문 기업으로 탄탄하게 자리를 잡고 있다. 2001년에는 빈 최초의 초콜릿 박물관을 개관했으며 모든 코코아 원재료를 공정 무역으로 거래하는 기업으로도 사회적 지지를 받고 있다. 빈의 대표적인 선물인 모차르트 쿠겔른, 요한 슈트라우스, 시시 초콜릿 등이 인기 있다. 슈테판 대성당 앞, 케른트너 거리 35번지 등 빈 시내 주요 거리에 지점들이 있다. 시시 바이올렛 15pcs €8.70, 모차르트 쿠겔른 14pcs €8.70 등.

주소 Stephansplatz 11 **전화** 01-535-8519
홈페이지 www.heindl.co.at
영업 월~토 10:00~19:00,
일 · 국경일 11:00~18:00 / 연중무휴
위치 U1, U3 슈테판스플라츠(Stephansplatz)역에서
도보 1분
지도 p.263-G

마너 플래그십 스토어

Manner Flagship-Store

세계 최초로 웨하스를 만든 곳

1898년 빈의 초콜릿 장인 요제프 마너가 5겹의 와퍼 층 사이에 4겹의 12% 헤이즐넛 크림을 채워 넣은 웨이퍼(wafer), 일명 웨하스를 개발했다. '네아폴리탄 와퍼스 239번'이라는 제품명으로 처음 출시하자마자 빈 시민의 입맛을 사로잡았으며, 지금까지 큰 사랑을 받는 전 세계인의 간식으로 120년의 역사를 이어오고 있다. 슈테판 대성당 옆에 마너 플래그십 스토어가 있으며 하루에 평균 4,000개의 마너 웨하스가 판매되고 있다. 다양한 패키지 제품을 판매하고 있어 선물로도 인기 만점이다. 마너 네아폴리탄 오리지널 4개 팩(Manner Neapolitaner 4er) 300g €3.29, 마너 네아폴리탄 1898년 노스탈지아 클래식 팩(Manner Neapolitaner 1898 Nostalgiedose) 600g €13.49 등.

주소 Stephansplatz 7 **전화** 01-513-7018
홈페이지 www.manner.com **영업** 매일 10:00~21:00 / 12/25, 1/1 휴무
위치 U1, U3 슈테판스플라츠(Stephansplatz)역에서 도보 3분
지도 p.263-G

자허 에크 빈 Sacher Eck Wien

부드럽고 진한 자허토르테 전문점

1832년 프란츠 자허가 메테르니히 왕자의 명을 받들어 개발한 초콜릿 케이크가 바로 자허토르테다. 그의 아들이 세운 자허 호텔에서 운영하는 토르테 전문점이 바로 케른트너 거리에 있으며 인스브루크와 잘츠부르크에도 자허 카페와 호텔이 운영되고 있다. 부드러우면서도 진한 초콜릿과 크림이 어우러진 자허토르테 맛은 빈 여행자라면 꼭 맛봐야 한다. 크기별로 다양한 제품을 판매하고 있으며 자허 호텔 1층에 있는 카페에서 커피와 함께 먹으면 더욱 맛이 좋다. 나무 상자에 포장해주는 오리지널 자허토르테의 보관 기간은 14일 정도다. 오리지널 자허토르테 스몰(지름 16cm) €48.50, 미디엄(지름 19cm) €59, 라지(지름 22cm) €66.

주소 Kärntner strasse 38
전화 01-514560
홈페이지 www.sacher.com
영업 매일 09:00~20:00 / 연중무휴
위치 트램 1, 2, 62, D번 케른트너 링, 오퍼(Kärntner Ring, Oper)역에서 도보 3분
지도 p.263-K

페르스텔 파사지 Ferstel Passage

아름다운 건축물 통행로에 들어선 다양한 상점들

1860년에 건축가 하인리히 폰 페르스텔(Heinrich von Ferstel)이 건설한 페르스텔 궁전에 위치한 아케이드형 공간이다. 현재는 통행로 겸 상점으로 쓰이고 있는데 분수와 안뜰, 대리석 장식들로 꾸민 인테리어가 가히 압권이다. 화려한 지붕과 웅장한 석주들이 서 있고, 가장 중심에는 6각형 유리 돔 아래에 작은 안뜰이 나온다. 그 안뜰에는 역시 페르스텔이 설계한 6m 높이의 분수가 우뚝 솟아 있고 고급 부티크와 전통이 느껴지는 바와 카페, 골동품점들이 길게 이어져 있다. 헤렌가세(Herrengasse)와 슈트라우흐가세(Strauchgasse) 그리고 프라이윰(Freyung) 세 거리 사이의 삼각형 구역에 있다. 카페 첸트랄도 페르스텔 건물에 들어서 있다.

주소 Strauchgasse 2
영업 매일 06:00~23:00(가게마다 영업시간은 차이가 있으니 현지에서 확인) / 연중무휴
위치 U3 헤렌가세(Herrengasse)역에서 도보 1분 **지도** p.262-F

빌레로이 운트 보흐 Villeroy & Boch

신성 로마 제국 시대에 시작된 세라믹 전문점

1748년 신성 로마 제국 시절 강철 장인 프랑소와 보흐(François Boc)와 그의 세 아들이 설립한 도자기와 식탁용 식기 전문 회사로 이후 니콜라스 빌레로이(Nicolas Villeroy)와 함께 회사를 성장시켰다. 유행을 타지 않는 프랑스 디자인과 정교한 독일인의 기술에 고급 원재료가 어우러져서 유럽 문화에 깊이 뿌리 내린 프리미엄 브랜드로 현지에서 인기를 얻고 있다. 독일 메트라흐(Mettlach)에 본부를 두고 있으며 전 세계 각지에 지점을 두고 있다.

주소 Bauernmarkt 4
전화 01-5324761
홈페이지 www.villeroy-boch.de
영업 월~금 10:00~19:00, 토 10:00~18:00 / 일 · 국경일 휴무
위치 U3 슈테판스플라츠(Stephansplatz)역에서 도보 4분
지도 p.263-G

마우어러 Mauerer

1873년 개업한 모자 전문점

남성용 중절모 전문 회사 마우어러는 1873년 문을 연 이래 마리아힐퍼 거리 117번지에서 현재까지 영업하고 있는 전통 있는 모자 가게다. 마우어러 설립 당시에만 해도 모자가 신분의 상징이기도 했으며 일상적으로 늘 착용해야 하는 필수품과도 같았다. 제1차, 2차 세계대전으로 잠시 어려움을 겪었으나 1950년대 초 현재의 모습으로 리뉴얼하고 오스트리아 모자 산업계의 선두주자로 역할을 해오고 있다. 전통적으로 남성 모자에 비중을 두었으나 시대의 변화에 맞춰 1972년부터는 다양한 디자인의 여성 모자, 캐주얼한 비니까지 각종 모자를 선보이고 있다. 현재도 모자 길드의 마지막 세대 장인들과 함께 협업을 하며 질 좋은 품질의 제품을 생산하고 있다. 대표 제품인 중절모 €139~, 리넨 소재 모자 €99~.

주소 Mariahilfer strasse 117
전화 01-587-4073
홈페이지 www.mauerer-hut.at
영업 월~금 10:00~18:00, 토 10:00~17:00 / 일 · 국경일 휴무
위치 U3, U6 빈 서역(Westbahnhof)에서 도보 3분, U3 지글러가세(Zieglergasse)역에서 도보 3~4분
지도 p.260-F

바인 앤 코 Wein & Co

오스트리아 와인 전문점

나슈마르크트, 마리아힐퍼 거리, 슈테판 광장 등 빈의 주요 거리는 물론 오스트리아 주요 도시에 지점을 두고 있는 와인 전문점이다. 오스트리아를 중심으로 프랑스, 이태리, 스페인 등의 유럽 와인을 비롯한 전 세계의 다양한 와인 셀렉션을 합리적인 가격에 제공하는 인기 있는 와인 상점이다. 매장에서 와인만 구매해도 되고 함께 운영하는 와인 바에서는 와인과 함께 간단한 음식을 먹을 수도 있다. 세계 최고의 스파클링 와인이라고 불리는 브륀들마이어 브뤼 로제 €24.95, 쇼비뇽 블랑 쉬퍼 €14.95.

주소 Getreidemarkt 1
전화 05-0706-3101, 05-0706-3070
홈페이지 www.weinco.at
영업 월~수 10:00~22:00, 목~토 10:00~24:00, 일 · 공휴일 11:00~22:00(주방은 매일 15:00~22:00) / 연중무휴
위치 U2 카를스플라츠(Karlsplatz)역에서 도보 5분 **지도** p.261-G

알빈 뎅크 Albin Denk

그라벤 거리에 위치한 도자기 전문점

1702년 처음 역사가 시작된 도자기 전문점으로 3세기에 걸쳐 오스트리아의 주방용 도자기 및 은식기의 전통과 트렌드를 이끌어왔다. 구시가의 중심 거리 중 하나인 그라벤에 위치해 있다. 1708년 마이센(Meissen)에서 성공한 유럽 도자기의 비법을 마리아 테레지아 여제가 빈으로 들여왔다. 이후 1718년 아우가르텐 제조소가 처음 문을 열면서 알빈 뎅크의 역사가 본격적으로 시작되었다. 유럽의 주요 도자기 브랜드이자 제조사인 아우가르텐, 디베른(Dibbern), KPM, 마이센(Meissen), 로젠탈(Rosenthal), 로열 코펜하겐(Royal Copenhagen) 등의 제품을 취급하고 있다.

주소 Bräunerstrasse 3
전화 01-512-4439
홈페이지 www.albindenk.at
영업 월~금 10:00~18:00, 토 10:00~17:00 / 일 · 국경일 휴무
위치 U1, U3 슈테판스플라츠(Stephansplatz)역에서 도보 2분
지도 p.263-G

빈의 추천 숙소

화려했던 합스부르크 시대를 연상시키는 호화로운 호텔부터 중세의 골목길에 작은 등불을 밝힌 오랜 역사와 스토리가 담긴 호텔, 거기에 최신 트렌드를 반영한 참신한 디자인 호텔까지. 빈의 역사만큼이나 각양각색의 호텔을 갖추고 있다.

호텔 자허 빈 Hotel Sacher Wien

빈의 옛 분위기로 가득한 빈 대표 호텔

빈 국립 오페라에서 3분 거리에 있는 럭셔리한 분위기의 호텔. 아르누보 양식의 방들은 샹들리에와 우아한 가구들로 장식되어 있다. 특히 방마다 다른 인테리어로 꾸며 다양한 분위기를 만들어낸다. 자허토르테로 유명한 자허 카페와 고급스러운 빈 스타일의 레스토랑도 2곳 들어서 있다. 영화 〈제3의 사나이〉에 나온 것으로도 유명하며 2007년 대대적인 리노베이션을 거쳐서 특급 호텔로 변모했다. 화려한 로비와 살롱, 완벽한 설비를 갖춘 스파와 품격 있는 비즈니스 센터 등으로 투숙객에게 최고의 만족을 선사한다. 1층 로비 옆에는 엘리자베스 2세 여왕, 존 F. 케네디 등 이 호텔에 묵었던 유명인들의 사진이 걸려 있다. 오랜 역사와 전통을 간직한 곳답게 다양한 이야기와 사연들이 전해진다.

주소 Philharmoniker strasse 4
전화 01-514560 **홈페이지** www.sacher.com
요금 더블룸 490€~ **객실 수** 149실
위치 트램 1, 2, D번 오퍼(Oper)역에서 도보 3분
지도 p.263-K

모텔 원 빈 베스트반호프 Motel One Vienna-Westbahnhof

서역에 인접한 모던하고 합리적인 가격의 숙소

2000년에 독일 뮌헨에서 설립된 호텔 기업으로 독일을 비롯해서 오스트리아, 벨기에, 체코, 프랑스, 영국, 스위스, 스페인 등 유럽 여러 국가에 71개의 호텔을 두고 있는 글로벌 호텔 체인이다. 현대적인 설비와 교통 편의성, 친절하고 전문성을 갖춘 직원들과 심플한 인테리어로 이용자들의 평이 좋은 편이다.

주소 Europlatz 3
전화 01-359350
홈페이지 www.motel-one.com
요금 싱글룸 81€~, 더블룸 96€~ **객실 수** 438실
위치 빈 서역 입구에서 도보 1분 이내
지도 p.260-F

움밧(나슈마르크트 지점) Wombat's

깔끔하고 현대적 설비를 갖춘 유스호스텔

나슈마르크트 근처에 위치해 있으며 설비가 깔끔하고 현대적이어서 이용하는 데 불편함이 없다. 침대 시트, 시내 지도, 수화물 보관소를 무료로 이용할 수 있으며, 모든 방에 화장실과 샤워실이 완비되어 있어 쾌적하게 묵을 수 있다. 24시간 리셉션 데스크, 공동으로 이용하는 세탁기와 무료 인터넷, 당구대 등을 갖추고 있다.

주소 Rechte Wienzeile 35
전화 01-8972336
홈페이지 www.wombats-hostels.com
요금 6베드 도미토리 €48~, 4베드 도미토리 €53~, 더블룸 €120~ **객실 수** 123실
위치 U4 케텐브뤽컨가세(Kettenbrueckengasse)역에서 도보 1분
지도 p.261-G

스태니스 Stanys - Das Apartmenthotel

서역 근처에 위치한 깔끔하고 모던한 호텔

총 36개의 객실을 갖추고 있는 호텔로 청결하고 실용적이다. 1968년에 처음 주거지로 건설된 건물을 2007년 리모델링해서 개인 여행자와 가족 여행자에게 적합한 모던하고 편리한 호텔로 재단장했다. 12대 정도 주차할 수 있는 주차 공간과 전기 자동차 충전소도 있다.

주소 Mariahilfer Strasse 161
전화 01-893-08-93
홈페이지 www.stanys.at
요금 싱글룸 €62~, 더블룸 €89~
객실 수 36실
위치 빈 서역(Westbahnhof)에서 도보 8분
지도 p.260-J

파크 하얏트 빈 Park Hyatt Wien

빈 구시가 중심에 있는 럭셔리 호텔

1957년 제이 프리츠커(Jay Fritzker)가 세운 호텔 기업으로 현재 전 세계 60개국 850곳의 호텔을 소유한 대형 호텔 체인이다. 빈 구시가 중심이자 가장 비싼 쇼핑 구역인 골데네스 크바르티어(Goldenes Quartier)에 위치한 이 호텔은 우아함과 화려함을 동시에 갖춘 빈의 최고급 호텔들 중 하나다. 명품 숍들로 즐비한 콜마르크트도 가까이에 있다. 구시가의 주요 관광 명소와 박물관을 도보로 방문할 수 있어 편리하다.

주소 Am Hof 2
전화 01-22740-1234 **홈페이지** www.hyatt.com
요금 더블룸 €470~ **객실 수** 143실
위치 U3 하겐가세(Herrengasse)역에서 도보 3~4분
지도 p.263-G

슈타이겐베르거 호텔 Steigenberger Hotel

구시가 중심에 위치해 도보 관광에 편리

1913년에 건설된 이 호텔은 호프부르크 왕궁에서 약 250m 거리에 있어 구시가 중심부를 도보로 돌아보기에 편리하다. 슈테판 대성당, 케른트너 거리와 국립 오페라 하우스도 도보 5분에서 10분 거리다. 객실과 내부 인테리어는 바로크 양식부터 아르데코까지 다양한 예술적 장식을 현대적으로 해석해서 꾸몄다. 2층으로 이루어진 우아한 스파와 사우나도 투숙객들에게 높은 평가를 받고 있다.

주소 Herrengasse 10
전화 01-534040
홈페이지 www.steigenberger.com
요금 더블룸 €209~ **객실 수** 196실
위치 U3 헤렌가세(Herrengasse)역에서 도보 1분
지도 p.262-F

레오나르도 호텔 Leonardo Hotel

유로파 광장에 위치한 모던한 디자인의 호텔

빈 서역에서 도보 6분 거리의 유로파 광장(Europaplatz)에 위치한 현대적인 설비와 모던한 디자인을 갖춘 호텔이다. 빈에서 가장 트렌디한 구역인 마리아힐퍼(Mariahilfer) 거리가 인접해 있어서 쇼핑이나 산책을 하기에도 좋다. 유럽 전역에 200여 개의 지점 호텔을 갖춘 대형 체인 호텔이기도 하다.

주소 Matrosengasse 6–8
전화 01–599–010
홈페이지 www.leonardo-hotels.com/leonardo-hotel-vienna
요금 더블룸 €120~ **객실 수** 213실
위치 빈 서역(Westbahnhof)에서 도보 5분
지도 p.260–J

이비스 빈 마리아힐프 호텔 Hotel IBIS Wien Mariahilf

서역 근처에 위치한 모던한 3성급 비지니스호텔

서역에서 7분 거리에 있는 13층의 고층 체인 호텔로 현대적 설비로 비즈니스 여행자들에게 인기가 높다. 쇼핑, 관광, 비즈니스 등 다양한 목적에 적합한 설비를 갖춘 모던한 분위기의 숙소다. 마리아힐퍼 거리까지는 도보 5분, 라이문트 극장도 300m 거리에 있는 등 위치가 좋다. 빈 중앙역과 공항을 비롯해서 빈에만 총 9곳의 이비스 호텔이 있다.

주소 Mariahilfer Gürtel 22-24
전화 01–59998
홈페이지 all.accor.com
요금 더블룸 €156~
객실 수 341실
위치 트램 6번, 18번 마리아힐퍼 구어텔(Mariahilfer Gürtel)역에서 도보 1분. 빈 서역(Westbahnhof)에서 도보 8분
지도 p.260–J

호텔 애드머럴 Hotel Admiral

박물관 구역 근처에 있는 소박한 3성급 호텔

구시가 중심, 특히 박물관 구역과 가까운 곳에 위치해 있으며, 쇼핑 거리인 마리아힐퍼와도 가까워서 관광과 쇼핑을 모두 즐기기에 적격인 호텔이다. 최근 많은 갤러리와 레스토랑이 생겨나서 트렌디한 공간으로 부상하고 있는 슈피텔베르크 구역과도 가깝다. 24시간 프런트 데스크를 운영하고 있어 편리하다.

주소 Karl-Schweighofer-Gasse 7
전화 01–5233267
홈페이지 admiral.co.at
요금 더블룸 €100~170
객실 수 80실
위치 마리아 테레지아 광장에서 도보 5분. 레오폴트 미술관에서 도보 4분 거리
지도 p.262–I

다스 티롤 호텔 Das Tyrol Hotel

마리아힐퍼 거리의 4성급 부티크 호텔

예술적이고 우아한 부티크 호텔로 내부 장식과 인테리어가 고급스러운 느낌을 주는 4성급 호텔이다. 무제움스크바르티어에서 도보 3분 거리인 빈 최대 쇼핑가 마리아힐퍼 거리에 있어서 쇼핑과 관광을 모두 편하게 즐길 수 있다. 스파도 갖추고 있어서 휴식하기에도 좋다. 2019년 트립어드바이저 선정 '여행자들의 선택(Travelers' Choice 2019)'에서 우승한 이력이 있다.

주소 Mariahilfer strasse 15
전화 01–5875415
홈페이지 www.das-tyrol.at
요금 싱글룸 €155~, 더블룸 €203~ **객실 수** 30실
위치 U2 무제움스크바르티어(Muesumsquartier)역에서 도보 4분 **지도** p.261–G

인터컨티넨탈 빈 Intercontinental Wien

시립 공원 남쪽에 있는 5성급 대형 체인 호텔

시립 공원 남단에 위치해 있어 전망이 훌륭하다. 지하철역과 링을 달리는 트램 정류장도 가까워 구시가 관광에 적합하다. 현대적 외관과는 달리 내부는 고전적 인테리어로 꾸며져 있어서 전통과 모던이 조화로운 호텔이다. 레스토랑, 스파, 바, 비즈니스 미팅 룸 등 부대시설도 잘 갖춰져 있다.

주소 Johannesgasse 28
전화 01–711220
홈페이지 www.vienna.intercontinental.com
요금 더블룸 €239~ **객실 수** 459실
위치 U4 슈타트파크(Stadtpark)역에서 도보 1분
지도 p.263–L

힐튼 비엔나 파크 Hilton Vienna Park

시립 공원 옆에 있는 현대적이고 호화로운 5성급 호텔

슈테판 대성당에서 도보 10여 분 거리, 시립 공원 바로 옆에 위치한 호화로운 5성급 호텔이다. 빈 미테(Wien-Mitte) 기차역과 란트슈트라세(Landstrasse) 지하철역 그리고 고속 공항 철도 캣(CAT)이 바로 인접해 있어 이동에도 편리하다. 시립 공원과 시내가 보이는 뛰어난 전망의 객실은 따뜻한 컬러로 장식되어 안락하고 방음벽이 설치되어 있다. 사우나와 스팀 욕탕, 체육관 등 부대설비도 잘 갖추고 있다. 인접한 란트슈트라세는 빈 제3구로 클림트의 〈키스〉가 소장된 벨베데레와 오스트리아의 건축가 훈데르트바서 하우스와도 가깝다. 2020년 보수 공사를 완료하고 더 쾌적한 설비로 여행자를 맞이하고 있다.

주소 Am Stadtpark 1 **전화** 01–71700
홈페이지 www.hilton.com/en/hotels/viehitw-hilton-vienna-park **요금** 더블룸 €174~ **객실 수** 579실 **위치** U3, U4 란트슈트라세(Landstrasse)역에서 도보 3분 **지도** p.263–H

호텔 암 파크링 Hotel Am Parkring

시립 공원 근처에 있는 전망 좋은 호텔

시립 공원 건너편, 링 안쪽에 있는 전망 좋은 4성급 호텔이다. 빈 1구에서 가장 높은 호텔이며 객실은 건물 11~13층에 있어서 시내 전망이 일품이다. 슈투벤토어 지하철역에서 도보 3분, 슈테판 대성당에서 도보 8분 위치여서 시내 도보 관광에 적합하다. 12층에는 레스토랑 평가 가이드북 고미요(Gault Millau)로부터 뛰어난 식당에만 부여하는 주방장 모자(Toques) 3개를 받은 인기 레스토랑, 다스 쉬크(Das Schick)가 있다.

주소 Parkring 12 **전화** 01–514800
홈페이지 www.schick-hotels.com/hotel-am-parkring
요금 더블룸 €152~ **객실 수** 58실
위치 트램 2번 바이흐부르크가세(Weihburggasse)역에서 도보 1분. 지하철 슈투벤토어(Stubentor)역에서 도보 3분
지도 p.263–G

임페리얼 호텔 Imperial Hotel

빈의 품격 있는 영빈관 역할을 해온 특급 호텔

1863년 독일 남서부 뷔르템베르크의 필립 왕자의 거처로 지었던 빈의 궁전이 1873년 빈 만국 박람회 때 호텔로 탈바꿈했다. 합스부르크 시대를 떠올리게 하는 격식을 갖춘 특급 호텔로 객실은 고풍스럽게 장식되어 품격이 느껴진다. 1873년 개업식에는 프란츠 요제프 황제가 참석하기도 했다. 임페리얼이라는 이름은 1918년이 되어서야 얻을 수 있었다고 한다. 독일 황제 빌헬름 1세와 재상 비스마르크를 비롯해서 세계 각국의 고위 정치인, 유명 배우들이 즐겨 묵었다. 현재도 세계 각국 정상들이 이용하기 때문에 호텔 주변은 늘 경비가 삼엄하다.

주소 Kärntner Ring 16
전화 01-501100423
홈페이지 www.imperialvienna.com
요금 더블룸 €370~ **객실 수** 138실
위치 U4 카를스플라츠(Karlsplatz)역에서 도보 3분. 트램 71번 슈바르첸베르크플라츠(Schwarzenbergplatz)역에서 도보 2~3분
지도 p.263-K

웨스트엔드 시티 호스텔 Westend City Hostel

전 세계 배낭여행자들이 즐겨 찾는 호스텔

빈 서역과 마리아힐퍼 거리에 인접한 호스텔로 세계 각국의 배낭여행자들이 즐겨 찾는 곳이다. 라이문트 극장(뮤지컬 공연)과 슈타트할레(팝 콘서트 공연)도 걸어갈 수 있는 거리에 있다. 안전한 편이며 시설도 깨끗하고 방마다 화장실과 샤워 시설이 있다. 숲이 우거진 마당이 있어서 각국의 여행자들과 허물없이 어울릴 수 있다. 프런트는 24시간 운영하며 아침 식사와 시트, 인터넷 이용, 짐 보관 서비스가 모두 무료로 제공된다.

주소 Fügergasse 3
전화 01-5976729
홈페이지 www.viennahostel.at
요금 1인실 €69.90~, 2인실 €79~, 3인실 €114~, 4인실 €111.60~, 5~7인실(1인 요금) €27.90, 8인실(1인 요금) €22.50
객실 수 29실
위치 U3, U6 빈 서역(Westbahnhof)에서 도보 6~7분
지도 p.260-J

아스토리아 호텔 Astoria Hotel

케른트너 거리에 있는 역사적 호텔

1912년 처음 문을 열 당시에는 세기말 양식인 유겐트슈틸로 꾸며져서 가장 모던한 호텔로 명성이 높았다.

제국 시대 빈의 향수를 느끼게 하는 호텔로 다양한 국내외 정치인, 외교관, 영화배우 등 유명 인사가 즐겨 찾은 곳이기도 하다. 오페라 하우스에서 가까워 빈 필하모닉 오케스트라 단원들도 자주 들르는 곳으로 알려져 있다.

주소 Kärntner Strasse 32-34
전화 01-515-77
홈페이지 www.austria-trend.at/de/hotels/astoria
요금 더블룸 €200~
객실 수 128실
위치 U반 카를스플라츠(Karlsplatz)역에서 도보 5분. 트램 1, 2, D번 오퍼(Oper)역에서 도보 4분
지도 p.263-G

잘츠부르크

SALZBURG

모차르트와 사운드 오브 뮤직의 선율이 흘러넘치는 음악 도시

알프스산을 배경으로 잘차흐강 변에 아름다운 구시가가 형성되어 있으며 언덕 위에는 웅장한 호엔잘츠부르크성이 솟아 있다. 유유히 흘러가는 잘차흐강은 미라벨 정원이 있는 신시가와 고풍스러운 구시가를 조용히 가로지른다. 잘츠부르크는 근교의 잘츠캄머구트 지역에서 채취되는 소금으로 막대한 부를 축적한 중세 도시이자 예부터 주교가 거주하는 도시로 번영을 누렸다. 구시가의 역사 지구는 유네스코가 지정한 세계 문화유산으로 지정되어 있다.

모차르트가 태어난 도시로도 유명하며, 매년 여름 열리는 잘츠부르크 음악제는 세계적인 음악 축제로 명성이 높다. 또한 영화 〈사운드 오브 뮤직〉의 무대로 전 세계인들의 사랑을 받는 낭만과 음악의 여행지가 바로

여행 기간

2 ~ 3 일

잘츠부르크 여행의 중요 키워드

사운드 오브 뮤직

모차르트

음악 축제

게트라이데 거리

잘츠부르크다.

'자전거와 함께 있으면 잘츠부르크 시민이고, 자전거 없이 그냥 다니는 사람은 여행자다'라는 말이 있을 정도로 잘츠부르크는 자전거의 도시이기도 하다. 잘차흐강을 따라 잘 정비된 자전거 도로는 가로수가 우거진 교외 도로로 계속 이어진다.

잘츠부르크
Salzburg
0
200m
오베른도르프 방향↑
↑할라인 린츠 방향
Jahnstrasse
(지하) 로칼역
Lokalbhf
관광 안내소
버스 터미널
중앙역
Hauptbahnhof
Lastenstrasse
Breitenfelderstrasse
Makartkai
Josef Mayburgerkai
Bergheimer Strasse
Hauspergstrasse
Stauffenstrasse
Plainstrasse
Elisabethstrasse
Rainerstrasse
Merianstrasse
Paracelsusstrasse
Bayerhamerstrasse
Vogelweiderstrasse
레너 다리
Lehener Br.
Saint Julien Strasse
Gabelsbergerstrasse
Weiserstrasse
Hans Prodingerstrasse
←뮌헨 방향
임라우어 & 브로이
신시가
Neustadt
Lasserstrasse
Sterneckstrasse
Auersbergstrasse
아우구스티너 브로이 클로스터 뮐른
임라우어 호텔 피터
Rupertgasse
관광 안내소
쉐라톤 잘츠부르크
Franz Josef Kai
잘차흐 강
Müllner
쿠어하우스
Kurhaus
성 안드레 교회
Faberstrasse
Franz Josef Strasse
Schallmooser Hauptstrasse
쿠어 정원
Kurgarten
퓌르스트
미라벨 광장 지점
Paris Lodronstrasse
뮐너 다리
Müllner Steg
미라벨 궁전 음악회
아시아티셔 슈페치알리테텐 마르크트
미라벨 궁전 & 정원
Schloss Mirabell & Mirabell Garten
Linzer Gasse
Hauptstrasse
Salzach
북쪽 버스 터미널
Terminal Nord
성 제바스티안 교회
Schwarzstrasse
Elisabethkai
모차르테움
Mozarteum
히비스커스
Makart Platz
아르테 비다
모차르트의 집
Mozart Wohnhaus
마리오네트 극장 인형극
카페 자허 잘츠부르크
카푸치너베르크
Kapuzinerberg
자연사 박물관
자허 잘츠부르크
카푸치너 교회
Makartsteg
마카르트 다리
Makartsteg
헤트버 바스타이
Hettwer Bastei
유람선 선착장
Steingasse
레드불 월드 잘츠부르크
키르히탁
(통로)
요제프 마너
스와로브스키
카페 모차르트
슈타츠 다리
Staatsbrücke
슈테른브로이 비어가르텐
엘레판트
게트라이데 거리
Getreide Strasse
아이즐
카페 콘디토라이 퓌르스트
Imbergstrasse
아이스
Arenbergstrasse
퓌르스트
게트라이데 거리 지점
발칸 그릴 발터 보스나슈탄트
골데너 히르쉬
모차르트 생가
Mozarts Geburtshaus
카페 토마셀리
모차르트 다리
Mozartsteg
모차르트 광장
Mozartplatz
잘츠부르크 레지덴츠
Salzburg Residenz
폴 레버 제과점
퓌르스트
잘츠부르크 티켓 서비스
모차르트 동상
잘츠부르크 박물관
Salzburg Museum
말의 연못
Pferdeschwemme
Hofstallgasse
묀히스베르크
Mönchsberg
잘츠부르크 잘츠
레지던츠 광장
Residenzplatz
글로켄슈필
논탈러 다리
Nonntaler Br.
축제 극장
Festspielhaus
트리앙엘
잘츠부르크 대성당(돔)
Salzburger Dom
돔 광장
Domplatz
Kapitel Platz
대주교 관저
알트슈타트호텔 카저러브로이
Hinterholzerkai
슈티프츠켈러 장크트 페터 실내악 연주회
슈티프츠벡커라이 장크트 페터
←잘츠부르크 국제공항 방향
구시가
Altstadt
성 페터 성당
Erzabtei Stift St. Peter
케이블카 타는 곳
논베르크 수도원
Stift Nonnberg
케이블카
부르크 박물관
호엔잘츠부르크성
Festung Hohensalzburg
E. Klotzstrasse
레오폴츠크론성
↓Schloss Leopoldskron 방향
헬브룬 궁전
↓Schloss Hellbrunn 방향
↓아르코텔 카스텔라니 방향

MUST DO

잘츠부르크에서 꼭 해봐야 할 것들

구시가 맞은편 카푸치너베르크에서 야경을 꼭 감상해보고, 영화 〈사운드 오브 뮤직〉의 촬영지를 찾아보자.
여름 시즌에 방문한다면 단연코 잘츠부르크 음악 축제의 다양한 공연과 연주에 빠져들게 될 것이다.

1 카푸치너베르크에서 잘츠부르크 파노라마 감상하기

잘차흐강을 사이에 두고 구시가와 마주 보고 있는 작은 언덕, 카푸치너베르크. 이곳에 올라 바라보는 잘츠부르크의 풍경이 아름다우며, 특히 야경은 매우 낭만적이다.

2

3

3

2 음악 페스티벌 즐기기

모차르트의 탄생지 잘츠부르크는 매년 여름이면 세계적으로 유명한 잘츠부르크 음악제(Salzburg Festspiele)가 열린다. 매년 7월과 8월 사이에 구시가 곳곳에서 수준 높은 공연과 다채로운 연주를 감상할 수 있다.

3 <사운드 오브 뮤직> 촬영지 투어

영화 〈사운드 오브 뮤직〉의 무대였던 잘츠부르크의 미라벨 정원, 폰 트랩 대령이 마리아에게 사랑을 고백하는 아름다운 정자 가제보(Gazebo, 헬브룬 궁전 소재) 등을 비롯해서 영화의 배경에 등장하는 잘츠부르크의 주요 명소를 돌아본다.

4 뮐른브로이에서 잘츠부르크 최고의 수도원 맥주 즐기기

잘츠부르크 뮐른브로이의 왁자지껄한 분위기에 빠져 신선하고 맛 좋은 수도원 맥주를 맛보자.

5 게트라이데 거리 산책

게트라이데 거리는 다양한 상점들과 카페 등이 길게 늘어서 있는 보행자 전용 도로다. 상점마다 내건 독특한 간판들이 인상적인데, 마치 예술 작품들이 걸려 있는 것만 같다.

4
4
STASSNY
5

NORDSEE
GEOX
Café
STASSNY
TRACHTENKINDER
SCHLOSSEREI
Wieber
SCHLÜSSEL
DIENST
5

ACCESS

잘츠부르크 가는 법

빈 다음으로 여행자들이 즐겨 찾는 오스트리아 제2의 관광지, 잘츠부르크로 가는 교통편은 좋은 편이다. 빈, 인스브루크, 그라츠 등 주요 도시와 기차 연결편이 잘되어 있으니 도시 간 이동은 편리하고 빠른 철도 이용을 추천한다.

철도

오스트리아 내 주요 도시 간을 이동할 때 가장 편리한 교통수단은 철도다. 유럽의 주요 도시들에서 잘츠부르크에 갈 때도 철도를 이용하는 것이 가장 편리하고 빠르게 이동할 수 있다.

빈 → 잘츠부르크

오스트리아 내 주요 도시들과는 대부분 직행열차가 다니고 있으며, 빈에서는 2시간 30분 정도 걸린다.
빈 중앙역과 잘츠부르크 중앙역을 운행하는 국철 OBB 외에도, 빈 서역과 잘츠부르크 중앙역 간은 사철 베스트반(West-bahn)이 운행되고 있다. 또한 플릭스버스에서 운행하는 플릭스트레인(Flixtrain)도 빈 서역, 미테역 등과 잘츠부르크를 연결하고 있다. 국철인 OBB는 편도 요금이 €57 정도인 반면 사철인 베스트반이나 플릭스트레인은 €26~29 정도로 저렴하다. 열차 설비는 크게 차이가 없고 소요 시간도 2시간 30분 내외로 비슷하므로 교통비를 절약하려면 사철을 이용하는 편이 좋다.

다른 국가 → 잘츠부르크

스위스 취리히나 독일의 뮌헨 등 주요 도시에서 출발하는 잘츠부르크행 직행열차가 운행되고 있다. 취리히 중앙역에서 잘츠부르크 중앙역까지 직행으로 약 5시간 25분 소요되고 주간에 2시간에 1대꼴로 운행한다. 뮌헨에서는 약 1시간 45분 소요되고 1시간에 2대가 운행한다.

잘츠부르크 중앙역에서 구시가로 가는 법

잘차흐강을 중심으로 구시가와 신시가가 나뉘어 있으며 중앙역은 신시가 북쪽에 위치해 있다. 중앙역에서 구시가로 가려면 도보로 약 20분 소요된다. 중앙역에서 구시가까지 버스 3, 5, 6, 25, 840번을 타고 약 7분 소요된다.
버스는 구시가의 시청사(Rathaus)에서 정차하는데 일방통행 길이기 때문에 다시 중앙역으로 가려면 신시가에 있는 모차르트의 집(Mozart-Wohnhaus) 근처 테아터가세(Theatergasse) 정류장에서 타야 한다.

주요 도시에서 잘츠부르크까지 열차 소요 시간

출발지	소요 시간
빈	2시간 30분 내외
린츠	1시간 10분
그라츠	4시간(직행 기준)
인스브루크	1시간 50분
취리히(스위스)	5시간 25분
뮌헨(독일)	1시간 45분
프라하(체코)	5시간 40분~6시간 50분 (빈 또는 린츠 경유)
부다페스트(헝가리)	5시간 15분~6시간 10분 (직행 또는 빈 경유)

철도

장거리 버스

유럽의 주요 도시들에서 유로라인이나 플릭스버스 등이 잘츠부르크까지 운행되고 있다.
프라하 우안 플로렌츠(Praha ÚAN Florenc) 버스 터미널에서 플릭스버스(FlixBus)를 타면 체스케부데요비체, 체스키크룸로프, 린츠를 경유해서 직행으로 6시간 소요되고 요금은 €20 정도다. 부다페스트에서는 켈렌푈트역이나 네플리제역에서 야간 버스로 6시간 40분에서 7시간 정도 소요되며 빈을 경유하여 직행으로 잘츠부르크까지 간다. 요금은 €50 정도.

플릭스버스 FlixBus
홈페이지 global.flixbus.com

비행기

잘츠부르크 공항(Salzburger Flughafen W. A. Mozart)은 모차르트의 이름을 따서 W. A. Mozart 공항으로 불리며 오스트리아에서 빈에 이어 두 번째로 크다. 오스트리아 빈 공항뿐만 아니라 유럽의 주요 도시들, 특히 독일의 주요 도시들에서 직항편이 취항하고 있다. 우리나라에서는 직항편이 없고 수도 빈이나 프랑크푸르트 등 다른 도시를 경유해서 갈 수 있다. 여름에 열리는 잘츠부르크 음악제 시즌에는 세계 각지에서 잘츠부르크를 찾는 사람이 많아 국제편 운항 횟수가 크게 는다.

주요 도시에서 잘츠부르크까지 비행시간

출발지	도착지	소요 시간
빈(VIE)	잘츠부르크 (SZG)	50분
프랑크푸르트(FRA)		55분
함부르크(HAM)		1시간 20분

공항에서 시내 가는 법

잘츠부르크 공항은 시내에서 서쪽으로 5km 정도 떨어져 있다. 시내에 있는 중앙역까지는 2번 버스, 시내 중심부까지는 10번 버스가 편리하다.

{ 버스 }

2번 버스를 타면 공항에서 잘츠부르크 중앙역과 미라벨 광장을 갈 수 있다. 숙소가 신시가에 있을 때 이용하면 편리하다. 평일에는 10~20분 간격, 공휴일에는 20분 간격으로 운행하며 소요 시간은 20분이다.
10번 버스는 공항에서 잘츠부르크 시청사를 비롯한 중심부까지 이동할 때 편리하다. 월요일에서 토요일까지는 10분 간격으로 운행하며 중심부까지 15분 정도 소요된다. 표는 공항 터미널에 있는 키오스크, 버스 정류장 자동 발매기나 혹은 버스 기사에게 직접 구입하면 된다. 성인 €2.20, 청소년(15세 이하) €1.10.

{ 택시 }

공항에서 시내까지 택시는 약 20분 정도 소요되며 요금은 €20 정도 나온다. 미리 택시 회사 홈페이지에서 예약을 하는 것도 좋다.

잘츠부르크 택시 Salzburg Taxi
홈페이지 www.salzburgtaxi.eu

TRANSPORTATION

잘츠부르크의 시내 교통

구시가 안에서는 도보로 충분히 다닐 수 있으며 신시가의 미라벨 정원과 구시가 사이도 도보로 이동이 가능하다. 다만 중앙역에서 구시가까지는 도보로 20분 정도 거리이기 때문에 버스를 이용하는 편이 좋다. 구시가 외곽의 헬브룬 궁전도 걸어서 가기에는 거리가 꽤 되기 때문에 버스를 이용하자.

승차권

버스를 2번 이상 이용할 거라면 1일권을, 4일 이상 머문다면 1주일권을 사는 게 훨씬 경제적이다. 티켓은 자동 발매기나 키오스크 등에서 구입할 수 있다.

1회권(Einzelfahrt) €2.20 / 버스 기사에게 구입 시 €3
24시간권(Tageskarte) €4.40 **1주일권(Wochenkarte)** €19

버스

잘츠부르크 중앙역 앞에 버스 터미널이 있으며, 시내와 교외로 나가는 버스들이 끊임없이 오간다. 오부스(Obus)라는 트롤리버스는 시내 중심부를 운행하고, 일반 버스(Autobus)나 포스트버스(Postbus)는 교외까지 노선이 이어진다. 시민들이 주로 애용하는 트롤리버스 오부스는 전기로 운행하는 친환경 교통수단으로 10분 간격으로 운행된다.
티켓은 자동 발매기와 시내 곳곳의 트라피켄(Trafiken)이라고 불리는 키오스크에서 구매할 수 있다. 티켓은 탑승 전에 반드시 발권기에 티켓을 넣어 스탬프를 찍는 밸리데이팅(Validating)을 해야 한다.

오부스 Obus
홈페이지 www.obus.at

TIP 대중교통과 주요 명소 입장권이 포함된 잘츠부르크 카드

잘츠부르크에서 1~3일 정도 머물며 대중교통을 이용해서 주요 박물관과 관광 명소들을 방문하는 사람에게 유용하다. 24시간권, 48시간권, 72시간권 3종류가 있으며, 카드를 제시하면 시내 모든 대중교통 수단(S반 제외)을 무료로 이용할 수 있고 주요 박물관과 관광 명소도 무료입장이 가능하다. 이 외에도 다양한 이벤트, 콘서트 티켓의 할인 혜택도 있다. 관광 안내소와 호텔 등에서 구입할 수 있다.

판매 기간	종류	성인	아동(6~15세)
1~4월, 11 · 12월	24시간(24 Stunden Karte) 48시간(48 Stunden Karte) 72시간(72 Stunden Karte)	€27 €35 €40	€13.50 €17.50 €20
5~10월	24시간(24 Stunden Karte) 48시간(48 Stunden Karte) 72시간(72 Stunden Karte)	€30 €39 €45	€15 €19.50 €22.50

택시

기본요금은 €3.50, 1km당 €1.48. 중앙역에서 구시가 중심부까지는 €10 내외다. 시내 곳곳에 택시 정류장이 50곳 정도 있다.

전화 호출 가능한 택시 회사
Taxi 8111 662-8111
Taxi 2220 662-2220
Taxi 2284 662-2284

피아커(관광 마차) Fiaker

수 세기 동안 구시가를 오가는 관광 마차 피아커는 잘츠부 르크 여행의 명물 중 하나다. 중세 시대에는 영주 주교들의 공식적인 교통수단이기도 했다. 지금은 관광 마차로 운영되며 관광객들이 과거를 체험하며 구시가 주요 명소를 돌아보는 투어를 진행한다. 14대 정도 운행하며 레지덴츠 광장(Residenzplatz)에 줄지어 서 있다. 오전 10시부터 오후 9시까지 운행되며, 겨울에는 오후 4~5시에 종료된다. 구시가의 주요 명소들을 돌아보는 투어가 약 50분 정도 소요되는데, 마차를 타고 관광 명소를 돌아보는 동안 피아커 기사가 장소별 주요 정보와 이야기를 들려준다.
관광 명소를 돌아보는 단순한 투어 외에도 피아커 회사마다 사운드 오브 뮤직 투어, 히스토리 투어, 디너 투어 등 다양한 상품을 선보이고 있다.

가격 마차 1대(4~5인승) 50분 투어 €200

피아커 컴퍼니 프란츠 빈터 주니어
Fiaker Company Franz Winter Jr.
홈페이지 www.fiaker-salzburg.at
피어커라이 쉬스 Fiakerei Süss
홈페이지 www.fiakerei-suess.at

자전거 대여

오스트리아에서도 가장 자전거 친화적인 도시가 바로 잘츠부르크다. 총 180km에 달하는 완벽한 자전거 도로 네트워크와 훌륭한 기반 시설을 바탕으로 시민들은 늘 자전거를 즐겨 탄다. 주로 잘차흐강 변 도로를 따라 이어진 자전거 길은 헬브룬 길을 따라 분수의 궁전, 헬브룬 궁전까지 이어진다. 투숙객들에게 자전거를 무료(혹은 유료)로 대여해주는 숙소도 점점 늘고 있다.
구시가와 근교 자전거 투어뿐만 아니라 잘츠캄머구트 지역까지 가는 장거리 자전거 투어도 인기다. 특히 잘츠캄머구트 바이크 투어는 총 345km를 달리며 13곳의 호수를 들르는 환상적인 코스로 자전거 애호가들에게 인기가 많다.
시내 몇 군데에 자전거 대여 업체들이 있는데, 슈타츠 다리(Staatsbrücke) 근처에 있는 시티바이크가 구시가와 가까워서 가장 편리하다. 구시가 외곽에 있는 라드스포츠 바그너도 유명하다.

시티바이크 Citybike
주소 Hanuschplatz / Makartsteg
전화 1-7980-777
홈페이지 www.citybikesalzburg.at
요금 등록비 €1, 처음 1시간 무료, 2시간째 €1, 3시간째 €2, 4시간부터 120시간까지는 시간당 €4

라드스포츠 바그너 Radsport Wagner
주소 Zillnerstrasse 14
전화 662-420098
홈페이지 www.radsport-wagner.at/radverleih-salzburg-rent-a-bike
요금 1일 일반 자전거 €30~, 전기 자전거 €40~

유람선

보행자 전용 다리인 마카르트 다리(Makartsteg) 근처 구시가 방향 강변에서 출발한다. 약 40분 소요되는 기본 투어 1은 잘차흐강 변의 마카르트 다리 선착장에서 출발해서 구시가를 오른쪽으로 끼고 도시 남쪽까지 내려갔다가 돌아오는 코스다. 기본 투어 외에 헬브룬 궁전까지 다녀오는 투어도 있다.

주소 Franz-Josef-Kai 1
전화 662-825858-12
홈페이지 www.salzburghighlights.at/de/salzburg-stadt-schiff-fahrt
운영 (기본 투어 1 기준) 4월 13:00(토 · 일만 운행), 매일 14:00, 16:00 / 5 · 9월 13:00(토 · 일만 운행), 매일 14:00, 16:00, 17:00 / 6월 매일 13:00, 14:00, 16:00, 17:00 / 7 · 8월 매일 13:00, 14:00, 16:00, 17:00, 18:00/ 10월 매일 14:00, 16:00(계절과 날씨에 따라 변동) / 11~3월 휴무
요금 기본 투어 1(40분 소요) 성인 €17, 아동(4~14세) €8, 4세 미만 무료
위치 마카르트 다리를 건너 도보 1분

버스 투어

오스트리아의 대표 관광지답게 잘츠부르크는 구시가

투어뿐만 아니라 잘츠캄머구트 여행의 전초 기지로서 다양한 투어 상품들이 있다. 특히 영화의 배경지를 돌아보는 사운드 오브 뮤직 투어가 가장 인기 있다.
미라벨 정원 옆 미라벨 광장(Mirabellplatz) 도로 양옆으로 투어 회사 부스가 있다.

사운드 오브 뮤직 투어(영어)

영화 〈사운드 오브 뮤직〉의 배경이 된 촬영지를 돌아보는 투어로 마리아와 아이들이 춤추며 노래하던 미라벨 정원, 마리아가 견습 수녀로 지내던 논베르크 수도원, 트랩 대령 가족이 살던 레오폴츠크론 궁전, 노래를 부르던 장면의 배경인 헬브룬 궁전, 마리아와 트랩 대령이 첫 키스를 했던 가제보(Gazebo), 결혼식을 올린 몬트제 교회 등을 돌아보는 코스다.

잘츠부르크 파노라마 투어스 Salzburg Panorama Tours
홈페이지 www.panoramatours.com
운행 매일 09:15, 14:00 출발(4시간 소요)
요금 €50~

잘츠부르크 시티 투어 Salzburg City Tour

1시간 만에 잘츠부르크의 주요 명소들을 둘러보는 투어로 여행 일정에 여유가 없는 여행자들에게 추천한다. 미라벨 궁전, 모차르테움, 마리오네트 극장, 모차르트의 집, 헬브룬 궁전, 논베르크 수도원, 게트라이데 거리 등 구시가와 신시가 그리고 헬브룬 궁전까지 빠르게 둘러보는 버스 투어 상품이다. 영어, 독어, 이태리어, 불어, 스페인어로 진행된다.

잘츠부르크 사이트시잉 투어스
홈페이지 www.salzburg-sightseeingtours.at
운행 매일 09:45, 10:45, 11:45, 12:45, 13:45, 14:45(1시간 소요) **요금** 성인 €21, 아동(4~14세) €14, 4세 미만 무료

BEST COURSE

잘츠부르크의 추천 코스

잘츠부르크 관광 구역은 대성당과 호엔잘츠부르크 성채가 있는 구시가와 미라벨 정원이 있는 신시가 그리고 교외에 있는 헬브룬 궁전으로 크게 나눌 수 있다. 구시가의 명소들과 신시가의 미라벨 정원 사이는 도보로 충분히 돌아볼 수 있으나 헬브룬 궁전은 버스나 택시 같은 교통수단을 이용해서 방문하는 편이 좋다.

잘츠부르크 초행자를 위한 구시가 관광 중심의 1일 코스

DAY 1

잘츠부르크를 처음 찾는 여행자라면 구시가의 대성당과 호엔잘츠부르크 성채, 게트라이데 거리와 신시가의 미라벨 정원을 중심으로 동선을 짜면 무난하다. 시간에 여유가 있다면 근교에 있는 헬브룬 궁전이나 사운드 오브 뮤직의 배경이자 잘츠부르크 축제가 탄생한 역사적 장소인 레오폴츠크론성을 다녀오는 것도 좋다.

일자	코스
1일	모차르트 광장 → 도보 1분 → 레지덴츠 광장 → 도보 1분 → 대성당(돔) → 도보 1분 → 성 페터 교회 → 케이블카+도보 1분 → 호엔잘츠부르크 성채 → 도보 10분 → 축제 극장 → 도보 5분 → 게트라이데 거리 → 도보 3분 → 모차르트 생가 → 도보 10분 → 모차르트의 집 → 도보 1분 → 모차르테움 → 도보 7분 → 미라벨 궁전 → 버스+도보 30분 / 버스+도보 25분 내외 → 헬브룬 궁전 혹은 레오폴츠크론성

자연 애호가를 위한 근교 잘츠캄머구트 기행 2일 코스

DAY 2

잘츠부르크 시내를 둘러보는 데 하루를 보내고 다른 하루는 근교 잘츠캄머구트의 마을 2곳에 다녀오기를 추천한다. 잘츠캄머구트의 진주 할슈타트(Hallstatt)와 황제의 별장과 온천이 있는 바트 이슐(Bad Ischl)이 동선상 제일 무난하다. 포스트버스로 다녀올 수 있는 장크트 길겐(St. Gilgen)도 추천한다.

일자	코스
1일	1일 코스 참조
2일	잘츠부르크 중앙역 → 열차 46분 → 아트낭 푸하임(Attnang Puchheim) 환승 → 열차 1시간 36분 → 할슈타트 기차역 → 보트 10분 → 할슈타트 · 할슈타트 기차역 → 열차 20~27분 → 바트 이슐 → 열차 1시간 33분 → 잘츠부르크

잘츠부르크의 관광 명소

모차르트 생가와 게트라이데 거리가 있는 구역

잘츠부르크 구시가는 잘차흐강 남쪽으로 펼쳐져 있다. 대성당(돔), 모차르트 생가, 게트라이데 거리, 축제 극장 같은 명소가 모여 있으며 언덕 위에는 대주교가 거주했던 호엔잘츠부르크 성채가 우뚝 서 있다. 중앙역에서 구시가로 가려면 미라벨 정원을 지나 보행자 전용 다리인 마카르트 다리(Makartsteg)나 슈타츠 다리(Staatsbrücke)를 건너면 된다. 구시가 끝에서 끝까지 도보로 30분이면 횡단 가능한 규모다.

중앙역에서 구시가로 가는 방법

중앙역에서 버스 3, 5, 6, 25번을 타고 약 10분 소요. 슈타츠 다리(Staatsbrücke)를 건너 시청사(Rathaus)역에서 내리면 된다. 여기서 5분 정도 걸어가면 관광 안내소가 있는 모차르트 광장(Mozartplatz)이 나온다. 이곳에서부터 구시가 관광을 시작하면 된다.

모차르트 광장

Mozartplatz

잘츠부르크 관광의 출발점

잘츠부르크 구시가 역사 지구의 중심에 위치한 광장으로 레지덴츠 광장(Residenzplatz)과도 인접해 있다. 광장의 중앙에는 루트비히 슈반탈러(Ludwig Schwanthaler)가 설계하고 슈티글마이어(Johann B. Stiglmayer)가 청동으로 주조한 모차르트 동상이 서 있다. 광장 8번지는 모차르트의 아내 콘스탄체 모차르트 니센(Constanze Mozart-Nissen)이 거주한 곳이기도 하다.

오늘날 모차르트 광장은 잘츠부르크 구시가 여행의 출발점 역할을 하고 있다. 주변에는 구시가의 주요 명소들이 모여 있으며 관광 마차도 이곳에서 출발한다. 구시가 관광 안내소가 바로 광장 5번지에 자리하고 있어서 광장을 오가는 여행자들을 많이 볼 수 있다. 광장에서 약간 동쪽 방향에 파파게노 광장(Papageno-Platz)이 있는데, 이 광장에는 파파게노 샘과 모차르트의 가극 〈마술 피리〉에 등장하는 새잡이 파파게노의 작은 동상도 있다.

주소 Mozartplatz
위치 시청사(Rathaus)에서 도보 5분 **지도** p.392-F

잘츠부르크 대성당(돔)

Salzburger Dom

모차르트가 세례받은 성당

잘츠부르크 대교구의 로마 가톨릭 성당. 16세기 말 대주교 볼프 디트리히 폰 라이테나우(Wolf Dietrich von Raitenau)는 로마의 성 베드로 성당에 필적하는 거대한 성당을 건설하려고 했다. 2대 후인 1655년 팔리스 로드론 대주교에 의해서 웅장한 바로크 양식으로 완성되었다. 4명의 성인상이 나란히 서 있는 대성당 입구에서 1920년에 호프만스탈의 희곡 〈예더만(Jedermann)〉이 처음 상연되었고, 이것이 잘츠부르크 음악제의 시작이다. 오늘날에도 잘츠부르크 음악제는 돔 입구에 세워진 무대에서 〈예더만〉 공연을 시작으로 개막된다. 내부는 1만 명을 수용할 수 있는 거대한 홀이며, 대리석과 벽화로 아름답게 장식되어 있다.

주소 Domplatz 1a
전화 662-8047-7950 **홈페이지** www.salzburger-dom.at
개방 **성당** 1·2·11월 월~토 08:00~17:00, 일·공휴일 13:00~17:00, 3·4·10·12월 월~토 08:00~18:00, 일·공휴일 13:00~18:00, 5~9월 월~토 08:00~19:00, 일·공휴일 13:00~19:00(7·8월에는 예더만 공연 준비 때문에 시간 변동 가능) / **지하 묘실** 월~토 10:00~17:00, 일·공휴일 13:00~17:00 / 연중무휴(미사나 성당 행사 중에는 관람 불가)
요금 성당 무료, 돔 박물관은 돔크바르티어 티켓이 있으면 입장 가능
위치 모차르트 광장에서 도보 1~2분 **지도** p.392-F

잘츠부르크 레지덴츠

Salzburg Residenz

역대 대주교가 심혈을 기울인 화려한 궁전

레지덴츠는 구시가 중심인 돔 광장(Domplatz)과 레지덴츠 광장(Residenzplatz)에 위치한 궁전이다. 대주교 시대에 바로크 권력의 중심 역할을 했다. 16세기 말 대주교 볼프 디트리히는 이 도시를 '북쪽의 로마'로 만들기 위해 화려한 레지덴츠 건설을 시작했고, 2대 후인 팔리스 로드론 대주교에 의해 완성되었다. 입구에서부터 대주교의 힘을 과시하는 대계단의 모습에 압도당하고 만다. 내부에는 '대관의 방', '기사의 방', 젊은 시절 모차르트가 지휘를 했던 '회의의 방' 등 호화로운 방들이 있다. '근위대의 방(Carabinierisaal)'에서는 콘서트가 자주 열린다. 레지덴츠 갤러리(Residenz-galerie)에서는 16~19세기의 회화 작품들을 볼 수 있는데, 특히 루벤스, 렘브란트, 브뢰겔의 작품은 놓치지 말고 감상하자.

잘츠부르크 레지덴츠는 대성당(돔)과 성 페터 성당과 함께 2014년부터 문을 연 돔크바르티어(Dom Quartier) 구역의 주요 부분을 차지하며 일반 대중에게 공개되고 있다.

돔크바르티어를 둘러볼 수 있는 티켓에 레지덴츠 입장권이 포함되어 있다.

주소 Residenzplatz 1/Domplatz 1a.
전화 662-8042-2690, 662-8042-2109
홈페이지 www.domquartier.at
개방 월, 수~일 10:00~17:00(마지막 입장 16:00), 7·8월 매일 10:00~18:00(마지막 입장 17:00) / 12월 24일 휴무
요금 돔크바르티어 티켓으로 입장, 잘츠부르크 카드 소지자 1회 무료입장
위치 모차르트 광장에서 도보 1분
지도 p.392-F

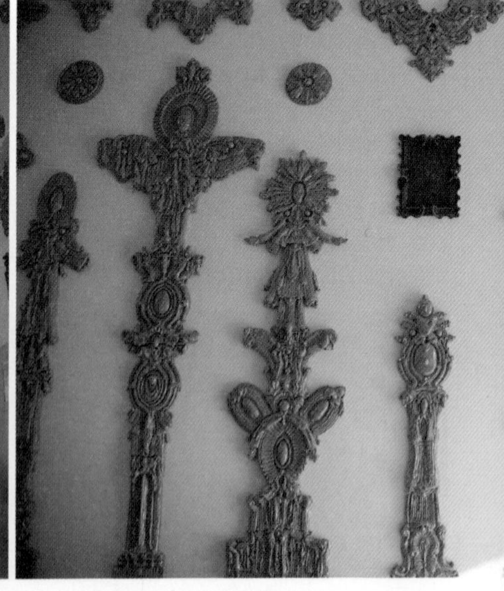

잘츠부르크 박물관

Salzburg Museum

압도적인 파노라마화가 인상적인 박물관

대주교의 영빈관이었던 레지덴츠 신관(Neuen Residenz)에 들어선 박물관으로 잘츠부르크의 역사와 지역 예술가들의 작품들을 전시하는 공간이다. 한때 카롤리노-아구스테움(Carolino-Augusteum) 박물관으로 불리기도 했다. 대주교가 사용했던 화려한 방도 볼 수 있으며, 특히 놓치지 말고 감상해야 할 작품은 이 지역 화가인 요한 미하엘 자틀러가 1829년에 완성한 파노라마 그림이다. 높이가 5m, 길이가 무려 26m나 되는 그림이 원통 모양으로 길게 이어져 있다. 원통 안쪽에서 감상을 하는데, 호엔잘츠부르크 성채에서 내려다보는 360도 파노라마 풍경이 마치 사진처럼 세밀하고 정교하게 묘사되어 있다.

주소 Mozartplatz 1
전화 662-62-0808-700 **홈페이지** www.salzburgmuseum.at
개방 화~일 09:00~17:00 / 월, 11월 1일, 12월 25일 휴무
요금 성인 €9, 청소년(16~26세) €4, 아동(6~15세) €3, 콤비 티켓(잘츠부르크 박물관+파노라마화 전시관) 성인 €10, 청소년(16~26세) €4.50, 아동(6~15세) €3.50, 잘츠부르크 카드 소지자 무료
위치 모차르트 광장에서 도보 1분 **지도** p.392-F

TIP 주요 명소들을 티켓 하나로 돌아볼 수 있는 구역 돔크바르티어 DomQuartier

돔크바르티어는 잘츠부르크 대성당(돔)을 중심으로 잘츠부르크의 주요 명소들을 티켓 하나로 돌아볼 수 있는 구역이다. 레지덴츠, 레지덴츠 갤러리, 대성당 테라스, 대성당 오르간 방, 대성당 박물관, 예술과 경이의 방(예전에는 대주교의 회화 갤러리), 성 페터 성당 등이 크바르티어 구역에 속해 있으며 1장의 입장권으로 모두 둘러볼 수 있다. 오디오 가이드, 워킹 투어 등 여행자들에게 필요에 따른 서비스를 제공하고 있다.

홈페이지 domquartier.at/en **요금** 성인 €13, 청소년(25세까지) €8, 학생(신분증 소지) €5, 6세 이하 아동 무료

성 페터 성당
Erzabtei Stift St. Peter

독일어권에서 가장 오래된 성당

696년 이래 수도승들이 살면서 기도하고 일하던 장소로 독일어권 성당 중에서 가장 오래된 역사를 자랑한다. 1127년에는 로마네스크 양식으로 지어졌으나 17~18세기에 바로크 양식으로 재건되었다. 네이브의 천장은 성 베드로의 생애 가운데 몇 장면을 묘사한 프레스코화로 장식되어 있다. 교회에 부속된 묘지는 특히 아름답기로 유명하다. 또한 묀히스베르크(Mönchsberg) 산허리를 뚫고 동굴 묘지도 만들어져 있으며 철책이 경계를 이루고 있다. 동굴이라는 특성 때문에 17세기 이래 카타콤베라고 오해를 받고 있기도 한데, 지금도 카타콤베로 소개되는 경우가 많다.

주소 Sankt-Peter-Bezirk 1
전화 662-844576
홈페이지 stift-stpeter.at
개방 성당 월~금 08:00~12:00, 12:30~18:30, **성당 묘지** 4~9월 매일 06:30~20:00, 10~3월 매일 06:30~18:00, **카타콤베(동굴 묘지)** 5~9월 매일 10:00~12:30, 13:00~18:00, 10~4월 매일 10:00~12:30, 13:00~17:00 / 성당 토·일, 카타콤베 1/1, 12/24~26·31 휴무
요금 성당 부속 묘지 무료 카타콤베 성인 €2, 아동·청소년(6~18세) €1.50, 잘츠부르크 카드 소지자 1회 입장 무료
위치 모차르트 광장에서 도보 4~5분, 돔 광장에서 도보 2~3분
지도 p.392-E

게트라이데 거리
Getreide Strasse

잘츠부르크에서 가장 아름다운 보행자 전용 거리

1996년 유네스코 세계 문화유산으로 지정된, 잘츠부르크 구시가에서 가장 아름다운 보행자 전용 거리이자 활기찬 쇼핑 거리다. 9번지의 노란색 건물은 모차르트가 태어나서 17세까지 살았던 생가로 유명하다. 철 주물로 만들어진 다양한 길드(guild) 상징들과 상점 간판 겸 장식들이 거리 양쪽을 화려하게 수놓고 있다. 좁고 긴 거리를 따라 5, 6층짜리 건물들이 줄지어 있으며 대부분 상점, 카페, 레스토랑들이다. 각 상점마다 정면 입구 위에 상점들의 특징과 관련된 다양한 철제 간판을 걸고 있는데, 간판을 보고 어떤 상점인지 유추해보는 즐거움도 있다. 많은 건물들에 아름다운 안뜰과 그림 같은 통행로가 있어서 게트라이데 거리를 걷다가 건물 아래로 난 통로를 오가며 가볍게 산책하는 것도 게트라이데 거리만의 매력이다. 9번지의 모차르트 생가, 오스트리아 최고의 수제 우산 장인의 집인 22번지의 키르히탁(Kirchtag), 잘츠부르크에서 탄생한 레드불과 관련한 다양한 기념품과 상품을 판매하는 34번지의 레드불 기념품점 등 다양한 구경거리들이 가득하다.

주소 Getreidegasse
위치 모차르트 광장에서 도보 5분 내외 **지도** p.392-E

모차르트 생가
Mozarts Geburtshaus

천재 음악가 모차르트의 생가

게트라이데 거리 9번지에 있는 노란 건물이 바로 볼프강 아마데우스 모차르트가 1756년 1월 27일 태어난 생가다. 모차르트 가족은 이곳 3층에서 1747년부터 1773년까지 살았다. 1773년에 모차르트 가족은 잘차흐강 건너편에 있는, 현재는 모차르트의 집(Mozart-Wohnhaus)이라 불리는 건물로 이사를 간다. 모차르트는 잘츠부르크 대주교의 궁정 음악가인 아버지 레오폴트 모차르트의 7번째 아들로 태어났으며 어릴 때부터 음악에 천재적인 소질을 보인 것으로 유명하다. 현재 박물관으로 운영 중인 이 건물에는 모차르트의 어린 시절 생활을 엿볼 수 있게 전시관으로 조성해 놓았다. 그가 사용한 최초의 악기와 악보들을 비롯해 오페라에 관한 그의 열정이 깃든 흔적들을 곳곳에서 엿볼 수 있다. 현재 2, 3층을 박물관으로 공개하고 있으며 거실과 침실, 작업실 등에 초상화와 유품들이 전시되어 있다. 2층에는 유명한 오페라 무대들이 알기 쉽게 정리, 소개되어 있다.

주소 Getreidegasse 9
전화 662-8443-1375
홈페이지 mozarteum.at
개방 매일 09:00~17:30, 12월 24일 09:00~15:00, 1월 1일 12:00~17:30 / 연중무휴(모차르트 주간에 콘서트가 열릴 경우 휴무)
요금 성인 €12, 아동(6~14세) €3.50, 청소년(15~18세) €4, 잘츠부르크 카드 소지자 1회 무료 입장 / 콤비 티켓(생가+모차르트의 집) 성인 €18.50, 아동(6~14세) €5, 청소년(15~18세) €6, 잘츠부르크 카드 소지자 1회 무료 입장
위치 모차르트 광장에서 도보 5분
지도 p.392-E

말의 연못
Pferdeschwemme

대주교의 말들을 씻기던 잘츠부르크의 트레비 분수

묀히스베르크 바위 절벽 아래, 헤르베르트 폰 카라얀 광장에 위치해 있다. 근처에 바위산을 깎아서 만든 대주교의 마구간이 있었는데, 그곳에서 기르는 130여 마리의 말들에게 물을 주고 씻기던 곳이다. 1603년 요한 베른하르트 피셔 폰 에를라흐(Johann Bernhard Fischer von Erlach)에 의해 설계, 건설되어 1732년경에 현재의 모습으로 완성되었다. 중앙에 있는 조각상은 말을 조련하는 조련사의 모습을 표현한 것이며, 벽면은 준마와 조련사의 모습을 묘사한 프레스코화로 꾸며져 있다. 영화 〈사운드 오브 뮤직〉에서도 마리아와 트랩 대령의 아이들이 마차를 타고 지나다가 이 광장과 말의 연못을 보고 놀라는 장면이 나온다.

주소 Herbert-von-Karajan-Platz 11
개방 24시간 **위치** 게트라이데 거리에서 도보 3~4분. 모차르트 광장에서 도보 7분 **지도** p.392-E

축제 극장
Festspielhaus

잘츠부르크 음악제가 열리는 메인 극장

1607년 대주교의 마구간으로 지어졌던 건물로 길이가 225m에 이른다. 내부에는 다양한 용도의 공간들이 있는데, 서쪽부터 대극장(Grosses Festspielhaus), 대형 홀, 바위산을 깎아 만든 펠젠라이트슐레(Felsenreitschule) 야외 극장, 하우스 퓌어 모차르트(Haus für Mozart) 등이 줄지어 있다. 각각의 홀은 가이드 투어로만 관람할 수 있으며 매일 오후 2시에 약 50분간 영어와 독어로 진행된다.

주소 Hofstallgasse 1
전화 662-8045-500
홈페이지 www.salzburgerfestspiele.at
개방 내부 관람은 가이드 투어(영어, 독어)로 진행. 가이드 투어 매일 14:00, 약 50분 소요(7·8월에는 09:00, 14:00 진행) / 12월 말~1월 초, 홈페이지에 공지된 날짜(변동 가능) 휴무
요금 가이드 투어 성인 €7, 아동 & 청소년(6~18세) €4, 6세 미만 아동 무료, 잘츠부르크 카드 소지자는 1회 무료 투어
위치 카라얀 광장(Karajanplatz)에서 도보 1분
지도 p.392-E

논베르크 수도원

Stift Nonnberg

독일어권에서 가장 오래된 수녀원이자 〈사운드 오브 뮤직〉의 배경

714년경 루퍼트 주교에 의해 세워진 베네딕트회 수도원으로 독일어권에서는 가장 오래된 수녀원이다. 수녀원 내부는 일반에게 공개하지 않고 묘지로 둘러싸인 성당만 관람할 수 있다. 15세기 말에 지어진 요하네스 예배당에는 독일 조각가 파이트 슈토스가 제작한 고딕 양식의 패널이 있다. 영화 〈사운드 오브 뮤직〉의 여주인공 마리아의 실제 모델인 빈 출신의 마리아 아우구스타 쿠쉐라(Maria Augusta Kutscher, 이후 Maria Augusta von Trapp, 1905~87년)가 수녀가 되기 위해 머물던 수녀원이었다. 그녀는 영화처럼 실제로 트랩 대령과 결혼을 했고, 1949년 《트랩 가족 가수들 이야기(The Story of the Trapp Family Singers)》를 출간했다. 이 책을 토대로 브로드웨이 뮤지컬과 영화 〈사운드 오브 뮤직〉이 제작되었다.

주소 Nonnberggasse 2
전화 662-841607
홈페이지 www.nonnberg.at
개방 **성당** 매일(계절에 따라 16~18시 사이에 문을 닫는다), **요하네스 예배당** 월~금 09:00~12:00, 15:00~16:30 / 성당과 묘지 연중무휴(미사나 특별한 행사가 있을 경우 일반인은 들어갈 수 없다)
요금 성당과 묘지 무료, 요하네스 예배당 €2.50
위치 모차르트 광장에서 도보 10분 **지도** p.392-F

TIP 잘츠부르크를 배경으로 하는 영화 <사운드 오브 뮤직>

원래 뮤지컬로 만들어진 작품이 브로드웨이 흥행에 성공하면서 1965년에 20세기 폭스가 제작한 뮤지컬 영화로 로버트 와이즈가 감독을 맡았다. 아름다운 뮤지컬 음악들과 오스트리아의 잘츠부르크 구시가와 근교의 성 그리고 잘츠캄머구트의 아름다운 자연을 영화 속에 잘 담아낸 걸작으로 평가받는다.
제2차 세계대전을 배경으로 말괄량이 수녀 마리아(줄리 앤드류스)와 엄격한 규율을 중시하는 폰 트랩 대령(크리스토퍼 플러머)의 사랑과 폰 트랩 대령의 아이들을 돌보며 아름다운 노래를 부르는 장면들이 잘츠부르크와 잘츠캄머구트를 배경으로 아름답게 펼쳐진다. 마리아가 머물렀던 논베르크 수녀원, 트랩 대령의 저택과 보트 놀이를 하던 레오폴츠크론성, '도레미 송'을 부를 때 배경으로 나오는 모차르트 다리와 미라벨 정원, 결혼식이 거행된 몬트제 교회, 합창 대회에서 '에델바이스'를 부르던 축제 극장 펠젠라이트슐레, 그 밖에도 헬브룬 궁전과 헬브룬 궁전 앞으로 옮겨온 가제보(Gazebo, 폰 트랩 대령이 마리아에게 사랑을 고백하던 유리 정자), 레지덴츠 광장과 말이 물을 마시던 곳 등 잘츠부르크와 근교 풍경이 인상적으로 펼쳐진다.

사운드 오브 뮤직 투어(영어)
홈페이지 www.panoramatours.com/en/salzburg **투어** 매일 09:15, 14:00(4시간 소요) **요금** €50~ **위치** 미라벨 정원 옆 미라벨 광장(Mirabellplatz)에 투어 예약 매표소가 있으며, 미라벨 광장의 파노라마 투어스 버스 터미널에서 출발

호엔잘츠부르크성

Festung Hohensalzburg

잘츠부르크를 지켜주는 요새이자 랜드마크

잘츠부르크 구시가 뒤로 작은 언덕 위에 우뚝 솟아 있는 호엔잘츠부르크성은 1077년 대주교 게브하르트(Gebhard)가 적의 공격으로부터 방어하기 위해 처음 건설한 성채가 그 기원이다. 이후 증축과 개축을 거치면서 현재의 모습으로 자리 잡은 것은 1500년 대주교 레온하르트 폰 코이차흐(Leonhard von Keutschach)에 이르러서다. 15세기 말에는 무기고와 대포 거치대를 설치하는 등 전투에 대비한 모습을 갖추게 되었다. 길이 250m, 폭 150m의 성은 중부 유럽을 대표하는 가장 크고 잘 보존된 중세 시대 성 중 하나다. 대주교가 성에서 내려와 시내에 살게 된 시기는 세상이 안정을 이룬 17세기 이후부터다. 내부에는 대주교들이 거주하던 호화로운 황금의 방과 의식의 방, 중세의 고문 기구가 있는 방, 1502년경 제작되어 잘츠부르크 황소라고 불리는 200개의 파이프가 붙어 있는 오르간 등이 있다. 성 내부에는 대주교의 궁정 삶을 보여주는 역사적 유물들이 있는 성채 박물관, 라이너 레기먼트 박물관(Rainer Regiment Museum), 마리오네트 박물관, 중세 무기 박물관(Altes Zeughaus) 등 저마다의 특징으로 중세 시대를 보여주는 많은 박물관이 있다. 무엇보다 호엔잘츠부크르성에 올라야 하는 가장 큰 이유는 아름답게 펼쳐지는 잘츠부르크 전망이다. 바로크 양식의 구시가와 잘차흐강 그리고 미라벨 정원과 궁전이 있는 신시가까지 한눈에 감상할 수 있다.

주소 Mönchsberg 34 **전화** 662-8424-3011 **홈페이지** www.salzburg-burgen.at/de/festung-hohensalzburg
개방 10~4월 매일 09:00~17:00, 5~9월 09:00~19:00, 12월 24일 09:00~14:00 / 연중무휴
요금 케이블카 포함 모든 관람 가능 티켓 성인 €16.30, 아동(6~14세) €9.30
위치 모차르트 광장에서 도보 20분 또는 걸어서 5분 거리에 있는 푸니쿨라를 타고 산 정상역 하차 후 도보 6분 **지도** p.392-F

신시가 주변

미라벨 정원이 있는 구역

구시가에서 잘차흐강을 건넌 지점부터 중앙역까지 이어지는 구역으로 주로 호텔들이 많이 모여 있다. 미라벨 정원 외에는 특별한 관광 명소가 많이 없고, 구시가에 비해 규모가 작아 도보로도 충분히 돌아볼 수 있다.
신시가에서 볼 만한 곳은 미라벨 정원과 모차르트의 집 그리고 카푸치너베르크 정도여서 2~3시간 정도면 구경할 수 있다. 카푸치너베르크에 올라서 바라보는 구시가 전망이 특히 아름답다. 사운드 오브 뮤직 투어 등 주요 투어의 출발 장소는 미라벨 정원 옆 미라벨 광장(Mirabell-platz) 거리 양쪽이다.

미라벨 궁전 & 정원

Schloss Mirabell & Mirabell Garten

영화 〈사운드 오브 뮤직〉의 배경이 된 곳

1606년 대주교 볼프 디트리히(Wolf Dietrich)가 그의 연인 살로메 알트(Salome Alt)를 위해 건설한 알테나우궁이 원형이며 디트리히가 권력을 잃은 후에는 대주교의 별궁으로 사용되었다. 18세기 초 유명 건축가 힐데브란트에 의해 바로크풍 궁전으로 개축되면서 이름도 지금의 미라벨 궁전으로 바뀌었다. 19세기에 화재가 발생한 후 현재의 모습으로 복원되었고, 1950년 이후부터 잘츠부르크 시청사로 사용되고 있다.

특히 이 궁전에는 대주교의 연회장으로 이용되었던 〈대리석의 방〉이 있다. 호화로운 바로크 양식으로 장식된 방으로 현재는 잘츠부르크 궁전 콘서트(Salzburger Schlosskonzerte)가 열리는 공간으로도 이용되고 있다. 또한 '세계에서 가장 아름다운 웨딩 홀'이라고도 불린다. 대리석의 방으로 연결되는 천사의 계단도 특히 아름다운데, 이름처럼 수많은 천사상으로 장식되어 있다.

미라벨 궁전 앞에 펼쳐진 미라벨 정원은 17세기 말 피셔 폰 에를라흐(J. B. Fischer von Erlach)가 바로크 양식으로 설계하였다. 기하학적으로 구성된 정원에는 계절마다 갖가지 꽃들이 조화롭게 피어나고, 곳곳에 배치된 그리스 신화에 등장하는 조각상들과 분수들로 늘 화려하게 빛난다. 페가수스 말이 힘차게 발을 치켜들고 있는 페가수스 분수는 1913년에 인스브루크 출신의 카스파 그라스(Kaspar Gras)에 의해 건설되었다. 정원에서 바라보는 건너편 구시가 언덕의 호엔잘츠부르크 성채는 황홀할 정도로 아름답다. 정원 주변에는 바로크 박물관, 대분수, 난쟁이 조각상 17개가 남아 있는 난쟁이 정원, 장미 정원 등 볼거리가 가득하다. 무엇보다도 미라벨 정원이 유명해진 계기는 영화 〈사운드 오브 뮤직〉의 배경으로 등장했기 때문인데, 대령의 아이들과 마리아가 그 유명한 '도레미 송'을 부르는 곳이 바로 페가수스 분수 주변과 장미 언덕 앞 계단이다.

주소 Mirabellplatz 3–4 **전화** 662–80720 **홈페이지** www.salzburg.info/en/sights/top10/mirabell-palace-gardens
개방 미라벨 궁전과 천사의 계단 매일 08:00~18:00, 대리석 홀 월 · 수 · 목 08:00~16:00, 금 13:00~16:00(특별 행사가 있을 경우 휴관), 미라벨 정원 매일 06:00~해 질 녘 / 미라벨 정원은 연중무휴, 미라벨 궁전은 특별 행사가 있을 경우 휴무 **요금** 무료 **위치** 모차르트 광장에서 도보 15분, 모차르트 생가에서 도보 10분 **지도** p.392–C

모차르테움

Mozarteum

카라얀도 공부한 잘츠부르크 최고의 예술 대학

음악, 공연, 시각 예술 분야에 특화한 잘츠부르크를 대표하는 대학이다. 역사의 시작은 1841년으로 거슬러 올라간다. 잘츠부르크 성당 음악 협회에 의해 모차르테움 음악 학교로 설립되었고, 이후 고등 음악원, 아카데미, 호흐슐레(Hochschule)를 거쳐 1998년에 대학(University)으로 인정받게 되었다. 정원에는 모차르트가 '마술 피리'를 완성했다는 '마술 피리의 집'을 빈에서 옮겨놓았다. 모차르테움 주변에는 세계적으로 유명한 마리오네트 극장(Marionettetheater)과 주립 극장(Landestheater)이 있다.

주소 Mirabellplatz 1
전화 662-6198-2210
홈페이지 www.uni-mozarteum.at
개방 월~금 08:00~22:00, 토 · 일 · 공휴일 09:00~19:00 / 연중무휴
요금 무료
위치 미라벨 정원에서 도보 2분
지도 p.392-C

모차르트의 집

Mozart-Wohnhaus

모차르트 가족이 살았던 집

마카르트 광장(Makartplatz) 8번지에 있는 '탄츠마이스터의 집(Tanzmeisterhaus, 춤 대가의 집)'이라 불리는 주택이다. 모차르트 가족의 친구였던 로렌츠 스피크너라는 무용 선생이 궁정에 들어갈 귀족들을 위한 댄싱 레슨을 했던 곳이라 붙은 이름이다. 1773년부터 1787년까지 모차르트 가족이 거주한 집인데, 게트라이데 거리의 생가가 너무 비좁아지자 이 집으로 이사를 하게 되었다. 모차르트는 빈으로 와서 1781년까지 이곳에 살면서 많은 작품을 썼다. 널찍한 8개의 방은 현재 박물관으로 운영되고 있으며, 모차르트가 실제로 사용했던 악기와 유품들이 전시되어 있다.

주소 Makartplatz 8
전화 662-8742-2740
홈페이지 mozarteum.at/museums/mozart-wohnhaus
개방 매일 09:00~17:30(마지막 입장 17:00), 12월 24일 09:00~15:00(마지막 입장 14:30) / 연중무휴(모차르트 주간 콘서트가 열릴 경우 휴관)
요금 성인 €12, 콤비 티켓(모차르트의 집+모차르트 생가) 성인 €18.50
위치 미라벨 정원에서 도보 3분
지도 p.392-C

TIP 조용한 골목길 슈타인가세 산책

구시가에서 슈타츠 다리(Staatsbrücke)를 건너면 오른쪽으로 바로 슈타인가세(Steingasse)가 있다. 이 거리는 잘츠부르크의 다른 골목길보다 조용하고 한적하다. 거리에 들어서서 바로 오른쪽에 세계적으로 유명한 크리스마스 캐롤 '고요한 밤'의 작사자인 요제프 모어(Josef Mohr)의 생가가 있다. 그 집 옆에 있는 계단을 통해 카푸치너베르크(Kapuzinerberg) 산책로로 올라갈 수 있다. 카푸치너베르크는 잘츠부르크 구시가를 한눈에 조망할 수 있는 산책로다. 관광객으로 붐비는 구시가나 미라벨 정원의 번잡에서 벗어나 평온한 산책을 즐기고 싶다면 슈타인가세와 주변 산책로를 거닐어보자.

헤트버 바스타이 & 카푸치너베르크

Hettwer Bastei & Kapuzinerberg

주소 Kapuzinerberg
개방 24시간 / 연중무휴
위치 슈타츠 다리에서 도보 10분
지도 p.392-D

구시가를 조망하기 가장 좋은 요새이자 산책로

구시가에서 슈타츠 다리(Staatsbrücke)를 건너 린처가세(Linzergasse)로 접어들어 조금 걷다 보면 오른쪽에 카푸치너베르크로 가는 길이 나온다. 카푸치너베르크 거리를 따라 오르막을 오르면 카푸치너 수도원(Kapuzinerkloster)이 나온다. 수도원 아래쪽 구시가 방향으로 헤트버 요새(Hettwer Bastei)가 길게 담장으로 이어진다. 30년 전쟁 당시의 보루가 남아 있는 곳이다. 이곳에서 바라보는 구시가와 호엔잘츠부르크성의 전망은 가히 압권이다. 요새 위쪽으로는 카푸치너베르크 산책로가 계속 이어진다.

헬브룬 궁전
Schloss Hellbrunn

교묘하게 숨겨진 분수 장치가 즐거움을 주는 곳

잘츠부르크 구시가 남쪽에 위치한 바로크 양식의 궁전으로 대주교 마르쿠스 지티쿠스 폰 호에넴스(Markus Sittikus von Hohenems)에 의해 1613년부터 1619년에 걸쳐 완성된 여름 별궁이다. 18세기에 새로 실내 장식을 해 현재의 모습을 갖추게 되었다. 이 궁전은 대주교가 여름철 낮에만 머물 목적으로 지었기 때문에 궁전 내에 침실이 없는 것이 특징이다. 대주교는 유머 감각이 뛰어나서 궁전 곳곳에 사람들을 놀라게 하고 즐겁게 해주는 속임수 장치들을 설치해두었다. 궁전을 방문한 손님들이 이런 장치에 깜짝 놀라는 걸 지켜보며 대주교는 즐거워했다고 하는데 속임수 그림이 있는 '연회실'과 팔각형의 '음악실' 등이 특히 흥미롭다. 113개의 석상이 음악에 맞춰서 움직이는 '속임수 극장'과 의자와 탁자, 산책로의 벽 등에서 갑자기 솟아나거나 쏟아지는 '속임수 분수'에 여행자들은 놀라곤 한다. 단체 여행객을 인솔하는 가이드들은 물에 젖지 않는 포인트를 알고 있기 때문에 뜻밖의 물벼락을 피할 수 있다. 속임수 분수를 처음 접하는 관광객은 손수건을 지참할 것.

주소 Fürstenweg 37
전화 662-8203720
홈페이지 www.hellbrunn.at
개방 4·10월 09:00~17:30,
5·6·9월 09:00~18:30,
7·8월 09:00~19:00 / 11~3월 휴무
요금 성인 €13.50, 학생(19~26세)
€8.50, 아동 & 청소년(4~18세) €6,
가족(성인 2+자녀1) €29.50
위치 미라벨 광장(모차르테움)에서 버스 25번을 타고 14정거장(약 17분) 가서 헬브룬성(Schloss Hellbrunn) 하차 후 도보 11분
지도 p.392-F

사운드 오브 뮤직 파빌리온

속임수 분수

레오폴츠크론성
Schloss Leopoldskron

영화 〈사운드 오브 뮤직〉의 촬영지이자 잘츠부르크 축제가 탄생한 곳

잘츠부르크 구시가에서 남쪽으로 7km 내려가면 호엔잘츠부르크 언덕 너머 평지에 레오폴츠크론성이 같은 이름의 연못 옆에 그림처럼 서 있다. 1736년 대주교 레오폴트 안톤 프라이어 폰 피르미안(Leopold Anton Freiherr von Firmian)이 건설한 성이다. 자신이 건립한 성을 너무도 사랑한 대주교의 심장은 이 성의 예배당에 매장되어 있다. 이후 1918년, 유럽에서 가장 유명한 연출가 막스 라인하르트(Max Reinhardt)가 이 성을 구입해서 20년에 걸쳐 바로크 양식의 아름다운 건축물로 복구하였다. 예술가와 문화계 인사들의 고급 사교장 역할도 했던 이 성이 바로 막스 라인하르트와 휴고 폰 호프만스탈(Hugo von Hofmannsthal) 그리고 리하르트 슈트라우스(Richard Strauss)가 함께 모여서 잘츠부르크 페스티벌을 만든 곳이다.
또한 이 성은 영화 〈사운드 오브 뮤직〉의 촬영지로도 유명한데, 바로 남자 주인공인 트랩 대령의 저택으로 등장했다. 사운드 오브 뮤직 투어에 참여하면 호수 건너편에서 성을 바라볼 수 있다. 현재 성은 세미나 하우스와 4성급 호텔로 운영되고 있다.

주소 Leopoldskronstrasse 56–58
전화 662–839830
홈페이지 www.schloss-leopoldskron.com
위치 미라벨 광장(Mirabellplatz)에서 버스 25번을 타고 7정거장 가서 제니오렌하임 논탈(Seniorenheim Nonntal) 하차 후 도보 11분. 또는 미라벨 광장에서 버스 21, 22번을 타고 9정거장 가서 누스도르퍼 거리(Nussdorferstrasse) 하차 후 도보 12분
지도 p.392–E

SPECIAL

잘츠부르크에서

다양한 연주와 공연 즐기기

음악의 도시, 잘츠부르크에 왔다면 다양한 연주와 공연을 즐겨보자. 호엔잘츠부르크성, 미라벨 궁전 등 아름다운 성과 궁전에서 열리는 수준 높은 공연들은 잘츠부르크 여행에서만 누릴 수 있는 특별한 즐거움이다.

음악회와 공연을 비롯해서 잘츠부르크에서 열리는 모든 공연과 음악회 등의 입장권은 모차르트 광장에 있는 관광 안내소의 티켓 사무소에서 구입할 수 있다.

잘츠부르크 티켓 서비스 Salzburg Ticket Service
주소 Mozartplatz 5(관광 안내소 안) **전화** 662-840310
홈페이지 www.salzburgticket.com
영업 월~금 09:00~18:00, 토 09:00~12:00(7월 하순~8월 월~토 09:00~18:00, 일 10:00~16:00) / 일 휴무
지도 p.392-F

미라벨 궁전 음악회

Schloss Konzerte Mirabell

아름다운 바로크 양식의 미라벨 궁전 '대리석의 방'에서 열리는 실내악 연주회. '대리석의 방'은 오스트리아에서 가장 아름답고 역사적으로 중요한 콘서트홀로 평가받고 있다. 모차르트 가족이 잘츠부르크의 왕족들을 위해 연주한 곳이기도 하다. 부활절 음악제와 여름에 열리는 잘츠부르크 음악제에는 세계적인 연주자들이 출연하기도 한다. 일반적으로 저녁 8시에 공연이 시작된다.

주소 Schloss Mirabell, Marble Hall, Mirabellplatz 4
전화 662-828695
홈페이지 www.salzburg-palace-concerts.com

호엔잘츠부르크성에서 열리는 실내악 연주회

Salzburg Festungskonzert

잘츠부르크에서 가장 인기 있는 모차르트 콘서트 연주회다. 40년 넘게 호엔잘츠부르크성의 가장 화려한 '사냥의 방'에서 매년 300회 이상의 콘서트가 열리고 있다. 잘츠부르크 모차르트 앙상블과 모차르트 체임버 오케스트라 잘츠부르크 악단이 모차르트부터 슈트라우스까지 대중의 사랑을 받고 있는 음악들을 연주한다. 연주곡 가운데 반드시 1곡은 모차르트의 곡이 포함되어 있다. 콘서트 티켓에 성 입장료와 성으로 올라가는 푸니쿨라 탑승권(콘서트 시작 1시간 전부터 탑승 가능)이 포함되어 있어서 편리하다. 겨울에는 공연을 쉬는 날이 많으므로 관광 안내소나 홈페이지, 전화로 미리 확인하자.

주소 Mönchsberg 34 **전화** 662-825858 **홈페이지** www.salzburghighlights.at

마리오네트 극장 인형극

Marionettentheater

잘츠부르크 마리오네트 극장은 1913년에 설립된 세계에서 가장 오래된 마리오네트 극장 중 하나다. 이 극장에서는 마리오네트를 이용해서 오페라, 발레, 인형극 등 성인과 아동을 위한 다양한 레퍼토리의 공연을 선보인다. 모차르트의 오페라와 〈사운드 오브 뮤직〉 등이 대표적인 인형극이다. 겨울에는 공연이 거의 없으므로 관광 안내소나 홈페이지에서 공연 일정을 잘 확인하도록 하자.

주소 Schwarzstrasse 24 **전화** 662-872406
홈페이지 www.marionetten.at

슈티프츠켈러 장크트 페터 실내악 연주회

Stiftskeller St. Peter

유럽에서 가장 오래된 레스토랑 중 하나로 디너 콘서트가 열려 식사와 실내악 연주를 동시에 즐길 수 있는 곳이다. 축제 시즌에는 날마다 오후 8시부터 연주회가 열린다.

주소 Sankt-Peter-Bezirk 1/4 **전화** 662-8412680
홈페이지 stpeter.at

TIP 잘츠부르크 음악제

잘츠부르크에서 탄생한 위대한 음악가 모차르트의 작품을 기리는 음악제로 1920년부터 본격적으로 시작되었다. 토스카니니, 브루노 발터, 카를 뵘, 카라얀 등 세계적인 지휘자들이 지휘를 맡아서 화제를 모으며 명실상부한 유럽 최고의 음악제로 확고하게 자리매김하였다. 매년 7월 말부터 8월 말까지 축제 극장을 비롯해서 주립 극장, 미라벨 궁전 등 주요 명소에서 개최된다.

입장권 구하기

입장권은 전년도 11월부터 발매하기 시작해서 1월 초가 되면 대부분 매진되기 때문에 구하기가 쉽지 않다. 티켓 구매 정보는 사무국에 문의한다.

잘츠부르크 음악제 사무국
주소 Postfach 140 **전화** 662-8045-500 **홈페이지** www.salzburgerfestspiele.at

RESTAURANT

잘츠부르크의 식당

슈테른브로이 비어가르텐
Sternbräu Biergarten

넓은 안뜰이 인상적인 오스트리아 전통 음식점

게트라이데 거리와 그리스가세 사이에 있는 오스트리아 전통 음식점이자 맥주 전문점이다. 게트라이데 거리의 아름다운 간판들 중에 슈테른브로이의 간판도 멋지게 걸려 있다. 슈테른브로이는 1542년 창업한 역사적인 식당으로, 총 4곳의 레스토랑(Sternbräu, La Stella, Braumeister, Abendstern)과 2개의 정원을 가지고 있는 대규모 식당이다. 오스트리아 전통 요리에 현대적인 요소를 살짝 가미해서 현지인과 여행자들 모두 만족하는 요리를 제공한다.

추천 메뉴
피아커 굴라시(Fiaker gulasch) €15.70, 오리지널 비너슈니첼(Wiener Schnitzel) €22.40, 감자튀김과 자우어크라우트를 곁들인 슈테른브로이 브라트부르스트(Sternbräu-Bratwurst) €13.60, 구운 우둔살 스테이크(Gegrilltes Huftsteak) €26.50

주소 Getreidegasse 36b(Sternbräu Biergarten) / Griesgasse 23 (Strenbräu)
전화 662-842140
홈페이지 sternbrau.com
영업 매일 09:00~00:00(주방 11:30~23:00) / 연중무휴
위치 모차르트 생가에서 도보 3분
지도 p.392-C

카페 자허 잘츠부르크

Café Sacher Salzburg

잘차흐강과 구시가 전망이 좋은 호텔 자허 카페

자허 호텔에 들어선 오스트리아 전통 커피 문화를 경험할 수 있는 곳이다. 1832년 궁정 요리사가 병이 드는 바람에 당시 견습 요리사였던 프란츠 자허(Franz Sacher)가 왕궁의 귀족들을 위한 디저트를 만들게 되었고, 이때 탄생한 게 바로 오리지널 자허토르테다. 곧바로 빈과 오스트리아를 넘어서 전 세계인들의 입맛을 사로잡았고, 이때의 명성이 오늘날까지 이어지고 있다. 이후 몇몇 다른 제과 업자와 자허토르테에 대한 법적 분쟁이 있었고 결국 법원에서는 오직 자허만이 오리지널이라는 이름을 쓸 수 있다고 판결한 일화는 유명하다. 빈에 있는 자허 카페의 인테리어와 토르테, 커피의 전통을 잘츠부르크에 그대로 옮겨와서 문을 열었다. 아름다운 잘차흐강과 구시가 전망을 감상하며 달콤한 자허토르테와 향기로운 커피나 차 한잔의 여유를 즐길 수 있다. 오리지널 자허 커피와 함께 곁들여 먹을 때 자허토르테가 가장 달콤하고 맛있다고 한다.

주소 Schwarzstrasse 5–7
전화 662–889772384
홈페이지 www.sacher.com
영업 매일 08:30~18:00(알라 카르트 조식 08:30~11:00) / 연중무휴
위치 모차르트 생가에서 도보 5분. 미라벨 정원에서 도보 3~4분
지도 p.392–C

추천 메뉴

비너 아펠슈트루델 €7.50, 휘핑크림을 곁들인 오리지널 자허토르테 1조각+뜨거운 논알코올 음료 1잔+물 1잔 세트 €18.50, 자허 멜랑주(Sacher mélange), 카푸치노, 아인슈페너 등 각 €5.50, 오리지널 자허 티 €6

카페 모차르트
Café Mozart

게트라이데 거리에 있는 오스트리안 카페 겸 식당

아름다운 게트라이데 거리 중심에 위치해 있는 카페이자 오스트리아 전통 식당으로, 1922년 문을 열어 100년이 넘는 역사를 자랑한다. 모차르트 생가가 아주 가까워서 그렇기도 하겠지만 전면에 모차르트를 내세워서 여느 매장들과 다를 바 없어 보이기도 한다. 조식 메뉴는 오전 8시부터 11시까지 제공한다. 잘츠부르크의 대표적인 디저트인 녹케를은 기본 2인분부터 주문이 가능하며 요리 시간이 20분 정도 소요되기 때문에 시간 여유를 갖고 주문하는 편이 좋다.

주소 Getreidegasse 22
전화 662-843958
홈페이지 www.cafemozartsalzburg.at
영업 월~토 08:00~21:00, 일 09:00~21:00 / 연중무휴
위치 모차르트 생가에서 도보 1분
지도 p.392-E

추천 메뉴
모차르트 프뤼슈튁(Mozart Frühstück, 커피, 차 혹은 핫초콜릿, 오렌지주스, 빵 2개, 버터, 잼, 꿀, 삶은 달걀 1개) €9.80, 조식 메뉴 €7~18.50, 굴라시 수프(Gulaschsuppe) €6.80, 잘츠부르크 소고기 스튜(Salzburger bierfleisch) €16.50, 잘츠부르크 녹케를(2인분, 요리 시간 20분 소요) €18.00, 멜랑주 커피(밀크커피, €4.40)를 비롯해 커피 메뉴 €4~8 내외, 알코올이 들어간 모차르트 커피 €7.80

카페 토마셀리 Café Tomaselli

현지인들이 즐겨 찾는 구시가의 전통 카페

1705년에 처음 문을 연 카페로 토마셀리 가족이 150년 넘는 세월 동안 현재까지 운영해오고 있는 전통 있는 카페다. 구시가 중심에 있어서 주요 명소를 돌아다니다가 들르기에도 편리하다. 잘츠부르크 축제를 탄생시킨 휴고 호프만슈탈, 라인하르트와 헤르만 바르 등도 이곳의 단골손님이었다. 현지인들도 조식을 즐기러 이른 아침부터 찾는다. 카페 주방에서 전통 레시피에 따라 직접 구워내는 다양한 토르테와 슈트루델도 인기가 높다.

추천 메뉴

토마셀리 조식 €16.40, 슈트루델 €4.30, 토마셀리움스 커피 €7.50, 멜랑주 토마셀리 €4.30

주소 Alter Markt 9
전화 662-8444880
홈페이지 www.tomaselli.at
영업 월~토 07:00~19:00, 일 08:00~19:00 / 연중무휴
위치 모차르트 광장에서 도보 3분 **지도** p.392-F

히비스커스 Hibiskus

미라벨 정원 근처에 있는 한식당

미라벨 정원 근처 모차르테움 안에 있는 한식당으로 식당 이름도 '무궁화'라는 뜻이다. 찌개류부터 불고기, 생선구이, 갈비찜 등 제대로 된 다양한 한식을 맛볼 수 있으며, 내부도 깔끔하다. 신용카드는 €40 이상부터 지불 가능하므로 현금도 일부 준비하는 편이 좋다.

추천 메뉴

제육볶음 €16.50, 불고기 €18.80, 오징어볶음 €17.60, 육개장 €18.90, 소고기 비빔밥 €17.50, 갈비찜 €19.50, 잡채 €16.50, 된장찌개 €16.80, 김치찌개 €17.80

주소 Bergstrasse 20
전화 662-424425
홈페이지 koreaskueche.at
영업 매일 11:30~22:30(주방 마감 21:30)
위치 미라벨 정원에서 도보 1분 **지도** p.392-D

아우구스티너 브로이 클로스터 뮐른

Augustiner Bräu Kloster Mülln

오스트리아 최대 규모의 수도원 맥줏집

잘츠부르크의 뮐른 지구에 위치해 있으며 묀히스베르크 산자락에 자리하고 있다. 1621년경부터 맥주를 양조해왔으며 현재까지 그 전통이 이어지고 있는 오스트리아 대표 수도원 맥줏집이다. 실내 규모만 해도 총 5개의 넓은 홀을 갖추고 있으며 5,000m²에 이른다. 야외 정원에도 1,400석의 자리가 있어서 마치 오스트리아의 옥토버 페스트가 매일 열리는 듯한 기분이 든다. 셀 수 없이 많은 맥주잔들이 정렬되어 있는 선반도 압도적이다. 맥주에 곁들여 먹을 수 있는 간단한 소시지나 프레첼 등의 먹거리들이 있다.

추천 메뉴

맥주(0.5L) €3.20, 프레첼 €1.80, 소시지 €2.80

주소 Lindhofstrasse 7
전화 662-431246
홈페이지 www.augustinerbier.at
영업 월~금 15:00~23:00, 토 · 일 14:30~23:00 / 12/24 · 25 · 31, 1/1 휴무
위치 모차르트 생가에서 도보 15분, 미라벨 정원에서 도보 15분
지도 p.392-C

트리앙얼 **Restaurant Triangel**

좋은 재료로 승부하는 현지인 인기 식당

잘츠부르크 축제 극장 바로 근처에 있으며 오스트리아 현지인들이 즐겨 찾는 식당이다. 가장 오스트리아적인 메뉴들로 구성되어 있으며 현지 생산자들로부터 최고 품질의 재료를 구매하고, 또한 유기농 재료 위주로 사용할 정도로 좋은 재료에 아낌없이 투자한다. 캐러멜라이즈한 양파가 토핑된 오스트리아식 국수, 카스녹켄(Kasnocken)도 인기가 높다.

추천 메뉴

거위 간 버거(Goose liver burger) €26, 랍스터 수프 €12.90, 송아지 고기 비너슈니첼 €29.90, 뇨키(Gnocchi) €23.90, 송로 파스타(Truffle pasta) €28.50

주소 Wiener-Philharmoniker-Gasse 7
전화 664-2509573
홈페이지 www.triangel-salzburg.co.at
영업 화~토 11:30~24:00(주방 마감 22:00) / 일 · 월 휴무
위치 모차르트 광장에서 도보 5분
지도 p.392-E

발칸 그릴 발터 보스나슈탄트
Balkan Grill Walter Bosnastand

게트라이데 거리의 잘츠부르크 명물 핫도그 전문점

발칸 출신의 주인장이 1950년에 처음 문을 연 이래 현재까지도 그 전통이 이어지고 있는 핫도그 테이크아웃 전문점이다. 게트라이데 거리에서 카라얀 광장으로 이어지는 길에 있으며 성수기에는 줄이 길게 늘어서기도 한다. 발칸 그릴(Balkan Grill)이라고 불리는 불가리아식 핫도그 보스나(Bosna)가 대표 메뉴다. 소시지를 바삭바삭한 빵에 넣고 양파와 특제 소스를 바른 핫도그인데 가격도 €3.50로 저렴하고 맛도 훌륭하다.

주소 Getreidegasse 33
전화 662-841483 **홈페이지** www.hanswalter.at
영업 매일 11:00~18:30 / 연중무휴
위치 모차르트 생가에서 도보 3분 **지도** p.392-E

아이즐 아이스 Eisl eis

잘츠부르크 최고의 아이스크림 전문점

볼프강 호수 주변에 주인장 아이즐의 제구트 아이즐 농장(Seegut Eisl)이 있다. 농장에서 직접 생산한 유기농 양젖으로 30년 넘게 치즈와 요구르트를 생산하다가 2017년부터 아이스크림까지 만들기 시작했다. 오스트리아 최초로 선보인 양젖으로 만든 아이스크림은 발매하자마자 잘츠부르크 시민들로부터 선풍적인 인기를 끌며 최고의 아이스크림 전문점으로 자리 잡았다. 모든 재료를 100% 유기농으로 생산해서 수제로 만드는 아이스크림에 대한 주인장의 자부심이 강하다. 게트라이데 거리의 카페 모차르트가 있는 건물 통로를 통과해서 갈 수 있다. 1스쿱에 €2.20다.

주소 Getreidegasse, im Durchgang 22
전화 670-6086212
홈페이지 shop.eisl-eis.at
영업 4~9월 매일 11:00~20:00 / 10~3월 휴무
위치 모차르트 생가에서 도보 2분 **지도** p.392-E

TIP 모차르트에 관한 재미있는 팩트 체크

오스트리아 빈이나 잘츠부르크에서는 어디를 가나 모차르트를 만날 수 있다. 고무 오리 얼굴로, 초콜릿 포장지로, 향수병의 상표로도 모차르트는 존재한다. 1756년 게트라이데 거리 9번지의 노란 집에서 태어나 불꽃 같은 짧은 생을 살다간 모차르트를 둘러싼 재미있는 사실 5가지를 살펴보자.

❶ 모차르트는 공식적으로 기사(騎士)였다

부친의 바람대로 교황으로부터 모차르트는 '황금 박차의 기사' 작위를 받는다. 하지만, 귀족 신분의 여성보다는 자신이 사랑하는 평범한 신분의 여성과 결혼을 하면서 기사 작위는 기록으로만 남게 되었다.

❷ 모차르트의 눈은 실제로 어떤 색일까?

모차르트의 초상화를 보면 파란 눈동자가 눈에 띈다. 당시에 눈동자를 파랗게 그리는 경향이 있었기 때문인데, 모차르트는 사실 어두운 갈색 눈동자를 가지고 있었다고 한다.

❸ 모차르트는 여행 전문가였다

35년의 짧은 생을 산 모차르트는 10년 세월을 길 위에서 보냈다. 유럽 전역의 주요 도시들을 돌면서 연주를 하느라 총 17번의 긴 여행을 했고, 자그마치 3,720일을 여행으로 보냈다.

❹ 모차르트의 아버지 레오폴트는 베스트셀러 작가다

레오폴트는 아버지로서의 역할 외에도 모차르트의 음악 선생으로서 훌륭하게 역할을 수행했고, 그가 음악 교육을 위해 쓴 책은 무려 1,800쇄를 인쇄했을 정도로 베스트셀러였다.

❺ 모차르트는 그의 애완용 새를 위해 시를 썼다

모차르트는 빈에서 살던 시절 새 몇 마리를 애완용으로 키웠는데, 그 새들 중 가장 아끼던 찌르레기가 죽자, 실제로 죽은 찌르레기를 위한 시를 썼다고 한다.

TIP 잘츠부르크의 명물, 모차르트쿠겔 Mozartkugel

모차르트쿠겔은 피스타치오 마지판과 누가로 만든 작고 둥근 당과인데, 다크 초콜릿이 표면을 덮고 있는 잘츠부르크 전통 과자다. 1890년에 잘츠부르크의 제과 업자인 파울 퓌르스트(Paul Fürst, 1856~1941년)가 브로드가세(Brodgasse) 13번지의 퓌르스트 제과점에서 처음 개발했고 원래 이름은 모차르트 봉봉(Mozart-Bonbon)이었다. 당시 선풍적인 인기를 얻으며 그의 사업은 번창했고, 잘츠부르크뿐만 아니라 오스트리아 전역으로 확산되었다. 하지만 그는 모차르트쿠겔에 관한 특허를 등록하지 않아 잘츠부르크의 다른 제과점에서도 유사한 모차르트쿠겔을 만들어서 판매하기 시작했다. 현재도 다양한 브랜드의 모차르트쿠겔이 생산되고 있지만 퓌르스트의 제품만이 원조다. '오리지널 잘츠부르크 모차르트쿠겔(Original Salzburger Mozartkugel)'이라는 영광스러운 이름을 사용할 수 있는 유일한 곳이기도 하다. 원조 모차르트쿠겔 맛의 비법은 퓌르스트의 후손이 여전히 이어가고 있다.

카페 콘디토라이 퓌르스트 Café Konditorei Fürst

주소 Brodgasse 13 **전화** 662-843759 **홈페이지** www.original-mozartkugel.com **영업** 월~토 09:00~19:00, 일10:00~17:00 / 연중무휴 **위치** 모차르트 생가에서 도보 3분 **지도** p.392-E

잘츠부르크의 추천 상점

잘츠부르크에서 구입할 만한 기념품으로는 오스트리아를 대표하는 스와로브스키 제품, 원조 모차르트쿠겔 초콜릿 볼, 역사적인 소금 광산에서 채취한 암염으로 만든 다양한 용도의 소금 제품, 오스트리아 최고 장인의 수제 우산 그리고 민속 자수 공예품 등이 있다.

키르히탁
Kirchtag

오스트리아 최고 수제 우산 장인의 상점

100년 이상 수제 우산을 제조해온 키르히탁 가족이 운영하는 곳으로 모든 공정을 전통적인 수작업 방식으로 진행한다. 유럽에서 이제 얼마 남지 않은 수제 우산 브랜드 중 하나로 손꼽힌다. 이곳의 제품은 포뮬러원 레드불 레이싱에 납품하는 등 유수의 기업들과도 협업할 정도로 명성이 높다. 매장에서는 키르히탁 수제 우산 외에도 지갑, 핸드백과 같은 타 브랜드 가죽 제품이나 유명 브랜드의 여행용 가방과 슈트케이스도 판매하고 있다. 상점 위층에 작업실이 있다.

주소 Getreidegasse 22
전화 662-841310
홈페이지 www.kirchtag.com
영업 월~금 09:30~18:00,
토 09:30~17:00 / 일 휴무
위치 모차르트 생가에서 도보 2분
지도 p.392-C

레드불 월드 잘츠부르크

Red Bull World Salzburg

레드불 기념품과 스포츠용품점

게트라이데 거리 중간에 위치한 레드불 기념품과 다양한 스포츠용품을 구경하거나 구매할 수 있는 상점. F1 경주용 자동차가 벽에 걸려 있으며 잘츠부르크가 본사인 레드불의 홍보 겸 기념품 상점이다. 레드불 팬이라면 특히 좋아할 만한 곳이며 레드불 잘츠부르크와 F1 팀에 관한 다양한 기념품들을 둘러볼 수 있다.

주소 Getreidegasse 34
전화 662-843605
홈페이지 www.redbullshop.com/en-kr/stores
영업 월~금 09:30~18:00, 토 09:30~17:00 / 일 휴무
위치 모차르트 생가에서 도보 2분 **지도** p.392-E

슈티프츠벡커라이 장크트 페터

Stiftsbäckerei St. Peter

수도원 한쪽에서 만드는 전통 제과점

장크트 페터 수도원 옆 한쪽에 자리한, 잘츠부르크에서 가장 오래된 빵집이다. 신맛이 나는 검은색 호밀빵이 주메뉴다. 맷돌로 직접 간 호밀가루와 물, 소금만을 이용해 만드는 이 건강한 빵은 며칠을 두고 먹어도 갓 구웠을 때의 맛이 그대로 유지된다고 한다. 불을 피운 화덕에 바로 구워내기 때문에 신선하고 향이 좋다. 빵은 투박하고 둥근 형태로 구우며 0.5kg, 1kg, 2kg 단위로 판매한다. 가격은 1kg에 €4.50 정도다. 예전에는 수도사들이 이곳에서 빵을 구웠으며, 2007년부터는 제분소 주인이자 베이커리 장인인 프란츠 그랍머(Frantz Grabmer)가 제과점을 임대하여 가게를 운영하고 있다. 그는 직접 유기농 인증을 받은 호밀을 빻아서 신선한 빵을 구워낸다. 제과점 바로 앞에서 그가 고안한 제분기를 볼 수 있다.

주소 Kapitelplatz 8
전화 662-847898
홈페이지 stiftsbaeckerei.at
영업 월 · 화 08:45~17:00, 목 · 금 07:45~17:00,
토 07:40~13:00 / 수 · 일 · 공휴일 휴무
(목요일이 공휴일이어서 문을 닫는 경우,
수요일에 영업할 때도 있으니 전화로 확인)
지도 p.392-F

퓌르스트 Fürst

오리지널 잘츠부르크 모차르트쿠겔을 개발한 제과점

130년이 넘는 역사를 자랑하는 원조 잘츠부르크 모차르트쿠겔을 발명한 상점. 파울 퓌르스트가 1884년에 구시장(Alter Markt) 광장의 브로드가세 13번지에서 제과점을 열었고, 여기서 오스트리아 전역으로 확산된 모차르트쿠겔을 처음 만들었다. 모차르트에 대한 존경심을 담아 붙인 이름이라고 한다. 오리지널 잘츠부르크 모차르트쿠겔은 피스타치오, 누가, 다크 초콜릿을 이용해서 완벽한 구형으로 만들어졌다. 1905년 파리 전시회에서 퓌르스트는 모차르트쿠겔로 금메달을 받았다. 오리지널 잘츠부르크 모차르트쿠겔 10pcs €17.00, 12pcs €24.30, 25pcs €47.00.

주소 Brodgasse 13
전화 662-843759
홈페이지 www.original-mozartkugel.com
영업 월~토 09:00~19:00, 일 10:00~17:00 / 연중무휴
위치 모차르트 생가에서 도보 3분 **지도** p.392-F

게트라이데 거리 지점
주소 Getreidegasse 47 **전화** 662-843621
영업 월~토 10:00~18:00, 일 12:00~17:00 / 연중무휴
위치 모차르트 생가에서 도보 3분 **지도** p.392-E

미라벨 광장 지점
주소 Mirabellplatz 5 **전화** 662-881077
영업 월~수, 금 · 토 09:30~18:00, 목 08:30~18:00, 일 · 공휴일 10:00~17:00 / 연중무휴
지도 p.392-C

폴 레버 제과점 Paul Reber & Co.

구시가 5번지의 초콜릿 · 모차르트 쿠겔른 전문점

150년의 전통의 초콜릿 전문점이다. 레버 가문에 내려오는 전통적인 레시피에 따라 모차르트 쿠겔른을 생산하고 있다. 1865년 독일 뮌헨에 처음 오픈했으며 잘츠부르크 2곳에도 문을 열었다. 현재 5대째 가족 경영으로 운영되고 있다. 하루에 50만 개의 모차르트 쿠겔른을 생산할 정도로 모차르트 쿠겔른에 있어서는 독일 시장의 선두주자다. 모차르트 쿠겔른 1상자 €10.80~.

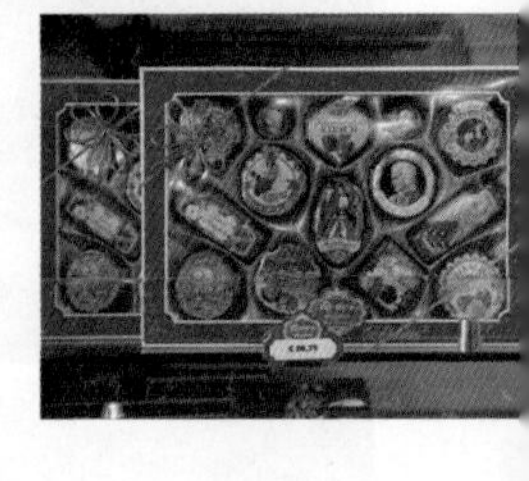

주소 Alter Markt 5
전화 662-843759
홈페이지 www.reber.com
영업 월~토 10:30~18:00, 일 · 공휴일 10:00~17:30 / 연중무휴
위치 모차르트 생가에서 도보 2분, 모차르트 광장에서 도보 3~4분 **지도** p.392-F

잘츠부르크 잘츠 Salzburg Salz

암염의 도시, 잘츠부르크의 다양한 소금 기념품

2007년 문을 연 오랜 역사를 가진 곳으로 잘츠부르크의 암염을 중심으로 세계 여러 나라의 소금을 판매하고 있다. 과거 '하얀 황금'이라고 불렸던 소금은 당시 대주교가 채굴과 유통에 대한 권한을 가질 정도로 중요한 부와 권력을 의미했다. 오스트리아의 소금 중에서는 근교 잘츠캄머구트의 바트 아우스제(Bad Aussee)에서 생산되는 붉은 갈색빛을 띤 소금이 특히 유명한데, 우리 몸에 필수인 84가지의 풍부한 미네랄 성분을 함유하고 있다. 생산량도 많지 않아서 더욱 귀한 소금으로 인정받고 있다. 40종류의 허브가 들어간 암염, 장미 향이 나는 암염 등 이곳에서 직접 가공한 소금 제품도 인기 있다. 이 외에도 소금 화장품, 소금 치약, 목욕용 소금 등 다양한 소금 상품들이 있다.

주소 Wiener-Philharmoniker-Gasse 3
전화 662-848079
홈페이지 www.salzburg-salz.com
영업 4~10월 월~금 09:30~18:00, 토 09:30~17:00, 11~3월 월~금 10:00~18:00, 토 10:00~17:00 / 일 휴무
위치 모차르트 생가에서 도보 3분 **지도** p.392-E

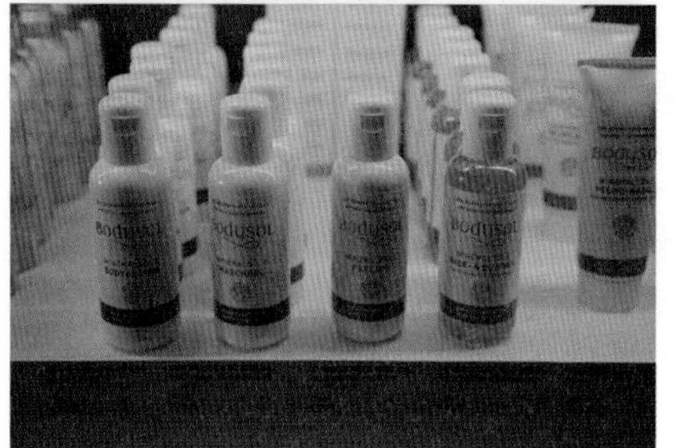

요제프 마너 Josef Manner & Comp. AG

웨하스 과자의 원조 브랜드

레지덴츠 광장에 위치한 마너는 웨하스 과자를 세계 최초로 탄생시킨 원조 브랜드이며 가족 경영 회사다. 다양한 마너 과자와 초콜릿 등을 살 수 있으며 기념 선물로도 좋다. 세계 50여 개국에 수출될 정도로 인기가 높다. 분홍색과 파란색으로 디자인된 마너 고유의 포장지는 트레이드마크와도 같다. 빈의 슈테판 광장에 있는 플래그십 스토어를 비롯해서 오스트리아 주요 도시에 지점이 있다. 오리지널 마너 네아폴리타너 웨하스 4pcs €3.29, 18pcs 선물 패키지 €16.49, 마너 모차르트 미뇽 웨하스(Manner Mozart Mignon Wafers, 300g) €4.29, 마너 벨베데레 쿠키 종합(Manner Belvedere Cookie, 400g) €3.29.

주소 Residenzplatz 6
전화 662-845342
홈페이지 josef.manner.com
영업 월~금 11:00~19:00, 토·일 11:00~18:00 / 연중무휴
위치 모차르트 광장에서 도보 1~2분
지도 p.392-F

스와로브스키 Swarovski

게트라이데 거리에 있는 크리스털 보석점

1895년 다니엘 스와로브스키가 크리스털 가공 기술을 토대로 시작한 스와로브스키는 인스브루크에 본사를 두고 있는 오스트리아 대표 크리스털 보석 액세서리 전문 브랜드다. 적당한 가격으로 펜던트나 브로치, 목걸이, 귀걸이를 구매할 수 있어서 제품을 사려는 관광객들로 늘 붐빈다. 슈타츠 다리 건너편 신시가에 있는 플라츨(Platzl) 1번지에도 작은 지점이 있다. 목걸이 €59~, 눈 모양 귀걸이 €69~, 시계 €237~.

주소 Getreidegasse 19
전화 662-846931 **홈페이지** www.swarovski.com
영업 월~금 09:30~18:00, 토 09:30~18:00 / 일 휴무
위치 모차르트 생가에서 도보 2~3분 **지도** p.392-E

아시아티셔 슈페치알리테텐 마르크트

Asiatischer Spezialitäten Markt

미라벨 광장 근처의 아시안 슈퍼마켓

잘츠부르크에서 가장 큰 아시안 슈퍼마켓으로 한국, 일본, 중국, 태국, 베트남 식료품 전문점이다. 우리나라의 라면이나 과자, 양념, 주류 등 다양하게 구비하고 있어서 우리나라 음식이나 간식이 그리울 때 들르면 좋다. 미라벨 정원에서 가깝다.

주소 Schrannengasse 2
전화 662-873668
홈페이지 www.asiamarkt-salzburg.com
영업 월~금 09:00~18:00, 토 09:00~17:00 / 일 휴무
위치 미라벨 정원에서 도보 2~3분 **지도** p.392-C

TIP 잘츠부르크의 특별한 디저트, 잘츠부르크 녹케를 Salzburger Nockerl

잘츠부르크의 전통 디저트 잘츠부르크 녹케를은 달콤한 수플레(soufflé)의 한 종류다. 주요 재료는 달걀노른자와 흰자, 설탕, 바닐라 푸딩 파우더, 밀가루, 후추 등이다. 녹케를은 그 달콤하고 부드러운 맛도 일품이지만 특히 그 형태가 인상적인데, 3개의 우뚝 솟은 산봉우리 모양이 바로 녹케를의 트레이드마크다. 3개의 봉우리는 잘츠부르크를 둘러싼 흰눈에 덮인 3개의 산, 묀히스베르크(Mönchsberg), 카푸치너베르크(Kapuzinerberg) 그리고 논베르크(Nonnberg)를 의미한다. 세 번째 산에 대해서는 주장하는 사람에 따라 논쟁의 여지가 있다. 잘츠부르크에서 녹케를을 가장 잘 만드는 곳으로 1663년부터 전통을 이어온 베렌비르트(Bärenwirt)가 가장 유명하다. 녹케를은 주문 즉시 만들기 때문에 어느 식당을 가든 20분 안팎의 시간이 걸리며, 따뜻하게 제공되는 게 원칙이다. 오스트리아의 국민 배우였던 한스 모저(Hans Moser, 1880~1964년)는 잘츠부르크를 방문할 때마다 항상 담당 요리사에게 녹케를을 주문했던 걸로 유명하다.

잘츠부르크의 추천 숙소

자허 잘츠부르크
Hotel Sacher Salzburg

잘차흐강 너머 구시가와
호엔잘츠부르크성이 한눈에 펼쳐지는 최고급 호텔

5성급 호텔답게 골동품과 유화로 장식된 객실은 품격이 넘치고 최신 설비가 구비되어 있는 최고급 호텔이다. 20m²부터 150m²에 이르는 다양한 면적의 객실을 갖추고 있으며 잘차흐강 변 방향의 객실은 구시가와 호엔잘츠부르크성을 한눈에 감상할 수 있다. 스위트룸은 특히 전망이 좋으며 객실은 더없이 안락하다. 3개의 고급 레스토랑과 자허 카페도 운영하고 있어서 우아하게 커피 한잔의 여유를 즐기기에도 좋다. 잘차흐강 변에 위치하고 있어 호텔 바로 앞에 있는 보행자 전용 다리인 마카르트 다리(Makartsteg)를 건너면 금세 구시가에 닿을 수 있다. 미라벨 정원에서도 걸어서 4~5분 거리이며, 돔 성당도 도보 10분 거리에 있는 등 대부분의 명소들을 걸어서 돌아볼 수 있다.

주소 Schwarzstrasse 5–7
전화 662–889770
홈페이지 www.sacher.com
요금 더블룸 €302~(시즌에 따라 변동)
객실 수 109실
위치 미라벨 정원에서 도보 4~5분. 모차르트 광장에서 슈타츠 다리를 건너 도보 10분
지도 p.392–C

아르테 비다 Arte Vida

신시가 중심에 자리한 소규모 부티크 호텔

모차르트의 집 바로 근처에 위치해 있는 편안한 분위기의 소규모 숙소다. 손님들이 편히 쉴 수 있는 자리를 갖춘 작은 안뜰이 있으며 내부는 모로코 양식 가구들과 원색으로 꾸민 인테리어가 인상적이다. 일가족이 경영하는 숙소로 주인장 허버트(Herbert)가 친절하고 능숙하게 응대한다.

주소 Dreifaltigkeitsgasse 9
전화 677-6444-0160 **홈페이지** www.artevida.at
요금 더블룸 €105~ **객실 수** 7실
위치 미라벨 정원에서 도보 4분 **지도** p.392-D

알트슈타트호텔 카저러브로이

Altstadthotel Kasererbräu

지휘자 카라얀이 묵었던 구시가 중심에 있는 호텔

1342년에 처음 건물이 세워졌다. 중세 시대에는 잘츠부르크의 11개 시립 양조장들 중 1곳으로 자타공인 잘츠부르크 최고의 양조장이었다. 1775년 현재 이름으로 바꾸었으며 지금은 4성급 호텔로 운영 중이다. 객실은 전통적인 느낌과 모던함이 조화를 이루고 깔끔하게 관리되고 있다. 구시가 내 호텔 중에서 거의 유일하게 자체 주차장을 보유하고 있다.

주소 Kaigasse 33
전화 662-842445 **홈페이지** www.kasererbraeu.at
요금 €94~ **객실 수** 45실
위치 모차르트 광장에서 도보 4~5분 **지도** p.392-F

아르코텔 카스텔라니

Arcotel Castellani Salzburg

다수의 호텔을 갖춘 체인 호텔

잘츠부르크 구시가에서 살짝 떨어진 외곽에 위치한 모던한 호텔. 구시가 중심에서 도보 15~20분 거리다. 넓은 정원과 바로크 양식의 우아한 예배당도 갖추고 있다. 객실은 고전적인 목재 가구와 현대적 설비가 조화를 이루고 있으며 객실도 깨끗하게 관리되고 있다. 최근에는 잘츠부르크 구시가 중심까지 무료 셔틀 서비스를 제공하고 있어서 도보 여행자들도 편리하게 이용할 수 있다.

주소 Alpenstrasse 6
전화 662-20600 **홈페이지** castellani.arcotel.com/en/
요금 €102~ **객실 수** 153실
위치 잘츠부르크 중앙역 앞에서 O-bus 3번을 타고 8정거장 가서 잘츠부르크 아카데미슈트라세(Salzburg Akademiestrasse)역에서 도보 2분
지도 p.392-F

골데너 히르쉬

Hotel Goldener Hirsch

'황금 사슴'이라는 이름의 최고급 5성급 호텔

구시가에서 가장 아름다운 거리인 게트라이데 가세에 있는 잘츠부르크 대표 호텔. 1407년부터 전통을 이어오고 있으며 객실은 고풍스러운 분위기로 꾸며져 있다. 모차르트 생가에서도 도보 3분 거리로 가까우며 잘츠부르크 음악 축제 기간에는 저명한 음악가들도 많이 머문다.

주소 Getreidegasse 37
전화 662-80840
홈페이지 www.marriott.com/hotels/travel/szglc-hotel-goldener-hirsch-a-luxury-collection-hotel-salzburg
요금 더블룸 €340~ **객실 수** 70실
위치 모차르트 생가에서 도보 2~3분 **지도** p.392-E

임라우어 & 브로이

Hotel Imlauer & Bräu Salzburg

신시가에 위치한 4성급 호텔

신시가의 미라벨 궁전 근처에 위치해 있으며 잘츠부르크 국제 회의장(Salzburg Congress)과 잘츠부르크 중앙역과도 가까운 편이다. 객실은 목재 가구를 적재적소에 배치해서 깔끔하면서도 심플하게 구성하였다. 다양한 회의실, 이벤트 공간, 세미나실 등을 갖추고 있어 비즈니스 여행자들이 이용하기에 편리하다.

주소 Rainerstrasse 12–14
전화 662–889920
홈페이지 imlauer.com/hotel-imlauer-salzburg
요금 €119~ **객실 수** 101실 **위치** 잘츠부르크 중앙역에서 도보 8분. 미라벨 궁전에서 도보 5분 **지도** p.392–A

쉐라톤 잘츠부르크 Sheraton Salzburg

미라벨 정원에서 가까운 5성급 호텔

미라벨 정원과 잘츠부르크 국제 회의장에서 가까운 최고급 5성 호텔이다. 국제 회의장이 근처에 있어서 주로 비즈니스 여행자들이 이용한다. 객실과 욕실이 넓은 편이며 호엔잘츠부르크성이 잘 보이는 미라벨 정원 방향의 객실 전망이 뛰어나다.

주소 Auerspergstrasse 4 **전화** 662–889990
홈페이지 www.marriott.com/en-us/hotels/szgsi-sheraton-grand-salzburg
요금 더블룸 €214~ **객실 수** 166실
위치 미라벨 정원에서 도보 5분. 중앙역에서 Obus 1, 2, 3, 5, 6, 25번을 타고 2정거장 가서 Salzburg Kongresshaus(Franz-Josef-Strasse)역에서 도보 1분 이내. 총 5분 소요 **지도** p.392–C

임라우어 호텔 피터

Imlauer Hotel Pitter Salzburg

옥상 카페의 전망이 좋은 4성급 호텔

리노베이션을 마친 객실은 모던하면서도 깔끔하게 구성되어 있다. 높은 층의 객실 전망이 뛰어나며, 특히 루프탑 바 겸 레스토랑인 임라우어 스카이에서 바라보는 신시가와 호엔잘츠부르크 전망은 예술이다. 다양한 연회장, 세미나실, 이벤트 룸 등을 갖추고 있어서 비즈니스 여행자들이 편하게 묵을 수 있다.

주소 Rainerstrasse 6–8
전화 662–889780
홈페이지 imlauer.com /hotel-pitter-salzburg
요금 더블룸 €154 **객실 수** 192실
위치 미라벨 궁전에서 도보 4분. 모차르트 생가에서 도보 15분
지도 p.392–C

엘레판트 Hotel Elefant

코끼리 간판이 인상적인 4성급 호텔

750년 넘는 역사를 가진 잘츠부르크 최고(最古)의 아담한 전통 호텔로, 마이어(Mayr) 가족이 4대째 운영해오고 있다. 구시가에서 가장 아름다운 쇼핑 거리인 게트라이데 가세가 끝나고 라트하우스플라츠(Rathausplatz)와 크란츨마르크트(Kranzlmarkt) 거리 중간에 있는 지그문트-하프너-가세 거리로 살짝 들어간 곳에 위치한다. 구시가 중심에 있어서 도보 여행자에게 편리하며 객실은 좁은 편이지만 공용 공간이 앤티크 가구로 장식되어 있어 아늑한 분위기가 감돈다.

주소 Sigmund-Haffner-Gasse 4
전화 662–843397
홈페이지 www.hotelelefant.at
요금 더블룸 €119~ **객실 수** 31실
위치 모차르트 생가에서 도보 1분. 미라벨 정원에서 도보 10분
지도 p.392–E

잘츠캄머구트

SALZKAMMERGUT

<사운드 오브 뮤직>의 배경이 된 아름다운 자연

잘츠부르크 동쪽 일대에 펼쳐진 산악 휴양 지대 잘츠캄머구트는 과거 황실의 소금을 생산하는 중심지로서 '소금의 영지', '황제의 소금 창고' 등으로 불렸다. 곳곳에 산과 호수가 펼쳐진 이 지방에는 암염 광맥이 있어서 소금 산업으로 번창했다. 근세 들어 대부분의 소금 광산은 폐쇄되었고 관광지로 개발되었다. 70여 개의 크고 작은 호수와 호허 다흐슈타인(Hoher Dachstein, 2,995m)을 정점으로 하는 다흐슈타인(Dachstein) 산악 지대가 어우러져서 자연 여행에 더할 나위 없는 지역이다. 할슈타트, 바트 이슐, 장크트 길겐 등 그림 같은 마을들이 잘츠캄머구트 구석구석에 숨어 있으며, 그중 유네스코 세계 문화유산으로 지정된 지역도 많이 포함되어 있다.

잘츠캄머구트 여행은 하루에 다 돌아보기에는 지역이 넓고, 교통편을 갈아타야 해서 시간이 꽤 소요되기 때문에 하루에 2곳 정도의 마을과 명소를 둘러보는 식으로 여유롭게 일정을 짜는 것을 추천한다. 잘츠부르크에 며칠 머물면서 당일치기로 하루에 3곳을 돌아보는 일정으로 이틀 정도는 할애하는 편이 좋다. 할슈타트와 바트 이슐은 하루 동안에 충분히 돌아볼 수 있으며, 주로 열차와 포스트버스를 번갈아 활용한다. 그 외에 장크트 길겐, 장크트 볼프강 호수 등을 돌아보려면 포스트버스와 호수 유람선을 활용하는 방법도 있다. 좀 더 구석구석 돌아보며 여행하려면 렌터카를 이용하는 것도 좋은 선택이 될 수 있다.

가는 방법

잘츠캄머구트 지역 내 대부분의 도시들은 잘츠부르크를 출발점으로 열차와 포스트버스로 연결되어 있다. 호숫가에 위치한 장크트 길겐이나 장크트 볼프강은 호수 유람선을 이용해 접근할 수도 있다. 구체적인 이동 방법은 각 도시별로 상세히 소개했으니 해당 페이지를 참조한다.

오스트리아 열차 & 포스트버스 홈페이지
www.oebb.at
열차 & 포스트버스 스케줄 조회
fahrplan.oebb.at
오스트리아 열차 앱
ÖBB, ÖBB Scotty

구역 정보

잘츠캄머구트는 잘츠부르크 근교의 산과 호수로 이루어진 넓은 자연 휴양 지역을 뜻한다. 해발 2,995m의 다흐슈타인산을 정점으로 오스트리아 알프스 산악 지대와 할슈타트 호수, 볼프강 호수 등 수많은 호수들 사이로 아름다운 마을들이 구석구석 산재해 있다. 잘츠캄머구트 내 지역은 일단 도착하면 대부분 도보로 충분히 다닐 수 있을 정도로 작은 마을들이다. 1997년부터 이 지역의 문화 경관은 유네스코 세계 유산으로 지정되어 보호받고 있다.

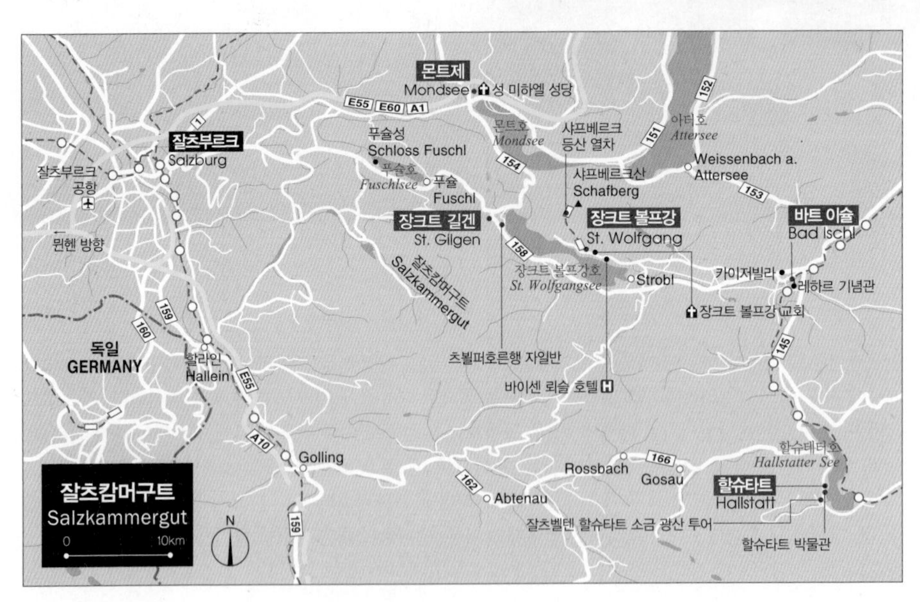

잘츠캄머구트의 관광 명소

몬트제
Mondsee

마리아와 폰 트랩 대령의 결혼식을 촬영한 교회

아름다운 몬트제 호숫가에 위치한 같은 이름의 작은 마을이다. 몬트제는 '달의 호수'라는 뜻이며 특히 이 마을의 교구 성당인 성 미하엘 성당(Basilika St. Michael)은 영화 〈사운드 오브 뮤직〉의 두 주인공 마리아와 폰 트랩 대령의 결혼식이 촬영된 장소로도 유명하다. 몬트제 호숫가에 자리 잡은 인구 3,000명의 조용하고 작은 마을에는 성 미하엘 성당 외에는 특별한 볼거리가 없다. 주로 몬트제 호숫가를 산책하거나 여름에는 호수에서 수영을 즐기고, 마을을 둘러싼 잘츠캄머구트의 자연 속에서 트레킹을 즐길 수 있는 휴양 마을이다. 잘츠부르크 동쪽으로 27km 정도 거리에 있으며 자동차로는 30분 정도 걸린다.

몬트제 가는 법 잘츠부르크 중앙역 앞 쥐드티롤러 광장(Südtiroler Platz) 버스 정류장 플랫폼 F에서 몬트제행 버스 140번을 타고 53분 소요. 요금 €7. 주간 매시 40분에 출발

성 미하엘 성당 **Basilika St. Michael**
주소 Wredepl. 3, 5310 Mondsee **전화** 6232-4166 **홈페이지** www.pfarre-mondsee.at
개방 매일 09:00~19:00 **요금** 무료(자발적 기부금) **위치** 잘츠부르크에서 자동차로 25분 **지도** p.438

SanDisk

장크트 길겐
St. Gilgen

장크트 볼프강 호숫가에 있는 모차르트 어머니의 고향 마을

장크트 볼프강 호수(Wolfgangsee) 서쪽 끝에 있는 이 마을은 봄과 가을에는 자전거를 타고, 여름이면 요트나 패러글라이딩, 산악 하이킹을 즐기는 사람들로 붐빈다. 모차르트의 어머니가 태어난 마을로 모차르트의 누나 난네를도 이곳에 살았다. 모차르트 어머니의 생가는 기념관으로 조성되어 있으며, 마을 시청사 앞 모차르트 광장에는 바이올린을 켜고 있는 소년 시절의 모차르트 동상이 작게 세워져 있다. 특히 장크트 길겐이 매력적인 이유는 마을 앞으로는 장크트 볼프강 호수가 펼쳐져 있고 호수 주변으로는 아름다운 잘츠캄머구트의 산들이 둘러싸고 있기 때문이다. 해발 고도 1,522m의 츠뵐퍼호른(Zwölferhorn)산이 이름처럼 12개의 산봉우리를 자랑하며 마을 뒤쪽으로 우뚝 솟아 있다. 1957년부터 운행을 시작한 츠뵐퍼호른행 자일반(Seilbahn)을 타고 마을 중심에서 바로 정상까지 올라갈 수 있어서 편리하다. 자일반 승강장에서 내려 산악 트레킹을 하거나 패러글라이딩을 하며 자연을 만끽하는 여행자들이 많다. 츠뵐퍼호른 정상에 오르면 장크트 볼프강 호수와 호허 다흐슈타인산을 비롯해 잘츠캄머구트의 산악 지대가 펼치는 파노라마 풍경이 환상적이다. 여행 예능 프로그램 〈꽃보다 할배 리턴즈〉에서도 소개되어 국내 여행객에게도 꾸준히 인기 있는 관광지다.

장크트 길겐 가는 법

잘츠부르크 중앙역 앞 쥐드티롤러 광장(Südtiroler Platz) 버스 정류장 플랫폼 F에서 포스트버스 150번을 타고 47분 소요. 오전 7시부터는 매시 15분과 45분에 운행. 요금 €8

츠뵐퍼호른행 자일반 Zwölferhorn Seilbahn

1957년부터 운행을 시작했으며 총 길이가 2,740m에 이른다. 산 정상역은 해발 1,476m에 위치해 있으며 츠뵐퍼호른 정상에 올라서 바라보는 장크트 볼프강 호수와 잘츠캄머구트의 자연이 숨막히게 아름답다.

주소 Konrad-Lesiak-Platz 3 **전화** 6227-2350 **홈페이지** www.zwoelferhorn.at **개방** 여름 09:00~17:00, 겨울 10:00~16:00(계절과 날씨에 따라 변동 가능) **요금** 왕복 성인 €33, 아동 €19, 편도 올라갈 때 성인 €29, 아동 €17, 내려올 때 성인 €21, 아동 €11 **지도** p.438

장크트 볼프강
St. Wolfgang

중요 순례지로 발전한 도시

장크트 볼프강 호수의 북쪽에 위치한 마을이다. 10세기에 레겐스부르크(Regensburg)의 주교 볼프강이 이곳을 방문했을 당시, 이곳에 교회를 지으라는 신의 계시를 받고 장크트 볼프강(Sankt Wolfgang im Salzkammergut) 교회를 짓게 되었다고 전해진다. 이후 이 교회는 순례자 교회로서 유럽에서 수많은 사람들이 찾아오게 되었다. 특히 이 교구 교회는 15세기에 활약한 오스트리아 최고의 조각가 미하엘 파허(Michael Pacher, 1435~98년)의 걸작을 보유하고 있는 것으로도 유명하다. 성모 마리아의 대관을 묘사한 조각이 있는 높이 12m의 황금 제단은 고딕 예술의 걸작으로 지금도 변함없이 선명한 색채로 감탄을 자아낸다.

교회 옆에 있는 바이센 뢰슬(Weissen Rössl) 호텔은 베를린에서 활약했던 랄프 베나츠키(Ralph Benatzky)의 오페레타 〈백마 여관에서 Im Weissen Rössl〉의 무대가 된 호텔이다. 오페레타가 인기를 얻자 숙박객이 늘어났고, 현재는 인근에 있는 건물 대부분이 호텔로 운영되고 있다. 마을의 규모는 작은 편이며 티롤풍으로 장식된 집들이 아기자기한 느낌이다.

장크트 볼프강에서 꼭 체험해봐야 할 열차가 있는데 바로 해발 1,783m의 샤프베르크(Schafberg)산으로 올라가는 등산 열차다. 이 열차는 옛 방식의 증기 기관차로 낭만이 넘친다. 날씨가 좋을 때 정상역에서 바라보는 주변 4개의 호수와 산들이 만들어내는 풍경에 가슴이 탁 트인다. 이 풍경은 영화 〈사운드 오브 뮤직〉에서 '도레미 송'을 부르는 장면에 등장하기도 한다. 〈꽃보다 할배 리턴즈〉에서도 이 열차를 타고 샤프베르크산을 오르는 장면이 나온다.

장크트 볼프강 가는 법

잘츠부르크 중앙역 앞 쥐드티롤러 광장(c) 버스 정류장 플랫폼 F에서 포스트버스 150번을 타고 슈트로블(Strobl)에서 내려 포스트버스 546번으로 갈아타고 장크트 볼프강에 도착한다.

잘츠부르크에서 슈트로블까지 약 1시간 10분, 슈트로블에서 장크트 볼프강까지 약 10분 소요된다. 총 1시간 25분 정도 걸린다.

장크트 볼프강 교회 Sankt Wolfgang im Salzkammergut

주소 Markt 78 **전화** 061-382321 **홈페이지** www.dioezese-linz.at/stwolfgang **개방** 여름 08:00~19:00, 겨울 08:00~17:00
요금 무료 **위치** 잘츠부르크에서 자동차로 52분 소요 **지도** p.438

바이센 뢰슬 호텔 Hotel Weissen Rössl

주소 Markt 74 **전화** 6138-2306 **홈페이지** www.weissesroessl.at **요금** 더블룸 €299~ **객실 수** 94실 **위치** 장크트 볼프강 교회에서 도보 1분 **지도** p.438

샤프베르크 등산 열차 Schafbergbahn

1893년 처음 운행을 시작했으며 장크트 볼프강 마을에서 해발 1,783m의 샤프베르크 정상까지 올라간다. 총 5.85km의 거리를 운행하며 약 35분 정도 걸린다. 열차 안에서 4개의 주변 호수와 환상적인 잘츠캄머구트가 연출하는 파노라마 전망을 감상할 수 있다. 정상역에는 1862년에 문을 연, 오스트리아에서 가장 오래된 산악 호텔 샤프베르크슈피체(Schafbergspitze) 호텔이 자리하고 있다.

주소 Markt 35 **전화** 6138-2306 **홈페이지** www.schafbergbahn.at
운행 4월 말~10월 초 장크트 볼프강에서 출발하는 첫차 09:15(7·8월 08:50), 막차 15:30, 정상역인 샤프베르크슈피체에서 내려오는 첫차 09:50, 막차 16:05(계절과 날씨에 따라 변동 가능) / 겨울 휴무
요금 성인 편도 €33.60, 왕복 €47.60, 아동(4~14세) 편도 €16.80, 왕복 €23.90 **지도** p.438

바트 이슐
Bad Ischl

합스부르크 왕가의 별장이 있는 온천 마을

요제프 황제와 엘리자베트 황후가 처음 만난 장소이자, 엘리자베트 황후의 기구한 운명의 주사위가 던져진 곳이다. 1853년 프란츠 요제프 황제는 바이에른 공작의 딸 헬레나와 맞선을 보기 위해 이곳을 방문했다. 그러나 운명의 장난인지 함께 온 헬레나의 여동생인 15살의 엘리자베트에게 마음을 빼앗겨 그녀를 황후로 선택하게 된다. 요제프 황제는 엘리자베트가 스위스 제네바에서 암살을 당해 세상을 떠난 후에도 그들의 인연이 시작된 이곳을 매년 찾았다. 황제는 이곳을 '지상 천국'이라고 묘사했을 정도로 애정이 깊었다. 합스부르크가의 별장으로 사용된 카이저빌라(Kaiservilla)에는 요제프 황제 부부가 지내던 방과 유품들을 전시하고 있다. 저택을 감싸고 있는 넓은 정원은 산책하기에 좋다.

19세기 후반 무렵 이 마을은 왕후 귀족과 예술가들의 요양지로 번영하였으며 그 자취가 마을 곳곳의 카페와 레스토랑에 남아 있다. 요한 슈트라우스가 단골로 들렀던 카페 람사우어, 황실에 과자를 납품했던 차우너, 엘리자베트가 증류수를 특별 주문했던 약국 쿠아 아포테케 등은 현재도 영업을 하고 있으며 여행자들에게 인기 높은 바트 이슐의 명소들이다.

오페레타 〈메리 위도〉의 작곡가 프란츠 레하르(Franz Lehár)가 지냈던 별장인 레하르 기념관은 트라운강 건너편에 있다. 그는 1912년부터 1948년까지 정기적으로 이곳을 방문해 시간을 보냈고 이 별장에서 세상을 떠났다. 유언에 따라 저택은 시에 기증되었고, 그가 사망한 당시 모습 그대로 보존되어 있다.

바트 이슐 가는 법

잘츠부르크 중앙역 앞 쥐드티롤러 광장(Südtiroler Platz) 버스 정류장 플랫폼 F에서 포스트버스 150번을 타고 바트 이슐 중앙역 도착. 1시간 32분 소요. 주간 주요 시간대에는 매시 15분과 45분에 출발. 요금 €12

또는 잘츠부르크 중앙역에서 열차를 타고 아트낭-푸하임(Attnang-Puchheim)에서 하차해 열차를 갈아타고 바트 이슐 중앙역 도착. 총 1시간 40분~2시간 10분 소요. 요금 €27 내외

카이저빌라 Kaiservilla

주소 Jainzen 38 **전화** 6132-23341 **홈페이지** www.kaiservilla.at **개방** 1월 초순 일부 기간 매일 10:00~16:00, 4월 매일 10:00~16:00, 5~9월 매일 09:30~17:00, 10월 매일 10:00~16:00 / 11·12월은 대부분 휴무이며 특정일만 오픈. 2·3월 휴무(홈페이지 참조)
요금 카이저빌라(주차 포함) 성인 €16, 아동(7~16세) €7.50, 카이저빌라 & 사진 박물관(주차 포함) 성인 €22, 아동(7~16세) €11.50 / 카이저빌라 입장권에는 주차와 가이드 투어가 포함되어 있다. 가이드 투어로만 관람이 가능하며 약 45분 소요된다. 4월과 10월은 매시에, 성수기에는 수시로 진행된다. **위치** 바트 이슐 기차역에서 도보 10분 **지도** p.438

레하르 기념관 Leharvilla Museum

주소 Franz-Lehar-Kai 38 **전화** 6132-25476 **홈페이지** leharvilla.at **개방** 수~일 10:00~17:00 / 월·화 휴무(7·8월 화요일만 휴무)
요금 성인 €5.80, 학생 & 아동(~15세) €2.70 **위치** 바트 이슐 기차역에서 도보 8분. 2023년 현재 리노베이션 공사 중 **지도** p.438

R. LECHNER (WILH. MVLLER)

할슈타트
Hallstatt

잘츠캄머구트에서 가장 그림 같은 호수 마을

다흐슈타인산맥의 산줄기들이 둘러싸고 있는 할슈타트 호수(Hallstätter See) 남쪽 산자락 경사면에 들어선 아름다운 중세 마을이다. 산비탈을 따라 옹기종기 층층이 모여 있는 풍경이 마치 한 폭의 수채화처럼 아름답고 낭만적이다. 선착장 근처에는 삼각형 모양의 마르크트 광장이 있고, 이 광장을 중심으로 호숫가를 따라 남북으로 예쁜 집들이 길게 늘어서 있다.

할(Hall)은 켈트어로 소금을, 슈타트(Statt)는 독일어로 마을을 뜻한다. 마을 이름처럼 할슈타트에서는 기원전 1400년경부터 암염을 채굴하기 시작해 현재까지 이어오고 있다. 마을 위쪽 산자락에는 소금 광산(Salzwelten)이 있으며 가이드 투어로 소금 광산을 둘러볼 수 있다. 초기 철기 시대인 기원전 800년경부터 기원전 500년경까지를 '할슈타트 시대'라 이르는데, 이후에 출토된 귀중한 유물들을 할슈타트 박물관(Hallstatt Museum)에서 관람할 수 있다. 할슈타트 기차역은 호수를 사이에 두고 마을 건너편에 있어서 기차를 이용해서 올 경우 기차역에서 내려 호수 쪽으로 좁은 길을 따라 내려가면 선착장이 있다. 기차 도착 시간에 맞춰서 호수 건너편 할슈타트까지 운행하는 작은 유람선이 운행되고 있다. 버스로 할슈타트에 도착하면 긴 터널을 통과해서 슈퍼마켓 앞 할슈타트 란(Hallstatt Lahn) 또는 제랜데(Seelände)라고 불리는 거리에 도착한다. 이곳은 기차역에서 도착하는 선착장과는 완전히 반대편이며, 여기서 마을 중심 선착장까지 호수를 오른쪽에 두고 긴 호반 산책로가 이어진다. 전통적인 호텔은 주로 구시가에, 현지인이 운영하는 민박은 소금 광산으로 올라가는 자일반 뒤쪽 계곡에 많이 있다.

할슈타트 가는 법

기차 또는 버스 + 기차 잘츠부르크 중앙역에서 바트 이슐까지 포스트버스나 기차로 이동한 후 바트 이슐에서 기차로 할슈타트 기차역까지 도착하는 방법이다. 총 2시간가량 소요된다. 할슈타트 기차역에 도착해 호수 쪽 작은 길을 따라 내려가면 건너편 마을까지 이어주는 작은 유람선 선착장이 있다. 기차 도착 시간에 맞춰 운행하는 작은 유람선을 타고 구시가 중심 선착장인 할슈타트 마르크트(ATO Hallstatt Markt)로 간다. 약 10분 소요. 요금은 약 €20~30

버스(2회 환승) 잘츠부르크 중앙역 앞 쥐드티롤러 광장에서 바트 이슐행 포스트버스 150번을 타고 바트 이슐에 도착한 후(약 1시간 30분 소요) 포스트버스 542번으로 환승한다. 542번을 타고 고사우뮬레(Gosaumühle)에서 내린 후(약 32분 소요) 다시 포스트버스 543번을 타면 할슈타트 마을 입구인 제랜데에 도착한다(약 8분 소요). 총 2시간 30분~2시간 40여 분 소요. 요금 약 €15

할슈타트 박물관 Welterbemuseum Hallstatt

주소 Seestrasse 56 **전화** 6134-828015 **홈페이지** museum-hallstatt.at **개방** 1~3월 수~일 11:00~15:00(월 · 화 휴무), 4 · 10월 매일 10:00~16:00, 5~9월 매일 10:00~18:00, 11 · 12월 수~일 11:00~15:00(월 · 화 휴무) **요금** 성인 €10, 아동 & 학생 €8 **위치** 구시가 중심에 있는 할슈타트 선착장(Hallstättersee Schifffahrt)에서 도보 2분 **지도** p.438

잘츠벨텐 할슈타트 소금 광산 투어 Salzwelten Hallstatt

65km에 이르는 터널 중 22.50km 정도가 걸을 수 있는 거리에 해당한다. 가이드 투어는 70분 정도 소요된다. 푸니쿨라를 타고 올라오고 내려오는 시간까지 포함해서 총 2시간 30분 정도는 소요된다. 가이드 투어 시작 30분 전까지는 푸니쿨라역에 미리 가서 대기하는 편이 좋다. 소금 광산 내부는 기온이 8℃ 정도이기 때문에 쌀쌀한 편이다. 따뜻한 패딩을 입고 광산 내 도보 이동을 위해 운동화나 걷기에 편한 신발을 신어야 한다.

주소 Salzbergstrasse 21 **전화** 6132-2002400 **홈페이지** www.salzwelten.at/en/hallstatt **개방** 케이블카와 스카이워크 2월 초~3월 하순 매일 09:00~16:30, 3월 하순~9월 말 09:00~18:00, 9월 말~1월 초 09:00~16:30 **지도** p.438

소금 광산

개방 2월 중순~3월 매일 09:30~14:30, 4~10월 09:30~16:00, 11~1월 초 09:30~14:30 / 12월 24 · 31일 휴무
요금 소금 광산+푸니쿨라 왕복 성인 €36, 아동(4~15세) €18
위치 푸니쿨라 타는 곳(Seestrasse 99)의 할슈타트 관광 안내소에서 도보 3분 **지도** p.438

바하우 계곡

WACHAU

도나우강의 그림 같은 마을들

총 길이가 2,826km에 이르는 도나우강은 전체 길이의 약 8분의 1인 약 360km가 오스트리아를 흐른다. 그 중에서도 자연과 인간의 삶이 가장 잘 어우러지고 아름다운 경관이 펼쳐지는 곳이 바로 바하우 계곡이다. 멜크에서 크렘스까지 도나우강을 따라 약 36km나 이어지는 바하우 계곡에는 산비탈과 언덕을 따라 포도밭과 작은 마을들이 끝없이 펼쳐진다. 가파른 바위산 정상에는 옛 수도원과 고성이 세월의 흔적을 짊어지고 우뚝 솟아 있다. 오스트리아 와인 생산량에서 압도적인 비중을 차지하는 와인 산지답게 질 좋은 와인을 맛볼 수 있으며, 멜크 수도원, 빌렌도르프의 비너스, 사자왕 리처드왕이 유폐되었던 뒤른슈타인 등 다양한 역사와 전설을 만날 수 있는 곳이기도 하다.

가는 방법

빈에서 바하우 계곡의 대표 관광 명소인 멜크(Melk)까지는 철도로 가는 게 가장 편리하다. 바하우 계곡 여행의 양끝에 위치해 있는 주요 명소인 멜크와 크렘스(Krems)는 빈과 철도 연결편이 잘되어 있기 때문이다.

오스트리아 열차 홈페이지 www.oebb.at

열차

빈 중앙역(Wien HBF)에서 출발하는 열차는 장크트 푈텐(St. Pölten)까지 가서 기차를 갈아탄 후 멜크에 도착한다(50분~1시간 2분 소요).

환승 없이 직행으로 가려면 빈 서역(Wien Westbahn hof)에서 매시 20분에 출발하는 암슈테텐(Amstetten NÖ)행 지역 특급(RE) 열차를 타면 곧바로 멜크까지 갈 수 있다(약 1시간 소요).

관광버스

현지 여행사에서 도나우 계곡 당일치기 여행(바하우 계곡) 상품을 예약하면 멜크, 뒤른슈타인, 크렘스 등을 하루에 돌아볼 수 있다. 멜크 수도원 가이드 투어가 포함되어 있으며 총 소요 시간은 9시간 정도다. 출발지는 빈 국립 오페라 건물 옆에 있는 오페라 분수 맞은편 오펀 거리(Operngasse) 8번지다. 일정을 마치면 원래 출발했던 빈 국립 오페라 건물 앞으로 돌아온다. 비엔나 사이트시잉 투어스 홈페이지 또는 비엔나 사이트시잉 앱(VIENNA SIGHTSEEING & PASS)을 다운받아 예약할 수 있다. 요금은 €97부터이며, 오프라인 지도도 제공해 주기 때문에 편리하다.

홈페이지 www.viennasightseeing.at
운영 월~토 09:00~18:00, 일 09:00~15:00 / 연중무휴
요금 €97

바하우 계곡 돌아보기

멜크에서는 수도원을 둘러본 후 지역 버스를 이용해 빌렌도르프, 슈피츠 등 주요 마을을 돌아보는 게 좋다. 여유가 있다면 멜크와 크렘스 사이 구간의 도나우강을 오르내리는 유람선을 타는 것도 한 방법이다. 하지만 유람선은 철도보다 시간이 훨씬 더 많이 걸리는 데다 모든 마을에 서지 않고 슈피츠나 뒤른슈타인, 멜크 같은 주요 명소에만 들르기 때문에 미리 운행 스케줄을 확인하도록 한다. 멜크와 크렘스 사이에는 4월 중순부터 10월 하순(성수기는 4월 말~10월 초)까지 정기편을 운항하며, 올라가는 데 3시간, 내려가는 데 1시간 40분 정도 걸린다. 크렘스-멜크 편도 €33, 왕복 €39.

비엔나 도나우 크루즈 홈페이지
www.ddsg-blue-danube.at

바하우 계곡의 관광 명소

멜크 수도원
Stift Melk

도나우강 변에 장엄하게 서 있는 신의 요새

바하우 계곡 멜크의 높은 언덕 위에 우뚝 솟은 멜크 수도원은 베네딕트회 수도원이며, 1809년에 세워졌다. 12세기에 수도원 학교가 세워졌는데, 이때부터 수도원 도서관에 소장된 방대한 도서로 명성을 얻게 되었다. 이 수도원이 특별한 이유가 또 하나 있는데, 바로 1600년대에 이곳에서 발견된 수기 때문이다. 14세기 독일인 견습 수도승 아트존이 쓴 회고록으로, 이 자료를 토대로 기호학자인 움베르코 에코는 20세기 최고의 화제작으로 평가받은 소설 《장미의 이름》을 썼다. 이 소설은 영화로까지 만들어졌고, 현재도 명작으로 꾸준히 사랑받고 있다. 수도원은 1702년부터 1736년까지 공사를 거쳐 바로크 양식으로 재건되었으며 현재까지 그 모습을 유지하고 있다. 196m에 이르는 긴 복도와 10만 권 이상의 장서, 2,000여 점의 사본을 소장한 도서관 등 수도원 내부에 볼거리들이 가득하다. 여유 있게 둘러봐야 할 유서 깊은 수도원이다.

주소 Abt-Berthold-Dietmayr-Strasse 1 **전화** 2-752-5550 **홈페이지** www.stiftmelk.at **개방** 11~3월 10:00~16:30, 4~10월 09:00~17:30 / 연중무휴 / 겨울 시즌에는 가이드 투어 위주로 개방(홈페이지 참조) **요금** €13, 가족(부모+16세 이하 자녀들) €26, 가이드 투어 €3 추가 **위치** 멜크 기차역(Melk Bahnhof)에서 도보 11분 **지도** p.449

쇤뷔엘성
Schloss Schönbühel

양파 모양의 종루가 인상적인 성
높이 40m의 높은 언덕에 세워진 하얀 성곽은 19세기에 지어졌으며, 강 쪽으로 튀어나와 있는 부분은 중세의 요새 유적이다. 성 뒤편으로 아름다운 포도밭이 펼쳐져 있다.

위치 멜크 기차역(Melk Bahnhof) 앞 버스 정류장에서 악스바흐-도르프(Aggsbach-Dorf)행 버스 WL2번을 타고 6정거장 가서 쇤뷔엘/도나우성(Schönbühel/Donau Schloss) 정류장에서 도보 2분. 총 13분 소요
지도 p.449

빌렌도르프
Willendorf

구석기 시대 비너스 조각상으로 유명한 마을
악슈타인 고성에서 도나우강을 사이에 두고 건너편 언덕에 있는 마을이다. 1909년 이곳에서 철도 공사를 하던 중 11cm의 귀중한 조각상이 발견되었다. 바로 구석기 시대의 유물로 다산을 상징하는 '빌렌도르프의 비너스'다. 이 조각상은 빈 자연사 박물관에 소장되어 있으니 빈 여행을 할 때 꼭 들러보자.

위치 멜크 기차역(Melk Bahnhof) 앞 버스 정류장에서 오텐쉬라그 베 바트 트라운슈타인 오베러 마르크트(Ottenschlag b.Bad Traunstein Oberer Markt)행 1442번 버스를 타고 5정거장 가서 빌렌도르프 하차 후 도보 20분 소요
지도 p.449

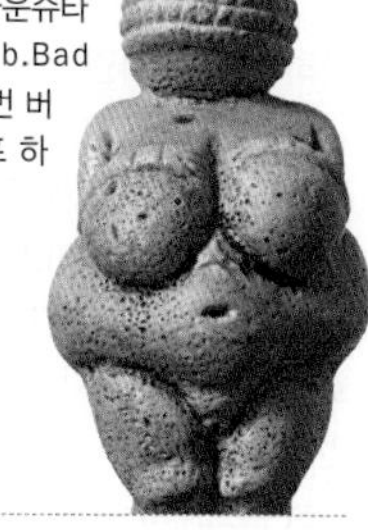

악슈타인성
Schloss Aggstein

왕관처럼 우뚝 서 있는 고성
도나우강의 폭이 가장 좁아지는 지점의 오른쪽 기슭 정상에 솟아 있는 아름다운 성이다. 13세기 말에 파괴된 것을 15세기에 재건했으나, 오스만투르크군의 침략으로 다시 파괴되어 현재는 폐허로 남아 있다.

위치 멜크 기차역(Melk Bahnhof) 앞 버스 정류장에서 악스바흐-도르프(Aggsbach-Dorf)행 버스 WL2번을 타고 10정거장 가서 악슈타인-수드(Aggstein Süd)역에서 도보 50분 소요. 총 1시간 8분. 멜크에서 자동차로는 21분 소요 **지도** p.449

슈피츠 암 데어 도나우
Spitz an der Donau

와인으로 유명한 1,000개의 양동이 언덕

바하우 계곡 와인 산지의 중심인 슈피츠는 마을 뒤편의 언덕과 산비탈 그리고 계곡까지 온통 포도밭으로 덮여 있다. 오스트리아 와인 원액 생산량의 대부분을 차지하는 곳이 슈피츠를 중심으로 한 바하우 계곡이다. 그해 수확한 포도로 담근 햇와인을 맛볼 수 있는 호이리게도 여기저기서 발견할 수 있다. 포도밭 너머 언덕에는 폐허가 된 채 남아 있는 중세 시대 유적 힌터하우스(Hinterhaus)가 자리하고 있다.

위치 멜크 기차역(Melk Bahnhof) 앞 버스 정류장에서 오텐쉬라그 베 바트 트라운슈타인 오베러 마르크트(Ottenschlag b.Bad Traunstein Oberer Markt)행 1442번 버스를 타고 7정거장 가서 슈피츠/도나우 힌터하우스(Spitz/Donau Hinterhaus)에서 도보 30분 **지도** p.449

뒤른슈타인
Dürnstein

사자왕 리처드의 전설이 서린 마을

전해오는 이야기에 따르면 제3차 십자군 원정을 다녀오던 사자왕 리처드는 오스트리아 레오폴트공의 명예를 손상시킨 죄로 체포되어 1192년에 뒤른슈타인성에 유폐된다. 다음 해 봄, 왕의 행방을 찾던 음유시인 블롱델이 성 아래로 지나갈 때, 왕이 익숙한 그의 노랫소리를 알아듣고 도움을 청해 마침내 탈출하게 되었다는 것이다. 그러나 실제로는 리처드가 황제에게 막대한 몸값을 내고 풀려났으며, 몸값의 일부는 레오폴트에게 지급되었다고 한다. 성은 현재 폐허가 되었지만 마을에서 걸어서 20~30분이면 정상에 오를 수 있다. 정상에 오르면 바하우 계곡과 도나우강 그리고 이웃 마을들이 파노라마처럼 펼쳐진다. 마을 안에는 옛 성당과 16세기 옛 거리가 남아 있으며 호이리게와 기념품점들이 있어서 가볍게 산책하며 돌아보기에 좋다.

위치 슈피츠에서는 슈피츠/도나우 반스트, 포어플라츠(Spitz/Donau Bahnhst, Vorplatz) 정류장에서 버스 WL1번을 타고 5정거장 가서 뒤른슈타인/바하우 베스트(Dürnstein/Wachau West)에서 도보 약 14분 **지도** p. 449

크렘스
Krems an der Donau

위치 빈 중앙역(WienHbf)에서 장크트 푈텐을 경유(환승)해서 크렘스까지 약 1시간 10분~1시간 50분 내외(환승 대기 시간에 따라) 소요 **지도** p.449

바하우 계곡 교통의 중심지

크렘스는 바하우 계곡의 다른 마을에 비해서 가장 도시적인 느낌을 주며 바하우 계곡의 상업 중심지이기도 하다. 빈과는 철도편이 잘 연결되어 있어 열차로 장크트 푈텐(St. Pölten Hbf)에서 1회 환승해서 빈까지 바로 갈 수 있다. 작은 구시가지는 산책하기에 적당하며, 다양한 상점들에서 쇼핑을 즐겨도 좋다. 크렘스 역사 박물관, 캐리커처 박물관도 재미 삼아 가볍게 들르기에 좋다.

그라츠

GRAZ

유네스코 세계 유산에 등재된 예술의 향기 넘치는 도시

그라츠는 오스트리아에서 두 번째로 큰 도시이자 슈타이어마르크주의 주도다. 또한 6개의 대학교가 있는 교육의 도시이자 4만 명이 넘는 학생들이 재학 중인 젊음의 도시이기도 하다. 10세기경 슬라브계 민족이 슐로스베르크에 작은 성을 쌓았고, 슬라브어로 요새를 의미하는 그라데츠가 그라츠라는 지명의 유래가 되었다. 15세기에는 슈타이어마르크 대공 프리드리히 3세가 오스트리아 대공에, 이어서 신성 로마 제국의 황제로 뽑힐 정도로 그라츠는 번성을 누렸다. 지리적 위치상 중부 유럽, 발칸 제국, 이탈리아의 영향을 받아서 다채로운 특징을 갖고 있으며, 현재 구시가지 안에는 고딕 양식부터 현대에 이르기까지 1,000여 채가 넘는 건물들이 아름다운 도시 풍경을 이루고 있다.

가는 방법

기차편이 가장 잘 연결되어 있으며 매 시간 1~2대씩 은 운행하고 있어서 이용하기에 편리하다.

비행기

빈 국제공항(VIE)에서 오스트리아항공(Austrian Airlines)을 타고 그라츠 공항(GRZ)까지 35분 소요. 공항에서 시내까지는 버스로 약 20분 소요된다.

철도

빈 중앙역(Wien Hbf)에서 그라츠 중앙역(Graz Hbf)까지 특급 열차(Railjet)를 타고 2시간 35분 소요. 주간에는 매시 1~2대씩 운행한다.

버스

플릭스버스(Flixbus)를 이용할 경우 빈 서역이나 노이도르프(Neudorf)에서 그라츠까지 2시간 10분~2시간 20분 소요. 주간에는 매시 1~2대씩 운행한다.

구역 정보

도시 한가운데에 무어(Mur)강이 흐르고 있다. 강을 중심으로 서쪽으로 중앙역이 있고 동쪽으로는 슐로스베르크(옛 요새)와 구시가가 자리한다. 구시가는 도보로 충분히 돌아볼 수 있는 규모다. 슐로스베르크는 올라갈 때는 푸니쿨라를 이용하고 내려올 때는 구시가와 쿤스트하우스를 내려다보며 걸어 내려오면 좋다.
중앙역에서 구시가로 가려면 도보로는 20~30분 걸리는 꽤 먼 거리다. 중앙역에서 트램 1, 3, 6, 7번을 타고 4정거장 가서 중앙 광장(Hauptmarkt)에서 내리면 구시가가 시작된다. 구시가 뒤 언덕 위에 슐로스베르르크가 있고, 언덕에 시계탑이 우뚝 서 있다. 에겐베르크성은 중앙역에서 좀 더 서쪽으로 트램을 타고 가야 나온다.

관광 안내소
주소 Herrengasse 16 **전화** 316-8075-0
홈페이지 www.graztourismus.at
개방 1~3월, 11월 매일 10:00~17:00, 4~10월, 12월 매일 10:00~18:00 / 연중무휴
위치 주청사 건물에 들어서 있으며 구시가 중앙 광장(Hauptplatz)에서 도보 1~2분
지도 p.455

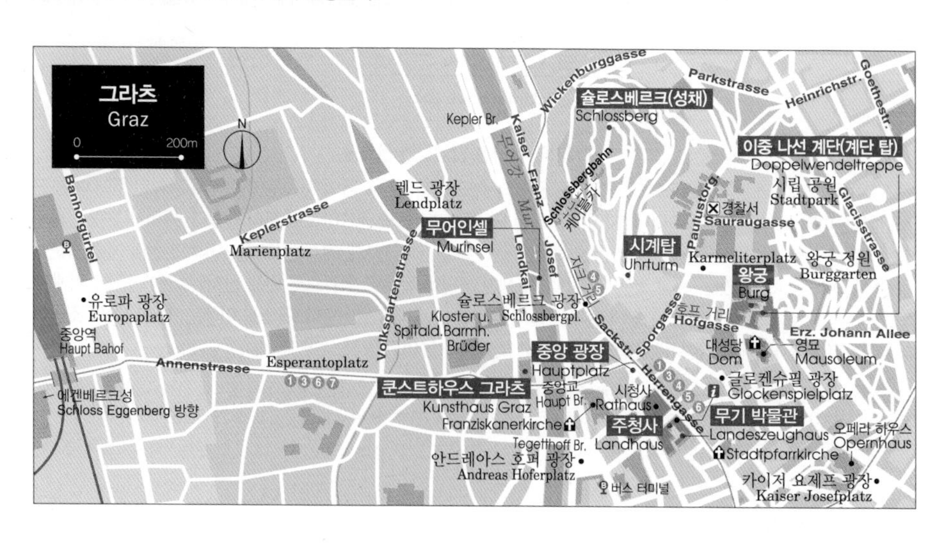

그라츠의 관광 명소

쿤스트하우스 그라츠
Kunsthaus Graz

구시가에서 가장 인상적인 건축물

쿤스트하우스 그라츠는 2003년 그라츠가 유럽 문화의 수도로 지정된 것을 축하하는 의미에서 건설된 현대 예술 전시관이다. 피터 쿡과 콜린 퍼니어가 디자인한 독특한 외관은 그라츠의 랜드마크로 자리 잡았다. 특히 박물관 건물치고는 상당히 획기적이고 혁신적인 디자인을 채택한 것이 특징인데, 전시관에서는 1960년 이후의 현대 예술 작품들을 중심으로 전시하고 있다. 해삼 혹은 우주선처럼 생긴 상당히 독특한 외관으로 인해 현지인들은 '친근한 외계인'이라는 별명으로 부르기도 한다. 지붕의 불거진 돌기 부분에서 채광이 들어오고, 곡면을 이루는 벽면 안쪽의 조명이 다양한 이미지를 연출해서 전시관 내의 작품과 함께 예술성을 높이고 있다.

주소 Lendkai 1 **전화** 316-8017-9200 **홈페이지** www.museum-joanneum.at/kunsthaus-graz **개방** 화~일 10:00~18:00 / 월 휴무 **요금** 성인 €11, 학생(19~26세) €4.50, 아동(19세 이하) 무료(가이드 투어 €3 추가) **위치** 트램 1, 3, 5, 6, 7, 13번을 타고 Südtiroler Platz/Kunsthaus에서 도보 1분 **지도** p.455

에겐베르크성
Schloss Eggenberg

유네스코 세계 유산으로 지정된 아름다운 성

오스트리아 슈티리아(Styria)주에서 가장 중요한 바로크 양식 궁전이다. 그라츠의 귀족 집안에서 태어난 요한 울리히 폰 에겐베르크는 30년 전쟁으로 공을 쌓았고, 황제 페르디난트 2세로부터 제국의 후작이라는 높은 지위를 받게 된다. 그는 1625년 옛 중세의 성을 화려한 성관으로 개축했는데, 이 성의 가장 큰 특징은 우주를 상징하고 있다는 점이다. 동서남북 4방향을 나타내는 4개의 탑, 1년 365일을 상징하는 365개의 창문, 하루 24시간을 상징하는 24개의 방으로 구성되어 있다. 모든 방들이 하나같이 화려하고 아름다운데, 그중에서도 '혹성의 방'이라고 불리는 방의 웅장한 천장화와 수많은 벽화들은 절로 감탄을 자아내게 한다. 성 내부는 지정된 시간에 진행하는 가이드 투어로만 돌아볼 수 있고, 정원은 자유롭게 관람이 가능하다.

주소 Eggenberger Allee 90
전화 316-8017-9532
홈페이지 www.museum-joanneum.at/schloss-eggenberg-prunkraeume-und-gaerten
개방 정원 4~10월 08:00~19:00, 11~3월 08:00~17:00, 성 내부 가이드 투어 화~일 10:00, 11:00, 12:00, 14:00, 15:00, 16:00 / 월 휴무
요금 성 내부 가이드 투어 성인 €17, 학생(19~26세) €7, 아동(19세 이하) 무료, 공원 & 정원만 관람 시 성인 €2
위치 트램 1번을 타고 에겐베르크성(Schloss Eggenberg)에서 도보 4분
지도 p.455

무어인셀
Murinsel

무어강 위의 독특한 인공 섬 구조물

무어인셀은 무어강 한가운데 떠있는 인공 섬으로 강 양쪽을 연결해주는 다리 역할도 한다. 뉴욕의 예술가 비토 아콘치(Vito Acconci)가 설계한 그라츠의 랜드마크로 2003년 그라츠가 유럽 문화 수도로 선정되는 것을 기념해서 건설했다. 밤에는 푸른 조명이 켜져서 무어인셀 전체를 밝힌다. 거대한 그릇 같기도 하고, 반원형 돔 같기도 한 구조물의 길이는 47m에 이른다. 구조물의 제일 가운데는 원형 경기장처럼 만들어져 있다. 돔 아래쪽으로는 카페, 야외극장, 놀이터가 들어서 있다.

Murinsel Cafe
주소 Lendkai 19
전화 316-822-660
홈페이지 murinselgraz.at/de/
개방 카페 매일 10:00~20:00, 상점 화~금 10:00~18:00, 토·일·공휴일 11:00~17:00 / 연중무휴
위치 트램 4, 5번을 타고 슐로스베르크 광장/무어인셀 Sch-lossbergplatz/Murinsel(Sackstrasse) 하차 후 도보 1~2분
지도 p.455

슐로스베르크(성채)와 시계탑
Schlossberg & Uhrturm

그라츠 구시가가 한눈에 내려다보이는 요새

그라츠라는 지역명의 유래가 된 언덕 위 작은 요새는 10세기에 처음 건설되었으며, 16세기 중반에 400m 길이의 단단한 성채로 완성되었다. 이후 1809년 나폴레옹과 맺은 쇤부른 평화 조약으로 철거 위기에 놓였는데, 시민들의 간청으로 종탑과 시계탑만은 남게 되었다. 현재는 시민들이 편하게 이용하는 시민 공원으로 조성되어 있다. 해발 고도 473m의 그리 높지 않은 언덕은 걸어서 올라갈 수도 있고, 자크 거리(Sackstrasse)에서 케이블카나 엘리베이터를 타고 편하게 올라갈 수도 있다. 올라갈 때는 케이블카를 타고, 종탑에서 내려 시계탑까지 걸어가고, 내려올 때는 엘리베이터를 타거나 계단으로 내려오면 도시 전경도 감상할 수 있다. 종탑에서 시계탑까지는 내리막길이어서 걷기도 수월하다. 약 5t에 이르는 커다란 종은 하루에 3번 101회 울린다. 그 이유는 오스만 투르크군이 놓고 간 101개의 포탄으로 종을 만들었기 때문이라고 한다. 성채 남쪽 끝에 있는 시계탑까지 내려오는 길에는 대포와 중국풍 파빌리온, 오스만 투르크의 포로가 팠다는 깊이 94m의 우물 등을 볼 수 있다.

시계탑은 1265년에 처음 세워졌고, 현재의 모습을 갖춘 것은 1560년 무렵이다. 처음에는 시간을 나타내는 바늘 하나만 있었는데, 멀리서도 잘 알아볼 수 있도록 무려 바늘 길이가 5.4m나 된다. 나중에 분을 가리키는 바늘이 추가되었는데, 2.7m로 오히려 시침보다 더 짧게 만들어졌다. 일반적인 시계와는 바늘의 길이가 반대인 셈이다. 시계탑 근처에 전망 좋은 카페도 있으며, 자크 거리로 내려가는 엘리베이터와 지그재그로 만들어져 있는 멋진 계단이 있다.

주소 Am Schlossberg **전화** 316-80750 **홈페이지** www.graztourismus.at **지도** p.455

케이블카 슐로스베르크만 Schlossbergbahn(Schlossbergbahn, 종탑까지 올라가는 케이블카)
60도 경사를 올라가며, 지붕은 유리로 되어 있어서 그라츠 구시가를 조망하기에 좋다. **운행** 월~목 · 일 09:00~00:00, 금 · 토 09:00~02:00(15분 간격으로 운행) **요금** 편도 €2.70 **위치** 트램 4, 5번을 타고 슐로스베르크반(Schlossbergbahn)에서 하차

엘리베이터 슐로스베르크리프트(Schlossberglift, 시계탑까지 올라가는 리프트)
슐로스베르크 시계탑으로 가장 빠르게 올라갈 수 있는 방법이다. 거의 1분 이내에 시계탑까지 올라가며 유리로 되어 있어서 독특한 색감의 조명이 비추는 언덕의 내부를 볼 수 있다. **운행** 매일 08:00~00:30 **요금** 성인 편도 €1.90 **위치** 트램 4, 5번 Schlossbergplatz/Murinsel에서 하차

이중 나선 계단(계단 탑)

Doppelwendeltreppe

'화해의 계단'이라고 불리는 나선 계단

현재 주청사 건물로 이용되는 옛 왕궁에 있는 계단 탑이다. 1499년 막시밀리안 1세가 왕궁을 증축할 때 만든 이중 나선 계단으로, 석공 예술의 최고 걸작으로 평가받고 있다. 주청사의 다른 곳들은 일반인들이 관람할 수 없고 계단 탑만 공개되고 있다. 이 계단 탑은 '화해의 계단'이라는 별명으로 불리는데, 입구에서 두 갈래 방향으로 나뉘어 올라가다가 각 층에서 하나로 합쳐지고, 다시 둘로 갈라졌다가 위층에서 또 하나가 되기 때문이라고 한다.

주소 Hofgasse 15
홈페이지 www.graztourismus.at
개방 매일 07:30~20:00 / 연중무휴
요금 무료
위치 중앙 광장(Hauptplatz)에서 도보 5분
지도 p.455

중앙 광장 · 주청사 · 무기 박물관

Hauptplatz · Landhaus · Landeszeughaus

구시가 관광의 중심

쿤스트하우스에서 다리를 건너 무어가세(Murgasse)의 막다른 곳에 위치해 있다. 삼각형 모양의 중앙 광장 남쪽에는 웅장한 시청사(Rathaus)가 자리하고 있다. 광장 분수에 세워져 있는 동상은 이 지역의 발전을 위해 많은 노력을 한 오스트리아 대공 요한이다. 시민들의 사랑을 많이 받은 그는 '슈타이어마르크의 프린츠'라고 불렸다.

시청사 남쪽에는 주청사(Landhaus)가 있으며 회랑을 둘러싼 이탈리아 르네상스풍 안뜰이 특히 아름답다.

근처에 있는 무기 박물관(Zeughaus)은 중세 시대의 무기를 모아놓은 곳으로 1624년 당시로서는 세계 최대의 무기고로 건설되었다. 17세기에 오스만 투르크의 빈 침공을 막기 위해 그라츠는 대량의 무기류를 모았다. 이후 전국에 있는 장비가 빈으로 옮겨졌는데, 그라츠는 마리아 테레지아의 허가를 얻어 독자적으로 보관할 수 있었다. 현재도 15세기에서 18세기까지 중세 시대의 갑옷과 창 등 약 3만 2,000여 점의 무기들이 보존되어 있다.

무기 박물관 Landeszeughaus
주소 Herrengasse 16 **전화** 316-8017-9810
홈페이지 www.museum-joanneum.at/landeszeughaus
개방 가이드 투어 11~3월 화~일 11:00(독어), 12:30(영어), 14:00(독어) 일반 관람 4~10월 화~일, 공휴일 10:00~18:00 / 월 휴무
요금 성인 €11, 학생(19~26세) €4.50, 19세 미만 무료
위치 트램 1, 3, 4, 5, 6, 7번을 타고 국제 광장/국제 회의장(Hauptplatz/Congress)역에서 도보 이동 **지도** p.455

린츠

LINZ

음악과 풍경이 어우러진 도시

도나우강을 따라 양쪽으로 펼쳐진 린츠는 오스트리아에서 세 번째로 큰 도시다. 19세기 후기 낭만파의 대표 작곡가인 안톤 브루크너가 태어난 곳으로 매년 가을 '국제 브루크너 페스티벌'이 열린다. 또한 음악사에 한 획을 그은 인물들이 이 도시에 머물며 대작들을 완성했다. 모차르트는 린츠에서 1783년에 교향곡 제 36번 〈린츠〉를 작곡했고 베토벤도 〈교향곡 제8번〉을 작곡했다.

가는 방법

오스트리아의 수도 빈과 음악의 도시 잘츠부르크 사이에 위치한 바로크 건축물의 도시이며, 빈과 잘츠부르크에서 열차로 각각 1시간이 조금 넘는 거리에 있어서 당일치기 여행으로도 좋다. 열차편이 자주 있으며 가장 편리한 교통수단이다.

열차

빈 중앙역에서 특급 열차(RJX)로 약 1시간 14분 소요, 1시간에 1대씩 운행.
잘츠부르크에서 특급 열차로 약 1시간 10분 소요, 1시간에 1대씩 운행.

구역 정보

중앙역을 나와서 오른쪽에 있는 시민 공원(Volksgarten)에서 북쪽으로 이어진 란트 거리(Landstrasse)를 따라 곧장 가면 린츠의 중심가에 이른다. 란트 거리가 끝나는 곳에 중앙 광장(Hauptplatz)이 있고, 그 앞으로 도나우강이 흐른다. 강 건너편에는 해발 고도 537m의 푀스틀링베르크(Pöstlingberg)산이 솟아 있고, 산 정상으로 올라가는 레트로 열차가 있다.

관광 안내소
주소 Hauptplatz 1
전화 732-7070-2009
홈페이지 www.linztourismus.at
개방 10~4월 월~토 09:00~17:00, 일·공휴일 10:00~17:00, 5~9월 월~토 09:00~19:00, 일·공휴일 10:00~19:00 / 연중무휴
위치 린츠 중앙역에서 도보 22분. 또는 중앙역 앞에서 버스 200, 305, 312, 314, 341, 345, 670번을 타고 2정거장 가서 린츠/도나우 운터러 도나우랜데(Linz/Donau Untere Donaulände)역에서 도보 5분. 구시청사 1층 **지도** p.461

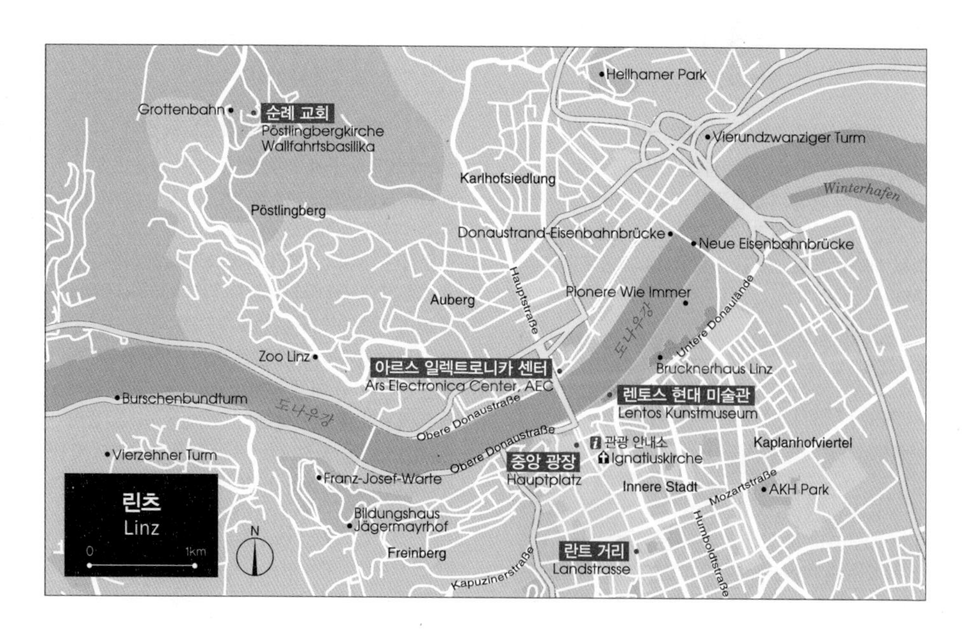

SIGHTSEEING

린츠의 관광 명소

중앙 광장

중앙 광장
Hauptplatz

아름다운 건축물로 둘러싸인 구시가 중심

바로크와 로코코 양식의 아름다운 건축물로 둘러싸인 구시가 중심 광장이다. 안쪽에 구시청사가 있으며 광장 중앙에 삼위일체 기념주가 세워져 있는데, 전쟁, 화재, 페스트가 끝난 것을 기념해서 1723년에 세운 석주다.

위치 린츠 중앙역에서 도보 22분. 또는 중앙역 앞에서 버스 200, 305, 312, 314, 341, 345, 670번을 타고 2정거장 가서 린츠/도나우 운터러 도나우랜데(Linz/Donau Untere Donaulände)역에서 도보 5분 **지도** p.461

란트 거리
Landstrasse

린츠 구시가의 아름다운 골목 산책

린츠 중앙역과 구시가 중심부를 연결해주는 란트 거리를 따라 중심부에 도착한 후 헤렌 거리(Herrenstrasse)의 신 대성당(Neuer Dom)으로 향한다. 고풍스러운 외관은 물론 내부의 스테인드글라스가 특히 아름다운 성당이다. 신 대성당에서 루디기어 거리(Rudigierstrasse)를 따라 계속 이어지는 란트 거리를 거닐어보자. 중앙 광장까지 이어지는 란트 거리 양쪽으로 17세기 후반 건설된 구 대성당(Alter Dom)을 포함, 클래식한 건축물이 줄지어 서 있다. 구 대성당으로 들어가 화려한 제단을 감상하고, 구 대성당 맞은편의 주청사(Landhaus)에 들러 아름다운 안뜰의 회랑도 구경해보자.

지도 p.461

아르스 일렉트로니카 센터
Ars Electronica Center, AEC

모던한 건물에 들어선 뉴 미디어 아트 박물관

아르스 일렉트로니카는 오스트리아의 문화, 교육, 과학 기관이자 독특한 박물관이다. 1979년 린츠에 세워졌으며 미래의 박물관이라고도 불린다. 예술과 기술 그리고 사회의 연결에 초점을 두고 있다. 매년 아르스 일렉트로니카 페스티벌을 개최하고 있으며 뉴 미디어 아트의 현주소와 미래를 예측하는 장으로서 그 역할을 하고 있다. 2009년에 건물을 현대적으로 리모델링하면서 모던한 외관으로 재탄생했다. 특히 밤이 되면 화려한 조명으로 도나우강을 가로지르는 니벨룽겐 다리(Nibelungenbrücke) 오른쪽에서 빛을 발한다.

주소 Ars-Electronica-Strasse 1
전화 732-727720
홈페이지 ars.electronica.art
개방 화~일 10:00~17:00 / 월 휴무
요금 성인 €11.50, 26세 미만 & 연장자(65세 이상) €9, 아동(6세 미만) 무료
위치 린츠 중앙역 앞 버스 터미널에서 200, 270, 312번 버스를 타고 3정거장 가서 린츠/도나우 힌센캄프플라츠(Linz/Donau Hinsenkampplatz)역에서 도보 1분. 총 15분 소요
지도 p.461

렌토스 현대 미술관
Lentos Kunstmuseum

모던한 건축물에 들어선 현대 미술관

렌토스 현대 미술관은 린츠시 신 갤러리(Neue Galerie der Stadt Linz)를 새롭게 단장해서 2003년 5월에 문을 연 곳이다. 130m 길이의 투명한 유리 외관의 모던한 건축물에 들어서 있고 니벨룽겐 다리와 브루크너 하우스 사이 도나우강 변에 위치해 있다. 클림트, 에곤 실레, 코코슈카 등의 회화 작품을 비롯한 조각, 오브제 아트 등 1,500여 점의 작품과 사진 작가인 로츠셴코(A. Rodtschenko), 만 레이(Man Ray) 등 850여 점의 사진 작품을 소장하고 있다. 이 외에도 독일과 오스트리아 표현주의 작가들의 작품을 전시하고 있다.

주소 Ernst-Koref-Promenade 1
전화 732-70703600
홈페이지 www.lentos.at
개방 화 · 수, 금~일 10:00~18:00, 목 10:00~20:00 / 월, 12/24 · 25, 1/1 휴무
요금 성인 €11, 학생(27세 이하) €5, 아동(7세 미만) 무료
위치 린츠 중앙역 앞 버스 터미널에서 200, 312번을 타고 2정거장 가서 린츠/도나우 운터러 도나우랜데(Linz/Donau Untere Donaulände)역에서 도보 1분. 총 12분 소요. 또는 린츠 중앙역 앞에서 트램 1, 2번을 타고 중앙 광장(Hauptplatz)에서 도보 2~3분 **지도** p.461

순례 교회
Pöstlingbergkirche Wallfahrtsbasilika

린츠가 한눈에 내려다보이는 전망

동정녀 마리아의 7가지 슬픔을 애도하기 위해 세운 순례자 교회이며, 린츠가 한눈에 내려다보이는 푀스틀링베르크산 위 해발 539m에 우뚝 서 있다. 순례 교회에서 내려다보는 린츠의 전망이 아주 아름답다. 1748년에 처음 건설되었으며 멋진 전망과 아름다운 성당 덕분에 결혼식 장소로도 인기 있다.

주소 Am Pöstlingberg 1
전화 732-731228
홈페이지 www.dioezese-linz.at/linz-poestlingberg
개방 매일 08:00~18:00(5~10월 07:00~20:00) / 연중무휴
요금 무료
위치 린츠 중앙역에서 택시로 16분 내외
지도 p.461

인스브루크

INNSBRUCK

아름답고 청정한 티롤의 자연에 안겨 있는 청정 도시

노르트케테(Nordkette) 봉우리들 아래, 인(Inn)강이 구시가를 감싸고 흐르는 청정 도시 인스브루크. 알프스의 맑은 공기가 산비탈을 타고 흘러내리고, 여유가 넘치는 구시가는 여행자들로 언제나 생기가 넘친다. 햇살에 눈부시게 빛나는 구시가 중심의 황금 지붕이 대표적인 볼거리다. 이 황금 지붕은 14세기에 합스부르크가의 영지로 사용되며, 15세기 말 막시밀리안 1세 시대에 눈부신 발전을 이룬 인스브루크의 영화로운 시절을 말해준다. 1964년과 1976년 2차례나 동계 올림픽을 개최했을 정도로 겨울 스포츠의 메카로 이름을 떨치고 있다. 티롤 알프스 봉우리들을 휘감고 흐르는 구름과 찬바람이 골짜기를 타고 불어와 여름에도 청량하다.

여행 기간

1~2일

인스브루크 여행의 중요 키워드

티롤 알프스

스와로브스키

막시밀리안 황제

겨울 스포츠

산으로 둘러싸인 티롤 알프스의 자연을 만끽할 수 있는 곳으로 여름에는 트레킹을, 겨울에는 스키를 제대로 즐길 수 있는 액티비티와 휴양의 도시이기도 하다. 합스부르크가의 문화유산들이 남아 있어서 구시가는 관광하기에 안성맞춤이고, 스와로브스키의 본고장답게 스와로브스키 박물관과 아웃렛에 들러 쇼핑을 즐기기에도 좋다.

MUST DO

인스브루크에서 꼭 해봐야 할 것들

인스브루크에서는 티롤 알프스의 광활한 대자연과 인강이 유유자적 흘러가는 구시가를 산책하는 여유를 동시에 즐길 수 있다. 크리스털 박물관에서 신비로운 수정의 세계에도 흠뻑 취해보자.

1

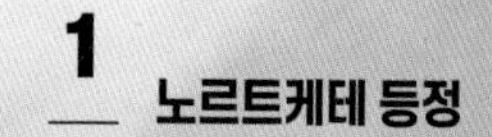

1 노르트케테 등정

시내 북쪽에 솟아 있는 노르트케테산 봉우리들은 체인처럼 연결되어 있다고 해서 그렇게 불린다. 케이블카와 로프웨이를 이용해 노르트케테 정상역까지 쉽게 올라갈 수 있다. 정상에서 바라보는 인스브루크와 주변으로 펼쳐지는 파노라마 전망이 환상적이다.

2

2

2

3

3

4

4

5

2
크리스탈벨텐에서 수정의 신비 속으로

스와로브스키 본사와 크리스털 박물관 그리고 아울렛이 모여 있는 크리스탈벨텐에서 눈부신 수정의 세계에 빠져보자.

3
제그루베 파노라마 하이킹

노르트케테 연봉으로 올라가는 도중에 자리한 제그루베 전망대 주변에서 파노라마 전망을 감상하며 약 20분 정도 파노라마 하이킹을 즐길 수 있다.

4
티롤 민속 공연 즐기기

티롤의 전통을 이어오고 있는 민속 공연단의 노래와 전통 악기 연주, 무용 공연을 감상할 수 있다.

5
겨울철 크리스마스 마켓 구경하기

겨울철 크리스마스 시즌이 가까워오면 구시가 황금 지붕 아래 거리에서 크리스마스 시장이 열린다. 다양한 기념품을 구경하거나 먹거리들을 맛볼 수 있다.

ACCESS

인스브루크 가는 법

오스트리아의 주요 도시인 인스브루크는 철도 노선이 빈과 잘츠부르크 그리고 유럽의 주요 도시들과 잘 연결되어 있다. 장거리 버스인 플릭스버스도 오스트리아 국내 도시와 유럽 주요 도시들 사이를 운행하고 있다. 항공편을 이용하면 빈이나 유럽의 여러 주요 도시에서 접근할 수 있다.

철도

오스트리아 주요 도시인 빈, 잘츠부르크 등과 연결편이 자주 있으며 인접 국가인 독일과 스위스의 주요 도시 간에도 특급 열차가 운행되고 있어서 편리하다.

빈 중앙역 → 인스브루크역
RJX(Railjet Express) 특급 열차를 타고 4시간 20분 소요. 1시간에 1대(매시 28분) 출발. 요금 €48~63.

잘츠부르크 중앙역 → 인스브루크역
RJX 특급 열차를 타고 1시간 48분 소요. 1시간에 1대(매시 56분) 출발. 요금은 약 €50.

독일 뮌헨 중앙역(München Hbf) → 인스브루크역
독일 뮌헨 중앙역에서 직행열차로 약 1시간 45분. 요금은 약 45€.

스위스 취리히 중앙역(Zürich Hbf) → 인스브루크역
RJX 특급 열차로 약 3시간 30분~3시간 40분 정도 걸린다. 요금 약 €75.

장거리 버스

플릭스버스(Flixbus)가 주요 유럽 도시들과 인스브루크를 연결해준다. 플릭스버스 웹사이트나 모바일 앱을 다운받아서 온라인으로 예약 가능하다. 플릭스버스가 정차하는 인스브루크의 정류소는 주드반 거리(Südbahnstrasse)다.

독일 베를린 → 인스브루크
약 12시간 소요, 요금은 약 €35 정도.

빈 서역 → 인스브루크 중앙역
약 4시간 50분 소요, 요금 약 €83.

비행기

빈에서 오스트리아항공 국내선으로 약 1시간 소요. 매일 여러 편이 운행된다. 프랑크푸르트, 파리, 런던에서 오는 직항편도 있다. 주요 항공사로는 오스트리아항공(Austrian Airlines), 영국항공(British Airways), 이지젯(EasyJet), 핀에어(Finnair), 플라이비(Flybe), 루프트한자(Lufthansa) 등이 있다.

공항에서 시내로 가기
공항에서 시내까지는 약 4km 거리이며 버스 F번을 타면 약 15~20분 정도 소요된다. 15분 간격으로 운행하며 요금은 €2.
택시를 타면 교통 상황에 따라 약 10~15분 정도 소요되고 요금은 €16~20 정도 나온다.

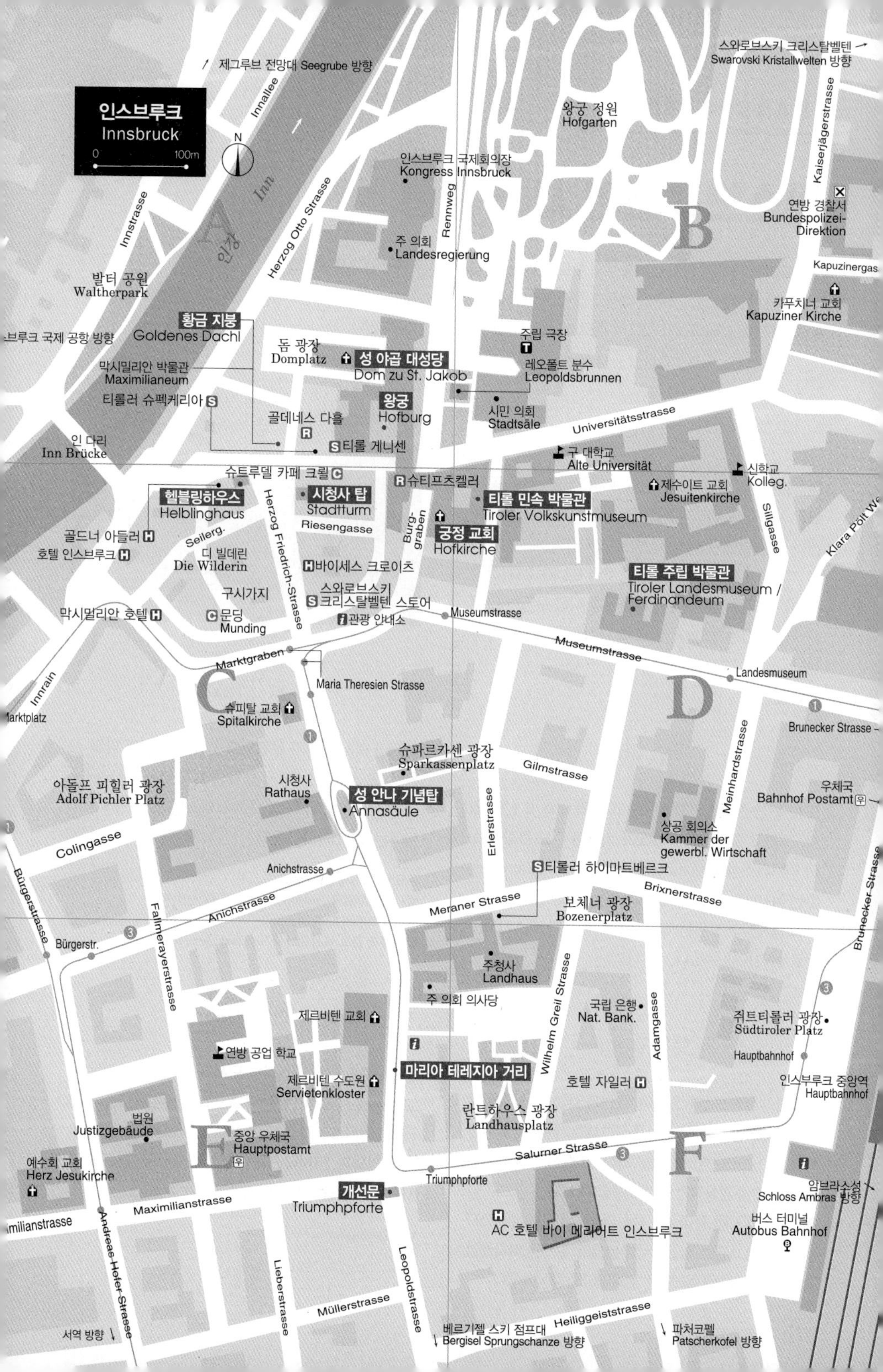

인스브루크
Innsbruck
0
100m
N
제그루브 전망대 Seegrube 방향
스와로브스키 크리스탈벨텐
Swarovski Kristallwelten 방향
Innallee
Inn
인강
Innstrasse
Herzog Otto Strasse
Rennweg
왕궁 정원
Hofgarten
인스브루크 국제회의장
Kongress Innsbruck
Kaiserjägerstrasse
연방 경찰서
Bundespolizei-Direktion
주 의회
Landesregierung
발터 공원
Waltherpark
Kapuzinergas
카푸치너 교회
Kapuziner Kirche
황금 지붕
Goldenes Dachl
브루크 국제 공항 방향
돔 광장
Domplatz
성 야곱 대성당
Dom zu St. Jakob
주립 극장
레오폴트 분수
Leopoldsbrunnen
막시밀리안 박물관
Maximilianeum
티롤러 슈펙케리아
왕궁
Hofburg
골데네스 다흘
시민 의회
Stadtsäle
Universitätsstrasse
인 다리
Inn Brücke
티롤 게니센
구 대학교
Alte Universität
신학교
Kolleg.
슈트루델 카페 크룰
슈티프츠켈러
헬블링하우스
Helblinghaus
시청사 탑
Stadtturm
티롤 민속 박물관
Tiroler Volkskunstmuseum
제수이트 교회
Jesuitenkirche
Sillgasse
Klara Pölt We
Seilerg.
Herzog Friedrich-Strasse
Riesengasse
Burg-graben
궁정 교회
Hofkirche
골드너 아들러
호텔 인스브루크
디 빌데린
Die Wilderin
바이세스 크로이츠
티롤 주립 박물관
Tiroler Landesmuseum / Ferdinandeum
구시가지
스와로브스키 크리스탈벨텐 스토어
막시밀리안 호텔
문딩
Munding
관광 안내소
Museumstrasse
Marktgraben
Maria Theresien Strasse
Landesmuseum
Innrain
arktplatz
슈피탈 교회
Spitalkirche
Brunecker Strasse
슈파르카센 광장
Sparkassenplatz
Gilmstrasse
Meinhardstrasse
아돌프 피힐러 광장
Adolf Pichler Platz
시청사
Rathaus
성 안나 기념탑
Annasäule
우체국
Bahnhof Postamt
상공 회의소
Kammer der gewerbl. Wirtschaft
Erlerstrasse
Colingasse
Anichstrasse
티롤러 하이마트베르크
Brixnerstrasse
Bürgerstrasse
Fallmerayerstrasse
Meraner Strasse
보체너 광장
Bozenerplatz
Brunecker Strasse
Bürgerstr.
주청사
Landhaus
주 의회 의사당
국립 은행
Nat. Bank.
Adamgasse
쥐트티롤러 광장
Südtiroler Platz
Hauptbahnhof
제르비텐 교회
연방 공업 학교
Wilhelm Greil Strasse
마리아 테레지아 거리
인스부루크 중앙역
Hauptbahnhof
제르비텐 수도원
Servietenkloster
호텔 자일러
란트하우스 광장
Landhausplatz
법원
Justizgebäude
중앙 우체국
Hauptpostamt
Salurner Strasse
예수회 교회
Herz Jesukirche
개선문
Triumphpforte
Triumphforte
암브라스성
Schloss Ambras 방향
Maximilianstrasse
milianstrasse
AC 호텔 바이 메리어트 인스브루크
버스 터미널
Autobus Bahnhof
Andreas-Hofer-Strasse
Lieberstrasse
Leopoldstrasse
Müllerstrasse
Heiliggeiststrasse
서역 방향
베르기젤 스키 점프대
Bergisel Sprungschanze 방향
파처코펠
Patscherkofel 방향

TRANSPORTATION

인스브루크의 시내 교통

오스트리아 서쪽에 위치한 티롤주의 수도인 인스브루크는 티롤 지역의 교통 요지다.
대중교통 수단은 인스브루크 대중교통국(IVB, Innsbrucker Verkehrsbetriebe)에 의해 운영되고 있다.
트램, 버스, 트롤리버스가 있으며 주로 버스와 트램이 중요한 역할을 한다.

승차권

대중교통 승차권은 트램, 버스, 트롤리버스 등을 공통으로 사용 가능하다. 대중교통 티켓은 대중교통 매표소나 자동 발매기에서 구입할 수 있다(1회권은 차내에서 기사에게 구입 가능). 1회 승차권 €2.40, 24시간권 €6.10. 모바일 앱이나 운전기사에게 직접 구입한 티켓을 제외하고는 탑승 시 반드시 승차권을 확인받아야 한다.

버스 Bus

도시 구석구석을 연결해주는 20개의 버스 노선이 있다. TS라고 불리는 홉온 홉오프 버스는 주요 관광 명소와 암브라스성(Schloss Ambras)과 베르기젤(Bergisel), 알펜주(Alpenzoo) 등 외곽의 주요 명소를 들르기 때문에 여행자들에게 유용하다. 인스브루크 카드 소지자는 무료로 이용할 수 있다.

트램 Tram

총 4개의 트램 노선이 있으며 1호선과 3호선이 시내를 운행한다. 6호선 트램은 1호선 종점인 베르기젤에서 출발한다. 특히 1900년부터 운행을 시작한 6호선은 숲 트램이라 불릴 만큼 환상적인 풍경이 예술이다. 넓은 숲으로 덮여 있는 고지대를 통과해서 산속 마을인 이글스(Igls)까지 데려다준다. 이글스 마을에서 10분 정도 걸으면 파처코펠(Pascherkofel)로 올라가는 로프웨이 승강장이 있다.

택시 Taxi

다수의 택시 회사가 운행되고 있으며 중앙역 앞과 같은 주요 시설에는 택시 정류장이 있다. 기본요금은 €6.250이며, 1km당 €2의 요금이 부과된다. 야간과 공휴일에는 €0.40가 추가된다.

주요 택시 회사 전화번호
택시 인스부르크 Taxi Innsbruck 676-607-8190
택시 5311 Taxi 5311 512-5311
택시 루머 푼크 택시 Rumer FunkTaxi 512-24-411

S반 S-Bahn

인스브루크와 티롤의 다른 도시와 마을을 연결하는 근교 열차로는 S반이 운행되고 있다. S반은 오스트리아 국영 열차(OBB)와 VVT(Verkehrsverbund Tirol)가 함께 관리하며, S1부터 S5까지 5개 노선이 근교 도시와 지역 간을 운행하고 있다.

VVT 홈페이지 www.vvt.at

시내 관광버스

사이트시어 Sightseer

사이트시어 버스는 자유롭게 타고 내릴 수 있는 홉온 홉오프(Hop-On Hop-Off) 버스다. 인스브루크 시내의 주요 관광 명소들을 둘러보는 코스로 운행하며 암브라스성, 베르기젤 스키 점프대, 티롤 파노라마 박물관 등 시 외곽의 명소들도 들르기 때문에 일정이 촉박한 여행자들에게 특히 유용하다. 원하는 곳에 내려서 도보로 구경을 하고 난 후 다음 버스를 다시 타고 다른 장소로 이동하면 된다. 메세/조이그하우스(Messe/Zeughaus)와 암브라스성 사이를 오전 10시부터 오후 5시 30분까지 대략 40분 간격으로 운행한다.

기본적으로 8개 국어로 오디오 가이드가 제공되기 때문에 명소의 역사와 배경 지식을 얻을 수 있다. 티켓은 사이트시어 버스나 부르크그라벤(Burggraben) 관광 안내소 또는 대부분의 호텔에서 구매할 수 있다. 24시간 유효한 티켓으로 사이트시어 버스뿐만 아니라 시내 대중교통도 무료로 이용할 수 있다. 성인 €20, 아동(6~15세) €12, 인스브루크 카드 소지자는 무료로 이용 가능하다.

홈페이지 www.sightseer.at

인스브루크의 추천 코스

구시가는 하루면 충분히 돌아볼 수 있다. 아래의 코스로 시내 주요 명소를 돌아본 후, 자신의 일정이나 취향에 따라 케이블카와 로프웨이를 타고 노르트케테 연봉을 감상하러 올라가거나 스와로브스키 박물관과 아웃렛이 있는 스와로브스키 크리스탈벨텐에 다녀오도록 하자.

일자	코스
1일	개선문 → 도보 5분 → 성 안나 기념탑 → 도보 8분 → 시의 탑 → 도보 1분 → 궁정 교회 → 도보 2분 → 헬블링하우스 → 도보 2분 → 황금 지붕 → 도보 1분 → 성 야곱 대성당 → 도보 1분 → 왕궁 → 도보 2~3분 → 왕궁 정원

TIP 1일 이상 체류할 때 유용한 인스브루크 카드

24시간권, 48시간권, 72시간권의 3종류가 있다. 인스브루크 카드가 있으면 베르기젤 전망대를 비롯해 인스브루크의 거의 모든 관광 명소와 박물관 입장이 무료 또는 할인된다. 또한 유효기간 내에는 시내 버스와 트램, 사이트시어 버스를 무료로 맘껏 탈 수 있으며, 근교에 있는 노르트케테와 파처코펠 등으로 가는 케이블카, 리프트, 푸니쿨라 등의 교통수단도 1회에 한해 무료로 이용 가능하다. 관광을 하거나 이동할 때마다 입장권이나 승차권을 구입할 필요가 없기 때문에 여러모로 편리하다. 카드는 온라인이나 부르크그라벤 3번지에 있는 관광 정보 센터, 시내 관광 안내소, 리프트/케이블카 정류장 매표소, 호텔, 기차역, 공항 등에서 구입할 수 있다.

요금 24시간권 €53, 48시간권 €63, 72시간권 €73
홈페이지 www.innsbruck.info

TIP 관광 안내소

부르크그라벤 관광 안내소
주소 Burggraben 3
전화 512-53-56 **홈페이지** www.innsbruck.info
개방 월~토 09:00~18:00, 일 10:00~16:30(10 · 11월 10:00~15:00) / 연중무휴
위치 황금 지붕에서 도보 3분 **지도** p.471-C

인스브루크의 관광 명소

개선문
Triumphpforte

구시가의 관문

고대 로마 시대의 개선문에서 영감을 받은 건축물로 1765년에 건설되었다. 마리아 테레지아 황후와 그녀의 남편 프란츠 1세 사이의 둘째 아들 레오폴트 대공과 스페인 공주 마리아 루이자의 결혼식을 기념한 웅장한 바로크 양식 건축물이다. 그런데 레오폴트의 아버지인 프란츠 1세가 결혼식 직전에 갑작스레 사망했다. 공사 중이던 개선문은 이 두 사건을 모티브로 삼아 개선문 남쪽 면은 젊은 부부의 결혼의 기쁨을, 북쪽 면은 황제의 죽음을 애도하는 슬픔을 묘사하는 장식으로 설계하였다.

주소 Leopoldstrasse 2 **위치** 중앙역에서 도보 6분
지도 p.471-E

성 안나 기념탑
Annasäule

성 안나를 기리는 대리석 기념물

마리아 테레지아 거리 중간에 우뚝 서 있는 기념탑이다. 1703년에 스페인 계승 전쟁 중에 마지막 바바리아 군대가 티롤 지방에서 쫓겨났고, 마침 그날이 7월 26일로 성모 마리아의 어머니 성 안나의 날이었다. 1704년에 의회 대표들은 이 사건을 기념하는 기념물을 세우기로 맹세했고, 조각가 크리스토포로 베네데티(Cristoforo Benedetti)에 의해 대리석으로 건설되었다. 탑 북쪽 면에 있는 조각상이 성 안나이며 제일 꼭대기에는 성모 마리아 조각상이 세워져 있다. 1706년 7월 26일 성 안나의 날에 주교 카스파르 이그나츠(Kaspar Ignaz)에 의해 축성되었다. 1958년 꼭대기에 있는 마리아 조각상은 보존을 위해 성 게오르겐베르크 피히트(St. Georgenberg-Fiecht) 수도원으로 옮겨졌고, 현재 탑에 설치된 것은 복제품이다. 2009년에는 탑 아래 4개의 조각상도 구 주청사(Altes Landhaus)로 옮겨졌고, 역시 복제품으로 대체되었다.

주소 Maria-Theresien-Strasse 18
개방 24시간 / 연중무휴
위치 개선문에서 도보 5분, 황금 지붕에서 도보 5분 **지도** p.471-C

황금 지붕
Goldenes Dachl

인스브루크의 상징과도 같은 랜드마크

인스브루크 구시가 중심에 있는 대표 관광 명소로 인스브루크의 상징과도 같은 건물이다. 후기 고딕 양식 건물의 발코니를 덮고 있는 지붕은 1500년에 완성되었다. 2,657개의 금박을 입힌 동판으로 장식되어 햇살이 비치면 화려한 빛으로 반짝인다. 황제 막시밀리안 1세가 이곳 발코니에 앉아서 축제나 경기 등의 행사들을 관람했다고 한다. 발코니에는 황제와 두 아내, 재상, 궁중의 광대, 모레스크라는 무용수들의 모습과 문장이 부조로 그려져 있다. 황제 왼쪽에는 손에 사과를 들고 있는 두 번째 황후 비앙카 마리아 스포르차가, 오른쪽에는 첫 번째 아내였던 부르군디의 마리아가 있다. 내부 2층의 막시밀리안 박물관(Maximilianmuseum)에는 초상화, 메달, 금 세공품 등이 전시되어 있다.

주소 Herzog-Friedrich-Strasse 15
전화 512-5360-1441
홈페이지 Innsbruck.gv.at
개방 5~9월 매일 10:00~17:00, 10~4월 화~일 10:00~17:00
요금 성인 €5.30, 학생 & 아동 €3, 콤비 티켓 황금 지붕+ 시립 박물관 성인 €6.50, 황금 지붕+시립 박물관+시의 탑 €9
위치 개선문에서 도보 10분 **지도** p.471-A

시청사 탑
Stadtturm

구시가와 알프스를 한눈에 조망

15세기에 세워진 구시청사의 부속 탑이기도 한 종루. 원래 지붕은 첨탑이었는데, 16세기에 양파 모양의 둥근 지붕이 추가되었다. 탑의 높이는 51m이고 148개의 계단을 올라가면 높이 31m인 곳에 전망대가 있다. 전망대에서는 인강과 인스브루크 구시가 그리고 도시 너머 노르트케테 연봉의 절경을 한눈에 감상할 수 있다.

주소 Herzog-Friedrich-Strasse 21
전화 664-8865-4338
홈페이지 www.innsbruck.info
개방 매일10:00~17:00(6~9월 10:00~20:00) / 연중무휴
요금 성인 €4.50, 학생 €3, 인스브루크 카드 소지자 무료
위치 황금 지붕에서 도보 1분 **지도** p.471-C

궁정 교회
Hofkirche

합스부르크가 선조들의 청동상이 늘어선 곳

인스브루크를 사랑해서 영혼의 안식처로 삼고 싶어 했던 막시밀리안 1세를 위해 페르디난트 1세가 세운 교회다. 중앙에는 24개의 흰 부조로 장식한 막시밀리안 1세의 영묘가 놓여 있고, 그 주위를 에워싸듯 합스부르크가와 관련 있는 인물들의 청동상 28개가 늘어서 있다. 중앙 제단에 있는 오르간은 외르크 에베르트(Jörg Ebert)가 만든 것으로 음색이 온화한 것으로 유명하며 정기적으로 연주회가 열린다.

주소 Universitätsstrasse 2
전화 512-5948-9514
홈페이지 www.tiroler-landesmuseen.at/haeuser/hofkirche
개방 월~토 09:00~17:00, 일 12:30~17:00 / 연중무휴
요금 성인 €8 **위치** 황금 지붕에서 도보 1분 **지도** p.471-C

성 야곱 대성당
Dom zu St. Jakob

화려한 천장화와 칠 장식이 인상적인 성당

세베대(Zebedee)의 아들 사도 성 야곱(St. Jakob)에게 헌정된 로마 가톨릭 성당이다. 왕궁 안쪽에 로마네스크와 고딕 양식으로 지어진 대성당이며 1717~24년에 걸쳐 요한 야곱 헤르코머(Johann Jakob Herkomer)가 개축했다.
내부는 화려한 바로크 양식으로 장식되었으며, 천장에는 아삼(Asam) 형제가 원근법으로 그린 프레스코화가 멋지게 장식되어 있다. 중앙 제단에 있는 루카스 크라나흐의 성모 마리아는 특히 볼만한 작품이다.

주소 Domplatz 6 **전화** 512-583902
홈페이지 www.dibk.at/Media/Pfarren/Innsbruck-St.-Jakob-Dompfarre-Propstei
개방 매일 08:45~18:30 / 연중무휴
위치 성 안나 기념탑에서 도보 7분. 황금 지붕에서 도보 1~2분
지도 p.471-A

왕궁
Hofburg

합스부르크가의 궁정 문화를 엿볼 수 있는 화려한 실내 장식

합스부르크가의 궁전으로 빈의 호프부르크 궁, 쇤브룬궁과 함께 오스트리아의 가장 중요한 3대 문화 건축물로 손꼽힌다. 내부는 로코코 양식의 걸작이라고 불릴 정도로 화려하다. 각 방에는 천장화와 집기가 있고, 화려한 태피스트리로 장식되어 있다. 16세기에 막시밀리안 1세와 지그문트 대공에 의해 건축되었으며, 그 후 마리아 테레지아에 의해 개축, 보수되었다. 이때 호화로운 그랜드 홀과 예배당이 만들어졌다. 내부에는 합스부르크가와 관련된 인물의 초상화가 많이 걸려 있다. 여러 방들 중에서도 '거인의 방(Riesensaal)'은 내부 길이가 31.5m나 되는 엄청난 크기의 방으로 합스부르크가의 번영을 테마로 한 천장화가 특히 인상적이다.
현재 왕궁은 5가지 테마를 다룬 박물관 구역으로 구분된다. 마리아 테레지아의 방들, 황후 엘리자베트의 아파트먼트, 가구 박물관, 선조화 갤러리 그리고 회화 갤러리로 나뉘어 다양한 볼거리를 제공한다.

주소 Rennweg 1/3
전화 512-5871-8619
홈페이지 www.hofburg-innsbruck.at
개방 매일 09:00~17:00(마지막 입장 16:30) / 연중무휴
요금 성인 €9.50, 19세 이하 무료
위치 황금 지붕에서 도보 2분 **지도** p.471-A

> **TIP 인스브루크를 사랑한 황제, 막시밀리안 1세**
>
> 프리드리히 3세의 아들인 막시밀리안 1세는 1477년에 부르군디(부르고뉴)의 딸 마리아와 결혼했다. 그는 부르고뉴의 화려한 궁정 문화를 오스트리아에 최초로 받아들인 황제였다. 1493년 인스브루크 지역에 처음으로 방문한 막시밀리안 1세는 이곳을 아주 맘에 들어 했고, 결국 궁정을 지었다. 그는 티롤의 평화를 누구보다 진심으로 원했고, 풍요로운 티롤의 자연에서 수렵과 낚시를 느긋하게 즐기며 행복해했다고 전해진다. 또한 그는 가훈으로 '그대 결혼하라'라는 특별한 메시지를 남기기도 했다.

헬블링하우스
Helblinghaus

아름다운 파사드가 인상적인 건축물

1732년에 완성된 화려한 로코코 양식 건축물이다. 옅은 분홍색 파사드에 베소브룬파 예술가들이 꽃 모양을 조각해 놓은 모습이 아름답다. 건물 이름은 19세기 초에 건물 주인이었던 세바스티안 헬블링(Sebastian Helbling)의 이름에서 딴 것이다. 건물 중앙에 어린 예수와 성모 마리아 그림이 있다. 고딕 양식 건물이 즐비한 구시가 한가운데에 자리하고 있어 화려한 칠 장식이 더욱 돋보인다. 귀족의 저택으로 세워졌고 한때는 가톨릭 교도의 집회 장소로도 이용되었는데, 지금은 주거지와 기념품점으로 바뀌었다. 일반 주거지이기 때문에 내부 관람은 안 된다.

주소 Herzog-Friedrich-Strasse 10 **개방** 24시간
위치 황금 지붕 바로 앞 **지도** p.471-C

티롤 주립 박물관
Tiroler Landesmuseum(Ferdinandeum)

티롤 지방의 예술사를 살펴볼 수 있는 곳

페르디난트 대공의 이름을 따서 페르디난데움이라고 불리는 티롤 주립 박물관은 1823년에 설립되었다. 무제움 거리에 접해 있으며 주로 티롤 지방과 관련 있는 작가들의 작품이 전시되어 있다. 고딕 양식에서 바로크 양식까지 회화와 조각 등 선사 시대에서 현대에 이르는 많은 작품들을 수집해 놓았다. 황금 지붕을 장식했던 원래의 부조와 클림트의 작품도 있다. 1층에서는 특별전이 주로 열린다.

주소 Museumstrasse 15
전화 521-59489
홈페이지 www.tiroler-landesmuseen.at
개방 화~일 10:00~18:00 / 월 휴무
요금 성인 €8, 학생 €, **콤비 티켓**(궁정 교회+티롤 민속 박물관+티롤 주립 박물관 공통권) 성인 €12, 학생 9€, 19세 이하 무료, 인스브루크 카드 소지자 무료
위치 황금 지붕에서 도보 5~6분
지도 p.471-D

티롤 민속 박물관
Tiroler Volkskunstmuseum

티롤 사람들의 전통 민속 생활용품 전시관

원래 프란츠 요제프 1세의 즉위 40주년을 기념해서 만든 박물관으로, 유럽에서 가장 훌륭한 지역 유산 박물관으로 손꼽힌다. 제1차 세계대전 이후 알프스 지방의 민속 박물관으로 재단장했다. 민속 의상들과 당시 사용했던 버터 만드는 도구, 타일로 장식한 난로, 눈 위에서 신는 신발, 도자기, 가구 등 다양한 민속 생활용품과 티롤 지역의 종교 예술 작품들을 전시하고 있다. 티롤풍 주택의 실내 장식이 재현되어 있어서 당시 사람들의 소박한 생활상을 엿볼 수 있다.

주소 Universitätsstrasse 2
전화 512-5948-9510
홈페이지 www.tiroler-landesmuseen.at
개방 매일 09:00~17:00 / 연중무휴
요금 성인 €8, 학생 €6, **콤비 티켓**(궁정 교회+티롤 민속 박물관+티롤 주립 박물관 공통권) 성인 €12, 학생 9€, 19세 이하 무료, 인스브루크 카드 소지자 무료
위치 황금 지붕에서 도보 2~3분 **지도** p.471-D

제그루베 전망대
Seegrube

인스브루크와 알프스를 한눈에 조망하는 전망대

해발 1,905m에 위치한 전망대로, 인강의 계곡과 오스트리아 알프스산들 그리고 인스브루크까지 한눈에 감상할 수 있는 최고 전망 포인트다. 레스토랑이 있어서 멋진 풍경을 감상하며 식사를 즐기기에도 좋다. 또한 파노라마 하이킹 코스가 있어서 시원한 티롤 알프스의 자연을 감상하며 산길 트레킹을 즐길 수 있다. 제그루베에서 케이블카를 타고 정상인 하펠레카르까지 올라갈 수 있다.

위치 황금 지붕에서 도보 5분 거리인 콩그레스(국제 회의장, Congress)로 이동해서 훈거부르크반(Hungerburgbahn, 등산 전차)을 탑승한다. 훈거부르크역에 내려서 케이블카 제그루베반(Seegrubebahn)으로 갈아타면 해발 1,905m의 제그루베 전망대에 도착한다. **지도** p.471-A

노르트케테 연봉
Nordkette

인스브루크와 주변 산들을 한눈에 조망할 수 있는 티롤의 지붕

시내 북쪽에 솟아 있는 노르트케테 연봉은 환상적인 산악 풍경과 전망을 선사한다. 노르트케테는 산들이 첩첩이 연결되어 있어서 '북쪽의 체인(연결고리)'이라고 불리기도 한다. 그만큼 산세가 멋지고 아름다워 트레킹이나 산악 자전거, 캠핑을 즐기기에도 좋다.
노르트케테에 올라가려면 황금 지붕에서 도보 5분 거리에 있는 콩그레스역으로 먼저 가야 한다. 콩그레스(국제 회의장, Congress, 560m)역에서 출발하는 훈거부르크반(Hungerburgbahn) 등산 전차를 타고 뢰벤하우스(Loewenhaus)와 알펜주(Alpenzoo) 두 역을 지나 훈거부르크(Hungerburg, 860m)역에서 하차한다. 세계적인 건축가 자하 하디드(Zaha Hadid)의 작품인 훈거부르크 역사를 감상한 뒤 케이블카 제그루베반(Seegrubebahn)으로 갈아탄다.
제그루베(Seegrube, 1,905m)까지 올라가서, 다시 하펠레카르반(Hafelekarbahn) 케이블카로 갈아타면 정상역인 하펠레카르(Hafelekar, 2,256m)에 도착한다.

훈거부르크반 매일 운행, 운행 시간 주중 07:15~19:15, 주말과 공휴일은 08:00~19:15, 운행 간격은 15분 **제그루베반** 매일 운행, 운행 시간 08:30~17:30, 운행 간격은 15분 **하펠레카르반** 매일 운행, 운행 시간 09:00~17:00, 운행 간격은 15분
케이블카는 안전 점검을 위해 11월 초~중순 2주간, 4월 말 1주간 운행하지 않는다. 정상역까지 요금 €44(왕복)
홈페이지 nordkette.com

훈거부르크 역사

파처코펠

Patscherkofel

노르트케테 절경을 감상하며 하이킹을 할 수 있는 곳

파처코펠은 인스브루크 남쪽으로 7km 거리에 있는 산이자 티롤 알프스의 스키 지역이다. 정상은 해발 2,246m에 이른다. 파처코펠산으로 가는 길에 베르기젤 전망대(Bergiselschanze)에 들르면 좋다. 원래 동계 올림픽 스키 점프대였는데 전망 테라스로 일반에게 공개되어 있다. 이곳 전망대에 있는 카페에서 바라보는 경치도 환상적이다. 파처코펠산을 올라갈 때 지나가는 이글스(Igls, 870m) 마을은 티롤의 풍경이 예쁜 곳으로 하이킹을 즐기기에 좋다. 이글스에서 케이블카를 타고 파처코펠 정상역에 올라갈 수 있다.

교통 트램 1번을 타고 베르기젤/티롤 파노라마(Bergisel/Tirol Panorama)에서 하차 후 베르기젤 스키 점프대까지 도보 20분. 이글스 마을로 가려면 중급 등산 전차(Mittelgebirgsbahn) 6번으로 갈아타고 종점 이글스(Igls)에서 하차.
파처코펠로 가려면 이글스 마을에서 파처코펠반(Patscherkofelbahn) 케이블카를 타면 된다. 시내에서는 마르크트 광장이나 마리아 테레지아 거리에서 J번 버스를 타고 파처코펠반에서 하차하면 된다. 케이블카는 11월 초부터 2주간, 4월 말부터 1주간 안전 점검을 위해 운행하지 않는다.

베르기젤 스키 점프대 Bergisel Sprungschanze
주소 Bergiselweg 3 **전화** 512-589259 **홈페이지** www.bergisel.info
개방 11~5월 월, 수~일 09:00~17:00, 6~10월 매일 09:00~18:00 / 11~5월 화요일 휴무 **요금** 성인 €11, 학생(27세 미만, 학생증 소지) €10, 아동(6~14세) €5.50 **위치** 트램 1번을 타고 베르기젤/티롤 파노라마(Bergisel/Tirol Panorama)역에서 베르기젤 스키 점프대까지 도보 20분 **지도** p.471-F

암브라스성

Schloss Ambras

페르디난트 2세가 아내를 위해 건설한 성

세계에서 가장 오래된 박물관이라고 평가받는 르네상스 양식의 성이다. 중세에 세워진 성관을 1565년 이후에 대공 페르디난트 2세가 사랑하는 아내 리피네를 위해 개축했다. 역사상 가장 저명한 예술품 수집가 중 한 명으로 손꼽히는 페르디난트 2세가 수집한 중세의 무기와 미술품들이 전시되어 있다. 영화로웠던 합스부르크가의 인물들을 그린 초상화도 많다. 여름철에는 다양한 음악회가 열린다.

주소 Schlossstrasse 20 **전화** 1-525-244-802 **홈페이지** www.schlossambras-innsbruck.at
개방 1~10월, 12월 매일 10:00~17:00 / 11월 휴무 **요금** 성인 €12, 학생(25세 이하) €9, 아동 & 10대 청소년 무료 **위치** 인스브루크 중앙역 앞에서 4134번 버스를 타고 4정거장 후인 암브라스성 정류장(10분 소요)에서 도보 18분. 중앙역에서 택시를 타고 10분 소요 **지도** p.471-F

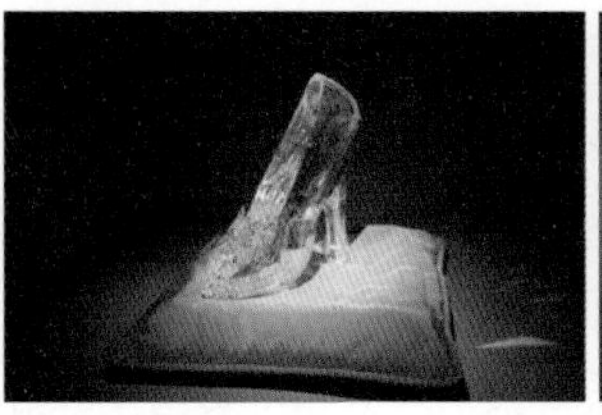

스와로브스키 크리스탈벨텐

Swarovski Kristallwelten

환상적인 크리스털 세계를 체험

1895년에 설립된 스와로브스키 창사 100주년을 기념해서 오스트리아를 대표하는 멀티미디어 아티스트 앙드레 헬러(André Heller)가 1995년에 건설한 크리스털 박물관. 세상에서 유일무이한 환상적인 공간을 연출한다. 무게 62kg의 31만 캐럿에 이르는 세계 최대 크리스털과 인도의 왕이 아들에게 선물했다는 크리스털 오브제는 감탄 그 자체이다. 크리스털을 테마로 꾸민 다양한 방들은 절로 탄성을 자아내게 만들고 다양한 형태로 가공된 크리스털을 감상할 수 있다. 정원의 거울 연못과 반짝이는 크리스털 구름 또한 시선을 끈다. 크리스털 매장도 갖추고 있어 다양한 제품들을 구경하고 직접 구매할 수도 있다. 카페와 레스토랑도 있어서 간단한 음료나 식사를 할 수 있다. 인스브루크 카드 소지자는 스와로브스키 크리스탈벨텐행 셔틀버스 무료 탑승 및 크리스탈벨텐 무료입장이 가능하다. 인스브루크 카드가 없으면 셔틀버스 왕복 요금은 €10다.

주소 Kristallweltenstrasse 1 **전화** 5224-51080 **홈페이지** kristallwelten.swarovski.com **개방** 매일 09:00~19:00(마지막 입장 18:00)
요금 성인 €23, 청소년(6~17세) €7, 아동(0~5세) 무료(전시관과 정원 방문 없이 상점 방문 시 무료), 오디오 가이드(한국어 지원) €2, 셔틀버스 왕복 €10, 편도 €6, 17세 이하 무료. 인스브루크 카드 소지자는 무료 입장, 셔틀버스 무료 이용 가능
위치 인스브루크 중앙역 앞과 국제 회의장(Congress) 앞에서 크리스탈벨텐까지 셔틀버스가 1일 5회(중앙역 기준 08:40, 10:20, 12:40, 14:40, 16:40), 여름 1일 6회(18:20 추가) 운행되고 있다. 중앙역에서 크리스탈벨텐까지 약 30분 소요된다. 셔틀버스 요금 왕복 €9.50
지도 p.471-B

골데네스 다흘 Goldenes Dachl

황금 지붕 건물 바로 옆에 있는 레스토랑

현지인들이 즐겨 찾는 티롤의 전통 레스토랑. 지역에 뿌리를 둔 전통적인 레스토랑이 가입할 수 있는 '티롤러 비르트하우스(Tiroler Wirthaus)'라는 협회에 속해 있음을 자랑스럽게 여긴다. '오늘의 메뉴'가 저렴한 편이다.

추천 메뉴

티롤식 송아지 고기 슈니첼 €24.90, 코르동 블루(Cordon Bleu) €19.80, 구운 돼지고기(Schweinsbraten) €17.40, 소고기 굴라시 €17.50, 채소 리소토(Gemüserisotto) €14.20, 타펠슈피츠(Tafelspitz) €24.90

주소 Hofgasse 1
전화 512-319590
홈페이지 goldenesdachl.com
영업 매일11:00~23:00(주방 11:30~22:00) / 연중무휴
위치 황금 지붕에서 도보 1분 **지도** p.471-A

슈티프츠켈러 Stiftskeller

인스브루크 구시가 중심에 위치한 800석 규모의 식당

800석을 갖춘 티롤 전통 식당이자 인스브루크 최대의 비어 가든을 자랑하는 음식점. 여름 시즌에는 넓은 비어 가든에서 맥주를 즐기는 여행자들로 흥겨운 분위기가 연출된다. 구시가 중심의 랜드마크인 황금 지붕에서 도보 1분 거리에 있어 구시가 여행 시 들르기 수월하다.

추천 메뉴

3종류의 소시지 뷔르스틀토프(Würstltopf) €10.50, 시저 샐러드 €13.40, 구운 송어 €23.20, 미디엄 로스트 로스 스테이크 €25.10, 홈메이드 소시지 샐러드 €10.60

주소 Stiftgasse 1 **전화** 512-570-706
홈페이지 www.stiftskeller.eu
영업 월·화, 목~일 10:00~23:00(주방 11:00~22:00) / 수요일 휴무 **위치** 황금 지붕에서 도보 1~2분 **지도** p.471-C

슈트루델 카페 크롤 Strudel Café Kröll

온갖 종류의 슈트루델을 맛볼 수 있는 카페

늘 사람들로 북적이는 슈트루델 전문 카페다. 구시가 중심인 호프가세 거리에 있어서 관광을 하다가 들르면 좋다. 아침 6시부터 문을 열기 때문에 현지인들도 간단한 조식을 즐기러 들른다.

추천 메뉴

조식 클래식 메뉴(Frühstücksklassiker) €5.10~7.90, 햄과 치즈 등 다양한 구성의 조식(Glückliches Frühstück) €16.90, 오믈렛 €7.20, 슈트루델 1pcs €4 내외

주소 Hofgasse 6 **전화** 512-574347
홈페이지 strudel-cafe.at
영업 매일 07:00~21:00(여름 시즌 07:00~23:00) / 연중무휴
위치 황금 지붕에서 도보 1분 **지도** p.471-C

문딩 Munding

직접 만든 수십 종류의 케이크 전문점

1803년부터 전통 레시피대로 문딩 가족이 대를 이어온 곳으로 티롤에서 가장 오래된 카페 콘디토라이이다. 제철 과일과 좋은 재료를 듬뿍 사용해서 직접 만드는 케이크는 가격이 부담 없고 맛도 훌륭하다. 황금 지붕에서 서쪽으로 약 100m 떨어져 있다.

추천 메뉴

자허 케이크 €5, 일반 케이크류 €6 내외, 작은 도넛류(살구, 바닐라 등) €3.50

주소 Kiebachgasse 16
전화 512-584118
홈페이지 www.munding.at
영업 화~토 09:00~18:00 / 월 · 일 휴무
위치 황금 지붕에서 도보 1~2분
지도 p.471-C

스와로브스키 크리스탈벨텐 스토어
Swarovski Kristalwelten Store

인스브루크에 공장이 있는 스와로브스키

인스브루크의 아름다운 구시가 한가운데에 자리한 스와로브스키 매장. 스와로브스키 본고장을 대표하는 상점답게 넓은 매장 공간에는 눈부시게 반짝이는 크리스털 제품들로 가득하다. 고유의 제조 방식과 가공법을 이용해서 만든 각종 액세서리와 장식물들이 빼곡해서 구경하는 데만 해도 시간이 한참 걸린다. 제품 종류와 가격대가 다양하다.

주소 Herzog-Friedrich-Strasse 39 **전화** 512-573-100
홈페이지 kristallwelten.swarovski.com
영업 월~금 09:00~19:00, 토 · 일 · 공휴일 09:00~18:00 / 연중무휴
위치 트램 1번을 타고 마리아 테레지아 거리(Maria Theresien Strasse)역에서 도보 1분. 황금 지붕에서 도보 2분
지도 p.471-C

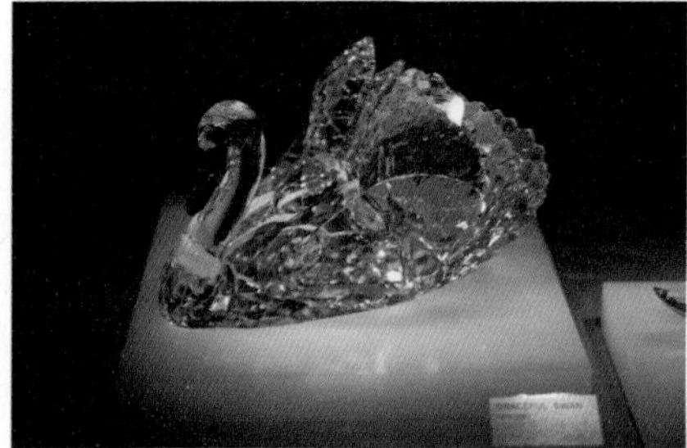

티롤러 하이마트베르크
Tiroler Heimatwerk

전통 의상과 민속 공예품 전문점

1934년 82명의 니트 전문가와 38명의 공예가들이 협동조합 형태로 시작한 전통 상점이다. 티롤 지방의 민속 의상과 전통 공예품을 제작 판매한다. 넓은 매장에는 티롤의 전통 자수를 수놓은 식탁보를 비롯해 다양한 생활용품들과 목각 제품, 기념품 등 선물용으로도 좋은 소품들이 가득하다.

주소 Meraner Strasse 2
전화 512-582320
홈페이지 heimatwerk.co.at
영업 월~금 09:00~18:00, 토 09:00~12:00 / 일 휴무
위치 트램 3번을 타고 안흐 거리/시청사 거리(Anchstrasse/Rathausgasse)역에서 도보 3분. 개선문에서 도보 4분
지도 p.471-D

티롤 게니센 Tirol Geniessen

다양한 종류의 티롤 전통주 전문점

1914년부터 전통주를 만들기 시작했으며 다양한 과일을 이용한 브랜디 종류, 허브를 이용한 전통주 등 온갖 색채와 향기를 지닌 전통주들이 진열, 판매되고 있다. 과일 브랜디는 1L 기준 €50~60 내외. 허브 전통주는 1L 기준 €16~52다. 선물용 박스 세트도 있다.

주소 Hofgasse 5
전화 512-562932
홈페이지 www.kraeuter-destillerie.tirol/de/tirol-geniessen
영업 매일 11:00~17:00 / 연중무휴
위치 황금 지붕에서 도보 1분
지도 p.471-A

티롤러 슈펙케리아 Tiroler Speckeria

티롤 전통 햄 & 살라미 전문점

1909년부터 전통을 이어오고 있는 티롤의 전통 햄과 살라미, 치즈 전문점이다. 독일어로 슈펙(Speck)이라고 부르는 이 지역 전통 베이컨(das schwarz G'selchte)을 비롯해 훈제 소시지, 알프스 치즈 등 티롤 알프스에서 살아가는 오스트리아 사람들이 즐겨 먹던 전통 햄과 소시지, 치즈를 판매한다. 티롤의 전통 슈펙은 춥고 긴 겨울을 이겨내기 위해 농부들이 13세기부터 즐겨 먹었던 전통 음식이다. 오늘날에도 티롤 사람들의 전통 간식 하면 슈펙을 빼놓을 수 없다.

주소 Hofgasse 3
전화 512-562068
홈페이지 www.speckeria.at
영업 매일 09:00~20:00 / 연중무휴
위치 황금 지붕에서 도보 1분 이내
지도 p.471-A

호텔 자일러 Hotel Sailer

자일러 가족이 5대째 운영하는 전통 호텔

중앙역에서 한 블록 떨어진 조용한 거리에 있는 전통 숙소다. 1896년에 창업해서 5대째 가업으로 내려오는 4성급 호텔로, 티롤풍의 편안한 실내 장식이 특징이다. 중앙역 앞 광장에서 샛길로 빠지면 바로 나오기 때문에 대중교통과 열차를 이용하기에 편리하다.

주소 Adamgasse 8
전화 512-5363 **홈페이지** sailer-innsbruck.at
요금 더블룸 €151~ **객실 수** 88실
위치 중앙역에서 도보 3분 **지도** p.471-F

바이세스 크로이츠
Altstadthotel Weisses Kreuz

모차르트 부자가 머물렀던 곳

옛 귀족의 집을 4성급 호텔로 변모시킨 유서 깊은 호텔이며 구시가 중심에 위치해 있어서 구시가 도보 관광에 편리하다. 르네상스가 시작되기 직전인 1465년에 이미 바이세스 크로이츠에 관한 기록이 있을 정도로 오래된 건물이다. 1769년 12월 15일에 레오폴트 모차르트와 그의 13살 난 아들 볼프강 아마데우스 모차르트가 바이세스 크로이츠에 도착해 건물 주인과 인스브루크 시장으로부터 환영을 받으며 이곳에 머물렀다. 구시가에 있는 옛 건축물이라 객실은 넓지는 않지만 내부는 모던하게 리뉴얼을 해서 깔끔하다.

주소 Herzog-Friedrich-Strasse 31
전화 512-59479
홈페이지 www.weisseskreuz.at
요금 더블룸 €112~ **객실 수** 48실
위치 황금 지붕에서 도보 1분 거리. 인스브루크 중앙역에서 도보 11분 거리 **지도** p.471-C

골드너 아들러
Best Western Plus Hotel Goldener Adler

황금 지붕과 인강 사이에 있어 관광에 최적인 호텔

1390년 설립된 이래 이탈리아와 독일 사이를 오가는 여행자와 상인들이 휴식과 숙식을 위해 찾은 인스브루크에서 가장 오래된 역사적인 숙소다. 모차르트와 괴테를 비롯해 수많은 유명 인사들이 투숙해서 더욱 유명해졌으며 입구에 저명한 투숙객의 이름을 새긴 현판이 붙어 있다. 객실은 리노베이션을 통해 전통과 모던을 조화롭게 연출했다. 아담하면서도 편안한 분위기의 4성급 호텔로 1층에 있는 레스토랑도 유명하다.

주소 Herzog-Friedrich-Strasse 6
전화 512-11110
홈페이지 www.goldeneradler.com
요금 더블룸 €143~ **객실 수** 43실
위치 트램 1번을 타고 마리아 테레지아 거리(Maria Theresien-Strasse)에서 도보 4분. 황금 지붕에서 도보 1분
지도 p.471-C

AC 호텔 바이 메리어트 인스브루크

AC Hotel by Marriott Innsbruck

티롤 알프스 전망이 멋진 현대적 호텔

1972년 동계 올림픽에 대비해서 만든 현대적인 호텔로 중앙역과 구시가 중간 즈음에 위치해 있어 구시가까지 도보로 다녀올 수 있다. 객실은 모던하게 꾸며져 있어서 편리하고 쾌적하다. 특히 높은 층 객실에서 보이는 구시가와 티롤 알프스 전망이 환상적이다.

주소 Salurner Strasse 15
전화 512-59350
홈페이지 www.marriott.com
요금 더블룸 €158~ **객실 수** 187실
위치 중앙역에서 도보 4분 **지도** p.471-F

호텔 인스브루크 Hotel Innsbruck

구시가지 인강 근처에 위치한 4성급 호텔

구시가 중심에 위치한 4성급 호텔로 인강의 인브뤼케(Innbrücke) 다리 근처에 위치해 있다. 고급 이태리산 가구인 미노티(Minotti) 가구가 구비되어 있으며, 투숙객이 무료로 이용할 수 있는 실내 수영장과 스파 설비도 잘 갖추고 있다. 지붕에 있는 파노라마 스파는 넓은 창이 있어 훌륭한 전망을 자랑한다.

주소 Innrain 3
전화 512-598-68-93
홈페이지 www.hotelinnsbruck.com
요금 더블룸 €200~(시즌에 따라 가격 변동)
객실 수 116실
위치 황금 지붕에서 도보 2~3분. 인스부르크 기차역에서 도보 15분
지도 p.471-C

막시밀리안 호텔 Maximilian Hotel

인강 근처에 있어서 전망이 좋은 호텔

인강의 인브뤼케(Innbrücke) 다리에서 가까운 곳에 위치한 4성급 호텔로, 구시가 도보 관광에 편리하다. 높은 층의 객실에서는 인강 너머로 티롤 알프스산들이 잘 보여서 전망도 훌륭하다. 버스나 트램 정류장도 가까워 근교 여행을 다녀오기에도 편리한 위치다. 깔끔하고 편안한 분위기를 선사하는 가족 경영 호텔이다.

주소 Marktgraben 7/9
전화 512-59967
홈페이지 www.hotel-maximilian.com
요금 더블룸 €120~ **객실 수** 47실
위치 황금 지붕에서 도보 3분. 중앙역에서 도보 15분
지도 p.471-C

HUNGARY

헝가리

유럽 중동부, 도나우강 중류에 위치한 내륙국으로 1001년 통일 국가를 이룬 이래 1,000년의 역사를 이어오고 있는 역사 도시다. 헝가리의 대표 도시이자 수도인 부다페스트는 헝가리 여행의 시작이자 끝이다. 헝가리는 전 국토의 3분의 2가 온천 개발이 가능한 온천 대국이며 국토 면적의 4분의 3이 저지대 평원으로 이루어진 평원 국가다. 부다페스트를 여유 있게 돌아보고 시간 여유가 있다면 수도 근교 도나우벤트의 작은 도시들도 방문하는 일정을 추천한다.

MUST KNOW

여행하기 전에 반드시 알아야 할 헝가리 필수 정보

여행을 준비하면서 꼭 알아두어야 할 헝가리의 기본 정보들을 한데 모았다. 준비물과 일정 등을 계획하기 위해 이 정도는 미리 인지하고 있어야 한다.

기초편

"직항 항공편은 12시간 10분 소요"

폴란드항공(LOT)이 2019년 9월부터 인천-부다페스트 직항편을 운행하기 시작했고, 현재 월 · 수요일 주 2회 운항하고 있다. 비행시간은 약 12시간 35분 소요된다. 또한 대한항공이 2022년 10월부터 인천-부다페스트 직항 노선을 신규 취항해서 현재 월 · 토요일 주 2회 운항하고 있다. 대한항공을 이용하면 도착까지 12시간 10분 소요된다. 폴란드항공은 아시아나항공과 같은 스타얼라이언스 소속 항공사로, 대한항공은 스카이팀 소속 항공사로 마일리지가 적립된다. 그 외 대부분의 항공편은 유럽의 주요 도시를 경유하여 부다페스트로 들어갈 수 있다. 경유편의 경우 환승 대기 시간에 따라 소요 시간이 다르지만 일반적으로 총 16시간 정도 소요된다. 루프트한자항공은 프랑크푸르트를 경유해서, 핀란드항공은 헬싱키를 경유해서 부다페스트로 들어갈 수 있다.

"한국 전자 제품과 플러그는 그대로 사용 가능"

전압은 220V이고 주파수는 50Hz. 전기 플러그는 둥근 모양의 핀이 2개 있는 C타입이다. 한국 전자 제품을 그대로 사용할 수 있으며, 어댑터도 필요 없다.
다만 한국의 주파수는 60Hz이고, 헝가리는 50Hz이기 때문에 여행 중에 사용할 전자 제품이 50/60Hz 겸용인지 확인해야 한다. 겸용이 아닌 제품을 그냥 사용하다가 제품이 손상될 수 있다.

"한국과 헝가리의 시차는 8시간"

헝가리는 한국보다 8시간 늦다. 한국이 오후 6시면 헝가리는 오전 10시다. 매년 3월 마지막 일요일부터 10월 마지막 일요일까지 서머타임 기간에는 7시간 늦다. 유럽 연합의 의결로 2021년부터 서머타임 강제 의무를 폐지하기로 결정했으나, 코로나 팬데믹으로 인해 시행이 미루어지면서 현재까지도 지속되고 있는 상황이다.

"헝가리의 통화는 포린트"

헝가리의 통화는 포린트(forint)이고 Ft 또는 HVF로 표기한다. 동전은 5, 10, 20, 50, 100, 200Ft가 있으며 지폐는 500, 1,000, 2,000, 5,000, 10,000, 20,000Ft가 있다. 2023년 4월 기준 1포린트=3.85원.

"헝가리어를 사용, 영어는 소통이 조금 어렵다"

공용어는 헝가리어. 영어는 부다페스트와 같은 대도시의 호텔이나 관광객이 많이 찾는 레스토랑 등에서는 어느 정도 통하는 편이지만 일반적으로 연령이 높아질수록, 소도시로 갈수록 의사소통이 어렵다. 부다페스트의 젊은 이들은 영어로 무난하게 의사소통이 가능한 편이다.

실용편

"낮과 밤의 일교차가 크다"

다습한 대륙성 기후로 기온 차가 심하다. 봄과 가을이 짧고, 여름에는 강수량이 많은 편이다. 낮과 밤의 일교차가 커서 낮에는 덥다가도 밤이 되면 추울 수도 있다. 여름에는 기온이 높아도 습도가 높지 않아 그늘이나 실내에서는 지낼 만하다. 겨울에는 추위가 심해서 영하 10℃ 이하로 내려가는 날이 많다.

"미네랄워터를 구입해 마시는 것이 보통"

헝가리의 수돗물은 그냥 마실 수도 있지만 위장이 약하거나 예민한 사람은 생수를 구입해서 마시는 것이 좋다. 생수는 탄산이 들어 있는 것과 탄산이 없는 것으로 크게 나뉜다. 병뚜껑이 핑크색이면 탄산이 없는 일반 생수이며, 파란색이면 탄산이 들어 있는 강한 탄산수, 초록색은 약한 탄산수다. 생수 구입 시에는 뚜껑의 색을 잘 확인하도록 한다.

탄산 없는 생수: 핑크색 뚜껑
셴셔브멘테슈 비즈(Szensavmentes viz)
탄산수: 파란색 뚜껑 셴셔바스 비즈(Szensavas viz)
약탄산수: 초록색 뚜껑 에니헨 셴셔바스(enyhén szénsavas)

"공중화장실은 대부분 유료"

주요 기차역이나 지하철역, 관광 명소에는 공중화장실이 설치되어 있고 대부분은 유료다. 레스토랑이나 호텔 화장실은 무료인데, 관리인을 위해 약간의 팁을 놓아두게끔 한 곳이 많다. 일반적으로 170~340Ft(€0.5~1) 정도이고 보통 50센트 내외가 적당하다. 관리인이 거스름돈을 거슬러주지 않거나 준비되어 있지 않은 경우가 있으므로 가급적 동전을 준비하는 편이 좋다.

"팁 문화가 있다"

헝가리는 계산서에 서비스 요금이 포함되는 경우도 있고 없는 경우도 있다. 팁을 의무적으로 줄 필요는 없지만 계산서에 서비스 요금이 적혀 있지 않다면 팁을 지불하는 것이 적절하다. 호텔에서는 객실까지 짐을 옮겨준 포터에게 340Ft(€1) 정도, 일반적으로 500Ft 정도의 팁이 무난하다. 하우스키핑 서비스의 경우에는 따로 팁을 주지는 않지만, 감사의 표시로 1박당 300Ft 정도의 팁을 테이블이나 침대에 올려두면 된다. 레스토랑에서는 만족스러운 서비스를 받았을 경우, 일반적으로 음식값의 10~15% 정도 주는 것이 일반적이다. 다만 계산서에 음식값 총액의 12.5% 내외의 서비스 요금 항목이 미리 부과되어 있으면 팁을 추가로 주지 않아도 된다. 'Szervizdij' 항목이 서비스 비용이라는 뜻이며 봉사료(팁)를 의미한다. 'Összesen'은 총액을 의미한다. 주의할 점은 식탁 테이블 위에 팁을 두고 나가지 말고, 담당 서버에게 직접 건네거나 계산대 옆에 있는 팁 넣는 상자에 넣어야 한다.

"물가는 3개국 중 가장 저렴"

헝가리의 물가는 오스트리아와 체코에 비해서 저렴한 편이다. 물론 부다페스트처럼 인기 있는 관광지는 물가가 조금씩 상승하고 있다.

상품	평균 가격
생수 500mL	100Ft
맥주 500mL	퍼브 400Ft, 슈퍼마켓 250Ft 내외
지하철 1구간	350Ft
택시 기본요금	450Ft
샌드위치	350~450Ft
중급 레스토랑 한 끼 식사비	3,500~4,000Ft

"영업시간은 일정치 않다"

헝가리는 관공서조차도 영업시간이 다를 정도로 들쑥날쑥 일정하지 않다. 부다페스트와 같은 관광지의 레스토랑이나 상점은 일요일이나 국경일, 혹은 일주일에 하루 정도 쉬는 곳이 많으며, 인기 있는 레스토랑 중에는 연중무휴로 영업하는 곳도 있다.

종류	영업시간	휴무일
은행	08:00~15:00 (금요일~13:00)	토 · 일요일 휴무
우체국	08:00~18:00 (토요일~13:00)	일요일 휴무
상점	09:00~18:00	일 · 국경일 휴무
레스토랑	11:00~23:00	기본적으로 쉬지 않지만 브레이크타임이 있는 곳도 있다.

※영업시간은 계절과 현지 상황에 따라 변동되므로 미리 확인하도록 한다.

전화 거는 법

헝가리에서 한국 서울의 02-123-4567로 걸 경우

호텔 객실 전화는 외선 번호, 일반적으로 9번을 누른 후 사용한다.

00(국제전화 접속 번호) + 82(한국 국가 번호) + 0을 생략한 지역 번호 + 상대방 전화번호 순서로 누른다.

00 – 82 – 2 – 123 – 4567

한국에서 헝가리의 01-123456로 걸려면

국제전화 접속 번호 + 36(헝가리 국가 번호) + 0을 생략한 지역 번호 + 상대방 전화번호 순서로 누른다. (통신사별 국제전화번호는 KT- 001, LG-002, SK브로드밴드-005, SK텔링크-00700)

001 – 36 – 1 – 123456

유럽 다른 국가에서
헝가리 부다페스트의 0224-123456로 걸 경우

국제전화 접속 번호 + 36(헝가리 국가 번호) + 0을 생략한 지역 번호 + 상대방 전화번호 순서로 누른다.

00 – 36 – 224 – 123456

헝가리에서 헝가리로 걸 경우

로밍 폰을 사용할 경우에는 현지 전화로 로밍되어 있기 때문에 별도로 국가 번호를 누를 필요가 없다. 국가 번호를 제외하고 상대방 번호를 그대로 누르면 된다. 공중전화 및 현지 전화를 사용할 경우에도 마찬가지다.

단, 로밍되지 않은 핸드폰을 사용할 경우에는 한국에서 국제전화를 하듯이 국제전화 접속 번호 혹은 + 표시(0을 길게 누르면 된다) + 헝가리 국가 번호 + 앞자리 0을 뺀 상대방 번호를 누르면 된다.

여행 캘린더

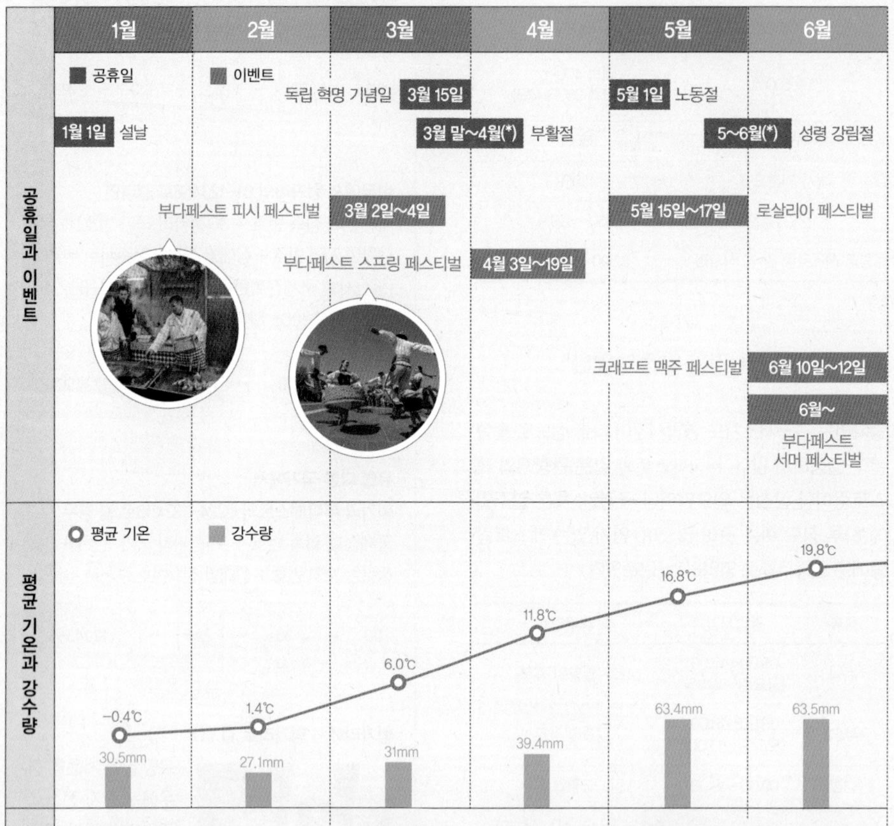

이벤트 정보

부다페스트 피시 페스티벌
부다페스트의 유명한 생선 요리 축제로 3월 2일부터 4일까지 영웅 광장의 쿤스트할레에서 열린다. 다양한 생선 요리를 맛볼 수 있으며 와인과 헝가리 로컬 브랜디인 팔링카도 시음할 수 있다.

부다페스트 스프링 페스티벌
일반적으로 4월 초에서 중순까지 열리는, 헝가리에서 가장 큰 음악 예술 행사. 헝가리 뮤지션을 비롯해서 국제적인 예술가들이 모여들어 곳곳에서 다양한 공연을 선보인다. 부다페스트 아트 위크도 동시 개최된다.
홈페이지 www.festivalcity.hu

로살리아 페스티벌
매년 5월 중순이나 하순에 3일간 개최되는 축제. 로제 와인과 스파클링 와인, 샴페인 축제 시음 와인 잔을 구입(와인 시음 잔 1개 1,000Ft)하면 축제에 나오는 와인과 샴페인을 다양하게 맛볼 수 있다.
홈페이지 rosalia.hu

크래프트 맥주 페스티벌
6월 중 3일간 열리는 크래프트 맥주 축제로 헝가리 최신 맥주와 크래프트 맥주를 선보인다. 시립 공원(Városliget)에서 개최되며 라이브 음악 콘서트와 다양한 음식을 즐길 수 있다.

부다페스트 서머 페스티벌
6월부터 8월까지 여름 시즌 내내 다양한 콘서트와 공연이 개최되는 문화 축제. 마가렛 아일랜드(Margit Island)와 바로스마조르(Városmajor) 2곳에서 열린다.

시게트 페스티벌
매년 도나우강 오부다이-시게트 아일랜드(Óbudai-Sziget Island)에서 열리는 유럽 최대 대중음악 축제. 2019년에는 에드 시런과 푸 파이터 같은 세계적인 가수를 비롯해서 1,000여 명의 아티스트가 열정적인 공연을 열었다.
홈페이지 www.sziget.hu

부다페스트는 헝가리의 수도이자 동유럽의 인기 여행지답게 1년 내내 음식, 와인, 민속 예술, 음악 공연 등 다양한 테마의 축제와 이벤트, 문화 행사가 열린다. 날짜와 시간은 변동 가능성이 있으므로 홈페이지를 확인하거나 관광 안내소에 미리 문의하도록 한다.

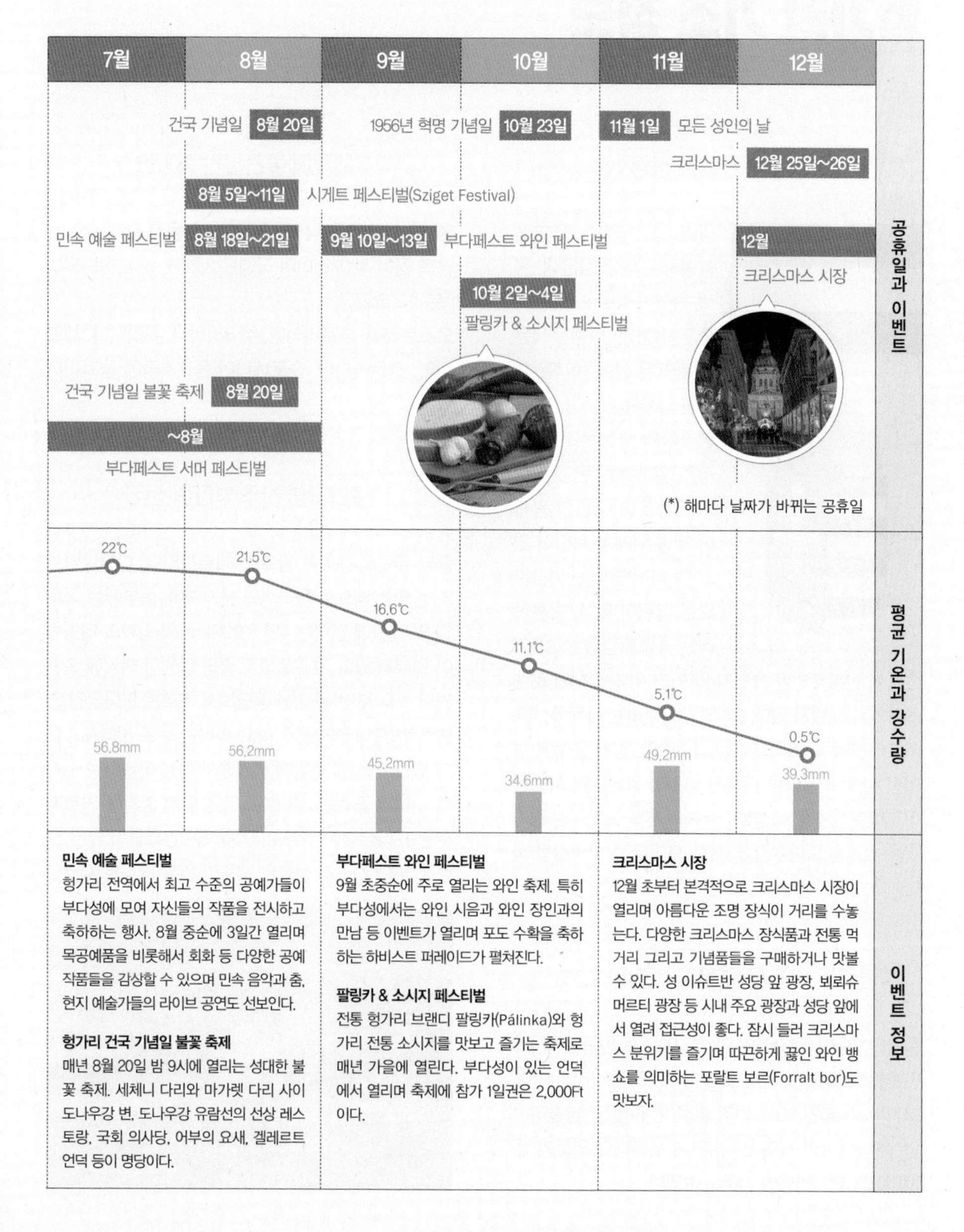

민속 예술 페스티벌
헝가리 전역에서 최고 수준의 공예가들이 부다성에 모여 자신들의 작품을 전시하고 축하하는 행사. 8월 중순에 3일간 열리며 목공예품을 비롯해서 회화 등 다양한 공예 작품들을 감상할 수 있으며 민속 음악과 춤, 현지 예술가들의 라이브 공연도 선보인다.

헝가리 건국 기념일 불꽃 축제
매년 8월 20일 밤 9시에 열리는 성대한 불꽃 축제. 세체니 다리와 마가렛 다리 사이 도나우강 변, 도나우강 유람선의 선상 레스토랑, 국회 의사당, 어부의 요새, 겔레르트 언덕 등이 명당이다.

부다페스트 와인 페스티벌
9월 초중순에 주로 열리는 와인 축제. 특히 부다성에서는 와인 시음과 와인 장인과의 만남 등 이벤트가 열리며 포도 수확을 축하하는 하비스트 퍼레이드가 펼쳐진다.

팔링카 & 소시지 페스티벌
전통 헝가리 브랜디 팔링카(Pálinka)와 헝가리 전통 소시지를 맛보고 즐기는 축제로 매년 가을에 열린다. 부다성이 있는 언덕에서 열리며 축제에 참가 1일권은 2,000Ft이다.

크리스마스 시장
12월 초부터 본격적으로 크리스마스 시장이 열리며 아름다운 조명 장식이 거리를 수놓는다. 다양한 크리스마스 장식품과 전통 먹거리 그리고 기념품들을 구매하거나 맛볼 수 있다. 성 이슈트반 성당 앞 광장, 뵈뢰슈머르티 광장 등 시내 주요 광장과 성당 앞에서 열려 접근성이 좋다. 잠시 들러 크리스마스 분위기를 즐기며 따끈하게 끓인 와인 뱅쇼를 의미하는 포랄트 보르(Forralt bor)도 맛보자.

BETTER KNOW

알고 가면 더욱 도움 되는 헝가리 기초 정보

"붉은색은 힘을 상징"

헝가리의 국기는 국가를 상징하는 색인 붉은색, 흰색, 녹색이 가로로 3등분된 줄무늬 형태다. 붉은색은 힘, 흰색은 성실, 녹색은 희망을 상징한다.

헝가리의 국장은 1990년 7월 3일에 채택된 것이며 성 이슈트반 국왕의 왕관이 제일 위에 배치되어 있고 그 아래 방패는 이등분으로 나뉘어 있다. 오른쪽에는 금색 왕관을 쓴 3개의 초록색 산봉우리가 그려져 있고 그 위에 흰색의 로렌 십자가가 세워져 있다. 3개의 산봉우리는 타트라산맥, 파트라산맥, 마트러산맥을 의미한다. 방패 왼쪽에 그려진 줄무늬 문양은 13세기 헝가리 왕실에서 사용한 아르파트 왕조를 상징한다. 4개의 흰색 줄무늬는 헝가리를 흐르는 도나우강, 티서강, 드라바강, 사바강을 의미한다.

"민족은 마자르족(헝가리인)이 97%"

헝가리 인구는 약 968만 명, 부다페스트 인구는 약 176만 명이다. 국민의 약 97%가 마자르족(헝가리인)이며, 그 밖에 독일인 1.6%, 기타 슬로바키아인과 남슬라브인, 루마니아인 등이 있다. 현재 루마니아 영토가 된 지역에도 헝가리인이 거주하고 있다.

"7개국에 둘러싸인 헝가리"

헝가리의 면적은 약 9만 3,030km², 동서 길이 528km, 남북 길이 320km이며 국경은 2,242km다. 한반도의 5분의 2 크기다.

오스트리아, 슬로바키아, 우크라이나, 루마니아, 세르비아, 크로아티아, 슬로베니아 등 7개국에 둘러싸여 있다.

"도나우의 진주 부다페스트"

중앙 유럽의 동쪽에 알프스, 카르파티아, 디나르알프스 등의 산맥으로 둘러싸인 분지이며, 동부에는 국토의 약 절반에 달하는 4만 5,000km²의 헝가리 대평원이 펼쳐져 있다. 호르토바지 국립 공원이 여기에 속해 있다. 이 나라의 중앙을 종단해서 흐르는 도나우강 연변에는 '도나우의 진주'라고 불리는 수도 부다페스트가 있다. 명성에 걸맞게 세계에서 가장 아름다운 도시 중 하나로 꼽히는 부다페스트는 도시 중앙을 가로지르는 도나우강을 경계로, 역사적인 건축물이 많은 오른쪽 부다 지역과 상공업 지구인 왼쪽 페스트 지역으

로 나뉜다. 부다는 왕궁과 귀족들이 거주하던 지역, 페스트는 서민들이 주로 살던 지역이다.

"크게 7개 지역으로 구분"

헝가리의 행정 구역은 수도(Főváros) 부다페스트 특별시와 19개 주(州, Megyék)로 구성되어 있다. 이들 행정 구역은 다시 173개 행정구로 나뉘고 지방은 편의상 7개 지역으로 구분되어 있다.

"국민 대다수가 그리스도교 신봉"

가톨릭이 53%, 프로테스탄트가 16%로 국민 대다수가 그리스도교를 믿는다. 나머지는 그리스정교나 유대교 등이다.

"의원 내각제 성격의 공화제"

국권의 최고 기관은 단원제 의회다. 임기 4년의 국민회의로 386석의 의석이 있고, 주요 정당으로는 사회당(HSPR), 청년민주연합(FIDESZ), 민주포럼(HDF) 등이 있다. 국가원수인 대통령은 국민 의회에서 선출한다. 현 대통령인 노바크 커털린(Novák Katalin)은 2022년에 취임했다.

부다페스트

BUDAPEST

동유럽에서 가장 웅장하고 거대한 도시

'도나우강의 진주', '도나우의 장미', '도나우의 여왕' 등 수많은 수식어로 찬사를 받아온 헝가리의 수도 부다페스트. 낮과 밤이 서로 다른 아름다움을 뿜어내는 이 도시는 언덕 위의 장엄한 왕궁과 어부의 요새, 마차시 성당으로 대표되는 부다 지역과 국회 의사당과 성 이슈트반 대성당으로 대표되는 평지 페스트 지역이 도나우강을 사이에 두고 평화롭게 공존하고 있다. 화려한 역사와 문화, 건축물들로 즐비한 구시가 거리와 도나우강을 따라 그림 같은 경관을 안겨주는 풍경들, 헝가리만의 특징을 가진 독특한 온천과 오페라로 대표되는 음악의 향기 그리고 우리의 육개장과 비슷한 구야시(Gulyas, 독일어는 굴라시)로 대표되는 음식까지 다채로운 여행의 즐거움을 만끽할 수 있다.

여행 기간	부다페스트 여행의 중요 키워드
3일	역사 야경 온천 음악

한껏 즐기다 보면 언뜻 보기엔 무뚝뚝해 보이는 헝가리인들은 사실 순박하고 정이 넘친다는 것도 알게 될 것이다. 오랜 여행으로 몸이 무거워질 때쯤에는 구시가 곳곳에 있는 역사 깊은 온천에 들러 여행의 피로도 풀고 마음의 여유도 누려보자. 조용히 시간을 보내고 싶은 여행자는 부다 지구에서 산책을 즐겨도 좋다. 어부의 요새, 겔레르트 언덕 등에 올라 전경을 감상해본다. 또한 도나우강 변에서 아름다운 조명으로 불을 밝힌 세체니 다리를 필두로 빼어난 야경을 감상하는 것은 부다페스트 여행의 필수 코스다.

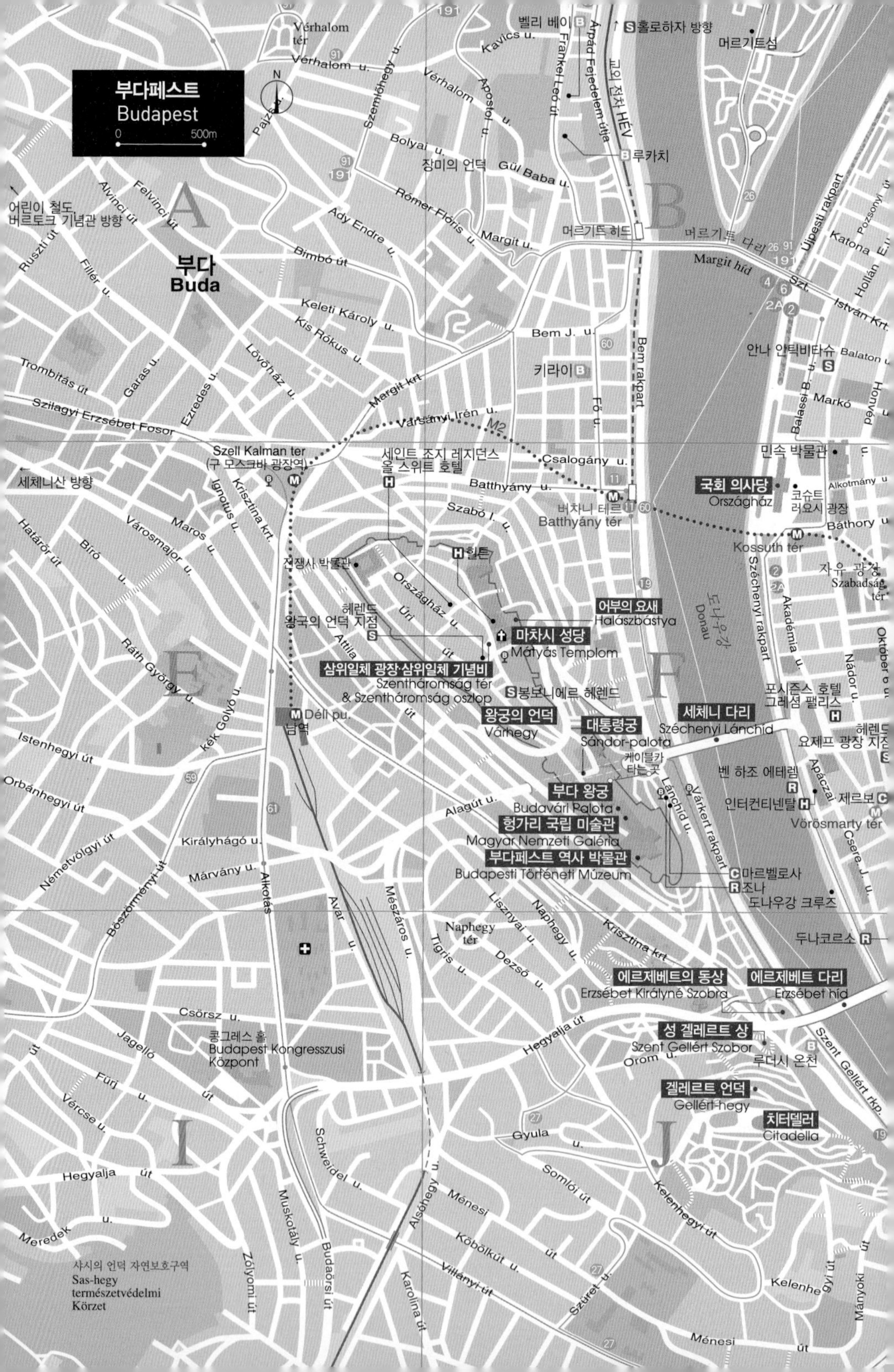

부다페스트
Budapest
0
500m
부다
Buda
국회 의사당
Országház
어부의 요새
Halászbástya
마차시 성당
Mátyás Templom
삼위일체 광장·삼위일체 기념비
Szentháromság tér
& Szentháromság oszlop
왕궁의 언덕
Várhegy
대통령궁
Sándor-palota
세체니 다리
Széchenyi Lánchíd
부다 왕궁
Budavári Palota
헝가리 국립 미술관
Magyar Nemzeti Galéria
부다페스트 역사 박물관
Budapesti Történeti Múzeum
에르제베트의 동상
Erzsébet Királyné Szobra
에르제베트 다리
Erzsébet híd
성 겔레르트 상
Szent Gellért Szobor
겔레르트 언덕
Gellért-hegy
치터델러
Citadella
머르기트 다리
Margit híd
머르기트섬
도나우강
Donau
세인트 조지 레지던스
올 스위트 호텔
힐튼
전쟁사 박물관
헤렌드
왕국의 언덕 지점
봉보니에르 헤렌드
케이블카
타는 곳
Szell Kalman ter
(구 모스크바 광장역)
Déli pu.
남역
버차니 테르
Batthyány tér
Kossuth tér
자유 광장
Szabadság tér
민속 박물관
코슈트
러요시 광장
포시즌스 호텔
그레셤 팰리스
헤렌드
요제프 광장 지점
벤 하조 에테렘
인터컨티넨탈
제르보
Vörösmarty tér
마르벨로사
조나
도나우강 크루즈
두나코르소
루더시 온천
콩그레스 홀
Budapest Kongresszusi
Központ
샤시의 언덕 자연보호구역
Sas-hegy
természetvédelmi
Körzet
벨리 베이
홀로하자 방향
루카치
교외 전차 HÉV
장미의 언덕
머르기트 히드
키라이
안나 안틱비타슈
어린이 철도
버르토크 기념관 방향
세체니산 방향
Naphegy
tér
Vérhalom
tér
Vérhalom u.
Kavics u.
Szemlőhegy u.
Aposto u.
Bolyai u.
Gül Baba u.
Rómer Flóris u.
Margit u.
Ady Endre u.
Bimbó út
Keleti Károly u.
Kis Rókus u.
Bem J. u.
Bem rakpart
Fő u.
Árpád Fejedelem útja
Frankel Leó út
Margit krt.
Varsányi Irén u.
M2
Csalogány u.
Batthyány u.
Szabó I. u.
Országház u.
Úri u.
Attila út
Alagút u.
Lánchíd u.
Várkert rakpart
Krisztina krt.
Naphegy u.
Lisznyai u.
Dezső u.
Tigris u.
Mészáros u.
Avar u.
Alkotás u.
Hegyalja út
Orom u.
Gyula u.
Somlói út
Kelenhegyi út
Ménesi út
Köbölkút u.
Villányi út
Szüret u.
Alsóhegy u.
Schweidel u.
Karolina út
Budaörsi út
Muskotály u.
Zólyomi út
Meredek u.
Hegyalja út
Vércse u.
Fürj u.
Jagelló út
Csörsz u.
Márvány u.
Királyhágó u.
Böszörményi út
Németvölgyi út
Orbánhegyi út
Istenhegyi út
Kék Golyó u.
Ráth György u.
Határőr út
Bíró u.
Városmajor u.
Maros u.
Ignotus u.
Krisztina krt.
Szilágyi Erzsébet Fasor
Trombitás út
Garas u.
Ezredes u.
Lövőház u.
Fillér u.
Ruszti út
Alvinci út
Felvinci út
Pajzs u.
Széchenyi rakpart
Akadémia u.
Nádor u.
Október 6 u.
Apáczai
Csere J. u.
Szent Gellért rkp.
Kelenhegyi út
Mányoki út
Újpesti rakpart
Katona J. u.
Pozsonyi út
Hollán E. u.
Szt. István krt.
Balaton u.
Balassi B. u.
Markó u.
Honvéd u.
Alkotmány u.
Báthory u.
A
B
E
F
I
J

↑ Újpest Központ 방향
Bessenyei u.
Garam u.
Gogol u.
Ipoly u.
Kárpát u.
Victor Hugo u.
Csanády u.
Gyula u.
Pannónia u.
Hegedűs
Balzac u.
Géza u.
Visegrádi u.
Kresz u.
M3
Kassák L. u.
Tüzér u.
Lehel u.
Dózsa György út
Vágány u.
Szabolcs u.
Lehel tér
C
Ferdinánd híd
동물원
Állatkert
Hungária krt.
Mexikói út
세체니 온천
Széchenyi fürdő
군델
국립 미술관
Rippl-Rónai u.
D
영웅 광장
Hősök tere
바이더후녀드성
회쇠크 테레
Hősök tere
Hermina út
Munkácsy M.u.
Bajza u.
미라지 메딕 호텔
시민 공원
Városliget
Podmaniczky u.
Szinyei Merse u.
M1
Bajza u.
Szondi u.
Szív u.
Benczúr u.
Nyugati pu.
언드라시 거리
Andrássy út
Kodály körönd
Városligeti fasor
Izabella
Aradi u.
코다이 기념관 & 자료관
Zoltán Kodály
Emlékmuseum és Archívum
Bajcsy-Zsilinszky út
서 란셀로
Teréz krt.
Damjanich u.
Ajtósi Dürer sor
Vörösmarty. u.
리스트 기념관
Liszt Ferenc Emlékmúzeum
Dózsa György út
Abonyi u.
테러 하우스
Terror Háza
Jókai u.
Dembinszky u.
지질학 박물관 방향
Vadász u.
Nagymező u.
우편 저금국
Magyar Államkincstár
Andrássy út
Oktogon
Szófia u.
Vörösmarty u.
Rózsa u.
Bethlen G. u.
Nefelejcs u.
István út
Sajó u.
피지카
Csengery u.
Dob u.
Rottenbiller u.
헝가리 국립 오페라 극장
Magyar Állami Operaház
Arany J. u.
오페라 카페
Opera
칼라스
Hársfa u.
페스트
Pest
Bethlen Gábor tér
Alpár u.
Thököly út
Bank u.
헤렌드 언드라시 거리 지점
Erzsébet krt.
코린티아 호텔
Péterfy Sán r u.
Verseny u.
H
Bajcsy-Zs. út
G
Kertész u.
Akácfa u.
Rózsák tere
Garay u.
성 이슈트반 성당
Szent István Bazilika
Király u.
Kazinczy u.
Klauzál tér
키슈피파
Dohány u.
동역 우체국
동역
Keleti pu.
에르제베트 광장
NH 컬렉션 부다페스트 시티 센터
Kerepesi út
뉴욕 카페
장거리 버스 터미널
아난타라 뉴욕 팰리스 부다페스트
호텔 엘리트
Ügetőpálya
Deák tér
데아크 페렌츠 광장
Wesselényi u.
Blaha L. tér
Bezerédj u.
Dob u.
Károly krt.
M2
에르켈 극장
Köztársaság tér
Fiumei út
시나고그
Zsinagóga
묘지
Kerepesi temető
시청사
밤바 마르하 버거 바
Népszínház u.
포크아트 케즈무베슈하스
Astoria
Vas u.
Alföldi u.
바치 거리
Váci utca
Kossuth L. u.
Puskin u.
Bérkocsis u.
Teleki László tér
프리마 션 호텔
Ferenciek tere
첸트랄 카베하즈
Múzeum krt.
József krt.
Pákóczi tér
Déri Miksa u.
Brody Sándor u.
Rökk Sz. u.
Mátyás tér
Karácsony S. u.
Dobozi u.
József u.
Irányi u.
Veres Pálné u.
Váci u.
국립 박물관
머큐어 부다페스트 코로나 호텔
Krúdy u.
Tavaszmező u.
Magdolna u.
Józsefvárosi pu.
Baross u.
Kálvin tér
Baross u.
Kálvária tér
Belgrád rakpart
좋은가부다
Mária u.
Szigony u.
Illés u.
Vámház krt.
M3
Nap u.
자유의 다리
Szabadság híd
파카날
Ráday u.
공예 미술관
Iparművészeti Múzeum
Práter u.
Nagy Templom u.
Kőris u.
Diószeghy Sámuel u.
중앙 시장
Vásárcsarnok
K
Lónyay u.
Ferenc körút
Kisfaludy u.
L
Kinizsi u.
Futó u.
Tömő u.
겔레르트
19 · 41번 트램 정류장
Szent Gellert ter
Közraktár u.
Üllői út
Bókay J. u.
Liliom u.
Páva u.
Tűzoltó u.
Klinikák
Korányi S. u.
Budafoki út
Műegyetem rakp
Ferenc krt.
Tompa u.
Ferenc tér
Viola u.
Orczy-kert
Mester u.

MUST DO

부다페스트에서 꼭 해봐야 할 것들

부다페스트 여행에서 반드시 빼놓지 말아야 할 2가지는 유서 깊고 아름다운 온천을 체험해보는 것과 그윽하게 아름다운 야경을 감상하는 일이다.

1 부다페스트 야경 감상하기

유럽 3대 야경 중 하나로 손꼽히는 부다페스트 야경은 부다페스트 여행의 필수 코스다. 일반적으로 세체니 다리 쪽에서 왕궁을 바라보는 야경도 좋고, 어부의 요새에서 내려다보는 국회 의사당 야경도 멋지다. 겔레르트 언덕에 오르면 부다와 페스트 지구 그리고 도나우강까지 한눈에 감상할 수 있다.

겔레르트 언덕에서 본 야경

부다 지구에서 본 야경

3

3

5

2 전통 온천에서 휴식하기

온천의 도시이기도 한 부다페스트 시내에는 유명 온천(Gyógyfürdő)만 해도 24곳이나 된다. 특히 오랜 역사를 이어온 전통 헝가리식 온천(벨리 베이, 키라이)이나 수영장이 딸린 레저 겸용 온천(겔레르트, 세체니)은 꼭 들러볼 만하다.

3 크리스마스 시장 즐기기

보통 11월 말에 시작해서 1월 초까지 열리는 크리스마스 시장은 겨울에 헝가리를 여행한다면 꼭 들러볼 것. 다양한 기념품과 크리스마스 조명 장식 그리고 전통 음식과 과일을 넣고 달짝지근하게 끓인 와인(Forralt bor)도 마셔보자. 대표적인 크리스마스 마켓 2곳은 아래를 참고하자.

성 이슈트반 바실리카 마켓 Szent Istvan bazilika
주소 Szent István tér 1 **운영** 11월 말~1월 초

뵈뢰슈머르티 광장 마켓 Vörösmarty tér
주소 Vörösmarty tér **운영** 11월 중순~1월 초

4 겔레르트 언덕 산책 & 부다페스트 전망 감상

유유히 흐르는 도나우강과 왕궁, 마차시 성당이 있는 부다 지구 그리고 맞은편의 국회 의사당과 페스트 지구까지 펼쳐진 시원스런 파노라마 전망을 감상할 수 있다.

5 중앙 시장에서 재래시장 즐기기

헝가리 시민들이 즐겨 찾는 재래시장으로 모자이크 타일로 지붕이 덮인 멋진 건축물에 들어선 부다페스트 최대의 상설 시장이다. 지하부터 온갖 종류의 식재료 상점들과 기념품점으로 가득하다. 일요일은 휴무.

6 수륙 양용 버스(리버 라이드) 즐겨보기

여행사 리버 라이드에서 운행하는 수륙 양용 버스를 타고 국회 의사당, 영웅 광장, 왕궁 등 부다페스트 도심 내 주요 관광지들을 돌아본다. 그런 다음 도나우강으로 그대로 들어가서 버스에 탄 채 강변을 감상하며 강 위를 가로지르는 스릴을 느낄 수 있다.

홈페이지 riverride.com

7 중세 식당에서 디너 먹어보기

중세 시대를 재현한 식당에서 중세 사람들처럼 식사를 하는 경험은 부다페스트 여행의 색다른 즐거움이다. 대표적인 중세 식당으로 서 란셀로(Sir Lancelot)가 있다. 포크는 주지 않고 칼과 손으로만 음식을 먹어야 한다.

주소 Podmaniczky utca 14

8 바치 거리에서 쇼핑 즐기기

바치 거리는 고급 부티크 상점들과 선물 가게들이 모여 있는 번화가로 명품부터 헝가리 여행 기념품을 사기에 좋다. 헝가리 명품 도자기 헤렌드 직영점도 이 거리에 있다.

9 어부의 요새에서 커피 한 잔

부다 지구에 있는 어부의 요새는 도나우강과 국회 의사당 그리고 페스트 지구가 한눈에 내려다보이는 멋진 경관을 선사한다. 어부의 요새에 자리 잡은 카페에서 잠시 커피를 마시며 잠시 쉬어가는 것도 좋다.

10 화려한 뉴욕 카페에서 커피와 디저트 즐기기

부다페스트 여행자라면 꼭 한번 들러봐야 할 카페로 추천을 받는 곳이다. 19세기 말에 문을 연 곳으로 당대 유명 배우와 작가들이 즐겨 찾았다. 카페 이름은 당시 뉴욕 보험 회사의 부다페스트 지점이 건물 1층에 자리한 것에서 유래한다. 넓은 실내 공간과 부다페스트를 대표하는 화려한 아르누보 양식으로 꾸며진 내부는 감탄사를 자아낸다.

부다페스트 가는 법

2019년 9월부터 폴란드항공이, 2022년 10월부터 대한항공이 인천-부다페스트 간 직항편을 취항해서 현재 각각 주 2회 운항하고 있어 좀 더 접근이 편리해졌다. 직항편이 아닌 경우에는 주로 모스크바나 프랑크푸르트, 헬싱키, 파리, 빈, 프라하 등 유럽의 주요 도시를 경유해서 들어갈 수 있다. 유럽 주요 도시들과 열차편도 잘 연결되어 있어서 유럽 내에서는 기차로 이동하는 게 더 편리하다.

비행기

부다페스트 리스트 페렌츠 국제공항 Budapest Liszt Ferenc International Airport(BUD)

원래 명칭은 부다페스트 페리헤기 국제공항이었지만, 헝가리를 대표하는 작곡가 프란츠 리스트 탄생 200주년을 기념해서 2011년부터 현재의 명칭으로 변경해서 부르고 있다. 부다페스트에서 남동쪽으로 16km 떨어져 있다. 헝가리 국적의 저가 항공사 위즈에어(Wizz Air)의 허브 공항이기도 하다. 공항에는 2개의 터미널이 있으며, 제1터미널은 화물 운송기와 전세기편 전용이며, 제2터미널이 일반 여객 전용 터미널이다. 제2터미널은 다시 2A, 2B로 나뉘며, 솅겐 조약에 가입한 나라에서 오는 비행기는 터미널 2A에 도착한다(에어 프랑스, 루프트한자, KLM, 스위스항공, 오스트리아항공, 알이탈리아, 터키항공, 체코항공 등 대부분의 유럽 항공사). 공항 내에는 환전소, 렌터카 회사, 레스토랑, 상점, 관광 안내소 등이 있다.

홈페이지 www.bud.hu

직항

2019년 9월부터 폴란드항공(LOT)이 최신형 항공기 보잉 787 드림라이너를 이용하여 인천-부다페스트 직항편을 취항해서, 현재 주 2회(월 · 수요일) 운항하고 있다. 또한 대한항공이 2022년 10월부터 부다페스트 직항 노선을 취항해서 현재 주 2회(월 · 토요일) 운항하고 있어 편리하다. 대한항공을 이용하면 12시간 10분, 폴란드항공을 이용하면 12시간 35분 걸린다. 폴란드항공은 스타얼라이언스(Star Alliance) 회원사로 우리나라의 아시아나항공도 속해 있어 아시아나클럽 마일리지 적립이 가능하며, 대한항공은 스카이팀 소속 회원사다.

폴란드항공 www.lot.com
대한항공 www.koreanair.com

경유

대부분의 항공편은 유럽의 주요 도시나 모스크바를 경유해서 부다페스트로 갈 수 있다. 경유 시에는 환승 대기 시간을 포함해 일반적으로 16시간 내외로 소요된다. 모스크바에서 부다페스트까지 러시아항공으로 약 3시간, 대기 시간까지 약 16시간 내외 소요된다. 독일 루프트한자항공은 프랑크푸르트를 경유해서 부다페스트로 들어간다. 환승 대기 시간을 포함해서 총 15시간 35분가량 소요된다. 핀란드항공은 헬싱키를 경유해서 부다페스트까지 총 15시간 15분 정도 걸린다.

저가 항공

유럽 내에서 부다페스트로 이동할 경우 저가 항공을 이용하면 이동 시간을 단축할 수 있다. 프라하 하벨 공항(Prague Vaclav Havel Airport, PRG)에서 라이언에어(Ryanair)로 부다페스트 리스트 페렌츠 국제공항까지 1시간 10분 소요된다. 체코항공도 1시간 5분 정도 소요되며 항공 요금은 €130 내외다. 프랑크푸르트 공항(Frankfurt am Main Airport, FRA)에서는 위즈에어(Wizz Air)로 부다페스트 리스트 페렌츠 국제공항까지 1시간 40분 정도 소요되고 요금은 €95 정도.

기타

빈에서는 오스트리아항공(Austrian Airlines)을 타고 부다페스트 리스트 페렌츠 국제공항까지 약 45분 정도 걸린다. 요금은 €210 내외다.

부다페스트 공항에서 시내 가는 법

여행객들이 주로 이용하게 되는 제2터미널에서 부다페스트 시내로 이동하는 방법에는 크게 3가지가 있다. 미니부드(Mini BUD) 에어포트 셔틀버스, 노선버스, 택시 중 예산과 동선에 맞는 교통수단을 선택해 이용하면 된다.

미니부드 에어포트 셔틀
Mini BUD Airport Shuttle Service

목적지가 비슷한 승객들을 모아서 승합차로 운송하는 방식의 셔틀버스이며, 택시보다 요금이 저렴하고 바가지도 없다는 장점이 있다.

공항에 도착해서 수하물을 찾아 나오면 출구로 나가기 전 대합실에 빨간색으로 미니부드 에어포트 셔틀 서비스(mini BUD airport shuttle services)라는 간판이 있는 데스크가 있다. 목적지를 이야기하고 결제를 하면 대기 번호가 나온다. 모니터에 자신의 대기 번호가 뜨면 승합차 번호를 확인할 수 있으며 공항 밖으로 나가서 그 번호가 적힌 승합차에 가서 티켓을 보여주고 탑승하면 된다.

목적지가 같은 사람들이 모이기까지 생각보다 시간이 별로 걸리지 않는다. 최장 20분 정도라고 안내를 하지만 사람이 다 모이지 않아도 어느 정도 시간이 되면 출발하기 때문에 무작정 기다릴까 걱정하지 않아도 된다.

홈페이지나 전화로 미리 예약도 가능하며, 시내에서

©www.minibud.hu

공항으로 올 때는 호텔까지 픽업을 하러 와주기 때문에 편리하다. 스마트폰 앱(miniBUD)도 있으므로 깔아 두면 편리하다.

콜센터 시간 01-550-0000
홈페이지 www.minibud.hu **소요 시간** 공항-시내 50분 내외
요금 최저 1900Ft(€7, 목적지에 따라 다름). 시내 중심부까지 간다면 보통 4,000~5,000Ft는 예상해야 한다.

노선버스 Repter-busz

100E번과 200E번이 있는데 버스 모양과 색깔이 똑같으므로 번호를 잘 확인하자. 시내버스는 가격은 저렴하지만 따로 짐을 보관하는 곳이 없어서 통로에 두어야 하기 때문에 불편한 점은 있다. 표는 버스 기사에게 살 수도 있으나 추가 수수료가 붙으니, 시간적 여유가 있다면 미리 티켓 발매기에서 구입하는 편이 좋다. 또한 부다페스트 1일권이나 부다페스트 카드 대중교통 정액권이 있으면 200E번은 탑승 가능하지만 100E번은 탑승할 수 없다는 점도 주의하자.

200E번 요금이 저렴한 대신 시내 중심까지 가지 않고 지하철 3호선의 남쪽 종점인 쾨바녀 키슈페스트(Kőbánya-Kispest)까지 간다. 여기서 지하철을 타고 시내 중심부인 데아크 페렌츠 광장이나 다른 목적지로 이동할 수 있다.

소요 시간 공항-쾨바녀 키슈페스트 약 30분
요금 공항-쾨바녀 키슈페스트 350Ft. 지하철로 환승해 다른 목적지로 가는 경우 환승 티켓(transfer ticket, 530Ft)을 구입할 것. 부다페스트 1일권, 부다페스트 카드 대중교통 정액권 이용 가능.

100E번 지하철을 갈아탈 필요 없이 곧바로 시내 중심부에 있는 데아크 페렌츠 광장까지 이동하기 때문에

공항행 100E번 버스

편리하지만, 요금이 900Ft로 비싼 편이다.

요금 공항~데아크 페렌츠 광장 900Ft.
부다페스트 1일권, 부다페스트 카드 대중교통 정액권 이용 불가

포택시 Fotaxi

우리나라의 카카오 택시와 같은 헝가리의 택시로 스마트폰 앱(Fotaxi Budapest)을 깔면 이용하기 편리하다. 공항에서 시내 각지로 이동하고 요금이 구역별로 정해져 있다. 시내 중심부까지는 약 5,800~6,500Ft로 카드와 현금 모두 결제 가능하다. 다른 교통수단과 비교하면 꽤 비싼 편이긴 하다. 포택시 부스는 터미널 2A와 2B 출구에 있다.

전화 01-222-2222
홈페이지 fotaxi.hu

철도

부다페스트에는 켈레티역(Keleti pályaudvar, 동역), 뉴가티역(Nugati pályaudvar, 서역), 델리역(Deli pályaudvar, 남역) 3곳의 철도역이 있다. 팔야우드바(Pályaudvar)는 기차역이라는 뜻이며 약자로 Pu.로 칭하기도 한다.
유럽의 주요 도시들과 국제선 열차가 연결되어 있으며 대부분 페스트 지구에 있는 켈레티역과 델리역으로 들어온다.

승차권 예약

성수기에는 빈-부다페스트, 프라하-부다페스트 구간은 인기가 많기도 하고, 주요 도시 간에는 예약이 필수인 고속 열차가 많기 때문에 미리 확인하는 것이 좋다. 유레일패스 소지자도 일반 열차는 그냥 탑승해도 되지만 예약 필수인 열차는 반드시 좌석을 예약해야 한다. 헝가리 철도청(www.mavcsoport.hu), 오스트리아 철도청(www.oebb.at), 체코 철도청(www.cd.cz) 등에서 예약을 하거나, 현지 기차역에서 역무원을 통해 예약할 수 있다. 또는 유럽 여행을 대표하는 교통 앱 오미오(Omio) 등을 통해 간편하게 예약하고 티켓 구매까지 할 수 있다. 오미오 같은 앱은 신용카드를 등록해 놓으면 편리하게 결제까지 할 수 있으며 티켓이 앱 안에 저장되기 때문에 따로 종이 티켓을 발급받거나 확인받을 필요도 없어 매우 편리하다.

오스트리아 빈 → 부다페스트

빈 중앙역에서 부다페스트 켈레티역까지 직행열차로 약 2시간 40분 소요된다. 1일 5~6대 정도 운행된다. 요금은 €25 정도다(2등석 기준).

체코 프라하 → 부다페스트

프라하 중앙역(Hlavni Nadrazi)에서 부다페스트 뉴가티역까지 EC열차로 약 6시간 40분 정도 소요된다(야간 10시간 30분 소요). 주간에 직행열차가 5대 내외, 야간열차가 1대 정도 운행된다. 야간열차는 오후 9시 56분에 프라하 중앙역을 출발해서 다음 날 오전 8시 30분에 부다페스트 켈레티역에 도착하는 쿠셋(침대칸) 열차다. 예약 필수.

슬로바키아 브라티슬라바 → 부다페스트

슬로바키아 수도 브라티슬라바 중앙역(Bratislava Hlavna Stanica)에서 직행열차로 부다페스트 뉴가티역에 도착한다. 약 2시간 23분 소요되고, 1일 8대 정도 운행한다.

주요 기차역

부다페스트 켈레티역(동역) Keleti pályaudvar

빈에서 오는 열차를 비롯해서 서유럽 방향에서 오는 대부분의 국제선 열차들이 발착한다. 지하철 2호선과 연결되어 있어 시내 이동이 편리하다. 오가는 여행자들이 많은 만큼 숙소를 안내하겠다는 호객꾼들과 소매치기들도 섞여 있으니 조심해야 한다. 중요한 소지품을 몸에서 떨어뜨리지 않도록 하고 먼저 다가와서 이유 없는 호의를 베푸는 사람들은 조심해야 한다.

부다페스트 델리역(남역) Deli pályaudvar

델리역에는 슬로베니아, 크로아티아, 세르비아 등 주로 발칸 국가 방향으로 가는 국제선 열차들이 발착한다. 델리역도 지하철 2호선과 연결되어 있어 시내 어디든 이동하기 편리하다.

부다페스트 뉴가티역(서역) Nugati pályaudvar

뉴가티역은 국내선 열차만 발착하며, 지하철 3호선과 연결되어 있다. 단, 프라하에서 주간에 부다페스트로 들어오는 열차는 뉴가티역에 도착한다. 6시간 30분 소요.

동유럽의 주요 도시답게 부다페스트에서 서유럽과 동유럽 그리고 발칸으로 이어지는 다양한 버스 노선들이 있다. 부다페스트, 프라하, 빈 모두 인기 있는 구간이므로 승차권은 미리 구입하는 편이 좋다.

이용 방법

유로라인 버스
플릭스버스

부다페스트와 헝가리 국내의 다양한 지역을 연결해주는 버스는 국영 버스 회사 볼란부츠(Volánbusz), 전통적으로 유럽의 주요 도시를 이어주는 버스 회사 유로라인(Eurolines) 그리고 가장 많은 여행자들이 이용하는, 독일에 기반을 두고 유럽 전역의 주요 도시들을 이어주는 플릭스버스(Flixbus) 등이 대표적인 장거리 버스 회사들이다. 유로라인 등 국제 장거리 버스는 지하철 3호선 네플리게트(Népliget)역 근처에 있는 네플리게트 버스 터미널에서 발착한다. 그 외에 아르파드 히드 버스 터미널이 있는데 대부분 네플리게트 버스 터미널을 이용한다.
플릭스 홈페이지에 들어가면 프라하 중앙역이나 플로렌츠 버스 터미널(Autobusové nádraží Praha Florenc)에서 부다페스트 부다 지구의 켈렌푈트(Kelenföld)역이나 페스트 지구의 네플리게트역 중 하나를 선택해서 이동할 수 있다.
이동 시간은 교통 상황과 시간대에 따라 조금씩 다르지만 대략 7시간에서 8시간 30분 내외다. 주간 이동은 1인당 €16 내외, 새벽이나 야간 이동은 요금이 2배까지 올라간다.

볼란부츠 www.volanbusz.hu
유로라인 www.eurolines.eu
플릭스버스 global.flixbus.com
오미오 www.omio.com

TIP 네플리게트 버스 터미널

주소 Autóbuszállomás Budapest Népliget
전화 1-382-0888
홈페이지 www.futas.net/hungary/Budapest/Nepliget-buszpalyaudvar/volanbusz-autobuszallomas.php
위치 메트로 3호선 네플리게트(Népliget)역에서 도보 1분

TIP 유용한 앱

유로라인이나 플릭스버스는 스마트폰에 앱을 다운받아두면 버스 티켓도 구입할 수 있어 편리하다. 또한 유럽 여행 대중교통 인기 앱 오미오(Omio)도 장거리 노선을 검색해서 티켓을 바로 구입할 수 있다. 부다페스트, 프라하, 빈 모두 인기 있는 구간이므로 승차권은 미리 구입하는 편이 좋다.

오스트리아 빈 → 부다페스트

빈 중앙역 앞 쥐드티롤러 광장에서 오전과 오후 주요 시간대에 출발하는 플릭스버스가 부다페스트 켈렌퓔트까지 운행되며 소요 시간은 약 3시간 내외, 요금은 €20 정도다.

슬로바키아 브라티슬라바 → 부다페스트

슬로바키아 수도 브라티슬라바 니비(Nivy) 버스 터미널에서 플릭스버스를 타고 직행으로 부다페스트 켈렌퓔트까지 2시간 40분 정도 소요된다. 1일 9대 정도 운행하며 요금은 시간대에 따라 €20~30 정도.

체코 프라하 → 부다페스트

프라하 중앙역이나 플로렌츠역에서 부다페스트까지 장거리 플릭스버스가 운행되고 있으며 부다페스트 켈렌퓔트나 쾨니베스 칼만 쾨루트까지 운행된다. 소요 시간은 출발역이나 최종 목적지역에 따라 대략 7~8시간가량 소요된다. 요금은 출발 시간대에 따라 €30~50 정도다.

TIP 유람선을 타고 부다페스트로 들어갈 수 있다

빈에서 출발하는 경우에는 도나우강의 항로를 이용해서 헝가리로 들어올 수 있다. 오스트리아의 DDSG 블루 다뉴브사와 헝가리의 마하르트(Mahart)사가 운항하는 수중익선은 에르제베트 다리 남쪽의 국제선 부두에서 발착한다. 빈에서 부다페스트까지는 약 5시간 30분 정도 소요된다. 빈에서는 시내 외곽의 뤼프트너 안레게슈텔레(Lüftner Anlegestelle) 크루즈 터미널에서 출발한다. 티켓은 비가도 광장에 있는 사무실이나 국제선 부두에 있는 티켓 오피스에서 구매할 수 있다.

DDSG 블루 다뉴브 DDSG Blue Danube
주소 Handelskai 265 **전화** 01-588-80 **홈페이지** www.ddsg-blue-danube.at

마하르트 투어스 Mahart Tours
주소 Belgrád rakpart, Nemzetközi HÁ **전화** 01-484-4013 **홈페이지** www.maharttours.com/mahartpassnave.hu

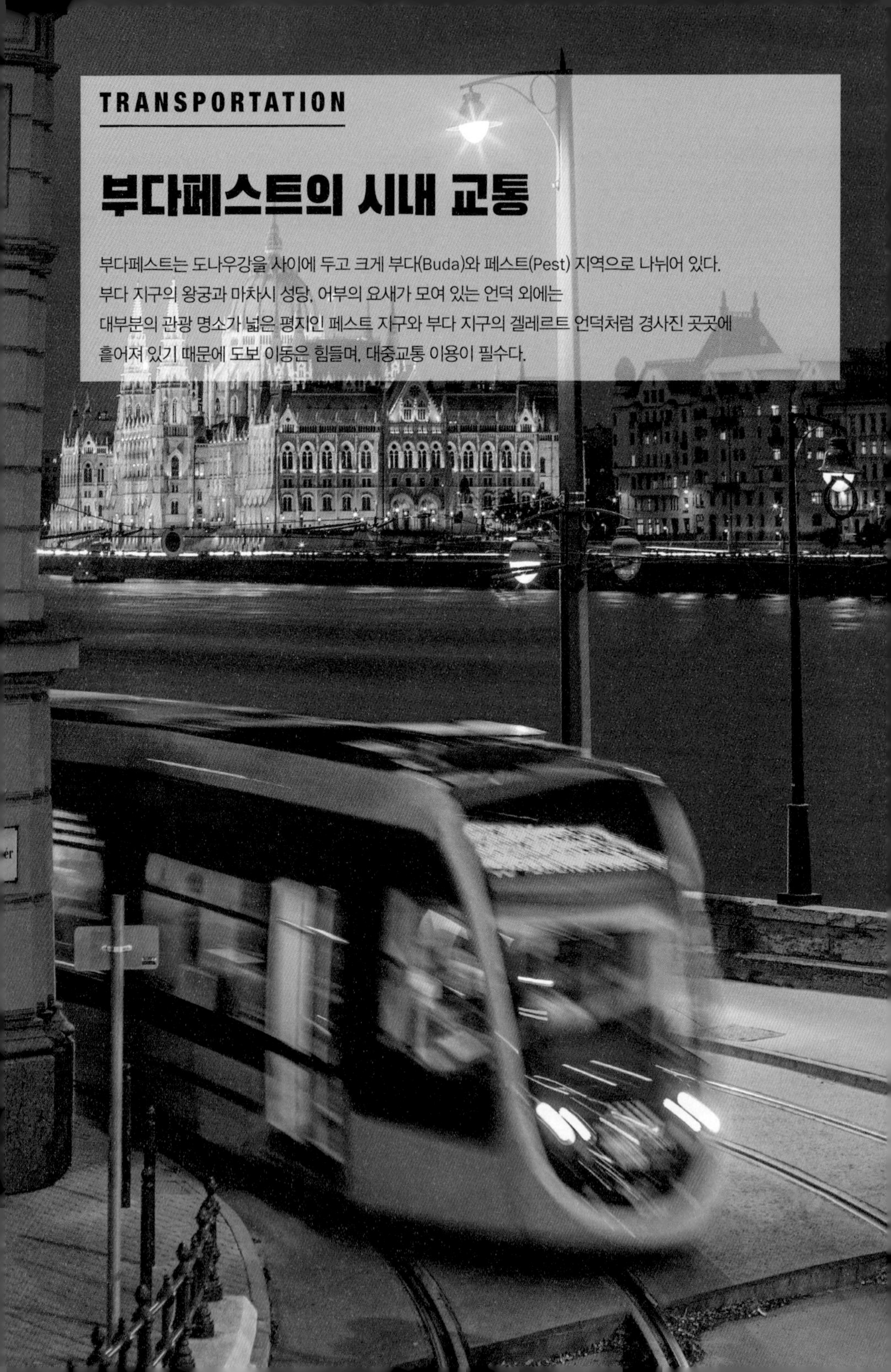

TRANSPORTATION

부다페스트의 시내 교통

부다페스트는 도나우강을 사이에 두고 크게 부다(Buda)와 페스트(Pest) 지역으로 나뉘어 있다. 부다 지구의 왕궁과 마차시 성당, 어부의 요새가 모여 있는 언덕 외에는 대부분의 관광 명소가 넓은 평지인 페스트 지구와 부다 지구의 겔레르트 언덕처럼 경사진 곳곳에 흩어져 있기 때문에 도보 이동은 힘들며, 대중교통 이용이 필수다.

대중교통

부다페스트의 대중교통기관으로는 지하철, 트램, 버스, 트롤리버스, 산악 열차 그리고 헤브(HEV)라고 불리는 교외 전철이 있다. 이 중에서 여행자들이 주로 이용하는 교통수단은 지하철, 트램, 버스다. 대중교통 운행 시간대는 첫차가 새벽 4시에서 4시 50분경이며, 막차는 밤 11시에서 11시 20분경이다.

홈페이지 www.bkv.hu

승차권

부다페스트 대중교통 시스템은 BKK라고 불리는 부다페스트 교통 유한 회사에서 담당하고 있다. 지하철, 버스, 트램, 트롤리버스까지 운영하고 있으며, 도시 근교로 운행하는 5개 노선의 교외 전철 헤브도 관리하고 있다.

승차권은 반드시 타기 전에 구입해야 하며, 펀칭기에 넣어서 펀칭을 하거나 스탬프를 찍어 탑승 시간을 표시(Validation)해야 승차권의 효력이 발생하므로 잊지 않도록 유의한다.

홈페이지 www.bkk.hu

승차권 구입하기

승차권은 지하철역, 담배 가게, 키오스크(신문 판매소), 관광 안내소, 호텔, 보라색 티켓 판매기 등에서 구매할 수 있다. 주의할 점은 모든 종류의 티켓을 판매하는 곳은 지하철이나 버스 터미널 창구다. 창구 직원 중에는 영어가 통하지 않는 경우도 있기 때문에 티켓 종류나 행선지를 헝가리어로 적어서 보여주면 티켓 구입이 한결 수월할 것이다.

승차권 정보 www.bkk.hu/en/prices

승차권 종류(2023년 기준)

종류	요금	특징
단거리권 Metrószakaszjegy	320Ft	1회만 승차할 수 있으며 펀칭 후 30분 동안 유효하다. 지하철 세 정거장 이동 가능
1회권(환승 불가) Vonaljegy	350Ft	1회만 승차할 수 있는 가장 기본이 되는 티켓으로, 다른 교통수단으로 갈아탈 수 없다. 다른 교통수단 환승 시 반드시 새 승차권을 탑승 전에 펀칭해야 한다. 펀칭 후 80분 동안 유효하며 심야에는 120분 유효
10회권 10 darabos gyűjtőjegy	3,000Ft	1회권 10매 묶음(10db/tomb)으로 사용법은 1회권과 같다. 1회 승차할 때마다 1매씩 내면 된다. 갈아탈 때는 새로운 티켓을 개찰기에 통과시켜야 한다. 펀칭 후에는 80분 동안 유효하고, 심야에는 120분 유효하다. 회수권에는 표지가 붙어 있으며 이 표지부터 각 장마다 동일한 번호가 매겨져 있다. 회수권에 붙어 있는 표지는 마지막 1장을 쓸 때까지 붙인 채 사용해야 한다.
1회권 환승 티켓 Átszállójegy	530Ft	1회권과 동일한 방법으로 사용하며 1회 환승이 가능하다. 60분 동안 유효하며 주로 공항에서 시내 이동 시에 이용하면 편리하다. 심야에는 120분 유효

트래블 카드 종류

종류	요금	특징
24시간 패스 Budapest 24 órás jegy	1,650Ft	24시간 동안 부다페스트 내 모든 대중교통(BKV)을 이용할 수 있다. 환승도 자유로우며 구입할 때 연월일이 표시되기 때문에 개찰할 필요가 없다. 승차권에 기재된 유효 기간 만료 시점은 하차 기준이다.
72시간 패스 Budapest 72 órás jegy	4,150Ft	구입 일자와 시간이 표기되며 표기된 시간으로부터 72시간 동안 모든 대중교통에서 사용할 수 있다.
7일 패스 Budapest Hetijegy	4,950Ft	표기된 날을 포함해 7일간 사용할 수 있다. 이름도 기입되어 있어서 다른 사람이 사용할 수 없으며 검표 시 여권 등 본인임을 증명할 수 있는 신분증을 제시해야 한다.
15일 패스 Kétheti Budapest-bérlet	7,000Ft	15일간 부다페스트 내 모든 대중교통을 이용할 수 있다. 본인임을 증명할 수 있는 신분증을 소지하고 있어야 한다.
한 달 자유 승차권 Havi Budapest-bérlet	1만 500Ft (영수증 미청구 시 9,500Ft)	한 달간 부다페스트 내 모든 대중교통을 이용할 수 있다. 학생은 할인 적용되는데(3,450Ft), 헝가리 학생증 소지자에게만 해당되기 때문에 국내에서 발급된 국제 학생증은 통용되지 않는다. 검표원이 검표 시에는 승차권과 함께 승차권에 기재된 신분증을 제시해야 한다.

자동 발매기

주요 역마다 자동 발매기가 설치되어 있어서 편리하게 이용할 수 있다. 언어를 영어로 선택하면 좀 더 쉽게 티켓을 구매할 수 있으므로 먼저 언어 설정을 영어로 바꾸도록 하자.

① 자동 발매기에서 자신이 편리한 언어로(영어) 선택한다.

② 원하는 승차권 종류를 선택한다.

③ 승차권을 바로 개시(Validity)해서 즉시 사용할지 혹은 다른 날에 사용할지 선택한다.

④ 승차권 매수를 1장으로 할지, 추가할지 선택한다.

⑤ 결제 금액과 매수를 확인한 후 영수증(invoice)을 인쇄할지, 영수증 없이 지불할지 선택한다.

⑥ 현금 또는 카드를 선택한 후 결제한다.

⑦ 승차권과 영수증(발행한 경우)을 잘 확인한다.

승차권 펀칭하기

구입한 승차권을 소지하는 것만으로는 탑승이 유효한 것은 아니다. 승차권은 사용하기 전에 반드시 개찰기에 통과시켜 날짜와 시간이 찍혔는지 확인해야 한다. 만일 개찰하지 않고 승차하면 티켓을 소지하고 있어도 부정 승차로 간주되어 벌금을 물게 된다. 곤란한 일을 피하고 싶다면 개찰기에 통과시킨 티켓의 펀칭, 날짜, 시간을 반드시 확인할 것. 이것은 헝가리 내 지하철, 버스, 트램에서 모두 동일하게 적용된다. 특히 여름 성수기에는 외국인 관광객을 대상으로 수시로 집중 단속하니 주의하도록 하자. 부다페스트 검표원은 여행객에게 결코 너그럽지 않다. 다만 트래블 카드는 개찰할 필요 없이 그냥 사용해도 된다.

TIP 부다페스트의 검표는 엄격한 편!

보통은 검표원이 지하철 입구에 서 있지만 출구에서 있는 경우도 있어, 밖으로 나가기 전까지 표를 잘 소지하고 있어야 한다. 트램의 경우에는 트램 내에 검표원이 타고 있는 경우도 있다. 승차권을 갖고 있더라도 개찰 표시(펀칭)가 없으면 이유를 불문하고 부정 승차로 간주된다. 현장에서 벌금 납부 시 8,000Ft가 부과되며, 고지서 발급 후 납부 시에는 16,000Ft가 부과된다. 학생의 경우 한 달 승차권은 학생증 기간이 유효해야 할인 혜택을 받을 수 있다. 유효 기간이 지난 학생증을 소지한 채 검표원에게 적발되면 벌금 16,000Ft가 부과된다. 어떤 변명도 통하지 않으며 특히 외국인 관광객들을 철저하게 집중 단속한다.

TIP 관광에 편리한 부다페스트 카드 Budapest Card

여행자들에게 가장 편리하고 이용 가치가 높은 카드. 시내 대중교통 모두 무료로 탑승할 수 있으며, 홉온 홉오프(Hop-On Hop-Off) 버스는 20% 할인된다. 부다 왕궁, 루카스 온천 등 주요 명소 7곳 무료입장, 60곳 이상의 명소 할인 등 주요 박물관, 미술관, 온천 등에서 무료 또는 10~50% 할인 혜택이 있다. 이 외에도 지정 레스토랑이나 카페에서 10~20% 할인 또는 스페셜 서비스가 제공된다. 자세한 할인 혜택은 함께 주는 팸플릿에서 확인할 수 있다. 주요 지하철역과 호텔, 관광 안내소 등에서 구입할 수 있다.

홈페이지 www.budapestinfo.hu/budapest-card
요금 24시간권 9,990Ft(€29), 48시간권 15,400Ft(€43), 72시간권 19,990Ft(€56), 96시간권 24,900Ft(€69), 120시간권 29,500Ft(€82), 72시간 플러스권 30,900Ft(€87)

거리의 관광 안내소에서도 부다페스트 카드를 구입할 수 있다.

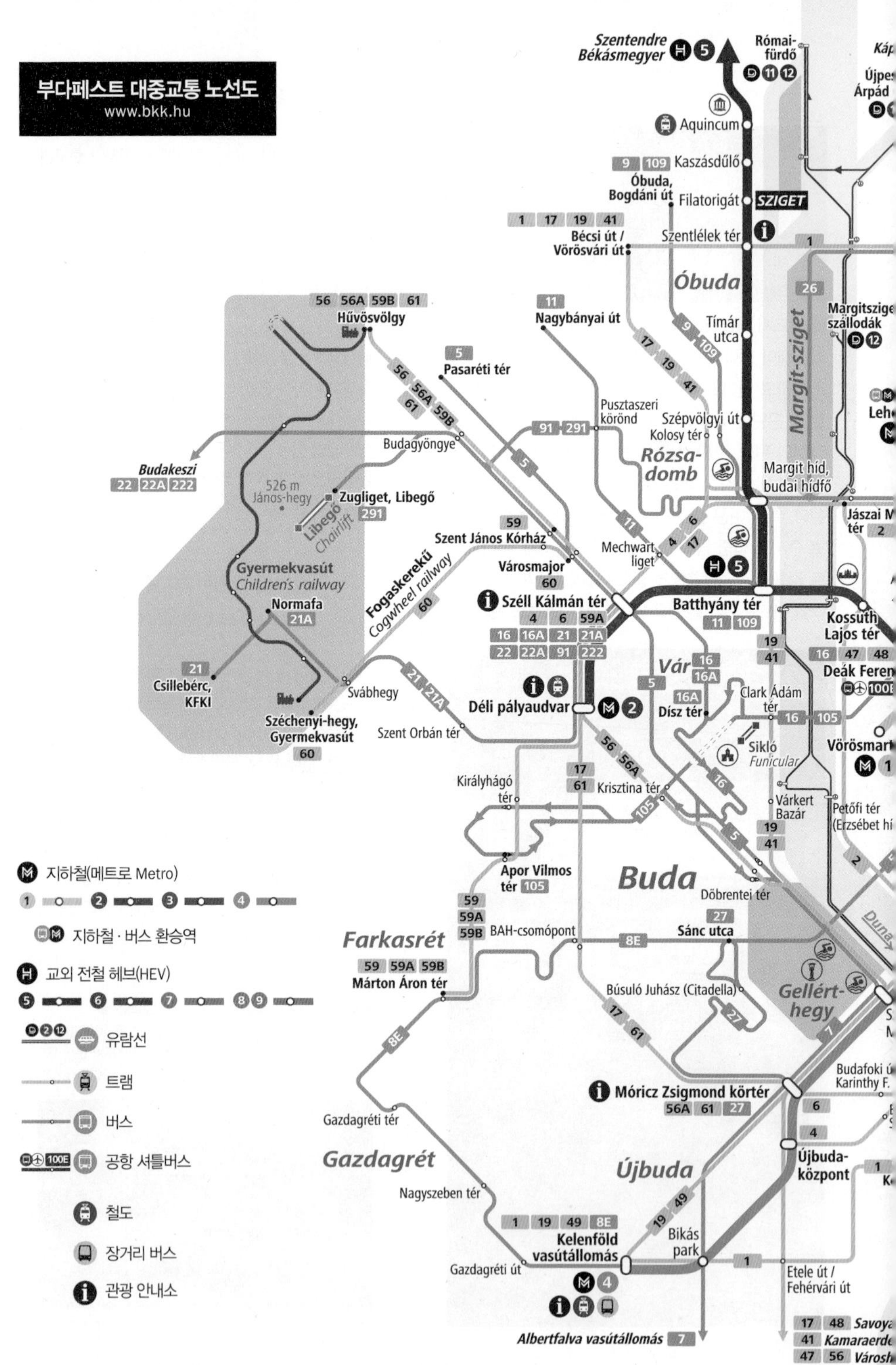

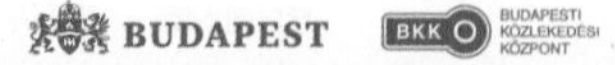

www.bkk.hu | bkk@bkk.hu | +36 1 3 255 255
bkkbudapest | bkkbudapest

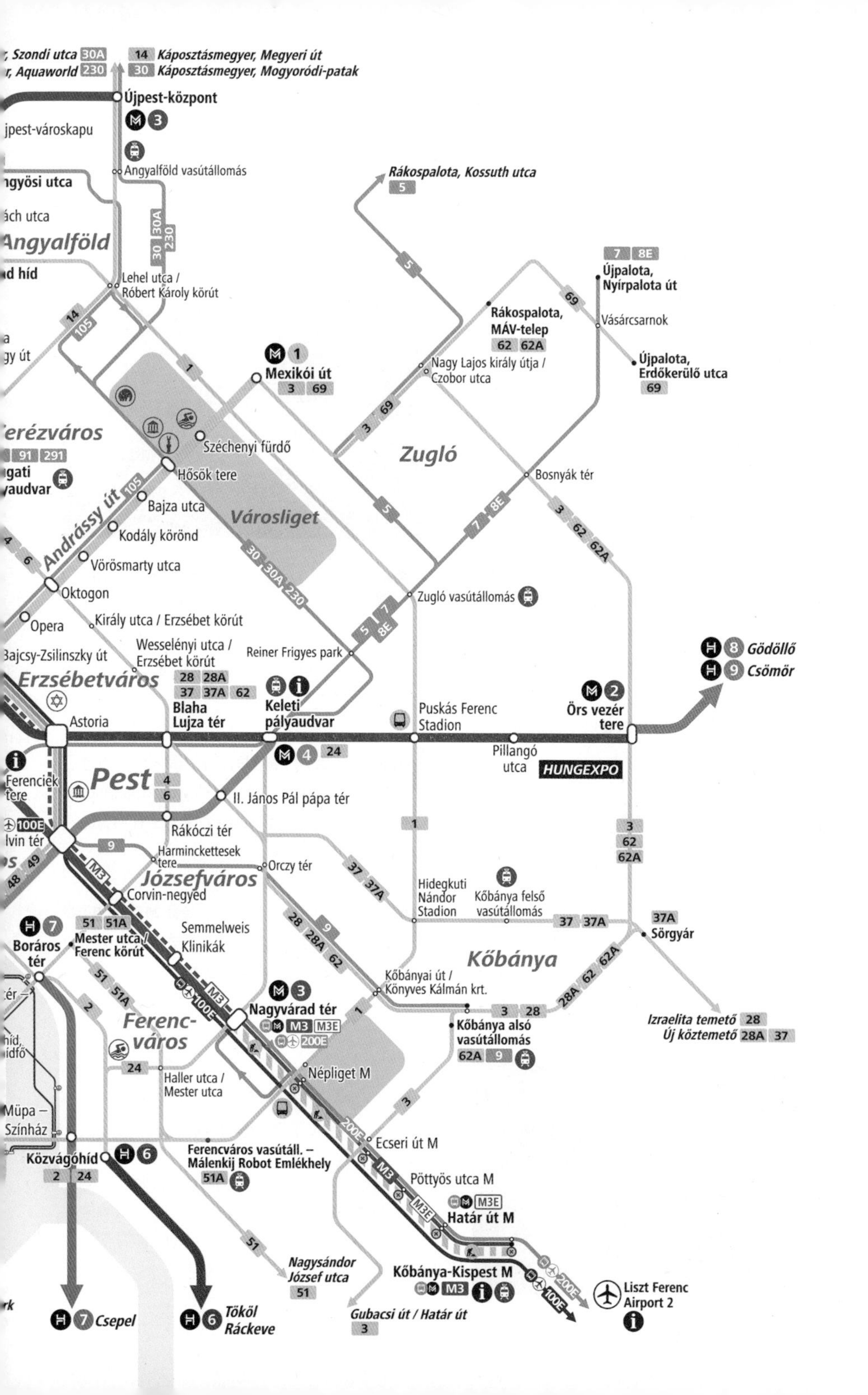

Szondi utca 30A
Aquaworld 230
14 Káposztásmegyer, Megyeri út
30 Káposztásmegyer, Mogyoródi-patak
Újpest-központ
3
Újpest-városkapu
Angyalföld vasútállomás
Rákospalota, Kossuth utca
5
Angyalföld
30 30A 230
Lehel utca / Róbert Károly körút
14
105
7 8E
Újpalota, Nyírpalota út
69
Rákospalota, MÁV-telep
62 62A
Vásárcsarnok
Újpalota, Erdőkerülő utca
69
Nagy Lajos király útja / Czobor utca
1
Mexikói út
3 69
Terézváros
91 291
Széchenyi fürdő
Zugló
Hősök tere
Bosnyák tér
Bajza utca
Andrássy út
Városliget
Kodály körönd
3
62
62A
Vörösmarty utca
30
30A
230
Oktogon
Zugló vasútállomás
Opera
Király utca / Erzsébet körút
Wesselényi utca / Erzsébet körút
Reiner Frigyes park
Bajcsy-Zsilinszky út
Erzsébetváros
28 28A
37 37A 62
Gödöllő
8
9
Csömör
2
Blaha Lujza tér
Keleti pályaudvar
Puskás Ferenc Stadion
Örs vezér tere
Astoria
Pillangó utca
HUNGEXPO
4
24
Ferenciek tere
Pest
4
6
II. János Pál pápa tér
Rákóczi tér
100E
Kálvin tér
9
Harminckettesek tere
1
3
62
62A
48 49
Orczy tér
Józsefváros
M3
37 37A
Corvin-negyed
Hidegkuti Nándor Stadion
Kőbánya felső vasútállomás
37 37A
37A
Sörgyár
7
51 51A
Boráros tér
Mester utca / Ferenc körút
Semmelweis Klinikák
28
28A
62
9
Kőbánya
62A
62
28A
Kőbányai út / Könyves Kálmán krt.
51
51A
2
M3
100E
Nagyvárad tér
M3 M3E
200E
3 28
Izraelita temető 28
Új köztemető 28A 37
Kőbánya alsó vasútállomás
62A 9
Ferencváros
24
Népliget M
Haller utca / Mester utca
Müpa – Nemzeti Színház
3
200E
Ecseri út M
Közvágóhíd
6
2 24
Ferencváros vasútáll. – Málenkij Robot Emlékhely
51A
M3
Pöttyös utca M
M3E
M3E
Határ út M
51
Nagysándor József utca
51
Kőbánya-Kispest M
M3
200E
100E
Liszt Ferenc Airport 2
7 Csepel
6 Tököl Ráckeve
Gubacsi út / Határ út
3

시내 교통수단

지하철(메트로) Metro

지하철은 메트로라고 부르며 M 마크가 표시되어 있다. 현재 4개 노선이 있으며 M1호선은 노란색, M2호선은 빨간색, M3호선은 파란색 그리고 M4호선은 녹색으로 색이 구분되어 있다. M1, M2, M3호선 3개 노선이 모두 교차하는 곳은 페스트 지구의 데아크 페렌츠 광장(Deák Ferenc tér)역이며 이 역에서 다른 노선으로 갈아탈 수 있다. M4호선은 M2호선의 켈레티 기차역(동역, Keleti pályaudvar)과 M3호선의 칼빈 광장(Kálvin tér)역에서 교차한다. 지하철을 이용할 때 '카이러트(KIJARAT)'는 출구라는 의미이니 알아두면 좋다. 지하철 운행 시간은 새벽 4시부터 밤 11시까지다.

노선 종류

M1 언드라시 거리 아래를 지나는 노선. 세계 최초의 지하철인 런던에 이어 세계에서 두 번째로 건설되어 오랜 역사를 자랑한다. 주요 관광 명소를 지나는 노선이어서 부다페스트 여행 시 가장 유용하게 이용할 수 있다. 국립 오페라 하우스, 리스트 기념관, 영웅 광장 등이 M1호선과 연결되는 주요 명소다.

M2 M1호선, M3호선과는 달리 시내를 동서로 가르지르며 부다 지역까지 가는 유일한 노선이다. 센텐드레로 가는 교외 전철 헤브가 출발하는 버차니 광장역, 괴될뢰성으로 가는 외르스베제르테레역이 이 노선에 있다.

M3 페스트 지구를 남북으로 가로지르는 가장 긴 노선이다. 뉴가티 기차역(Nyugati pályaudvar, 서역)과 연결된다는 점 외에는 관광 명소와 특별히 관련되는 노선은 아니다.

M4 부다페스트의 남쪽과 동쪽을 빠르게 연결하는 노선으로 총 10개 역으로 구성되어 있으며 켈레티 기차역으로 이동할 때 편리하다.

> **TIP 지하철역의 에스컬레이터는 속도가 상당히 빠르다**
>
> 지하철 2호선과 3호선에 설치된 에스컬레이터는 속도가 우리나라보다 훨씬 빠르고 길이가 길기 때문에 타고 내릴 때 조심해야 한다. 손잡이를 잘 잡고 넘어지지 않게 주의할 필요가 있다.

트램 Villamos

트램은 헝가리어로 빌러모시라고 부르며 색깔은 노란색이다. 넓은 시내를 구석구석 다니기 때문에 관광에 편리하다. 호텔이나 관광 안내소에 비치된 시내 관광 지도에 트램 번호가 잘 나와 있다. 여행에 유용한 노선은 2번, 2A번 트램이다.

2번, 2A번 트램

국회 의사당 앞을 지나 도나우강에 놓인 세체니 다리, 에르제베트 다리, 자유의 다리 등과 건너편 부다 지구의 왕궁이나 겔레르트 언덕을 조망할 수 있는 유용한 노선이다. 중앙 시장으로 갈 때도 이용하면 편리하다.

트램 타는 법

① 티켓을 구입한다.
② 정류장을 확인한다.
정류장에는 트램 번호, 정차하는 정류장 이름, 소요 시간이 적혀 있다.
③ 문이 자동으로 열린다.
신형 트램은 버튼을 누르면 열린다.
④ 트램 내부에 설치된 개찰기에 승차권을 넣어 개찰한다.
⑤ 트램은 모든 역에 정차하며 정차할 때마다 문이 열린다.
자신이 내릴 역을 확인하고 내린다.

버스 Autobusz

남색과 흰색이 조합된 차량의 일반 버스는 지하철이 닿지 않는 구석구석을 연결하기 때문에 잘만 이용하면 시내 관광할 때 편리하다. 정류장에는 안내 시스템이 잘되어 있어 탑승이 어렵지 않고, 내부의 노선도에 환승 가능한 지하철, 버스, 트램 번호가 적혀 있으니 미리 확인해두면 된다.

버스 타는 법

① 티켓을 구입한다.
② 타야 할 노선과 버스 번호를 확인한다.
③ 문이 자동으로 열린다.
④ 탑승 후에는 반드시 펀칭기에 티켓을 넣고 개찰을 한다.
⑤ 내릴 때는 버스 안의 하차 버튼을 미리 누른다.
⑥ 정차 후 문이 열리면 하차한다.

TIP 버스, 트램의 일부 노선은 야간 운행

23:30~05:00 시간대에는 일부 노선에서 야간 버스와 트램을 운행한다. 노선은 각 정류장의 노선도에 표시되어 있다. 4번, 6번 트램도 야간 운행을 한다. 다만 주간보다 운행 간격이 길고, 노선이 많지 않으므로 너무 늦게 다니지 않도록 하자.

트롤리버스 Trolibusz

붉은색의 트롤리버스는 외관은 일반 버스와 같으나 보통 2량이 연결된 경우가 많다. 트롤리버스든 일반 버스든 이용 방법은 동일하다.

주요 노선

16번 버스 페스트 지구의 데아크 페렌츠 광장에서 세체니 다리를 건너 왕궁이 있는 언덕의 디스 광장으로 올라가는 노선으로 페스트 지구와 부다 지구를 오갈 때 편리하다.

26번 버스 서역에서 머르기트섬으로 들어가서 섬 안을 돌고, 다시 서역으로 돌아가는 노선이다. 머르기트섬 안으로 들어가는 노선은 이 버스뿐이다.

택시 Taxi

헝가리에서는 우버가 법으로 금지되어 있기 때문에 일반 택시를 이용해야 한다. 부다페스트 택시는 노란색이며 택시 옆면에 요금표가 붙어 있다. 바가지요금을 조심해야 하며 정해진 택시 정류장에서 탑승해야 한다. 가장 많이 이용하는 택시는 포택시(Fotaxi)이며 스마트폰 앱을 깔아두면 편리하다. 부다페스트 택시 앱으로는 택시1004 부다페스트도 추천한다. 일반 택시보다 약 30% 저렴한 요금으로 인기가 높다.

요금 기본 450Ft에 km당 280Ft 부과

교외 전철 HEV(헤브)

부다페스트 교외 여행 시 편리한 전철. 시내 중심부와 부다페스트 교외를 이어주는 전철이 바로 HEV(헤브)다. 기점은 4곳인데, 관광객들이 주로 이용하는 곳은 센텐드레로 갈 수 있는 버차니 광장(Batthyany ter)역과 괴될뢰(Gödöllő)로 향하는 전차를 탈 수 있는 외르스베제르테레(Örs vezér tere)역 2곳이다. 2곳 모두 지하철 2호선의 역과 연결되어 있으므로 이를 잘 활용해서 이동하면 된다. 시내에서는 일반(공통) 승차권을 사용하면 되지만, 부다페스트를 벗어나면 별도 요금을 내야 한다. 창구에서 표를 구매할 때 직원에게 시내용 티켓을 보여주고 차액을 지불하고 표를 사도 되고, 차 안에서 차장에게 정산할 수도 있다. 이 경우는 규정 위반이 아니다.

지라프 홉온 홉오프 투어스 Giraffe Hop-On Hop-Off Tours

자유롭게 타고 내리는 시내 관광버스. 시내에 있는 지정된 정류장에서 자유롭게 타고 내릴 수 있다. 차내에는 오디오 가이드가 제공되며 한국어를 포함해 총 16개 언어로 제공된다. 다만 보트는 영어와 독어만 서비스된다. 코로나 팬데믹 이후로 매일 2개 노선만이 제한된 횟수로 운행되고 있다. 승차권은 관광안내소, 여행사 등에서 구입할 수 있으며 부다페스트 카드가 있으면 20% 할인받을 수 있다.

전화 01-374-7050
홈페이지 www.hoponhopoff.hu
영업 (사무실) 08:30~17:00
요금 레드 투어(09:00, 10:00, 11:00, 12:00 / 2시간 소요) 성인 5,500Ft(€17), 학생 & 연장자 5,000 Ft(€15), 아동(6세 이하) 무료
옐로 투어(13:00, 14:00 / 부다 왕궁 도보 투어 1시간 포함 3시간 소요) 성인 5,500Ft(€17), 학생 & 연장자 5,000 Ft(€15), 아동(6세 이하) 무료

노선 종류

노선	소요 시간	내용
레드 투어	풀코스 2시간 소요 16개 정류장	역사적 명소를 돌아보는 투어
옐로 투어	풀코스 3시간 소요 20개 정류장	레드 투어와 거의 유사하며 몇 곳만 다른 곳을 방문

리버 라이드 River Ride

페스트 지구의 주요 명소를 한 바퀴 돌아본 후 도나우강으로 입수해서 보트처럼 도나우강을 달리면서 주변 경치를 감상하는 수륙 양용 버스다. 세체니 다리 근처의 승선장에서 출발하며 국회 의사당, 대성당, 시나고그, 언드라시 거리, 영웅 광장 등을 거쳐 머르기트섬이 보이는 도나우강 변으로 이동한다. 거기서 바로 도나우강으로 입수한 버스는 배가 되어 국회 의사당 앞에서 유턴해서 입수했던 곳으로 되돌아와 육지로 올라온다.
명소에 내려 관광을 하지는 않고 가이드의 해설만 듣는 형식으로 진행한다. 강으로 입수하는 순간 승객들은 짜릿한 긴장과 스릴을 느낀다. 신청은 투어 회사인 시티라마나 시티투어에서 할 수 있고, 세체니 이슈트반 광장에서 집합해서 탑승한다.

전화 01-33-22-555
홈페이지 riverride.com
요금 성인 12,000Ft(€30), 아동 & 학생 10,000Ft(€25), 아동(6세 미만) 2,000Ft(€5)

TIP 관광 투어

투어 신청은 관광 안내소나 주요 호텔에서 하면 된다. 출발 장소에서 바로 신청하는 것도 가능하다. 교외 투어는 미리 예약하는 편이 좋다.
대표적인 투어 회사 중 하나는 시티라마(Cityrama)이며 홈페이지에서 예약할 수 있다. 시내 주요 명소를 도는 시티 투어, 국회 의사당 내부까지 관람할 수 있는 국회 의사당 투어, 부다페스트 시내의 유대 문화를 탐방하는 부다페스트 유대 투어, 멋진 야경과 전통 레스토랑 식사가 포함된 나이트 투어 등이 있다. 또한 교외 관광으로 괴될뢰성과 합스부르크 왕가의 유적을 둘러보는 시티 투어, 근교 도시인 센텐드레 투어, 도나우강 변의 명소인 비셰그라드, 에스테르곰, 센텐드레를 하루 만에 돌아보는 도나우벤트 투어, 헤렌드 도자기 공방을 방문한 후 벌러톤호 등을 둘러보는 벌러톤호와 헤렌드 투어, 대평원의 매력을 즐길 수 있는 대평원 투어 등 다양한 교외 투어가 있다. 자세한 일정과 스케줄은 홈페이지 참고하도록 한다.

시티라마 Cityrama
주소 Báthory utca 19(국회 의사당 근처)
전화 1-302-4382, 332-5344
홈페이지 www.cityrama.hu

그 외 투어 회사
시티투어 Citytour
홉온 홉오프 버스를 운영하는 회사이며, 시내 관광에 유용하다.
주소 Andrássy út 2
전화 01-374-7050
홈페이지 www.citytour.hu
운영 매일 08:30~17:00

QUICK VIEW

부다페스트 한눈에 보기

부다페스트는 도나우강을 사이에 두고 왕과 귀족들이 살았던 서쪽 지역과 서민들이 살았던 동쪽 지역으로 크게 나뉜다. 서쪽이 부다(Buda), 동쪽이 페스트(Pest)로 불린다. 두 지역을 이어주는 대표적인 다리가 바로 세체니 다리다.

부다 지역 P.530

도나우강 서쪽 지역에 있으며 평지인 페스트 지역에 비해 조금 높은 언덕으로 형성되어 있다. 부다 왕궁과 어부의 요새, 마차시 성당 등이 주요 관광 명소로 언덕 위에 자리해 전망이 뛰어나다.

겔레르트 언덕 P.536

부다 왕궁의 남쪽에 있는 좀 더 높은 언덕이며, 언덕 꼭대기에 오르면 부다 지역과 도나우강 그리고 페스트 지역을 한 번에 둘러볼 수 있는 시원한 광경이 펼쳐진다. 부근에는 유명 온천이 여러 곳 모여 있다.

도나우강 변 (페스트 방면) P.540

서쪽 페스트 지역에서도 도나우강 변에 맞닿아있는 이 지역은 특히 화려한 볼거리를 자랑한다. 쇼핑하기 좋은 바치 거리, 야경이 눈부신 국회 의사당, 세체니 다리 · 에르제베트 다리 · 자유의 다리까지 주요 명소가 곳곳에 자리한다.

데아크 페렌츠 광장에서 영웅 광장까지 P.546

시내 지하철 노선이 교차하는 교통의 요지이자, 부티크 상점, 분위기 있는 카페, 걷기 좋은 길이 모두 모여 있어 여행자들에게 사랑받는 지역. 부다페스트 대표 명소 중 하나인 성 이슈트반 성당을 지나 가로수길을 따라 걷다 보면 국립 오페라 하우스, 리스트 기념관, 코다이 기념관 등 음악 명소도 만나게 된다.

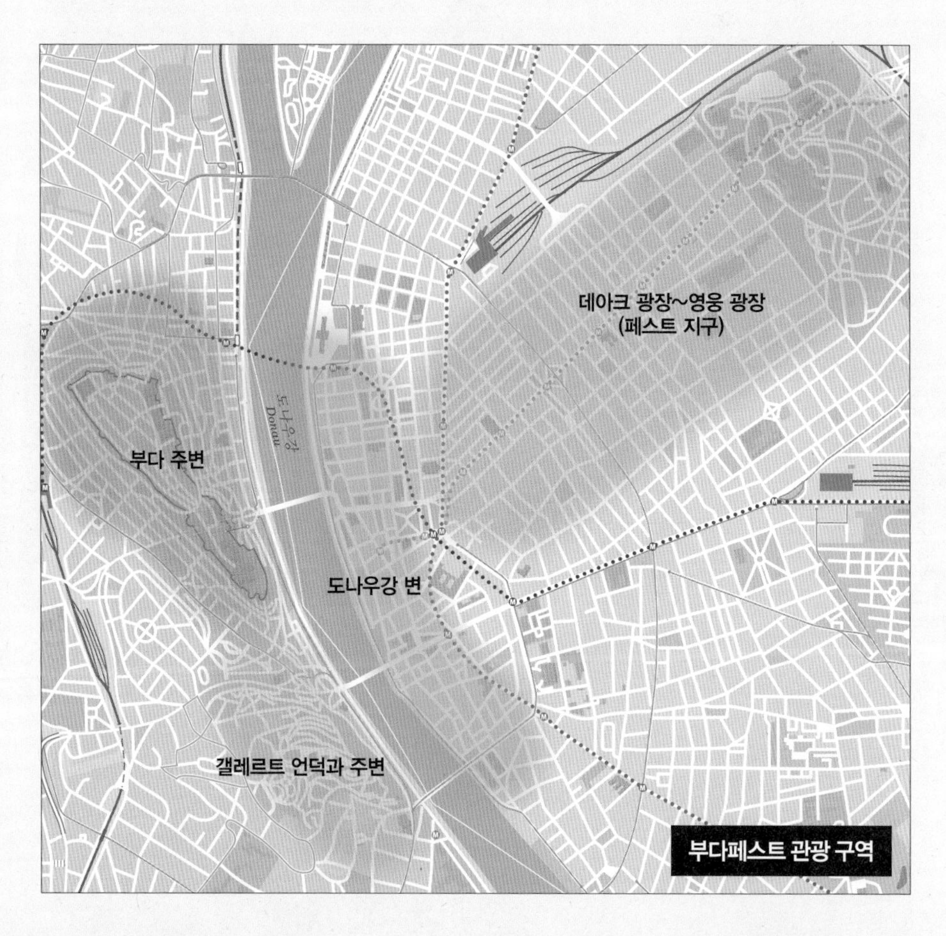

BEST COURSE

부다페스트의 추천 코스

부다페스트는 도나우강을 사이에 두고 왕궁이 있는 부다 지역과 국회 의사당이 있는 페스트 지역으로 나누어 구역별로 돌아보는 걸 추천한다. 일정이 여유로운 여행자라면 부다페스트를 충분히 즐긴 후에 에스테르곰, 센텐드레 등 유서 깊은 주변 도시를 돌아볼 수 있는 도나우벤트 투어를 해보자.

부다페스트 초행자를 위한 시내 관광 중심의 1일 코스

DAY 1

부다 지역을 중심으로 먼저 돌아본 후 세체니 다리를 건너서 페스트 지역으로 이동해 도보와 지하철 등을 타고 주요 명소를 둘러본다. 그 후 세체니 다리 근처나 겔레르트 언덕에서 야경을 감상하며 하루 일정을 마무리하면 좋다.

일자	코스
1일	마차시 성당 → 도보 2~3분 → 어부의 요새 → 도보 13분 → 부다 왕궁 → 도보 10분, 도보 + 푸니쿨라 탑승 10분 내외 → 세체니 다리 → 도보 15분, 도보 + 트램 2번 탑승 10분 내외 → 국회 의사당 → 도보 13분, 도보 + 지하철 2호선 탑승 12분 내외 → 성 이슈트반 대성당 → 도보 10분 → 언드라시 거리 → 메트로 1호선 이용 10분 내외 → 영웅 광장 → **겔레르트 언덕** 지하철와 트램 + 도보 이동 40분 소요 **세체니 다리** 지하철 1호선 + 도보 이동 25분 내외 → 겔레르트 언덕 또는 세체니 다리 근처에서 야경 감상

부다 왕궁

국회 의사당

부다페스트 역사를 돌아보는 근교 유적지 여행 1일 코스

DAY 1

근교 유적지 여행은 차량을 렌트해서 돌아보거나 현지 투어 회사를 이용하는 편이 효율적이다. 현지 투어 회사를 이용하는 경우에는 시티라마나 시티투어를 이용하면 되고, 미리 신청하면 호텔로 픽업을 와서 투어 버스까지 데려다주므로 편리하다.

{ 시티라마 도나우벤트 투어 }

무료 호텔 픽업 오전 8시 30분, 전문 가이드 설명 그리고 여름(5~9월)에는 센텐드레에서 돌아올 때 배를 타고 부다페스트까지 귀환한다. 이 외의 기간에는 버스로 돌아온다.

시티라마 Cityrama
주소 Báthory u. 22 **전화** 01-302-43-82, 01-302-43-83 **홈페이지** cityrama.hu **요금** 17,000ft **운영** 4~10월 매일(월 제외) 오전 9시 출발 11~3월 목 · 토 오전 9시 출발 **총 소요 시간** 8~9시간

일자	코스
1일	**에스테르곰** 헝가리의 옛 수도이자 가톨릭의 중심지. 헝가리에서 제일 큰 성당을 방문하고, 강 건너편에서 멋진 파노라마 뷰를 감상한다. **비셰그라드** 몽골 침략 후 13세기 중반에 건설된 요새. 언덕의 정상에서는 도나우 계곡의 멋진 풍경을 감상할 수 있다. 보통 여기서 점심을 먹는다(단 점심은 투어 상품에 불포함). **센텐드레** 도나우강 변에 자리한 아름다운 마을로 중세의 흔적이 남아 있는 바로크 양식의 작은 소도시다. 예술가의 마을 혹은 화가들의 마을로 불릴 정도로 많은 예술가들이 모여 산다. 마을을 둘러본 후 여름에는 배를 타고, 그 외 시즌에는 다시 버스를 타고 부다페스트로 귀환한다.

부다페스트의 관광 명소

부다 주변

13세기 이후 헝가리의 중심이 된 곳

부다(Buda) 지역에 있는 왕궁의 언덕은 부다의 역사가 시작된 곳이다. 13세기 성이 건립된 이후로 헝가리의 중심이 되어온 역사적 장소다. 페스트 지역에서 바라봤을 때 장중한 부다 왕궁을 중심으로 오른쪽으로는 마차시 성당과 어부의 요새, 왼쪽으로는 겔레르트 언덕과 그 위에 솟은 치터델러가 보인다. 왕궁 아래로 중후한 세체니 다리가 페스트 지역으로 이어진다. 왕궁의 언덕은 대부분이 평지로 끝에서 끝까지 15분 정도면 닿을 수 있을 정도로 좁은 지역이다. 하지만 유적이 몰려 있고, 전망도 좋아서 일정을 여유롭게 잡는 편이 좋다.

왕궁의 언덕으로 가는 방법

페스트 지구에서 버스를 이용하거나 세체니 다리를 건너서 왕궁 아래 케이블카(Siklo)를 이용하면 편리하다. 셀 칼만 광장(구 모스크바 광장)에서 출발하는 버스 116번, 16A번을 타면 왕궁 근처에 있는 디스 광장까지 올라간다. 16번은 디스 광장에서 데아크 페렌츠 광장까지 간다. 마차시 성당 앞의 삼위일체 광장에서 내리는 것이 마차시 성당, 어부의 요새, 왕궁까지 편리하게 이동할 수 있다.

왕궁의 언덕 골목길 산책

부다 지역은 고풍스러운 건물과 분위기 좋은 레스토랑들이 많은데, 특히 포르투나 거리(Fortuna u.)와 오르사그하즈 거리(Orszaghaz u.) 그리고 센트하롬샤그 거리(Szentharomsag u.) 주변에 이름난 맛집이 많다. 단체 관광객을 태운 버스가 숙소로 돌아간 늦은 저녁 무렵이면 언덕 위 골목들은 여유롭게 산책을 즐기기에 안성맞춤이다.

부다 왕궁
Budavári Palota

헝가리의 역사와 예술을 품은 곳

부다 왕궁은 역사적 성채이자 헝가리 왕들의 궁전 복합 건물이다. 1265년에 처음 완성되었으며, 왕궁의 대부분을 차지하고 있는 거대한 바로크 양식의 궁전 건물은 1749년에서 1769년 사이에 완성되었다. 왕궁 입구 철책 위에는 투룰(Turul)이라고 불리는 독특한 새 조각상이 놓여 있는데, 헝가리 건국의 아버지 아르파드를 낳았다는 전설의 새다. 최초로 이 언덕에 성이 건설된 13세기 중반, 몽골군의 공격 이후 벨러 4세는 파괴된 궁정을 에스테르곰에서 부다로 옮겼다. 15세기 중세 헝가리의 황금시대를 이룩한 마차시 1세(마차시 코르비누스) 시대에 성은 화려한 르네상스 양식으로 재건된다. 또한 이탈리아에서 문인들과 예술가들을 불러들여서 르네상스 문화를 활짝 꽃피운다. 그러나 15세기 중반에 다시 오스만 투르크군에 의해 파괴되고, 이후 17세기 말 오스트리아군에 의해 해방된다. 잇따른 전쟁을 겪으면서 성은 또 다시 파괴되었고 이후 작은 성이 세워졌다가 마리아 테레지아 시대에 큰 궁전으로 재건되었다. 현재의 모습으로 완성된 시기는 20세기 초다. 왕궁은 현재 헝가리 국립 갤러리, 부다페스트 역사 박물관 그리고 세체니 도서관 등으로 이루어져 있다.

헝가리 국립 미술관
Magyar Nemzeti Galéria

헝가리의 대표 회화를 전시

중세 시대부터 현대까지 헝가리 회화를 한눈에 감상할 수 있다. 특히 19세기 헝가리를 대표하는 화가 뭉카치 미하이의 작품은 필수 관람 작품들이다. 과거 헝가리 영토였던 주변 국가에서 수집한 제단 등도 볼만하다. 1957년 국립 예술 박물관으로 설립되어 현재에 이르고 있다.

주소 Szent György tér 2 **전화** 20-439-7331
홈페이지 mng.hu
개방 화~일 10:00~18:00(입장마감 17:00까지) / 월 휴무
요금 성인 3,400Ft, 아동 & 청소년(6~26세) & 성인(62~70세) 1,700Ft, 아동(6세 이하) & 연장자(70세 이상) 무료
위치 부다 왕궁 내 **지도** p.500-F

부다페스트 역사 박물관
Budapesti Történeti Múzeum

왕궁의 역사가 한눈에

부다 왕궁의 남쪽 건물에 위치해 있고, 부다페스트의 시작부터 근대에 이르는 역사를 고스란히 보여준다. 왕궁의 증개축에 관한 자료, 원래 왕궁의 기둥과 벽의 일부, 오래된 조각 등이 전시되어 있다. 지하에는 14~15세기의 유적이 있다. 전시물의 하이라이트는 부다 왕궁의 고딕 조각상인데, 비단으로 짠 14세기 태피스트리다.

주소 Szent György tér 2
전화 01-487-8800
홈페이지 www.btm.hu
개방 화~일 10:00~18:00(마지막 입장 17:30) / 월 휴무
요금 성인 2,000Ft, 아동(6세 이하) & 연장자(70세 이상) 무료, 부다페스트 카드 소지자 50% 할인
지도 p.500-F

마차시 성당
Mátyás Templom

주소 Szentháromság tér 2
전화 01-489-0716
홈페이지 www.matyas-templom.hu
개방 월~금 09:00~17:00,
토 09:00~12:00, 일 13:00~17:00
(행사나 미사 일정에 따라 변동) /
연중무휴
요금 성당 성인 2,500Ft, 학생 & 연장자
(60세 이상) 1,900Ft(신분증 소지 시),
아동(6세 이하) 무료
성당 탑 성인 2,900Ft, 학생 & 연장자
(60세 이상) 2,400Ft(신분증 소지 시),
아동(6 세 이하) 무료
위치 삼위일체 기념비와 어부의 요새
사이. 어부의 요새에서 도보 1~2분
지도 p.500-F

황제와 황후의 대관식이 열린 아름다운 마자르 문양의 교회

마차시 성당은 로마 가톨릭 성당으로 부다 지구의 중심에 위치해 있으며 어부의 요새를 마주 보고 있다. 1015년 처음 로마네스크 양식의 성모 성당으로 건설되었으며 15세기 무렵 마차시왕 시절에 대규모 개축을 한 후 마차시 성당으로 불리게 되었다. 오스만 투르크가 점령하던 시기에는 이슬람 사원으로 사용되기도 했지만 18세기에 다시 복구되었다. 1867년 헝가리 왕으로 즉위한 프란츠 요제프 황제와 엘리자베트 황후의 화려한 대관식이 거행된 것으로도 유명하다. 리스트는 이날을 위해 〈헝가리 대관 미사곡〉을 작곡, 직접 지휘하기도 했다. 내부는 바닥에서 천장까지 세밀하게 채색된 기둥과 벽이 눈부시게 아름답다. 또한 19세기 말 건축가 프리게스 슐레크는 기둥과 벽에 마자르 문양을 도입해서 더욱 호화롭고 독특한 아름다움을 창조해냈다. 성 유물실에는 역대 주교의 유품, 교회 장식품 등이 보관되어 있다. 그 외에도 엘리자베트 황후의 석상과 성 이슈트반 예배당 등이 있다. 화려한 색상의 졸너이 모자이크 지붕으로 덮인 이 성당의 정면 입구 오른쪽으로는 80m 높이의 마차시탑이, 왼쪽으로는 36m의 벨러 탑이 비대칭으로 우뚝 솟아 있다. 화려한 색상의 지붕과 섬세한 조각이 조화를 이루어 특히 아름답다. 성당 내부는 사진 촬영이 가능하며 박물관에서는 플래시 사용이 제한된다.

대통령궁

Sándor-palota

부다 왕궁 옆에 위치한
헝가리 대통령의 공식 집무실이자 거주 공간

웅장한 부다 왕궁 옆에 위치해 있으며, 왕궁에 비하면 무척 소박해 보이는 네오클래식 양식의 2층 건물이다. 건물 정면에 적혀 있는 'MDCCCVI'는 이 건물이 세워진 1806년을 의미한다. 모든 권력과 정치는 주로 강 건너편 도나우강 변에 화려하게 솟아 있는 국회 의사당에서 이루어지기 때문에 대통령의 권력은 그리 크지 않다. 2003년 이래 대통령의 공식 집무실이자 거주 공간으로 사용되고 있다. 일반인에게 내부는 공개하지 않으며 간혹 여름 주말에만 공개된다. 때때로 헝가리 정치 제도에 대한 전시회가 열리기도 한다. 2023년 현재 대통령은 노바크 커털린(Novák Katalin)이며 2022년 5월에 당선되었다. 대통령궁 앞에는 늘 근위병이 지키고 서 있으며, 매시 정각에 짧지만 절도 있는 교대식이 열린다.

주소 Szent György tér 1–2
전화 01–224–5000
홈페이지 www.keh.hu
위치 부다 왕궁 바로 옆,
케이블카(Siklo) 정류장 바로 옆
지도 p.500–F

삼위일체 광장 · 삼위일체 기념비

Szentháromság tér & Szentháromság oszlop

왕궁의 언덕의 중심 광장

마차시 성당 앞에 있는 조금 넓게 펼쳐진 공간이 바로 삼위일체 광장이며 늘 관광객들로 붐빈다. 기념품점도 광장 주변에 몰려 있다. 광장 중앙에는 18세기에 건설된 바로크 양식의 삼위일체 기념비가 세워져 있다. 17~18세기에 서유럽 각국에서 페스트 종식을 기념해 제작한 페스트 기념비로 다시는 이 도시에 페스트가 창궐하지 않기를 기원하는 의미에서 세워졌다. 구 시청사 모퉁이에 부다페스트의 수호신 아테나 여신의 조각상이 삼위일체 광장을 향해 세워져 있다.

주소 Szentháromság tér
개방 연중무휴
위치 부다 왕궁에서 도보 13분 내외
지도 p.500–F

어부의 요새
Halászbástya

전망이 예술인 부다페스트 여행의 메카

마차시 성당 앞 도나우강 변에 건설된 네오 로마네스크 양식의 하얀색 요새로 부다페스트에서 가장 유명한 기념물 중 하나다. 1896년 헝가리 건국 1,000년을 기념하는 건축물로 기획되었고, 마차시 성당을 설계한 프리게스 슐레크에 의해 1902년 완성되었다. 도나우강과 평행하게 지어진 파케이드는 약 140m에 이르며, 남쪽으로 약 40m, 북쪽으로 약 65m 그리고 중앙의 장식 장벽은 35m 길이다. 헝가리 전통의 뾰족한 7개 석탑은 마자르족의 선조인 핀우그리아족의 7부족 족장을 상징한다. 로마네스크와 고딕 양식이 혼재된 회랑도 아름다우며, 무엇보다 이곳이 인기 있는 이유는 도나우강과 국회 의사당을 포함한 페스트 지역을 한눈에 조망할 수 있기 때문이다. 어부의 요새라고 불리는 이유는 옛날 이 언덕의 시장을 지켰던 어부 조합에서 유래되었다고 한다. 요새 앞에 서 있는 기마상의 주인공은 헝가리 최초의 국왕인 성 이슈트반이며, 대좌에는 그의 생애가 묘사되어 있다. 요새 위층으로 올라가려면 티켓을 구입해야 입장할 수 있다. 그 외 요새의 대부분은 무료로 자유롭게 관람할 수 있다.

주소 Szentháromság tér
전화 20-394-9825
홈페이지 www.fishermansbastion.com
개방 요새 위층 3월 16일~4월 30일 09:00~19:00, 5월 1일~10월 15일 09:00~20:00 / 앞의 개방 기간 외에는 무료 개방. 연중무휴
요금 성인 1,000Ft, 학생 & 14세 미만 아동 500Ft, 6세 미만 무료, 부다페스트 카드 소지자 성인 요금 10% 할인. 8월 20일 국경일은 무료입장, 불꽃놀이도 감상할 수 있다.
위치 삼위일체 광장에서 도보 1~2분
지도 p.500-F

겔레르트 언덕과 주변

부다페스트 최고의 전망 명소

왕궁의 남쪽으로 형성된 약간 높은 언덕이 바로 겔레르트 언덕(해발 235m)이다. 언덕의 명칭은 헝가리에 가톨릭을 전파하려다 이곳에서 떨어져 최초로 순교한 이탈리아 선교사 성 겔레르트의 이름에서 유래되었다. 꼭대기에 있는 치터델러는 부다페스트 시내와 도나우강을 전망하기에 최고의 포인트다. 언덕으로 오르는 기슭에는 온천이 모여 있는데 관광객과 현지인 모두에게 인기 있다. 페스트 지역에서는 에르제베트 다리를 건너면 바로 겔레르트 언덕으로 오르는 길이 연결된다. 가볍게 등산하는 기분으로 여유롭게 시간을 두고 천천히 올라보자.

겔레르트 언덕

Gellért-hegy

도나우강과 부다페스트를 한눈에 조망할 수 있는 최고의 전망 포인트

겔레르트 언덕은 해발 고도 235m의 작은 바위산이다. 페스트 지역에서 바라보면 부다 지역에서 가장 우뚝 솟은 봉우리이며, 정상에는 월계수 잎을 높이 들고 있는 14m 높이의 자유의 여신상(Szabadságszoor)이 있다. 자유의 여신상은 해방 기념탑이라고도 불리는데, 나치의 지배하에 있던 부다페스트를 소련군이 해방시킨 역사를 상징하는 기념탑이다. 언덕 이름의 유래가 된 성 겔레르트 동상은 언덕 중턱의 에르제베트(엘리자베트) 다리 맞은편에 서 있다. 여유를 갖고 천천히 올라가면 부다페스트의 전망을 한껏 마음에 담아갈 수 있다. 언덕 꼭대기에 있는 옛 요새인 치터델러는 널찍이 펼쳐진 전망을 보여주는 최고의 위치에 있다.

위치 19번 트램을 타고 Móriez zsigmond körtér역에서 하차해 27번 버스로 갈아타고 Kelenhegyi역에서 도보 9분 또는 47번, 49번 트램을 타고 ővám tér역에서 도보 18분
지도 p.500-J

TIP 교통이 불편한 겔레르트 언덕

겔레르트 언덕은 대중교통이 불편한 지역이기 때문에 시간적 여유를 가지고 둘러보는 편이 좋다. 버스도 요새까지는 올라가지 않기 때문에 어느 정도 도보 이동을 고려해야 한다. 일정에 여유가 없다면 택시를 이용하는 것도 좋은 방법이다. 도보로 이동한다면 걷기에 편한 운동화를 신고 에르제베트 다리에서 언덕을 따라 등산 산책로를 걷는 기분으로 다녀오는 편이 좋다. 에르제베트 다리에서 도보 20~30분 정도 소요된다.

성 겔레르트상

Szent Gellért Szobor

장렬하게 최후를 마친 이탈리아 수도사 기념비

11세기 초 헝가리에 기독교를 전파하고, 헝가리 최초의 국왕인 성 이슈트반 1세의 아들 임레 왕자의 교육을 위해 이탈리아에서 초빙한 수도사가 바로 성 겔레르트 사그레도(Gellért Sagredo)였다. 그는 헝가리에 기독교를 열심히 전파했고, 이슈트반왕이 죽은 후 8년이 지난 1046년에 전도에 반대하는 폭도들에 의해 산 채로 와인 통에 갇혀서 이 언덕에서 도나우강에 던져졌다고 한다. 이후 동쪽 언덕(Kelen-hegy)이라고 불리던 언덕은 겔레르트 언덕으로 불리게 되었다. 1904년 그가 순교한 장소에 약 12m 높이의 기념비가 세워졌고, 네오클래식 양식의 반원형 석주들에 의해 둘러싸여 있다. 기념비 발 아래에는 험악한 표정의 헝가리인이 그를 올려다보고 있다. 밤에는 조명이 불을 밝혀서 기념비를 늘 비추고 있다.

주소 Budapest, Szent Gellért rkp.16
교통 에르제베트 다리에서 도보 10분 **지도** p.500-J

치터델러
Citadella

시민을 감시하기 위해 건설된 요새

1854년 합스부르크 제국이 표면적으로는 적의 침입에 대비해 건설한 요새이지만, 그 이면에는 합스부르크 왕가에 반감을 가진 헝가리인들의 반 오스트리아 시민 운동을 감시하기 위해 지어졌다. 길이 220m, 폭 60m, 높이 4m의 거대한 구조물로 세계대전 당시 사용되었던 각종 무기와 포탄에 의해 손상된 흔적이 그대로 보존되어 있다. 언덕 위에는 양손에 월계수 잎을 높이 든 자유의 여신상이 우뚝 서 있다. 제2차 세계대전 당시 나치와 싸우다가 전사한 소련 병사들을 위한 위령비이기도 하다. 요새는 도나우강과 부다페스트 전경을 한눈에 감상할 수 있는 최고의 명소로 손꼽힌다.

위치 Móricz Zsigmond körtér에서 27번 버스를 타면 언덕까지 올라간다. 에제르베트 다리 앞에서 도보 20분 내외
지도 p.500-J

에르제베트의 동상
Erzsébet Királyné Szobra

부다페스트가 사랑한 황후의 모습이 그대로

에르제베트 다리 옆에 있는 황후 에르제베트(엘리자베트, 시시)의 동상은 기품 넘치는 아름다운 조각상이다. 공모를 통해 선정한 작품으로 최종 후보로 남은 작품 5점은 교외에 있는 괴될뢰성에서 볼 수 있다.

위치 트램 19번, 41번을 타고 루더시 온천(Rudas Gyógyfürdő) 정류장에서 하차. 버스 110번, 112번 등을 타고 되브렌테 광장(Döbrentei tér)에서 하차 **지도** p.500-J

TIP

도나우강 크루즈

도나우강은 독일의 검은 숲에서 발원해서 10개국에 걸쳐 흐르는 매우 길고 큰 강이다. 독일, 오스트리아, 슬로바키아, 헝가리, 크로아티아, 세르비아, 루마니아, 불가리아, 몰도바, 우크라이나를 거쳐 흑해로 흘러 들어간다.
부다페스트에서는 도시 한가운데를 유유히 흐르는 도나우강을 따라 주간이나 야간에 크루즈를 즐길 수 있다. 다양한 크루즈 회사들이 있지만 30년 전통의 레젠다(Legenda)사에서 운영하는 크루즈가 비거도 광장 앞에서 출발한다. 상류는 머르기트섬 북단까지, 하류는 페퇴피 다리 근처까지 가며 약 1시간 10분 정도 소요된다. 디너 크루즈는 해 질 무렵 출발해서 약 2시간 30분 동안 머르기트 다리부터 페퇴피 다리까지 2회 왕복한다. 배 안에는 밴드가 라이브 연주를 하며 흥을 돋운다. 달리는 배 안에서 저녁을 여유롭게 즐기며 통 유리창 너머로 바라보는 부다페스트의 야경은 특히 아름답다. 레젠다 홈페이지에서 예약할 수 있으며, 세체니 다리와 에르제베트 다리 사이 메리어트 호텔 앞에서 탑승하면 된다.
2019년 5월에 우리나라 단체 관광객이 탑승한 도나우강 유람선 허블레아니호가 다른 대형 유람선에 추돌되어 순식간에 침몰해서 7명을 구조했지만 한국인 25명, 헝가리인 2명이 사망하고, 한국인 1명은 실종되는 너무나 비극적이고 안타까운 사고가 일어났다. 여행을 할 때 날씨 예보를 잘 확인하고 악천후나 강물 수위가 높아지는 등 안전상 문제가 있을 경우에는 탑승을 자제해야 한다. 날씨가 좋을 때 탑승하더라도 구명조끼는 반드시 착용해야 안심하고 여행을 즐길 수 있다.

주소 Dock 7 Jane Haining rakpart **전화** 30-335-2338, 01-266-4190 **홈페이지** www.legenda.hu
요금 관광 크루즈 투어 두나 벨라(Duna Bella / 1시간 10분 소요) 성인 €13.50, 학생 €12, 아동(10~14세) €9, 아동(9세 이하) 무료 다뉴브 레전드(Danube Legend / 1시간 소요) 성인 €19, 학생 €15.50, 아동(10~14세) €10, 아동(9세 이하) 무료 크루즈 투어(저녁 식사 포함) 얼리 이브닝 디너(Early Evening Dinner, 3가지 코스 메뉴 / 1시간 45분 소요) 성인 €65, 아동(3~12세) €52
캔들릿 디너 크루즈(Candlelit Dinner Cruise, 4가지 코스 메뉴 / 2시간 30분 소요) 성인 €85, 아동 €65
위치 세체니 다리와 에르제베트 다리 사이 메리어트 호텔 앞 강변 7번 선착장 **지도** p.500-F

도나우강 변
(페스트 지구)

페스트 지구에서 가장 번화한 곳

도나우강을 따라 페스트 방면으로 국회 의사당, 세체니 다리, 에르제베트 다리 등 주요 관광 명소가 몰려 있다. 페스트 구역에서 가장 번화한 바치 거리에는 카페와 레스토랑이 모여 있으며, 상점도 많아서 쇼핑을 하기에도 좋다. 밤이 되면 세체니 다리 부근의 페스트 지구 강변에서 바라보는 부다 방면 야경이 일품이다. 지하철이나 트램이 잘되어 있으니 적절히 활용하면서 도보로 여유 있게 산책하듯 돌아보기에 좋은 구역이다.

국회 의사당 Országház

도나우강 변에서 가장 아름다운 헝가리 최대 규모 건축물

헝가리 건축가 임레 슈타인들(Imre Steindl)이 네오고딕 양식으로 설계했고 1884년 공사를 시작해서 1904년에 완공되었다. 외관도 우아하고 아름답지만 내부도 호화로울 정도로 눈부시다. 높이 96m, 길이 268m, 폭 123m, 4층으로 이루어져 있고, 방은 무려 691개나 된다. 외관은 르네상스 양식의 둥근 돔이 있는 중앙 홀을 중심으로 도나우강을 따라 좌우 대칭으로 날개를 펼친 모습이다. 세부적으로는 고딕 양식의 크고 작은 첨탑을 배치해서 절충주의 양식을 취했다. 내부에서 눈길을 끄는 부분은 정면의 큰 계단이다. 금박으로 장식된 기둥과 대들보 사이로 붉은 융단이 깔려 있는 대계단이 3층의 돔까지 이어져서 화려함의 극치를 이룬다. 계단을 다 올라가면 고딕풍 기둥에 의해 16각형으로 나뉜 둥근 돔의 홀이 나타난다. 홀 중앙에는 이슈트반 국왕 이래 대대로 전해져오는 헝가리의 왕관이 장식되어 있고, 홀의 좌우에 있는 회의실들은 동일한 구조로 배치되어 있다. 3층부터 1층까지는 438개의 의자가 말발굽처럼 배치되어 있다. 로마네스크풍 벽 기둥도 아름답고, 내부의 장식과 인테리어는 현란한 아름다움을 선사한다.

주소 Kossuth Lajos tér 1–3 **전화** 01–441–4415 **홈페이지** latogatokozpont.parlament.hu
개방 4~10월 08:00~18:00, 11~3월 08:00~16:00 / 연중무휴 **요금** 성인 비 유럽 경제 구역(Non EEA) 시민 1,000Ft, EEA 시민 5,000Ft, 학생(6~24세) 비EEA 학생 5,000Ft, EEA 학생 2,500Ft **위치** 지하철 2호선 Kossuth tér역 하차
지도 p.500–F

세체니 다리
Széchenyi Lánchíd

**도나우강을 가로지르며
부다와 페스트를 이어주는 부다페스트의 상징**

길이 375m, 너비 16m의 현수교로 도나우강에 건설된 다리 중에서 가장 아름다운 다리이자 최고의 야경 명소 중 하나로 꼽힌다. 다리의 네 귀퉁이에는 커다란 사자상이 놓여 있고, 중앙에 있는 48m 높이의 석조 아치와 철이 다리를 지탱하고 있다. 영국 엔지니어 윌리엄 티어니 클라크(William Tierney Clark)가 설계하고, 스코틀랜드 엔지니어 아담 클라크(Adam Clark)가 건설했다. 1839년부터 10년의 공사 기간을 거쳐 1849년에 완성되었고, 헝가리에서 도나우강에 최초로 건설된 영구적인 다리다. 제2차 세계대전 때 폭파되기도 했지만 전후에 재건되었다. '세체니 다리'라는 명칭의 유래에 대해서는 의견이 분분한데, 주탑에 가설된 로프와 같은 구조가 자전거 체인 사슬처럼 생겼다고 해서 세체니(사슬) 다리로 불렸다는 설이 있고, 19세기에 헝가리의 발전에 큰 공헌을 한 세체니 백작을 일컫는다는 설도 있다.

위치 지하철 1호선 Vörösmarty tér역에서 도보 7분
지도 p.500-F

바치 거리
Váci utca

여행자들로 가득한 보행자 천국이자 쇼핑 거리

부다페스트 중심가에서 가장 유명하고 번화한 거리로 보행자 대로이자 주요 쇼핑 거리다. 거리에는 고급 부티크와 선물용품점, 카페, 레스토랑들이 즐비하게 늘어서 있다. 자라(Zara), H&M, 망고(Mango), 에스프리(ESPRIT), 더글라스(Douglas AG), 스와로브스키(Swarovski), 휴고 보스(Hugo Boss), 라코스테(Lacoste), 나이키(Nike) 등 주요 패션 브랜드들이 입점해 있다. 헝가리의 명물 도자기 헤렌드의 직영점도 있다. 몇몇 파사주에 들어가면 좁은 공간에 멋진 카페와 부티크 상점들이 늘어서 있다. 거리는 크리스마스 마켓으로 유명한 뵈뢰슈머르티 광장(Vörösmarty Square)으로 이어진다.

위치 지하철 1호선 Vörösmarty tér역 또는 지하철 3호선 Ferenciek tere역 하차 **지도** p.501-G

에르제베트 다리
Erzsébet híd

에르제베트 황후를 기리는 다리

부다페스트에서 세 번째로 건설된 다리이며, 부다와 페스트를 이어주는 현수교다. 바치 거리의 남쪽, 보행자 천국의 중간 지점, 부다페스트 내에서 도나우강이 가장 좁은 부분에 건설되었으며 길이는 378.6m, 폭은 27.1m이다. 1903년에 건설되었으나 제2차 세계대전으로 파괴되었다가 1964년에 현대적인 모습으로 재건되었다. 다리 이름인 에르제베트는 오스트리아 헝가리 제국의 황후였던 엘리자베트(시시)에서 따왔다. 헝가리에 대한 애정이 각별했던 엘리자베트는 그만큼 헝가리 국민들의 사랑을 한몸에 받았다. 그녀의 우아한 자태를 묘사한 청동상이 부다 지역 쪽 에르제베트 다리에 세워져 있고 작은 정원이 둘러싸고 있다.

위치 지하철 3호선 Ferenciek tere역에서 도보 3분
지도 p.500-J

자유의 다리
Szabadság híd

헝가리 건국 1,000년의 상징

도나우강 하류 쪽으로 에르제베트 다리 다음에 위치한 다리로 1896년 헝가리 건국 1,000년을 기념해서 건설하였다. 처음에는 프란츠 요제프 다리로 불렸으나, 나중에 자유의 다리로 개명되었다. 이 다리를 건너면 겔레르트 온천이 바로 나온다. 19세기 말의 아르누보 양식으로 건설된 이 다리는 길이 333.6m, 폭 20m로 부다페스트 중심부에서 가장 짧은 다리다. 특히 다리 위에는 헝가리 건국의 아버지 아르파드를 낳았다고 전해지는 전설의 새 '투룰'상이 설치되어 있다.

위치 지하철 4호선 Fővám tér역에서 도보 1~2분
지도 p.501-K

중앙 시장
Vásárcsarnok

부다페스트에서 가장 크고 오래된 재래시장

1897년 2월에 처음 문을 연 중앙 시장은 부다페스트 최초의 시장이었던 카롤리 카메르마이어(Károly Kamermayer, 1829~97년)에 의해 건설되었다. 부다페스트 최대의 상설 시장으로 모자이크 모양의 지붕이 덮인 이색적인 건물이다. 페스트 지역의 바치 거리 끝부분에 위치해 있다. 자유의 다리도 바로 근처에 있다. 지하에는 활어와 사슴, 토끼, 들소 등 들짐승 고기가 진열되어 있고, 1층에는 과일, 채소, 향신료 등을 파는 작은 가게들이 줄지어 있다. 특산품인 푸아그라 통조림과 파프리카 향신료는 선물용으로도 인기 있다.

주소 Vámház körút 1-3
전화 01-366-3300
홈페이지 www.piaconline.hu
개방 월 06:00~17:00, 화~금 06:00~18:00, 토 06:00~15:00 / 일 휴무
위치 지하철 4호선 Fővám tér역에서 도보 3~4분
지도 p.501-K

SPECIAL

부다페스트의 세기말 건축

헝가리 특유의 마자르 양식

세기말 프랑스 파리에서는 아르누보가, 오스트리아 빈에서는 제체시온(분리파 운동)이 유행했다.
이 시기에 헝가리에서도 독특한 건축물이 등장했다. 헝가리 건축가 레흐너 외덴(Lechner Ödön, 1845~1916년)은 광택이 있는 다채색 타일을 지붕이나 벽에 사용한 장식적인 건축물을 선보였다. 특히 그는 헤렌드와 함께 헝가리를 대표하는 도자기 졸너이(Zsolnay) 공방에서 구운 특수 타일을 사용해서 헝가리 전통의 마자르풍으로 건축물을 마무리했다. 화려한 색채와 섬세한 장식을 특징으로 하는 고유의 양식이 눈길을 끈다.
그중에서도 걸작으로 꼽히는 것이 헝가리 아르누보 건축의 대표작이자 세계에서 세 번째로 오래된 공예 미술관인 부다페스트 공예 미술관이다. 내부에는 천장까지 시원하게 트인 홀이 있고 장식도 아름답다.
2층에는 졸너이 도자기 등 헝가리의 전통 공예품을 전시하고 있다. 그 외에도 지질학 박물관, 구 우편 저금국 건물이 그의 대표작으로 인정받고 있다. 구 우편 저금국은 현재 은행으로 이용되고 있으며, 지질학 박물관 건물은 연구소이지만 박물관도 운영하고 있어서 내부를 둘러볼 수 있다.

공예 미술관

공예 미술관

공예 미술관
Iparművészeti Múzeum

주소 Üllői út 33-37
전화 01–456–5107
홈페이지 www.imm.hu
개방 화~일 10:00~18:00 / 월 휴무
요금 성인 2,000Ft, 청소년(6~26세) 1,000Ft
위치 지하철 3호선 Corvin-negyed역에서 도보 2분
지도 p.501–K

구 우편 저금국

구 우편 저금국
Magyar Államkincstár

주소 Hold u. 4
전화 01–327–3600
홈페이지 www.allamkincstar.gov.hu
위치 지하철 3호선 Arany Janos u.역에서 도보 2분
지도 p.501–G

지질학 박물관

지질학 박물관
Országos Földtani Múzeum

주소 Stefánia út 14
전화 01–251–0999
홈페이지 mbfsz.gov.hu
개방 목 · 토 · 일 10:00~16:00 / 월 · 수 · 금 휴무 **요금** 무료
위치 트롤리버스 75번을 타고 에그레시 가/스테파니아 거리 (Egressy út/Stefánia út)에서 도보 3분
지도 p.501–H

데아크 광장 ~영웅 광장
(페스트 지구)

멋진 건축물들과 카페, 식당 등이 모인 곳

데아크 페렌츠 광장(Deák Ferenc tér)은 3세기에 민족 운동을 주도했던 정치가 페렌츠 데아크(Ferenc Deák, 1803~76년)의 이름에서 유래한다. 그는 1848년 혁명 후에 헝가리의 지도자로 추앙받은 인물이다. 광장 근처에는 부다페스트 최대 볼거리 중 하나인 성 이슈트반 대성당이 있다. 데아크 광장에서 영웅 광장까지 쭉 이어지는 언드라시 거리는 울창한 가로수가 늘어서 있고, 멋진 건축물들과 분위기 있는 카페, 식당, 부티크 상점들이 줄지어 있다. 부다페스트의 지하철 4개 노선 중 M1, M2, M3호선이 데아크 페렌츠 광장에서 교차하는 교통의 요지이기도 하다.

성 이슈트반 성당

Szent István Bazilika

이슈트반을 기리는 네오클래식 양식 성당

초대 국왕이자 로마 가톨릭 교회의 성인 이슈트반(975~1038년)을 기리기 위해 세운 부다페스트 최대의 성당이다. 네오클래식 양식으로 건설되었으며, 정면 양쪽으로는 80m 높이의 탑이 우뚝 솟아 있다. 본당 중앙에 있는 돔은 그보다 높은 96m다. 이 높이는 국회 의사당의 돔과 같은데, 두 건축물이 부다페스트에서 가장 높다. 높이를 맞춘 이유는 성 이슈트반 성당이 가지는 종교적인 의미와 국회 의사당이 가지는 현실적 세계의 의미가 동등한 가치가 있다는 것을 상징하기 위해서다. 또한 96m로 높이를 통일한 이유는 헝가리 건국 해인 896년의 마지막 2자리 숫자와 맞추기 위해서라고 한다. 1851년에 착공해서 1905년에 완성되기까지 54년간 3명의 건축가가 대성당 건축에 참여했다. 정면 입구에는 성 이슈트반의 부조가 설치되어 있고, 그 위에는 그리스도 부활을 묘사한 프레스코화가 있다. 정면쪽 문에는 그리스도의 12사도가 새겨져 있고, 주제단은 성 이슈트반의 상과 그의 생애를 묘사한 부조로 장식되어 있다. 이슈트반은 헝가리 초대 국왕이자 헝가리에 기독교를 전파하기 위해 애썼는데, 손에 들고 있는 이중 십자가는 종교와 정치를 모두 상징한다.

특히 이 성당에서 꼭 들러야 할 곳이 바로 제단 뒤의 이슈트반 예배당이다. 황금 성유물이 있는 내부에는 썩지 않는 '성스러운 오른손'이라고 불리는 이슈트반의 오른손 뼈가 들어 있다. 동전을 넣으면 불빛이 비춰 내부가 환히 들여다보인다. 돔은 전망대이기도 한데, 입장료를 내고 올라가면 도나우강 건너의 부다 왕궁과 겔레르트 언덕 등 환상적인 파노라마 풍경이 펼쳐진다.

주소 Szent István tér 1 **전화** 01-311-0839 **홈페이지** www.bazilika.biz
개방 **성당** 월 09:00~16:30, 화~토 09:00~17:45, 일 13:00~17:45 **전망대와 보물실** 월~일 09:00~19:00 / 티켓 판매는 마감 30분 전까지. 연중무휴
요금 **성당** 성인 1,200Ft, 학생 1,000Ft **전망대+보물실** 성인 2,200Ft, 학생 1,800Ft **통합권(성당+전망대+보물실)** 성인 3,200Ft, 학생 2,600Ft, 아동(6세 이하) & 국제 교사증 소지 교사 무료, 부다페스트 카드 소지자 20% 할인
위치 지하철 3호선 Arany Janos u.역에서 도보 3분 **지도** p.501-G

헝가리 국립 오페라 극장
Magyar Állami Operaház

시시가 몰래 다녔던 오페라 극장

19세기 헝가리 건축을 대표하는 건축가 미클로스 이블(Miklós Ybl, 1814~91년)이 네오 르네상스 양식으로 지은 호화롭고 아름다운 국립 오페라 극장이다. 걸작으로 평가받는 이 극장은 운치 넘치는 언드라시 거리를 더욱 빛내준다. 정면 입구의 양옆에는 리스트와 초대 예술 감독이자 작곡가 에르켈의 조각상이 있다. 섬세하게 조각된 파사드도 아름답지만, 내부로 들어가면 그 화려함에 더욱 놀라게 된다. 왕실 전용 계단과 로비의 장식, 극장 내부의 화려한 인테리어에 감탄이 절로 난다. 말발굽형 박스석은 황금색으로 빛나고, 아치형 기둥은 4층까지 뻗어 있다. 카로이 로츠가 그린 천장화 아래에 눈부시게 빛나는 샹들리에와 객석의 붉은 벨벳이 황금색과 조화와 대조를 이루며 기품이 넘친다. 부다페스트에서 혼자 머물며 시간이 많았던 황후 엘리자베트(시시)는 이곳에 몰래 와서 무대 왼쪽 위 발코니에서 자주 오페라를 감상했다고 전해진다. 그래서 무대 왼쪽 위 발코니를 '시시 로제'라고 부른다.

주소 Andrássy út 22 **전화** 01-814-7100
홈페이지 www.opera.hu **개방** 내부 가이드 투어(영어) 매일 13:30, 15:00, 16:30, 내부 가이드 투어(헝가리어) 매일 13:30, 15:00, 16:30(스페인어, 러시아어, 독어, 불어는 오페라 극장 측에 문의) / 연중무휴 **요금** 영어 가이드 투어 7,000Ft, 헝가리어 가이드 투어 5,000Ft **위치** 지하철 1호선 Opera역 하차
지도 p.501-G

언드라시 거리
Andrássy út

멋진 건축물이 즐비한 가로수길이자 쇼핑 거리

1872년에 완성된 2.3km의 대로로 당시 외무 장관이었던 언드라시 백작에 의해 건설되었다. 그는 1868년에 파리를 보고 나서 부다페스트의 작고 낡은 집들을 허물고 5층짜리 큰 저택들을 지어서 거리를 정비했다. 그때 조성된 경관이 그대로 보존되어서 지금은 부다페스트에서 가장 아름다운 거리로 손꼽힌다. 부다페스트의 메인 쇼핑 거리로 다양한 카페와 레스토랑, 극장, 대사관, 고급 부티크 상점들이 즐비하게 들어서 있다. 가장 유명한 건축물이 국립 오페라 극장이며, 코다이 기념관 등 역사적 인물들의 기념관도 눈에 띈다. 옥토곤(Oktogon)역 근처에 있는 리스트 페렌츠 광장은 주변에 카페가 많아 잠시 여유로운 시간을 보내기에 좋다. 광장 남쪽에는 리스트 음악원이 있다.

위치 지하철 1호선 Deák Ferenc tér역에서 Hősök tere역에 이르는 6개 역 **지도** p.501-C

시민 공원
Városliget

부다페스트 시민들의 휴식처

영웅 광장 앞에 펼쳐진 녹음이 우거진 공원이다. 왼쪽으로는 세체니 온천과 동물원, 오른쪽에는 연못과 1896년에 박람회 전시장으로 지어진 바이더후녀드성(Vajdahunyad vára)이 있다. 연못은 성이 비칠 때 특히 아름다운데, 이 성의 모델이 된 성이 바로 루마니아에 같은 이름으로 현존하고 있다. 루마니아에 있는 성은 15세기에 베오그라드에서 투르크 대군을 격파한 트란실바니아 후녀디 야노시 후작의 성관이었다.

위치 지하철 1호선 Hősök tere역에서 하차
지도 p.501-D

영웅 광장

Hősök tere

헝가리의 역사적 인물들을 기리는 광장

영웅 광장은 부다페스트의 랜드마크이자 주요 광장들 중 하나다. 헝가리 건국 1,000년을 기념해서 1896년에 건설한 커다란 광장이다. 중앙에 우뚝 솟은 36m 높이의 기둥에는 대천사 가브리엘이 서 있고, 기둥 아래 사방으로는 헝가리의 기원인 마자르족 족장 아르파드를 포함해 부족장 7명의 기마상이 당당하게 서 있다. '우리 국민의 자유와 국가의 독립을 위해 목숨을 바친 영웅들을 기리며'라는 문구가 적힌 기념비가 있다. 광장을 감싸듯 둥글게 세워진 열주 사이에는 초대 국왕 이슈트반과 마차시왕 등 역사에 이름을 남긴 국왕들 그리고 헝가리의 독립과 자유를 위해 싸운 라코치와 코슈트 등 근대 지도자 14명의 동상이 당당하게 서 있다.

위치 지하철 1호선 Hősök tere역에서 하차 **지도** p.501-D

테러 하우스

Terror Háza

헝가리의 어두운 역사

언드라시 거리를 걷다 보면 눈에 확 띄는 독특한 건물이 있는데, 과거 헝가리의 나치당 본부로 사용된 건물이다. 사회주의 시대에는 비밀경찰의 본부가 있었고, 사람들을 고문하던 곳이기도 했다. 과거 이곳은 부다페스트 시민들이 피해 다녔던 곳이기도 했으며 현재도 부다페스트 시민들은 '언드라시 거리 60번지'라고 하면 공포의 대상으로 여긴다. 지붕에 설치된 화살표 모양의 십자가는 헝가리 나치당의 심벌마크다. 희생자들의 사진으로 벽면을 메운 광경이 인상적이며 이곳을 방문하면 20세기 헝가리의 어두운 역사를 살펴볼 수 있다.

주소 Andrássy út 60 **전화** 01-374-2600
홈페이지 www.terrorhaza.hu
개방 화~일 10:00~18:00(매표소 마감 17:30) / 월 휴무
요금 성인 4,000Ft, 아동 & 학생(6~25세), 62~70세 EEA 시민 2,000Ft
위치 지하철 1호선 Oktogon역에서 도보 3분
지도 p.501-G

TIP 특별한 관광 열차 어린이 철도 Gyermekvasút

어린이들에 의해 운영되는 이색 관광 열차다. 어린이 철도는 역무원도 차장도 모두 어린이들이 일하는 특별한 철도로 후베시베르지(Hűvösvölgy)역에서부터 세체니 언덕(Széchenyi Hegy)역까지 달린다. 1948년에 운행을 시작한 이래 한 번도 멈추지 않았다. 10~14세의 어린이들이 역무원 제복을 입고 진지한 자세와 표정으로 일하는 모습이 의젓하다. 약 12km에 이르는 철도에 총 8개의 역이 있으며 중간에 야노셰기(Janochegy)역에서 내려 도보 또는 체어 리프트를 타고 527m의 야노시 언덕에 오르면 부다페스트 전체를 조망할 수 있는 엘리자베트 전망대가 있다. 어린이들에게 꿈과 희망을 주기 위해 개설한 열차이며 헝가리 어린이들 사이에서 아주 인기가 높다.

주소 Hűvösvölgy, Gyermekvasúthoz vezető út 5 **전화** 01-397-5394 **홈페이지** www.gyermekvasut.hu **개방** 매일 후베시베르지역 첫차 09:10~막차 15:10/ 9~4월 월 휴무 **요금** 성인 편도 티켓 1,000Ft, 왕복 티켓 1,800Ft, 아동 & 청소년(6~18세) 편도 티켓 500Ft, 왕복 900Ft, 6세 이하 무료 / 현금만 가능 **위치** 트램 56A번, 61번을 타고 종점 Hűvösvölgy역 하차 **지도** p.500-A

헝가리를 빛낸 3명의 음악가 리스트, 코다이, 버르토크

리스트 페렌츠(프란츠 리스트)는 헝가리의 명문 에스테르하지 후작을 섬기는 관리의 아들로 태어나 후작의 지원으로 어릴 때부터 빈에서 음악을 배웠다. 이후 줄곧 프랑스와 독일에서 살았기 때문에 헝가리어를 제대로 구사하지 못했다. 그러나 만년에 조국으로 돌아와서 헝가리 음악을 위해 심혈을 기울였다. 그는 리스트 음악원을 설립하고 후학을 양성했는데, 이 음악원에서 코다이, 버르토크, 솔티 같은 세계적인 음악가가 배출되었다. 코다이와 버르토크는 같은 시기에 리스트 음악원에서 공부를 했고, 헝가리 민속 음악의 뿌리를 찾기 위해 함께 여행을 했다. 특히 그들은 갓 발명된 무거운 납관식 축음기를 가지고 농촌 사람들에게서 민요를 수집했다. 그 결과 코다이는 5,100여 곡의 민요를, 버르토크는 루마니아 지방까지 다니며 모두 1만 곡 이상의 민요를 수집했다. 부다페스트 시내에는 이 3명의 음악가를 기리는 기념관들이 있어서 그들의 업적에 대한 기록과 유품을 둘러볼 수 있다.

리스트 기념관
Liszt Ferenc Emlékmúzeum

리스트가 살던 공간에 충실한 기념관

리스트는 59세에 조국으로 다시 돌아왔고, 부다페스트 언드라시 거리에 있는 큰 저택에 살면서 음악원을 설립했다. 2층에 있는 3개의 방이 박물관으로 공개되고 있다. 침실 겸 작업실에는 그의 유품이, 식당에는 커다란 그랜드 피아노가, 넓은 살롱에는 3대의 피아노와 1대의 오르간이 놓여 있고, 곳곳에 그의 초상화가 걸려 있다. 실물 크기로 제작된 리스트의 손바닥 조각상도 볼 수 있다.

주소 VI. ker. Vörösmarty u. 35 **전화** 01-322-9804 **홈페이지** www.lisztmuseum.hu **개방** 월~금 10:00~18:00, 토 09:00~17:00 / 일 · 공휴일 휴무 **요금** 성인 2,000Ft, 학생(국제학생증 소지) 1,000Ft **위치** 지하철 1호선 Vörösmarty역에서 도보 1분 이내 **지도** p.501-G

코다이 기념관 & 자료관
Zoltán Kodály Emlékmuseum és Archivum

헝가리 국민 영웅 〈하리 야노슈〉 오페라의 작곡가

언드라시 거리에 있는 건물 2층은 1924년부터 1967년 사망할 때까지 코다이가 살았던 곳이다. 생전의 모습 그대로 보존되어 있는 작업실과 살롱에는 뵈젠도르퍼 피아노가 2대, 페트리라는 조각가가 20년마다 제작한 코다이 흉상 3점, 가구와 자수 클로스, 도자기 등이 전시되고 있다. 전시실에는 그가 직접 쓴 악보와 민요를 수집할 때 가지고 다녔던 납관식 축음기도 볼 수 있다. 당시의 기계는 성능이 좋지 않아서 민요를 녹음하면 즉시 악보에 옮겨 써야 했다고 한다. 그가 채집한 민요 악보는 정말 엄청난 노력의 산물이 아닐 수 없다.

주소 Andrássy út 87-89 **전화** 01-352-7106 **홈페이지** kodaly.hu/museum **개방** 월 11:00~16:30, 수 · 목 10:00~12:00, 14:00~16:30 / 화, 금~일 휴무 **요금** 성인 1,500Ft, 학생 750Ft **위치** 지하철 1호선 Kodály körönd역에서 도보 1~2분 **지도** p.501-C

버르토크 기념관
Bartók Béla Emlékház

중앙 유럽의 민요를 집대성한 음악학자

버르토크(1881~1945년)의 생애를 돌아보면 그의 열정과 왕성한 활동에 감탄을 금치 못한다. 피아니스트이자 작곡가이면서 민속 음악 연구에 몰두한 그는 피아니스트로서 유럽 각지에서 연주 활동을 하고 음악원에서 교사 생활을 하기도 했다. 기념관으로 조성된 그가 살았던 집은 장미의 언덕에 있으며, 뜰에는 작은 콘서트홀이 있다. 2층은 콘서트홀, 3층은 작업실과 거실이다. 그가 사용했던 뵈젠도르퍼 피아노와 가구, 납관식 축음기 등이 전시되어 있다. 기념관 마당에는 버르거 임레가 제작한 버르토크의 조각상도 서 있다.

주소 Csalán út 29 **전화** 01-394-2100 **홈페이지** bartokemlekhaz.hu **개방** 화~일 10:00~17:00 / 월 휴무, 2023년 현재 임시 휴관 **요금** 성인 1,600Ft, 부다페스트 카드 소지자 무료 **위치** 버스 5번을 타고 종점인 Pasaréti tér역에서 도보 5분 **지도** p.500-A

SPECIAL

유럽 3대 야경 중 하나

부다페스트 야경 감상하기

어부의 요새

부다페스트는 파리, 프라하와 함께 유럽 3대 야경으로 손꼽힐 정도로 야경이 아름답기로 유명하다. 특히 하늘을 오렌지 빛으로 물들이며 석양이 지고 완전한 일몰 후 20분 정도 지나면 온 세상이 푸르스름한 매직 아워가 온다. 그리고 부다 왕궁과 세체니 다리, 어부의 요새와 거리에 조명이 켜지면서 환상적인 야경이 완성된다. 관광객으로 부산스럽던 낮 시간과는 또 다른 아름다움을 간직한 부다페스트를 감상할 수 있다.

야경 감상하기 좋은 곳

야경을 감상하거나 사진에 담기에 좋은 포인트는 페스트 지역 세체니 다리 쪽이나, 겔레르트 언덕에 올라서 바라보는 부다페스트 파노라마 전경이 일품이다.

❶ 세체니 다리에서 바라본 국회 의사당
❷ 겔레르트 언덕에서 바라본 왕궁의 언덕과 세체니 다리
❸ 어부의 요새에서 바라본 세체니 다리와 페스트 지구
❹ 페스트 지구쪽에서 바라본 세체니 다리와 왕궁

타이밍이 중요

여름에는 저녁 8시~8시 30분 무렵에 해가 지므로 미리 8시 정도에는 전망 좋은 포인트에 가서 야경을 감상할 준비를 하는 편이 좋다. 겨울에는 낮이 상당히 짧은 편이어서 오후 4시~4시 30분이면 해가 지므로 4시 정도에는 전망 좋은 곳에 가서 기다리는 편이 좋다.

주의 사항

겔레르트 언덕은 어두워지면 인적이 드물기 때문에 동행이 있는 편이 좋으며 숲길이 아닌 큰 길을 따라 내려오거나 버스나 택시를 이용할 것을 추천한다. 어부의 요새나 세체니 다리 주변은 사람들이 많이 다니므로 걱정할 필요는 없다.

SPECIAL

유서 깊은 유럽 제일의 온천 도시

부다페스트 온천 즐기기

부다페스트는 대도시이면서 온천의 도시이기도 하다.
시내에는 전통과 명성을 자랑하는 유명 온천만 20곳이 넘는다.
온천은 크게 3가지로 나뉘는데, 오랜 역사를 이어온 전통 헝가리식 온천, 수영장과 함께 레저 요소를 더한 온천 그리고 현대적인 호텔 온천이다. 온천은 헝가리인들의 휴식처일 뿐만 아니라 사교와 레저의 장소이기도 하다.
부다페스트 여행에서 빼놓을 수 없는 즐거움 중 하나가 바로 이 온천 체험이다.

온천 이용법

❶ 수건과 수영복을 준비해간다

❷ 입구에서 티켓을 구입한다 마사지를 원하면 온천 티켓을 살 때 마사지 티켓도 함께 산다. 마사지가 예약제인 경우는 온천 탕에 들어가기 전에 예약한다.

❸ 안으로 들어간다 로커(보관함)에서 수영복으로 갈아입는다. 수건, 수영복이 없을 경우 대여해주는 곳도 있다. 로커 열쇠는 본인이 소지하고 있어야 하는 경우가 많다. 욕탕으로 가서 먼저 샤워를 하고 난 후 온천욕을 즐긴다.

준비물

수영장을 겸한 온천을 이용할 때는 수영복을 꼭 챙겨 가야 한다. 수건은 챙겨 가도 되고, 대여를 해주기 때문에 편리하게 이용할 수 있다. 대여 시 보증금을 내는데, 영수증을 잘 챙겨두었다가 반납할 때 영수증을 보여주면 돌려받을 수 있다. 옷을 갈아입기 위해서는 물품 보관함을 대여하면 된다.

수영장이 딸린 레저 겸용 온천

겔레르트
Gellért Gyógyfürdő

헝가리를 대표하는 아르누보 건물 속 온천

부다페스트에서 가장 유명하고 대중적인 온천장으로 외국 여행자들도 많이 찾는다. 겔레르트 온천 안에 있으며, 여름에는 야외 수영장이 인기다. 아르누보 양식으로 장식된 인테리어를 보는 것만으로도 즐겁다. 로비, 온천 내부 모두 넓은 공간을 자랑한다. 온천은 수영복을 입고 입장한다.

주소 Kelenhegyi út 2
전화 01-466-6166
홈페이지 www.gellertbath.hu
개방 매일 09:00~19:00 / 연중무휴
요금 입장권(물품 보관함 포함) 월~목 9,400Ft, 토 · 일 · 공휴일 10,900Ft, 아로마 마사지(20분) 10,800Ft, 프리미엄 마사지(60분) 26,000Ft, 타월 6,000Ft, 수영복 6,000Ft, 슬리퍼 4,000Ft, 수영모 2,000Ft
위치 지하철 4호선을 타고 Szent Gellért tér역에서 도보 2분. 트램 19번, 41번, 47번, 49번, 56번을 타고 Szent Gellért tér역에서 도보 1분
지도 p.501-K

세체니 온천
Széchenyi Gyógyfürdő

유럽 최대 규모의 온천

1913년 페스트 지구에 가장 먼저 건설된 온천이며 유럽 최대 규모의 온천이다. 3개의 야외 수영장이 있는데, 제일 가운데 있는 직사각형 수영장이 수영을 위한 곳이며, 양옆에 있는 것은 온천이다. 온천 안에서 남성들이 체스를 즐기는 풍경은 세체니의 명물로도 유명하다. 내부는 대리석 기둥으로 꾸민 아름다운 로마식이며, 외관은 네오 바로크 양식의 화려함을 자랑한다. 정원 쪽에서 보는 경관이 특히 멋지다. 온천은 수영복을 착용하고 입장한다.

주소 Állatkerti körút 9–11 **전화** 20–435–0051 **홈페이지** www.szechenyifurdo.hu
개방 월~목 07:00~19:00(매표소 마감 18:00), 금~일 09:00~20:00(매표소 마감 19:00) / 연중무휴 **요금** 입장권(물품 보관함 포함) 월~목 9,400Ft, 금~일, 공휴일 10,900Ft, 오후 입장권 월~목 9,100Ft(17:00 이후), 금~일, 공휴일 10,600Ft(18:00 이후), 기본 패키지 티켓(입장권 · 물품 보관함 · 수영모자 · 가운 · 타월 · 슬리퍼 포함) 29,000Ft, 수피리어 패키지 티켓(기본 패키지+마사지 45분) 45,000Ft
위치 지하철 1호선 Széchenyi fürdő역에서 도보 2분 **지도** p.501–D

호텔 온천

호텔 내 온천의 경우는 호텔 투숙객은 무료지만 외부인은 유료다. 입장료는 도심에 있는 일반 온천보다 비싼 편이다. 호텔 안에 있는 만큼 영어가 잘 통하며, 설비도 청결하고 모던한 편이다.
대표적인 온천 호텔로는 4성 호텔 다누비우스 헬리아(Danubius Hotel Helia)와 다누비우스 헬스 스파 리조트 머르기트시게트(Danubius Health Spa Resort Margitsziget), 5성 호텔 더 아쿠인쿰 호텔 부다페스트(The Aquincum Hotel Budapest) 등이 있다.

루카치
Lukács Gyógyfürdő és Uszoda

요양원도 함께 운영하는 요양 온천

천연 온천으로 남녀 공용이며 수영복을 입고 입장한다. 실내외 수영장, 사우나 등 다양한 설비를 갖추고 있다. 온천 치료로 유명하며, 전 세계에서 소문을 듣고 찾는 사람들이 많다. 이곳에 와서 온천욕을 한 후 병을 치료한 사람들의 기념 표찰이 안뜰에 많이 있다.

주소 Frankel Leó út 25-29 **전화** 01-326-1695
홈페이지 www.lukacsfurdo.hu/
개방 매일 07:00~19:00(매표소 마감 18:00) / 연중무휴
요금 주중 성인 4,400Ft, 학생 3,200Ft, 주말 성인 4,800Ft, 학생 4,200Ft, 오후 입장권 주중 3,200Ft, 주말 4,200Ft(17:00 이후), 아로마 마사지(20분) 4,500Ft, 럭셔리 마사지(60분) 16,000Ft
위치 트램 17번, 19번, 41번을 타고 Szent Lukács Gyógyfürdő역에서 도보 4분 **지도** p.500-B

키라이
Király

오스만 투르크의 흔적을 간직한 온천

1565년 오스만 투르크인들이 지배하던 시기에 소콜리 무스타파(Sokoli Mustafa)에 의해 완공된 온천이다. 투르크인들이 적들에게 포위되었을 때도 성벽 안에서 온천을 즐기기 위해 만들었다. 사실 이 온천은 온천수가 솟아나는 것이 아니라 근처에 있는 루카치 온천 주변에서 물을 끌어온다. 12각형의 욕탕에는 역사가 서려 있고, 둥근 돔 지붕에 설치된 많은 등불이 마치 하늘의 별처럼 반짝인다. 수온은 제일 높은 온도가 40℃ 정도다.

주소 Fő u. 84 **전화** 01-202-3688
홈페이지 www.kiralyfurdo.hu
개방 매일 09:00~21:00 / 연중무휴, 2023년 현재 임시 휴업
요금 캐빈 이용 시 3,100Ft, 물품 보관함 이용 시 2,800Ft, 아로마 마사지 20분 3,700Ft, 35분 5,500Ft **위치** 트램 19번, 41번을 타고 Bem József tér역에서 도보 3분 **지도** p.500-B

루더시 온천
Rudas Gyógyfürdő

투르크식 욕탕의 특징이 그대로

오스만 투르크가 지배하던 1550년에 건설된 헝가리 전통의 온천이며 의료용 온천이기도 하다. 투르크식 욕탕의 특징들을 그대로 간직하고 있으며, 도나우강 변에 위치해 있어 전망도 좋은 편이다. 녹색의 원형 지붕에 투르크 욕탕의 분위기가 그대로 남아 있다. 온천탕의 온도는 42℃ 정도이며, 과거에는 남성 전용이었다가 근래 재개장하면서 남녀 공용으로 운영되고 있다.

주소 Döbrentei tér 9 **전화** 20-321-4568
홈페이지 www.rudasfurdo.hu **개방** 터키식 욕탕은 요일별로 남녀 입장을 구분한다. 남성 월·수 06:00~20:00, 목 06:00~12:45, 금 06:00~10:45 여성 화 06:00~20:00 남녀 공용 목 13:00~20:00, 금 11:00~20:00, 토·일 06:00~20:00(수영복 착용)
요금 데이 티켓(모든 구역 입장 가능) 주중 8,600Ft, 주말 12,200Ft, 클래식 마사지 20분 9,000Ft, 45분 14,000Ft, 프리미엄 마사지(60분) 20,000Ft **위치** 트램 19번, 41번, 56번을 타고 Rudas Gyógyfürdő역에서 도보 1분 **지도** p.500-J

벨리 베이
Veli Bej Fürdője

부다페스트에서 가장 오래된 온천 중 하나

1574년에 건설되어서 400년 가까이 사용되다가 사회주의 시대에 폐쇄되었다. 2011년 대대적인 리뉴얼 공사를 마치고 새로운 설비를 갖춘 모습으로 다시 문을 열었다. 오스만 투르크 시대의 욕탕은 그대로 사용되고 있다. 남녀 혼탕으로 수영복을 의무적으로 입어야 하고, 수영복이 없는 경우에는 몸을 가릴 수 있는 커다란 천을 빌려준다. 14세 이하는 이용할 수 없다.

주소 Árpád fejedelem útja 7 **전화** 01-438-8587
홈페이지 www.irgalmasrend.hu **개방** 월~금 15:00~21:00, 토·일 06:00~12:00, 15:00~21:00 / 연중무휴
요금 2,800Ft, 마사지 15분 1,990Ft, 30분 3,490Ft, 45분 4,590Ft, 60분 6,390Ft **위치** 트램 17번, 19번, 41번을 타고 Komjádi Béla utca역에서 도보 4분 **지도** p.500-B

뉴욕 카페
New York Café

주소 Erzsébet krt. 9–11
전화 01–886–6167
홈페이지 www.newyorkcafe.hu
영업 매일 08:00~00:00 / 연중무휴
위치 지하철 2호선 Blaha Lujza tér역에서 도보 2분
지도 p.501–G

부다페스트에서 가장 아름다운 카페

1894년 처음 문을 열었으며 부다페스트에서 가장 아름다운 카페로 손꼽히며 큰 사랑을 받고 있는 카페다. 작가와 편집자, 배우 등 유명인들이 즐겨 찾아 이름을 널리 알린 만큼 대기 줄이 늘어서기도 한다. 당시 부다페스트에서 발행되는 주요 신문들이 대부분 이 카페에서 편집되었다는 이야기도 전해진다. 2차 세계대전 후 스포츠용품점으로 운영되다가 1954년에 다시 카페로 문을 열었다. 카페 이름은 당시 뉴욕 보험 회사의 부다페스트 지점이 건물 1층에 자리한 것에서 유래한다. 부다페스트를 대표하는 아르누보 양식 실내 장식과 네오 르네상스 양식 외관으로도 유명하다. 구야시, 푸아그라, 비너슈니첼과 같은 식사 메뉴 외에도 다양한 조식 메뉴와 애프터눈 티 세트도 제공한다. 오전 8시부터 11시까지는 다양한 조식 메뉴가 있다. 원하는 시간에 자리를 잡으려면 홈페이지에서 미리 예약을 하는 편이 좋다.

추천 메뉴
조식 뷔페(08:00~11:00) 11,700Ft, 조식 단품 3,900~7,020Ft, 헝가리 커피(Magyar kávé) 3,900Ft, 카푸치노 3,315Ft, 애프터눈 티 2인(New York délutáni tea 2 főre) 25,350Ft, 프란츠 요제프 커피 세트 2인(Ferencz József kávé két főre) 23,400Ft

제르보 Gerbeaud

주소 Vörösmarty tér 7–8
전화 01–429–9000
홈페이지 gerbeaud.hu
영업 월~목, 일 09:00~20:00, 금·토 09:00~21:00 / 연중무휴
위치 지하철 1호선 Vörösmarty tér역에서 도보 1분
지도 p.500–F

160년이 넘는 전통을 가진 고급 카페

헨릭 쿠글러(Herik Kugler)가 1858년에 문을 연, 헝가리에서 가장 유명한 카페 중 하나로 합스부르크 왕족과 유명한 정치가, 음악가를 비롯한 과거 헝가리 귀족들이 즐겨 찾던 곳이다. 바치 거리 북쪽의 뵈뢰슈머르티 광장과 접해 있는 큰 카페이며, 헝가리 전통 디저트부터 아침 식사, 샐러드, 수프, 샌드위치 등 식사 메뉴를 제공하고 있다. 가게에 들어서기 전부터 오스트리아 황후 엘리자베트의 그림이 눈길을 끌며, 같은 이름의 레스토랑과 선술집 또한 운영하고 있다.

추천 메뉴
땅콩 살구 케이크 3,590Ft, 에스테르하지 케이크(헝가리 전통 호두 케이크) 3,390Ft, 카페 개업 160주년 기념 제르보 160 케이크 2,650Ft, 아메리카노 2,050Ft, 티 종류 2,150Ft

첸트랄 카베하즈 Central Kávéház

현지인들에게 사랑받는 정통 카페

1887년 처음 문을 열었으며 헝가리 문학인들과 지성인, 예술가들이 단골로 찾던 카페였다. 제2차 세계대전 이후에는 한때 카페가 아닌 대학생들의 구내식당으로 이용되기도 했지만 2000년에 다시 카페로 문을 열었다. 우아한 아르누보 양식의 카페에서 헝가리 전통 식사나 커피를 즐기는 여유를 가져보자. 조식은 오전 9시 30분부터 11시 30분까지 제공된다.

추천 메뉴

에스프레소 1,460Ft, 카푸치노 1,780Ft, 레모네이드 1,760Ft, 첸트랄 베네딕트 3,560Ft, 애프터눈 티 타워(2인) 8,960Ft, 구야시 수프 2,790Ft

주소 Károlyi utca 9
전화 30-945-8058
홈페이지 centralkavehaz.hu
영업 월 · 화 · 일 09:00~22:00, 수~토 09:00~00:00 / 연중무휴
위치 지하철 3호선 Ferenciek tere역에서 도보 3분
지도 p.501-K

마르벨로사 Marvelosa

아기자기하게 가정집처럼 꾸민 편안한 카페 & 레스토랑

1899년에 지은 건물에 들어서 있는 아담한 가족 경영의 카페 겸 식당이며 2005년에 리뉴얼을 해서 깔끔하다. 소박하면서도 편안한 인테리어가 마치 가정집에 초대받은 느낌이다. 헝가리 전통 식사를 하기에도 적격이고 가볍게 들러서 커피와 음료를 마시기에도 딱 좋다. 세체니 다리의 부다 왕궁 방향에 있으며 혼잡한 관광지에서 살짝 벗어나 여유롭다. 조식은 오전 10시부터 11시 30분까지 제공된다.

추천 메뉴

조식(10:00~11:30) 1,970Ft, 메인 요리(11:30~) 3,790~4,390Ft, 카푸치노 650Ft, 아이스라테 1,250Ft, 차 980Ft

주소 Lánchíd u. 13
전화 01-201-9221
홈페이지 www.marvelosa.eu
영업 화~토 10:00~22:00, 일 10:00~18:00 / 월 휴무
위치 트램 19번, 41번을 타고 Clark Ádám tér역에서 도보 1분. 부다 지역 세체니 다리 끝에서 도보 2~3분
지도 p.500-F

칼라스 Callas

아르데코풍 실내 장식이 아름다운 카페

1881년 처음 부유한 은행가의 저택으로 건설되었고, 카페로서의 역사는 1900년대 초에 시작되었다. 이후 은행, 의류 회사 건물로 이용되다가 2006년에 다시 카페로 문을 열었다. 이때 고든 램지의 레스토랑, 힐튼 프라하 호텔, 마돈나의 럭셔리한 집을 설계한 유명 건축가인 데이비드 콜린스(David Collins)가 건물의 설계를 맡아서 우아한 아르데코풍으로 탈바꿈했다. 이 카페의 케이크가 특히 유명하며 오리지널 케이크인 오페라가 가장 인기 있다. 다양한 식사 메뉴도 갖추고 있어서 한 끼 식사를 즐기기에도 좋은 곳이다.

추천 메뉴
알리오 올리오 5,250Ft, 칼라스 스타일 구야시 수프 2,650Ft, 연어 스테이크(Ropogos lazac steak) 7,450Ft, 칼라스 커피 2,290Ft, 오렌지 레모네이드(500ml) 1,650Ft

주소 Andrássy út 20 **전화** 01-354-0954
홈페이지 www.callascafe.hu
영업 화~일 12:00~24:00 / 월 휴무
위치 지하철 1호선 Opera역에서 도보 1분
지도 p.501-G

오페라 카페 Opera Café

국립 오페라 하우스 안에 있는 우아한 카페

1884년 언드라시 거리에 문을 연 화려한 국립 오페라 하우스에 자리한 카페이며, 내부는 높은 천장이 우아한 느낌을 전해준다. 19세기 말로 돌아간 듯한 시간 여행의 감성을 안겨주는 곳이다. 여름 시즌에는 야외 테라스의 테이블에 앉아 언드라시 거리를 바라보며 여유를 즐길 수 있다. 간단한 식사 메뉴도 있으며 커피, 와인, 칵테일 등의 음료 메뉴를 갖추고 있다.

추천 메뉴
에스프레소 1,060Ft, 라테 마키아토 1,360Ft, 에스테르하지 케이크(Eszterhazy torta) 1,480Ft, 오페라 케이크 1,480Ft, 헝가리식 치킨 수프(Tyukhusleves) 2,680Ft, 피자 3,280~3,560Ft

주소 Andrássy út 22
전화 01-800-9210
홈페이지 www.operacafe.hu
영업 수~일 10:00~20:00 / 월·화 휴무
위치 지하철 1호선 Opera역 하차
지도 p.501-G

TIP 부다페스트 카페의 특징

빈의 영향을 받은 부다페스트는 한때는 제국 시대의 모습이 남아 있는 전통적인 카페들이 존재했다. 사회주의 시대를 맞아 대부분은 사라져 버렸지만, 현재도 그 당시의 모습을 간직한 카페가 몇 곳 남아 있다. 그 대표적인 카페가 바로 첸트랄 카베하즈(p.560)다. 부다페스트의 카페는 케이크 종류가 많고 가격대도 저렴한 편이며 양이 많은 것이 특징이다.

SPECIAL

와인의 강국 헝가리

헝가리 대표 와인

와인 왕국 헝가리는 10세기경부터 포도 재배를 시작했다.
16세기 중반 토카이 지방에서 세계 최초로 귀부 와인을 개발해 유명해지기 시작했다.
프랑스의 루이 14세가 토카이 와인을 '왕의 와인, 와인의 왕'이라 극찬한 이야기는 널리 알려져 있다.

토카이 vs 수소의 피

프랑스나 이태리, 스페인 와인에 가려진 헝가리 와인은 생각보다 역사가 오래되었고 뛰어난 품질과 맛으로 명성이 높다. 헝가리를 대표하는 와인으로는 토카이 와인과 수소의 피 와인을 꼽을 수 있다.

토카이 와인(토카이 아수)
Tokaji Aszu

16세기 중반에 토카이 지방에서 세계 최초의 귀부(貴腐) 와인이 개발되어 세계적인 명성을 얻게 되었다. '귀부'라는 말은 '고귀한 부패(Noble Rot)'를 의미하는 한자어다. 포도가 익어도 수확을 하지 않고 최대한 농익을 때까지 기다렸다가 귀부균에 의해 포도의 당분이 최고로 높아졌을 때 수확해서 만든 와인이 바로 귀부 와인이다. 프랑스 루이 14세가 이 토카이 아수(Tokaji Aszu) 와인을 맛보고서 '왕들의 와인, 와인의 왕(vinum regum, rex vinorum)'이라고 극찬하면서 세계적인 명성을 얻게 된 이야기는 유명하다. 호박색을 띠는 토카이 와인은 3에서 6까지의 숫자로 당도를 표시하는데, 숫자가 클수록 당도가 높고 호박색이 짙은 고급 제품이다.

수소의 피 와인(에그리 비커베르)
Egri Bikavér

16세기 중반 헝가리가 오스만 투르크 군대에게 점령당했을 때 탄생한 와인이다. 8만 투르크 군대가 아무리 에게르성을 공격해도 2,000여 명의 헝가리 군대가 지키는 에게르성은 결코 무너지지 않았다. 한 달이 지날 무렵 성을 지키는 헝가리 군대와 시민은 지쳐가고 사기를 잃어가고 있었다. 이때 에게르의 영주 도보 이슈트반은 병사들에게 술 저장고를 개방했고, 병사들은 이 와인의 힘으로 적을 공격하기 시작한다. 당황한 투르크 군대는 에게르 병사들의 입 주위와 옷에 묻은 핏빛 포도주를 보고서는 '수소의 피'를 마시고 힘을 얻었다고 생각해 도망치고 만다. 이후부터 에게르의 적포도주는 '수소의 피'라고 불리게 되었다. 수소의 피 와인은 몇 가지 종류의 포도를 섞어서 만드는데, 그해의 포도 상태에 따라서 섞는 방법을 결정한다고 한다.

대표적인 와인 재배 지역

헝가리에는 와인 생산 지역이 전국적으로 22곳이나 된다. 그중 대표적인 몇 곳을 소개한다.

토카이 Tokaj 헝가리 동북부, 티서강 유역의 완만한 구릉 지대에 포도밭이 펼쳐져 있다. 백포도주 산지로서 토카이 와인이라고 하면 바로 귀부 와인을 가리킨다.

에게르 Eger 헝가리 북동부의 산간에 있는 와인 산지. 백포도주와 적포도주를 모두 생산하는 곳으로 특히 유명한 것은 '수소의 피'라고 불리는 적포도주다.

쇼프론 Sopron 오스트리아 국경에 가까운 페르퇴 호수 주변의 적포도주 산지.

벌러톤 Balaton 벌러톤호 주변의 벌러톤퓌레드, 초퍼크, 벌러톤멜레크, 버더초니, 벌러톤보그라르, 벌러콘펠비데크 6개 지역에서 재배된다. 모두 질 좋은 백포도주를 생산하는 곳이다.

빌라니 시클로시 Villany-Siklos 헝가리 최남단 빌라니는 적포도주, 시클로시는 백포도주 산지이며, 일조시간이 길어서 강한 맛의 와인이 생산된다.

SPECIAL

파프리카를 사용한
요리가 대표적

헝가리의 음식

헝가리 요리는 파프리카를 사용해 매콤한 감칠맛을 낸 요리가 많아서 우리 입맛에 잘 맞는 편이다.
파프리카가 들어가서 유럽 요리 특유의 기름기와 부담스러운 맛이 완화되기 때문이다.
오스트리아와 체코의 대표 음식 중 하나인 굴라시는 바로 헝가리의 구야시가 원조다.
구야시는 헝가리라는 국가가 성립되기도 전인 9세기경 마자르족들이 먹던 음식에서 유래한 것이라고 한다.

헝가리 요리의 풍미를 결정하는 재료, 파프리카

대부분의 헝가리 요리에 사용되는 파프리카는 고기 요리의 짙은 맛을 완화하고 특유의 풍미를 내는 역할을 한다. 파프리카는 그 종류만도 20가지가 넘는다. 맛은 크게 단맛, 매운맛으로 나뉘는데, 종류에 따라 각각 미묘한 맛의 차이가 난다. 샐러드에 간혹 나오는 방울토마토처럼 생긴 파프리카 생과는 아주 매운맛을 내는데, 매운맛에 익숙지 않은 사람은 먹지 않는 것이 좋다.

메인 요리

고기나 생선을 삶거나 튀긴 요리가 많다. 건더기가 많이 들어간 수프도 메인 요리가 된다.

푸아그라(리버마이)
Libamáj

헝가리에서는 거위를 많이 사육하기 때문에 품질 좋은 푸아그라를 먹을 수 있다. 가격도 비교적 저렴한 편이어서 부담 없이 맛볼 수 있다. 전채용 테린부터 메인 요리인 소테까지 다양한 푸아그라 요리가 있다.

파프리카시 치르케
Paprikás csirke

헝가리에서 기원한 인기 있는 요리 중 하나이며, 닭고기를 버터와 파프리카로 볶은 파프리카 치킨이다. 가슴살이나 다리살에 버터를 발라 살짝 튀긴 것과 가늘게 찢어서 볶은 것이 대표적인 파프리카시 치르케이며 뇨키 스타일로 요리하기도 하고, 크리미한 소스에 끓여내기도 한다.

퇼퇴트 카포스터
Töltött káposzta

양배추 롤의 일종으로 파프리카 맛이 나는 캐비지 롤이 일반적이다. 특히 헝가리는 신맛이 나는 양배추 절임을 함께 넣는 것이 특징이다.

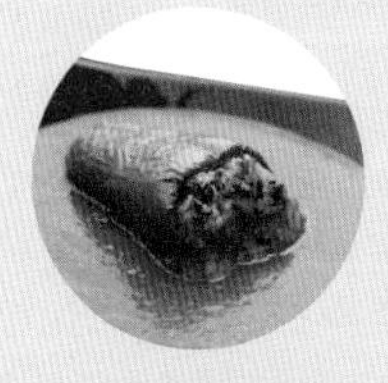

퇼퇴트 파프리카
Töltött paprika

고기로 속을 채운 파프리카 요리이며, 나라마다 다양한 형태가 존재한다. 고기, 채소, 치즈, 쌀, 소스 등 다양한 재료로 속을 채우는데 헝가리에서는 주로 고기로 속을 채운다.

포거시
Fogas

담백한 흰살생선인 포거시를 튀긴 요리이며 특히 벌러톤호 주변의 포거시 튀김은 명물 요리로 유명하다.

전채와 수프

채소 요리는 메인 요리에 곁들여 나오는 경우가 많으며, 수프는 메인 요리로 나오기도 한다.

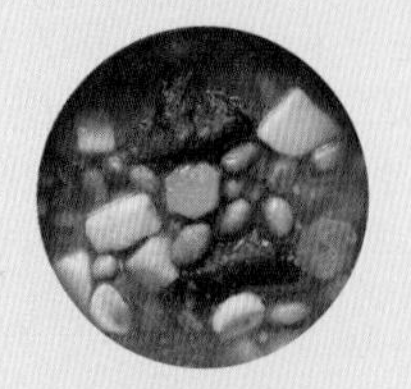

버브구야시
Babgulyás

구야시에 콩을 넣은 것으로 현지 인들에게 인기가 많다.

요커이 버블레베시
Jókai-bableves

완두콩 수프. 헝가리 작가 요커이가 이름을 붙였다.

리버마이 지르야번
Libamáj zsírjában

거위의 간을 잘게 갈아서 찐 요리다.

히데그 쥐묄칠레베시
Hideg gyümölcsleves

과일을 주재료로 하는 차가운 수프이며, 대부분의 식당에서 여름에만 주문이 가능하다. 현지인들은 체리 수프인 메질레베시(Meggyleves)를 즐겨 먹는다.

레초
Lecsó

굵게 썬 채소를 파프리카 소스로 볶아서 만드는 스튜 요리. 메인 요리로 먹을 때는 여기에 고기나 소시지를 더한다. 특히 노란색 파프리카를 사용하는 점이 특징이다.

헐라슬레
Halászlé

잉어나 메기를 넣은 파프리카 수프이며, 겉보기에는 구야시와 비슷하다. 파프리카가 생선의 비린내를 없애는 역할을 한다. 기름기도 없고 맛도 좋은 편이다.

구야시
Gulyás

헝가리 요리를 대표하는 파프리카 맛 소고기 수프이며, 감자나 당근 등 채소가 들어간다. 코스 요리에서 수프로 나올 경우에는 작은 그릇에 담겨 나오며, 단품으로 주문할 경우에 메인 요리로 먹으려면 큰 사이즈로 주문하는 편이 좋다. 대부분의 레스토랑에서 구야시 메뉴를 판매한다.

TIP 요리와 관련된 헝가리어

소고기	머르허후시 marhahús
돼지고기	셰르테슈후시 sertéshús
닭고기	치르케 csirke
생선	헐 hal
채소	죌드셰그 zöldség
와인	보르 bor
맥주	쇠르 sör
물	비즈 viz

디저트

헝가리식 크레이프인 펄러친터를 변형한 디저트가 많으며, 아이스크림과 케이크도 디저트 메뉴로 인기다.

펄러친터
Palacsinta

헝가리를 대표하는 디저트 요리이며, 그레코-로만 시대에 기원한 크레이프의 일종이다. 헝가리가 본고장이며, 대표적인 펄러친터는 크림과 초콜릿 소스를 곁들이는 군델 펄러친터다.

포가처
Pogácsa

포카차와 유사한 오븐에서 밀가루와 라드를 이용해서 굽는 빵이며, 원래는 난로 재의 열기로 굽는 빵이었다. 레스토랑에서는 테이블 위에 식전 빵으로 놓아두는 경우가 많다.

버르거벨레시
Vargabéles

머랭(설탕과 달걀흰자 등을 섞어 구운 과자)으로 장식한 케이크.

알아두면 도움 되는 헝가리 레스토랑 이용법

레스토랑의 종류

에테렘 · 벤데글뢰 étterem · vendéglő
둘 다 레스토랑이란 뜻이며, 에테렘이 더 일반적으로 사용되는 명칭이다.

차르다 csárda 원래는 서민적인 식당을 의미하지만, 그런 분위기나 인상을 주기 위해 일부러 가게 이름으로 사용하는 레스토랑도 있다.

쇠뢰즈 söröz 쇠르(sör)는 맥주라는 뜻이며, 일반적으로 작은 비어홀을 의미한다.

보로조 borozó 보르(bor)는 와인이라는 뜻이며, 와인 전문 선술집을 이렇게 부른다.

영업 시간

관광객이 많이 가는 명소 주변 식당들은 일요일과 국경일에도 대부분 영업을 한다. 유명 레스토랑들은 대부분 연중무휴로 운영되며 고급 레스토랑은 점심과 저녁 시간 사이에 중간 휴식을 한다.

주문 시 참고 사항

대부분의 메뉴는 양이 넉넉한 편이며 고급 레스토랑의 경우는 상대적으로 양이 적다. 구야시와 같은 메뉴는 원래 수프이지만 빵과 와인을 함께 먹으면 든든하다. 담겨 나오는 용기가 작은 컵이라면 가볍게 즐기는 수프, 큰 그릇이면 메인 메뉴라고 생각하면 된다. 펄러친터는 대부분 달콤한 디저트이지만 호르토바지 펄러친터는 가벼운 식사로도 충분하다.

지불 방법

영어로 "빌, 플리즈(bill, please)", 헝가리어로는 "피제테크 케렘(Fizetek kerem, 계산할게요)"이라는 말로 직원을 불러서 좌석에서 지불하면 된다. 신용카드로 지불하는 경우에는 계산서의 금액에 팁을 더해 적은 후 사인하거나, 팁만 별도로 테이블에 놓아도 된다. 팁은 금액의 5~10% 정도면 된다. 계산서에 팁이 포함되어 있을 경우에는 추가로 팁을 주지 않아도 된다. 'Szervizdij' 항목이 봉사료(팁)를 의미하며 일반적으로 12% 정도의 금액이 청구된다. 'Összesen'은 총액을 의미한다.

RESTAURANT

부다페스트의 식당

군델
Gundel

주소 Gundel Károly út 4
전화 30-603-2480
홈페이지 gundel.hu
영업 매일 11:00~22:00(카페 11:00~21:00, 디너 18:00~21:00) / 연중무휴
위치 지하철 1호선 Hősök tere역에서 도보 5분 **지도** p.501-D

부다페스트 최고의 레스토랑으로 인정받는 곳

1894년 군델 카로이가 설립한 군델은 헝가리를 대표하는 식당으로 손꼽힌다. 부다페스트 영웅 광장 근처에 있는 시립 공원에 자리하고 있다. 헝가리 전통 요리에 현대적인 요리법을 가미해서 헝가리 요리를 한 차원 끌어올렸다는 평가를 받는다. 헝가리 명품 도자기인 헤렌드와 졸너이 도자기에 음식이 서빙되며, 6명으로 구성된 군델 중주단이 라이브 연주를 들려준다. 디저트로 나오는 군델 펄러친터는 크레이프에 호두주와 럼주가 든 초콜릿 소스를 끼얹은 것인데 이곳이 원조다.

추천 메뉴
군델 펄러친터 2,900Ft, 구야시 수프 2,975Ft, 등심 구이(Erlelt hátszín) 250g 17,150Ft, 디너 메뉴(4코스) 18,550Ft, 디너 메뉴(3코스) 15,750Ft

파카날
Fakanál Étterem

중앙 시장 내에 있는 셀프서비스 식당

중앙 시장에서 구매한 신선한 재료를 이용해서 만든 가정식 요리를 제공하는 셀프서비스 레스토랑이다. 매일 오후 12시부터 3시 사이에는 3인조 밴드가 라이브 집시 음악을 연주하며, 활기찬 시장 분위기 속에서 전통 헝가리 요리를 즐길 수 있다. 오전 9시부터는 조식이 제공된다. 11시부터는 런치 메뉴가 제공된다.

추천 메뉴

구야시 수프 1,490Ft, 비프스튜 2,870Ft, 감자튀김을 곁들인 돼지 족발 3,570Ft, 닭 다리 튀김 2,370Ft, 스크램블드에그 2개(Parasztos tojásrántotta - 2tojás) 1,070Ft, 홈메이드 그릴소시지(Házi sült kolbász) 2,370Ft

주소 Vámház krt. 1–3 **전화** 1–217–7860 **홈페이지** www.fakanaletterem.hu
영업 월 09:00~17:00, 화~금 09:00~18:00, 토 09:00~15:00 / 일 휴무
위치 중앙 시장 내 2층. 지하철 4호선 Fővám tér역에서 도보 3~4분
지도 p.501–K

두나코르소 Dunacorso

도나우강과 부다 왕궁 전망이 좋은 레스토랑

부다 왕궁을 올려다보는 페스트 지구의 비가도(Vigadó) 광장에 자리를 잡고 있다. 40년 넘게 가족 3대가 경영해온 식당으로 전통적인 헝가리 요리에 현대적인 요소를 가미해 만든 요리를 선보인다. 봄부터 가을 시즌에는 야외 테라스에서 세체니 다리, 부다 왕궁과 겔레르트 언덕의 멋진 전망을 감상하면서 식사나 음료를 즐길 수 있다. 저녁에는 라이브 연주도 들려주며 레스토랑에 부속된 제과점에서 직접 케이크와 아이스크림도 만들어서 판매하고 있다.

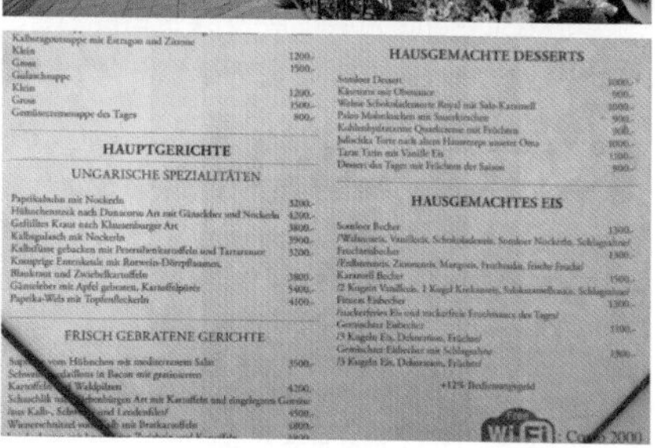

추천 메뉴

치킨 파프리카(Paprikas Csirke) 4,790Ft, 구운 연어(Grillezett lazac) 6,790Ft, 송아지고기 스튜(Borjuporkolt) 5,290Ft, 비프 스테이크(Belszin steak) 200g 12,990Ft, 디저트류 2,490Ft

주소 Vigadó tér 3 **전화** 01-318-6362
홈페이지 www.dunacorso.hu
영업 3~12월 매일 12:00~23:00(주방 마감 22:00) / 1·2월 휴무
위치 지하철 1호선 vörösmarty tér역에서 도보 2분
지도 p.500-J

키슈피파 Kispipa

〈글루미 선데이〉가 탄생한 레스토랑

크래프트 맥주가 인기 있으며 아담한 분위기에서 작은 콘서트도 열린다. 1930년대에 샹송 가수 다미아가 노래해 대히트를 기록한 '글루미 선데이'는 이 레스토랑의 헝가리인 피아노 연주자 셰레시 레죄(Seress Rezső)가 작곡한 곡이다. 1999년에 영화로 만들어지면서 이 레스토랑의 존재도 알려지게 되었다. 비싸지 않은 가격으로 고급스런 맛을 내는 식당으로 평가받고 있다. 예산 1인당 6,500Ft 정도이며, 미리 예약하는 편이 좋다.

추천 메뉴

진저 닭 가슴살(Gyomberes Csirkemell) 4,490Ft, 고트 치즈버거(Keskesajt Burger) 4,990Ft, 키슈피파 버거(Kispipa Burger) 4,990Ft, 카푸치노 950Ft, 진토닉 3,990~5,990Ft

주소 Akácfa utca 38
전화 20-484-6666
홈페이지 www.kispipabar.hu
영업 화·수 17:00~24:00, 목 16:00~01:00, 금·토 16:00~02:00 / 일·월 휴무
위치 트램 4, 6번을 타고 Wesselényi utca / Erzsébet körút역에서 도보 4분. 지하철 2호선 Blaha Lujza tér역에서 도보 6분
지도 p.501-G

조나 Zona

세체니 다리 전망이 좋은 깔끔한 식당

부다 왕궁 아래에 자리한, 음식의 전통과 특색을 살리면서도 모던함을 갖춘 식당이다. 밤이 되면 아름다운 세체니 다리 야경을 바라보며 식사를 즐길 수 있다. 매일 저녁 라이브 뮤직 연주로 분위기를 돋우고, 매달 첫째 수요일에는 재즈의 밤을 연다. 수석 셰프인 레벤테 코바치스(Levente Kovács)는 전통 요리를 간결하게 표현해내는 그만의 방식에 큰 자부심을 갖고 있다.

추천 메뉴
킹크랩 5,900Ft, 닭고기 그릴 구이 5,300F, 구야시 5,500Ft

주소 Lánchíd u. 7
전화 30-422-5981
홈페이지 www.zonabudapest.com
영업 10:00~00:00 / 연중무휴, 2023년 현재 임시 휴업
위치 트램 19번, 41번을 타고 Clark Ádám tér역에서 도보 1분. 부다 지역 세체니 다리 끝에서 도보 2~3분
지도 p.500-F

밤바 마르하 버거 바
Bamba Marha Burger Bar

부다페스트 젊은이들에게 인기 있는 햄버거 집

2015년 패기 있는 부다페스트의 젊은이 몇 명이 '햄버거로 부다페스트 정복'이라는 야심찬 목표를 안고 열게 된 햄버거 전문점이다. 언드라시 거리 46번지에 자리 잡아 부다페스트 최고의 햄버거 가게로 우뚝 선 그들의 성공 비결은 로컬 생산자에게 공수하는 신선한 유기농 재료에 있다. 부다페스트 시내에 총 7곳의 지점이 있으며, 데아크 페렌츠 광장과 언드라시 거리 지점이 번화가에 있어 여행자들이 들르기에 좋다.

추천 메뉴
치즈버거(Sajtos Hamburger) 2,190Ft, 밤바 마르하 버거(Bamba Marha Burger) 2,590Ft, 더블 베이컨 버거(Dupla Bacon Burger) 2,390Ft

주소 데아크 광장 지점 Deák Ferenc tér 3
전화 01-952-2323 **홈페이지** www.bambamarha.hu
영업 11:30~23:00 / 연중무휴 **위치** 지하철 1, 2, 3호선 Deák Ferenc tér역에서 도보 1분 **지도** p.501-G

벤 하조 에테렘 Vén Hajó Etterem

부다 왕궁 전망이 일품인 선상 레스토랑

세체니 다리 바로 옆에 있는 선상 레스토랑이며, 내부와 갑판에 테이블이 마련되어 있다. 부다 왕궁을 바라보는 전망이 일품이며 특히 야경을 바라보며 낭만적인 식사를 할 수 있다. 선상 레스토랑은 100인실, 45인실, 35인실로 나뉘어 있으며 각종 기업이나 가족 행사 장소로도 인기가 높다. 세체니 다리 옆 비가도 2번 선착장에 위치해 있다.

추천 메뉴
구운 카망베르 치즈와 믹스드 샐러드(Grillezett camembert kevert salátával) 2,490Ft, 돼지 안심과 버섯, 으깬 감자 요리(Sertés szűzérme erdei gombamártással) 4,990Ft, 파르메산 치즈를 곁들인 시금치 링귀니(Bébispenótos tészta parmezánnal) 3,990Ft

주소 Vigadó 2-es ponton **전화** 30-492-3521
홈페이지 venhajo-etterem.hu **영업** 화~토 16:00~22:00 / 일 · 월 휴무 **위치** 트램 2번을 타고 Eötvös tér역에서 도보 1~2분 **지도** p.500-F

피지카 Pizzica

부다페스트에서 가장 인기 있는 피자집 중 하나

현지인과 여행자로부터 극찬받고 있는 셀프서비스식 피제리아. 분위기나 플레이팅은 매우 캐주얼한 편이지만 정통 이탈리안 피자의 맛을 그대로 구현해냈을 뿐만 아니라 가격도 저렴한 편이어서 인기가 좋다. 여러 종류의 피자를 판매하는데, 1조각씩 골라 다양하게 맛볼 수 있는 것도 큰 장점이다. 좁은 내부에는 테이블이 많지 않아서 사람이 몰리는 식사 시간에는 자리를 잡기도 힘들 정도다. 포장 구매를 하거나 식사 시간을 피해서 가는 편이 좋다.

추천 메뉴
마르게리타피자(Margherita Pizza) 2,649Ft, 햄과 트러플 피자(Cotto e tartufo Pizza) 2,640Ft, 버섯 피자(Funghi e tartufo Pizza) 2,649Ft

주소 Nagymező u. 21
전화 30-993-5481
홈페이지 m.facebook.com/pizzicapizza
영업 월~토 11:00~22:45 / 일 휴무
위치 지하철 1호선 Oktogon역에서 도보 5~6분
지도 p.501-G

서 란셀로 Sir Lancelot

페스트 지구에 있는 중세 테마 식당

페스트 지구에 위치. 중세 문학의 중심인 《아서왕 이야기》 속 등장인물, 랜슬롯경의 이름이 들어간 상호명에서 알 수 있듯이 중세를 테마로 한 레스토랑이다. 중세풍의 음악을 직접 연주하는 악단이 있어 생동감 넘치는 분위기를 즐길 수 있다. 직원들도 중세 복장을 입고 서빙을 하거나 춤을 추고, 검투를 벌이는 등 중세 시대로 여행 온 듯 더욱 실감 난다. 메뉴는 구운 육류가 중심을 이루고 있으며 중세 시대처럼 음식을 손으로 먹어도 좋은 곳이다. 식당 곳곳에 손 씻는 곳이 마련되어 있으니 깨끗이 손을 씻고 마음껏 즐겨보자.

추천 메뉴
양파 수프(Onion soup) 2,150Ft, 구운 오리고기(Roasted duck) 5,590Ft, 토마토, 양파, 치즈를 곁들인 소고기 안심 요리 7,990Ft, 오븐에 구운 닭 날개 구이 3,790Ft, 서 란셀로 축제 세트(Sir Lancelot feast) 10,790Ft

주소 Podmaniczky u. 14
전화 01-302-4456
홈페이지 www.sirlancelot.hu
영업 월~목 17:00~23:00, 금 · 토 12:00~24:00, 일 12:00~23:00 / 연중무휴
위치 트램 4번, 6번, 지하철 3호선을 타고 Nyugati pályaudvar역에서 도보 4~5분
지도 p.501-G

SPECIAL

다채로운 공예품과
식료품의 천국

부다페스트의 추천 쇼핑 아이템

헝가리에서 가장 인기 있는 쇼핑 품목은 도자기다.
대표적인 브랜드로는 헤렌드와 졸너이, 홀로하자가 있으며, 전통적인 식기들도 아름답다.
헤렌드의 대표작은 '빈의 장미'이며, 졸너이는 아르누보 양식의 에오신 유약으로 처리한 제품들이 인기다.
홀로하자는 헤렌드의 절반 가격에 구매할 수 있다. 이 밖에도 자수 공예품, 푸아그라 통조림,
왕의 와인 토카이, 파프리카 가루 등이 유명하다.

도자기

세계적으로 유명한 헝가리의 명품 도자기 헤렌드(Herend), 독특한 에오신 유약을 이용해 특별한 빛이 나는 졸너이(Zsolnay) 외에도 1777년 설립된 헝가리 3대 도자기 홀로하자(Hollohaza)도 인기가 높다.

파프리카 가루

대부분의 헝가리 요리에 사용하는 파프리카 가루는 우리나라에서는 보기 힘든 제품이어서 헝가리 여행 기념품으로 좋다. 매운맛(csípős)과 단맛(édes)이 있으며, 특히 단맛이 나는 파프리카가 향이 좋다.

푸아그라 통조림

헝가리에는 거위를 많이 키우기 때문에 푸아그라가 특산물이다. 헝가리어로 리버마이(Libamáj)란 푸아그라를 의미한다. 공항 상점이나 시내 선물 가게에서도 살 수 있지만, 같은 제품이라도 중앙시장이 가장 저렴한 편이다.

와인

호박색의 '토카이(Tokaji)' 와인과 적포도주인 '에그리 비커베르(Egri Bikavér, 수소의 피)' 와인이 유명하다. 다른 유럽 와인에 비해 저렴한 편이다.

우니쿰

46종의 허브를 넣은 알코올 42%의 증류주 우니쿰(Unicum)은 건강과 자양 강장에 좋다고 알려진 전통술로, 프란츠 요제프 2세가 즐겨 마셨다.

자수 제품

화려한 꽃 모양이나 파프리카 모양의 헝가리 전통 무늬와 색채로 만들어진 자수는 가격대도 저렴한 편이며 선물용으로 좋다. 중앙시장에서 흔히 볼 수 있다.

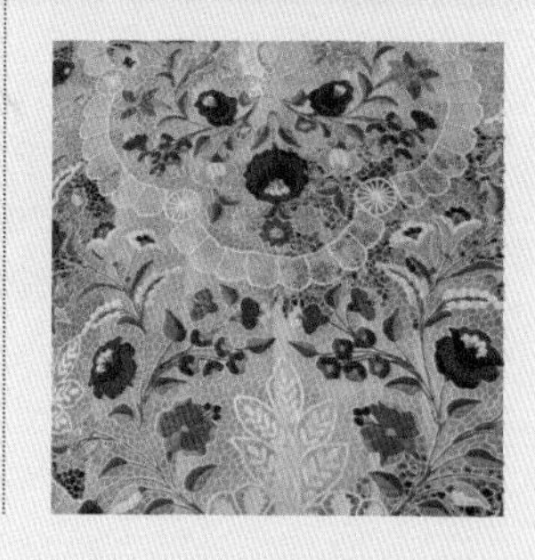

구야시 수프

슈퍼마켓에서 쉽게 구할 수 있는 제품. 한국에 돌아와서도 헝가리의 맛을 즐길 수 있다.

앤티크 소품

골동품점에서 구할 수 있는 앤티크 소품도 부담 없는 선물로 적합하다.

부활절 달걀

도자기나 나무로 만든 달걀 모형에 그림을 그려 넣은 부활절 달걀도 인기 품목이다.

SPECIAL

쇼핑은 이곳에서

부다페스트의 쇼핑 구역

부다페스트의 대표적인 쇼핑 구역은 주로 페스트 지역의 화려한 바치 거리와
언드라시 거리를 따라 형성되어 있으며, 패션 명품 브랜드를 비롯해서 다양한 기념품들을 살 수 있다.
부다 지구의 마차시 성당 옆 삼위일체 광장 주변에 기념품점들이 모여 있다.

추천 쇼핑 구역

바치 거리 Vaci utca

부다페스트의 대표적인 쇼핑 거리다. 뵈뢰슈머르티 광장에서 에르제베트 다리에 이르는 구간이 가장 번화하며 주로 패션 브랜드 매장들이 많이 모여 있다. 바치 거리 양옆으로 선물 가게를 비롯해서 다양한 상점들이 늘어서 있어 선물이나 기념품을 사기에 안성맞춤이다. 헝가리 명품 도자기 헤렌드의 직영점도 있다.

언드라시 거리

부다 왕궁의 언덕

중앙 시장

대형 쇼핑센터 웨스트엔드 시티 센터

언드라시 거리 Andrassy utca

1885년에 건설되었으며 초반에는 설계자의 이름을 따 언드라시 거리로 불렸다. 이후 공산주의 영향으로 스탈린 거리, 헝가리 젊음의 거리, 공화국 거리 등으로 불리다가 1991년 원래 이름을 되찾았다. 명품 브랜드 매장이 줄지어 있는 고급 쇼핑가로 특히 데아크 페렌츠 광장에서 옥토곤역 사이에 상점이 많이 모여 있다.

부다 왕궁의 언덕 Budai Várnegyed

마차시 성당 옆의 삼위일체 광장과 그 주변에 아담한 기념품점들이 모여 있다.

중앙 시장 Nagyvásárcsarnok

1897년 문을 연 부다페스트에서 가장 크고 오래된 시장이다. 파프리카 가루나 푸아그라 통조림, 자수 제품 등 다양한 기념품이나 과일, 선물용 상품을 사기에 적합하다.

대형 쇼핑센터 웨스트엔드 시티 센터 Westend City Center

1999년 서역 북쪽에 문을 연 대형 쇼핑센터다. 400개 이상의 점포가 들어서 있으며 지하에는 패스트푸드점과 캐주얼 레스토랑이 있다.

TIP 영업시간과 휴일

평일은 오전 10시부터 오후 6시까지 운영하며 토요일은 오후 1시경까지 영업한다. 관광 명소에 있는 선물 가게 등은 오후 8시까지 연중무휴로 영업하는 경우가 많다.

TIP 지불과 면세

관광객이 많이 가는 상점은 신용카드로 지불할 수 있으며 세금 환급(Tax Refund) 표시가 있는 가게에서 한 번에 5만 Ft 이상의 물건을 산 경우에는 면세 혜택을 받을 수 있다.

헤렌드 Herend

1826년 설립된 헝가리 최고의 명품 도자기

시내 주요 명소마다 헤렌드 상점이 있으며, 직영점은 왕궁의 언덕 삼위일체 광장, 언드라시 거리 그리고 요제프 광장 3곳에 위치해 있다. 인기 시리즈인 '빈의 장미', '빅토리아 부케', '어포니' 등은 매장마다 다 갖추고 있다. 언드라시 거리에 있는 매장이 가장 크고 종류도 다양하다. 왕궁의 언덕에 있는 매장은 규모는 작아도 구성은 알찬 편이다. '빈의 장미 찻잔(1인용)' 3만 Ft, '어포니 모카 세트(2인용)' 18만 2,100Ft, '로스차일드 커피 세트(2인용)' 29만 7,800 Ft, '빅토리아 부케 커피 세트(2인용)' 33만 5,200Ft.

왕궁의 언덕 지점 Herendi Márkabolt - Hadik
주소 Szentháromság u. 5
전화 01-225-1051
홈페이지 herend.com
영업 월~금 10:00~18:00, 토 10:00~16:00 / 일 휴무
위치 마차시 성당 앞에서 도보 1분
지도 p.500-F

언드라시 거리 지점 Herendi Márkabolt - Belvedere
주소 Andrássy út 16
전화 01-374-0006
홈페이지 herend.com
영업 월~금 10:00~18:00, 토 10:00~14:00 / 일 휴무
위치 지하철 1호선 Opera역에서 도보 1~2분
지도 p.501-G

요제프 광장 지점 Herendi életfa
주소 József Nádor tér 10-11
전화 20-241-5736
홈페이지 herend.com
영업 월~금 10:00~18:00, 토 10:00~16:00 / 일 휴무
위치 지하철 1호선 Vörösmarty tér역에서 도보 4~5분
지도 p.500-F

TIP

헝가리 명품 도자기
헤렌드 Herend

1826년에 창업한 헝가리 전통 도자기로 1710년에 창업한 독일의 마이센보다 시작은 늦었지만 19세기 중반 전성기를 맞은 도자기 브랜드다. 1851년 런던에서 개최된 만국 박람회에 출품한 꽃과 나비 도안의 제품이 금메달을 수상했고, 빅토리아 여왕이 윈저성에서 사용할 식기로 주문한 것을 계기로 명성을 얻게 된다.

대량 생산보다는 왕실과 귀족, 대부호를 상대로 주문 생산을 주로 하고, 오래 전에 판매한 도자기 세트에서 깨지거나 이가 나간 것을 교환해주는 등의 서비스로 신뢰를 얻어 상류층 고객이 많은 편이다. 그들 중에는 합스부르크가의 프란츠 요제프 황제와 엘리자베트, 프로이센 왕 빌헬름 1세, 대부호 로스차일드 등이 있다. 대표적인 디자인은 '빈의 장미', '인도의 꽃', '빅토리아 부케', '로스차일드 버드' 등이 있다.

특히 '빈의 장미'는 합스부르크가에서 대대로 쓰고 있는 식기로 유명하며 빈 가마(아우가르텐의 전신) 시대에 마리아 테레지아가 즐겨 사용했다고 한다. 헤렌드는 빈 가마에서 디자인을 이어받았으며 백자에 활짝 핀 장미 한 송이를 넣은 도안이 특히 인기 있다. 부다페스트에서는 '합스부르크의 장미'라고 부른다. '인도의 꽃'은 헤렌드가 동양적 요소를 도입한 시리즈의 대표작으로 손꼽힌다. 화초를 화려하게 배열한 디자인, 녹색을 기조로 한 디자인이 널리 알려져 있다. 헤렌드의 운명을 바꾼 디자인이 바로 런던 만국 박람회에 출품되어 빅토리아 여왕의 마음을 사로잡은 '빅토리아 부케'다. 나뭇가지와 꽃무늬의 색채가 화려하며 현재도 헤렌드를 대표하는 제품으로 인정받고 있다.

졸너이

페치 출신의 미클로스 졸너이(Miklós Zsolnay)가 1853년 졸너이 공장을 세웠고, 그의 아들이 대를 이어 운영하며 인지도가 높아졌다. 졸너이만의 특징이기도 한 에오신(Eosin) 유약 기법과 장식 도자기인 파이로그래니티(Pyrogranite)를 선보이며 한층 더 높은 명성을 얻게 되었다. 1893년에 소개된 에오신 기법은 빛의 각도에 따라 다양한 빛깔을 띠는 도자기를 탄생시켰고, 특히 아르누보 예술에서 가장 환영받은 도자기이기도 했다. 1886년에 도입된 파이로그래니티 도자기는 높은 온도에서 구워 동결 방지 기능이 뛰어나고 산성에 강해 지붕 타일이나 실내외 장식 도자기 등에 사용할 수 있다.

안나 안틱비타슈 Anna Antikvitás

골동품 거리에 있는 아담한 상점

어릴 적부터 전통 수공예품이나 일상 소품 수집에 관심이 많았던 주인장 안나의 꿈을 구현한 공간이다. 헝가리 전통 레이스나 자수 등 공예품이 많으며 도자기 제품과 장식 제품도 갖추고 있다. 자수를 놓은 옷이나 가방 등 2만Ft~, 단품 찻잔 1만Ft~. 헤렌드나 졸너이의 도자기와 찻잔도 있으며, 세트로 구성된 골동품도 있다.

주소 Falk Miksa u. 18–20 **전화** 01–302–5461
홈페이지 www.annaantikvitas.com **영업** 월~금 10:00~18:00, 토 10:00~13:00 / 일 휴무 **위치** 트램 4번, 6번 Jászai Mari tér역에서 도보 3분, 국회 의사당에서 도보 6분 **지도** p.500–B

봉보니에르 헤렌드 Bonbonniere Herend

헤렌드만 수집, 판매하는 앤티크 상점

왕궁의 언덕에 있는 타르노크 거리(Tárnok u.)는 기념품점이 모여 있는 곳이다. 그런 상점 중에서 헤렌드 제품만을 취급하는 골동품점이다. 역사적 명성을 자랑하는 제품들은 현재 유통되는 제품보다 훨씬 비싸지만, 일반적인 중고품은 비교적 싼 편이다.

주소 Tárnok u. 8
전화 01–356–05651
영업 매일 10:00~18:00 / 연중무휴, 2023년 현재 임시 휴업
위치 버스 16번, 16A번, 116번 삼위일체 광장 Szentháromság tér역에서 도보 1분
지도 p.500–F

포크아트 케즈무베슈하스 Folkart Kézművesház

선물용 기념품이 가격대별로 가득

화려한 바치 거리에서 살짝 옆길로 들어가면 나오는 민속 공예품 전문점이다. 자수 소품, 민속 의상, 수제 태피스트리, 쿠션 커버, 도자기 장식품 등 다양한 상품들을 갖추고 있다. 특히 마자르 전통 문양의 도자기 제품이 많다. 이스터 에그(부활절 달걀) 700Ft~, 컵 받침 1,000Ft~ 등.

주소 Régi posta utca 12 **전화** 01–318–5143
홈페이지 folkartkezmuveshaz.hu **영업** 월~금 10:00~17:45, 토 10:00~15:00 / 일 휴무 **위치** 지하철 1호선 Vörösmarty tér역에서 도보 3~4분 **지도** p.501–G

홀로하자 Hollóháza

헝가리 3대 도자기 브랜드 중 하나

헤렌드, 졸너이와 함께 헝가리의 3대 브랜드 중 하나로 1777년에 창업해 오랜 역사를 자랑한다. 홀로하자는 '까마귀의 집'이라는 뜻이며 상표 역시 까마귀 모양이다. 도자기 그림 문양은 헝가리 전통 무늬가 주류를 이루며, 단품으로도 구입할 수 있다. 찻잔 세트 3만 1,900Ft~, 꽃병 1만 7,900Ft, 찻잔 1개와 받침 4,400Ft~, 도자기 램프 1만 7,500Ft~.

주소 Bokor u. 9
전화 01–388–1242 **홈페이지** hollohazi.hu
영업 월~금 09:00~17:00 / 토 · 일 휴무
위치 트램 19번, 41번을 타고 카틴 순교자 공원(Katinyi mártírok parkja)에서 도보 3분 **지도** p.500–B

TIP

부다페스트의 호텔 특징과 선택 방법

부다페스트에서 호텔을 선택할 때 고려하는 중요 포인트 중 하나는 바로 객실 창을 통해 보이는 경관이다. 특히 유럽의 3대 야경 중 하나인 부다페스트의 야경과 도나우강 변 풍경은 호텔과 객실 선택 시에 꼼꼼히 따져야 할 조건 중 하나다.

부다페스트의 호텔 상황

부다페스트는 관광 도시답게 포시즌스 호텔, 코린티아 호텔 등 최고급 호텔들이 도나우강 변을 중심으로 늘어서 있다. 2006년에 문을 연 뉴욕 팰리스 호텔은 한층 더 화려함을 더했다. 도나우강 변에 있는 전통적인 호텔들은 사회주의 시대의 모습에서 완전히 탈피한 새로운 화려한 인테리어와 시스템을 갖추고 여행자들을 맞이하고 있다.

호텔 분류와 특징

최고급 호텔

화려한 건물 외관과 내부 인테리어 그리고 직원들의 친절한 응대로 가격은 당연히 비싸지만 편안하게 묵을 수 있는 호텔이다. 포시즌즈 호텔 그레셤 팰리스와 코린티아 호텔, 뉴욕 팰리스 호텔 등이 여기에 속하며 넓은 객실과 호화로운 인테리어, 헝가리 전통 요리와 다양한 국가의 요리를 맛볼 수 있는 식당 등 여행의 질을 높이는 모든 요소를 갖추고 있다. 또한 전망도 좋아서 부다페스트 야경을 객실에서 편안하게 감상할 수 있다.

고급 호텔

도나우강 주변으로 경관 좋은 호텔들이 군데군데 자리 잡고 있다. 헝가리 전통 아르누보 양식으로 지어진 유명한 온천 호텔인 겔레르트 호텔이 대표적이다.

중급 호텔

시내 중심부에 주로 자리하고 있는 중급 호텔들은 설비도 괜찮고 관리도 잘돼 있어 편안하게 묵을 수 있다. 위치도 주로 바치 거리나 언드라시 거리 등 주요 쇼핑 거리에 있어 이동이나 쇼핑, 식사 등 여러모로 편리하다. 하지만 숙박료가 너무 저렴하거나 시내 외곽에 자리한 중급 이하의 호텔은 설비도 열악하고, 위치상 교통도 불편해서 밤늦게 다니기에는 좋지 않으므로 권하지 않는다.

숙박 요금

호텔 숙박 요금은 서유럽과 별반 차이가 없을 정도로 헝가리 일반 물가와 비교하면 상당히 비싼 편이다. 고급 호텔에서는 유로나 포린트 모두 지불이 가능하다. 신용카드로 계산할 때는 어떤 통화로 결제할지 물어본다.

NH 컬렉션 부다페스트 시티 센터
NH Collection Budapest City Center

모던하고 넓은 공간의 5성급 아파트먼트 호텔

예전 보스콜로 럭셔리 레지던스가 NH 컬렉션 부다페스트 시티 센터로 변경되었다. 5성급 아파트먼트 호텔로 넓은 공간과 잘 정돈된 인테리어를 갖추고 있다. 모던하고 트렌디한 인테리어로 편안한 분위기를 선사한다. 침실이 3개인 스위트룸은 복층으로 구성되어 있다. 호텔이 위치해 있는 7구역(Erzsébetváros)은 유대인 거주지인 게토가 있던 곳인데 현재는 젊은이들 사이에서 힙한 장소로 인기가 높다. 주변에 상점이나 레스토랑, 카페가 많아서 여행자들에게 편리하다.

주소 Osvát u. 2
전화 01-424-4700
홈페이지 www.nh-hotels.fr
요금 더블룸 43,400Ft~
객실 수 138실
위치 지하철 2호선 laha Lujza tér역에서 도보 3분
지도 p.501-H

머큐어 부다페스트 코로나 호텔
Mercure Budapest Korona Hotel

시내 교통의 요지,
칼빈 광장역 근처에 위치한 4성급 호텔

칼빈 광장 메트로역 근처에 위치해 메트로, 트램 등을 이용하기도 쉽고, 페스트 지구를 도보로 다니면서 시내 관광을 하기에도 편리한 호텔이다. 국립 박물관이 바로 근처에 있으며 중앙 시장, 바치 거리가 가까워 쇼핑을 하거나 먹거리를 해결하기도 좋다. 내부를 새롭게 가꿔 객실이 깔끔하며, 스위트룸에는 네스프레소 머신과 별도의 거실 공간이 있다. 리셉션 데스크의 직원들도 친절하며 체크인도 원활하게 진행되니 머무르는 동안 편리한 서비스를 제공받을 수 있다.

주소 Kecskeméti u. 14
전화 0-486-8800
홈페이지 Kecskeméti u. 14 all.accor.com
요금 더블룸 5만 1,500Ft~
객실 수 412실
위치 지하철 칼빈 광장(Kálvin tér)역에서 도보 1~2분
지도 p.501-K

인터컨티넨탈 Intercontinental Budapest

세체니 다리 근처의 전망 좋고 모던한 비즈니스 호텔

1981년에 포럼 호텔이라는 이름으로 처음 문을 열었으며 1997년부터 인터컨티넨탈 호텔 그룹에 인수되어 운영되고 있다. 모던한 객실과 도나우강과 부다 지구 전망이 일품인 비즈니스 호텔이다. 세체니 다리에서 도보로 6분 거리에 있으며 도나우강 변 접근성이 좋다. 2019년 헝가리 최고의 비즈니스 호텔상을 수상했다.

주소 Apáczai Csere János u. 12–14 **전화** 01–327–6333
홈페이지 www.budapest.intercontinental.com
요금 더블룸 13만Ft~ **객실 수** 402실
위치 지하철 1호선 Vörösmarty tér역에서 도보 5분
지도 p.500–F

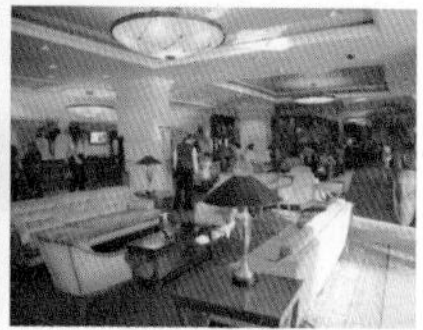

호텔 엘리트 Hotel Elit

기동성이 필요한 여행자에게 편리한 위치

페스트 지구에 위치한 소규모 호텔로 2011년 리뉴얼을 거쳐 깔끔하게 단장했다. 기차, 지하철역이 모두 가까워서 안락함보다는 교통 접근성을 중요시하는 여행자에게 편리한 위치다. 일부 방은 에어컨이 없어서 여름에는 조금 더울 수 있으니 참고하자.

주소 Rákóczi út 67
전화 01–785–8095
홈페이지 elit-hotel.go-budapest-hotels.com/en
요금 더블룸 1만 7,000Ft~
객실 수 16실
위치 Keleti(동역) 기차역에서 도보 8분. Keleti 지하철역에서 도보 5~6분 **지도** p.501–H

라 프리마 패션 호텔
La Prima Fashion Hotel

페스트 지구 중심에 위치한 세련된 4성급 호텔

바치 거리와 가까우며 내부 인테리어는 차분하고 심플하게 장식되어 있다. 객실에 방음 시설이 갖춰져 있어 안락하게 머물 수 있다. 도나우강 둑까지는 약 200m 떨어져 있으며 세체니 다리까지는 약 900m 거리, 메트로 3호선 Ferenciek Tere역까지 300m 거리여서 접근성이 매우 좋은 편이다.

주소 Piarista u. 6 **전화** 01–799–0088
홈페이지 www.mellowmoodhotels.com/hotels/la-prima-fashion-hotel
요금 4만 1,000Ft~
객실 수 80실
위치 지하철 3호선 Ferenciek Tere역에서 도보 4분
지도 p.501–K

미라지 메딕 호텔 Mirage Medic Hotel

힐링할 수 있는 영웅 광장 근처의 4성급 호텔

영웅 광장 옆 쿤스트할레 미술 갤러리 건너편에 위치해 있으며 우아한 장식과 편안한 분위기가 인상적인 4성급 호텔이다. 19세기 말에 건설된 우아한 저택에 들어선 호텔로 유명한 건축가 아돌프 그레이너(Adolf Greiner)의 여름 별장이었다. 높은 층 객실에서는 영웅 광장이 내려다보인다. 메딕 호텔을 표방하듯 다양한 테라피 프로그램을 운영하며 중국인 의사를 고용해 동양 치료법도 병행하고 있다. 대중교통을 이용하기에도 편리한 위치고 대표적 쇼핑가인 언드라시 거리와도 가깝다. 세체니 온천도 600m 거리에 있어서 도보로 갈 수 있다.

주소 Dózsa György út 88
전화 01-400-6158
홈페이지 miragemedichotel.hu
요금 더블룸 3만 5,000Ft~
객실 수 37실
위치 지하철 1호선 Hősök tere역에서 도보 2분
지도 p.501-D

좋은가부다 Nicebudapest

젊은 부부가 운영하는 한인 민박

부다페스트의 최대 번화가인 바치 거리에 위치해 있으며 중앙 시장, 자유의 다리가 도보 1분 거리에 있다. 여행의 피로를 풀 수 있는 겔레르트 온천이 도보 5분, 세체니 다리는 도보 15분(트램 4정거장) 거리에 있다. 페렌츠 리스트 공항에서 100E번 버스를 타면 환승할 필요 없이 한 번에 도착할 수 있어 편리하다. 여성 도미토리 룸(정원 5명), 남성 도미토리 룸(정원 5명), 단독 아파트먼트(패밀리 룸, 정원 2~4명)으로 구성되어 있으며, 최소 2박부터 예약 가능하다. 도미토리 룸 이용자들에게는 한인 민박의 장점 중 하나인 한식 아침 식사가 제공된다(패밀리 룸은 1인당 1회 €5). 체크인, 체크아웃 전후에 짐 보관 서비스도 제공한다.

주소 Só u. 8
전화 30-786-5679
홈페이지 cafe.naver.com/nicebudapest
요금 도미토리(5인실) €47~, 패밀리 룸(2인 기준) €120~(2인 초과 시 1인당 1박 추가 요금 €25)
객실 수 3실
위치 지하철 4호선 Fovam ter역에서 도보 3분
지도 p.501-K

코린티아 호텔 Corinthia

100년 넘는 역사를 자랑하는 우아한 5성급 호텔

1896년 당시의 랜드마크 건물에 들어선 호텔이며 처음에는 그랜드 호텔 로열(Grand Hotel Royal)로 운영되다가 이후 호텔 체인 코린티아 호텔에 인수되었다. 코린티아 호텔로 인수되면서 리노베이션을 거쳐 더욱 멋진 모습으로 문을 열었다. 19세기부터 운영된 스파도 새롭게 단장했으며 객실은 깨끗하면서 편안한 분위기다.

주소 Erzsébet körút 43-49
전화 01-479-4000
홈페이지 www.corinthia.com
요금 더블룸 7만 2,000Ft~ **객실 수** 412실
위치 지하철 1호선 Oktogon역에서 도보 5분
지도 p.501-G

포시즌스 호텔 그레셤 팰리스 부다페스트
Four Seasons Hotel Gresham Palace Budapest

아르누보 양식으로 지어진 최고급 5성급 호텔

도나우강 변에 자리 잡은 고급스러운 아르누보 양식의 최고급 호텔이다. 아름다운 공작으로 장식된 철세공 문을 통해 입구로 들어서면 장중한 분위기의 로비가 맞아준다. 1906년 그레셤 생명 보험 회사의 건물로 지어졌고, 외관과 내부가 모두 궁전처럼 호화로워 그레셤 팔로타(Palota, 궁전)라고 불렸다. 대리석이 깔린 욕실, 넓은 객실과 높은 천장, 부다 지구가 내려다보이는 전망을 갖춘 객실에 실내 수영장, 사우나, 스파 등의 부대 시설까지 완비되어 있다. 세체니 다리에서 도보 4분 거리다.

주소 Széchenyi István tér 5
전화 01-268-6000
홈페이지 www.fourseasons.com/budapest
요금 더블룸 29만 6,000Ft~
객실 수 179실 **위치** 지하철 1호선 Vörösmarty tér역에서 도보 5분 **지도** p.500-F

아난타라 뉴욕 팰리스 부다페스트
Anantara New York Palace Budapest

1894년 완성된
네오 르네상스 양식의 건축물에 들어선 최고급 호텔

뉴욕 생명 보험사의 헝가리 본사였던 건물에 들어선 5성급 호텔이다. 이 건물은 19세기 부다페스트의 랜드마크 중 하나이며 지금은 1층 카페와 건물 전체가 호텔로 운영되고 있다. 특히 1층에 있는 뉴욕 카페는 부다페스트에서 꼭 들러야 할 곳으로, 아름다운 벨 에포크풍 프레스코화와 대리석 기둥, 계단들 그리고 높은 천장이 마치 시간을 거슬러 19세기로 돌아간 듯한 느낌을 준다. 2006년에 1층 카페는 옛 모습으로 복원하고 나머지는 새롭게 리뉴얼해서 모던함과 전통을 적절히 조화시킨 편안한 5성급 호텔로 재탄생했다. 객실이 늘어서 있는 탁 트인 회랑, 웅장하고 화려한 로비는 감탄을 자아낸다.

주소 Erzsébet krt. 9-11 **전화** 01-886-6111
홈페이지 www.dahotels.com/new-york-palace-budapest
요금 더블룸 11만 2,000Ft~ **객실 수** 185실
위치 지하철 2호선 Blaha Lujza tér역에서 도보 2분
지도 p.501-G

힐튼 **Hilton Budapest**

부다 왕궁의 언덕에 있는 최고급 호텔

왕궁 언덕에 위치해 도나우강과 페스트 지구의 멋진 전망을 자랑하는 5성급 호텔이다. 13세기의 도미니쿠스 수도원 유적을 안뜰에 보존한 상태로 건설되었다. 도나우강 방향 객실에서는 페스트 지구 전망이 잘 보이며, 일부 객실에서는 국회 의사당 전망이 멋지게 펼쳐진다. 직원들의 서비스가 충실하고, 레스토랑과 바 등의 시설도 괜찮다.

주소 Hess András tér 1-3
전화 01-889-6600
홈페이지 www.hilton.com/budapest
요금 더블룸 6만 1,000Ft~ **객실 수** 322실
위치 버스 16번, 16A번, 116번 마차시 성당 앞의 Szentháromság tér역에서 도보 2~3분 **지도** p.500-F

세인트 조지 레지던스 올 스위트 호텔
St. George Residence All Suite Hotel de Luxe

14세기 건축물에 들어선 5성급 호텔

왕궁 언덕의 아름다운 14세기 건축물에 들어선 5성급 호텔이다. 1785년에 처음 여인숙으로 문을 열었고 2007년에 부다페스트 최초의 럭셔리 아파트먼트 호텔로 처음 오픈했다. 넓은 안뜰과 앤티크 가구로 장식된 26개의 모든 객실은 스위트룸이며 주방도 딸려 있다. 호텔에서 운영 중인 레스토랑과 카페는 18세기 말 부다페스트 분위기를 물씬 풍긴다.

주소 Fortuna u. 4 **전화** 01-393-5700
홈페이지 www.stgeorgehotel.hu **요금** 더블룸 5만 4,000Ft~
객실 수 26실 **위치** 버스 16번, 16A번, 116번 마차시 성당 앞의 Szentháromság tér역에서 도보 3분 **지도** p.500-F

도나우벤트

DUNAKANYAR

역사적 명소와 예술가들의 마을이 모인 도나우벤트

빈에서 슬로바키아를 거쳐 동쪽으로 흘러온 도나우강이 헝가리에 진입하면서 급격하게 남쪽으로 방향을 틀어서 부다페스트로 향한다. 도나우강의 전환점인 두나카냐르(Dunakanyar), 바로 도나우벤트라고 불리는 지역에 아름답고 역사적 가치가 있는 명소들이 자리하고 있다. 헝가리 건국의 땅이자 헝가리 최대의 교회가 있는 에스테르곰, 폐허가 된 옛 요새 도시인 비셰그라드, 예술가들의 마을 센텐드레 등이 도나우벤트의 주요 명소다.

가는 방법

도나우벤트에 속해 있는 에스테르곰, 비셰그라드, 센텐드레 3곳은 부다페스트에서 열차를 타면 1시간 30분 정도밖에 걸리지 않는다. 하지만 3도시를 대중교통을 이용해 하루 안에 전부 보기는 어려우니 주요 3개 도시를 하루에 돌아보는 버스 투어 상품을 잘 활용하면 편리하다. 구체적인 이동 방법은 각 도시별로 상세히 소개했으니 해당 페이지를 참조한다.

헝가리 열차 홈페이지
www.mavcsoport.hu
헝가리 열차 앱
MÁV
도나우벤트 투어 현지 여행사 에우라마 홈페이지
eurama.hu

구역 정보

도나우벤트는 부다페스트 근교 도나우강 변의 도시들을 일컫는 명칭으로, 헝가리 역사상 중요한 의미가 있는 지역이다. 특히 에스테르곰, 비셰그라드, 센텐드레가 관광 명소로 유명하다. 헝가리의 아름다운 자연과 고풍스러운 유적의 어울림을 감상하며 느리게 여행하기 좋다.

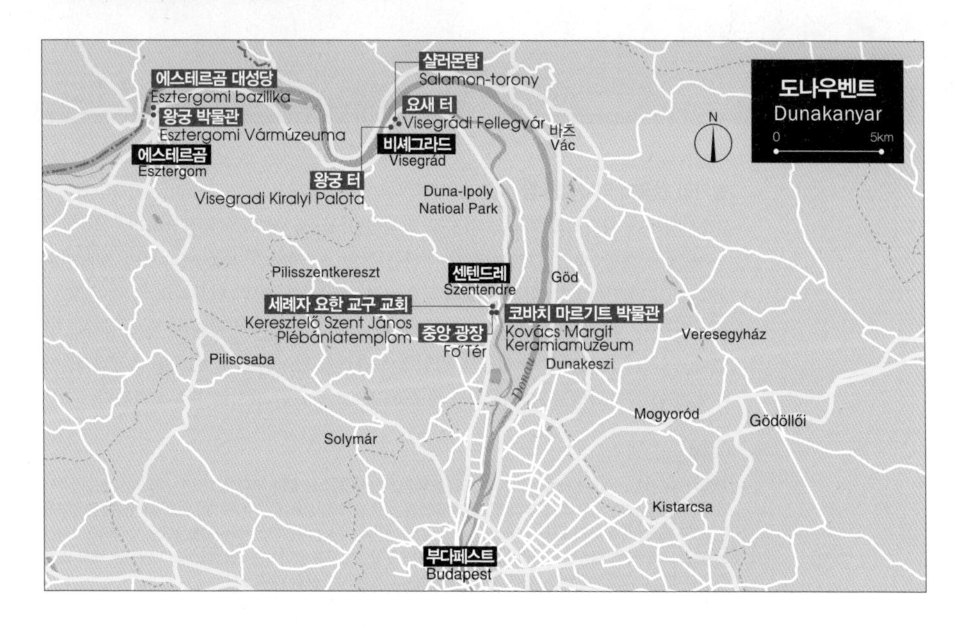

도나우벤트의 관광 명소

헝가리 건국의 역사적인 땅

9세기경부터 헝가리의 기원인 마자르 민족이 이곳 에스테르곰에 정착하기 시작했다. 먼저 게저 대공(재위 972~997년)이 터를 잡았고, 게저의 아들 이슈트반 1세(재위 997~1038년)가 997년 헝가리 초대 국왕으로 즉위했다. 이후 헝가리의 정치 · 경제적 중심지로 성장하였고 1189년에는 신성 로마 제국의 황제가 방문하는 등 전성기를 맞았다. 그러나 13세기 중반 몽골의 침입으로 타격을 입어 부다로 수도를 옮겼다가, 이후 1715년 가톨릭의 주교구가 되면서 종교적으로 중요한 도시로 재부상하였다.

교통

자동차 부다페스트에서 자동차로 10번 도로를 따라 약 1시간 소요 **열차** 부다페스트 뉴가티(Nyugati)역에서 열차로 1시간 10분 소요 **버스** 부다페스트 우페스트 바로스카푸(Ujpest Varoskapu) 버스 터미널에서 약 1시간 20분 소요 **배** 부다페스트 비거도(Vigado) 앞 승선장에서 약 5시간 30분(4~10월 운행), 수중익선 1시간 30분 소요(5~9월 금~일) **관광버스** 도나우벤트의 주요 3도시를 돌아보는 관광버스를 예약하면 묵고 있는 숙소로 픽업을 와서 관광버스 타는 곳까지 데려다준다. 점심 시간 포함 하루 소요

에스테르곰 대성당

Főszékesegyház, Esztergomi bazilika

헝가리 최대의 교회

에스테르곰의 고지대에 위치한 길이 118m, 폭 49m, 내부 면적 5,600m²에 이르는 헝가리 최대이자 최고(最高) 교회다. 성당 안에 있는 붉은 대리석의 바코츠(Bakócz) 예배당은 헝가리 르네상스 예술의 보물로 여겨지고 있다. 16세기 초 이탈리아의 장인들이 건설하였으며 토스카나 르네상스 양식으로 장식되어 있다. 전망대에 오르면 에스테르곰 마을이 한눈에 내려다보이고, 도나우강 건너편 저 멀리 슬로바키아의 슈투로보시가 보인다. 보물실에는 입구의 방에 성 이슈트반, 성 임레, 성 라슬로의 뼈가 보관되어 있다. 그 밖에 역대 사제의 미사복과 이콘(icon, 초상화) 등 9세기부터 19세기에 이르는 성유물과 종교 미술품들을 볼 수 있다. 전시된 유물들은 투르크의 지배를 당하는 동안 남헝가리와 현재의 오스트리아 성에 숨겨 보존해온 것이다.

주소 Esztergom, Szent István tér 1 **전화** 33-402-354 **홈페이지** www.bazilika-esztergom.hu
개방 4~10월 기준 대성당, 지하 묘지 08:00~19:00, 보물실, 파노라마 홀 09:00~19:00(11~3월 사이에는 개방 시간이 늦춰지거나 폐문 시간이 앞당겨진다.) **요금** 대성당 무료 / 보물실+파노라마 홀 성인 1,500Ft, 아동+학생(6~26세) & 연장자(62~70세) 750Ft, 가족권(성인 1~2명+18세 이하 자녀 2~3명) 3,400Ft
위치 부다페스트 뉴가티(Nyugati)역에서 열차로 1시간 10분 간 후 에스테르곰 시내에서 버스 8519번, 8529번을 타고 6정거장 지나 하차 후 도보 3분 **지도** p.587

왕궁 박물관

Esztergomi Vármúzeuma

최근 발견된 1,000년 전 유적의 흔적들

10세기와 11세기에 헝가리 국왕 벨러 3세의 명령으로 대성당 언덕에 궁전이 건설되었다. 16세기 투르크 군대의 침공으로 훼손되어 파묻혀 있었으나 최근에 발굴해서 박물관으로 조성해 놓았다. 소박하고 간결한 아름다움을 간직한 예배당의 모습을 원형 그대로 볼 수 있으며 국왕의 왕관과 유물들을 둘러볼 수 있다.

주소 Esztergom, Szent István tér 1
전화 33-415-986 **홈페이지** www.varmegom.hu
개방 4~10월 화~일 10:00~18:00, 11~3월 10:00~16:00 / 월 휴무
요금 성인 2,500Ft, 아동+학생(6~26세) & 성인(62~70세) 1,250Ft, 아동(6세 미만) & 연장자(70세 이상) 무료
위치 대성당 바로 옆 **지도** p.587

TIP 2개국 여행을 할 수 있다

에스테르곰에서 다리 하나만 건너면 바로 슬로바키아다. 강의 중심 지점 다리 위에 국경이 있고 검문소는 따로 없다. 슬로바키아 국경 마을에서 강 건너 에스테르곰을 조망하면 도나우강과 높은 언덕 위에 있는 에스테르곰 대성당이 한눈에 들어온다.

비셰그라드

Visegrád

도나우강의 분기점에 있는 옛 요새 도시

인구가 2,000명이 채 되지 않는 작은 성채 마을로 '비셰그라드'란 프랑스어로 '높은 성'이라는 의미를 갖고 있다. 14세기 한때 수도로 지정된 적이 있었으며 1335년에는 이웃 국가들의 국왕들을 초대해서 세계 최초의 '중유럽 정상 회담'이 열렸던 역사적 장소다. 마차시왕이 머물던 초기 르네상스 양식의 여름 궁전 유적으로도 유명하다.

열차 부다페스트 서역(Nyugati)에서 나기마로스 비셰그라드(Nagymaros-Visegrad)역까지 열차로 약 40~50분 소요. 나룻배를 타고 강 건너 맞은편 비셰그라드까지 약 10분 소요

버스 우페스트 바로스카푸(Ujpest Varoskapu) 버스 터미널에서 약 1시간 20분 소요

배 비거도(Vigado) 앞 승선장에서 약 3시간 20분. 여름에는 월요일 제외하고 매일 1편, 주말에는 속도가 빠른 수중익선도 운행한다.

왕궁 터

Visegradi Kiralyi Palota

마차시왕이 건설한 여름 별궁

최초의 성은 카로이 1세가 14세기 초에 건설했으나 현재 복원된 성터는 15세기 중반 마차시 국왕이 세운 여름 별궁용 건축물이다. 당시에는 헝가리 초기 르네상스 예술의 중심지로 번성하였다. 하지만 오스만 투르크와의 전쟁으로 파괴되어 매몰되고 말았다. 1934년의 발굴 작업을 거쳐 붉은 대리석으로 만든 헤라클레스 샘과 아름다운 르네상스 양식의 회랑 등이 복원되었다.

주소 2025 Visegrád, Főutca 23–29
전화 26–597–010
홈페이지 visegradmuzeum.hu/matyas-kiraly-muzeum
개방 화~일 10:00~16:00 / 월 휴무
요금 성인 1,800Ft, 아동 & 청소년(6~26세) & 연장자(62~70세) 900Ft, 아동(6세 미만) 무료
위치 부다페스트 Újpest, Városkapu 버스 터미널에서 880번 버스를 타고 75분 소요. 비셰그라드 왕궁 앞에서 하차
지도 p.587

요새 터

Visegrádi Fellegvár

도나우강 분기점 언덕 위에 있는 요새 전망대

13세기 중반에 벨러 4세에 의해 315m 높이의 산 정상에 지어진 요새다. 그 후 마차시왕에 이르기까지 역대 왕들이 증개축을 거듭하였다. 성은 계속되는 투르크군의 공격에도 견뎌냈지만 1703년에 라코치가 일으킨 독립 전쟁 중 오스트리아군에 의해 파괴된 후 폐허로 남게 되었다. 지금은 일부 공간만 박물관으로 일반에게 개방되고 있다.

주소 Visegrád, Várhegy **전화** 26–598–000
개방 3월 매일 09:00~17:00, 4~9월 매일 09:00~18:00, 10월 09:00~17:00, 11월 매일 09:00~16:00, 12월 초~12월 하순 금~일 10:00~16:00, 12월 하순~1월 초 매일 10:00~16:00, 1월 초순~2월 금~일 10:00~16:00 / 12월 초~12월 하순 & 1월 초순~2월 월~목 휴무
요금 성인 2,000Ft, 아동 & 학생 1,000Ft
위치 산 정상에 있기 때문에 대중교통은 거의 없으니 택시나 자동차를 이용하는 게 좋다. 왕궁 터에서 택시로 약 10분 소요
지도 p.587

샬러몬탑

Salamon-torony

도나우강 너머 적의 침입을 감시하던 탑

도나우강 변에 있는 큰 육각형 돌탑으로 높이가 31m, 탑의 울타리는 8m 높이다. 이곳에서 언제 침공해 올지 모르는 도나우강 건너 적의 동태를 감시했다. 지금은 박물관으로 운영되고 있다.

주소 Visegrád, Salamontorony u.
개방 5~9월 수~일 09:00~17:00 / 월 · 화, 10~4월 휴무, 2023년 현재 임시 휴업 **요금** 성인 700Ft, 아동 & 청소년(6~26세) 350Ft, 6세 미만 & 70세 이상 무료
위치 왕궁 터에서 도보 10분 **지도** p.587

센텐드레

Szentendre

도나우강 변에 위치한 예술가들이 사랑한 도시

부다페스트에서 북쪽으로 약 20km 떨어진 곳에 자리한 운치 있는 마을, 센텐드레는 성인 안드레에서 이름을 따왔다. 14세기에 오스만 투르크군의 침공을 피해 세르비아인과 그리스인들이 찾아오면서 센텐드레의 역사가 시작되었다. 이후 투르크의 지배를 받았으며 17세기 말에 약 6,000명의 세르비아인들이 센텐드레에 정착했다. 그들 대부분은 수공업 기술자와 상인들이었으며 도시에 독자적인 문화와 풍습, 건축 양식을 뿌리내렸다. 20세기 들어 많은 예술가들이 센텐드레를 찾아 정착했고 지금도 자그마한 미술관과 박물관이 20곳이 넘을 정도로 예술적 향기가 넘친다. 낮은 언덕 위에 교회가 있고, 그곳에서 도나우강으로 향하는 구릉 지대에 민가와 상점들이 모여 있다. 중심은 중앙 광장이며, 이곳에 다섯 갈래 길이 있다. 언덕 위 교회 광장에서는 센텐드레가 건너다 보이며, 아래로는 붉은 기와 지붕의 선이 아름답게 이어진다.

교통

열차 부다페스트 뉴가티(Nyugati)역에서 열차를 타고 아퀸쿰(Aquincum)에서 하차(14분 소요) 후 교외 열차 헤브(Hev) 5호선을 타고 센텐드레(Szentendre)에 도착(26분 소요), 총 1시간 소요
버스 부다페스트 우페스트 바로스카푸(Ujpest Varoskapu) 버스 터미널에서 890번 버스를 타고 35분 소요. **배** 비거도(Vigado) 앞 승선장에서 약 1시간 30분 소요(4~10월에만 운행)

중앙 광장
Fő Tér

다섯 갈래 길이 모이는 도시의 중심

삼각형 모양의 광장 중앙에는 18세기 후반에 세워진 '상인의 십자가'가 서 있다. 전해오는 이야기에 따르

면, 이 아래에 세르비아인 남성이 거꾸로 묻혀 있다고 한다. 사체가 앞으로 나아간다고 믿었던 세르비아인들이 사체가 땅 위로 나오지 않게끔 그렇게 매장했다고 한다. 삼각형 모양의 한쪽 꼭짓점에 있는 블라고베스텐스카 교회는 1752년에 건설된 세르비아 정교회다. 내부의 성화(聖畵, Icon)는 세르비아인 화가 미카엘 지브코비치(Michael Zivkovic)가 그린 작품으로 아름답고 귀중한 유산이다. 광장 주변과 북쪽으로 뻗은 보그다니(Bogdany) 거리에는 선물 가게와 레스토랑들이 많이 모여 있다.

블라고베스텐스카 교회 Blagovestenska Templom
주소 Szentendre, Fő tér 5 **전화** 26-314-457
홈페이지 iranyszentendre.hu/blagoveszt enszkaangyali-udvozlet-templom
개방 4~9월 매일 10:00~16:00 / 10~3월 휴무
요금 400Ft **위치** 센텐드레 중앙 광장에서 도보 1분 이내
지도 p.587

코바치 마르기트 박물관
Kovács Margit Keramiamuzeum

헝가리 대표 인기 여성 도예가의 작품들

센텐드레에서 가장 인기 있는 박물관 중 하나로 1973년에 문을 열었다. 헝가리 도자기 예술의 혁신가로 명성이 높은 마르기트 코바치(Margit Kovács, 1902~77년)가 평생 만든 300점 이상의 작품들이 전시되어 있다. 18세기 세르비아 상인의 집이었던 건물에 파티오(Patio)처럼 안뜰이 들어서 있어 분위기가 좋다. 코바치의 작품은 민족적 요소를 현대 도예에 도입해서 흙색의 도자기에 옅은 색으로 단순하게 색을 입힌 것이 특징이다. 인물을 표현한 작품이 많고 헝가리 민족의 희비를 흙으로 정교하게 표현했다는 평가를 받고 있다.

주소 Szentendre, Vastagh György u. 1 **전화** 20-779-6657
홈페이지 femuz.hu/en/museums/#kovacs-margit-ceramics-museum
개방 매일 10:00~18:00 / 연중무휴, 2023년 현재 임시 휴관
요금 성인 1,700Ft, 아동 & 학생 850Ft
위치 중앙 광장에서 도보 1분 **지도** p.587

세례자 요한 교구 교회
Keresztelő Szent János Plébániatemplom

마을이 한눈에 내려다보이는 전망

중앙 광장에서 언덕 위쪽으로 좁은 골목과 계단을 따라 올라간 곳에 위치한 세례자 요한 교구 교회는 센텐드레에서 가장 오래되고 중요한 교회다. 타타르족의 침입으로 부서진 옛 교회 터 위에 13세기 중후반에 걸쳐 건설되었다. 이후 투르크족의 침략으로 파괴되었다가 18세기 중반에 현재의 바로크 양식 교회로 재건되었다. 1933~38년에 센텐드레 화가들이 모여 그린 내부 벽화도 남아있다. 교회 앞 마당에서는 마을이 한눈에 내려다보여 전망이 좋다.

주소 Szentendre, Templom té
전화 26-612-545
홈페이지 szentendre-plebania.hu
개방 화~일 10:00~17:00 / 월 휴무
요금 무료입장. 기부금 받음
위치 중앙 광장에서 도보 2분 **지도** p.587

페치

PÉCS

헝가리의 자부심, 졸너이 도자기의 본고장

헝가리 남부에 위치한 헝가리에서 다섯 번째로 큰 도시다. 온난한 기후 덕분에 주변에는 좋은 품질의 와인을 생산하는 포도 재배 지역이 있다. 특히 페치가 유명해진 이유는 이곳에서 생산되는 특별한 기법의 도자기, 졸너이 덕분이다. 도시 곳곳에서 볼 수 있으며 오묘한 녹색으로 빛나는 졸너이의 분수는 특히 페치의 상징이기도 하다. 세체니 광장을 중심으로 하는 구시가 곳곳에서 중세의 흔적을 찾아볼 수 있다.

가는 방법 부다페스트 켈레티(Keleti)역에서 IC열차로 2시간 55분 소요

페치의 관광 명소

주소 Pécs, Dóm tér 2 **전화** 72-513-030
홈페이지 pecsiegyhazmegye.hu
개방 10~4월 월~토 09:00~17:00, 일 11:30~17:00, 5~9월 월~목 09:00~17:00, 금 09:00~21:00, 토 09:00~17:00, 일 11:30~17:00 / 연중무휴
요금 대성당 성인 2,400Ft, 학생 & 교사 & 연장자 1,800Ft
대성당+모스크 성인 4,000Ft, 학생 & 교사 & 연장자 3,000Ft
위치 세체니 광장에서 도보 7~8분 **지도** p.595

페치 대성당

Szent Péter és Szent Pál székesegyház

페치의 역사와 함께한 대성당

4세기경 로마 제국 시대부터 있던 초기 기독교 바실리카 건축물을 성 이슈트반 1세 시기(1009년)에 대대적으로 개축하여 대성당으로 변모했다. 4개의 탑까지 갖추게 된 건 12세기 무렵이다. 이후 16세기 중반부터 17세기 후반까지 투르크군의 침략과 지배 시기에 파괴되기도 했다. 이후 19세기 후반에 현재의 모습과 같은 네오 로마네스크 양식의 웅장한 건축물로 재건되었다. 대성당의 길이는 70m, 폭은 22m, 탑의 높이는 60m에 이른다. 로츠 카로이와 19세기를 대표하는 화가들이 함께 그린 천장화가 무척 아름답다.

초기 기독교 묘지 유적

Ókeresztény Mauzóleum

유네스코 세계 유산으로 등재된 로마 시대 공동묘지

4세기 무렵 고대 로마 제국의 지방 마을 소피아나(Sopianae, 현재의 페치)는 기독교 도시로 번영을 누렸다. 당시에 건설된 다수의 묘지가 1975년 도시 보수 공사 중에 발견되었다. 지하에는 매장실, 지상에는 추모 예배당의 구조로 건설되었기 때문에 건축적, 구조적으로 모두 중요한 가치를 지니고 있다. 기독교 정신과 스토리를 담고 있는 벽화는 예술적이면서 화려하게 장식되어 있다.

주소 Pécs, Szent István tér **전화** 30-701-3771
홈페이지 www.pecsorokseg.hu
개방 4~10월 화~일 10:00~17:45, 월 휴무 / 11~3월 목~일 10:00~16:45, 월~수 휴무
요금 성인 1,000Ft, 학생 & 교사 & 연장자 800Ft
위치 세체니 광장에서 도보 5~6분 **지도** p.595

졸너이 박물관

Zsolnay Museum

초기부터 오늘날까지 졸너이의 작품을 시대별로 전시

헝가리를 대표하는 도자기, 타일, 석기 제조 기업 졸너이의 작품이 전시되어 있는 박물관이다. 1853년 미클로스 졸너이(Miklós Zsolnay)가 설립한 공장에서 시작된 졸너이는 뛰어난 제작 기술과 예술적 감각뿐만 아니라 에오신(Eosin)이라는 이름의 특수 유약을 사용해 만든 고혹적인 무지갯빛 도자기로 널리 이름을 알렸다. 졸너이 박물관은 아들인 빌모스 졸너이(Vilmos Zsolnay)의 탄생 100주년을 기념하여 1928년에 개관되었다. 박람회에서 수상한 작품, 아르누보 양식 작품을 비롯하여 졸너이만의 개성과 아름다움으로 빚어낸 작품을 전시해 눈길을 끈다.

주소 Pécs, Káptalan u. 2 **전화** 72-514-045 **홈페이지** www.budapest.com/hungary/pecs/culture/the_zsolnay_museum.en.html **개방** 화~일 10:00~18:00 / 월 휴무 **요금** 성인 1,500Ft, 아동 750Ft **위치** 세체니 광장에서 도보 5분 **지도** p.595

TIP

색다른 매력을 느낄 수 있는 헝가리의 추천 여행지 2곳

'헝가리의 바다', 벌러톤호 Balaton

헝가리 서부 중앙에 있는 표면적 598m², 길이 77km, 최대 너비 14km의 동서로 길게 형성된 호수다. 바다가 없는 헝가리인에게는 '바다'와 같은 존재로서 여름에는 리조트로 이용되고 있다. 온난한 기후 덕분에 북쪽에서는 포도가 재배되어 규모는 작지만 와인 산지로도 각광받고 있다. 호반의 대부분은 갈대가 무성한 초원이며, 자연 보호 구역으로 지정되어 있다.

북쪽 호숫가에는 온천 요양지 벌러톤퓌레드(Balatonfüred), 호수로 툭 튀어나온 반도 티하니(Tihany), 와인으로 유명한 와인 산지 버더초니(Badacsony) 그리고 호수 서쪽 끝에는 18세기 귀족의 저택이 있는 케스트헤이(Keszthely) 등이 있다. 남쪽 호반에서는 고급 리조트 시오포크(Siófok)가 명소로 꼽힌다. 중심부인 벌러톤퓌레드까지는 부다페스트 델리(Deli)역에서 열차로 2시간 50분 정도 소요된다.

헝가리 대평원, 호르토바지 Hortobagy

헝가리는 북에서 남으로 흐르는 도나우강에 의해 둘로 나뉘어 있으며, 도나우 동쪽에 펼쳐져 있는 지역이 바로 호르토바지 대평원이다. 그중에서도 특히 수목이 자라지 않는 목초지를 푸스타(Puszta)라고 부르는데 말, 소, 양떼를 방목하고 있다. 푸스타에서는 관광객을 불러 모으기 위해 말을 훈련하여 다양한 볼거리를 제공하고 있다. 유목민의 후예답게 말과 밀접한 생활을 해온 헝가리 민족의 면모와 전통 방식의 삶의 흔적들을 볼 수 있다. 푸스타 중에서 가장 유명하면서 국립 공원으로 지정되어 보호를 받고 있는 곳이 바로 호르토바지다. 대중교통으로 가기는 불편하기 때문에 자동차나 부다페스트 여행사의 관광 투어 상품을 이용하는 편이 좋다. 부다페스트에서 비교적 가까운 러요슈미제(Lajosmizse)까지는 하루 만에 돌아보는 버스 투어가 있다.

PREPARE TRAVEL

동유럽 여행 준비

여권과 각종 증명서

여권의 종류와 신청

일반적으로 복수 여권과 단수 여권으로 나뉜다. 복수 여권은 특별한 사유가 없는 한 유효 기간인 10년 동안 횟수에 제한 없이 외국에 나가는 것이 가능하다. 단수 여권은 단 한 번만 외국에 나갈 수 있으므로 유효 기간이 1년이다. 만 18세 이상, 30세 이하인 병역 미필자 등에게 발급한다. 여권 발급 신청은 자신의 본적이나 거주지와 상관없이 가까운 발행 관청(서울 25개 구청과 광역 시청, 지방 도청의 여권과)에서 신청할 수 있다. 신분증을 소지하고 직접 방문해야 하며 대리 신청은 예외적인 경우(만 18세 미만 미성년자, 질병 · 장애, 의전상 필요)에만 가능하다. 평일 오전 9시부터 오후 6시까지 접수가 가능하다. 그러나 직장인들을 위해 관청별로 특정일을 지정해 야간 업무를 보거나 토요일에 발급하기도 한다. 여권 발급 소요 기간은 보통 3~4일 정도 걸리지만, 성수기에는 10일까지 소요될 수 있으니 여행을 가기로 마음먹었다면 바로 신청한다. 여권을 분실했거나 훼손한 경우, 사증(비자)란이 부족할 경우, 주민 등록 기재 사항이나 영문 성명의 변경 · 정정의 경우는 재발급을 받아야 한다.

여권 발급에 필요한 서류

① 여권 발급 신청서
② 여권용 사진 1매
③ 신분증
④ 여권 발급 수수료(복수 여권 26면 5만 원, 58면 5만 3,000원)
⑤ 병역 의무 해당자는 병역 관련 서류(전화 1588-9090 홈페이지 www.mma.go.kr에서 확인)
※ 18세 미만 미성년자는 법정대리인의 인감증명서와 동의서, 가족관계증명서(단, 미성년자 본인이 아닌 법정대리인이 직접 신청 시 발급 동의서, 인감증명서 생략 가능)

TRAVEL TIP

동유럽 3개국 주요 도시의 대한민국 대사관

프라하 주체코 대한민국 대사관
주소 Pelléova 15, 160 00 Praha 6-Bubenec
전화 420-234-090-411(근무 시간), 420-725-352-420(근무 시간 외, 긴급)
홈페이지 overseas.mofa.go.kr/cz-ko

빈 주오스트리아 대한민국 대사관
주소 Gregor Mendel Strasse 25, A-1180, Wien
전화 43-1-478-1991(근무 시간), 43-664-527-0743(근무 시간 외, 긴급)
홈페이지 overseas.mofa.go.kr/at-ko

부다페스트 주헝가리 대한민국 대사관
주소 1062 Andrassy ut. 109. Budapest
전화 36-1-462-3080(근무 시간), 36-30-550-9922(근무 시간 외, 긴급)
홈페이지 overseas.mofa.go.kr/hu-ko

여행 중 여권 분실

여권을 분실하거나 도난당한 경우 해외에 있는 한국대사관에 방문하여 단수 여권을 발급받아야 한다. 여권 분실 즉시 인근 경찰서를 방문해 사고 경위를 이야기한 후 분실 신고서를 발급 받는다. 경찰서에서 발급받은 서류와 신분증(주민등록증 또는 여권 사본), 여권 사진 1매(일부 대사관 내에서는 촬영 가능), 한국행 e-ticket, 일정 금액의 수수료를 제출하면 2~3시간 안에 대사관에서 발급해준다. 만일의 경우를 대비해 여행 전 여권 사본을 준비하고 여권 번호를 메모해두는 것이 좋다.

동유럽 3개국의 비자

현재 체코 · 오스트리아 · 헝가리와 한국은 무비자 협정 체결국이어서 체류 기간이 90일 이내라면 비자 없이 입국이 가능하다. 그러나 이보다 긴 여행이나 체류를 준비하고 있다면 3개국의 주한 대사관을 통해 장기 비자를 발급받아야 한다.

코로나 19 관련 규정

2023년 현재 동유럽 3개국 모두 코로나19 관련 입국 제한은 중단된 상태이나, 공공장소에서의 마스크 착용 의무, 확진자 격리 관련 내용은 상이하다. 자세한 내용은 3개국 내 대한민국 대사관 홈페이지에서 확인할 수 있다.

국제 운전면허증

프라하, 빈, 부다페스트 시내를 돌아다닐 때는 대중교통을 활용하면 좋지만 근교 도시를 돌아다닐 때는 직접 운전을 하며 여행을 즐기는 것도 운치 있다. 자동차 여행을 계획하고 있다면 국제 운전면허증이 필수다. 대한민국 운전면허증을 가지고 있다면 가까운 운전면허 시험장이나 경찰서에 들러 즉시 발급받을 수 있다. 위임장을 구비하면 대리 신청도 가능하다. 동유럽 3개국에서 자동차를 렌트할 경우 원칙적으로는 한국의 운전면허증, 국제 운전면허증, 여권을 반드시 구비하고 있어야 한다.

국내 운전면허증 뒷면에 운전면허 정보를 영문으로 표기해 발급하는 영문 면허증이 2019년부터 발급되기 시작했으나, 동유럽 3개국에서는 국제 운전면허증만 인정하고 있다.

발급처 운전면허시험장
준비 서류 여권(사본 가능), 운전면허증, 여권용 사진 1매(반명함판 사진 가능)
비용 8,500원 **유효 기간** 발급일로부터 1년 **전화** 1577-1120
홈페이지 도로교통공단 운전면허 서비스 www.safedriving.or.kr

TRAVEL TIP

여행자 보험

보험 설계사, 보험사 영업점, 대리점, 각 보험 회사의 온라인 사이트에서 가입할 수 있다. 미리 보험을 준비하지 못했다면 비행기에 탑승하기 전 공항 내 보험 서비스 창구를 이용한다. 보상을 받기 위해서는 현지 병원이 발급한 진단서와 치료비 영수증, 약제품 영수증, 처방전 등을 챙긴다. 도난 사고가 발생했다면 현지 경찰이 발급한 도난 증명서(사고 증명서)가 필요하다. 여행 중 구입한 상품을 도난당했다면 물품 구입처와 가격이 적힌 영수증을 준비한다(가입한 보험 상품에 따라 내용이 다르므로 계약서 내용을 꼼꼼히 읽어볼 것).

발급처
DB손해보험 다이렉트 www.directdb.co.kr
현대해상 다이렉트 direct.hi.co.kr
삼성화재 다이렉트 direct.samsungfire.com

환전과 여행 경비

동유럽 3개국은 대부분의 상점과 레스토랑에서 신용카드를 사용할 수 있다. 분실에 대비해 신용카드를 2개 정도 챙겨 가고, 각기 다른 곳에 보관하는 것을 추천한다.

현금 환전

체코는 코루나(Kč), 오스트리아는 유로(€), 헝가리는 포린트(Ft)로 3개국의 화폐가 각각 다르기 때문에 일단 한국에서 3개국 전체 예상 비용을 유로화로 환전해서 가는 편이 좋다. 각 은행 앱으로 신청하면 환전 수수료 우대를 해주는 경우가 있으니 미리 확인하도록 하자. 체코, 프라하의 주요 도시에서는 유로화로 계산을 해주기도 하지만 환율에서 손해 볼 확률이 높기 때문에 여행지에 도착한 후에는 은행이나 시내 환전소에서 현지 화폐로 미리 환전한다. 사설 환전소는 수수료가 비싸므로 숙소에서 가까운 공인 환전소를 알아두자. 환전을 여러 번 하면 수수료가 계속 나가게 되므로 총 경비를 예상해서 최대한 환전 횟수를 줄이는 편이 좋다. 요즘은 주요 도시의 호텔, 식당, 상점 등은 대부분 신용카드 사용이 가능하므로 여행 경비의 절반 혹은 3분의 1 정도는 현금, 나머지는 신용카드를 적절히 사용하는 편이 좋다.

신용카드

보안상 문제점이나 약간의 수수료 부담이 있지만 가장 편리하고 보편적인 결제 수단으로 사용된다. 게다가 신분증 역할까지 한다. 호텔, 렌터카, 단거리 항공권을 예약할 때 대부분 신용카드 제시를 요구한다. 현지에서 현금이 필요할 때 ATM을 통해 현금 서비스를 받을 수도 있다. 국제 카드 브랜드 중에선 가맹점이 많은 비자(Visa), 마스터(Master) 카드가 무난하다. 자신의 카드가 외국에서도 사용 가능한지 반드시 확인하고, 카드 뒷면의 사인을 확인하는 경우가 많으므로 꼭 서명해둔다. 또한 코로나19 유행 이후 상용화된 비접촉 결제 카드를 사용할 수 있으니 필요한 사람은 미리 신청하도록 하자.

비접촉 결제 마크

현금 카드로 인출

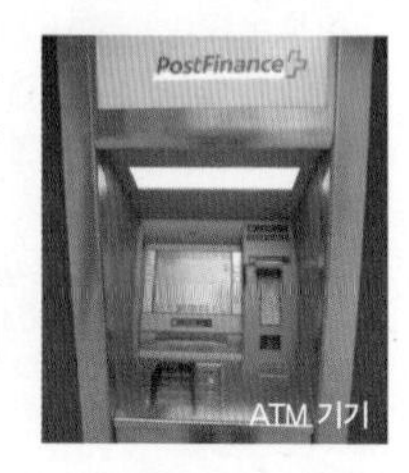

ATM 기기

신용카드를 감당하기 어렵다면 해외 현금 카드를 준비한다. 한국에서 발행한 해외 현금 카드를 이용해 현지 ATM에서 현지 통화로 인출한다. 현금을 들고 다니는 것보다 안전하고, 신용카드보다 규모 있고 알뜰한 소비가 가능하다. 단, 신용카드처럼 준 신분증 기능은 하지 못한다.

여행 특화 카드

코로나19 상황이 완화된 이후로 여행객을 위한 상품이 속속 개발되고 있으니 절대 놓치지 말 것. 특히 여행 특화 카드를 사용하면 환전이 편리할 뿐만 아니라 환전 수수료, 해외 결제 수수료, 해외 ATM 인출 수수료가 할인 또는 면제되어 여행자들로부터 크게 각광받고 있다. 단, 카드별로 혜택, 한도, 환전 가능한 통화가 다르니 잘 알아보고 여행 상황에 맞게 이용하자.

인천공항 가는 법

국제선을 타려면 늦어도 비행기 출발 2시간 전에는 공항에 도착해야 한다. 일부 지방 공항에서 출발하는 국제 항공편도 있지만, 대부분은 인천국제공항에서 출발한다. 인천국제공항으로 가는 방법도 여러 가지. 나에게 맞는 교통편을 찾아보자.

리무진 버스

인천국제공항으로 가는 가장 대표적인 교통수단. 서울, 수도권, 인천은 물론 경기 북부와 충청도, 경상도, 전라도, 강원도에서 인천국제공항까지 한 번에 오는 노선이 있다. 서울 시내에서 출발하는 리무진 버스는 김포공항 또는 주요 호텔을 경유해 공항까지 오는데, 제1터미널까지 50분, 제2터미널까지 65분 정도 걸린다. 요금은 1만 6,000원~1만 8,000원. 정류장 위치, 시간표, 배차 간격, 요금 등은 인천국제공항 홈페이지(www.airport.kr)나 공항 리무진 홈페이지(www.airportlimousine.co.kr)를 참고할 것.

공항 철도

서울 도심과 김포공항, 인천국제공항을 최단 시간에 연결하는 교통수단. 공항 철도는 모든 역에 정차하는 일반 열차와 서울역에서 인천국제공항까지 무정차로 운행하는 직통열차로 나뉜다. 일반 열차는 6~12분 간격 운행에 60분 소요되고, 요금은 서울역에서 출발할 경우 인천공항 제1터미널역까지 4,150원, 인천공항 제2터미널역까지 4,750원이다. 직통 열차는 일반 열차와 달리 지정좌석제로 승무원이 탑승해 안내 서비스를 제공한다. 40분 간격 운행에 44분 소요되고 요금은 9,500원이다.

자가용

인천국제공항에 가려면 공항 전용 고속도로인 인천국제공항 고속도로를 이용해야 한다. 제2터미널을 이용할 경우에는 표지판을 따라 신설 도로로 진입한다. 일단 진입한 뒤에는 인천국제공항과 영종도 외에는 다른 곳으로 가는 것이 불가능하다. 공항 내에는 차량 이용자를 위한 유료 주차장이 운영되고 있는데, 공간이 부족한 경우에 대비해 홈페이지를 통해 주차 예약도 미리 해놓을 수 있다. 주차장마다 진입 가능한 차량 높이가 다르니 차고가 높은 차를 이용한다면 미리 체크할 것.

택시

급한 경우에 선택할 수 있는 최후의 교통수단. 인천에서 이용할 경우 3만~3만 2,000원 정도 나오고, 서울 도심에서 출발할 경우에는 미터 요금만 5만~6만 원에 공항 고속도로 통행료까지 내야 한다.

출발 전 터미널 확인은 필수

2018년 1월부터 인천국제공항 터미널이 제1터미널, 제2터미널로 나뉘어 운영되고 있다. 두 터미널이 멀찍이 떨어져 있고 각각 취항 항공사가 다르므로, 출발 전 반드시 전자 항공권(e-티켓)을 통해 어느 터미널로 가야 하는지 확인해야 한다. 자칫 터미널을 잘못 찾을 경우 비행기를 놓치는 불운이 생길 수도 있다.

터미널 간 이동은 10~15분 간격으로 운행되는 무료 순환 버스를 이용할 수 있으며 15~18분 소요된다. 공항 철도와 리무진 버스는 두 터미널에 모두 정차한다.

인천국제공항 제2터미널 이용 항공사 (2023년 4월 기준)

대한항공 / 델타항공 / 에어프랑스 / KLM네덜란드항공 / 가루다인도네시아 / 샤먼항공 / 중화항공

여행 기초 회화

체코		
숫자	안녕하세요	Dobré ráno 도브레 라노(아침)
1 jeden 예덴		Dobrý den 도브리 덴(점심)
2 dva 드바		Dobrý večer 도브리 베체르(저녁)
3 tři 트르지	고맙습니다	Děkuji 뎨꾸예
4 čtyři 취트르지	미안합니다	Promiňte 쁘로민떼
5 pět 폐트	도와주세요	Pomoz mi 뽀모스 미
6 šest 셰스트	실례합니다	Prosím 쁘로심
7 sedm 세듬	예	Ano 아노
8 osm 오슴	아니요	Ne 네
9 devět 드볫	있다	Tady je 타디예
10 deset 데셋	없다	Není zde 네니 즈데
100 sto 스토	화장실이 어디에 있습니까?	Kde je toaleta? 그데 예 또알레따?
1000 tisíc 티씨츠	얼마입니까?	Co to stojí? 초 또 스또이?

오스트리아(독일어)		
숫자	안녕하세요	Guten morgen 구텐 모르겐(아침)
1 ein 아인		Guten tag 구텐 탁(점심)
2 zwei 츠바이		Guten abend 구텐 아벤트(저녁)
3 drei 드라이	고맙습니다	Danke schön 당케 셴
4 view 피어	미안합니다	Es tut mir leid 에스 투트 미어 라이트
5 funf 퓐프	도와주세요	Hilf mir 힐프 미어
6 sechs 젝스	실례합니다	Entschuldigung 엔슐디궁
7 sieben 지벤	예	Ja 야
8 acht 아흐트	아니요	Nein 나인
9 neun 노인	있다	Sein 자인
10 zehn 첸	없다	Nicht Sein 니히트 자인
100 hundert 훈더트	화장실이 어디에 있습니까?	Wo ist die toilette? 붜 이스 디 토알레트?
1000 tausend 타우젠트	얼마입니까?	Wie viel kostet das? 비 히에 코스트 다스?

헝가리		
숫자	안녕하세요	Jó reggelt kívánok 요 레겔트 키바녹(아침)
1 egy 에지		Jó napot kívánok 요 나포트 키바녹(점심)
2 kettő 께뚜		Jó destét kívánok 요 예쉬테크 키바녹(저녁)
3 három 하롬	고맙습니다	Köszönöm 쾨쇠뇜
4 négy 니지	미안합니다	Bocsánat 보차너트
5 öt 오트	도와주세요	Segítség 세기취그
6 hat 허트	실례합니다	Elnézést 엘니지슈트
7 hét 히트	예	Igen. 이겐
8 nyolc 뇰츠	아니요	Nem 넴
9 kilenc 끼렌츠	있다	Van 번
10 tíz 띠즈	없다	Nincs 닌츄
100 száz 싸스	화장실이 어디에 있습니까?	Hol van a mosdó? 홀 번 어 모슈도?
1000 ezer 에제르	얼마입니까?	Ez mennyibe kerül? 에즈 멘니베 케륄?

찾아보기

체코 관광 명소

6개의 바로크 분수들과 아리온의 분수 • 235

ㄱ

골즈 킨스키 궁전 • 138
구·신 시나고그 • 173
구시가 광장 • 135
구시청사 • 136
구시청사 탑 • 137
구왕궁 • 151
국립 마리오네트 극장 • 170
국립 박물관 • 165
국립 오페라 하우스 • 171
국민 극장 • 167

ㄴ

네루도바 거리 • 160

ㄷ

달리보르카탑 • 153
대주교의 궁전과 정원 • 240
돌종의 집 • 138
드보르자크 기념관 • 175

ㄹ

레드니체성 • 244
로브코비츠 궁전 • 153
루돌피눔(예술가의 집) • 171
리히텐슈테인 궁전 • 170

ㅁ

마리안스케 라즈네 • 218
마사리코보 제방 길 • 166
망토 다리(플라슈티교) • 207
무하 미술관 • 166
믈린스카 콜로나다 • 214
미쿨로프성 • 245

ㅂ

바츨라프 광장 • 165
발트슈타인 궁전 • 161
발티체성 • 244
백탑 • 153
베르트람카(모차르트 기념관) • 177
벨베데르 • 153
부데요비체 문 • 208
부드바 양조장 • 230
브르지델니 콜로나다 • 215
비셰흐라트 • 167

ㅅ

성 미쿨라셰 교회(구시가) • 139
성 미쿨라셰 교회 (말라 스트라나) • 159
성 바르바라 대성당 • 223
성 바르톨로메오 성당 • 227
성 바츨라프 대성당 • 236
성 비투스 대성당 • 150
성 삼위일체 석주 • 234
성 시몬 성 유다 교회 • 170
성 이르지 바실리카 • 170
성 조지 바실리카 • 151
성벽 정원 • 153
성의 탑 • 207
세미나르니 정원 • 209
슈테른베르크 궁전 • 170
스메타나 박물관 • 143
스보르노스티 광장 • 209
스타보브스케 극장 • 142
스타보브스케(에스타트) 극장 • 171
스트라호프 수도원 • 154
스페인 시나고그 • 173
시민 회관 • 142
시민 회관의 스메타나 홀 • 171

ㅇ

얀 후스 기념비 • 135
양조 박물관 • 227
에곤 실레 아트센터 • 209
올로모우츠 천문시계 • 236
이발사의 다리 • 208

ㅈ

존 레논의 벽 • 158

ㅊ

천문 시계 • 136
체스키크룸로프성 • 206
첼레트나 거리 • 141
춤추는 건물(댄싱 하우스) • 166

ㅋ

카를교 • 144
카프카 박물관 • 159
캄파 • 158
클레멘티눔 거울의 방 • 170

ㅌ

타 판타스티카 • 170
트르주니 콜로나다 • 215
틴 성모 마리아 교회 • 138

ㅍ

페트린 언덕 • 157
프라하 오페라 마리오네트 극장 • 170
프라하성 • 148
프란츠 카프카의 생가 • 140
프란티슈코비 라즈네 • 219
프르제미슬라 오타카라 2세 광장 • 230
플라워 정원 • 241
플젠 옛 지하 터널 • 227
필스너 우르켈 양조장 • 226

ㅎ

하벨 시장 • 143
해골 성당(세들레츠 납골당) • 222
호르니 광장 • 234
화약탑 • 140
화약탑(미훌카탑) • 153
황금 소로 • 152
흐라데크 은광 박물관 • 223
흐라트차니 광장 • 152

흑탑(체스케부데요비체) • 231
흑탑(프라하) • 153
히베르니아 극장 • 171

오스트리아 관광 명소

ㄱ
개선문(인스브루크) • 474
게트라이데 거리 • 408
구왕궁 • 304
국립 도서관(프룽크잘) • 308
국회 의사당 • 321
궁정 교회(인스브루크) • 475
궁정 은기 컬렉션(구왕궁) • 305
그라벤 • 300

ㄴ
남탑(슈테판 대성당) • 299
노르트케테 연봉 • 478
논베르크 수도원 • 410

ㄷ
다락(슈테판 대성당) • 299
도나우 운하 • 302
돔크바르티어 • 407
뒤른슈타인 • 452

ㄹ
란트 거리 • 462
레오폴츠크론성 • 417
레하르 기념관 • 444
렌토스 현대 미술관 • 463

ㅁ
마이어링 • 341
말의 연못 • 409
멜크 수도원 • 450
모차르테움 • 414
모차르트 광장 • 405
모차르트 생가 • 409
모차르트의 집 • 414
모차르트하우스 • 336
몬트제 • 439
무기 박물관 • 459
무어입셀 • 457
무제움스크바르티어 • 320
미라벨 궁전 & 정원 • 413
미하엘 광장 • 301
미하엘 문 • 304

ㅂ
바덴 • 340
바이센 뢰슬 호텔 • 443
바트 이슐 • 444
베토벤 하일리겐슈타트 아파트 • 339
벨베데레 궁전 • 332
벨베데레 상궁 • 333
벨베데레 하궁 • 333
부르크 극장 • 322
북탑(슈테판 대성당) • 299
빈 국립 오페라 하우스 • 314
빈 미술사 박물관 • 318
빈 음악 협회 • 314
빌렌도르프 • 451

ㅅ
샤프베르크 등산 열차 • 443
성 미하엘 성당(몬트제) • 439
성 안나 기념탑 • 474
성 야곱 대성당 • 476
성 페터 성당 • 408
소금 광산 • 447
쇤뷔엘성 • 451
쇤브룬 궁전 • 327
순례 교회 • 463
슈베르트 생가 • 337
슈테판 광장 북쪽 • 302
슈테판 대성당 • 298
슈피츠 암 데어 도나우 • 452
슐로스베르크 • 458
스와로브스키 크리스탈벨텐 • 481
스페인 승마 학교(신왕궁) • 307
시계탑(그라츠) • 458
시립 공원 • 313
시청사 • 322
시청사 탑(인스브루크) • 475
신왕궁 • 307

ㅇ
아르스 일렉트로니카 센터 • 463
악슈타인싱 • 451
암 호프 • 310
암 호프 주변 골목길 • 311
암브라스성 • 480
에겐베르크성 • 457
왕궁 예배당 • 308
왕궁 정원 • 317
왕궁(인스브루크) • 476
왕실 보물관(구왕궁) • 305
요한 슈트라우스 기념관 • 337
우체국 저축 은행 • 313
이중 나선 계단 • 459

ㅈ
자연사 박물관 • 321
잘츠부르크 대성당(돔) • 405
잘츠부르크 레지덴츠 • 406
잘츠부르크 박물관 • 407
장크트 길겐 • 441
장크트 볼프강 • 442
장크트 볼프강 교회 • 443
제그루베 전망대 • 478
제체시온 • 316
주청사(그라츠) • 459
중앙 광장(그라츠) • 459
중앙 광장(린츠) • 462
중앙 묘지 • 335

ㅊ
축제 극장 • 409
츠뵐퍼호른행 자일반 • 441

ㅋ
카를 교회 • 315
카를스플라츠 역사 • 315
카이저빌라 • 444
카타콤베(슈테판 대성당) • 299
카푸치너 납골당 • 297
카푸치너베르크 • 415
칼렌베르크 • 339
케른트너 거리 • 297
콜마르크트 • 301
쿤스트하우스 그라츠 • 456
쿤스트하우스 빈 • 334
크렘스 • 453

ㅌ
티롤 민속 박물관 • 477
티롤 주립 박물관 • 477

ㅍ
파스콸라티하우스 • 311
파처코펠 • 479
팔레 페르스텔 • 310

ㅎ
하이든하우스 • 336
하일리겐슈타트 • 339
하일리겐크로이츠 • 341
할슈타트 • 446
할슈타트 박물관 • 447
헤트버 바스타이 • 415
헬브룬 궁전 • 416
헬블링하우스 • 477
호엔잘츠부르크성 • 410
호허 마르크트 • 302
황금 지붕 • 475
황제의 아파트먼트와 시시 박물관 (구왕궁) • 305

헝가리 관광 명소

ㄱ
겔레르트 언덕 • 537
겔레르트(온천) • 555
공예 미술관 • 545
구 우편 저금국 • 545
국회 의사당 • 541

ㄷ
대통령궁 • 534

ㄹ
루더시 온천 • 557
루카치 • 557
리스트 기념관 • 551

ㅁ
마차시 성당 • 533

ㅂ
바치 거리 • 542
버르토크 기념관 • 551
벌러톤호 • 597
벨리 베이 • 557
부다 왕궁 • 532
부다페스트 역사 박물관 • 532

ㅅ
삼위일체 광장 • 534
삼위일체 기념비 • 534
샬러몬탑 • 591
성 겔레르트상 • 537
성 이슈트반 성당 • 547
세례자 요한 교구 교회 • 593
세체니 다리 • 542
세체니 온천 • 556
시민 공원 • 548

ㅇ
어린이 철도 • 549
어부의 요새 • 535
언드라시 거리 • 548
에르제베트 다리 • 542
에르제베트의 동상 • 538
에스테르곰 대성당 • 589
영웅 광장 • 549
왕궁 박물관(에스테르곰) • 589
왕궁 터(비셰그라드) • 591
요새 터(비셰그라드) • 591

ㅈ
자유의 다리 • 543
졸너이 박물관 • 596
중앙 광장(센텐드레) • 593
중앙 시장 • 543
지질학 박물관 • 545

ㅊ
초기 기독교 묘지 유적 • 595
치터델러 • 538

ㅋ
코다이 기념관·자료관 • 551
코바치 마르기트 박물관 • 593
키라이 • 557

ㅌ
테러 하우스 • 549

ㅍ
페치 대성당 • 595

ㅎ
헝가리 국립 미술관 • 532
헝가리 국립 오페라 극장 • 548
호르토바지 • 597

저스트고 동유럽 3개국

개정4판 1쇄 발행일 2023년 6월 13일
개정4판 5쇄 발행일 2024년 11월 29일

지은이 백상현

발행인 조윤성

발행처 ㈜SIGONGSA **주소** 서울시 성동구 광나루로 172 린하우스 4층(우편번호 04791)
대표전화 02-3486-6877 **팩스(주문)** 02-598-4245
홈페이지 www.sigongsa.com / www.sigongjunior.com

ISBN 979-11-6925-814-2 14980
ISBN 978-89-527-4331-2 (세트)

*SIGONGSA는 시공간을 넘는 무한한 콘텐츠 세상을 만듭니다.
*SIGONGSA는 더 나은 내일을 함께 만들 여러분의 소중한 의견을 기다립니다.
*잘못 만들어진 책은 구입하신 곳에서 바꾸어 드립니다.